Werner Dupont

Faszination und Wunder der Technik

Die Reise des Akkubohrers vom Mond zur Erde

www.tredition.de

Verlag und Druck: tredition GmbH, Halenreie 40-44, 22359 Hamburg

ISBN
Paperback: 978-3-347-09534-2
Hardcover: 978-3-347-09535-9
e-Book: 978-3-347-09579-3

Protokolle junger Technologien

Einleitung

Die Geschichte der Technologie beschreibt die Umsetzung wissenschaftlicher Erkenntnisse in Produkte und Verfahren des Alltags. Man nutzt seit Menschengedenken die Überlieferung erworbener Kenntnisse und Wissen, um daraus weitere Innovationen zu schaffen. Informationserzeugung und deren Weitergabe war und ist das A und O für uns alle.

Informationen über technologische Errungenschaften finden sich in den zwölf Sektoren dieses Buches. Zu ihnen zählen Supraleitung, Bionik, Satellitentechnologie, Beschichtungen, Energietechnik, Materialien, Medizin, Kommunikation, Nanotechnik, virtuelle Realität, Technologietransfer und Ökonomie.

Das Phänomen der Supraleitung, das dadurch gekennzeichnet ist, dass ein Material unterhalb einer gewissen Temperatur schlagartig seinen elektrischen Widerstand verliert, wird hinsichtlich seiner Anwendungspotenziale auf die mögliche Koexistenz von Supraleitung und Ferromagnetismus beschrieben. Darüber hinaus werden Überlegungen zum Bau umweltfreundlicher supraleitender Elektroautos mit Reichweiten präsentiert, die das Mehrfache üblicher batteriebasierter Elektroautos erreichen.

Technische Errungenschaften, die sich an Vorbildern der Natur orientieren, werden exemplarisch beschrieben. Dies erfolgt für eine Reihe relevanter Felder der sogenannten Bionik, die ihre Resultate aus dem interdisziplinären Zusammenwirken von Biologen, Lebenswissenschaftlern und Technologen schöpft. Dabei wird der Einsatz evolutionsstrategischer Strategien, die zur Optimierung technischer Aufgabenstellungen benutzt werden, anhand durchgeführter Reduktionen von Radarsignalen metallischer Körper erläutert.

Aspekte zu Weltraumthemen sind hinsichtlich ihrer technologischen und programmatischen Gegebenheiten in Deutschland, Europa und den USA zusammengestellt. Erfahrungen mit Lebenszykluskostenanalysen ermöglichen einzigartige Aussagen, die zu einer objektiven Beurteilung der Kosten und des Nutzens der Raumfahrt beitragen.

Sämtliche bekannte Formen der Energieerzeugung wie fossile Energieträger, nachwachsende Rohstoffe, Sonnenenergie, Wasserkraft, Windenergie und Geothermie bis hin zu Elementen der Elektromobilität werden behandelt. In all diesen Fällen wird zudem auf die Thematik zugehöriger Energiespeichermethoden eingegangen.

Den hohen Bedarf an Werkstoffen seitens Verbraucher und Industrie in Betracht ziehend findet sich eine Zusammenstellung historischer und aktueller Themen des Materialsektors. Diese Ausführungen umfassen Traditionsbereiche wie Eisen und Stahl samt früherer und neuerer Entwicklungen in Hochtechnologiebereichen wie Faserverbundwerkstoffe. Es werden auch Anwendungen im Materialbereich mit Relevanz für den Kunststoffsektor, Klebetechniken und Sensormaterialien aufgeführt.

Das Befassen mit dem weiten Feld der Lebenswissenschaften enthält Elemente wie Fitness, Vitalität und Gesunderhaltung. Unheilbare oder nur schwer heilbare Krankheiten wie Multiple Sklerose oder Epilepsie werden vorgestellt. Der Technologieaustausch zwischen dem Medizinbereich und anderen Technologiefeldern wird an herausragenden Fällen erfolgreicher Technologietransfers zwischen unterschiedlichen Disziplinen für den Zeitraum beginnend mit den 1990er-Jahren erläutert.

Kommunikationsrelevante Entwicklungen werden sowohl mit ihren zeitlichen Meilensteinen als auch mit ihren wissenschaftlichen und technologischen Ergebnissen beschrieben. Ein chronologischer Abriss von Informations- und Kommunikationstechniken wird durch eine Reihe nachweislich erlebter beziehungsweise per eigener Beiträge mitgestalteter Fallbeispiele unterfüttert. Das Spektrum der Fallbeispiele reicht dabei von klassischen, über Erdkabel ermöglichten Informationsvermittlungen bis hin zu satellitengestützten globalen Kommunikationssystemen.

Die neue Welt der Winzlinge im Mikro- und Nanobereich wird hinsichtlich ihrer Ausprägungen und Wirkungsdimensionen eingehend diskutiert. Die seit Anfang der 1990er-Jahre auf diesem Gebiet teilweise sprunghaft in Erscheinung getretenen Neuerungen werden beleuchtet. Chancen und Risiken länglicher Hohlstrukturen in Gestalt von Nanoröhrchen werden besprochen. Realisierte Nanoobjekte und ihre Herstellung werden beschrieben. Die besonderen grundsätzlichen Eigenschaften wie der Überlapp beziehungsweise Übergang von der Kontinuum-Physik bis hin zu quantenmechanischen Effekten werden behandelt. Die erreichten und beabsichtigten Anwendungen der Systeme werden bewertend analysiert.

Historie und Errungenschaften der Tätigkeiten zur Schaffung und Anwendung virtueller Welten werden ausführlich dargestellt. Akteure, Netzwerke, Stand von Forschung und Entwicklung sowie industrielle Maßnahmen und Beiträge werden aufgeführt. Es wird ein Überblick über Industriezweige gegeben, die mit Entwicklungen und Anwendungen von Technologien zur virtuellen Realität befasst sind. Es werden Beispiele von Anwendungen einschließlich solcher mit eigener fachlicher Beteiligung präsentiert.

Es wird eine Übersicht über eine Vielzahl von Spin-offs gegeben. Rund 300 von ihnen werden detailliert beschrieben. Sie resultierten aus fast 10.000 Vermittlungen von Technologieeigentümern mit technologiesuchenden Interessenten unterschiedlicher Sparten. Viele von ihnen liegen nach erfolgter Sichtung mit den Transferparteien und deren Freigabe als Erfolgsgeschichten vor.

Die ökonomische Bedeutung der aufgezeigten Transferaktivitäten wird für die Wirtschaft und Beschäftigung Deutschlands nachgewiesen. Die Resultate werden nachvollziehbar und nachprüfbar dargestellt. Die Erfolgsanalyse der Technologietransferaktivitäten weist aus, dass, sofern die öffentliche Hand derartige Technologievermittlungsaktivitäten finanziert, mit diesen Ausgaben mehr als das Dreiundzwanzigfache dieser Ausgaben für die Staatskasse generiert wird.

Es handelt sich in diesem Buch in allen Fällen um Geschichten, die sich um deren wissenschaftlichen, technologischen und sozioökonomischen Kernaspekte ranken, vielfach im Zusammenhang mit Aktivitäten unter eigener Mitwirkung.

Kapitel 1: Supraleitung

„Noble Wandlung"

Wer hätte gedacht, dass eines Tages Verbraucher und Industrie gleichermaßen von der Entdeckung des aus dem niederländischen Leiden stammenden Physikers Heike Kammerlingh Onnes profitieren würden. Dieser hat nämlich im Jahr 1911 festgestellt, dass das Metall Quecksilber bei Kühlung mit dem von ihm erstmals 1908 verflüssigten Helium keinen elektrischen Widerstand mehr aufwies. Dies war die Geburt der Supraleitung. Für diese Entdeckung wurde Kammerlingh Onnes 1913 der Nobelpreis für Physik verliehen. Er hatte Helium bis zu einer Temperatur von 0,9 Kelvin, entsprechend minus 272,25 Grad Celsius, herabgekühlt. Dabei stellte er den als Supraleitung bezeichneten Zustand der Widerstandslosigkeit fest, der im Falle von Quecksilber unterhalb von minus 269 Grad Celsius, also etwas mehr als 4 Grad über dem absoluten Nullpunkt, liegt. Die Verflüssigung des Heliums ermöglichte die Entdeckung einer Reihe weiterer Supraleiter mit Sprungtemperaturen von etwas oberhalb des absoluten Nullpunkts. Mit dem Begriff Sprungtemperatur bezeichnet man diejenige Temperatur, bei der ein Material schlagartig den elektrischen Widerstand verliert.

Die Kühlung mit Helium limitierte zunächst wegen des erforderlichen Aufwands und der damit einhergehenden Kosten das Spektrum der Anwendungen der neuen Supraleitertechnologie. So manifestierten sich Anwendungen zunächst im Bereich der Medizin durch die Entwicklung und den Einsatz supraleitender Sensoren zur ultrapräzisen Bestimmung von extrem schwachen Magnetfeldern des Gehirns und des Herzens durch die in ihnen präsenten elektrischen Ströme.

Einige von uns haben vielleicht schon einmal mit einem auf Supraleitertechnik basierenden Diagnosesystem der Radiologie Bekanntschaft gemacht. Das dabei eingesetzte Verfahren der sogenannten Kernspinresonanz, auch als MRT bezeichnet, machen sich die Absorption und Emission elektromagnetischer Wechselfelder von Atomkernen zu eigen. Im MRT-Gerät können die Patienten diese als sehr laute Knackgeräusche wahrnehmen. Durch den Einsatz sehr hoher Magnetfelder, die umgerechnet bei etwa dem Zehntausendfachen der Stärke des Erdmagnetfeldes liegen, wird eine räumliche Auflösung mit einer Genauigkeit von nur einem Millimeter ermöglicht. Im Fall der medizinischen

Anwendung überwog das überragende Kosten-Nutzen-Verhältnis der alternativlosen Messtechnik die wirtschaftlichen Hemmnisse und begründete ihren Siegeszug zum Wohle der Betroffenen seit den 1980er-Jahren.

Es dauerte bis Mitte der 1980er-Jahre, bis sich das MRT in der medizinischen Diagnostik etablieren konnte. Für die medizinischen Errungenschaften des Kernspinresonanzeffektes wurde 2003 ein Nobelpreis verliehen, und zwar an den Briten Peter Mansfield für Physiologie/Medizin.

Beim physikalischen Effekt der Kernspinresonanz absorbieren und emittieren Atomkerne eines Materials in einem konstanten Magnetfeld elektromagnetische Wechselfelder. Normalerweise drehen sich alle Atomkerne im menschlichen Körper um ihre eigene Achse. Diesen Drehimpuls nennt man Kernspin. Durch ihre eigene Drehung erzeugen diese Kerne ein minimales Magnetfeld. Dies betrifft vor allem die Wasserstoffkerne, die am häufigsten im Körper vorkommen. Die magnetische Ausrichtung der Wasserstoffkerne ist normalerweise rein zufällig. Wenn man jedoch an den Körper von außen ein starkes Magnetfeld anlegt, dann ordnen sich diese Atomkerne alle in der gleichen Richtung an, und zwar in Längsrichtung des Körpers. Dieses Verfahren nutzt die Magnetresonanztomographie. Im MRT-System befindet sich ein starkes konstantes Magnetfeld von typischerweise 1,5 Tesla. Zusätzlich zu diesem Magnetfeld gibt das MRT-Gerät während der Messungen noch Radiowellen mit einer hohen Frequenz von ca. 10 bis 130 Megahertz auf den Körper ab, wodurch sich die parallele Ausrichtung der Wasserstoffkerne im Magnetfeld verändert. Nach jedem Radiowellenimpuls, der sich für den Patienten als Knacken bemerkbar macht, kehren die Wasserstoffkerne wieder in die vom Magneten vorgegebene Längsrichtung zurück. Hierbei senden die Atomkerne spezielle Signale aus, die während der Untersuchung gemessen und dann vom Computer zu Bildern zusammengesetzt werden. Es werden zusätzliche Magnetfelder mithilfe von sogenannten Spulen an den Körper angelegt, um eine Körperregion aus verschiedenen Blickwinkeln abzubilden. So erhält man die verwertbaren Schichtaufnahmen des Körpers.

Das MRT zeichnet sich durch konkurrenzlose Präzision in der Darstellung bestimmter menschlicher Gewebe aus. So ist das Verfahren unabdingbar bei der Kontrolle der Entwicklung von Läsionen bei Multiple-Sklerose-Erkrankungen (MS). Etwa 200.000 Menschen sind in Deutschland von MS betroffen. Das Kontrollverfahren ermöglicht die anatomische Darstellung von Organstrukturen. Durch Gabe von paramagnetischem Gadolinium als Kontrastmittel können Neurologen beurteilen, ob es sich um akute

Entzündungsherde handelt, die entsprechende medizinische Maßnahmen erfordern, oder um ältere inaktive Läsionen, die keinerlei Maßnahmen bedürfen. Wegen fehlender Strahlenbelastungen kann die MRT-Methode für Untersuchungen von Säuglingen und Kindern sowie während der Schwangerschaft bevorzugt angewandt werden.

Der Markt der MS-relevanten Produkte für die weltweit 2,5 Millionen Betroffenen in den Segmenten Diagnose und Therapie umfasste 2010 für die häufigste neuro-immunologische Erkrankung allein sieben Milliarden Euro für MS-Medikamente. Hierzu komplementär beläuft sich der Weltmarkt für Diagnostik einschließlich des besagten MRT-Verfahrens auf rund fünfunddreißig Milliarden Euro.

Als Technologie des 21. Jahrhunderts kommt der Supraleitung für die Bewahrung und Steigerung der Lebensqualität eine außerordentliche strategische Bedeutung zu. Der Markt der Supraleiteranwendungen wurde mit Stand 2010 auf mehr als zwei Milliarden Euro geschätzt. Für das Jahr 2020 wurde eine Steigerung des weltweiten Marktvolumens für supraleiterbasierte Produkte auf etwa 45 Milliarden Euro prognostiziert. Dieser Betrag schlüsselt sich auf in die Sektoren Elektronik (13,5 Mrd. Euro), Energie (12,0 Mrd. Euro), Prozesstechnik (8,3 Mrd. Euro), Transport (4,1 Mrd. Euro), Medizin (4,3 Mrd. Euro) und Forschung (2,8 Mrd. Euro). Der Medizinsektor wird sich demnach in den nächsten zehn Jahren bei einem Marktanteil von rund zehn Prozent einpendeln.

Es vergingen nahezu 50 Jahre, bis 1957 das Geheimnis der Entdeckung von Kammerlingh Onnes gelüftet werden konnte. Dies geschah gemeinschaftlich durch die Amerikaner John Bardeen, Leon N. Cooper und Robert Schrieffer. Sie lieferten die fundamentale mikroskopische Erklärung der Supraleitung und erhielten dafür 1972 den Nobelpreis für Physik. Ihre bahnbrechende Erkenntnis konzentrierte sich auf die Beschreibung der Supraleitung als kollektives Phänomen. Die nach ihren Erfindern benannte BCS-Theorie lieferte Erklärungen für diverse mit der Supraleitung einhergehende Phänomene.

Über sogenannte Phononen, so nennt man in der Sprache der Quantenmechanik quantisierte Gitterschwingungen, werden Elektronenpaare miteinander verkoppelt, lautete die Zauberformel. Dabei animieren Gitterschwingungen des Festkörperkristalls die Elektronen zur massenhaften Paarbildung, die man Cooper-Paare nennt. Als Folge verliert das Material den elektrischen Widerstand unterhalb der bereits erwähnten Sprungtemperatur. Die hierzu entwickelte BCS-Theorie fußte auf der in Experimenten gemachten

Beobachtung, dass die Sprungtemperatur des Metalls eine signifikante Abhängigkeit von der Masse der Atomkerne zeigte. Deswegen wurde gefolgert, dass die Supraleitung offenbar etwas mit der Wechselwirkung der Elektronen mit den masseabhängigen Gitterschwingungen zu tun haben müsse. Anschaulich gesehen kann man sich die Wechselwirkung von Elektronen und Gitterschwingungen etwa wie folgt vorstellen: Ein negativ geladenes Elektron zieht einen positiv geladenen Ionenrumpf hinter sich her. Dabei entsteht eine aus positiven Ionen bestehende Ladungspolarisationswolke. Wegen der wesentlich größeren Masse der Ionenrümpfe erfolgt die Bewegung der Polarisationswolke zeitlich verzögert. Ein zweites Elektron wird von der Polarisationswolke angezogen, das heißt, letztendlich vermittelt das Ionengitter eine attraktive Wechselwirkung zwischen zwei Elektronen, die beschließen, ein Cooper-Paar zu bilden und den supraleitenden Zustand zu ermöglichen.

Da die damaligen metallischen Supraleiter Sprungtemperaturen von maximal minus 250 Grad Celsius erreichten, war ihr technischer Einsatz natürlich begrenzt, wenn man einmal von der Medizin absieht.

Für diesen Bereich erwiesen sich supraleitende Quanteninterferenz-Detektoren (SQUIDs) als der Königsweg, um geringste vom Gehirn oder dem Herzen erzeugte Magnetfelder mit extremer Empfindlichkeit und genauer Lokalisierung berührungsfrei zu erfassen, und ermöglichten die Entwicklung und das Einsatzgebiet der oben beschriebenen Kernspintomographen.

Den diesen Detektoren zugrundeliegenden physikalischen Effekt der Eigenschaften eines Suprastroms aus Cooper-Paaren durch eine Tunnelbarriere sagte 1962 der britische Physiker Brian D. Josephson als 23-jähriger Doktorand theoretisch voraus. Klassisch gesehen kann natürlich eine Barriere nicht durchtunnelt werden. Quantenmechanisch betrachtet ist dies jedoch sehr wohl möglich, denn es gibt für jedes physikalische Objekt eine gewisse Tunnelwahrscheinlichkeit, die es erlaubt, dass ein Objekt mit einer gewissen Wahrscheinlichkeit eine Barriere per „Durchtunneln" überwinden kann. Der Tunneleffekt ist auch dafür verantwortlich, dass aus unseren Steckdosen elektrischer Strom kommt, obgleich ihre Oberflächen mit einer nichtleitenden Oxidschicht überzogen sind. Im Fall der Josephson-Kontakte tunneln keineswegs voneinander nichts wissende Elektronen, sondern miteinander korrelierte Elektronen der Cooper-Paare. 1973 erhielt Josephson für seine Arbeiten zusammen mit seinen Kollegen Leo Esaki und Ivar Giaever den Nobelpreis für Physik.

Durch die bahnbrechenden Arbeiten von Josephson wurde nicht nur das schon besprochene Kernspinresonanzverfahren im Medizinsektor möglich, sondern auch ein konkurrenzloses Verfahren im Bereich der Neurologie, um magnetische Felder, die durch elektrische Ströme hervorgerufen werden, mit höchstmöglicher Präzision festzustellen.

Diese als Magnetenzephalographie (MEG) bezeichnete Methode misst die die elektrischen Ströme begleitenden schwachen Magnetfeldveränderungen außerhalb des menschlichen Kopfes mithilfe von Biomagnetometern. Das erste MEG wurde 1968 von David Cohen am Massachusetts Institute of Technology (MIT) aufgenommen. Die Unterschiede zum EEG (Elektroenzephalographie) liegen in den fehlenden Verzerrungen der Magnetfelder beim Weg durchs menschliche Gewebe mit unterschiedlichen Wechselstromeigenschaften und somit der Möglichkeit einer hohen räumlichen und zeitlichen Auflösung der Biosignale ohne zeitaufwendige Berücksichtigung der Volumenleitergeometrie. Im Vergleich zum EEG ist das MEG für radiale Stromquellen blind, da diese an der Kopfoberfläche keine Magnetfeldveränderungen ergeben. Da das MEG kein bildgebendes Verfahren ist, werden die Quellenlokalisationen üblicherweise mit einem MRT-Datensatz überlagert. Daher wird diese Methode im angloamerikanischen Sprachgebrauch auch „Magnetic Source Imaging" (MSI) genannt. Mit dieser Methode sind Quellenlokalisationen exakt auf die individuelle Anatomie des Patienten übertragbar. So ist es möglich, auch bei Veränderungen von bekannten anatomischen Strukturen, z. B. im Falle eines Hirntumors oder Ödems, die Lage und den Bezug zur MEG-Quellenlokalisation und damit zu den gesuchten Funktionsarealen zu erhalten.

Die erwähnten Möglichkeiten der in der Schädelhöhle befindlichen Stromquellen wurden erstmals 1993 dazu benutzt, das MEG zur prächirurgischen Diagnostik einzusetzen. Bereits vorher gab es Möglichkeiten für eine funktionelle Bildgebung mit den nuklearmedizinisch-metabolischen Verfahren der „Single Photon Emission Tomography" und „Positron Emission Tomography". Wegen der ungenügenden räumlichen Auflösung, des apparativen Aufwands und Problemen der gemeinsamen Registrierung der metabolischen Daten mit anatomischen Datensätzen fanden beide Verfahren jedoch nur vereinzelt Anwendung. Mit der Einführung des sogenannten BOLD-Kontrasts zum Zwecke des Nachweises der Abhängigkeit des Bildsignals vom Sauerstoffgehalt in den roten Blutkörperchen durch Ogawa 1990 war es dann auch möglich, nichtinvasive Studien über die Kopplung von regionaler

Durchblutung und neuronaler Aktivität mit der sogenannten funktionellen Magnetresonanztomographie (f-MRT) durchzuführen. Diese Methode wird in der präoperativen Diagnostik zur Lokalisation der Zentralregion genutzt und für neurochirurgische Operationen in einigen Zentren bereits eingesetzt. Bis Mitte der 1990er-Jahre wurde im klinischen Alltag aber hauptsächlich indirekt, nämlich über anatomische Landmarken, der Bezug eines Hirntumors zum motorischen Cortex definiert. Die Anwendung dieser Methode ist allerdings erschwert, wenn die Anatomie oder die Hirnfunktion durch Massenverlagerung oder ein Ödem verstrichen ist. Oftmals konnte man dann erst intraoperativ durch somatosensorisch evozierte Potenziale, die sogenannte Phasenumkehr, feststellen, dass große Teile des motorischen Cortex durch den Tumor erfasst waren und sich eine weitere Operation daher verbat, wollte man den Patienten nicht schwer schädigen. Durch die Lokalisierung von somatosensorisch evozierten Feldern (SEF) mit dem MEG kann ein für taktile Wahrnehmungen des Körpers zuständiges Verarbeitungsgebiet im Rindengebiet des Großhirns, dem sogenannten Gyruspostcentralis, verarbeitet werden und damit der Bezug einer Raumforderung zum motorischen Cortex durch ein relativ einfaches Verfahren bereits im Vorfeld der geplanten Operation visualisiert werden. Die klinische Genauigkeit der sogenannten SEF-Lokalisationen wurde in mehreren Studien bestätigt, bei denen die SEF-Lokalisationen intraoperativ mit somatosensibel evozierten Potenzialen verglichen wurden. Mit der Einführung der Neuronavigation wurde es möglich, den neurochirurgischen Raum des Bilddatensatzes mit dem physikalischen Raum des Operationsgebietes zu verknüpfen und die Position von Instrumenten im stereotaktischen Raum in Echtzeit zu verfolgen. Die zusätzliche Einbindung der MEG-Daten in den Bilddatensatz der Neuronavigation ermöglichte, dass der Operateur durch das Verfolgen eines Pointers oder durch die Einspielung von segmentierten Bilddaten in das Operationsmikroskop nun in wenigen Sekunden funktionelle Hirnareale identifizieren konnte. Die Verknüpfung von funktionellen Bilddaten mit der Neuronavigation wird auch als funktionelle Neuronavigation bezeichnet.

Potenziell profitieren von der MEG-Technologie vor allem auch Epilepsiepatienten, deren Anzahl sich auf weltweit 50 Millionen beläuft. Aufgrund der hohen Empfindlichkeit der MEG-Systeme müssen diese gegen Störungen des Erdmagnetfeldes abgeschirmt werden. Dies erfolgt durch Unterbringung der Messungen in aus sogenanntem Mumetall (das sind weichmagnetische Nickel-Eisen-Verbindungen) bestehenden Abschirmräumen. Erste MEG-Systeme wurden von der in San Diego beheimateten kalifornischen Firma Biomagnetic Technologies Inc. hergestellt und vertrieben. Es handelt sich dabei um Systeme mit bis zu über 300 über den Kopf verteilten MEG-Detektoren, die eine vollständige Abdeckung des Gehirns ermöglichen. Die Verfügbarkeit von MEG-Systemen motivierte unter anderem den Aufbau von Epilepsiezentren.

Das Heliumzeitalter wurde 1986 durch die Entdeckung der sogenannten Hochtemperatursupraleiter der Herren J. G. Bednorz und K. A. Müller am IBM-Forschungszentrum im schweizerischen Rüschlikon mit dem Eintritt in das Stickstoffzeitalter ergänzt.

Sie entdeckten sensationellerweise supraleitende Substanzen mit Sprung-temperaturen von mehr als minus 196,15 Grad Celsius. Zu deren Kühlung reicht der deutlich preisgünstigere flüssige Stickstoff völlig aus. Es handelt sich nicht mehr nur um Metalle, sondern um Keramiken (Cuprate), komplexe Metalloxidverbindungen. Bednorz und Müller erhielten hierfür folgerichtig 1987 den Nobelpreis für Physik.

Weitere Hochtemperatursupraleiter mit unerwarteten spektakulären Eigen-schaften entdeckte im Jahr 2008 der Japaner Hideo Hosono. Es handelt sich hierbei um supraleitende Verbindungen aus Eisen, Lanthan, Phosphor und Sauerstoff.

Entgegen der üblichen Lehrmeinung könnte es sich bei dieser Stoffklasse um das Vorliegen von ferromagnetischen Supraleitern handeln. Bislang nahm man an, dass das Phänomen der Supraleitung nicht mit dem Vorliegen ferromagnetischer Komponenten vereinbar ist. Aber genau dieser Umstand scheint bei diesen eisenhaltigen Verbindungen der Fall zu sein. Darüber hinaus werden bei ihnen durch Beimischungen von Arsen bemerkenswert hohe Sprungtemperaturen von minus 217 Grad Celsius berichtet.

Die Arbeiten des Forscherteams von Professor Hideo Hosono sind zudem der experimentelle Nachweis der von mir bereits 1983 in meiner Dissertation zur „Theorie ferromagnetischer Supraleiter" prognostizierten Möglichkeit des Auftretens der Koexistenz von Supraleitung und Ferromagnetismus. Meine Arbeit kann beim TIB Leibniz-Informationszentrum Technik und Natur-wissenschaften der Universitätsbibliothek Hannover eingesehen beziehungs-weise angefordert werden.

Ich hatte ein zur Beschreibung magnetischer Supraleiter geeignetes Zweibandmodell, das auf seinerzeitigen experimentellen und theoretischen Erfahrungen über ternäre Verbindungen basiert, auf die Möglichkeit der

Koexistenz von Supraleitung und Ferromagnetismus mit anerkannten Methoden der theoretischen Physik untersucht. Das hierzu herangezogene Bändermodell dient dabei der Beschreibung des energetischen Zustands der Elektronen von Atomen in einem kristallinen Festkörper. Während in einem einzelnen nichtgebundenen Atom die Elektronen diskrete Energiezustände einnehmen, führen in einem Kristall die Wechselwirkungen zwischen den Atomen zu einer Verbreiterung der Energiezustände, das heißt, dicht beieinanderliegende Energiezustände verschmelzen zu Energiebändern, bei denen eine kontinuierliche Verteilung der Energiezustände vorliegt. Diese Energiebänder sind durch energetische Bereiche voneinander getrennt, in denen keine Elektronenzustände erlaubt sind, das heißt, es liegen verbotene Zonen beziehungsweise Bandlücken vor. Die Bänder jedoch ermöglichen die physikalischen Eigenschaften des Festkörpers wie metallische Leitung, Isolatoreigenschaften oder Magnetismus.

Im betrachteten Fall spielen die folgenden Akteure die Hauptrollen: Elektronen des s-Bandes tragen das Trikot der Normalleitung, 4d-Elektronen das der Supraleitung und 4f-Spins bestreiten die magnetischen Eigenschaften.

Aufgrund der Berücksichtigung eines zusätzlichen Bandes normalleitender Elektronen, das mit den supraleitenden Elektronen und den magnetischen Momenten mittels Austausch wechselwirkt, ergibt sich die interessante Möglichkeit eines Austauschkompensationseffektes, der auf einer Reduktion der starken paarbrechenden Wirkung der Spinaustauschstreuung und des Austauschfeldes durch die magnetischen Momente beruht. Diese Austauschwechselwirkung tritt als Folge ihres rein quantenmechanisch begründbaren Auftretens in Erscheinung.

Diese Effekte können die Koexistenz von Supraleitung und Ferromagnetismus ermöglichen. Neben einer detaillierten Berechnung der Eigenschaften des Zweibandmodells wurde der Einfluss von Spindynamik aufgrund von Spindiffusion, also der nicht gerichteten Zufallsbewegung der Spins aufgrund ihrer thermischen Energie, sowie der Effekt durch unmagnetische Störstellenstreuung auf die supraleitende Übergangstemperatur untersucht. Der Einfluss von Spindiffusion zeigt sich in einer relativ kleinen Abschwächung der supraleitenden Übergangstemperatur im Vergleich zu Analysen, bei denen zeitliche Korrelationen außer Acht gelassen werden. Dabei stellte sich die Berücksichtigung einer Summenregel für die sogenannte magnetische Suszeptibilität, das heißt die Magnetisierbarkeit in einem äußeren Magnetfeld des Spinsystems, als von großer Bedeutung heraus. Bei der Bestimmung des

Einflusses unmagnetischer Störstellen in ferromagnetischen Supraleitern stellte sich heraus, dass eine bis dato in der Fachliteratur unberücksichtigte Klasse von Feynman-Graphen, die zu einem Diffusionspol führt, die supraleitende Übergangstemperatur qualitativ verändert. Die bildlichen Darstellungen der Feynman-Diagramme wurden 1949 von dem Amerikaner Richard Feynman am Beispiel der Quantenelektrodynamik entwickelt. Die Diagramme sind streng in mathematische Ausdrücke übersetzbar. Dieser mir vertraute Formalismus brachte mich durch ein ungewöhnliches Erlebnis während einer Urlausreise zu der Feynman-Diagrammkategorie von Leiter-graphen. Es war nämlich so: Um zum Hotelzimmer im ersten Stock zu gelangen, musste man eine ziemlich lange, nicht enden wollende Wendeltreppe mit ihren ach so vielen Stufen hinaufgehen. Das war der Auslöser meiner Leiter-graphenidee, die schließlich die Möglichkeit der Koexistenz von Supraleitung und Ferromagnetismus nahelegte.

Die interessante und grundlegende Frage nach einem Zusammenspiel von Supraleitung und Magnetismus hatte eine Vielzahl experimenteller, theoretischer und numerischer Untersuchungen stimuliert. Nach der Erklärung des Phänomens Supraleitung durch Bardeen, Cooper und Schrieffer befasste man sich dabei zunächst mit supraleitenden Systemen, die eine geringe Konzentration magnetischer Atome, das heißt Ionen der Seltenen Erden beziehungsweise Übergangsmetall-Ionen, enthalten. Es zeigte sich, dass schon bei sehr geringer Konzentration der magnetischen Momente die Supraleitung unterdrückt wird. Den Grund hierfür erkannte man in der im quanten-mechanischen Formalismus erklärbaren Austauschwechselwirkung zwischen den supraleitenden Elektronen und den magnetischen Momenten. Abrikosov und Gorkov entwickelten eine Theorie, die diesen Einfluss magnetischer Störstellen auf die Supraleitung erklärte und die Absenkung der supraleitenden Übergangstemperatur mit zunehmender Konzentration magnetischer Atome beschrieb. Eine Koexistenz von Supraleitung und magnetischer Ordnung, für die eine höhere Konzentration magnetischer Atome vorhanden sein müsste, konnte somit wegen der schon bei kleinen Konzentrationen außerordentlich starken Austauschstreuung durch die besagte Austauschwechselwirkung der supraleitenden Elektronen aufgrund der lokalen Spins in den untersuchten Substanzen nicht beobachtet werden. Der russische Physiker Alexei Alexeje-witsch Abrikosov erhielt in diesem Zusammenhang 2003 zusammen mit dem russischen Physiker Witali Ginzburg und dem amerikanischen Physiker Anthony James Leggett den Nobelpreis für bahnbrechende Arbeiten in der Theorie der Supraleitung und Suprafluidität.

Erst die bedeutsamen Entdeckungen supraleitender ternärer Verbindungen, die Atome der Seltenen Erden enthalten, führten zu großen Fortschritten in der Frage der Koexistenz von Supraleitung und Magnetismus. Diese Verbindungen zeigen supraleitendes Verhalten, obwohl sie ein mit magnetischen Seltenen-Erd-Ionen (4f-Spins) besetztes periodisches Untergitter enthalten. Diese erstaunliche Erscheinung steht in Verbindung mit der speziellen Gitterstruktur dieser Systeme. Die lokalisierten 4f-Spins sind nämlich relativ weit entfernt von den 4d-Elektronen der Übergangsmetallcluster, denen die supraleitenden Eigenschaften zuzuschreiben sind. Demzufolge wechselwirken die 4d-Elektronen nur schwach mit den Seltenen-Erd-Ionen. Den normalleitenden Elektronen kann jedoch eine weitere außerordentlich wichtige Bedeutung zukommen, die wir in der folgenden Idee darlegen. Wir nehmen an, dass (bei verschwindendem äußerem Magnetfeld) das Spinsystem unterhalb einer bestimmten Temperatur, der magnetischen Übergangstemperatur, in einen homogenen ferromagnetischen Zustand übergeht. Aufgrund des sich dann ausbildenden Austauschfeldes tritt eine erhebliche Beeinflussung des supraleitenden Zustandes ein, denn schon bei relativ kleinen Austauschkopplungskonstanten zwischen supraleitendem Band und magnetischen Momenten ist in einem hochkonzentrierten Spinsystem leicht ein internes Feld möglich, das die Größe des oberen kritischen Magnetfelds erreicht oder gar übersteigt. In diesen Fällen findet somit eine Rückkehr der Supraleitung zur Normalleitung statt, Koexistenz ist nicht möglich. Wenn nun aber die Austauschwechselwirkung der magnetischen Momente mit normalleitenden (s-)Elektronen dazu führt, dass die Polarisation der s-Elektronen der Polarisation der magnetischen Ionen entgegengesetzt ist, so tritt eine Kompensation des Austauschfeldes der Ionen ein, sofern die s-Elektronen selbst mit den supraleitenden Elektronen über Austausch gekoppelt sind. Das verkleinerte effektive Austauschfeld der magnetischen Momente und der normalen Elektronen führt somit zu einer Reduktion der Spinaufspaltung des d-Bandes. Dieser Mechanismus der Kompensation des starken Austauschfeldes der magnetischen Atome im ferromagnetischen Zustand durch die normalleitenden Elektronen kann somit die Koexistenz von Supraleitung und Ferromagnetismus begünstigen.

Der großtechnischen industriellen Nutzbarmachung der Hochtemperatursupraleitung diente ein im April 2014 gestartetes Pilotprojekt in Essen, das der Demonstration des verlustfreien Energietransports über große Distanzen diente. Dem Konsortium unter Führung des Karlsruher Instituts für Technologie (KIT) gelang es, aus den spröden Keramiken flexible Drähte herzustellen.

Das AmpaCity-Projekt startete das KIT mit einem großen nordrhein-westfälischen Energieversorger und einem Kabelhersteller zur Demonstration der technischen Machbarkeit und Wirtschaftlichkeit von Supraleitungs-lösungen auf Mittelspannungsebene. Die Machbarkeitsstudie hatte zum Ergebnis, dass Supraleiterkabel die einzig sinnvolle Möglichkeit darstellen, städtische Stromnetze mit Hochspannungskabeln weiter auszubauen. Hierzu wurde im Rahmen des Pilotprojektes ein etwa ein Kilometer langes supraleitendes Kabel in das bestehende Stromnetz integriert. Anders als bei herkömmlichen Kupferkabeln treten bei dem neuen Kabelsystem praktisch keine elektrischen Übertragungsverluste auf. Durch einen Supraleiterstrang könnten bis zu fünf parallel verlaufende konventionelle 10.000-Volt-Kabel ersetzt beziehungsweise 110.000/10.000-Volt-Umspannstationen überflüssig werden. Das im Essener Pilotprojekt verwendete Kabel ist aufgrund seines konzentrischen Aufbaus besonders kompakt. Um die Vorlaufleitung der Stickstoffkühlung herum sind drei in Isolationsmaterial eingeschlossene Supraleiterschichten für die drei Stromphasen angeordnet. Diese Schichten werden außen von einer gemeinsamen Kupferschmierung umhüllt, die ihrerseits vom Flüssigkeitsmantel des zurückströmenden Kühlmediums umgeben ist. Kühlkreislauf, Leiterschichten und Kupferschmierung befinden sich in einem doppelwandigen, superisolierten Vakuumbehälter aus flexiblem Edelstahlrohr. Die Außenseite dieses sogenannten Kabelkryostaten ist durch eine Polyethylen-Ummantelung geschützt. Das Kabel kann als quasi idealer elektrischer Leiter mehr als hundertmal so viel Strom transportieren als Kupfer. Durch die Supraleitertechnologie hatte man einen wichtigen Treiber für eine Technologiewende in Ballungszentren. Am 30. April 2014 wurde im Beisein des Nobelpreisträgers Johannes Georg Bednorz das bis dato weltweit längste Supraleiterkabel offiziell in ein Stromnetz integriert und der zweijährige Praxistest gestartet. Für den Betrieb des Essener Kühlsystems fand sich eine Lösung, bei der lediglich eine kompakte Station an einem der Endpunkte der Kabelstrecke erforderlich ist. Ebenfalls aus supraleitendem Material gefertigt wurde der Strombegrenzer, der verhindert, dass das Kabel bei einer Netzstörung durch Fehlerströme überlastet wird.

Eine gänzlich andere Applikation mit ebenfalls direktem Bezug zur Tieftemperaturphysik rief in der ersten Dekade des 21. Jahrhunderts unter dem Schlagwort Körperscanner großes Aufsehen hervor. Es handelt sich um neu entwickelte Strahlungsdetektoren im Terrahertz-Frequenzbereich. Die Strahlung liegt bei Wellenlängen kleiner als ein Millimeter und größer als 100 Mikrometer, also im Frequenzbereich zwischen 300 Gigahertz und drei

Terrahertz, dem Grenzbereich zwischen Infrarotwärmestrahlung und Mikrowellen. Die niederenergetischen Strahlen sind auch Teil der natürlichen Wärmestrahlung des menschlichen Körpers und genau dieser Umstand macht sie so interessant für die Sicherheitstechnik. Fachleute erkannten, dass die Nutzbarmachung der Strahlung zu einem entscheidenden Werkzeug im Kampf gegen Terroristen, Luftpiraten und Schmuggler werden könnte. Zu diesem Zweck wurden aktive Systeme entwickelt, bei denen die zu untersuchende Person mit einer kleinen Dosis Terrahertzstrahlen beschossen wird. Ein Detektor misst dann die entstehenden Reflektionen. Für den menschlichen Körper, eine versteckte Pistole in der Unterhose oder ein Keramikmesser unter dem Arm fällt das Frequenzspektrum jeweils signifikant verschieden aus. Alternativ hierzu favorisierten Forscher eines Jenaer Instituts für photonische Technologien ein passives System, das nur die Strahlen analysiert, die ohnehin von den Untersuchungsobjekten abgegeben werden. Im Fall des menschlichen Körpers geht es um gerade einmal 10 hoch minus 14 Watt. Um die Detektoren empfindlich genug zu machen, kühlen die Forscher ihre Messtechnik auf Temperaturen knapp über dem absoluten Temperaturnullpunkt ab. Sensoren und Signalverstärker arbeiten supraleitend. Bei dem verwendeten Material handelt es sich um Niob mit einer Sprungtemperatur von minus 263,9 Grad Celsius. Der von dem Institut ersonnene Scanner ermöglicht den passiven Nachweis der Strahlung dergestalt, dass die vom Körper abgegebenen Terrahertzwellen die Sensoren gerade so stark erwärmen, dass sich der Strahlungseinfall noch messen lässt. Die Technik ist etwa eine Millionen Mal sensibler als Infrarotkameras, wie sie zum Beispiel in Nachtsichtgeräten zum Einsatz kommen. Bereits zum Zeitpunkt des Aufkommens der Terrahertz-Sensorik prognostizierten Wirtschaftsfachleute einen Boom für Körperscanner. So wurde das Marktvolumen für sicherheitstechnische Ausrüstungen und Produkte allein in Europa auf fast zehn Milliarden Euro geschätzt, das heißt, Verkäufe von etwa 50.000 neuen Geräten zu Stückpreisen von 100.000 bis 200.000 Euro.

Auch die Raumfahrt leistete bei der Technologieentwicklung zur Terrahertzstrahlung mit ihren spezifischen Anforderungen Schützenhilfe. Bei der Exploration des Weltraums hatte man Missionen ins Auge gefasst, die auf Betreiben der Europäischen Weltraumorganisation ESA erlauben würden, neue Erkenntnisse für astronomische Fragestellungen zu gewinnen. Dies erlaubt nicht nur den Nachweis spezieller Moleküle in interstellaren Medien, sondern ermöglicht auch die Bestimmung von deren Temperatur und Dichte. Überdies erwies sich die satellitengestützte Bestimmung von Molekülen und deren Höhenverteilung in der Atmosphäre von Planeten als zielführend. Messungen der Erdatmosphäre erlauben insbesondere, Daten zu gewinnen, mit denen ein verbessertes Verständnis des Ozonlochs und der Erderwärmung möglich ist. Die ESA setzte bei der Durchführung der mit dem Namen StarTiger bezeichneten Initiative von Anfang an auf Interdisziplinarität, was sich zum Beispiel in der Zusammensetzung der Projektteams niederschlug. Schon das erste Pilotvorhaben im Jahr 2002 führte zur Entwicklung eines Bildgebungsverfahrens für den Terrahertzbereich sowohl für die astronomische Fernerkundung als auch zur Umweltüberwachung. Aus diesen beiden Aktivitäten entstand die beschriebene Sicherheitstechnik für Flughäfen im Sinne eines erfolgreichen Technologietransfers.

Magnetschwebebahnen gelangen für einen Routinebetrieb durch die Entdeckung der Hochtemperatursupraleiter in greifbare Nähe, da man sich den Umstand zunutze machen kann, dass ein Supraleiter unterhalb einer bestimmten Temperatur nicht nur den elektrischen Widerstand verliert, sondern auch Magnetfelder aus seinem Inneren verdrängt. Der aus Yttrium-Barium-Kupferoxid bestehende Keramiksupraleiter mit einer Sprungtemperatur von minus 183 Grad Celsius verdrängt Magnetfelder aus seinem Inneren, sodass er auf dem Magneten schweben kann. Bei dem verwendeten Typ wird jedoch nicht das ganze Material supraleitend, sondern es bilden sich „Flussschläuche", das heißt normalleitende Bereiche, in denen Magnetfelder gefangen werden. Diese Schläuche können sich allerdings kaum bewegen. Der Supraleiter „merkt" sich das beim Einfrieren vorhandene Feld und versucht immer wieder, dorthin zurückzukehren. Damit der Zug sich zwar fortbewegen kann, aber nicht aus der Bahn fliegt, wenn er in die Kurve fährt, ist das Magnetfeld in Fahrtrichtung gleichbleibend, aber in Querrichtung schnell wechselnd. Somit kann sich der Supraleiter nach vorne bewegen, da er keine Änderung des Feldes „sieht", aber er kann sich nur unter großer Kraftanstrengung zur Seite bewegen.

Deutschland war auf dem Gebiet der Magnetschwebahn Wegbereiter. Mit einer Langstreckenverbindung zwischen Berlin und Hamburg wurde nach der Wiedervereinigung die unter dem Namen Transrapid bekannt gewordene reibungsfreie Zugtechnik in den Probebetrieb genommen. Mit dem Transrapid konnten Geschwindigkeiten von 450 Kilometern pro Stunde erzielt werden, also die Hälfte der Reisegeschwindigkeit von Reisejets. Die maximal erreichbare systembedingte Höchstgeschwindigkeit des Transrapid beträgt 550 Kilometer pro Stunde. Im Jahr 2003 unterzeichneten der damalige

Bundeskanzler Gerhard Schröder und der chinesische Premierminister ein Abkommen über eine 30 Kilometer lange Teststrecke zwischen dem Flughafen und Shanghai. Es wurde von deutscher Seite angestrebt, die 1.300 Kilometer lange Strecke zwischen Shanghai und Peking mit der Schwebebahntechnik eines Industriekonsortiums zweier großer deutscher Technologiekonzerne zu realisieren. Trotz aller nachgewiesenen Machbarkeitsvorteile entschied sich die chinesische Seite jedoch aus politischen Gründen für eine eigene Schnellzugverbindung.

Auch andernorts entschied man sich grundsätzlich gegen die Fortführung der Umsetzung des Magnetschwebebahnkonzeptes, da die rasante technische Entwicklung schienengebundener Hochgeschwindigkeitszüge wie zum Beispiel der deutsche ICE oder der französische TGV mit der Erreichung von Geschwindigkeiten im Bereich 300 bis 330 Kilometer pro Stunde ermöglichte. Noch höhere Geschwindigkeiten vergleichbar mit denen des Transrapid wurden in Tests für den TGV bereits demonstriert.

Supraleitende Motoren und Generatoren sind aus dem Alltag nicht mehr wegzudenken, obgleich meistens von der Öffentlichkeit nicht als solche wahrnehmbar. 20 Jahre nach der Entdeckung der Hochtemperatursupraleiter wurde im Frühjahr 2006 der weltweit erste Generator auf HTS-Basis für den Antrieb von Schiffen präsentiert. Er ist leichter, kleiner und leistungsfähiger als konventionelle Aggregate und sehr flexibel in unterschiedlichen Schiffstypen und sogar auf Bohrinseln einsetzbar. Bislang erzeugen riesige Dieselmotoren und Generatoren elektrische Energie für Schiffe. Künftig könnten wesentlich kleinere Gasturbinen und HTS-Generatoren Strom für Antrieb und elektrische Versorgung liefern. Das, was ein Forscherteam der Siemens AG vorantrieb, war die Vorstellung, nach wenigen Jahren Entwicklertätigkeit tief unten in den stampfenden und rollenden Schiffsrümpfen Strom für den Antrieb und die Bordelektronik zu erzeugen. Schon bald surrte der erste schnelllaufende HTS-Generator von der Größe eines Kleinwagens mit 3.600 Umdrehungen pro Minute. Erste Generatorsysteme hatten Leistungen von mehreren Megavoltampere, womit sich Tausende von Einfamilienhäusern energetisch versorgen ließen, und sie sind deutlich kleiner als herkömmliche Generatoren. Wie üblich dreht sich im HTS-Aggregat ein Rotor in einem zylindrischen Gehäuse, dem Ständer. Wird der Rotor durch eine Antriebswelle in Drehung versetzt, erzeugt sein Magnetfeld in den Spulen des Ständers eine elektrische Spannung. Diese Energie wird abgeleitet und genutzt. Als Wicklungen des Rotors werden Drähte aus HTS-Keramik verwendet. Das HTS-Material kann im tiefgekühlten Zustand deutlich mehr Strom aufnehmen. Als Ergebnis konnten Gewicht und Volumen eines 4-Megavoltampere-Generators auf 70 Prozent der Werte gewöhnlicher Maschinen reduziert werden. Zugleich wurden die Energieverluste halbiert und der Wirkungsgrad verbessert. Der erzielte Vorteil kann in diesem Leistungsbereich bei den erreichten Größenverhältnissen als geradezu revolutionär bezeichnet werden. Bei konventionellen Maschinen könnte der Wirkungsgrad nur mit höherem Materialeinsatz und überproportionaler Vergrößerung von Masse und Volumen verbessert werden. Die HTS-Generatoren können vor allem auf „vollelektrischen" Schiffen (VES) eingesetzt werden. Die Schiffsschrauben der VES werden nicht direkt durch große Dieselmotoren angetrieben. Stattdessen versetzt eine Gasturbine einen Generator in Rotation. Der so erzeugte Strom gelangt dann zu mehreren kleineren Elektromotoren für die Schiffsschrauben, sodass der VES-Antrieb Platz einspart. Statt riesiger Dieselmotoren lassen sich etliche kleine Erzeugungseinheiten im Schiffsbauch besser unterbringen. Jachten können dadurch schlanker designet werden, was den energiefressenden Wasserwiderstand deutlich verringert.

Bislang gibt es erst wenige vollelektrische Schiffe. Doch der alternative Antrieb liegt im Trend, insbesondere bei Kreuzfahrtschiffen, wo inzwischen fast jeder Neubau mit VES-Maschinen ausgestattet wird. Denn der elektrische Antrieb bietet noch weitere Vorteile. Er ist viel ruhiger als der tuckernde Diesel und die Energie dient zusätzlich der Hotellerie an Bord. Ein Drittel des Stroms wird für Küche, Beleuchtung und Passagierkomfort verbraucht. Ein weiterer Grund für die Popularität der VES ist darin begründet, dass sich Kreuzfahrtschiffe oder Privatjachten eher gemächlich bewegen, viele Häfen anfahren und gelegentlich Zwischensprints einlegen. Da sich an Bord großer VES pro Schiffsschraube etwa drei kleine Elektromotoren befinden, kann je nach Bedarf die optimale Zahl an Turbinen und Generatoren zugeschaltet werden. Das ist effizienter als der Dieselantrieb im gedrosselten Betrieb.

Seit über zehn Jahren wird der effizienten Energiespeicherung vermittels supraleitender Spulen (SMES) in Wissenschaft und Forschung hohe Aufmerksamkeit geschenkt. Derartige Systeme könnten die Elektrizitätserzeugung und deren Speicherung sowie ihren Verbrauch in gewisser Weise entkoppeln. Für viele neue Technologien der Elektrizitätserzeugung oder für neue Elektrizitätsanwendungen ist das Vorhandensein effizienter Speichertechniken eine Voraussetzung im Sinne von Schrittmachertechnologien. Zwar sind Speicherbatterien (Akkumulatoren) seit Langem eingeführt und erprobt, allerdings sind sie für viele Anwendungen aufgrund ihrer Eigenschaften nur bedingt oder nicht geeignet. Darum begann man die Suche nach technischen Alternativen. Neben Schwungradsystemen wurde auch der Energiespeicherung in supraleitenden Spulen (abgekürzt SMES für „Superconducting Magnetic Energy Storage") verstärkt Aufmerksamkeit geschenkt.

Für die SMES-Technologie bedient man sich der Eigenschaft von Spulen, in dem durch sie aufgebauten magnetischen Feld Energie zu speichern. Zu den aus technischer Sicht besonders interessanten Eigenschaften eines SMES-Speichers zählen die kurze Zugriffszeit von wenigen zehn Millisekunden, der hohe Umwandlungswirkungsgrad (das heißt der Wirkungsgrad ohne Berücksichtigung der Hilfsenergieverbräuche) von weit über 90 Prozent, die hohe kalendarische Lebensdauer und hohe Zyklenlebensdauer sowie die mit selbstgeführten Stromrichtern mögliche unabhängige Steuerung von Wirk- und Blindleistung. Dem stehen aber auch Einschränkungen gegenüber. Hierzu zählt, dass die Stromrichterspannung durch die Auslegung begrenzt ist, wodurch mit abnehmendem Energieinhalt auch die entnehmbare Maximalleistung abnimmt. Zudem tritt ein ständiger Kühlleistungsbedarf auf, der abhängig von der Spulengröße und damit dem Energieinhalt ist und mindestens einige Prozent des Speichervermögens pro Tag beträgt. Damit ist der Gesamtnutzungsgrad des Systems stark von der Zyklusdauer abhängig.

Für Speicher dieser Art ist theoretisch eine Vielzahl von Einsatzmöglichkeiten denkbar. Vorgestellte Konzepte für den Bereich der elektrischen Energieversorgung reichen von großen Systemen für den Tageslastausgleich in Elektrizitätsversorgungsnetzen über mittelgroße Systeme zur Pufferung von größeren Elektrizitätserzeugungsanlagen auf der Basis intermittierender regenerativer Energiequellen oder als Sekundärreserve in thermischen Kraftwerken bis zu Kleinanlagen für Stabilisierungsaufgaben in der Stromübertragung oder zur Sicherung einer unterbrechungsfreien Stromversorgung bei sensiblen Verbrauchern. Auch im Verkehrsbereich ließen sich SMES einsetzen, beispielsweise zum Tageslastausgleich in der Bahnstromversorgung oder zur Spannungsstabilisierung auf dicht befahrenen Strecken des schienengebundenen Nahverkehrs.

Darüber hinaus gibt es Nischenanwendungen im Bereich der Forschung, so zur Stromversorgung von Verbrauchern mit kurzzeitigem hohem Leistungsbedarf wie im Falle von Beschleuniger- oder Fusionsexperimenten. Im Vordergrund öffentlich geförderter Vorhaben stehen vor allem Speicher mit Energieinhalten im Gigawattstundenbereich mit Leistungen von mehreren Hundert Megawatt zum Tageslastausgleich in der öffentlichen Stromversorgung.

Eine Speicherung von elektrischer Energie zum Zweck der Bereitstellung bei hohem Leistungsbedarf über längere Zeit dient primär dazu, die Stromerzeugung insgesamt wirtschaftlicher zu gestalten. Eine wirtschaftliche Speicherung von Elektrizität ist überall da von Nöten, wo der Bedarf an elektrischer Energie im Laufe des Tages wesentliche Schwankungen aufweist oder die Elektrizitätserzeugung nicht ohne technische Beschränkungen, Wirkungsgradverschlechterungen oder verstärkten Verschleiß der Anlagen einem schwankenden Leistungsbedarf der Verbraucher gerecht werden kann. Durch eine Speicherung der Elektrizität selbst ist zwar keine Einsparung von elektrischer Energie möglich, bei einer Bilanzierung über das Gesamtsystem zeigt sich jedoch, dass sich bei geeigneten Randbedingungen der gesamte Energieaufwand pro Einheit Nutzenergie reduzieren lässt. Elektrizitätsspeichersysteme für diesen Einsatzzweck werden von der Elektrizitätswirtschaft primär im Hinblick auf ihre Möglichkeit, die mittleren Stromerzeugungskosten zu reduzieren, und damit anhand ihres Gesamtwirkungsgrades und der Systemkosten bewertet.

Im Hinblick auf den Einsatz in der Spitzenlastdeckung ist die Wirtschaftlichkeit eines Supraleitersystems zu vergleichen mit der von Primärerzeugern (Gasturbinen, Verbrennungsmotoren, zukünftig vielleicht auch Brennstoffzellen), von Speichersystemen sowie anderen Maßnahmen von Energieversorgungsunternehmen (EVU) zur Steuerung des Leistungsbedarfs wie z. B. dem Lastmanagement. Es zeigte sich, dass SMES für die Spitzenlastdeckung über den gesamten plausiblen Ausnutzungsbereich die teuerste Technologie sind. Selbst unter äußerst optimistischen Annahmen werden SMES in der Spitzenlastdeckung teurer als konventionelle Gasturbinen, Pumpspeicher oder Druckluftspeicher bleiben. Größere SMES-Anlagen werden unter den derzeitigen Rahmenbedingungen also nur dann Anwendungen finden können, wenn es gelingt, Speicherspulen zu deutlich geringeren Kosten als heute absehbar zu fertigen, oder wenn aus ökologischen oder anderen Gründen Primärerzeuger beziehungsweise andere Speichersysteme nicht einsetzbar sind. Zudem verfügen einige der konventionellen Techniken noch über beträchtliches Entwicklungspotential, was kompetitive Vorteile von SMES eventuell reduziert. Weitere mutmaßliche technische Vorteile von großen SMES gegenüber anderen Speichersystemen stoßen häufig nicht auf einen entsprechenden Bedarf seitens der Elektrizitätswirtschaft.

Unter Status-Quo-Bedingungen (Dominanz der großtechnischen Stromerzeugung, gegenwärtige Zusammensetzung des Kraftwerksparks mit einem hohen Anteil fossiler Brennstoffe in der Grund- und Mittellast, nur noch begrenztes Ausbaupotenzial für Wasserkraftwerke, De-facto-Moratorium bei der Kernenergie) wäre der Einsatz von Tagesspeichern für die EVU nur dann betriebswirtschaftlich lukrativ, wenn diese zu sehr geringen Jahreskosten (und folglich geringen Investitions- und Betriebskosten) betreibbar wären. Diese Kostengrenze wird schon durch die heute großtechnisch verfügbaren Speichertechnologien derzeit in der Regel nicht erreicht. Eine Reduktion dieser beim Einsatz von SMES-Systemen entstehenden Kosten auf das unter heutigen Bedingungen erforderliche Niveau ist derzeit nicht wahrscheinlich.

Zu berücksichtigen ist bei den Überlegungen zum Einsatz großer Speicher außerdem, dass die hydraulischen und nuklearen Kapazitäten schon heute mit relativ hohen jährlichen Ausnutzungsdauern betrieben werden. Ein Speichereinsatz würde ihre Ausnutzungsdauer nur noch geringfügig erhöhen können. Bei einem ausgedehnten Speichereinsatz würde der Hauptteil der in der Nachtzeit dem Speicher anzubietenden Elektrizität durch die (hauptsächlich mit Steinkohle gefeuerten) Mittellastkraftwerke bereitzustellen sein. Abgelöst werden durch den Speichereinsatz primär gas- und ölbetriebene Spitzenlastkraftwerke. Eine Substitution von Erdgas in der Spitzenlast durch Mittellaststeinkohle ist unter der Annahme heutiger Preise und in Kenntnis der gegenwärtigen Prognosen der Preisentwicklung nicht nur wirtschaftlich nicht sinnvoll. Auch würden die Emissionen von klimarelevanten Gasen und anderen Schadgasen der Energieversorgung dadurch eher steigen.

Ungeklärt ist nach Auffassung von Fachleuten zudem, ob sich Magnete für Großspeicher überhaupt bauen lassen. Solenoide der diskutierten Größenordnung (mehrere Hundert Meter Durchmesser) wie auch einige Toroidkonzepte (Durchmesser der aufrecht stehenden Einzelspulen ca. 40 Meter) werfen Probleme nicht nur wegen ihrer Baugröße, sondern vor allem wegen der hohen technischen Komplexität dieser Systeme auf. Da viele notwendige Einzelkomponenten aufgrund ihrer Größe nicht mehr transportiert werden können, würde eine umfangreiche Vorortfertigung notwendig werden. Hinzu kommt, dass sich das Spulensystem nur am Standort (und bei Solenoiden auch nur nach Fertigstellung der Gesamtanlage) testen ließe, was eine ausgedehnte Infrastruktur voraussetzt. Neben diesen eher grundsätzlichen Problemen bedürfen auch noch viele wichtige technische Detailfragen einer Klärung. Hierzu sind noch umfangreiche, vor allem praktische Forschungsarbeiten zu leisten, bevor eine genauere Beurteilung wesentlicher technischer und wirtschaftlicher Parameter möglich ist.

Zudem wird es systembedingt für viele Anwender kein SMES-System „von der Stange" und damit kaum wesentliche Kostenreduktionen aufgrund von Lernkurveneffekten geben. Weitere mutmaßliche technische Vorteile von großen SMES gegenüber anderen Speichersystemen stoßen häufig nicht auf einen entsprechenden Bedarf der Elektrizitätswirtschaft. Generell kann festgestellt werden, dass kurz- und mittelfristig in Deutschland ein Bedarf für die Entwicklung großer SMES als Tagesspeicher nicht erkennbar zu sein scheint. Es könnte jedoch langfristig unter der Vorrausetzung starker Veränderungen in den Organisationsstrukturen der Elektrizitätswirtschaft und in der Zusammensetzung des Kraftwerksparks verstärkter Bedarf an Speichertechnologie entstehen. Der gegenwärtige Stand der Technik lässt allerdings für den Tagesspeichereinsatz keine eindeutige technische oder wirtschaftliche Überlegenheit von SMES gegenüber anderen konventionellen Speichertechniken erkennen.

Neben dem Einsatz von SMES als Großspeicher wird ein zweiter zentraler Einsatzbereich von SMES-Anlagen diskutiert, nämlich die Speicherung von elektrischer Energie zur sofortigen Bereitstellung oder Aufnahme elektrischer Leistung im Bedarfsfall sowie die periodische Leistungsbereitstellung mit einer Periodendauer im Sekundenbereich. Hierbei ist gefordert, sehr schnell hohe elektrische Leistungen abgeben oder aufnehmen zu können. Da die meisten Anwendungen von SMES-Anlagen dies lediglich für kurze Dauern erfordern, werden oft nur geringe Energiemengen benötigt (großes Primärenergieverhältnis P/E). SMES haben bei vielen dieser Anwendungen, die man auch dynamische Anwendungen nennt, deutliche technische Vorteile gegenüber den konventionellen Alternativen. Dies ist insbesondere auf die sehr guten dynamischen Eigenschaften von SMES-Anlagen wie schnelle Zugriffszeit, hohe Zyklenfestigkeit und unkritische Tiefentladung zurückzuführen. Für dynamische Anwendungen sind die Gesamtwirkungsgrade in der Regel von untergeordneter Bedeutung, im Vordergrund steht vielmehr die technische Funktionalität des Systems.

Eine Beurteilung des „Wertes" einer Technologie für solche Einsatzbereiche ist schwierig und häufig sehr subjektiv. So fehlen bislang verlässliche und akzeptierte Daten zur Quantifizierung unter Berücksichtigung der durch Lastveränderungen bei Kraftwerken verursachten dynamischen Kosten. Gleiches gilt für die Reservehaltung oder die Versorgungsqualität. Einer sicheren und qualitativ hochwertigen Stromversorgung wird sowohl seitens der EVU als auch seitens der Verbraucher ein hoher Stellenwert beigemessen, wobei die tatsächlich technisch notwendigen Qualitätserfordernisse der Verbraucher recht unterschiedlich sind. Aus physikalischen wie auch aus infrastrukturellen und wirtschaftlichen Gründen sind zumindest auf den höheren Netzebenen keine unterschiedlichen Qualitätsstandards denkbar. Die Betriebsmittel sind technisch auf ein hohes Qualitäts- und Zuverlässigkeitsniveau ausgelegt. Es hängt im Einzelfall davon ab, ob die notwendigen Kosten dafür durch die Verbraucher getragen werden.

SMES-Anlagen kleine(re)n Energieinhaltes und vergleichsweise großer Leistung bieten im Bereich der dynamischen Anwendungen eine Reihe attraktiver Möglichkeiten. Hierzu zählen Themen wie Primärregelreserve (Frequenz-Wirkleistung-Regelung), Dämpfung von Netzschwankungen, Gewährleistung einer unterbrechungsfreien Stromversorgung (USV), Pufferung von Stoßlasten, Anwendungen in der Bahnstromversorgung sowie mobile Anwendungen.

Es konnte gezeigt werden, dass in einigen dieser Anwendungsbereiche SMES durchaus wettbewerbsfähig mit konventionellen Maßnahmen beziehungsweise alternativen Speichertechniken sein können. Allerdings sind globale Aussagen dazu nicht möglich, vielmehr bedarf es in der Regel einer standort-, anwender- und anwendungsspezifischen Untersuchung.

Durch SMES-Anlagen entstehen elektromagnetische Felder, die auf im Umfeld befindliche lebende Organismen und Systeme einwirken. Biologische Wirkungen elektromagnetischer Felder sind von zentraler Bedeutung für die Beurteilung der Umweltverträglichkeit von SMES und die Akzeptanz solcher Systeme in der Bevölkerung.

Empirie und Theorie der biologischen Wirkungen elektromagnetischer Felder sind zurzeit in vielen wesentlichen Punkten mit großen Ungewissheiten behaftet. Deshalb kann auch die Bewertung der Gesundheitsfolgen von biologischen Wirkungen oft nur mit Ungewissheit vorgenommen werden. Auch die für Deutschland relevanten Grenzwerte reproduzieren diese Ungewissheit. Allerdings werden Ungewissheiten zum Teil durch vorsorglich ergriffene Sicherheitsmaßnahmen aufgefangen. Die aktuellen Grenzwerte im Bereich der in der SMES-Anlage Tätigen werden durch die betrachteten Felder von Solenoid-Anlagen um Größenordnungen überschritten. Dies könnte für den Bau der Anlage juristisch relevant sein. Auch gesellschaftlich ist die Risikoproblematik umstritten. So stehen Forderungen nach wesentlich niedrigeren als den gültigen Grenzwerten nur an wohl bestätigten Wirkungen zu orientieren. Aus all dem leitet sich nachfolgende Empfehlung ab: Erstens aufgrund vieler wissenschaftlich und gesellschaftlich ungeklärter Fragen, zweitens auch in Einklang mit allgemeinen Vorsorgeprinzipien, wie sie in relevanten Richtlinien ausgesprochen werden, und drittens schließlich wegen der erwähnten Grenzwertüberschreitungen sollten Feldexpositionen durch SMES-Felder so klein wie möglich gehalten werden. Dies bedeutet, dass bereits beim Entwurf und beim eventuellen Bau von SMES-Anlagen auf Spulenformen mit geringen äußeren Feldern, wie beispielsweise Toroidspulen zurückgegriffen werden sollte.

Elektrizitätsspeichersysteme für die Spitzenlastdeckung sind derzeit nur in Ausnahmefällen wirtschaftlich attraktiv. Dies könnte sich ändern, wenn sie zu wesentlich geringeren Kosten realisierbar wären oder sich die wirtschaftlichen, organisatorischen oder gesellschaftlichen Rahmenbedingungen der Elektrizitätswirtschaft ändern sollten. Einige denkbare Beispiele wären:

1. In konventionellen Spitzenlastkraftwerken (und auch in den für diesen Einsatzzweck für die Zukunft vorgeschlagenen Brennstoffzellen) werden hauptsächlich hochwertige fossile Brennstoffe wie Erdgas oder Erdölprodukte eingesetzt. Sollten diese sich wesentlich verteuern oder ihr Einsatz aus anderen Gründen wie zum Beispiel Emissionen nicht mehr opportun erscheinen, könnten Spitzenlastkraftwerke durch Speichersysteme ersetzt werden. Längerfristig würde ein solches Szenario einhergehen mit einem verstärkten Ausbau von Grundlastkraftwerken mit niedrigen spezifischen Stromgestehungskosten. Wenn diese auf Kohlebasis arbeiten, so ist in der Emissionsbilanz zumindest keine Entlastung zu erwarten. Ob in Zukunft wieder Kernkraftwerke errichtet werden, wird kontrovers diskutiert und unterliegt der gesellschaftlichen Konsensfindung.

2. Verschiedene derzeit im politischen Raum diskutierte Überlegungen zur wettbewerbsnäheren Gestaltung der Stromversorgung hätten tiefe Eingriffe in die Organisationsstruktur der Elektrizitätswirtschaft zur Folge. Sie würden die für das neue System zentrale, in der deutschen Elektrizitätswirtschaft nicht bekannte Figur des Netzbetreibers hervorbringen. Dieser ist für die Sicherheit, Zuverlässigkeit und Leistungsfähigkeit in seinem Gebiet – und damit auch für die Spannungshaltung und den Lastenausgleich – sowie den Netzausbau verantwortlich.

Für den Netzbetreiber böten sich mehrere Möglichkeiten, den Regelaufgaben in seinem Teilnetz zu entsprechen. Neben vertraglichen Regelungen mit den

Betreibern der entsprechenden Kraftwerke oder dem Vorhalten der Regelreserve ausschließlich in eigenen Kraftwerken könnte der Netzbetreiber die Regelungsaufgaben mittels eigener Speicher, die er je nach Angebot zu Poolpreisen füllen kann und die für Lastausgleich, Spannungshaltung, Reservebereitstellung etc. zur Verfügung stehen und dementsprechend auszulegen wären, realisieren.

3. Bei verstärkter Einspeisung intermittierender regenerativer Energiequellen in der Zukunft werden neue Anwendungsfelder für Energiespeicher eröffnet. Das Problem der Langzeitspeicherung wird mit SMES aufgrund des hohen Hilfsenergieverbrauchs wirtschaftlich nicht befriedigend gelöst werden können, besonders bei umfangreicher photovoltaischer (PV) Stromerzeugung entsteht aber Speicherbedarf im Kurzzeitbereich. Auch an Tagen mit guter Witterung sind plötzliche Einbrüche der PV-Leistung nicht auszuschließen. Eine solche Situation stellt bei höheren Einspeiseanteilen große Anforderungen an die Regelbarkeit der konventionellen Kraftwerke. Hier könnte der Einsatz schneller Elektrizitätsspeicher geboten sein und – abgesehen von den bekannten wirtschaftlichen Problemen – ihre Verfügbarkeit möglicherweise ein verstärktes Eindringen von Regenerativen in den Markt der Stromerzeugung erst ermöglichen.

4. Nukleare Erzeugungsanlagen erfordern eine stabile Betriebssituation und sind schlecht oder gar nicht geeignet, Lastschwankungen zu folgen. Sollte in ferner Zukunft die Vorstellung einer nuklearen Energieversorgung – sei es Kernspaltung oder Fusion – verwirklicht werden, so würde eine darauf basierende Struktur größere und vergleichsweise schnelle Speicher erfordern.

Vor dem Hintergrund der beschriebenen Potenziale der SMES sollte man sich die damit grundsätzlich in Verbindung stehenden Kosten-Nutzen-Verhältnisse vor Augen führen.

Die Anforderungen an das Kühlsystem für Hoch- und Tieftemperatur-supraleiterringspulen der Ausgangstemperaturen minus 196, minus 253 und minus 269 Grad Celsius nehmen in dieser Reihenfolge zu. Die Kühlanforderungen sind als die elektrische Leistung definiert, die benötigt wird, um das Kühlsystem zu betreiben. Während die gespeicherte Energie um den Faktor 100 höher liegt, steigen die Kühlkosten nur um den Faktor zwanzig. Die Einsparungen der Kühlung sind für ein Hochtemperatursystem um 60 bis 70 Prozent größer als für Tieftemperatursysteme.

Ob Hochtemperatursupraleiter oder Tieftemperatursupraleiter wirtschaftlicher sind, hängt auch von anderen wesentlichen Komponenten ab, die die Gesamtkosten von SMES bestimmen, wie zum Beispiel Leiter bestehend aus Supraleiter und Kupferstabilisator sowie Kälteunterstützung. Diese sind bereits nennenswerte Kostenelemente an sich. Sie müssen beurteilt werden vor dem Hintergrund der Gesamteffizienz und Anlagenkosten. Andere Komponenten wie Vakuumbehälterisolation zeigten sich als kleiner Anteil im Vergleich zu den hohen Spulenkosten. Die kombinierten Kosten der Leiter, Struktur und Kühlung der Ringkerne werden durch die des Supraleiters dominiert. Der gleiche Trend zeichnet sich für die Magnetspulen ab. Hochtemperatursupraleiterspulen kosten das Doppelte bis Vierfache von Tieftemperaturspulen.

Um einen gewissen Einblick zu gewinnen, ist die Betrachtung der Aufschlüsselung nach den Hauptkomponenten für sowohl Hochtemperatursupraleiter als auch Tieftemperatursupraleiter für die drei typischen Energiespeicherniveaus von 2, 20 und 200 Megawattstunden hilfreich. Die Leiterkosten überwiegen die drei Kostenelemente für alle vorgenannten Fälle von Hochtemperatursupraleitern, insbesondere bei kleinen Abmessungen. Der Hauptgrund liegt in der vergleichbaren Stromdichte der Materialien von Hochtemperatursupraleitern und Tieftemperatursupraleitern. Der kritische Strom für Hochtemperatursupraleiterdrähte ist allgemein niedriger als der von Tieftemperatursupraleiterdrähten bei Betrieb in Magnetfeldern von fünf bis zehn Tesla. Nehmen wir einmal an, dass die Drahtkosten gleichermaßen ins Gewicht fallen. Da Hochtemperatursupraleiterdrähte niedrigere kritische Stromstärken aufweisen als Tieftemperatursupraleiterdrähte, bedarf es mehr Draht zur Erzeugung der gleichen Induktion. Aus diesem Grund sind die Drahtkosten viel höher als die von Tieftemperaturdrähten. Wenn die SMES-Größe von 2 über 20 bis 200 Megawattstunden zunimmt, steigen zudem die Leiterkosten von Tieftemperatursupraleitern ebenfalls schrittweise um den Faktor zehn. Die Hochtemperaturleiterkosten steigen ein wenig geringer, stellen aber bei Weitem den teuersten Baustein dar.

Die Strukturkosten von sowohl Hochtemperatursupraleitern als auch Tieftemperatursupraleiterm steigen gleichmäßig um den Faktor zehn für die besagten Schrittweiten. Allerdings sind die Kosten der Struktur der Hochtemperatursupraleiter höher, da bei diesen die Dehnungstoleranz (Keramiken können keine hohen Zugkräfte vertragen) geringer ist als bei Tieftemperatursupraleitern wie zum Beispiel Niob-Titan oder Niob-Zinn, wodurch mehr

Strukturmaterial erforderlich ist. Somit können in den meisten Fällen die Kosten der Hochtemperatursupraleiter nicht einfach durch eine Reduktion der Spulengröße in einem entsprechen höheren Magnetfeld ausgeglichen werden.

Man sollte an dieser Stelle anmerken, dass die Kosten der Kühlung in allen betrachteten Fällen nur einen begrenzten Einfluss auf die Gesamtsystemkosten haben. Dies bedeutet auch, dass in Fällen von Hochtemperatursupraleitern, die besser bei niedrigen Temperaturen (z. B. minus 250 Grad Celsius) betrieben werden können, eine solche Betriebstemperatur sinnvoll erscheint. In Fällen sehr kleiner SMES können reduzierte Kühlungskosten positivere signifikante Auswirkungen haben.

Die Ausmaße supraleitender Spulen nehmen mit der Menge der gespeicherten Energie zu. Man kann ebenfalls feststellen, dass der maximale Durchmesser des Torus des Tieftemperatursupraleiters stets kleiner ist für einen Hochtemperatursupraleitermagnet im Vergleich zu einem Tieftemperatursupraleiter aufgrund des höheren Magnetfeldbetriebs. Im Fall von Magnetspulen ist die Höhe oder die Länge ebenfalls kleiner für Hochtemperatursupraleiterspulen, aber noch viel größer als bei Tori (aufgrund niedriger externer Magnetfelder).

Eine Zunahme in Spitzenmagnetfeldern führt zu einer Abnahme in sowohl Volumen (höhere Energiedichte) als auch Kosten (reduzierte Leiterlänge). Kleineres Volumen bedeutet höhere Energiedichte und die Kosten werden reduziert aufgrund der Abnahme der Leiterlänge. Es gibt einen optimalen Wert des Spitzenmagnetfeldes von etwa sieben Tesla. Wenn das Feld weiter erhöht wird, sind weitere Volumenreduktionen bei minimaler Kostenzunahme möglich. Die Grenze, bis zu der das Feld gesteigert werden kann, ist üblicherweise nicht wirtschaftlich, obgleich physikalisch möglich.

Materialentwicklungen sind Schlüsselthemen im Bereich Forschung und Entwicklung auf dem Gebiet der SMES. Entwicklungen konzentrieren sich auf die Erhöhung der kritischen Stromstärke, Umfang des Dehnungsbereichs sowie Reduktion der Herstellungskosten supraleitender Drähte.

Bei der Suche nach den elementaren Bausteinen unserer Welt erwies sich die Supraleitung als zentrales Vehikel zu deren Auffinden. Am CERN, der Europäischen Organisation für Kernforschung im schweizerischen Kanton Genf, wird diesem Umstand dienende physikalische Grundlagenforschung betrieben.

Dem Aufbau der Materie wird mithilfe großer Teilchenbeschleuniger nachgegangen. Mit den großen Teilchenbeschleunigern werden Elementarteilchen auf nahezu Lichtgeschwindigkeit beschleunigt und zur Kollision gebracht. Mit einer Vielzahl unterschiedlicher Teilchendetektoren werden dann die Flugbahnen der bei den Kollisionen entstandenen Teilchen rekonstruiert. Hierdurch lassen sich wiederum Rückschlüsse auf die Eigenschaften der kollidierten beziehungsweise der neu entstandenen Teilchen ziehen.

Am Anfang der Experimente stehen Beschleuniger, die den Teilchen die für die Untersuchungen notwendige kinetische Grundenergie verleihen. Hierzu zählen das „Super Proton Synchrotron" (SPS) für die besagte Vorbeschleunigung und der „Large Hadron Collider" (LHC). Dieser große Hadronen-Speicherring ist der größte Teilchenbeschleuniger der Welt. Der Beschleunigerring hat einen Umfang von ca. 26,5 Kilometern, verläuft unterirdisch sowohl auf schweizerischem als auch auf französischem Staatsgebiet und enthält 9.300 Magnete.

Zur Durchführung der Experimente muss der Speicherring in zwei Schritten auf die Betriebstemperatur heruntergekühlt werden. Im ersten Schritt werden die Magnete mithilfe von flüssigem Stickstoff auf minus 193,2 Grad Celsius und in einem zweiten Schritt mittels flüssigen Heliums auf minus 271,25 Grad Celsius heruntergekühlt. Anschließend wird die Anlage kontrolliert hochgefahren. Die Teilchen werden in mehreren Umläufen auf nahezu Lichtgeschwindigkeit beschleunigt und mit extrem hoher kinetischer Energie zur Kollision gebracht.

Am 10. Juni 1955 erfolgte die Grundsteinlegung des CERN durch seinen ersten Generaldirektor Felix Bloch. Dieser hatte zuvor als Schweizer Physiker bedeutsame Arbeiten zum Ferromagnetismus sowie zur magnetischen Kernspinresonanz (NMR), wie bereits eingangs beschrieben, publiziert. Für seine Arbeiten auf dem Gebiet der NMR erhielt er 1952 zusammen mit dem Amerikaner Edward Mills Purcell den Nobelpreis für Physik.

Um die bei den Experimenten anfallenden ungeheuren Datenmengen verarbeiten zu können, werden die notwendigen Rechnersysteme permanent aktualisiert. Um Forschungsergebnisse unter den Wissenschaftlern des CERN schnellstmöglich und höchst effizient auszutauschen, wurde bereits 1989 hierfür ein Konzept entwickelt, das letztendlich zum World Wide Web avancierte.

Viele fundamentale Erkenntnisse über den Aufbau der Materie und der Grundkräfte der Physik wurden am CERN gewonnen. Die Entdeckung der W- und Z-Bosonen gelang 1983 dem späteren italienischen CERN-Generaldirektor Carlo Rubbia und dem Niederländer Simon van der Meer, wofür sie 1984 den Nobelpreis für Physik erhielten.

Nach Jahrzehnten der Suche wurde 2012 am CERN das Higgs-Boson, benannt nach dem Briten Peter Higgs, der seine Existenz im Jahr 1964 vorhergesagte, nachgewiesen. 2013 wurden den Teilchenphysikern Higgs und Francois Englert, der 1964 unabhängig von Higgs die gleiche Prognose aufgestellt hatte, der Nobelpreis für Physik verliehen.

Kurzschlussstrombegrenzer sind eine weitere Anwendung von Supraleitern, wobei es sich um elektronische Sicherungen handelt, die im Falle eines Defektes den im Stromnetz auftretenden Kurzschlussstrom begrenzen. Im Gegensatz zu herkömmlichen Strombegrenzern reduzieren supraleitende Strombegrenzer den Kurzschlussstrom innerhalb weniger Millisekunden. Dadurch kann beispielsweise die Überdimensionierung konventioneller Bauteile verhindert werden. Hierzu wird das supraleitende Bauelement einfach so dimensioniert, dass die im Kurzschlussfall auftretende Stromstärke die kritische Stromstärke überschreitet, sodass der Supraleiter normalleitend wird und einen ohmschen Widerstand aufweist. Durch die dabei auftretende Widerstandserhöhung wird der Strom begrenzt. Sobald der Normalzustand wieder eingetreten ist, wird der Stromfluss durch den Übergang in den supraleitenden Zustand wieder freigegeben. Mit diesem Prinzip lassen sich Kurzschlussströme in Energienetzen reduzieren. Dies erlaubt es, verschiedene Netze besser miteinander zu verbinden, sie effizienter auszulasten und auch andere Netzkomponenten einzusparen.

In diesen Strombegrenzern werden beispielsweise spiralförmige Schaltelemente aus Hochtemperatursupraleitern verwendet. Die aus dünnen HTS-Schichten strukturierten Spiralen sind noch mit einer dünnen Deckschicht aus Gold bedeckt. Damit die notwendigen Strom- und Spannungswerte eines derartigen Strombegrenzers eingestellt werden können, sind mehrere solcher Schaltelemente in Reihe und Serie miteinander verbunden. Da die Schaltelemente mit flüssigem Stickstoff gekühlt werden müssen, befinden sich diese in einem Kryostaten. Hierzu ist der Kryostat mit einer Kältemaschine verbunden, die den flüssigen Stickstoff auf einer konstanten Temperatur von etwa 77 Kelvin hält. Derartige Strombegrenzer mit einer Schaltleistung von einem Megavoltampere werden von Industrieunternehmen hergestellt.

Synchronmaschinen können sowohl als Generator als auch als Motor eingesetzt werden. Im Rahmen des öffentlichen, nicht zuletzt auch durch politische Entscheidungsträger animierten Diskurses über Transportsysteme der Zukunft verdienen supraleitende Motoren als innovativer Beitrag zur Verkehrstechnik besondere Beachtung.

Möglich wurde ein solches Gedankenexperiment mit konkretem Realitätsbezug durch die Entdeckung der bereits zuvor erwähnten Hochtemperatursupraleiter (HTS) im Jahr 1986. Die hierdurch ausgelösten intensiven Forschungs- und Entwicklungsarbeiten konzentrierten sich auf Materialien wie Bismut-Strontium-Calcium-Kupferoxid (BSCCO 2223) und Yttrium-Barium-Kupferoxid (YBCO 123), die unterhalb einer Sprungtemperatur von minus 163 Grad Celsius beziehungsweise minus 181 Grad Celsius zu widerstandslosen Stromleitern werden. Es mussten grundlegend neue Verfahren entwickelt werden, um aus diesen spröden Werkstoffen flexible Drähte für die industrielle Verarbeitung herzustellen.

Für die Drahtproduktion nach dem sogenannten Powder-in-tube-Verfahren werden mit Supraleiterpulver (BSCCO) gefüllte Silberrohre zu feinen Filamenten gezogen und gewalzt. BSCCO-Draht findet weltweit in Prototypen mit Supraleitertechnologie Verwendung. Für die meisten kommerziellen Anwendungen kann er mit einem Silberanteil von ca. 70 Prozent aber bestimmte Kostengrenzen nicht unterschreiten.

Als kosteneffiziente Alternative wurden Bänder mit supraleitender Beschichtung auf YBCO-Basis entwickelt. Mit neuen Verfahren bewältigte man nicht nur die Sprödigkeit der keramischen Leitersubstanz, es gelang auch, in der Beschichtung alle Kristalle des Leitermaterials gleichförmig auszurichten. Dies ist entscheidend, da der Ladungstransport in Hochtemperatursupraleitern stark richtungsabhängig ist und fast ausschließlich in bestimmten Schichten ihrer Kristallstruktur erfolgt. Bereits geringe Abweichungen würden die Übertragungsleistung deutlich schmälern.

Flexible Supraleiterbänder mit hoher Stromtragfähigkeit für energietechnische und industrielle Anwendungen, aber auch quasi einkristalline supraleitende Massivteile für Magnetlager, Stromzuführungen oder Magnetfeldabschirmungen wurden recht bald kommerziell hergestellt.

Eine Besonderheit stellen Rundleiter dar, die nur auf der Basis von BSCCO 2212 in die Entwicklung Eingang fanden. Sie sind vor allem von Interesse für einen Einsatz bei tiefen Temperaturen und extrem hohen Feldern wie sie z. B. in der

Kernfusion benötigt werden. Aber auch für Beschleunigermagnete in der Hochenergiephysik bietet sich ihr Einsatz an.

Zum Themenbereich Transport ersann und erprobte man eine Reihe supraleitender Anwendungen, die in vielerlei Hinsicht den Mobilitätsanforderungen der Zukunft gerecht werden sollten. Hierzu sollen nachfolgend einige Beispiele näher beleuchtet werden.

Supraleitende Motoren mit Wechselstromsupraleitern wurden nach einigen Jahren erfolgreicher Forschungs- und Entwicklungstätigkeiten bereits Stand der Technik.

Konventionelle Personenkraftwagen mit elektrischem Antrieb sind seit dem ersten Jahrzehnt des zweiten Jahrtausends in aller Munde. Zu ihnen zählen insbesondere Fahrzeuge mit Energieversorgung mittels Akkumulatoren. Das Hauptmanko solcher Elektroautos besteht primär in ihrer geringen Reichweite von weniger als 200 Kilometern und langen Ladezeiten von bis zu mehreren Stunden. Darüber hinaus ist das Gewicht der Batterien beträchtlich, was zu nennenswerten Begrenzungen des Stauraums beziehungsweise der zusätzlich für Personen oder Gepäck zu Verfügung stehenden Ladekapazität führen kann.

Das erste Elektroauto der Welt wurde bereits 1888 von dem Coburger Fabrikanten Andreas Flocken entwickelt, also 23 Jahre vor der Entdeckung der Supraleitung. Was hat ein Elektroauto mit „konventioneller" Batterietechnik in meinen Ausführungen über Supraleitung zu suchen? Wir werden zum Thema Auto auf Supraleiterbasis in Bälde noch kommen.

Das Elektroauto des Herrn Flocken wurde dadurch möglich, dass im gleichen Jahr die Accumulatoren-Fabrik Tudorschen Systems Büsche & Müller OHG in Hagen, die Keimzelle der Varta, die ersten Akkumulatoren mit entsprechender Energiedichte von 27 Wattstunden pro Kilogramm industriell gefertigt wurden. Bei dem Flocken-Elektrowagen handelte es sich ursprünglich, ähnlich der Motorkutsche von Gottlieb Daimler, um eine Chaise, die aber mit einem Elektromotor versehen wurde. Es handelte sich um einen hochrädrigen Kutschwagen mit einem Elektromotor, dessen Kraft per Lederriemen auf die Hinterachse des Drehschemel-Viersitzers übertragen wurde. Das Fahrzeug entsprach dabei noch weitgehend einer Pferdekutsche. Der Elektromotor des Flockenwagens wurde durch Akkumulatoren nach der Konstruktion des luxemburgischen Ingenieurs Henri Tudor (1859–1928) gespeist. Die Accumulatoren-Fabrik Tudorschen Systems Büsche & Müller OHG stellte zu der Zeit als einziges deutsches Unternehmen Bleiakkumulatoren industriell her.

Tudor hatte den 1859 von Gaston Plante entwickelten Bleiakkumulator leistungsstärker, effizienter und zuverlässiger gemacht. Die Akkus erreichten um 1890 schon eine Energiedichte von 27 Wattstunden pro Kilogramm. Die Akkus des Flockenwagens hatten ein Gewicht von rund 100 Kilogramm. 2012 wurde die Marke Flocken im deutschen Patent- und Markenamt eingetragen.

Etwa 125 Jahre nach der Geburtsstunde des Elektrofahrzeugs bedurfte es einmal mehr einer Energiekrise, um sich alternativen Fahrzeugantrieben verstärkt zuzuwenden. Nach dem im Jahr 2013 geäußerten Willen der deutschen Bundesregierung sollten bis zum Jahr 2020 eine Million Elektroautos fahren. Bis Ende 2013 lag die Anzahl der tatsächlich in Deutschland zugelassenen Elektroautos jedoch nur bei etwa 13.000. Die Preise für Akkus sind und werden ein entscheidender Faktor für die Marktentwicklung von Elektroautos sein. Lag im Jahr 2011 der Akkupreis noch bei 500 Euro pro Kilowattstunde, so waren 2014 aufgrund eines stattlichen Preisverfalls gerade noch gut 80 Euro fällig. Somit könnte man sich zur Überwindung der Markteintrittsschwelle für eine zunehmende Verbreitung von Elektroautos im Wesentlichen auf die Reichweitenzunahme konzentrieren.

Gemäß einer Anfang 2014 veröffentlichen Studie des Fraunhofer-Instituts für System und Innovationsforschung ISI zu „Markthochlaufszenarien für Elektrofahrzeuge" wurde der Frage nachgegangen, welcher Marktanteil an Elektrofahrzeugen bis zum Jahr 2020 zu erwarten sei.

Es wurde ausgeführt, dass es zwar eine hohe Unsicherheit beim Markthochlauf von Elektrofahrzeugen gäbe, da dieser stark von externen Rahmenbedingungen wie der Batterie-, Rohöl- und Strompreisentwicklung abhinge, eine Zahl von einer Million Elektroautos aber unter günstigen Bedingungen auch ohne Kaufförderung möglich erscheine. Selbst unter ungünstigen Rahmenbedingungen, wurde prognostiziert, könnte bis 2020 eine nennenswerte Zahl von Elektrofahrzeugen von 150.000 bis 200.000 Exemplaren in den Markt kommen.

Eine Besonderheit des Elektroantriebs bietet sich aufgrund seiner Konzeptimmanenz dadurch an, dass derartige Fahrzeuge nicht grundsätzlich nur den Antrieb durch einen einzigen Motor nutzen können, sondern den Antrieb direkt über die einzelnen Radnaben ermöglichen. Radnabenmotoren kamen bereits im 20. Jahrhundert in Elektrofahrzeugen zum Einsatz. Schon Ferdinand Porsche rüstete ein Elektroauto für die Weltausstellung im Jahr 1900 mit lenkbaren Radnabenmotoren aus. Zu Beginn des zweiten Jahrzehnts dieses

Jahrhunderts wurden im Bereich von Forschung und Entwicklung mehrere Prototypen für leistungsfähige Elektroautos mit Direktantrieb vorgestellt.

Hauptvorteil von Elektroradnabenmotoren ist der Wegfall des klassischen Antriebsstrangs von Antriebskonzepten mit zentralem Motor. Dessen Übertragungsverluste durch Komponenten wie (Schalt-)Getriebe, Kardanwelle, Differentialgetriebe und Antriebswellen bergen Potenziale zur Wirkungsgradsteigerung des gesamten Antriebssystems. Weiterhin bieten Antriebskonzepte mit Radnabenmotoren unter anderem wegen reduzierter Drehträgheit des Antriebsstrangs und der viel prompteren Regelung des Antriebsmoments eine wesentlich verbesserte Dynamik, die beispielsweise für Fahrsicherheitssysteme und die Fahrdynamikregelung genutzt werden kann.

Die „klassische" Antriebstechnologie von Elektroautos ist die mit zentralem Motor. Der Ladevorgang kann wie folgt umrissen werden. Die Ladezeit hängt nicht nur von der Kapazität der Traktionsbatterie, sondern auch von der Ladetechnik und des zur Aufladung verwendeten Stromanschlusses ab. So steht zum Beispiel der Standardladevorgang zur Verfügung, wobei die Elektroautos mit ihren eingebauten Bordladegeräten an einer herkömmlichen Schuko-Steckdose mit 230-Volt-Haushaltsspannung aufgeladen werden. Zum Übertragen größerer Leistungen und damit zum Erzielen kürzerer Ladezeiten, steht in Europa das 400-Volt-Netz mit Dreiphasenwechselstrom (Kraft- oder Drehstrom) zur Verfügung. Gleichstrom-Schnellladung kann von den Herstellern in den Elektroautos bereits implementiert werden. Hierbei wird die teure Ladetechnik in die Stromtankstelle integriert und die Traktionsbatterie direkt mit angepasst starkem Gleichstrom aufgeladen. Die Gleichstrom-ladetechnik bietet den Vorteil der Schnellladung, ohne in jedes Fahrzeug teure Ladetechnik integrieren zu müssen.

Die Entwicklung und der Einsatz von Elektroautos lassen sich grob unterteilen in Industriefahrzeuge, neu entwickelte Elektroautos, Elektroautos als Anpassung von Serienfahrzeugen und Elektroautos als Umbauten von Serienfahrzeugen. Bei den Industriefahrzeugen handelt es sich zumeist um elektrische Lastkarren und automobile Flurfördergeräte, die in vielen gewerblichen Bereichen, meist außerhalb des allgemeinen Straßenverkehrs oder innerhalb von Gebäuden fahren. Neu entwickelte Elektroautos betreffen Fahrzeuge, für die es keine Ausführungen mit konventionellem Antrieb gibt und bei denen daher keine konstruktiven Kompromisse eingegangen werden müssen. Das Fahrzeugspektrum umfasst Studien und Experimentalfahrzeuge als Prototypen, die mittels modernster Technik akzeptable Reichweiten beziehungsweise Höchstleistungen bei Geschwindigkeit und Beschleunigung erreichen. Stadtfahrzeuge wie Leichtelektromobile schließen die Lücke zwischen Roller und Auto. Es sind kompakte, leichte Fahrzeuge, die sparsam mit Energie umgehen und typischerweise im Alltag etwa 4 bis 10 Kilowattstunden elektrische Energie für eine Strecke von 100 Kilometern benötigen. Für eine Geschwindigkeit von mehr als 80 Kilometern pro Stunde werden autobahntaugliche Elektroautos angeboten und in beachtlichen Stückzahlen auf dem Pkw-Markt geordert. Mehrere große Automobilfirmen beschritten den Weg der Herstellung von Elektroautos als Anpassungen von Serienfahrzeugen an die Anforderungen eines Elektroantriebs. Derartige Fahrzeuge im Alltagseinsatz benötigen typischerweise etwa 12 bis 20 Kilowattstunden elektrische Energie für eine Strecke von 100 Kilometern. Bei den Elektroautos als Umbauten von Serienfahrzeugen mit Verbrennungsmotor wird entweder ein in Serie gefertigter neuer Antriebsstrang verbaut oder es wird über eine Adapterplatte der Elektromotor an das serienmäßige Schaltgetriebe angeflanscht. Anstelle von Kraftstofftank und auch oft Reserverad wird die Traktionsbatterie verbaut. Sportliche Elektroautos mit hohen Fahrleistungen von deutlich über 200 Kilometern pro Stunde und Reichweiten von etwa 500 Kilometern, das heißt, vergleichbar zu Fahrzeugen mit Verbrennungsmotor, sind im oberen Preissegment angesiedelt.

Fahrzeuge mit supraleitenden Motorelementen benötigen natürlich entsprechende Kühlungen. Im Falle von Hochtemperatursupraleitern genügt zur Erzeugung des supraleitenden Zustands flüssiger Stickstoff, der bei minus 196 Grad Celsius siedet. Flüssigstickstoff wird industriell in großen Mengen zusammen mit Flüssigsauerstoff durch fraktionierte Destillation von flüssiger Luft hergestellt. Ausreichend isoliert von der Umgebungswärme kann Flüssigstickstoff in Isolierbehältern aufbewahrt und transportiert werden. Flüssigstickstoff ist somit eine kompakte und einfach zu transportierende Quelle von Stickstoffgas.

Seit Beginn des zweiten Jahrzehnts des dritten Jahrtausends beschäftigten sich Firmen mit der Entwicklung von Antrieben auf Supraleiterbasis. Anfangs beschäftigten sich die Hersteller vor allem mit Motoren, deren Rotor supraleitend ausgelegt war, denn durch ihn fließt Gleichstrom. Doch man erkannte, dass es Vorteile bringt, den Stator zu kühlen. Es stellte sich heraus, dass die befürchteten AC-Verluste gering blieben. Um das Verhalten von Autokarosserien zu testen, setzen sie die Hersteller auf Teststände. Alles, was sich im Bereich der Karosserie dreht, übernehmen Elektromotoren.

Unter anderem wurde ein Typ konzipiert, dessen Stator supraleitend ausgelegt ist. Zuvor wurden vor allem Motoren entwickelt, deren Rotoren gekühlt wurden. Ein erster 575-Newtonmeter-Motor mit 40 Kilowatt zeigte, dass die Kraftdichte um den Faktor zwei höher als bei konventionellen Motoren liegt. Bei gleicher Leistung verringert sich das Gewicht um 40 bis 60 Prozent, der Wirkungsgrad liegt bei 99,7 Prozent. Die Drähte der zweiten Generation werden dabei auf minus 196 Grad Celsius gekühlt. Als das einzige gravierende Problem, das es zu überwinden galt, stellte sich die Kryotechnik heraus. Der für die Kühlung erforderliche Aufwand stellte sich als beträchtlich heraus. Er liegt um den Faktor drei höher als für den Motor selbst. Die Speicherung von großen Strommengen in supraleitenden Spulen, wie in der Medizintechnik bereits praktiziert, wäre die Erfüllung von Träumen vieler Technologen. Hierzu sind Supraleiter, die statt mit Helium mit flüssigem Stickstoff gekühlt werden können, potenzielle Kandidaten.

Wenn es gelänge, HTSL-Generatoren, die für die zur Verfügung stehenden Raummaße entsprechend miniaturisiert angepasst sind, zu entwickeln und zur Serie zu führen, könnte der Automobilsektor hiervon sprungartig profitieren. Doch bis es so weit ist, könnte es noch der Vergabe des einen oder anderen Physiknobelpreises für hierzu erforderliche Entdeckungen bedürfen.

Das Thema Elektromobilität, so wie es öffentlich diskutiert wurde, ließ mir in den Jahren ab 2015 keine Ruhe. Um ein Gedankenmodell vor dem Hintergrund meiner wissenschaftlichen und industriellen Tätigkeiten hinsichtlich möglicher Anwendungen der Koexistenz von Supraleitung und Ferromagnetismus, wie ich sie in meiner Dissertation aus dem Jahre 1982 vorgestellt hatte, zu erstellen, befasste ich mich detailliert mit der Idee der Machbarkeit eines supraleitenden Elektrofahrzeugs und seiner Realisierungspotenziale. Mir war nämlich aufgefallen, dass es eine Reihe von Veröffentlichungen gab, die sich auf supraleitende Elemente, die meines Erachtens nach geeignet erschienen, konzentrierten, auf denen aufbauend ich meine Idee eines supraleitenden Elektroautos konzipieren konnte.

Es lagen Berichte über die Realisierung von Elektromotoren mit Hochtemperatursupraleitern für Leistungen bis zu einigen Hundert PS vor. Kühlsysteme für flüssigen Stickstoff waren ebenfalls Stand der Technik wie auch eine Tieftemperaturtankanlage und Radnabenantriebe. Darauf zurückgreifend und mit einer entsprechend angepassten Konzeptsteuerung, wie man sie aus dem Bereich der Systemtechnik kennt, war der Weg zu meiner Konzeptidee für ein supraleitendes Auto gelegt.

Das Vorhandensein von Hochtemperatursupraleitern (HTSL), deren Kühlung mit flüssigem Stickstoff erfolgen kann, war mein Motiv, supraleitende Autos ins Visier zu nehmen. Meine Erfahrungen durch eine Reihe von Projekten wie unsere Kooperationsforen zu diversen Gebieten, in denen ich mich mit meinen Mitarbeitern durch die von uns eingeladenen Fachleute zu Kernelementen wie Kühlung von HTSL und Umgang mit flüssigem Stickstoff unterrichten ließ, untermauerten das.

Unternehmen und Forschungseinrichtungen, die sich mit der Kühlungsthematik mit flüssigem Stickstoff beschäftigen, waren meine Quelle zum Stand der Technik. Flüssigen Stickstoff gewinnt man durch Luftzerlegung nach dem sogenannten Linde-Verfahren. Carl von Linde entwickelte 1895 die nach ihm benannte Methode zur Gastrennung, welche die Verflüssigung von Gasgemischen wie Luft und einzelnen atmosphärischen Gasen wie Sauerstoff, Stickstoff und Argon in großen Mengen ermöglicht und so der Kälteerzeugung im Temperaturbereich von minus 196,15 Grad Celsius bis minus 173,15 Grad Celsius dient.

Die Firma Linde Gas ist führender Gasanbieter in Deutschland und Europa und produziert ihre Industriegase an einer Reihe von Standorten. Ein weiteres führendes Unternehmen im Bereich Gase ist die Firma Air Liquide. Kryobehälter sind von diesen Firmen ebenfalls beziehbar. Flüssigstickstoffbehälter werden in Form von Lagerbehältern und Transportbehältern von der Cryotherm GmbH & Co. KG in Kirchen/Sieg zur Verfügung gestellt. Supraleitende Elektromotoren wurden und werden von der im bayrischen Miltenberg ansässigen mittelständischen Firma Oswald Elektromotoren GmbH entwickelt und produziert. Radnabenantriebe, wie sie ursprünglich von Ferdinand Porsche zur Weltausstellung 1900 präsentiert wurden, werden heutzutage von der Firma Schaeffler mit beachtlichen Drehmomenten von bis zu 700 Newtonmetern angeboten.

Mein Vorschlag zur Umsetzung eines supraleitenden Konzeptfahrzeugs enthält fünf Bauelemente:

B1): Mikroprozessorbasierte Konzeptsteuereinheit

B2): Supraleitender Elektromotor

B3): Tieftemperaturkühlsystem

B4): Tieftemperaturtankanlage

B5): Radnabenantriebe

Diese Elemente stehen miteinander in konzeptionellen und funktionalen Interdependenzen in Verbindung. Der Stand der Technik der aufgeführten Elemente stellte sich Anfang des zweiten Quartals des Jahres 2019 wie folgt dar:

Die Aufgabe der Konzeptsteuerung beinhaltet das Management aller Elemente des supraleitenden Konzeptfahrzeugs auf Basis der der Konzeptsteuerungseinheit zur Verfügung stehenden Ein- und Ausgabeparameter. Ihr Input sind die Ausgangswerte der Subsysteme. Der Algorithmus der Konzeptsteuerung ist in einem Mikrorechner realisiert. Die Kommunikation zwischen der Konzeptsteuereinheit und den anderen Elementen des Konzeptfahrzeugs erfolgt über aktuelle Bluetooth-Punkt-zu-Punkt-Übertragung. Sie basiert auf einem Mikrochip samt Sende- und Empfangseinheit sowie einer den Datentransfer steuernden Software. Diese sorgt für gegenseitige Erkennung der ebenfalls über Bluetooth-Einrichtungen verfügenden anderen Elemente des Konzeptfahrzeugs. Die im Bluetooth-Mikrochip zur Steuerung des Datentransfers implementierte Software umfasst den kompletten Steuerungsalgorithmus einschließlich den der obigen Bauelemente B2) bis B5). Die Funktionsweise des Konzeptmanagementsystems wird elektronisch in der entsprechenden Fahrzeugelektronik realisiert. Dies kann zum Beispiel durch Mikrochips beziehungsweise anwendungsspezifische integrierte Schaltungen erfolgen. Das Managementsystem hat die Organisation des Zusammenwirkens der Interdependenzen der Einzelelemente zur Aufgabe. Deren Zustandssituation dient als Input zur Durchführung der Managementaktivitäten. Die dadurch erzielten Ergebniszustände bilden die Gesamtheit des Outputs. Diese wiederum bilden die Eingangswerte der Zustände für den nächsten Iterationsschritt.

So liefert die Konzeptsteuerung in ihrer Aufgabe des Managements aller Elemente des supraleitenden Konzeptfahrzeugs auf Basis der der Konzeptsteuerungseinheit zur Verfügung gestellten Ein- und Ausgangsparameter als Input die Ausgangswerte der Subsysteme. Als Output der Konzeptsteuerung dienen deren Ausgangswerte als Eingangswerte für die Subsysteme. Das Programm der Konzeptsteuerung liest zunächst die Statusparameter der Elemente B2) bis B5) ein. Diese sind die Temperaturbestimmung des HTSL und des flüssigen Stickstoffs, die Mengenbestimmung des Tankinhalts für den flüssigen Stickstoff sowie die Zustandsermittlung und -anzeige der Radnabenantriebe.

Der erfindungsgemäße Programmablauf zur Konzeptsteuerung umfasst folgende Schritte: Der Start des Programms wird durch Drehen des Zündschlüssels oder Drücken des Startknopfes ausgelöst. Mittels einer Abfrage wird durch die Konzeptsteuereinheit über eine Bluetooth-Sende-und-Empfangseinheit festgestellt, ob die Ausgangswerte der Systemsteuerung als Eingangswerte für die Subsysteme vollständig zu Verfügung stehen. Daraufhin erfolgt das Einlesen der Ist-Werte der Subelemente supraleitender Elektromotor (B2), Kühlsystem (B3), Tankanlage (B4) und Radnabenantriebe (B5).

Öffentlich zugängliche Informationen über supraleitende Elektromotoren und patentierte Konzepte zum Antrieb von Elektrofahrzeugen unter Ausnutzung supraleitender Eigenschaften wurden recherchiert. Diese waren ein Beitrag zum Nachweis der prinzipiellen Machbarkeit eines supraleitenden Elektroautos. So findet sich eine am 15. November 2011 eingereichte Offenlegungsschrift über eine „Vorrichtung zum Antreiben eines Elektrofahrzeuges" beim deutschen Patent- und Markenamt, in der die Vorteile supraleitender Antriebe aufgeführt sind. Betont werden beispielsweise eine lange Reichweite von rund tausend Kilometern, kurze Ladezeiten von einigen Minuten, hohe Energiedichten und hohe Wirkungsgrade von ca. 99 Prozent. All das ermöglicht Vorteile der supraleitenden Fahrzeugantriebe im Vergleich zu konventioneller Batterietechnik.

Auch der im Jahr 2019 stark emotional fortgeführte Diskurs über die Mobilität der Zukunft könnte durch den angeführten Konzeptvorschlag bereichert werden. Dieselfahrverbote und Feinstaub standen im Vordergrund der öffentlich geführten Diskussion. Wären den Diskutanten die Vorteile eines supraleitenden Autos wie hier beschrieben bekannt gewesen, hätte der Diskurs vielleicht einen anderen oder zusätzlichen Verlauf genommen …

Denn die Reichweiten von Elektroautos betrügen nicht mehr nur einige Hundert Kilometer, sondern wie in der Patentschrift beschrieben rund 1.000 Kilometer. Die Elektroautos wären absolut abgasfrei. Eine Tankinfrastruktur für flüssigen Stickstoff müsste natürlich aufgebaut werden, wie dies für andere batteriebetriebene Elektroantriebe auch nötig wäre.

Kapitel 2: Bionik

„Natürliche Repliken"

Die Schöpfung bietet die besten Vorbilder für technologische Innovationen. Bereits Leonardo da Vinci erkannte und beschrieb die wesentlichen Merkmale des Vogelfluges und begründete so die Technische Biologie, die man auch Bionik nennt. Der Begriff Bionik geht auf eine Wortprägung des amerikanischen Luftwaffenmajors Jack Ellwood Steele im Jahr 1958 zurück. Der Begriff wurde offiziell 1960 als Titel für ein diesbezügliches dreitägiges Symposium benutzt.

Ab Mitte der 1980er-Jahre begann ich, mich für bionische Themen zu interessieren. Speziell hatte ich mir zum Ziel gesetzt, eine Expertenkommission aufzubauen und zu betreuen, die mit renommierten und anerkannten Fachleuten der unterschiedlichen Sparten der Bionik interdisziplinär besetzt sein sollte.

Hier möchte ich eine in meinen Augen relevante Auswahl bionischer Themengebiete näher beleuchten. Dabei wird uns der ein und andere Experte samt zugehöriger Bionik-Disziplin begegnen. Auf dem Gebiet der Evolutionsstrategie ließ ich mich zu eigenen Anwendungen inspirieren, um diese für die Bestimmung des minimalen Radarquerschnitts von Objekten anzuwenden, also lax gesagt zur Radartarnung, was ich in diesem Kapitel näher ausführe.

Hinsichtlich des angesprochenen Falls von Leonardo da Vinci wurde von ihm festgestellt, dass sich beim Abschlag des Vogelflügels die Federn wegen ihrer besonderen gegenseitigen Lagerung zu einer geschlossenen Fläche formen, wohingegen sie sich beim Aufschlag auffächern und Luft durchströmen lassen. Da Vinci schlug zur technischen Realisierung seiner Beobachtung vor, aus Weidenruten und imprägniertem Leinen gefertigte Schaltflächen zu verwenden, die sich beim Abschlag analog schließen, beim Aufschlag jedoch mit Klappen zur Durchströmung der Luft öffnen würden. Es waren just diese Erkenntnisse, die wagemutige Männer dazu verleiteten, mit Schlagflügeln fliegen zu wollen, mit katastrophalen Ergebnissen für die „Testpiloten".

So einfach scheint die Übertragung angepasster und ausgereifter biologischer Systeme in die Welt der Technik allerdings nicht zu sein. Professor Dr. Werner

Nachtigall, einer der Pioniere der Bionik, formuliert in seiner Publikation über „Einsatz und Produktpotenziale der Technischen Biologie und Bionik" die wesentlichen Prinzipien zum Thema „von der Natur lernen", es handle sich keineswegs nur um eine simple Blaupause der Natur für technische Umsetzungen, sondern mehr um Inspirationen der Natur, deren technische Verwirklichungen von Fall zu Fall unter Einbringung aller hierzu relevanten Kenntnisse aus Wissenschaft und Technik investigiert werden müssten. Im Falle des zitierten Vogelflugs hat es sich vor dem inzwischen fortgeschrittenen Stand der Technik als vorteilhaft erwiesen, Erkenntnisse der Technischen Physik aus dem Teilgebiet Aerodynamik einzubeziehen. Dieses Beispiel zeigt den unabdingbaren Charakter der Interdisziplinarität der Bionik. Man nimmt also Vorlagen der Natur als Anregung für technologisch eigenständige Entwicklungen, zu deren Machbarkeit alle Wissenschaftsdisziplinen einbezogen werden. Lernen von der Natur als Anregung für eigenständiges technologisches Gestalten ist die Devise und nicht bloßes Abkupfern.

Werner Nachtigall brachte es 1993 in der folgenden allgemeinen Definition auf den Punkt: „Bionik als wissenschaftliche Disziplin befasst sich mit der technischen Umsetzung und Anwendung von Konstruktions-, Verfahrens- und Entwicklungsprinzipien biologischer Systeme." Demnach ist die Bionik eine klar formulierbare Disziplin und Vorgehensweise. Sie führt die durch die Vorgehensweise der Technischen Biologie entdeckten und erforschten Aspekte der Biologie einer technischen Umsetzung und Anwendung zu. Dies kann sich auf drei Komplexe beziehen, nämlich auf Konstruktionen der Natur (Konstruktionsbionik), Vorgehensweisen oder Verfahren der Natur (Verfahrensbionik) und deren Informationsübertragungs-, Entwicklungs- und Evolutionsprinzipien (Informationsbionik). Eine bionische Vorgehensweise kann also in viele technische Ansätze mit hineinspielen, die zukünftige Technologien entscheidend beeinflussen können.

Ansatzmöglichkeiten zu bionischen Vorgehensweisen, die den Einsatz und die Produktpotenziale der Technischen Biologie und Bionik kennzeichnen können, umfassen unter anderem die Materialbionik. Biologische Materialien entstehen entweder in einem einmaligen „Gussvorgang", etwa Diatomeen- und Radiolarien-Skelette, oder in schichtweisem Aufbau, wenn Substanzen von Zellen und Zellschichten (Epithelien) abgegeben werden. Sie sind sehr unterschiedlich zusammengesetzt, von den Silikatstrukturen der genannten Kleinlebewesen über biochemische Laminatstrukturen bei horn- oder chitinigen Substanzen bis hin zu elastischen Fasern beim Knochen. Dies und die

Tatsache, dass die Materialien stets aufs Feinste auf die mechanischen Anforderungen abgestimmt sind, ergeben vielfältige Vorbilder für die Technik. Dazu kommen ihre bisher nicht oder kaum erreichten Selbstheilungsmöglichkeiten und ihre totale Wiederverwendbarkeit.

Im Rahmen der Werkstoffbionik betrachtet man biologische Materialien, die zu neuen Werkstoffen führen. Hierzu gehören vor allem auch die Mehrkomponentenbauweise biologischer Materialien und Stoffe, in denen beispielsweise zug- und druckfeste Elemente in Trajektorien angeordnet sind. Sie können Vorbilder abgeben, wie überhaupt im makromolekularen und im Mikrobereich eine Vielzahl von Anregungen und Umsetzungsmöglichkeiten gegeben sind.

Unter dem Namen Lotuseffekt entstand eine wirtschaftliche Erfolgsgeschichte, die im Bereich der Materialwissenschaften auf der Entwicklung superhydrophober biomimetischer Oberflächen fußt. Es war der Botaniker Wilhelm Barthlott, der aus seinen Forschungen zur Rasterelektronenmikroskopie pflanzlicher Oberflächen den selbstreinigenden Effekt von Pflanzenoberflächen feststellte und den Anstoß für die technische Umsetzung gab. Es war in den 70er-Jahren des 20. Jahrhunderts, als Botaniker erstmals Interesse an der Lotusblume entwickelten. Am Botanischen Institut der Universität Bonn stellten Wissenschaftler fest, dass gewisse Pflanzenoberflächen wie die der Blätter der indischen Lotusblume von Wasser nicht benetzt werden und darüber hinaus vollkommen schmutzabweisend sind. Dies wird ermöglicht durch eine komplexe Grenzfläche, auf der im Abstand von tausendstel Millimetern warzenartige Erhebungen sitzen, sogenannte Papillen. Die Papillen sind mit winzigen Wachskristallen überzogen. Über diese „raue" superhydrophobe Oberfläche rollt jeder Wassertropfen ab. Dabei nimmt er nicht nur Schmutzpartikel auf, auch schädliche Pilzsporen, Bakterien und Algen werden mitgerissen. Die Pflanze wird auf diese Weise ihre Plagegeister los und enthält Algen und Pilzsporen die von ihnen zum Überleben benötigte Feuchtigkeit vor. Galten zuvor Produkte mit möglichst glatten Oberflächen als besonders wünschenswert in Sachen Reinlichkeit, so waren es auf einmal solche mit Oberflächen nach dem Vorbild der Mikrostruktur des Lotusblattes. So eroberten in den 90er-Jahren Produkte mit Lotuseffekt den Markt, wie zum Beispiel Dachziegel und Fassadenfarben, die eine Art Pflanzenhaut haben, die sich bei Regen selbst reinigt.

Wie in diesen beiden Beispielen gezeigt, ist es also Forschern bereits gelungen, die raue Mikrostruktur auf künstlichen Oberflächen nachzubilden. Die

Resultate kann man käuflich erwerben. Es gibt auch dem Vorbild der Lotusblume nachempfundenes Silikonwachs, das man auf Oberflächen aufsprühen kann, um sie gegen Umwelteinflüsse wie Verschmutzung und Regen zu schützen. Weitere Applikationen zielen auf selbstreinigende Autolacke, die allerdings naturgemäß ein mattes Aussehen zur Folge haben. Gleichermaßen denkbar sind selbstreinigende Fensterscheiben, sodass Wind und Wetter die Rolle eines Fensterputzers übernehmen.

Ein ebenfalls schmutzabweisendes Material, das jedoch nicht auf dem Lotuseffekt basiert, verdankt seine selbstreinigenden Eigenschaften der Photokatalyse, wodurch sowohl Oberflächen als auch die Luft gereinigt werden können. Im speziellen Fall handelt es sich um Titanoxid, das mit Zement vermischt auf dem Markt erhältlich ist. Die physikalische Wirkung des mit Titanoxid versetzten Zements beruht auf dem photoelektrischen Effekt. 1905 publizierte Albert Einstein seine Arbeiten zur Deutung des photoelektrischen Effektes und erhielt für seine Entdeckung des Photoeffektes 1921 den Nobelpreis für Physik. Der Vorgang der Nutzbarmachung des nur quantenmechanisch erklärbaren Effektes beruht auf der Tatsache, dass bei Einfall von Sonnenlicht auf die Titanoxidoberfläche durch die Lichtphotonen in den Atomen der obersten molekularen Schichten Elektronen herausgeschlagen werden. Die Elektronen wandern dann durch das Kristallgitter des Titanoxids zu dessen Grenzfläche. Dort kommt es zu chemischen Umsetzungen, die zur Zersetzung organischer Stoffe führen, was einem Reinigungseffekt gleichkommt. Im Rahmen der Forschungsarbeiten für einen italienischen Zementhersteller entdeckte man, dass die selbstreinigende Wirkung nicht auf Verschmutzungen an der Oberfläche der Bausubstanz beschränkt bleibt. Der photoelektrische Effekt reicht nämlich bis in die angrenzenden Luftschichten und reduziert so auch die Luftverschmutzung. Das Nanomaterial kann auch Mörtel und Farben beigemischt werden. Gebäude und Straßen, die sich sogar nachträglich beschichten lassen, können somit durch Reduzierung der Schadstoffe aktiv zur Umweltentlastung beitragen.

Titanoxid erlaubt auch im Bereich der Photovoltaik für Solarzellen nach dem Vorbild der Photosynthese neue, „natürliche" Wege. Die Photosynthese ermöglicht als einer der wichtigsten biochemischen Vorgänge auf der Erde den Pflanzen und indirekt auch den Tieren das Leben, da diese die durch die Pflanzen produzierten Stoffe zur Nahrungsaufnahme benötigen. Bei der Photosynthese wird die Energie des Sonnenlichts, also die elektromagnetische Strahlung, mittels des Blattfarbstoffs Chlorophyll aufgenommen und in chemisch gebundene Energie umgewandelt. Die Photosynthese dient der Entwicklung neuartiger Photovoltaikzellen, wie 1994 an der Eidgenössischen Technischen Hochschule Lausanne im Labor für Photonik und Schnittstellen von Professor Michael Grätzel geschehen. Grätzels Solarzelle basiert nicht auf Silizium, das sehr teuer, energieaufwendig herzustellen und schwierig zu entsorgen ist, sondern wie das Chlorophyll auf einem Farbstoff, der die Energie der Sonne einfängt. Hierzu dient der einfach und preiswert herzustellende Halbleiter Titanoxid. Eine Belebung der Photovoltaiktechnologie könnte das Resultat sein.

Verweilt man noch ein wenig in der Welt kleiner Dimensionen, so tun sich weitere technische Lösungen gemäß biologischer Vorlagen auf. Die Schuppenstruktur der Haut von Haifischen, die sogenannte Riblet-Struktur, war Ideengeber für reibungsarme Oberflächen. Haie reduzieren den Strömungswiderstand im Wasser durch ihren extrem stromlinienförmigen Körper und durch die Rillenstrukturen auf den Haihautschuppen. Diese feinen Längsriefen verlaufen alle in Strömungsrichtung. Der Zoologe Wolf-Ernst Reif erkannte, je feiner und ausgeprägter die Rillen sind, desto schneller schwimmt der Hai. Die Riefen vermindern offenbar den Strömungswiderstand des Hais, denn durch die Rillen und Rippen auf den Schuppen fließen die Wasserteilchen am umströmten Haikörper entlang. Von Vorteil ist darüber hinaus, dass die Haihautschuppen so angeordnet sind, dass sich die Rillen über die hintereinanderliegenden Schuppen fortsetzen. Entscheidende Wirkung kommt den scharfen und relativ hohen Rillenfirsten zu, die verhindern, dass bremsende Turbulenzen an der Grenzfläche zum umgebenden Wasser entstehen, und verringern so die Reibung an der Oberfläche des Hais. Damit ist letztendlich ein relativ geringer Reibungswiderstand verbunden. Die technische Umsetzung in eine „künstliche Haihaut" beinhaltet das Aufbringen von Rillen und Rippen auf technische Materialien. Es wurden diesbezügliche Tests an vergrößerten Schuppenmodellen in einem Strömungskanal durchgeführt und festgestellt, dass bei Vorliegen ähnlicher Strömungsverhältnisse die Rillenstrukturen auf Materialien in Wasser und Luft übertragen werden können. Ein derartiges bionisches Produkt sind Riblet-Folien, wie sie beim Siegerboot des 2010 veranstalteten Segelwettbewerbs America's Cup und bei einem Testflugzeug eines Airbus A 320 mit der erwünschten Treibstoffeinsparung eingesetzt wurden.

Das Gebiet der Materialbionik geriet aufgrund von spektakulären technischen Lösungen der Nanotechnologie, also von der Größe eines millionstel Millimeter und kleiner, in den Fokus des Interesses. Dazu gehört die Klebetechnik, die normalerweise auf die Festigkeit der Klebverbindungen ausgerichtet ist, was auch in der Regel die Rückgängigmachung der Verbindung verhindert. Die Natur lehrt uns aber, dass es sehr wohl stark haftende Verbindungen gibt, die auch reversibel sind. Natürliche Vorbilder sind zum Beispiel Käfer- und Spinnenbeine sowie die Zehen des Geckos. Bei ihnen erzeugen Lamellen im Nanometerbereich eine starke Haftwirkung durch die sogenannten Van-der-Waals-Kräfte, schwache Wechselwirkungen zwischen Atomen und Molekülen. Zur technischen Umsetzung wurde am Max-Planck-Institut für Polymerforschung in Mainz ein Weg zur Herstellung von Nahtmaterial mit nanoskopischen Fibrillen herzustellen, die ein schnelles Haften und Lösen ermöglichen. Über Prototypen wurde die Funktionsfähigkeit des Prinzips nachgewiesen. Erste kommerziell ausgerichtete Resultate sind Haftfolien für Kletterroboter. Inspiriert durch das Gecko-Prinzip reicht das Einsatzpotenzial vom Automobilbau bis zur Medizintechnik. Grundsätzlich erlauben Haftroboter nach entsprechender Adaption und größenbezogener Hochskalierung auch die Inspektion von Aufzugschächten in Hochhäusern und Versorgungsleitungen großer Bauwerke.

Das, was Muscheln ihre große Stärke aufgrund kristalliner Calciumcarbonate hoher Festigkeit und Dichte verleiht, ist ebenfalls dem Erfindungsreichtum der Natur durch ihren intelligenten Einsatz der Nanotechnik geschuldet. Es werden nämlich in diesem Fall bei der Bionanotechnik organische Vorverbindungen eingesetzt. Wie am Weizmann-Institut in der Stadt Rehovot in Israel von Strukturbiologen entschlüsselt wurde, stülpen sich in die Zellmembran kleine Bläschen, sogenannte Vesikel, ein. In diese werden die carbonathaltigen und von Eiweißmolekülen umhüllten Vorverbindungen eingeschleust. Das Auskristallisieren der Nanopartikel erfolgt wie in der Chemietechnik durch Impfen mit nanokleinen Kristallkeimen. Nach diesem Prinzip entstehen Kalkstrukturen aus verschiedenen carbonathaltigen Materialien wie z. B. Calcit oder dem Calciumcarbonat Aragonit. Eine weitere Finesse der Organismen besteht in der Herstellung von unstrukturierten calciumhaltigen Verbindungen als Vorläuferverbindungen. Die Natur entwickelte zudem einen Mechanismus zur Umhüllung der Nanopartikel mit wasserabweisenden Proteinen und Zusätzen von Magnesium- und Phosphat-Ionen. Amorphe Phasen müssen außerdem vor Wasser geschützt bleiben. Das Kristallisieren in einkristalline Kalkstrukturen beginnt in den Vesikeln, wozu die Impfkeime der späteren Struktur entsprechend angeordnet werden. Der am Beispiel der Muschelschalen offenbarte Erfindungsreichtum der Natur lässt sich auch im

Falle von Seeigeln beobachten. Sie stellt also sozusagen insgesamt eine Bauanleitung für nanotechnischen Erfindergeist dar.

Nano- und Mikrostrukturen ermöglichen auch eine außerordentliche Farbenpracht für industrielle Produkte nach dem Vorbild von Schmetterlingen. Die Ursachen liegen in Interferenzeffekten der strukturierten Oberflächen und Materialien. Bei den Oberflächen, die die schillernden Farben oder changierenden Farbspiele auslösen, handelt es sich um zweidimensionale kristalline Strukturen, die eine regelmäßige Gitterstruktur bilden. Abhängig vom Betrachtungswinkel entsteht dabei ein unterschiedlicher Farbeindruck. Anteile des auftreffenden Lichts werden von unterschiedlichen Strukturen der Oberfläche reflektiert. Der geringe Unterschied in der zurückgelegten Wegstrecke der reflektierten Strahlen verursacht eine Überlagerung der elektromagnetischen Wellen, die sich je nach Wegunterschied auslöschen oder verstärken können. Da das Licht aus Wellen verschiedener Frequenzen besteht, werden verschiedene Wellenlängen unterschiedlich verschoben. So kann beispielsweise das blaue Licht verstärkt werden, wohingegen das rote Licht verschluckt wird. Technisch werden derartige Strukturen unter anderem für Effektpigmente in der Kosmetik oder bei Autolacken genutzt. Je nach Betrachtungswinkel und Dicke der Pigmentschichten entstehen wechselnde Farbeffekte beim Betrachter. Der Effekt der Lichtinterferenz an strukturierten Oberflächen kann technisch nachempfunden werden durch dünne Metalloxidschichten auf Trägerpartikeln aus Siliziumdioxid, die ebenfalls zu Lichtinterferenzen führen und einen richtungsabhängigen irisierenden Farbeindruck entstehen lassen.

Der Lichtsammeleffekt bei den Augen nachtaktiver Motten ist das biologische Vorbild für die Antireflexionseigenschaften transparenter Oberflächen. Auch hier spielt die Nano- und Mikrostrukturtechnik die entscheidende Rolle. Durch die facettenartige Miko- beziehungsweise Nano-struktur des Mottenauges wird der Brechungsindex zwischen umgebender Luft und der Linsenoberfläche fließend angepasst, sodass Lichtbrechung und Lichtreflektion vermieden werden. Das einfallende Licht gelangt weitgehend vollständig in das Mottenauge und wird somit möglichst effizient genutzt. Technisch wird der Mottenaugeneffekt zum Beispiel zur Entspiegelung von Displays oder Solarzellen eingesetzt. Dabei wird das Ziel verfolgt, die entspiegelten Strukturen möglichst kostengünstig und mit hoher mechanischer Stabilität herzustellen. Entspiegelte Gläser lassen sich beispielsweise durch Sol-Gel-Beschichtungsverfahren erzeugen, bei denen sich durch ein Tauchverfahren auf dem Glassubstrat eine nanoporöse Antireflexschicht aufbringen lässt, die die Lichtreflexion auf ca. zwei Prozent reduziert. Mittlerweile sind auch Verfahren entwickelt worden, mit denen sich Antireflexstrukturen auf Kunststoffsubtraten kostengünstig herstellen lassen. Dabei werden die gewünschten Strukturen durch ein Beschichtungsverfahren in einer Gussform erzeugt und mit einer speziellen Spritzgusstechnik in einem einzigen Prozessschritt auf entspiegelte Kunststoffscheiben übertragen.

Bionische Faserverbundwerkstoffe entfalten ihre Eigenschaften aus dem Nachempfinden von Schachtelhamen und Pfahlrohren, wie man sie in botanischen Gärten findet. Deren Erforschung führte zum technischen Pflanzenhalm, einem strukturoptimierten bionischen Faserverbundmaterial mit Gradientenaufbau. Es zeichnet sich durch hohe Steifigkeit mit sehr guter Schwingungsdämpfung und einem gutmütigen Bruchverhalten aus. Diese pflanzlichen Faserverbundgewebe sind mit geringstem Material- und Energieaufwand aufgebaut, erzielen aber erstaunliche mechanische Leistungen. So ist zum Beispiel der Winterschachtelhalm aus äußerem und innerem Druckzylinder und verbindenden, abstandshaltenden Stegen aufgebaut. Dieser Sandwichaufbau mit hoher spezifischer Biegesteifigkeit und Knickstabilität verhindert Verbeulen und Knicken der dünnen Halmstruktur.

Ein weiteres interessantes Vorbild ist das Pfahlrohr, das durch den Wind angeregte Schwingungen über einen graduellen Steifigkeitsübergang zwischen Fasern und Grundgewebematrix hervorragend dämpft. Außerdem weist das Pfahlrohr ein gutmütiges, zähes Bruchverhalten auf, das im starken Gegensatz zum spröden Bruchverhalten technischer Faserverbundwerkstoffe steht. Biologen und Ingenieure kombinierten die pflanzlichen Vorbilder des ultraleichten Sandwichaufbaus des Winterschachtelhalms und der Schwingungsdämpfung des Pfahlrohrs und entwickelten daraus den technischen Pflanzenhalm. Dieser kann mittels einer speziellen Technik, der sogenannten Pultrusionstechnik hergestellt werden, wobei der Steifigkeitsgradient zwischen Fasern und Matrix mittels auf die Fasern aufgebrachter Nanopartikel erreicht wird. Die Einsatzbereiche des technischen Pflanzenhalms sind vielfältig und vor allem überall dort zu sehen, wo druck- und biegebelastete Verbundprofile eingesetzt werden. Hierzu zählen die Luft- und Raumfahrttechnik, der Fahrzeugbau, Sportgeräte und das Bauwesen. Zusätzlich können die Nebenkanäle des technischen Pflanzenhalms zum Transportieren von Flüssigkeiten oder zum Einlagern von vorgespannten stabförmigen Festigkeitsträgern genutzt werden.

Zukünftige Faserverbundtechnik könnte zudem auf der künstlichen Herstellung von Spinnenseide aus Seidenproteinen beruhen, deren Erzeugung bereits gelang. Spinnenseide ist hochfest, dehnfähig, leicht und wasserfest. Ein Faserverbundwerkstoff aus Spinnenseidenfaserbündeln oder aus natürlichen, besonders leichten Glasfasern nach dem Vorbild des Glasschwamms könnten eine Applikation sein. Dabei sind die Fasern beschichtet mit einem festen, zähen, wasserabweisenden Haftvermittler nach dem Vorbild des Klebstoffs der Seepocken, kombiniert mit einer Matrix aus Biopolymeren. Die einzelnen Bauteile sind fest und doch leicht austauschbar, zusammengefügt mit Haftstrukturen ähnlich denen der Füße von Geckos.

Erfolgsgeschichten entstehen oftmals zufällig, wie das folgende Beispiel im Zusammenwirken von Leichtbauwerkstoffen, Prothetik und Leistungssport eindrucksvoll unterstreicht. Hauptakteur ist dabei ein oberschenkelamputierter Behindertensportler. Der junge Mann spielte sehr erfolgreich Fußball und befand sich seinerzeit in Verhandlungen mit einem Profiverein. Wenige Tage nach Beginn der Vertragsverhandlungen erlitt er einen schweren Sportunfall, infolgedessen ihm das linke Bein oberhalb des Knies amputiert werden musste. Das bedeutete, dass er, um seiner Leidenschaft für „alles, was mit Sport zu tun hat" weiterhin nachgehen zu können, eine Prothese benutzen musste. Der Behindertensportler hat sich im Behindertensport zunächst auf die Weitsprungdisziplin festgelegt und später noch die Disziplin Sprint hinzugenommen.

Während die meisten Menschen mit körperlichen Behinderungen Standardprothesen für den alltäglichen Gebrauch verwenden können, ist der Markt für Spezialanfertigungen im sportlichen Bereich sehr eingeschränkt. Dabei erscheinen für die von Athleten verwendeten Standardprothesen die möglichen Optimierungspotenziale bei Weitem nicht ausgeschöpft. So könnten für den Bereich des Leistungssports die Standardprothesen insbesondere unter dem Aspekt der Gewichtsreduzierung optimiert werden und angemessener an die in sportlichen Wettkämpfen auftretenden Belastungen ausgelegt werden. Bei der Verwendung der Standardprothesen hatte der Behindertensportler mehre Probleme mit der Standfestigkeit der gesamten Prothese. So ist vor allem der Verbindungswinkel zwischen dem künstlichen Kniegelenk und dem Fußmodul beim Weitsprung oft kaputtgegangen. Dies war zwar ein technisches Problem, doch, was noch wichtiger ist, darüber hinaus wurde eine psychologische Barriere ausgelöst. Wenn er trainierte, machte er sich stets Sorgen, dass sein künstliches Bein nicht halten könnte, und er wusste nie, wie weit er sich und die Prothese beim Sprung belasten konnte.

Beiträge im deutschen Fernsehen, speziell die Sendung *Aktion Mensch* lenkten die Aufmerksamkeit der Öffentlichkeit auf die Situation von behinderten Athleten. Im Vordergrund dieser Berichte stand der erwähnte oberschenkelamputierte Athlet, der für die Paralympics 2004 in Athen trainierte. Die Berichte veranlassten die Europäische Weltraumorganisation ESA und mich mit meinem Team als der von der ESA beauftragte Technologievermittler zu Überlegungen, ob die Anwendung von Raumfahrttechnologien Fortschritte für behinderte Athleten und grundsätzlich für den Bereich der Prothetik ermöglichen könnten. Meine Firma, die in ihrem Kernbereich Technologietransfer langjährige Beziehungen zur Deutschen Spothochschule (DSHS) Köln pflegte, initiierte ein Projekt für und mit dem Sportler, der an der DSHS trainierte. In einem ersten Screening mit ihm und seinem Trainer kristallisierte sich heraus, dass offenbar tatsächlich das Prothesenproblem in der Standfestigkeit des besagten Winkels lag. Zur Untersuchung der vermuteten Ursachen etablierte mein Beraterteam eine Zusammenarbeit mit dem Institut für Biomechanik und Orthopädie der DSHS, an der der Sportler trainierte, und einem potenziellen Technologiegeber aus dem Raumfahrtbereich, der über umfangreiches Know-how in der Entwicklung, Konstruktion und Simulation von CFK-Bauteilen verfügte.

Der Raumfahrtursprung betraf die Entwicklung und Analyse von CFK-Strukturen, die unter anderem für das sogenannte Alpha-Magnet-Spektrometer-Experiment (AMS) auf der Internationalen Raumstation ISS verwendet wird. AMS ist ein Detektor, mit dem extraterrestrische Untersuchungen von Antimaterie, Materie und fehlender Materie durchgeführt werden. In der terrestrischen Anwendung im Sinne eines Spin-offs der Raumfahrt wurde der Verbindungswinkel zwischen dem künstlichen Knie und der Carbonfeder, die den Unterschenkel ersetzt, verbessert. Für den Weitsprung wurde hierzu ein CFK-Winkel entwickelt, der aus den für die Raumfahrt hergestellten Hochleistungsfasern bestand, mit denen die AMS-Tragestruktur gebaut wurde. Für den Sprint wurde ein Winkel entwickelt, der aus einer hochfesten Aluminiumlegierung gefertigt wurde, dem Material, das im AMS-Experiment für die Knotenelemente verwendet wurde.

Bei den verwendeten Werkstoffen nutzte man den Umstand, dass Materialien aus der Raumfahrt den besonderen Anforderungen entsprechend den immensen Vorteil aufweisen, dass sie äußerst stabil und gleichzeitig leichter sind als herkömmliche Produkte. So gelang es, das Problem mit der vorherigen Prothese, das darin bestand, dass sie oft brach, wenn sie bis an die Grenze ihrer Leistungsfähigkeit belastet wurde, zu meistern. Für die Disziplin Weitsprung wurde eine Schichtkörperklammer (Winkel) aus Kohlenstofffaser- und Stoffschichten hergestellt. Nach dem Feedback des Athleten wurde die erste Ausführung abgewandelt und eine weichere zweite Ausführung angefertigt. Die schichtweise Kräfteermittlung, die an mehr als 40 unidirektionalen Schichten und Stoffschichten durchgeführt wurde, war besonders wichtig, da sie gewährleistete, dass das für die Klammer ausgewählte Material stabil genug war, um der zusätzlichen Belastung beim Weitsprung standzuhalten. Die neue, steifere und widerstandsfähigere L-förmige Klammer ist sowohl leichter als auch stabiler und gibt Athleten beim Trainieren größere Sicherheit.

Detaillierte Analysen legten verschiedene Realisierungsmöglichkeiten der biomechanischen Anforderungen für verschiedene Sportarten, hier speziell Sprint und Weitsprung, für die jeweilige Anwendung optimiert, nahe. Nachdem der Behindertensportler der MST Aerospace mitteilte, dass er immer Probleme bei der Anpassung der Prothese an sein Bein hatte, wurden hierzu ebenfalls Aktivitäten entfaltet. Je nach seinem allgemeinen Gesundheitszustand konnte sich nämlich sein Stumpf ausdehnen oder verengen. Dadurch wurde die Befestigung der Prothese erschwert. Manchmal fiel sie beim Training sogar ab. Nach Gesprächen mit dem Europäischen Astronautenzentrum (EAC) in Köln-Porz wurde angeraten, den dort für das Astronautentraining vorhandenen perkutanen elektrischen Muskelstimulator (PEMS) einzusetzen, um weitere Muskelatrophie zu verhindern und die Muskelmasse aufzubauen.

Mit der Unterstützung der ESA und durch uns konnten also sowohl ein Winkel aus CFK für den Weitsprung als auch ein Aluminiumwinkel für den Sprint optimiert werden. Der Behindertensportler erreichte damit drei Goldmedaillen und zwei Weltrekorde. Bei den Paralympics 2008 bestätigte er seine Leistungen mit einer Goldmedaille im Weitsprung mit einer Weite von 6,50 Metern, die er im Jahr 2009 bei der Behindertenweltmeisterschaft im indischen Bangalore auf die Weltrekordweite von 6,72 Meter schraubte.

Verharren wir noch einen Moment bei Hochleistungsmaterialien, und zwar solchen, bei denen man sich von der Natur hat inspirieren lassen. Aus Werkstoffen werden Konstruktionen hergestellt, die Gegenstand der Betrachtungen der Konstruktionsbionik beziehungsweise der Strukturbionik sind. Diese Teilgebiete der Bionik beschreiben und vergleichen biologische

Strukturelemente und bewerten die Eignung vorgegebener Materialien für spezielle Zwecke. Formbildungsprozesse im biologischen Bereich bieten weitere unkonventionelle technische Vorbilder.

Die Evolution entwickelte aus den Kleinstrukturen der Einzeller Großstrukturen vielzelliger Organismen in Tier- und Pflanzenreich. Die „arbeitsteilige" Funktion der Organe bestimmt dabei auch die zweckmäßigen, strukturellen und räumlichen Verbundkopplungen. Es wurden etwa folgende Prinzipien angewendet: kürzestmögliche Wegstrecken für Transport und Recycling der Stoffwechselsubstrate, optimaler Ursprung und Ansatz für Longitudinalmotoren (Muskelfasern) die Bewegungsfunktion im Stützskelett, hohe Festigkeit der Stütz- und Schutzeinrichtungen (Exo- und Endoskelette) bei minimalem Materialaufwand und optimaler Strukturkopplung verschiedener Stoffe und gleichzeitiger Berücksichtigung von Bedürfnissen des Wärme- und Wasserhaushaltes bei der Anordnung und Ausformung der Gesamtstrukturen durch Zonen, aber auch durch individuell angepasste Volumenoberflächenrelationen. Auch im Bereich der biologischen Strukturen wurde also eine Optimierung stets der Gesamtfunktion und nicht die der einzelnen Elemente durch den Evolutionsprozess verfolgt.

Bei biologischen Systemen sind Struktur und Funktion, Statik und Dynamik untrennbar miteinander verknüpft, wohingegen traditionell bei technischen Bauten die Formgebung und Struktur überwiegend von statischen, architektonischen und Raumfunktionsprinzipien bestimmt werden. In natürlichen Systemen sind die im Verbund wirkenden Funktionen trotz funktionaler Strukturspezifität hochgradig integriert. Dies bedeutet im Einzelnen: Form und Struktur gewährleisten gleichzeitig Energietransport und Austausch; Form und Struktur gewährleisten Licht- und Wärmeaufnahme, Wärmenutzung und Wärmeaustausch; Form und Struktur gewährleisten eine permanente Aufnahme und Abgabe von Substanzen, Gasen und Bauelementersatz bei gleichzeitiger Formerhaltung.

Bei komplexen Gebäude- und Stadtstrukturen sind ähnliche Aufgaben zu berücksichtigen wie in biologischen Systemen. Als bionische Vorlage für allgemeine Städteplanungen bieten sich modellhaft sogenannte Thylakoidstrukturen der Chloroplaste des Pflanzenreiches an, in denen die Lichtreaktion der Photosynthese stattfindet. Diese Mikrostrukturen bestehen aus flachen Membransäcken mit Querverbindungen zwischen den oft geldrollenartig gelagerten Elementen. Sie ermöglichen optimale

Lichtausnutzung, optimale Kontaktfläche zur Außenwelt und kürzeste Transportdistanzen zwischen den Elementen.

In bionischer Analogie hierzu konnten ähnliche Stadtbauten geschaffen werden, bei denen die optimal großen Oberflächen der Häuser und die Überbauungen der Straßen und Plätze für Baumbewuchs, Garten- und Parkanlagen zu nutzen sind. Die Innenräume einer solchen architektonischen Thylakoidstadt stehen mit ausreichendem Volumen für Wohn-, Fertigungs- und Verkehrsanlagen zur Verfügung. In diesen Terrassenstädten wäre das Licht für Grünland und Gewächshausanlagen besser nutzbar als auf den Flächen konventionellen Landbaus. Kohlendioxidemissionen technischer Anlagen und ihre Abwärme könnten sinnvoll zu einer höheren landwirtschaftlichen Produktivität und Generationenfolge beitragen.

Aus Konstruktionselementen setzen sich Geräte zusammen. Diesbezügliche bionische Ansätze führen zur Entwicklung von Gesamtkonstruktionen nach Vorbildern aus der Natur. Besonders im Bereich der Pumpen- und Fördertechnik, der Hydraulik und Pneumatik finden sich vielfältige Anwendungsmöglichkeiten.

Eine Entwicklung einer baden-württembergischen Firma aus dem Bereich der Steuerungs- und Automatisierungstechnik wurde der Öffentlichkeit als bionischer Muskel, realisiert durch völlig neuartige pneumatische Antriebe, präsentiert. Der bionische Muskel besteht im Wesentlichen aus einem hohlen Elastomerzylinder mit eingebetteten Aramidfasern. Wird der pneumatische Muskel „Fluidic Muscle" mit Luft befüllt, vergrößert sich dieser im Durchmesser und wird in der Länge kontrahiert. Dadurch wird eine fließend-elastische Bewegung ermöglicht.

Gemäß einer Pressemitteilung werden durch Einsatz des fluidischen Muskels Bewegungsabläufe möglich, die in Kinematik, Geschwindigkeit, Kraft, aber auch Feinheit menschlichen Bewegungen nahekommen. Bei vergleichbarer Größe erreicht der fluidische Muskel das Zehnfache der Kraft eines Zylinders, ist sehr robust und sogar unter extremen Bedingungen wie in Sand oder Staub einsetzbar. Mit seinem geringen Gewicht, der hohen Flexibilität und seinen vielseitigen Einsatzmöglichkeiten ist er für die bionische Arbeit besonders geeignet.

Eine ganz andere Form der bionischen Arbeit leisten fluidische Muskeln von Festo beim sogenannten Humanoiden Muskelroboter im Rahmen eines Gemeinschaftsprojektes der Fachgebiete Bionik und Evolutionstechnik der TU

Berlin. Beginnend mit einer Machbarkeitsstudie entstand hieraus ein Torso mit zwei anthropomorphen Roboterarmen und Fünffingerhänden. Das Schlüsselelement für die technische Umsetzung lieferten die fluidischen Muskel von Festo, deren Zugkraft mittels künstlicher Sehnen aus extrem reißfesten Dyneema-Seilen momentfrei auch über mehrere Gelenke hinweg an die gewünschten Stellglieder übertragen werden kann. So kann die Aktuatorik günstig im Körper angeordnet und die Masse der bewegten Teile klein gehalten werden. Jeweils zwei dieser kraftvollen und ultraleichten Aktuatoren können als antagonistisches Muskelpaar zusammengeschaltet werden und dienen zugleich als federnde Energiespeicher, die fließend-elastische Bewegungen ermöglichen. Mit elementaren Funktionen wie Beugen, Strecken, Drehen werden im Gesamtkontext der Konstruktion mit insgesamt 48 Freiheitsgraden hochkomplexe Bewegungsabläufe realisierbar.

Der Humanoid verfügt annähernd über denselben Bewegungsradius wie ein gleich großer Mensch. Mit seinem guten Gewichts-Leistungs-Verhältnis, seiner Fähigkeit, Gegenstände zu greifen und im Bewegungsraum zu positionieren, und seinen menschähnlichen Proportionen lässt er keine Zweifel an seinem Vorbild aufkommen. Der Roboter kann sowohl vorprogrammierte Bewegungen abfahren als auch über Datenanzug und Datenhandschuh online aktuiert werden. So können alle Bewegungen des menschlichen Protagonisten mit einer leichten Zeitverzögerung von etwa 0,5 Sekunden selbst auch über große Entfernungen direkt auf den Roboter übertragen werden. Daher kann der bionische Stellvertreter an Orten eingesetzt werden, die dem Menschen nicht zugänglich oder für ihn zu gefährlich sind. Die Palette potenzieller Anwendungsgebiete erstreckt sich vom terrestrischen Umfeld über die Tiefen des Ozeans bis zu Arbeiten im Weltraum.

Bionische Raffinesse in Form strömungsoptimierter Pinguingeometrie war Pate für einen technologischen Versuchsträger namens b-Ionic Airfish, einen Flugkörper mit Ionenstrahltriebwerk. Ionenstrahlantriebe wurden ursprünglich für Weltraumanwendungen konzipiert und arbeiten mit hohen Gleichspannungsfeldern. Solche Antriebe wurden am 1. Physikalischen Institut der Justus-Liebig-Universität Gießen erforscht und in Form des von dem Institut entwickelten Radiofrequenz-Ionen-Triebwerks (RIT) hergestellt. Die von einem solchen Triebwerk erreichbaren Rückstoßkräfte sind im luftleeren Raum sehr klein und bewegen sich im Millinewtonbereich. Dort reicht dies jedoch aus, um durch stetige Beschleunigung massereicher Ionen über lange interplanetare Flugstrecken hohe Geschwindigkeiten zu erreichen. In der

Atmosphäre kann das gleiche Prinzip eingesetzt werden, um Luftionen zu beschleunigen und kleine Rückstoßkräfte für hochfliegende Flugkörper leichter als Luft zu erzielen.

Hohe Gleichspannungsfelder von 20.000 bis 30.000 Volt entreißen an dünnen Kupferdrähten umgebenden Luftmolekülen Elektronen. Die dadurch entstehenden positiven Luftionen werden dann mit hoher Geschwindigkeit von 300 bis 400 Metern pro Sekunde zu den negativ geladenen Gegenelektroden in Form von streifenförmigen Aluminiumfolien beschleunigt und reißen neutrale Luftmoleküle mit. Dies erzeugt einen effektiven Ionenwind mit einer Geschwindigkeit von bis zu zehn Metern pro Sekunde.

Dieser Ionenstrahlantrieb wird in den schwenkbaren Stummelflügeln der Flugkörper eingesetzt und arbeitet nahezu lautlos und ohne bewegte Teile und macht das Flugobjekt beliebig steuerbar. Die flächige Luftbeschleunigung über der Tragfläche entspricht quasi dem mechanischen Schlagflügelantrieb von Pinguinen und treibt den b-IONIC Airfish an.

Zukünftige Einsatzmöglichkeiten für atmosphärische Ionenantriebe liegen aber nicht schwerpunktmäßig auf dem Erzielen einer Vortriebskraft, sondern vielmehr in den Gebieten der Widerstandsreduktion und Widerstandsaufhebung. Hierzu sei darauf hingewiesen, dass Pinguine um ihren Körper eine Luftblase haben, gebildet durch Mikrobläschen im Federkleid, die den gesamten Körper umhüllt. Der hervorragende Widerstandsbeiwert liegt nicht nur in der geometrischen Besonderheit der Form, sondern auch in der Grenzschichtbeeinflussung mittels der umgebenden gasförmigen und flüssigen Phasen begründet.

Strömungsphänomene der beschriebenen Art spielen auch in der Ventiltechnik eine große Rolle. Nach der Realisierung des Airfish mittels pneumatischer Strukturen und Schlaufenpropellerantrieben wurde beim nachfolgenden Versuchsträger die konsequente Fortsetzung der gezielten Beeinflussung des Strömungswiderstandes durch einen Ionenstrahl an der Oberfläche thematisiert. Davon ableitbar ist eine gezielte Reibungsreduktion mittels Ionenwind. Dadurch würde ein b-IONIC Airfish der Zukunft in der Luft „schwimmen" wie ein Pinguin im Wasser.

Bei der bionischen Prothetik wird wie bereits oben bezüglich Werkstoffthemen angesprochen die Entwicklung von Prothesen für den behinderten Menschen zukünftig einen wesentlichen Teil der Medizintechnik ausmachen. Die Prothesen werden sich nicht nur auf mechanischen Gliedsatz beschränken, sondern beispielsweise als Seh- und Hörprothesen direkt in die Sensorik eingreifen. Entscheidend wichtig wird sein, inwieweit es gelingt, die Informationsleiter der Biologie und der Technik – Neurone und Kabel – zu verbinden. Hierfür gibt es hoffnungsvolle Ansätze. Aber auch das Abgreifen von Potenzialen an Muskeln von Extremitätsstümpfen und die Ansteuerung von muskelähnlichen Stellgliedern in der Prothese kann sicherlich deutlich weiterentwickelt werden. Die direkte Interaktion von Mensch und Maschine gehört im weitesten Sinn hierzu.

Die bionische Robotik geht davon aus, dass Roboter heute meistens mit Stellgliedern arbeiten, die genau, aber ruckartig positionieren. Die Natur arbeitet ganz anders: Nichtlineare Stellglieder (Muskeln) positionieren die Extremitätsspitze nicht von Anfang an präzise, werden aber bis zum Erreichen des Kotaktpunkts in eigentümlicher Weise – an ihre Nichtlinearitäten angepasst – nachgesteuert. Die Nachahmung dieser natürlichen Technologie in einer bionischen Robotik steckt ebenfalls noch in den Kinderschuhen und könnte wie auch die bionische Prothetik sehr wesentlich werden.

Hinsichtlich der Klima- und Energiebionik stellen passive Lüftung, Kühlung und Heizung wesentliche Gesichtspunkte dar. Das Studium natürlicher Konstruktionen und die Analyse sogenannter primitiver Bauten beispielsweise in Zentralamerika und Nordafrika kann zu unkonventionellen Anordnungen und Einrichtungen führen. Dazu gehören die Idealausrichtung zu Sonne und Wind, Dachformen, Nischen in der Erde, eine ideale Unterkellerung und Luftführung vom kühlen Erdreich in die sommerwarmen Räume, eine Luftumwälzung mit Gasaustausch unter Verwendung poröser Materialien und die Energiespeicherung in wärmeaufnehmenden Systemen. Mit der Übernahme solcher natürlichen Prinzipien, wie sie beispielsweise die Termiten verwirklichen, können bis zu 80 Prozent der elektrischen Energie zur sommerlichen Kühlung und 40 bis 60 Prozent der Energie zur Winterheizung gespart werden. Symbiotische Integration von Pflanzen in die Wohnlandschaft kann zur Verbesserung des Sauerstoffpartialdrucks und zur Nahrungsversorgung dienen.

Die Energiebionik befasst sich mit Energiewandlungen in lebenden Organismen, Strukturen und Systemen der Natur, um dadurch ähnliche technische Systeme, Verfahren und Geräte für die Energiewandlung und Energieproduktion zu entwickeln und herzustellen. Ebenso stehen Systeme im Fokus des Interesses, die zur Reduktion des Energieaufwands und Energieeinsatzes oder zur Optimierung des Energieverbrauchs von der Natur evolutiv entwickelt wurden, wie auf dem Innovationskongress im österreichischen Villach im Jahr 2012 thematisiert. In engem Zusammenhang mit energetischen Fragestellungen stehen Aspekte der Klimatisierung. Passive Lüftung, Kühlung und Heizung sind wesentliche Gesichtspunkte.

Hinsichtlich passiver Ventilation von Bauten und Häusern sei folgendes Fallbeispiel angeführt: Der Präriehund Cynomys erzeugt unter Nutzung des Bernoulli-Prinzips durch unterschiedliche Gestaltung der Ein- und Ausgänge seines Baus trotz unterschiedlicher Richtungen des darüberströmenden Windes eine eindeutig gerichtete Luftströmung durch den Bau. Damit ventiliert er ohne eigenen Energieaufwand sein Heim. Analog nutzt die alte iranische Architektur in ariden Regionen mithilfe von Kuppelbauten und Windtürmen die Windströmung nach ähnlichen Prinzipien. Da die Luft vom Windturm zum Wohngebäude durch unterirdische Gänge geleitet wird, wird die Erdkühle und Erdfeuchtigkeit zur Temperierung und Klimatisierung benutzt.

Die Präriehunde wissen zwar nichts vom Bernoulli-Effekt, aber sie nutzen ihn souverän aus, was durch ein genetisches Programm bedingt ist. Beim Bau einer neuen Höhle wird die ausgebuddelte Erdmasse nur an einer der beiden Öffnungen verteilt. Dort entsteht dann ein immer höher werdender „Vesuv-Kegel" mit Plateau. Wenn der Wind darüberstreicht, entsteht eine Saugkraft und die Luft wird an dieser Stelle aus dem Bau herausgezogen. An der gegenüberliegenden Öffnung, die flach ist und keine Erhebung hat, wird die Luft im Stil einer vollautomatischen Zwangsventilierung eingesaugt. Es spielt dabei auch keine Rolle, von wo der Wind bläst, da der „Vesuv-Kegel" gleichmäßig rund ist. Die Wohnräume unter der Erde sind mit Heu ausgepolstert. Dieses nimmt die Bodenfeuchtigkeit auf und wird vom durchströmenden Wind ventiliert. Auch dadurch wird die Strömung ein wenig abgekühlt, also wieder eine vollautomatische wind- und damit letztendlich sonnengetriebene Klimatisierung.

Die Energiebionik fördert eine Vielfalt in der Natur praktizierter Prinzipen als Blaupause für technische Problemstellungen zutage. Man denke zum Beispiel an den Start eines Albatros, den er nur mit großen Anstrengungen bewerkstelligen kann, wie es humorvoll in Walt Disneys *Bernhard und Bianca* gezeigt wird, wo die beiden Mäusepolizisten per „Albatros Airlines" zum Ort des Verbrechens reisen. Ist er aber erst einmal in der Luft, dann ist seine Flugleistung unglaublich. Er kann Tausende Kilometer fliegen, ohne Zwischenlandung und ohne auch nur einmal mit den Flügeln zu schlagen.

Albatrosse beherrschen die Technik des dynamischen Segelflugs, wobei sie den Windgradienten nutzen. Mit zunehmender Höhe steigt die Windgeschwindigkeit an – am Boden ist sie wegen der Reibung praktisch null, erst in einigen Hundert Metern Höhe entspricht sie der Geschwindigkeit, die sich aus der Differenz zwischen Hoch- und Tiefdruckzonen ergibt. Durch geschickte Flug- und Wendemanöver verwandeln Albatrosse Geschwindigkeitsunterschiede in Auftriebskräfte, um sich nach einer Wende zum richtigen Zeitpunkt wieder beschleunigen zu lassen und so weiter.

Niedrigenergieprozesse sind ein Credo der Natur, das heißt, sie kommt in der Regel mit wenig Energie aus. Deshalb geht es bei der Energiebionik primär um die Erlangung des Verständnisses, wie die Natur bestimmte Aufgaben erledigt und wie daraus Anregungen gewonnen werden können. Wie und ob das technisch umgesetzt werden kann, ist üblicherweise die Herausforderung für interdisziplinär zusammengesetzte Teams, die Mitglieder mit naturwissenschaftlichen und ingenieurtechnischen Ausbildungen umfassen.

Als Beispiel dafür sei hier der Mottenaugen-Effekt angeführt. Bereits in den 1960er-Jahren wurde entdeckt, dass die Augen von Motten praktisch kein Licht reflektieren, denn jede Reflexion bedeutet einen Lichtverlust. Die Motten können ihre Lichtausbeute dadurch steigern und sehen in Dunkelheit besser. Der Effekt beruht auf kleinsten Noppen auf der Oberfläche, durch die eine scharfe Grenze des Lichtbrechungsindex zwischen Augen und Luft vermieden wird. Technisch wurde dieses Prinzip bereits realisiert – etwa, indem Strukturen kleiner als die Wellenlänge des Lichtes in eine Glasplatte geätzt werden. Dadurch ließe sich im Idealfall die Ausbeute einer Photovoltaikanlage um sieben Prozent steigern.

„Leise wie ein Eulenflügel" lautete das Motto der Produktpräsentation für eine neue Ventilatorgeneration einer im Bereich der Lüftungstechnik tätigen Firma mit Hauptsitz in Baden-Württemberg. Das Unternehmen entwickelte einen neuen Ventilatorflügel nach dem Vorbild von Eulenflügeln mit dem Ergebnis, dass der Ventilator flüsterleise ist. Zudem wird dieser „bionische Ventilator" aus einem biobasierten Polyamid hergestellt. Die Firma hat die Vorteile der bionischen Vorgehensweise erkannt und entsprechend in der Formgestaltung ihrer neuen Ventilatorgeneration eingesetzt. Besonders der extrem leise Flug der Eule hat die Entwickler des Unternehmens inspiriert. Ventilatorflügel mit einer gezackten hinteren Kante wie beim Eulenflügel sind nun in vielen Bereichen ein markantes Kennzeichen von Produkten des Industrieunternehmens. Diese Geometrie nach Vorbild des Eulenflügels reduziert das

Geräusch des Ventilators maßgeblich. Neu ist auch der Einsatz von nachwachsenden Rohstoffen für die Kunststoffherstellung. Als Material für den neuen Axialventilator wählte man ein biobasiertes Polyamid. Die extrem leisen und energieeffizienten Ventilatoren finden Einsatz in der Kältetechnik, bei Klimaanlagen, in Heizungen, in Wärmepumpen und zur Elektronikkühlung.

Nachfolgend werden im Stil einer Schaufensterfront weitere Muster der Bionik gezeigt. Amerikanische Forscher experimentierten mit einem neu entwickelten Pflaster, das nicht mit Klebstoff beschichtet, sondern mit Hunderten von Mikronadeln aus Kunststoff besetzt ist. Diese dringen in das Gewebe ein, schwellen dort an und halten das Pflaster fest. Das Pflaster schont die Haut und lässt sich leicht wieder entfernen. Das Vorbild ist der Kratzwurm, ein Fischparasit, der möglichst lange in seinem „Lebensraum" bleiben und seinen Wirt nicht verlassen will. Deshalb dringt der Wurm mit seinem dünnen Rüssel in die Darmwand des Fisches ein, wo der Rüssel durch die Einlagerung von Wasser sein Volumen vergrößert und sich dadurch fest im Gewebe verankert. Während der Kratzwurm jedoch nur einen einzigen Anker besitzt, ist das neuartige Pflaster dicht mit Nadeln besetzt. Sie haben einen Kern aus Polystyren, der seine Form nicht verändert, und eine Spitze aus einem Gemisch von Polystyren und Polyacrylat, das Wasser aufnehmen kann und dabei anschwillt. Sobald die Nadeln ins Gewebe eingedrungen sind, nehmen sie Wasser auf und verankern sich darin.

Krankenhausärzte in Boston, die das Pflaster entwickelten, sahen Anwendungsmöglichkeiten vor allem dort, wo eine sichere Fixierung wichtig ist. Dies ist bei transplantierter Haut – z. B. bei Patienten mit schweren Verbrennungen – der Fall, die derzeit in der Regel durch Klammern fixiert wird. Das Pflaster scheint hier die ideale Alternative zu sein, denn es sitzt fester, beeinträchtigt das Gewebe mitsamt den Nerven und Gefäßen weniger und verringert auch noch das Infektionsrisiko. Zudem lässt sich das Pflaster schonend entfernen, wenn seine Funktion erfüllt ist.

Nach Meinung seiner Erfinder hat das Pflaster weiteres Potenzial. So könnten die Nadelspitzen mit Arzneistoffen wie Antibiotika oder wundheilungsfördernden Substanzen beladen werden, die dann nicht mehr die Barriere der Hornzellschicht zu durchdringen brauchen, sondern direkt in das lebende Gewebe der Haut gelangen und dort ihre Wirkung entfalten können.

Schlangenhaut gegen den Verschleiß lautete die Devise der Kieler Bionik-Forscher. Quietschende Bremsen, ratternde Scheibenwischer und abgefahrene Reifen sind einige Beispiele für den Verschleiß technischer

Bauteile, die uns nicht nur im persönlichen Alltag zu schaffen machen. Die Kieler Forscher wollten deshalb eine neue reibungs- und wartungsarme Polymeroberfläche erschaffen. Sie schauten sich von der Haut der kalifornischen Kettennatter die Mikrostrukturen einer reibungs- und wartungsarmen Polymeroberfläche ab, die Wissenschaftler der Christian-Albrechts-Universität Kiel entwickelt haben.

Wenn man die neue Technik auf Werkstoffe überträgt, kann der Wartungsaufwand für die Materialien sinken. Die Reibungskräfte an der neuartigen Oberfläche werden durch die Mikrostruktur um bis zu dreißig Prozent gegenüber anderen, unstrukturierten Oberflächen reduziert. Dies hat mit den Bauchschuppen der Natter zu tun. Die Forscher untersuchten genauer, welche Kräfte insbesondere beim Stick-Slip-Verhalten, also dem Rückgleiten der Schlangen, wirken und wie diese durch die Mikrostruktur beeinflusst werden. Dieses Phänomen tritt immer dann auf, wenn zwei Körper übereinander hinweggleiten. Dabei entstehen Vibrationen, die im großen Maßstab beispielsweise zu Erdbeben führen und im kleinen Maßstab bei Bremsen als Quietschen zu hören sind. Im Test stellten die Wissenschaftler bei der Verwendung der von der Schlange inspirierten Mikrostruktur ein deutlich vermindertes Rückgleiten fest. Eingesetzt auf den Wischblättern eines Scheibenwischers kann die Technik das nervige Rattern beenden.

Ungeahnte Kräfte entwickelt eine künstliche Haut, die ein Wissenschaftler-team des Max-Planck-Instituts (MPI) für Kolloid- und Grenzflächenforschung in Potsdam präsentierte. Die Forscher haben eine Membran hergestellt, die sich sehr schnell aufrollt, wenn sie in Kontakt mit den Dämpfen organischer Lösungsmittel wie etwa Aceton kommt. Mit dem Folienaktuator werden biologische Strukturen nachgeahmt, die sich wie die Venusfliegenfalle oder die Deckel der Samenkapseln von Mittagsblumen bei einem Reiz von außen bewegen. Dabei kommt ihr Aktuator den biologischen Vorbildern besonders nah, weil die Forscher darin erstmals zwei Designprinzipien anwendeten, die Materialwissenschaftler bisher nicht für solche Systeme genutzt haben. Zum einen konzipierten sie die Membran so, dass deren Oberseite hart ist, das Material darunter aber allmählich weicher wird. Zum anderen wird die Folie von Poren durchzogen, die dem Lösungsmittel einen raschen Zugang in die Membran gewähren. Daher reagiert diese auf den äußeren Reiz schneller als andere Aktuatoren. Solche Materialien können als künstliche Haut und Muskeln etwa für Roboter dienen, eignen sich aber auch als Sensoren.

Pflanzen kennen keine Muskeln, viele sind aber trotzdem ziemlich rührig. So öffnen sich die Samenkapseln der Mittagsblume, wenn sie nass werden, also wenn die Bedingungen günstig sind, damit die Samen gedeihen können. Sobald die Kapseln trocken liegen, schließen sich die Deckel wieder. Die Aussicht auf eine erfolgreiche Fortpflanzung verdankt die Mittagsblume der ausgeklügelten Struktur der Kapseldeckel. Da deren Unterseite anders als die Oberseite Wasser aufnehmen kann und dabei aufquillt, klappen die feuchten Deckel auf, während sie sich im trockenen Zustand wieder zusammenfalten. Ganz ähnlich funktioniert der biomimetische Aktuator der MPI-Forscher. Dessen Membran reagiert auf einen äußeren Reiz gut zehnmal schneller als frühere Polymeraktuatoren. Sie führt zudem eine größere Bewegung aus. Dabei übt die Membran eine Kraft aus, mit der sie etwa das Zwanzigfache ihres eigenen Gewichtes anheben kann. Und sie funktioniert sogar dann noch fast tadellos, wenn sie extremen Temperaturschwankungen ausgesetzt ist.

Materialwissenschaftler haben bereits verschiedene Ansätze verfolgt, um biomimetische Aktuatoren zu entwickeln, die sich wie biologische Vorbilder verhalten. Zunächst kamen sie jedoch nicht an das natürliche Vorbild heran. Wie bei den mechanischen Teilen von Pflanzen macht auch hier die Struktur des Materials den Unterschied. Die Membranen wiesen einen Gradienten, also ein Gefälle im Grad der Vernetzung auf, und waren außerdem porös. Dank dieser beiden Strukturmerkmale regierte der Aktuator schnell und mit einer großen Bewegung. Bis dato bestanden Aktuatoren in der Regel aus zwei Schichten, die unterschiedlich viel Flüssigkeit aufnahmen. Solch eine Materialkombination kann aber nur relativ kleine Bewegungen ausführen und ist dabei sogar noch langsam. Viele dieser Systeme lassen sich auch nur aufwendig herstellen, einige gehen kaputt, wenn sie zu heiß oder trocken werden.

Ihren besonders leistungsfähigen Membranaktuator erhielten die Forscher, indem sie zunächst in einer entsprechenden Lösung eine Membran aus einem ionischen Polymer erzeugten. In diese Folie eingelagert sind voluminöse Säulenmoleküle, die mögliche Anknüpfungspunkte zu ionischen Polymeren tragen. Die molekularen Säulen und Ketten vernetzten die Forscher nun mit einer Ammoniaklösung, die die Anknüpfungspunkte der Säulen aktivierte. Der Clou ist dabei, dass die Forscher der Ammoniaklösung nur von einer Seite Zugang zu der Membran gewährten, weil diese auf einer Glasunterlage lag. Die Lösung sickerte also nur langsam von oben in die Folie ein. Daher verknüpfte sie die Komponenten an der Oberseite stark, aber immer weniger, je tiefer es in die Membran hineinging. Die wässrige Lösung hat jedoch noch einen weiteren Effekt, da sie auch Poren in der Folie hinterlässt.

Durch die Poren breitet sich der Dampf des Lösungsmittels wie etwa des Acetons schlagartig in der Membran aus. An der Oberseite, die stark vernetzt und hart ist, richtet der organische Treibstoff des Aktuators allerdings nicht viel aus. In Richtung der Unterseite dagegen immer mehr, denn dort löst es das ionische Polymer und lässt das Material aufquellen, wodurch sich die Membran biegt.

Solche Aktuatoren können überall dort nützlich sein, wo ein Material mit einer Bewegung auf einen äußeren Reiz reagieren soll. So kann eine Membran der besagten Art Robotern gleichzeitig als künstliche Haut und Muskel dienen. Ihr besonderer Charme liegt darin, dass für die Bewegung keine Extraenergie aufgewendet werden muss. Die liefert vielmehr der Reiz selbst.

Ein weiteres ziemlich unerwartetes Einsatzgebiet der Membran kam den Forschern in den Sinn, während sie verschiedene Lösungsmittel zum Antrieb des Aktuators testeten. Es zeigte sich nämlich, dass die Membran sehr charakteristisch auf die jeweiligen Lösungsmittel reagierte, und zwar sowohl bezüglich der Stärke der Bewegung als auch bezüglich der Reaktionszeit. Demzufolge eignet sich die Membran vorzüglich als Sensor, der zwischen verschiedenen organischen Lösungsmitteln unterscheiden kann.

Die MPI-Forscher entschieden sich konsequenterweise zur Weiterentwicklung des von ihnen eingesetzten Materials. Hierbei standen Forschungen im Vordergrund, um Aktuatoren zu entwickeln, die nicht wie hier besprochen durch ein Lösungsmittel motiviert werden, sondern durch Licht.

Muscheln bestehen aus dem äußerst bruchfesten Material Perlmutt, in dem Proteine und Calciumcarbonat im optimalen Schichtdickenverhältnis übereinander geschichtet sind. Nach diesem Muster haben Forscher vom Max-Planck-Institut für Metallforschung in Stuttgart Titanoxid und ein Polymer derart übereinandergestapelt, dass auf diese Weise ein stabiler Verbundstoff entstanden ist.

Die Forscher trugen die beiden Komponenten schichtweise auf eine Siliziumunterlage auf, wobei sie für das Titanoxid eine Dicke von rund 100 Nanometern wählten. Die Stärke der Polymerschicht variierten sie zwischen 5 und 20 Nanometern. Alle Sandwichstrukturen, die die Forscher auf diese Weise erzeugten, hielten deutlich höheren Belastungen stand als reines Titanoxid vergleichbarer Dicke. Am stabilsten war der Verbundstoff, wenn die

Schichtdicken dasselbe Verhältnis wie im Perlmutt aufwiesen. Es brach nämlich erst unter viermal größerem Druck als reines Titanoxid.

Die elastischen Polymerschichten wirken dabei wie gummiartiger Kitt zwischen zwei Mineralschichten und fangen Risse ab. In einem harten Material wie Titanoxid würden solche Schäden zwar erst unter großem Druck auftreten, da ein hartes Material aber meist auch spröde ist, frisst sich ein Riss durch es hindurch, sobald er entstanden ist – das Material bricht.

Um die bruchfesten Eigenschaften noch zu verbessern, entschieden sich die Forscher, ein Verbundmaterial aus kristallinem Titanoxid herzustellen anstelle der Verwendung von ungeordnetem und damit weniger stabilem Titanoxid. Der Werkstoff kann weiße Farbschichten oder schmutzabweisende Beschichtungen kratzfest und elektronische Bauteile bruchsicher machen. In optimierter Form würde es sich zudem als leichtes und robustes Material für die Beschichtung medizinischer Implantate eignen.

Muscheln ziehen im Perlmutt 40 Nanometer dicke Proteinschichten, die weich oder elastisch wie Gummi sind, zwischen 400 Nanometer messende Lagen von Aragonitkristallen, ein Mineral aus Calciumcarbonat. Deswegen ist das Material ihrer Schalen rund dreitausendmal bruchfester als reiner Aragonit.

Klettverschlüsse haben sich auf breiter Front in Haushalt und Industrie durchgesetzt. Als der Schweizer Erfinder George de Mestral nach einem Jagdausflug um 1950 wieder einmal mühsam die vielen Kletten aus dem Fell seines Hundes zupfen musste, kam ihm eine geniale Idee. Nach dem Vorbild der Natur konstruierte er einen Verschluss aus vielen kleinen Schlingen und Haken, den Klettverschluss. Das Haken-Ösen-Prinzip kommt vielseitig zum Einsatz. Als Alternative zu Schnürsenkeln, zum Befestigen medizinischer Bandagen und Prothesen oder als Kabelschutzmanschette in der Elektronik von Automobilen und Flugzeugen.

Leider sind gängige Klettverbindungen aus Kunststoff nicht besonders beständig gegenüber Hitze und aggressiven Chemikalien. Dabei kann es beispielsweise im Automobilbereich sehr heiß werden. Schon in Krankenhäusern werden zur Reinigung aggressive Desinfektionsmittel eingesetzt und im Fassadenbau sind herkömmliche Klettbänder zu schwach.

Wissenschaftler der TU München haben in Kooperation mit Partnern aus der Industrie eine Lösung für derartige Anwendungsgebiete entwickelt, die den Namen Metaklett trägt und als stählerne Klettverbindung realisiert ist. Temperaturen über 800 Grad Celsius oder aggressive Lösungsmittel sind kein

Problem für den metallischen Klettverschluss, der bei Zug parallel zur Klettfläche eine Haltekraft von bis zu 35 Tonnen aufweist. Senkrecht zur Klettfläche hält sie immer noch eine Zugkraft von sieben Tonnen pro Quadratmeter stand. Dennoch kann sie jedermann rasch und ohne jegliches Werkzeug lösen.

Feuermelder nach Art des schwarzen Kiefernprachtkäfers können helfen, Großbrände zu vermeiden. Bestimmte Insekten fliegen gezielt Waldbrände an, da sie auf die Nutzung der durch das Feuer geschaffenen Nahrungsressourcen spezialisiert sind. Einige dieser ca. 40 Insektenarten „spüren" dabei das Feuer durch spezielle Infrarotrezeptoren.

Diese dienen in einem vom Institut für Zoologie der Universität Bonn geführten Bionik-Projekt als natürliches Vorbild für neuartige technische Sensoren. Waldbrände verursachen allein in der Europäischen Union jährlich Schäden in Höhe von 2,5 Milliarden Euro. Eine effektive Früherkennung kann helfen, die Entstehung von verheerenden Großbränden zu verhindern. Neuartige bionische Infrarotsensoren nach dem Vorbild des Schwarzen Kieferprachtkäfers sollen dabei helfen.

Als unmittelbare Vorlage für die Sensorentwicklung dienen die photo-mechanischen Infrarotrezeptoren des Prachtkäfers der Gattung Melanophila. Durch die Simulierung eines großen Öltankfeuers, das in Kalifornien unglaublich große Mengen von Melanophila-Käfern anlockte, kann es als wahrscheinlich angesehen werden, dass die Käfer ein Großfeuer mithilfe ihrer Infrarotsensoren aus über 100 Kilometern Entfernung orten können.

Die thermomechanischen Eigenschaften der die Infrarotstrahlung absorbierenden Strukturen werden zudem mit modernen materialwissen-schaftlichen Methoden untersucht, um die Wirkmechanismen auch im Mikro- und Nanobereich zu verstehen. Mit den an den biologischen Infrarot-rezeptoren gewonnenen Ergebnissen werden bereits seit Jahren verschiede Demonstratoren und Prototypen hergestellt.

Hervorstechende Vorteile derartiger Sensoren sind eine relativ einfache Bauweise, die starke Miniaturisierung der einzelnen Sensorelemente und eine geringe Störanfälligkeit. Die neuartigen Infrarotsensoren ermöglichen die Herstellung robuster Feuermelder und die Produktion von Feuer- sowie Hitzedetektoren zur Verwendung in Gebäuden und Fahrzeugen. Einfach zu betreibende und zu bedienende wärmebildgebende Sensoren könnten zudem als Nachtsichtassistenten in Automobilen, Infrarotsichtgeräten für

Feuerwehreinsätze sowie in der Grenzüberwachung und Minensuche eingesetzt werden.

Weitere Anwendungsfelder sind Diagnoseverfahren in der Medizin, Temperaturüberwachung in der Industrieproduktion und die Qualitätssicherung im Baugewerbe. Beispielsweise ermöglichen einfach zu handhabende Infrarotsichtgeräte, dass Hausbesitzer selbst Wärmeleckagen ihrer Häuser ermitteln und Verbesserungen an der Dämmung durchführen können. Dies hilft bei der Energieeinsparung – dem Prachtkäfer sei Dank.

Insekten spielen auch die Hauptrolle im Fall der nachfolgenden Innovation. Bei ihr geht es um die ausgeklügelte Funktionsweise von Insektenaugen, durch die Forscher des Jenaer Fraunhofer-Instituts für angewandte Optik und Feinmechanik zu einem bionischen Projekt angeregt wurden, der Funktionsweise dieser optischen Systeme auf den Grund zu gehen. In diesem Zusammenhang wurden Minikameras entwickelt, die aufgrund ihres von Insekten adaptierten Facettenaugenprinzips in der Lage sind, in ihrem Einsatzfeld des Kfz-Innenraums die Augenbewegungen des Fahrers zu beobachten und einen drohenden Sekundenschlaf zu erkennen. Der optische Sensor nach dem Facettenaugenprinzip von Insekten würde dann schwere Unfälle und Todesopfer im Straßenverkehr verhindern helfen.

Der geringe Abstand zwischen Linse und Fotorezeptoren sowie die geringe Größe der Optik machen Facettenaugen zu einem perfekten Vorbild für technische Kamerasysteme. Anfangs realisierte künstliche Facettenaugen konnten aufgrund ihrer geringen Bildqualität allerdings nur als einfache abbildende optische Sensoren eingesetzt werden. Dadurch wurde die notwendige Kompetenz für ein hierzu erforderliches systemtechnisches und interdisziplinäres Managementkonzept auf den Plan gerufen.

Konkret wurden im Rahmen diese interdisziplinären Ansatzes Vertreter aus den Bereichen Tierphysiologie, Experimentalphysik und Mikrooptik zusammengeführt, um aus dem gewonnenen Verständnis natürlicher Facettenaugenprinzipien ganz neue Wege in der Entwicklung optischer Systeme zu gehen. Insbesondere werden neuartige Prinzipienkombinationen untersucht, die eine deutlich höhere Schärfe der ultrakompakten Objektive zulassen. Diese erfordern ein beträchtlich komplizierteres Optikdesign, modifizierte Technologien und komplexere Aufbau- und Verbindungstechnik.

Die resultierenden facettierten ultraflachen Abbildungssysteme liefern Bildauflösungen, die ihren Einsatz in der Mikroskopie, im Gesundheitswesen, der Überwachungstechnik oder sogar als sehr kompakte Kamera im Mobiltelefon erlauben. Mit seiner geringen Baugröße ist dieses Objektiv prinzipiell sogar in Kreditkarten oder Folien anwendbar. Ein wesentlicher Bestandteil des Facettenaugenprojektes betrifft auch die Verfügbarmachung effizienter Massenfertigungsverfahren der Polymermikrooptiken auf Glas im Wafer-Maßstab für die neuartigen insekteninspirierten optischen Systeme.

In einem vom Dresdener Fraunhofer-Institut für Fertigungstechnik und Angewandte Materialforschung (IFAM) geführten bionischen Projekt werden auf Basis von Knochenumbauprozessen computergestützte Methoden zur Konstruktion, Simulation und Fertigung gradierter zellularer Strukturen entwickelt. Ziel ist zum Beispiel der Einsatz von Dauerimplantaten im Kieferbereich oder Leichtbaustrukturen für den Automobil-, Flugzeug- und Anlagenbau. Der Knochen mit seiner massiven, dichten äußeren Randschicht, der sogenannten Kompakta, und den schwammartigen Knochenbälkchen, der Spongiosa, als natürlich gewachsene Verbundstruktur gewährleistet eine hohe Steifigkeit bei geringem Gewicht.

Um diese geniale Entwicklung der Natur auch in der Technik nutzbar zu machen, hat das IFAM deshalb das sogenannte MPTO-Verfahren (Multiple Phase Topology Optimization) entwickelt, das die örtliche Verteilung verschieden dichter Materialien in einer mechanisch belasteten Struktur mit dem Ziel hoher Steifigkeit optimiert. Mit MPTO können Faserstrukturen des Knochenschwamms in menschlichen Oberschenkelknochen in guter Übereinstimmung mit Röntgenaufnahmen nachgeahmt werden. Das in diesem Vorhaben entwickelte Softwareprogramm ermöglicht die Abbildung der Dichteverteilung des Knochens auf eine schwammartige Struktur, die mittels moderner Fertigungsverfahren erzeugt wird. Die mit den neuen Methoden gewonnenen Leichtbaustrukturen aus Titanlegierungen, Aluminium oder Keramiken weisen im Vergleich zu konventionellen Lösungen bis zu 30 Prozent Gewichtsersparnis bei einem sehr geringen Steifigkeitsverlust auf.

Insbesondere für Anwendungen mit bewegten Massen wie Autos, Flugzeugen und Maschinen führt dies bei der Bewegung zu einem entsprechend niedrigeren Energieverbrauch und damit zu nachhaltigen Produkten. Dies gilt in der Medizintechnik auch für die Lebensdauer von Endoprothesen, die für die Verbraucher zudem eine bessere Funktionalität als herkömmliche Produkte bringen.

Nun zu einem Beispiel aus der Klebetechnik nach Gecko-Art. An der Decke kleben wie ein Gecko – das ist keine Utopie mehr. Möglich macht dies das patentierte Gecko-Tape, das Bionik-Forscher der Christian-Albrechts-Universität zu Kiel in Zusammenarbeit mit der Firma Gottlieb Binder in Holzgerlingen entwickelt haben. 2011 hat die Hightech-Folie bei den weltweit renommierten IF Product Design Awards einen Hauptpreis verliehen bekommen.

Die Jury urteilte, dass das Produkt seinen Gold Award verdient hat, weil es kein Klebeband ist, das klebt wie ein Klebstoff, sondern dank seiner Oberflächenstruktur spurlos wieder entfernt werden kann. Das Material haftet nicht nur auf glatten, sondern auch an unebenen Oberflächen und sogar auf Menschenhaut, weswegen es auch Potenzial für medizinische Anwendungen hat. Das Gecko-Tape ist den Haftmechanismen von Gecko- und Käferfüßen nachempfunden. Bei diesem neuen klebstofffreien System beruht die Haftkraft ausschließlich auf der besonderen Geometrie der Mikrostrukturen.

Bei der Herstellung dient wie beim Kuchenbacken eine Form als Vorlage, in die gleichsam als Negativbild die gewünschte Oberfläche eingegossen werden kann. Die künstlich hergestellte Folie kann immer wieder verwendet werden, löst sich rückstandsfrei und hält sogar auf feuchten, rutschigen Untergründen. Angewendet werden kann das innovative, umweltschonende und materialsparende Produkt in unterschiedlichen Bereichen – vom Haushalt bis zur Medizin.

Sogar der englische Fernsehsender BBC ließ sich von den einzigartigen Eigenschaften der Haftfolie überzeugen. Für einen Dokumentarfilm über Materialien der Zukunft berichtete das britische Team sehr eindrucksvoll durch eine Demonstration, bei der ein Wissenschaftsjournalist an einer mit der Hightech-Folie versehenen 20 x 20 Zentimeter großen Plexiglasscheibe wie ein Gecko oder Spider-Man an der Decke klebte.

Eine verblüffende Fähigkeit von Fischen soll im Kampf gegen die Wasserverschwendung helfen. In einem vom Institut für Zoologie der Universität Bonn geführten Bionik-Forschungsvorhaben wurde das sensorische Seitenliniensystem der Fische entschlüsselt und daraus ein technischer Strömungssensor entwickelt. Damit lassen sich Lecks in Trinkwasserrohren aufspüren oder der Atemstrom von Intensivpatienten überwachen.

Die Entwicklung von Strömungssensoren nach dem Vorbild des Seitenliniensystems der Fische erlaubt eine breit gestreute, präzise und kostengünstige strömungstechnische Überwachung. Die kleinen Sensoren erlauben eine größere Messgenauigkeit, sehr kleine Abmessungen und Kostenersparnisse.

Bis zu 40 Prozent des Trinkwassers gehen in Städten durch Undichtigkeiten in Leitungssystemen verloren. Der von den Forschern der Universität Bonn zusammen mit einer mittelfränkischen Firma für Wassermesstechnik entwickelte Sensor kann Lecks in Wasserrohren oder Gasleitungen aufspüren, da nach jedem Leck das Strömungsvolumen abnimmt.

In diesem Fall haben Fische Pate für eine technische Entwicklung gestanden. Sie sind auch bei Dunkelheit sehr gut über ihre unmittelbare Umgebung informiert. Mit ihrem Seitenlinienorgan, das aus bis zu 4.000 winzigen Einzelsensoren besteht, nehmen sie hochempfindlich lokale Wasserbewegungen und Druckgradienten war, wie sie zum Beispiel von vorbeischwimmenden Artgenossen oder Feinden erzeugt werden. Sie nutzen diese Fähigkeit zur Ortung von Objekten, zur räumlichen Orientierung oder auch zum gezielten Energiesparen bei der Fortbewegung.

Der nach Fischvorbild entwickelte technische Sensor ist nicht einmal so groß wie ein Fingernagel. Und er soll vor allem bei der lückenlosen Überwachung von Gas- und Flüssigkeitsströmen helfen, die eine große wirtschaftliche Bedeutung hat. Zum einen weil so die Wasserverschwendung eingedämmt werden kann, zum anderen könnte ein stetiger Gas- oder Flüssigkeitsstrom erhebliche Energiemengen einsparen.

Auch die Flora steuert in erheblichem Maße Vorbilder für technologische Errungenschaften bei. So hat die südafrikanische Paradiesvogelblume Pate für den Bau einer innovativen Fassadenverschattung gestanden. Für die bionische Fassadenverschattung nach dem Vorbild der Strelitzie, wie die Paradiesvogelblume auch heißt, wurden die Forscher eines Gemeinschaftsprojektes des Botanischen Gartens Freiburg und des Instituts für Tragkonstruktion und Konstruktives Entwerfen der Universität Stuttgart prämiert. Die Forscher, ihre Mitarbeiter und Vertreter des Instituts für Textil- und Verfahrenstechnik (ITV) Denkendorf wurden mit dem Techtextil-Innovationspreis für Architektur ausgezeichnet. Die Doktorand/innen, die das Projekt bearbeiteten, erhielten für ihre Arbeiten im Oktober 2012 den International Bionic Award der Schauenburg-Stiftung, den am höchsten dotierten Preis für Nachwuchsforscher/innen aus dem Bereich der Bionik.

Die bionische Fassadenverkleidung Flectofin ist eine naturinspirierte, wandelbare Konstruktion für die Architektur. Sie funktioniert wie eine vertikale

Jalousie. Bei dem stufenlos einstellbaren Klappmechanismus lässt sich die Ausrichtung der Lamellen bei Bedarf verändern. Auf verschleißanfällige und wartungsintensive Gelenke und Scharniere haben die Bionik-Projektentwickler dabei verzichtet.

Stattdessen basiert die elastische Verformung auf dem Klappmechanismus in der Blüte der Strelitzie. Die Blume wird von Vögeln bestäubt, die sich auf eine eigens von der Pflanze gebildete „Sitzstange" aus verwachsenen Blütenblättern niederlassen. Durch das Gewicht des Vogels klappen die Blütenblätter auf und die Pflanze gibt Pollen ab, die der Vogel auf die nächste Blüte überträgt.

Das ist die Grundlage für den technischen Klappmechanismus, der aus einem glasfaserverstärkten Kunststoff besteht, hochelastische Eigenschaften hat und gut verformt werden kann. Das Auf- und Zuklappen der Lamellen ist an das Biegen eines in die Lamelle integrierten Stabes gekoppelt, wodurch sie um bis zu 90 Grad umklappen.

Dieses Grundprinzip lässt sich zu verschiedenen Versionen weiterentwickeln. Da der Klappmechanismus ohne technische Gelenke oder Scharniere funktioniert und sich die sogenannten Tectofin-Systeme auch auf aufwendig zu beschattenden, gekrümmten Fassaden anbringen lassen, erhoffen sich die Forscher einen wichtigen Impuls für das Bauwesen der Zukunft.

Der multifunktionale Rüssel von Elefanten verleiht dem Roboterbau schwergewichtige Argumente. Die technische Universität Berlin, das Fraunhofer-Institut für Fabrikbetrieb und -automation IFF Magdeburg und zwei Industriefirmen fanden sich zusammen, um die hochflexiblen und sicheren Bewegungsmöglichkeiten des Elefantenrüssels technisch umzusetzen. Bei diesem Projekt mit dem Namen Brommi umfassen zwei verschiedene Roboterinnovationen, die mit einem Kamerasystem und einer Bildverarbeitung ausgestattet sind, das betreffende Objekt. Das erlaubt das Erkennen von Objekten sowie dessen gezielte Aufnahme und Abgabe innerhalb eines Pick-and-Place-Szenarios.

Der Roboter Brommi-TAK ist ein ausschließlich mit pneumatischen Muskeln betriebener Mehrsegmentmanipulator. Er besteht nach dem Rüsselvorbild aus ineinandergeschobenen Segmenten, in denen die Funktionsweise der Natur mit zwei Knochen, einem Gelenk und drei Muskeln technisch nachgebildet sind. Durch den innovativen Aufbau mit neuartigen Materialien ist das System leichter und so beweglicher und ressourceneffizienter als in einem starren Aufbau.

Die inhärenten Eigenschaften der verwendeten technischen Muskeln führen zu einem nachgiebigen und sicheren Roboterrüssel, der den Menschen bei seiner täglichen Arbeit unterstützen kann. Der zweite Roboter, Brommi-SMK, ist aus Multigelenken mit Elektromotoren modular aufgebaut. Jedes einzelne Multigelenk kann sowohl eine Schubbewegung als auch eine rüsselgleiche Flexionsbewegung ausführen.

Seine Baugröße lässt sich den zweckbezogenen Bestimmungen anpassen. Durch die Schubbewegung kann eine große Arbeitsraumhöhe realisiert werden, dem aufgrund der besonderen Bewegungsmöglichkeiten ein geringerer Bewegungsraum gegenübersteht.

Roboter gewinnen eine immer größere Bedeutung in der industriellen Produktion. Durch den demografischen Wandel in Europa beteiligen sich immer weniger Menschen an der Generierung des Strukturwandels durch die zahlreichen Einsatzmöglichkeiten der Maschinen.

Neben der industriellen Produktion ermöglicht ihre hohe Sicherheit die Erschließung neuer Anwendungen wie beispielsweise im Pflege-, Domestik- und Life-Science-Bereich. Die neuen Roboter zeichnen sich durch ein gutes Masse-Leistungs-Verhältnis aus, das die Handhabung von hohen Lasten bei einer geringen Eigenmasse ermöglicht. Dies wird durch eine konsequente Leichtbauweise erreicht und ermöglicht einen ökonomisch vorteilhaften Betrieb.

Der Trend geht von bisher steifen Konstruktionen, die weich geregelt wurden, hin zu Konstruktion und Entwicklung von weichen und nachgiebigen Strukturen, ähnlich wie in der Biologie. Diese werden dann je nach Anwendung und Einsatz nur so weit wie nötig positionsgenau und steif geregelt. Dieser Paradigmenwechsel führt zu vorteilhaften Lösungen, da sie z. B.in der Mensch-Maschine-Interaktion inhärent sicherer sind und darüber hinaus auch ressourceneffizienter agieren.

Weiterhin ermöglicht die hohe Sicherheit der mechanischen „Elefantenrüssel" den Verzicht von trennenden Schutzeinrichtungen, was im Mensch-Maschine-Kontakt zu einer erheblichen Platzeinsparung in der Produktion führt.

Die Baubionik favorisiert „natürliches Bauen" im Sinne einer Rückbesinnung auf traditionelle Baumaterialien, die auch in der Biologie verwendet werden, wie beispielsweise Tonmaterialien mit ihren baubiologisch interessanten Eigenschaften. Andererseits gewinnt man aus dem Studium biologischer Leichtbaukonstruktionen Anregungen für temporäre technische Leichtbauten. Solche Anregungen können beispielsweise kommen von Seilkonstruktionen (Spinnennetzen), Membran- und Schalenkonstruktionen (biologische Schalen und Panzer), schützenden Hüllen, die den Gasaustausch erlauben (Eischalen, Etagenbauten, Integration abgehängter Einheiten, wandelbare Konstruktionen), Konstruktionen mit stärker wiederverwendbaren Materialien, als die Technik das bisher kennt, idealen Flächendeckungen (Blattüberlagerungen) und Flächennutzungen (Wabenprinzip). Wichtig sind Abstimmungen von einzelnen Wohnelementen in der Gesamtfläche und ihre Ausrichtung zu Sonne und Wind in Analogie zu Blattüberdeckungen und Blütenkonstruktionen.

Bei der Sensorbionik stehen Fragen des Monitorings von physikalischen und chemischen Reizen sowie deren Ortung und Orientierung in der Umwelt im Vordergrund. Das Problem, chemische Substanzen beispielsweise rechtzeitig im Körper des Menschen (Stichwort: Zuckerkrankheit) oder bei großtechnischen Konvertern (Stichwort: Biotechnologie) festzustellen, wird immer wichtiger. Sensoren der Natur, die für alle nur denkbaren chemischen und physikalischen Reize ausgelegt sind, werden verstärkt nach Übertragungsmöglichkeiten für die Technik abgetastet.

Bionische Kinematik und Dynamik umfassen die Hauptlokomotionsforen im Tierreich wie Laufen, Schwimmen und Fliegen. Fluidmechanisch interessante Interaktionen zwischen Bewegungsorganen und umgebenden Medien finden sich im Bereich kleiner bis mittlerer Reynolds-Zahlen zur Charakterisierung laminarer Strömungen (Mikroorganismen, Insekten) ebenso wie in der Region sehr hoher Reynolds-Zahlen zur Charakterisierung turbulenter Strömungen, die an den Reynolds-Bereich von Verkehrsflugzeuggen heranreichen (Wale). Fragen der Strömungsanpassung bewegter Körper, des Antriebsmechanismus von Bewegungsorganen und ihrer strömungsmechanischen Wirkungsgrade stehen im Vordergrund. Auch Fragen der funktionsmorphologischen Gestaltung beispielsweise von Flügeln oder Rümpfen können interessante Anregungen geben. So zieht beispielsweise die Oberflächenrauheit von Vogelflügeln infolge der Eigenrauheit des Gefieders in bestimmten Bereichen positive Grenzschichteffekte nach sich. Man kann dies auch bei der Verbesserung der Wirkungsgrade und der Laufruhe sowie der Lärmreduktion bei Pumpen und Lüftern einsetzen.

Die Neurobionik betreffend befinden sich Datenanalyse und Informationsverarbeitung unter Benutzung intelligenter Schaltungen von je her in einer stürmischen Entwicklung. Insbesondere die Verschaltung von Parallelrechnern und die Entwicklung neuronaler Netzwerke könnten weitere Anregungen aus dem Bereich der Neurobiologie und der Biokybernetik bekommen. Da sich dieses Gebiet auch in Bezug auf die biologische Grundlagenforschung rasch weiterentwickelt, ist in den nächsten Jahren mit einer verstärkten Interaktion zum Nutzen beider Disziplinen zu rechnen.

Als Bestandteil der Evolutionsbionik sind die Evolutionstechnik und -strategie darauf ausgerichtet, die Verfahren der natürlichen Evolution für die Technik nutzbar zu machen. Insbesondere dann, wenn die mathematische Formulierung bei komplexen Systemen und Verfahren noch nicht so weit gediehen ist, dass eine rechnerische Simulierung möglich wäre, bleibt die experimentelle Versuchs-Irrtums-Methode als interessante Alternative. Dies hat bereits selbstverständlichen Einzug in die Entwicklung beispielsweise von Schiffen und Flugzeugen, in Verkehrsleitsysteme und in den Maschinenbau gehalten.

Ein Fallbeispiel angewandter Evolutionsstrategie, wie sie von Professor Dr. Ingo Rechenberg begründet wurde, soll nachfolgend als Nachweis ihrer Praxistauglichkeit beschrieben werden. Im konkreten Fall bestand die Aufgabe in der Aufklärung der Elementarprozesse in kleinen metallischen Teilchen mit besonderem Augenmerk auf deren dielektrischen Eigenschaften hinsichtlich der Absorption elektromagnetischer Strahlung durch metallische Teilchen im Submikrometerbereich. Mitte der 1980er-Jahre berichteten Kölner Festkörperphysiker über ungewöhnliche elektrische Eigenschaften derartiger mesoskopischer Teilchen. Unter dem Schlagwort „Size Induced Metal Insulator Transition" (SIMIT) und seinen potenziellen Anwendungsmöglichkeiten ließ das noch in der Grundlagenforschung angesiedelte Thema eine Reihe von Fragen zu seinen industriellen Nutzungsmöglichkeiten offen.

Im Vordergrund der nachfolgend skizzierten Experimente standen die quasistatische elektrische Leitfähigkeit und die Absorption elektromagnetischer Strahlung (mesoskopischer) Metallteilchen im Submikrometerbereich. Dabei war das Hauptziel die Bestimmung des elektrischen Widerstandes von Metallteilchen mit Durchmessern im Bereich von 10 Nanometern bis zu einigen Mikrometern. Der besagte elektrische Widerstand eines Materials wird auch als dielektrische Konstante bezeichnet, abgekürzt mit DK. Da eine Kontaktierung derartig kleiner Teilchen weder möglich noch wünschenswert ist, wurde zur Ermittlung der Leitfähigkeit die Absorption elektromagnetischer Wellen herangezogen. Diese wiederum leitet sich aus der dielektrischen Funktion des Materials ab. Da die Gleichstromleitfähigkeit festzustellen war, musste die Frequenz der eingestrahlten Welle hinreichend klein sein, das heißt kleiner beziehungsweise gleich 100 Gigahertz. Aus diesem Grund wurden die Experimente mit Mikrowellen bei Frequenzen von bis zu einigen 10 Gigahertz durchgeführt, sodass die Bedingung für den quasistatischen Grenzfall erfüllt war.

Die Messungen wurden an Proben durchgeführt, die aus einem nichtleitenden Matrixmaterial (z. B. Öl, Harz, Keramik) und darin verteilten mesoskopischen Metallteilchen (z. B. Silber, Indium, Platin) bestanden. Gemessen wurde das Absorptionsverhalten des Vielteilchensystems und nicht das der Einzelteilchen. Die Konzentration beziehungsweise der Füllfaktor der metallischen Teilchen musste etwas kleiner als ein Drittel sein, um Perkolationseffekte beziehungsweise Clusterbildungen im Sinne von Verklumpungen zu vermeiden.

Bei bekannter möglichst enger Verteilung der isolierten Metallteilchen liefern gemäß der Arbeiten der Kölner Wissenschaftler die Messwerte für die DK der Probe bestehend aus Matrix und Teilchen, unter Verwendung eines entsprechenden Modells die Abhängigkeit der dielektrischen Funktion der Metallteilchen von der Teilchengröße.

Zur Bestimmung der Teilchengrößenabhängigkeit der elektrischen Leitfähigkeit war also aufgrund der verwendeten Messmethode zunächst die Ermittlung einer physikalischen und mathematisch darstellbaren Größe nötig, die proportional zur Leitfähigkeit war. Zur Messung der DK der recht kleinen Proben mit wenigen Kubikzentimetern Probenvolumen wurde die Methode des teilgefüllten Hohlleiters verwendet. Die Probe wurde dabei in der Mitte eines Rechteckhohlleiters (8–12 GHz, X-Band) platziert. Im Falle flüssiger Matrixmaterialien befand sich die Probe (z. B. ein Öl-Indium-Kolloid) in einem Teflonschiffchen.

Der SIMIT kann nur quantenmechanisch auf der Basis des Wellencharakters der Leitungselektronen beschrieben werden. Von herausragender Bedeutung ist dabei die Tatsache, dass die Kohärenzlänge der Elektronenwellenpakete, die normalerweise klein im Vergleich zu den Abmessungen eines Körpers ist und somit den klassischen Ausdruck für die Leitfähigkeit (Drude-Modell) zur Folge hat, mit der Ausdehnung der kleinen Teilchen vergleichbar wird. In einem derartig kleinen Volumen tritt sozusagen eine stehende Elektronenwelle mit nicht vorhandener Beweglichkeit auf. Diese größeninduzierte Lokalisierung der Leitungselektronen (Übergang von dreidimensionalem zu quasi null-dimensionalem Verhalten!) ist verbunden mit einer entsprechenden Diskretisierung des für Vollmaterialien (quasi-)kontinuierlichen Energiespektrums. Der Abstand der elektronischen Energieniveaus ist invers proportional zur zweiten Potenz der Durchmesser der Metallteilchen und kann somit über das Teilchengrößenspektrum definiert eingestellt werden. Dies ist insbesondere für das absorptive Verhalten der kleinen Teilchen, das heißt die gezielte Einstellbarkeit von Anregungsenergien, von größter Bedeutung. Hinsichtlich des Bereiches von Radarwellen (30–100 GHz) liegt der entsprechende Teilchengrößenbereich bei 10 bis 100 Nanometern.

Die obigen Ausführungen über das „Einsperren" der Leitungselektronen in den kleinen Teilchenvolumina sind bezüglich der Gitterschwingungen (Phononen) entsprechend übertragbar. So fehlen in einem Submikrometerteilchen die langwelligen Phononen, welche zur Zerstörung der elektronischen Phasenkohärenz führen würden. Kurioserweise führt somit bei den kleinen Teilchendurchmessern das Fehlen der unelastischen Streuprozesse zu einer Erhöhung des elektrischen Widerstandes (das heißt, die Leitfähigkeit nimmt ab, je idealer der Kristall ist). Bislang gibt es noch kein theoretisches Modell, das (auf den Welleneigenschaften der Elektronen beruhend) den SIMIT erklärt.

Die hier beschriebenen Experimente und ihre Interpretationen stellen den Stand der Forschungsarbeiten hinsichtlich der dielektrischen Antwort beziehungsweise der elektrischen Leitfähigkeit vollständig dar. Als zentrale Ergebnisse der Untersuchungen sei zusammenfassend festgehalten: Die elektrische Leitfähigkeit kleiner metallischer Teilchen mit Durchmessern unterhalb weniger Mikrometer nimmt proportional zum Teilchenvolumen ab. Der größeninduzierte Metall-Isolator-Übergang im Nanometerbereich ist universell, das heißt, sein Auftreten hängt nicht vom speziellen Metall ab und sollte auch für Halbleiter auftreten. Die elektrischen beziehungsweise dielektrischen Eigenschaften mesoskopischer Teilchen sind aufgrund der Größenabhängigkeit definiert einstellbar.

Die bisher beschriebenen Arbeiten hatten ausschließlich das Ziel, die Teilchengrößenabhängigkeit der elektrischen Leitfähigkeit festzustellen. Die hierzu verwendete Methode der Mikrowellenabsorption lieferte die entsprechenden Aussagen bezüglich der dielektrischen Funktion. Für die Bestimmung sowohl des Absorptions- als auch des Reflexionskoeffizienten ist die vollständige Kenntnis der dielektrischen Funktion zielführend. Und auch die

Kenntnis des Realteils der DK ist erforderlich. Der Realteil ist im betrachteten Teilchengrößenbereich kleiner 100 Nanometer positiv und steigt mit zunehmendem Teilchendurchmesser an. Das Verhalten für größere Teilchenvolumina ist nicht bekannt, insbesondere nicht der Übergang zum Bulk-Limes, in dem der Realteil (große) negative Werte annehmen muss. So ist derzeit eine quantitative Abschätzung des Reflexions- und Absorptionsverhaltens auf Teilchendurchmesser von maximal 100 bis 200 Nanometer beschränkt.

Die für diese Abschätzung interessanten optischen Konstanten lassen sich aus der dielektrischen Funktion des Materials berechnen. Es zeigt sich, dass mit zunehmender Teilchengröße die Absorption elektromagnetischer Strahlung drastisch ansteigt. Gleichzeitig steigt aber auch das Reflexionsvermögen an, da beide Größen eng miteinander verknüpft sind.

Im Hinblick auf die Realisierung einer möglichst reflexionsfreien Oberfläche von Metallkörpern, auf die wir uns nun konzentrieren wollen, besteht die zu lösende Aufgabe darin, einen Metallkörper (mit einem Reflexionskoeffizienten nahe dem Wert 1, der für Totalreflexion steht) durch eine Beschichtung derartig zu tarnen, dass die elektromagnetische Welle nahezu reflexionsfrei in das Beschichtungsmaterial eindringt und dann in das Material absorbiert wird. Die elektromagnetische Signatur eines metallischen Körpers wird dadurch weitestgehend eliminiert. Diese Anforderungen könnten durch eine Beschichtung erfüllt werden, bei der mesoskopische Metallteilchen in einer nichtleitenden Matrix (z. B. Kunststoff, Keramik) in Form einer Gradienten- struktur hinsichtlich Teilchengröße und Füllfaktor eingebettet sind. Nahe der Oberfläche sollten Größe und/oder Füllfaktor der Teilchen gering sein, um das Reflexionsvermögen gegen Luft niedrig zu halten (bei entsprechend geringer Absorption). Ein allmähliches Ansteigen von Teilchengröße und/oder Füllfaktor innerhalb der Beschichtung könnte dann die gewünschte Absorption (bei geringer Reflexion) bewirken.

Ein zentrales Problem stellt das Reflexionsvermögen der Beschichtung gegen Luft dar. Selbst wenn nahe der Oberfläche keine metallischen Teilchen vorhanden sind, tritt eine nicht unerhebliche Reflexion am Matrixmaterial auf. So beträgt die Reflexion einer Teflonmatrix mit ihrer relativ geringen DK gegen Luft etwa drei Prozent bei senkrechter Inzidenz. Dieses Problem kann durch ein entsprechendes Oberflächenprofil (Pyramidenstruktur) minimiert werden, sodass ein gradueller Übergang von der DK der Luft hin zur DK des eigentlichen Absorbers erfolgen kann. Ein grundsätzlich anderer Ansatz zur Lösung des

Problems beruht auf der Vorstellung, die DK des Matrixmaterials durch Dotierung mit Teilchen, die eine sehr kleine DK aufweisen, zu minimieren.

Um zu einer Abschätzung des Reflexionsvermögens eines mit kleinen metallischen Teilchen dotierten Materials zu gelangen, wird eine Schichtstruktur betrachtet, die als Approximation der oben diskutierten Gradientenstruktur dient. Hierzu sei auf die zu tarnende Metalloberfläche eine Anzahl n aufgebracht, die durch die folgenden Parameter charakterisiert sind: Dicke der jeweiligen Schicht, DK der für alle Schichten gleichen Matrix, DK der Metallteilchen der jeweiligen Schicht. Füllfaktor der Metallteilchen der jeweiligen Schicht, DK der für alle Schichten gleichen halbleitenden Teilchen und Füllfaktor der halbleitenden Teilchen der jeweiligen Schicht. Aus diesen Parametern lässt sich für jede Schicht die DK des effektiven Mediums bestimmen und hieraus wiederum das Reflexionsvermögen und die Absorption der einzelnen Schichten innerhalb einer vorgegebenen Struktur.

Die weitere Aufgabe besteht nun darin, aus der Menge der aufgeführten Parameter den Parametersatz zu ermitteln, der für eine vorgegebene Gesamtschichtdicke das minimale Reflexionsvermögen liefert. Um diese äußerst komplexe Aufgabenstellung des Auffindens dieses Minimums in dem hochdimensionalen Parameterraum effizient zu lösen, wurde eine aus dem Bereich der Bionik stammende evolutionsstrategische Methode angewendet, die im konkreten Fall wie folgt charakterisiert ist:

1. Start mit einem beliebigen Parametersatz, für den das zugehörige Reflexionsvermögen berechnet wird

2. Auswürfeln von Veränderungen der Werte des Parametersatzes innerhalb eines vorgegebenen Bereichs (Mutation) und Berechnung des zu den neuen Werten zugehörigen Reflexionsvermögens

3. Auswahl des zum kleineren Reflexionsvermögen gehörigen Parametersatzes (Selektion) für erneutes Erzeugen zufälliger Veränderungen der Parameter

4. Fortsetzung des Verfahrens, bis eine weitere Verkleinerung des Reflexionskoeffizienten nicht mehr zu erwarten ist

Bei der Anwendung des geschilderten Verfahrens muss beachtet werden, dass nicht zwangsläufig das globale Minimum des Reflexionskoeffizienten ermittelt wird, sondern eventuell nur ein lokales Minimum. Um dies weitestgehend zu verhindern, ist es wichtig, das Mutationsfenster, das heißt denn Bereich, in dem die Änderungen zu einem bestimmten Parametersatz ausgewürfelt werden, hinreichend groß zu wählen. Dies erhöht die Wahrscheinlichkeit für das Auftreten großer (allerdings seltener) Mutationen, die zum Verlassen eines lokalen Minimums führen. Neben der Festlegung des Mutationsfensters ist das Selektionsprinzip von zentraler Bedeutung. Bei dem oben beschriebenen Verfahren würde der durch Mutation entstandene Parametersatz grundsätzlich für weitere Mutationen ausgewählt, sofern er den niedrigeren Reflexionskoeffizienten liefert. Hierdurch kann jedoch eine Entwicklung verhindert werden, bei der sich aus einem zunächst ungünstigen Parametersatz nach einer Vielzahl von Schritten schließlich bessere Werte für den Reflexionskoeffizienten ergeben, als sie mit dem selektiven Parametersatz möglich sind (insbesondere durch langsame Konvergenz in ein tieferes oder das globale Minimum).

Aus diesem Grund wird folgende Modifikation der Strategie verwendet. Beim Start wählt man nicht nur einen, sondern mehrere beliebige Parametersätze (x Stück). Für jede dieser x Spezies werden x Mutationen ausgewürfelt. Aus den dann vorliegenden $x\cdot(x+1)$ Parametersätzen werden die x besten (das heißt diejenigen mit den kleinsten Reflexionskoeffizienten) ausgewählt und für diese jeweils wieder x Mutationen erzeugt. Dieses Verfahren beinhaltet sowohl den Vorteil der schnelleren Konvergenz als auch die Möglichkeit, dass sich zunächst ungünstig erscheinende Spezies nach weiteren Mutationsschritten durchsetzen können.

Basierend auf den bisherigen Ausführungen wurde ein numerisches Verfahren entwickelt, das die Bestimmung des Reflexionsvermögens der beschriebenen Schichtstruktur nach evolutionsstrategischen Prinzipien durchführte. Es wurden eine Reihe von Simulationsrechnungen für verschiedene Gesamt-schichtdicken, Anzahlen von Schichten innerhalb einer Struktur und Frequenzen der auftreffenden Welle durchgeführt. Die zentralen Ergebnisse bezüglich Absorptionsgrad und Designkonzept von Beschichtungen mit mesoskopischen Metallteilchen stellten sich wie folgt dar:

Bei einer aus vier Schichten bestehenden Schichtstruktur ergab sich mit einer Schichtdicke von drei Millimetern bereits eine Reflexionsminderung von 20 Dezibel.

Es hat sich im Laufe der Arbeiten gezeigt, dass die hier beschriebene Evolutionsstrategie der Aufgabenstellung angemessen war, sodass auf eine weitere Verfeinerung verzichtet werden konnte.

Die Prozessbionik dient nicht nur dazu, natürliche Konstruktionen auf ihre technische Verwertbarkeit abzuklopfen, sondern mit besonderem Vorteil auch Verfahren, mit denen die Natur die Vorgänge und Umsätze steuert. Eines der wesentlichen Vorbilder ist die Photosynthese im Hinblick auf eine zukünftige Wasserstofftechnologie. Weiter können Aspekte der ökologischen Umsatzforschung mit großem Gewinn untersucht werden im Hinblick auf die Steuerung komplexer industrieller und wirtschaftlicher Unternehmungen. Schließlich sind die natürlichen Methoden der praktisch totalen Wiederverwendbarkeit, des – fast vollständigen – Vermeidens von Deponiematerial, wert, in allen Details auf eine Übertragbarkeit untersucht zu werden.

Wichtige Anregungen entstammen der Organisationsbionik für das Management komplexer Systeme. Komplexes Management muss in die Lage versetzt werden, vorausschauend allen Anforderungen eines auch nur mittleren Industriebetriebes gerecht zu werden. Im Gegensatz dazu laufen Organisationsfragen im Bereich der belebten Welt, sei es im Einzelorganismus (die Gesamtkomplexität einer Fliege ist größer als die der gesamten deutschen Volkswirtschaft!) als auch in Organismensystemen und schließlich in ökologischen Systemen, äußerst störungsarm ab. Die funktionellen Querbeziehungen von Ökosystemen, beispielsweise bei einem Waldbrand, sind bereits komplexer als die eines größeren Industriebetriebs. Aus der Art und Weise, wie die Natur Informationen organisatorisch benutzt, lässt sich in analoger Übertragung vieles für Technik und Verwaltung lernen. Dieser Punkt ist sehr zunftsträchtig, wird aber zur Zeit noch sehr zögernd aufgegriffen.

Kapitel 3: Satelliten

„Allseits irdisch"

Man staunte nicht schlecht, als der Leiter der Bochumer Volkssternwarte, Professor Heinz Kaminski, der Öffentlichkeit bekanntgab, dass man piepsende Signale aus dem Weltraum empfangen habe. Bei dem piepsenden Erdtrabanten handelte es sich um den am 4. Oktober 1957 gestarteten russischen Satelliten Sputnik 1. Er war ein kugelförmiger Satellit von 58 Zentimetern Durchmesser, der mit einer modifizierten Interkontinentalrakete vom russischen Weltraumbahnhof Baikonur aus gestartet worden war. Der 83 Kilogramm schwere Sputnik 1 enthielt ein Thermometer und einen Funksender, der Kurzwellensignale bei 20 und 40 Megahertz ausstrahlte, die von Kaminski als Erstem in Westeuropa empfangen worden waren. Die Umlaufzeit von Sputnik 1 belief sich auf 96,2 Minuten und seine Flughöhe bewegte sich zwischen 215 und 939 Kilometern. Nach 92 Tagen trat er wieder in die dichtere Atmosphäre ein, wo er am 4. Januar 1958 verglühte.

Mit Sputnik 1 begann die Karawane der Erdtrabanten, die ein breites Spektrum an weltraumbasierten Erkenntnissen und Nutzungen für Verbraucher und Industrie ermöglichten. Die USA ließen mit ihrem ersten künstlichen Erdsatelliten nicht lange auf sich warten und starteten am 1. Februar 1958 von Cape Canaveral aus den Satelliten Explorer 1, der der wissenschaftlichen Zielsetzung der Erforschung der Polar- und Ionosphäre gewidmet war. Explorer 1 war mit 13,9 Kilogramm deutlich kleiner und leichter als der russische Sputnik 1. Er lieferte eine Vielzahl von Messdaten über die Ionosphäre. Die Messinstrumente kamen aus Werkstätten, die unter Leitung des Peenemünder Raketenpioniers Wernher von Braun standen. Explorer 1 wurde von einer amerikanischen Jupiter-Rakete, einem direkten Nachkommen der ebenfalls durch Wernher von Braun geleiteten Entwicklung der deutschen V2-Rakete, befördert.

Grundsätzlich können Raumfahrtsysteme in folgende Disziplinen untergliedert werden: Kommunikationssatelliten, Wettersatelliten, Erdbeobachtungssatelliten, wissenschaftliche Satelliten, Navigationssatelliten, Systeme der Mikrogravitationsforschung sowie Trägersysteme. Bei den Orbitalsystemen unterscheidet man in wartbare und nicht wartbare Systeme. Ganz ähnlich wird bei den Transportsystemen zwischen wiederverwendbaren und Einmalsystemen unterschieden.

Satelliten für den Einsatz zur Kommunikation machen zahlenmäßig die weitaus größte Nutzungsgruppe der Raumfahrt aus. Gemäß der amerikanischen Union of Concerned Scientists gab es Mitte 2015 1.305 aktive Satelliten in der Erdumlaufbahn. Mehr als die Hälfte davon werden für Kommunikationszwecke wie Telefonie, Fernsehen, Radio oder die digitale Datenverarbeitung verwendet.

Ein Kommunikationssatellit umfasst als Bestandteile ein Servicemodul, auch als Satellitenbus bezeichnet, ein Standardbaustein, der seine grundlegenden Funktionen sicherstellt und als Nutzlast das missionsspezifische Kommunikationsmodul mit seiner Hochfrequenzausrüstung und den Empfangs- und Sendeantennen trägt. Die Kommunikationsantenennen empfangen die Signale von der Erde und senden auch an die Erde. Darüber hinaus enthält der Satellit als Schlüsselelement zur Erfüllung seiner Aufgaben das sogenannte Repeater-Subsystem mit den Transpondern und anderen Geräten, die für die Änderung von Frequenzen, die Filterung, Trennung, Verstärkung und Bündelung von Signalen sowie für die Weiterleitung der Signale an die richtige Adresse auf der Erde erforderlich sind.

Ein weiterer Großteil an Satelliten dient der Erdbeobachtung und der Meteorologie. Mehr als 30 Satelliten sind für Navigationszwecke wie das Ortungssystem GPS verantwortlich und ein kleiner Teil erfüllt militärische Überwachungsaufgaben.

Der erste deutsch-französische Nachrichtensatellit trug den Namen Symphonie und wurde am 19. Dezember 1974 als erster westeuropäischer Satellit von einer amerikanischen Thor-Delta-Trägerrakete von Cape Canaveral aus auf eine geostationäre Umlaufbahn in 36.000 Kilometern Höhe über dem Äquator gestartet.

Es wurden zwei Satelliten mit diesem Namen gebaut. Jeder Satellit wog beim Start 402 Kilogramm, sie hatten einen Durchmesser von 1,7 Metern und waren 50 Zentimeter hoch. Sie wurden über je drei Solarpanel von 6,8 Metern Spannweite und mit 21.888 Solarzellen, die bis zu 300 Watt Strom lieferten, gespeist. Der Satellit verfügte über zwei Transponder mit je 1.200 Telefonkanälen. Alternativ konnten über den Transponder zwei Fernsehkanäle übermittelt werden. Gesendet wurde bei 4 Gigahertz, empfangen bei 8 Gigahertz.

Die Satelliten übermittelten Daten zwischen Europa und Amerika, Afrika und Indien. Sie wurden für zahlreiche Programme genutzt, zunächst waren es experimentelle Programme, bei denen Fernsehen und Bildfunk aus Kanada übermittelt wurde oder Live-Übertragungen des Apollo-Sojus-Projektes. Es schloss sich eine nichtkommerzielle Nutzphase an. Dank des konzentrierten Spotgebietes von Symphonie konnte man seinerzeit eine nur drei Meter hohe Antenne auf der Erde zum Senden und Empfangen benutzen.

Das nutze das Rote Kreuz mit einer mobilen Bodenstation in Katastrophengebieten, Indien nutzte einen Symphonie-Satelliten für Unterrichtsprogramme. Frankreich nutzte Symphonie für Telefon- und Fernsehverbindungen ihrer Übersee-Departments nach Frankreich und experimentell wurde auch das Senden und Empfangen von Schiffen aus probiert.

Die beiden Symphonie-Satelliten waren in vielerlei Hinsicht ein Grundstein für die europäische Industrielandschaft, von dem die Bevölkerung auch heute noch profitiert. Zum einen ermöglichte der Bau der Symphonie-Satelliten den Aufbau einer europäischen Industrie, die nachweislich Know-how vorzuweisen hatte und heute ein wichtiger Industriezweig ist. Firmen wie Astrium und Matra-Marconi Space verdanken ihren Markterfolg nicht zuletzt auch Symphonie.

Zum zweiten sind die beiden Satelliten maßgeblich dafür verantwortlich, dass es zu europäischen Trägersystemen kam, mit denen es möglich wurde, eigene Raketenstarts durchzuführen, ohne von anderen Nationen abhängig zu sein. Dies führte dazu, dass es im Auftrag der Europäischen Weltraumorganisation ESA zur Entwicklung einer europäischen Familie von Trägerraketen mit der der Bezeichnung Ariane kam. Heute hält Ariane etwa 50 Prozent des Weltmarktes an kommerziellen Raketenstarts. Die Ariane-Trägerraketen waren von Anfang an voll ausgerichtet auf den Transport geostationärer Satelliten, und das ist nun mal der primäre Orbit für Satelliten im Gebiet Telekommunikation.

Am 12. Januar 1975 gaben im Rahmen einer durch den Satelliten Symphonie selbst ermöglichten Fernsehübertragung der sich im Pariser Elysees Palast aufhaltende französische Präsident Valery Giscard d'Estaing und der sich in Bonn aufhaltende deutsche Bundeskanzler Helmut Schmidt vor laufenden Kameras den offiziellen Startschuss der deutsch-französischen Zusammenarbeit auf dem Satellitenkommunikationssektor. Die Symphonie-Satelliten wurden bis 1983 eingesetzt, als mit den europäischen ECS-Satelliten erheblich leistungsfähigere Nachfolger zur Verfügung standen.

Zur Vorbereitung eines europäischen Fernmeldesatellitensystems kamen im Jahre 1973 die Mitgliedsstaaten der ESA überein, einen experimentellen Fernmeldesatelliten (Orbital Test Satellite OTS) zu entwickeln und seine Einsatzmöglichkeiten zu erproben. Auf Grundlage dieser Satellitenkonzeption begann die ESA mit der Entwicklung von Satelliten für ein europäisches Fernmeldesatellitensystem (ECS). Die ECS-Satelliten sollten die internationale öffentliche Telekommunikation sicherstellen und zur Erweiterung des Eurovision-Netzwerkes dienen. Zur Durchführung des operationellen Betriebes und zur kommerziellen Vermarktung wurde 1982 die Betriebsorganisation EUTELSAT gegründet. Die ESA und EUTELSAT vereinbarten die Bereitstellung von fünf ECS-Satelliten über einen Zeitraum von zehn Jahren. Ihre Plattform hatte eine Masse von 1.090 Kilogramm, die Nutzlast wog 95 Kilogramm, der Durchmesser betrug 2,2 Meter und die Höhe 2,4 Meter.

Die Nutzlast bestand aus zwölf Kommunikationskanälen von je 20 Watt Leistung, was einer Kapazität von 20.000 Telefonkreisen entsprach. Die Nutzungsmöglichkeiten der Fernmeldesatelliten bestanden im Wesentlichen aus dem Datentransfer zwischen Computern, der Übertragung von Dokumenten, Zeichnungen, Faxen, einem Telefonservice wie Telefonkonferenzen und der Übertragung von Fernsehprogrammen.

Die Satelliten wurden mit Ariane-Raketen vom Weltraumbahnhof Kourou wölf in Französisch-Guayana aus in geosynchrone Umlaufbahnen verbracht. Die Betriebskontrolle lag in der Verantwortung des European Space Control Center (ESOC) in Darmstadt. Die Funkverbindung, Datenübertragung und Kontrolle wurde während der operationellen Phase der Satelliten vom belgischen Kontrollzentrum in Redu durchgeführt. Der nutzlastrelevante Datenverkehr lief über die EUTELSAT-Bodenstationen.

Die Beschaffungskosten des ECS-Systems lagen nach heutigem Kostenstand umgerechnet bei etwa 782,3 Millionen Euro ohne Nutzlast und bei 11 Millionen Euro jährlich für den Systembetrieb. Für die Beschaffung der Nutzlasten kamen noch einmal 216,9 Millionen Euro hinzu und der Nutzlastbetrieb schlug mit jährlich 2,7 Millionen Euro zu Buche. Die Nutzungskosten liegen demnach bei gerade einmal knapp 50 Prozent der Systemkosten, die ohnehin anfallen, ob man das System nutzt oder nicht und obgleich die einzige Nutzungsfunktion eines Kommunikationssatelliten in der Erbringung von Kommunikationsdiensten besteht.

Die Europäische Weltraumkonferenz hatte im Jahr 1973 beschlossen, die ESA mit der Entwicklung eines experimentellen Satellitensystems für Seefunk zu beauftragen. Das Seefunksatellitensystem wurde auf den Namen MARECS getauft. Nach der Gründung der weltweit tätigen Inmarsat-Organisation für die Verfügbarmachung und den Betrieb von zwei Satelliten, wurden zwei Satelliten, einer für die atlantische Region und einer für die pazifische Region, auf geostationären Bahnen positioniert. Die Masse der MARECS-Satellitenplattformen lag bei 918 Kilogramm, die der Nutzlast bei 96 Kilogramm, die Höhe betrug 2,5 Meter, die elektrische Leistung betrug maximal 955 Kilowatt und die Datenrate lag bei 160 Bit pro Sekunde (bps).

Im Rahmen der mobilen Satellitenfunkdienste wurden folgende Nutzungs-aktivitäten mithilfe der MARECS-Satelliten durchgeführt: Telefonservice im internationalen öffentlichen Telefonnetz samt Datenübertragung und Fernkopierern, Teleservice mit Zugriff zum internationalen öffentlichen Telex-Netz, Datenservice mit hohen Datenraten (56 kbps) von Schiff zu Küste, Handhabung von wichtigen Meldungen im Bereich Sicherheitsservice und Notruf, Übertragung von Notrufen mit niedrigen Datenraten und Verteilung von Wetterberichten und nationalen Nachrichten.

Jeder Satellit stellte 35 Kanäle für die Verbindung Küste–Schiff und 50 Kanäle für die Verbindung Schiff–Küste zur Verfügung. Die Verbindung wurde über jeweils zwei Kommunikationstransponder hergestellt. Jeder Satellit war mit drei Antennen ausgestattet, eine 6-Gigahertz- und eine 4-Gigahertz-Hornantenne sowie eine L-Band-Parabolantenne. Die MARECCS-Satelliten wurden mit Ariane-Raketen gestartet und von Netzwerkkontrollstationen in Europa und Übersee im Auftrag von Inmarsat betrieben. Es fielen Kosten in Höhe von umgerechnet 493,2 Millionen Euro für die Anschaffung der Orbitalsysteme einschließlich Nutzlasten und 13,6 Millionen Euro jährlich für deren Betrieb an.

Was mit maritimer Kommunikation der beschriebenen Art begann, hat sich inzwischen zu einem weltweit tätigen Anbieter mit Firmensitz in London für satellitengestützte Mobilfunkdienste etabliert. Es steht nunmehr eine ganze Flotte von geostationären in Inmarsat umbenannten Satelliten bereit, um eine Netzabdeckung zu realisieren, die fast die ganze Erdoberfläche umfasst. Inmarsat entwickelte sich zu einem führenden globalen Anbieter von Dienstleistungen in der mobilen Satellitenkommunikation für zuverlässige und Hochgeschwindigkeitsdatenkommunikation zu Land, See und Luft. Inmarsat war ein Wegbereiter für die bidirektionale Satellitentelefonie für Sprache und

Daten. Inmarsat stellte ab 1982 ein System für mobile Endgeräte bereit, das vorwiegend in der Seeschifffahrt eingesetzt wurde. Ab 1989 gab es erste Geräte für den mobilen Landeinsatz.

Nach und nach wurden Satellitennetze auf niedrigeren Umlaufbahnen aufgebaut. Dadurch verringerte sich die Entfernung zwischen Telefon und Satellit erheblich und somit auch die Sendeleistung des Telefons. So schrumpfte das Satellitentelefon in der zweiten Dekade des einundzwanzigsten Jahrhunderts auf etwa die Größe handelsüblicher Mobiltelefone.

Motorola begann 1985 das Kommunikationssystem Iridium aufzubauen. Das Kommunikationsnetz von Iridium wurde mit 68 Satelliten plus zwei Reservesatelliten ausgerüstet. Die Satelliten befanden sich in erdnahen Umlaufbahnen in etwa 780 Kilometern Höhe. Dadurch waren sie in der Lage, Signale von Mobiltelefonen empfangen und senden zu können. Durch Satellitentelefonie war die Sende- und Empfangbarkeit an quasi jedem Ort der Erde gegeben. Das hatte natürlich für die Nutzer seinen monetären Preis, weswegen sich der Dienst zunächst nur für bestimmte Nutzergruppen als lukrativ erwies, insbesondere dann, wenn keine vergleichbaren Alternativen verfügbar waren.

1988 wurde die amerikanische Geostar Messaging Corporation (GMC) mit Sitz in Washington zum Zweck der Verfügbarmachung mobiler Satellitenkommunikationsdienste gegründet. Diese bestanden im Start und Betrieb digitaler Land-Mobil-Satellitensysteme, um Nutzer in Festnetzen und mobilen Netzen mit einer Reihe von Kommunikationsdiensten zu versorgen. Es war beabsichtigt, das GMC-System unabhängig von Geostars Radio Determination Satellite System (RDSS) zu betreiben, das in der Lage war, zur Positionierung von Zweiwegkommunikationsdiensten beizutragen.

GMC prognostizierte ein Marktpotenzial von mindestens 15 Millionen Nutzern, von denen bis 1997 rund drei Millionen angeworben werden sollten. Ins Auge gefasst wurden Logistikunternehmen, Schienenverkehr und Automobil- sowie portable Anwendungen. Im Segment der angestrebten Verbrauchergruppen wurden Potenziale in den Bereichen Freizeitfahrzeuge, Boote etc. gesehen. Die angebotenen Dienste umfassten die digitale Datenkommunikation, Faxübermittlung, digitale Speicherung und Versand, Spracherkennung, Fernüberwachung sowie Daten- und Sprachnachrichtspeicherung und Versand. Die GMC-Satelliten hatten eine Masse von 1.273 Kilogramm bestehend aus 1.068 Kilogramm für den Satellitenbus und 205 Kilogramm Nutzlast für Datenversand und -empfang. Die Datenübertragung erfolgte im L-Band und es konnten gleichzeitig 1.350 Kommunikationskanäle in Anspruch genommen werden. Die Kosten der Satelliten beliefen sich auf umgerechnet 730,2 Millionen Euro, von denen 65 Prozent auf den Satellitenbus und 35 Prozent auf die Nutzlast entfielen.

Im Zeitraum 1985 bis 1990 wurde das GSTAR-System der GTE Spacenet Corporation in Betrieb genommen. Der Betreiber GTE ermöglichte eine Flotte von mehreren Kommunikationssatelliten im Ku-Band im geostationären Orbit. Die Satelliten hatten eine Masse von 1.240 Kilogramm, wovon 1.104 Kilogramm auf den Satellitenbus entfielen und 138 Kilogramm auf die Transponder. Die Satelliten wurden von RCA Astro Electronics hergestellt und von Ariane-Trägerraketen in ihre Umlaufbahnen gebracht. Die GSTAR-Satelliten ermöglichten GTE ein breites Angebot von Dienstleistungen für alle Staaten der USA hinsichtlich analoger und digitaler Sprachübertragung einschließlich Radio, Daten- und Videodiensten. Diese Dienste wurden für eine Reihe von Marktsegmenten bereitgestellt und wandten sich an die Regierung, Behörden und private Firmen. Einige Beispiele der verfügbaren Dienste umfassten die Skystar-Datendienste unter Nutzung der Ku-Band-Satellitentechnologie. Die Kosten für die beiden ersten GSTAR-Satelliten GSTAR 1 und GSTAR 2 betrugen nach heutigem Stand 370,9 Millionen Euro, von denen 74,3 Prozent auf das System (den Bus) und 25,7 Prozent auf die Nutzlast entfielen.

Am 6. April 1965 begann die Erfolgsgeschichte von Intelsat, einem internationalen Konsortium zum Betrieb eines großen Netzwerkes von Satelliten und Bodeneinrichtungen, um Sprach-, Daten- und Videoübertragung weltweit zu ermöglichen. Die amerikanische Verpflichtung für Intelsat basierte auf einem 1962 von Präsident John F. Kennedy unterzeichneten Dokument, Telekommunikationsdienste über Satelliten weltweit zu ermöglichen. Der erste kommerzielle, geostationäre Satellit, mit einer amerikanischen Rakete vom Typ Delta von Cape Canaveral in Florida gestartet, trug den Namen Early Bird. Es folgten bis 2013 mehr als sechs Dutzend weitere Intelsat-Satelliten, die ihre Funktion im Kennedy'schen Sinne erfüllten.

Seit dem ersten Satellitenstart war Intelsat der primäre Kanal für weltweite satellitengestützte Telekomminikation. Als internationales Konsortium, bestehend aus mit Stand 2014 149 teilnehmenden Nationen, hatte Intelsat bereits im Jahr 1989 13 Satelliten in Betrieb, die sämtlich zur V- und VA-Serie gehörten und Satellitenkommunikationsdienste in mehr als 170 Ländern und

Gebieten weltweit erbrachten. Der Intelsat-Firmensitz befand sich 2014 in Luxemburg.

Intelsat hat eine vierstufige Organisationsstruktur bestehend aus der Versammlung der Vertragsparteien, der jährlichen Versammlung der Unterzeichnerstaaten, der vierteljährlichen Gesellschafterversammlung und einem das Tagesgeschäft verantwortenden Exekutivorgan. Intelsat hat einige Bedingungen aufgrund des Status als Quasiregierungsorganisation zu gewährleisten. In den meisten Fällen sind die Unterzeichner die Telekommunikationsarme der Mitgliedsstaaten. So ist zum Beispiel die Bundesrepublik Deutschland durch das Ministerium für Post und Telekommunikation vertreten. Diese sind zu einem gewissen Grad durch öffentliche anstelle ökonomischer Interessen geprägt. Das primäre Ziel von Intelsat besteht nun einmal in der Verfügbarmachung von Telekommunikationsdiensten für die Mitgliedsländer, ungeachtet der ökonomischen Nebenbedingungen. Trotzdem verhält sich Intelsat auch als quasikommerzielle Organisation dahingehend, dass sie auf einen Return on Investment für die Mitgliedsnationen bedacht ist.

Das Konsortium bot analoge und digitale Sprachdienste, analoge und digitale Videodienste, Telex, Fax, niedrige, mittlere und Hochgeschwindigkeitsdatendienste und Videokonferenzdienste für seine Nutzer. Das oben angesprochene Intelsat-V- und -VA-System bestand aus 13 umlaufenden Satelliten mit 804 Antennen. Die Satelliten wurden von der Ford Aerospace Corporation hergestellt und mit Atlas-Centaur- beziehungsweise Ariane-Raketen in eine geosynchrone Umlaufbahn geschossen. Alle Bodenstationen wurden von den Unterzeichnerorganisationen zur Verfügung gestellt und betrieben.

Die Kosten für die oben genannte Intelsat-V- und VA-Kommunikationssatelliten beliefen sich auf heutigen Kostenstand umgerechnet auf 2,867 Milliarden Euro. Davon entfielen 2,207 Milliarden Euro auf die Satellitenbusse, also Systeme, und 659,8 Millionen Euro auf die zugehörigen Nutzlasten.

Ganz ähnlich dem Iridium-Netz begann 1994 das kalifornische Unternehmen Gobalstar seine Tätigkeit als Anbieter eines Satellitenkommunikationsnetzes mit einer aus 48 Satelliten bestehenden, weltumspannenden Satellitenkonstellation in etwa 1.400 Kilometern Höhe. Gegründet wurde Globalstar von einem Zusammenschluss weltweit führender Telefongesellschaften und Gerätehersteller. Das Angebot umfasst Sprach- und Datendienste.

1997 wurde das Unternehmen Thuraya mit Firmensitz in Abu Dhabi als Aktiengesellschaft gegründet. Zu den Anteilseignern fanden sich Telekommunikationsunternehmen und Investmentfirmen der arabischen Welt zusammen. Eine Beteiligung ging auch die deutsche T-Systems-Tochter DETECON ein. Es wurden drei Thuraya-Satelliten auf geosynchronen Orbits in 36.000 Kilometer Höhe positioniert. Im Thuraya-Netz sind unter anderem Sprachkommunikation, SMS, Fax und Datenverbindungen beziehungsweise mobile Datenübertragung möglich.

Die Satellitenkommunikation steht im harten Wettbewerb zu terrestrischen, mobilen Kommunikationsdiensten wie dem Global System for Mobile Communications (GSM), dem 1992 eingeführten Standard für volldigitale Mobilfunknetze, der hauptsächlich für Telefonie, leitungsvermittelte und paketvermittelte Datenübertragung sowie Kurzmitteilungen genutzt wird.

Nach unserem Exkurs in die Welt der satellitengestützten Telekommunikation wenden wir uns jetzt einem weiteren durch die Raumfahrt forcierten Dienst, den Wetterprognosen, zu. Die ersten meteorologischen Satelliten wurden von den USA entwickelt und betrieben. Die Satelliten lieferten mehrmals täglich globale Informationen über das Wetter, inklusive der Polarregion. Aufgrund der vielfältigen und exakten Daten zur Wettervorhersage, die durch diese meteorologischen Satelliten zu Verfügung standen, stieg das Interesse am Aufbau eines Satellitensystems zur Unterstützung des Europäischen Wetterdiensts.

1978 startete das Meteosat-Programm mit der Entwicklung, dem Bau und dem Betrieb von Meteosat 1 und Meteosat 2 durch die ESA. Der Erfolg dieses Programms bestärkte viele europäische Länder darin, das Meteosat-Projekt durch ein operationelles Programm zu erweitern und die Organisation EUMETSAT zu schaffen, deren Hauptaufgabe in der Interessenvertretung Europas in weltraumgestützter Meteorologie liegen sollte. Das Meteosat Operational Programm (MOP) startete daraufhin im November 1983 mit der Entwicklung und dem Bau dreier meteorologischer Satelliten durch die ESA. Der Betrieb der Satelliten wurde ebenfalls von der ESA – im Auftrag von EUMETSAT – kontrolliert. EUMETSAT war für die Finanzierung, die politische Koordination und Datenverteilung verantwortlich.

Meteosats Plattform hatte eine zylindrische Form mit einer Masse von 600 Kilogramm, die Nutzlast wog 100 Kilogramm, der Satellit hatte einen Durchmesser von 2,1 Metern, eine Höhe von 3,2 Metern und wies eine elektrische Leistung von anfänglich 250 Watt auf. Der Satellit war spinstabilisiert mit 100 Umdrehungen pro Minute und seine Achse war parallel zur Nord-Süd-Achse der Erde ausgerichtet. Die elektrische Leistung wurde über Solarzellen bereitgestellt, die bei Missionsende nach 5 Jahren noch 200 Watt lieferten. Zusätzlich waren noch zwei aufladbare Batterien eingebaut, um eventuelle Spitzen im Energieverbrauch abzufangen.

Die Nutzlast an Board von Meteosat waren Empfänger (UHF 402,0–402,2 MHz), um die Daten von den Data Collection Platforms zu empfangen, Sender, die im S-Band die meteorologischen Daten bei 1.695,7 bis 0,65 Megahertz und Bilddaten bei 1.691,0 bis 1.694,5 Megahertz zu den Nutzerstationen übertrugen und ein hochauflösendes 4-Kanal-3-Spektralband-Radiometer mit Verstärker verwendeten, wobei das Radiometer aus einem optischen System zur Aufnahme der sichtbaren und infraroten Signale bestand sowie aus acht Detektoren, die diese Signale in analoge elektrische Signale umwandelten. Zudem enthielt die Nutzlast Systeme zur Kühlung, um die Infrarotdetektoren auf ca. 90 Kelvin zu halten, als auch zur Heizung für das Abdampfen eventueller Kontaminationen der Detektoren. Zusätzlich waren noch zwei Teilsysteme (sog. schwarze Körper) eingebaut, die als Referenzen zur Kalibrierung dienten.

Der erste operationelle Wettersatellit Meteosat 1 (MOP 1) wurde im April 1989 von Französisch-Guyana aus mit einer Ariane 4 in seine geostationäre Umlaufbahn befördert. Die Starttermine für MOP 2 und MOP 3 waren gemäß dem Missionskonzept für 1990 beziehungsweise 1992 festgelegt. Der Satellitenbetrieb wurde vom European Space Operations Centre (ESOC) in Darmstadt koordiniert und kontrolliert.

Zur Erfüllung der wesentlichen Aufgaben des Meteosat Operational Program dienten nachfolgende an die ESOC angegliederte Institutionen. Die Data Acquisition, Telecommand and Tracking Station (DATTS) war ausgestattet mit einer 15-Meter-Parabolantenne und einer 10-Meter-Zusatzantenne und diente hauptsächlich der Meteosat-Kommunikation und der Verteilung der Daten. Das Meteosat Ground Computer System (MGCS) war ein Computersystem bestehend aus einem Mainframecomputer sowie einigen Minicomputern und Zusatzgeräten für spezielle Aufgaben. Dieses Computersystem verarbeitete die Meteosat-Rohdaten und wurde zur Kontrolle des Satelliten eingesetzt. Ein weiterer Mainframecomputer als Teilsystem des MGCS diente als Back-up-Einrichtung. Das Meteosat Operations Control Centre (MOCC) innerhalb der ESOC war die zentrale Stelle für alle Aufgaben des Satellitenbetriebs und der Missionskontrolle. Das MOCC war außerdem verantwortlich für die Kontrolle der DATTS und der Data Collection Platforms

(DCP). Das Meteorological Information Extraction Centre (MIEC) war dem MOCC angegliedert und versorgte die Meteorologen mit den erforderlichen Einrichtungen zur Kontrolle, Analyse und Bewertung der meteorologischen Parameter, die aus den Meteosat-Rohdaten gewonnen wurden.

Die Hauptaufgaben des Meteosat Operational System lagen in der Aufnahme von Bilddaten der Erde, der Verbreitung der Bilddaten und anderer meteorologischer Daten, der Datenaufnahme und Verteilung sowie der meteorologischen Datenverarbeitung, Datenarchivierung und Rückführung.

Zur Aufnahme von Bildern der Erde diente ein multispektrales Radiometer, das Wellenlängen in drei Spektralbereichen (sichtbar, infrarot, fernes infrarot) detektierte. Die räumliche Auflösung im sichtbaren Bereich betrug 2,5 Kilometer. Die Bilder wurden in halbstündlichen Intervallen aufgenommen und kontinuierlich zum DATTS gesendet, von wo die Bilddaten zur weiteren Verarbeitung, Verteilung und Archivierung zum MGCS gingen.

Um Abbildungen der Erde sowie konventionelle meteorologische Informationen an andere kleinere Empfangsstationen weiterzugeben, war der Meteosat mit einem Verstärker und zwei entsprechenden Kanälen ausgestattet, sodass sowohl digitale als auch analoge Daten gesendet werden konnten. Weiterhin verfügte der Meteosat über 66 Telekommunikations-kanäle zur Aufnahme der Daten von den DCPs, die über den gesamten Meteosat-Empfangsbereich verteilt wurden. Der Satellit diente hierbei nur als Relaisstation, die alle von den DCPs empfangenen Daten an das Kontroll-zentrum der ESOC sendete, wo diese Daten weiterverbreitet wurden. Die DCPs waren als mobile Stationen – auf Schiffen, Bojen oder Flugzeugen – und als feste Stationen an Land vorgesehen.

Die Verarbeitung der meteorologischen Daten, das heißt die Extraktion meteorologischer Parameter aus den Basisdaten, ihre Analyse und Verteilung wurde vom MIEC durchgeführt. Meteorologische Parameter wie zum Beispiel Meeresoberflächentemperaturen, Wolkenbedeckungsgrade, Wolkenbewe-gungen und Niederschlagsmengen wurden mithilfe des MGCS den Basisdaten entnommen und gespeichert.

Die Beschaffungskosten der ersten drei Meteosat-Satelliten beliefen sich auf ein heutiges Preisniveau umgerechnet auf 605,7 Millionen Euro, von denen auf der Systemseite das Management mit 31,55 Millionen Euro zu Buche schlug, die Projektdefinition mit 11,1 Millionen, die Entwicklung und der Bau der Satellitenplattform mit 149,8 Millionen, Investitionen in Bodenanlagen mit

26,2 Millionen, der Startkostenanteil mit 183,1 Millionen, der Anfangsbetrieb mit 4,8 Millionen und Sonstiges mit 4,6 Millionen Euro. Auf der Nutzungsseite belief sich das Nutzlastmanagement auf 29,4 Millionen Euro, die Entwicklung und der Bau der Nutzlasten auf 140,3 Millionen, die Investitionen für nutzlastbezogene Bodenanlagen auf 1,5 Millionen, der Nutzlastanteil der Startkosten auf 30,4 Millionen und Sonstiges auf 1,0 Millionen Euro. Die jährlichen Betriebskosten beliefen sich auf der Systemseite auf 7,5 Millionen Euro, aufgegliedert in 5,3 Millionen für den Missionsbetrieb, 1,4 Millionen für Systemverbesserungen und 0,9 Millionen für Sonstiges. Auf der Nutzungsseite beliefen sich die jährlichen Betriebskosten auf 15,6 Millionen Euro, verteilt auf 12,9 Millionen für Nutzlastbetrieb und Datenvorverarbeitung, 1,7 Millionen für Systemverbesserungen und 1,0 Millionen Euro für Sonstiges. Der der Nutzung zuzurechnende Betrieb des EUMETSAT-Sekretariats kostete jährlich 11,4 Millionen Euro. Der Erfolg der Missionen ermutigte die Betreiber, Folge-missionen für weitere europäische Wettersatelliten durchzuführen.

Die Nachfolgesatelliten Meteosat-4, -5, -6 wurden unter dem Meteosat Operational Program im Zeitraum 1983 bis 1995 in Verantwortung der ESA beziehungsweise EUMETSAT entwickelt und betrieben. Es folgte EUMETSATs Meteosat-7 im Jahr 1997. Meteosat hatte sich zum Dauerläufer etabliert, im Jahr 2014 wurden die Wetterdaten von Meteosat-9, einem Exemplar der sogenannten zweiten Meteosat-Generation geliefert. Man hatte sich ent-schieden, ab 2015 die dritte Generation zu verwirklichen, und in diesem Stil könnte es weitergehen, eben ein Erfolgsmodell.

Nicht viel anders ist die Historie der amerikanischen Wetterdienste zu beurteilen. Die National Oceanic and Atmospheric Administration (NOAA) ist die Wetter- und Ozeanografiebehörde der Vereinigten Staaten von Amerika mit Sitz in Washington. Die NOAA betreibt geostationäre Wettersatelliten, mit denen unter der Bezeichnung „Geostationary Orbiting Environmental Satellite System" (GOES) die meteorologischen Gegebenheiten von geostationären Umlaufbahnen aus überwacht werden. Das geostationäre System wird ergänzt durch NOAAs polarumlaufende Systeme, die den Namen TIROS tragen. Die GOES-Satelliten dienen der Beobachtung der östlichen und westlichen Teile der USA nebst angrenzenden ozeanischen Gebieten sowie großer Teile der südlichen Erdhalbkugel. Sie ermöglichten Tag- und Nachtbeobachtungen des Wetters und Katastrophenwarnungen zum Beispiel vor Stürmen etc. Die Daten der Beobachtungen werden weitervermittelt und die prozessierten Grafik- und Bilddaten zu den Bodenstationen übertragen. Die Satelliten überwachen auch das Erdmagnetfeld im geostationären Bereich, messen den energetischen Teilchenfluss in der Nähe der Satelliten und beobachten die Röntgenstrahlung der Sonne.

Es wurden von 1975 bis 2010 fünfzehn GOES-Satelliten erfolgreich gestartet. Für weitere Exemplare der GOES-Serie wurden Starts ab 2016 vorgesehen. Von den Wettersatelliten der TIROS-Klasse, die Abkürzung steht für „Television and InfraRed Observation Satellite", wurden von 1960 bis 1966 zehn Exemplare gebaut beziehungsweise gestartet. Deren Satelliten der ersten Generation hatten die Form eines Zylinders mit einem Durchmesser von rund einem Meter und einer Höhe von etwa einem halben Meter. Sie waren mit zwei Kamerasystemen und einem Bolometer ausgerüstete Satelliten in sonnensynchronen polaren Umlaufbahnen. Satelliten der dritten TIROS-Generation mit erweiterten Leistungsparametern folgten danach bis 1986 unter dem Namen „TIROS-N/NOAA Program". Als „Advanced TIROS-N" firmierten bis 2009 die NOAAs der nächsten Generation. Mit Status 2014 war die Serie bei NOAA 19 angelangt.

Das NOAA-GOES-System bestand aus Satellitenplattformen, die abgesehen von einem kleinen Gebiet an den Polregionen eine kontinuierliche Beobachtung eines Großteils der westlichen Halbkugel möglich machten. Die Satelliten verfügten über nachfolgend beschriebene Sensoren für die ebenfalls aufgeführten Zwecke.

- Ein Radiometer für den sichtbaren und infraroten Bereich sowie atmosphärisches Echolot, das designt wurde für Tag-und-Nacht-Wetterbeobachtungen, sowohl durch Detektoren für reflektiertes Licht als auch Infrarot-Wärmedetektoren

- Ein Weltraumüberwachungssystem zur Messung der Veränderungen des Erdmagnetfeldes, des Flusses und der Emission von Röntgenstrahlen und der Stärke und Konzentration von Teilchen durch die Sonne

- Such- und Rettungstransponder als Relaisstationen für Nachrichten von Schiffen und Flugzeugen in Not. Funktionen des Systems bestanden bereits durch polarumlaufende Satelliten. Die geostationären Satelliten dienten der verzögerungsfreien Nachrichtenweiterleitung der polaren Satelliten.

Das GOES-Datensammlungssystem ermöglicht die Übertragung von Umweltdaten, die von ferngesteuerten Datenplattformen in Funkreichweite der Satelliten gesammelt werden, nahezu in Echtzeit. Die Informationen dienen der Vorhersage von Umweltereignissen wie tropischen Zyklonen,

Tornados und Hurrikanen. Viele Umweltmessungen werden dabei durch automatisierte Plattformen durchgeführt, die nur per Fernsteuerung erreichbar sind, da sie sich in nicht erreichbaren Regionen an Land und auf See befinden. Das GOES-Satellitendatensammlungssystem dient der Sammlung und Weiterleitung lokal festgestellter Umweltdaten dieser Plattformen.

Zur weiteren Vertiefung unserer Betrachtung der GOES-Thematik wollen wir uns auf die GOES-8- und GOES-9-Wettersatelliten konzentrieren. GOES 8, der vor seiner Inbetriebnahme GOES I hieß und ursprünglich für seinen Start in 1990 vorgesehen war, wurde schließlich am 13. April 1994 mit einer Atlas-I-Rakete von Cape Canaveral aus für seine Aufgabe in der geostationären Umlaufbahn gestartet. Seine geschätzte Lebensdauer betrug fünf Jahre, die er mit zehn Jahren deutlich übertraf. Mit GOES 9, zuvor als GOES J bezeichnet, verhielt es sich dergestalt, dass das ursprünglich ebenfalls für seinen Start 1990 vorgesehene Satellitensystem, am 23. Mai 1995 seine Aktivitäten begann.

Die Gesamtmasse von GOES I und GOES J belief sich auf je 1.090 Kilogramm (307 kg Sensormasse, 783 kg Satellitenbusmasse). Es gab je fünf abbildende Kanäle und vier Spektralbänder im sichtbaren und infraroten Bereich. Die räumliche Auflösung lag im sichtbaren Bereich bei einem Kilometer und im infraroten Bereich bei vier Kilometern. Die Präzision der Lokalisierung der Bilderorte betrug zwei Kilometer und die der von Bild zu Bild ebenfalls.

Die Gesamtkosten der GOES-I- und GOES-J-Wettersatelliten beliefen sich zum heutigem Euro-Preisniveau auf umgerechnet 565,7 Millionen. Davon entfielen auf der Systemseite 163,5 Millionen Euro auf Entwicklung und Konstruktion, 129,8 Millionen auf systembedingte Startkosten, 9,2 Millionen auf Bodeninvestitionen und 35,2 Millionen Euro auf den Systembetrieb. Dem Satellitensystem waren also insgesamt 337,6 Millionen Euro zuzurechnen. Die Satellitennutzung schlug mit 228,1 Millionen Euro zu Buche. Diese beinhalteten 113,6 Millionen Euro für Entwicklung und Konstruktion der Nutzlasten, 50,8 Millionen nutzungsbedingte Startkosten, 13,2 Millionen nutzlastverursachte Bodenanlagen und 50,5 Millionen Euro für den Nutzlastbetrieb einschließlich 25,4 Millionen für die Datenvorverarbeitung. Insgesamt gesehen kann festgestellt werden, dass rund 60 Prozent der Betriebskosten auf die Nutzlast entfielen.

Wenden wir uns bei unseren Beispielen der amerikanischen Wettersatelliten nach den geostationären Wetterkundlern den polarumlaufenden TIROS-Satelliten zu. Ihr Eigentümer und Betreiber war auch hier die NOAA. Die Serie der polaren TIROS-Satelliten lieferte vierzehnmal täglich eine operationelle

Abdeckung des gesamten Globus. Von den bereits angesprochenen TIROS-Satelliten werden hier zur Erläuterung zwei Exemplare näher beleuchtet, nämlich die Modelle NOAA-15 und NOAA-16, die vor ihrer Inbetriebnahme unter NOAA TIROS K und NOAA TIROS L firmierten und deren Nomenklatur wir nachfolgend beibehalten. TIROS K beziehungsweise NOAA-15 und TIROS L beziehungsweise NOAA-16 waren beide die Hauptquellen umweltrelevanter Daten für einen Großteil der Welt. Der Zweck dieser Satelliten war die Messung von Temperatur und Feuchtigkeit in der Erdatmosphäre, Oberflächen-temperatur, Wolkenbedeckung, Wasser-Eis-Grenzen und Protonen- und Elektronenfluss nahe der Erde. Sie waren auch in der Lage, Daten von Ballonen, Bojen und automatischen ferngesteuerten Stationen zu empfangen, zu prozessieren und weltweit zu verteilen. Sie konnten auch bewegliche Stationen verfolgen und besaßen Transponder für Such- und Rettungs-aufgaben.

TIROS K wog 1.457 Kilogramm einschließlich 448 Kilogramm Sensornutzlast und hatte eine geplante Lebensdauer von zwei Jahren, die er mit seiner Betriebseinstellung nach 15 Jahren aber deutlich übertraf. Er wurde am 13. Mai 1998 mit einer Titan-II-Rakete von der amerikanischen Startranche Vandenberg in eine geozentrische sonnensynchrone Umlaufbahn in 807 Kilometern Höhe mit einer Umlaufdauer von 101 Minuten geschossen. Er war bestückt mit fortschrittlichen Mikrowellen- und Infrarotdetektoren sowie dementsprechenden Sensoren. Er hatte sechs Bildkanäle und die Spektralbänder hatten eine Auflösung von 0,5 Kilometern im sichtbaren Bereich und einem Kilometer im Infrarotbereich. Die räumliche Auflösung betrug im Infraroten Bereich 17,5 Kilometer und im Mikrowellenbereich zwischen 15 und 40 Kilometern. Der TIROS-K-Satellit war wie auch der TIROS-L-Satellit eine fortgeschrittene Version der polarumlaufenden TIROS-N Serie. Die von den TIROS-Satelliten gesammelten Daten wurden an Tausende von Nutzern weltweit auf verschiedene Arten und Weisen übertragen. Diese waren:

- Die Übertragung der Daten vom Satelliten nach Wallops Island, Virginia oder Fairbanks, und/oder an die Alaska-Empfangsstationen. Von dort wurden die Daten via heimischen Kommunikationssatelliten weitergeleitet nach Suitland, Maryland.

- Die Datenübertragung in VHF-Format mit reduzierter Auflösung als soge-nannter automatischer Bildversand und konstanter Versand an Tausende lokaler Erdstationen beim Überflug der Satelliten

- Die Datenübertragung in hochauflösendem Bildübertragungsformat und kontinuierlichem Versand an Nutzer, die Zugang zu entsprechend geeigneten Antennen hatten

- Die Datenübertragung in einem Format, das mit Datenraten im hochfrequenten VHF und im hochauflösenden Bildübertragungsformat angesiedelt war

Befehle an die Satelliten erfolgten von den Kommandos und Datenerfassungsstellen in Wallops Island, Virginia, und wurden an die Satelliten mittels heimischer Kommunikationssatelliten weitergeleitet. Einige der amerikanischen Nutzer der durch die TIROS-Satelliten generierten Daten waren die nationalen Wetterdienstzentren und Vorsageeinrichtungen, das Innenministerium mit seinen Büros für Landmanagement und Wasserangelegenheiten, das Ministerium für Landwirtschaft einschließlich Bodenschutz, Forstwirtschaft und Landwirtschaft, die NASA, die Luftwaffe und die Marine, Wissenschafts- und Forschungseinrichtungen sowie kommerzielle und private Nutzer.

Der NOAA-TIROS-L-Satellit war baugleich mit dem TIROS K. Er wurde am 21. September 2000 ebenfalls mit einer Titan-II-Rakete vom kalifornischen Vandenberg aus gestartet. Seine ebenfalls für zwei Jahre vorgesehene Lebensdauer endete erst mit seiner Betriebsbeendigung im Juni 2014.

Die TIROS-N-Satellitenserie lieferte eine globale Abdeckung der Wetterlagen. Dazu verfügte dieser Satellit über eine Reihe von Sensoren wie zum Beispiel:

- Ein fortgeschrittenes Radiometer sehr hoher Auflösung, mit dem die Wolkenbedeckung, Feuchtigkeit und die Temperatur der Meeresoberfläche gemessen wurden. Einige andere Anwendungen waren tageszeitabhängige Bewölkung, Schnee- und Eiskartierung, Oberflächenpositionsangaben, Bewertungen von Vegetation und Landwirtschaft, nächtliche Wolkenbestimmung, Land-und-Wasser-Unterscheidungen und Lokalisierung von Stellen mit hohen Temperaturen wie Waldbrände und Vulkane.

- Ein TIROS-operationelles vertikales Echolot lieferte Messungen von Atmosphärentemperatur und Feuchte.

- Ein Weltraumumgebungsmonitor erstellte Messungen der Sonnenaktivität, um zum Beispiel Sonnenflecken und -fackeln vorherzusagen.

- Ein Datensammlungssystem sammelte Signale von Bojen, Ballonen und anderen Plattformen überall auf der Welt und leitete sie mit besonderem Augenmerk auf lokale Umweltfaktoren weiter.

- Ein Such- und Bergungssystem unterstützte Maßnahmen zur Entspannung von Situationen aufgrund von Flugzeugen und Schiffen ausgesendeter Notrufe.

Die Kosten von TIROS K und TIROS L zusammengenommen betrugen 594,1 Millionen Euro, von denen 337,0 Millionen für den Satellitenbus waren und 257,1 Millionen für die Nutzlast. Im gleichen Schema wie bei den GOES-Satelliten eingeteilt verteilten sich diese wie folgt auf die Kostenelemente für den Satellitenbus: 204,3 Millionen für Entwicklung und Konstruktion, 82,8 Millionen für anteilige Startkosten, 10,2 Millionen für systembezogene Bodeninfrastrukturmaßnahmen und 39,8 Millionen Euro für Betriebskosten. Nutzungsseitig betrugen die Kostenelemente: 147,9 Millionen Euro für Entwicklung und Konstruktion, 37,3 Millionen anteilig für die Startkosten, 14,6 Millionen für nutzlastbezogene Bodeninvestitionen und 57,3 Millionen Euro für den Betrieb der Nutzlasten einschließlich 29,1 Millionen für die Datenvorverarbeitung.

Nach den Satellitenanwendungen Kommunikation und Wettervorhersage, ohne die bereits seit vielen Jahren unser Alltag auf der Erde gar nicht mehr vorstellbar ist, wenden wir uns nun der satellitengestützten Beobachtung derselben zu. Es war im Jahr 1968, als man begann, sich dem Thema möglicher Erdbeobachtungssysteme zu widmen. Infolgedessen kam es im Juli des Jahres 1972 zum Start des ersten amerikanischen Erdbeobachtungssatelliten mit dem Namen „Earth Resources Technology Satellite 1" (ERST-1), der 1975 in Landsat 1 umgetauft wurde. Dies begründete die Bezeichnung Landsat für den Ursprung eines umfangreichen und bis heute andauernden und sehr erfolgreichen Programms der Fernerkundung.

Landsat 1 basierte auf einem der bereits oben angesprochenen Nimbus-Wettersatelliten und trug als zentrale Instrumente einen multispektralen Scanner und die sogenannte Rückstrahl-Vidicon-Kamera. 1978 wurde Landsat 1 stillgelegt. Die Idee, eine Serie von Landsat-Satelliten aufzulegen, hatte ihren Auslöser schon in den 1960er-Jahren im Zusammenhang mit dem zur ersten Mondlandung führenden Apollo-Programm. 1970 begann die NASA mit der systematischen Fernerkundung der Erdoberfläche. Die erste Generation bestand aus den drei Satelliten Landsat 1, 2, und 3. Sie wurden zwischen 1972 und 1978 in dreijährigen Intervallen gestartet und nach jeweils fünf bis sieben Jahren außer Betrieb gesetzt. Die zweite Generation waren Landsat 4 und 5 mit multispektralen Scannern und thematischen Mappern. Als Landsat 5 im Juni 2013 außer Dienst gestellt wurde, war er rund 29 Jahre im Einsatz gewesen, womit er zum bislang am längsten betriebenen Erdbeobachtungssatelliten avancierte. Nachdem Landsat 6 im Jahr 1993 beim Start verloren ging, wurde 1999 Landsat 7 mit einem leistungsgesteigerten thematischen Mapper wie Landsat 1 bis 7 mit einer Delta-Rakete gestartet. Am 11. Februar 2013 wurde die achte Ausführung der Landsat-Serie mit einer Atlas-V-Rakete vom kalifornischen Vandenberg aus in eine polare sonnensynchrone Umlaufbahn in 700 Kilometern Höhe geschossen. Hauptinstrumente bildeten Sensoren zur passiven Messung der Erdoberfläche mittels des „Operational Land Imager" und des „Thermal Infrared Sensor".

Mit den Informationen der Landsat-Satelliten wurden Regierungsstellen, Organisationen und Privatpersonen zum Zwecke des Mapping, Ressourcenmanagement, Auffinden bestimmter Ressourcen, Monitoring und der Planung landwirtschaftlicher und forstwirtschaftlicher Aktivitäten, der Sammlung von Nachrichten etc. beliefert. Schauen wir uns einmal die Historie des 1982 gestarteten Landsat 4, der seine auf drei Jahre prognostizierte Lebensdauer deutlich übertraf, exemplarisch etwas näher an. Der Satellit vollführte täglich 14 Umläufe. In seinem nahezu polaren Orbit konnte jeder Punkt auf der Erde vormittags zu lokaler Zeit am Äquator beobachtet werden. Dieser Zeitpunkt ermöglichte den besten Sonnenwinkel zum Zwecke der Klarheit. Der Umstand, Beobachtungen zur gleichen Zeit durchzuführen, war besonders nützlich für vergleichende Analysen, entweder zeitlich hinsichtlich des gleichen Gebietes oder hinsichtlich verschiedener geografischer Positionen. Landsat 4 hatte eine Masse von 1.651 Kilogramm, von denen 301 Kilogramm auf die Erderkundungssensoren entfielen, war vier Meter lang, zwei Meter breit und verfügte über eine Antenne von 3,7 Metern.

Bodenstationen in den USA und in 14 weiteren Nationen empfingen Signale von Landsat 4 bei dessen Überflug. Von der NOAA oder EOSATs heimischen Kunden angeforderte Landsat-Daten für Beobachtungen internationaler Stellen konnten auch über das Tracking- und Datenweiterleitungssatellitensystem der NASA zur direkten Übertragung an die zentrale Bodenstation in White Sands in Neumexiko gesendet werden. Diese Daten wurden dann vermittels heimischer Kommunikationssatelliten zur Landsat-Station beim Goddard-Raumflugzentrum übertragen, von wo sie zum EOSAT-Hauptquartier in Lanham im Bundesstaat Maryland übertragen werden konnten.

Landsat wird betrieben durch ein kooperatives Verhältnis zwischen der NASA, der NOAA, EOSAT und dem EROS-Datenzentrum. Die NASA machte das Tracking und Data Relay Satellite System (TDRSS) für die Benutzung durch Landsat 4 verfügbar und entwickelte in diesem Zusammenhang neben den Satelliten das modulare Multimissionskonzept, auf dem Landsat 4 basierte. Die NASA übertrug das Management des Landsat-Systems im Jahr 1979 an die NOAA, obgleich sie die Verantwortung für Landsat 4 bis Januar 1983 aufrechterhielt. Die Aufgabe der NOAA bestand darin, das Landsat-Programm zu managen. Dies diente der Vorbereitung eines auf Jahrzehnte angelegten Privatisierungsprozesses der Landsat-Aktivitäten. Die NOAA übernahm das Landsat-Management und die volle Projetverantwortung bis zur Verabschiedung des sogenannten Landsat-Aktes im Jahr 1984. Dieser Akt beschleunigte den Kommerzialisierungsprozess aufgrund der Übertragung der wesentlichen Zuständigkeit in finanziellen und Managementangelegenheiten in die Verantwortung des privaten Sektors. Im Jahr 1985 wurde EOSAT im Wettbewerb ausgewählt, die Landsat-Angelegenheiten im breiten Rahmen verantwortlich zu übernehmen. Zu diesen gehörten der Betrieb der Satelliten und Bodenstationen, die Vermarktung der Daten und der Bau zweier neuer Satelliten zum Ersatz von Landsat 4 und 5 mit finanzieller Unterstützung durch die Regierung in den Anfangsjahren. Das Programm ging ab dann in die Privatisierung. Das EROS-Datenzentrum (EDC) handhabte den Vertrieb der EOSAT-Produkte von seinem Hauptquartier in Sioux Falls in Süddakota aus. Das EDC wurde Anfang der 1970er gegründet, um den Vertrieb, die Archivierung und andere Datendienste zu erbringen. Es war von da an beabsichtigt, dass EOSAT in Zukunft für die Übernahme dieser Dienste verantwortlich sein sollte.

Einer der beiden Sensoren von Landsat 4 war der multispektrale Scanner (MSS), der auch bei Vorgängerversionen eingebaut war und für Landsat 4 weiterentwickelt wurde. Der MSS detektierte die von der Erde reflektierte Energie im Bereich von vier Wellenlängen. Zwei von ihnen waren im sichtbaren Wellenlängenbereich und zwei im nahen Infrarot. Der Sensor erfasste die Strahlungsenergie, die in digitale Signale umgewandelt wurde, zur Übertragung zur Erde oder dem TDRSS. Die minimale durch den MSS erreichbare Bodenauflösung umfasste einen Pixel von 80 x 80 Metern. Der unter Beobachtung stehende Gegenstand sollte wenigstens fünf derartige Pixel umfassen, um eine verlässliche Interpretation der Daten zu ermöglichen. Da der MSS über eine so große Auflösung verfügte, war er nicht geeignet zur Aufnahme einzelner Gebäude oder Plätze. Stattdessen bot es sich an, gesamte Städte oder landwirtschaftlich genutzte Flächen zu beobachten.

Der thematische Mapper (TM), der erstmals als neues Instrument bei der zweiten Generation des Landsat 4 eingebaut wurde, funktionierte nach dem gleichen Prinzip wie der MSS, überdeckte jedoch sieben Bänder und lieferte detailliertere Auflösungen, als es zuvor möglich war. Die sieben vom TM detektierten Wellenlängen reichten vom infraroten bis zum sichtbaren Spektrum, um Informationen einzufangen, die andernfalls hätten übersehen werden können. Die Daten wurden in digitale Bilder konvertiert, die je nach Endnutzung der Kunden in einer Vielzahl von Farben dargestellt werden konnten. Natürliche Farben wurden für einige Studien benutzt wie zum Beispiel Küstenzonen, während sich in anderen Fällen einschließlich landwirtschaftlicher Inspektionen farbige Darstellungen als geeigneter erwiesen, um bestimmte Charakteristiken eines bestimmten Feldes oder einer bestimmten Ernte hervorzuheben. Der TM erfasste gleichzeitig Bilder von 185 x 170 Kilometern mit einer Auflösung von 28,5 Metern. Wenn die Daten nicht in Realzeit erforderlich waren, wurden sie in einem weltweiten Referenzsystem, d. h einer durch das EROS-Datenzentrum im Hinblick auf zukünftige Nutzungen für Kunden betriebenen digitalen Bibliothek, gespeichert.

Landsat 4 wurde entwickelt und implementiert unter Benutzung eines Satelliten der TIROS-Serie. Seine verbesserte spektrale Unterscheidungsmöglichkeit war nützlich zur Erforschung von Petroleum und Mineralien, der Beurteilungen von Küstenlinien und Wasserwegen, dem Monitoring von Industrieansiedlungen und Umweltfaktoren, der verbesserten Erkennung von Belastungen und Diskriminierungen der Vegetation und der verbesserten Landnutzung und Planung der Bodenbedeckungen.

Die Kosten für Landsat 4 beliefen sich auf 1,317 Milliarden Euro. Von diesen waren 454,4 Millionen Euro für das Satellitenbussystem und 862,2 Millionen für dessen Nutzung im Rahmen der Nutzlast. Es war am 15. April 1999, als die siebte Ausführung der Landsat-Satelliten mit dem an Bord befindlichen multispektralen Sensor ETM+ in Vandenberg mit einer Delta-II-Rakete in eine sonnensynchrone Umlaufbahn in 700 Kilometern Höhe gestartet wurde. Seine räumliche Auflösung betrug 30 Meter und ein Umlauf dauerte 99 Minuten. Der Satellit passierte einen Punkt auf der Erde täglich zur selben Zeit, sein Betreiber war die NASA. Bei der Planung der Landsat-7-Mission war man davon ausgegangen, dass es sich um eine rein kommerzielle Aktivität handeln würde. Man nahm an, dass das Landsat-7-System parallel zu den damals noch in Betrieb befindlichen Landsat-4- und Landsat-5-Satelliten betrieben werden und zusätzlich zu ihnen drei oder vier zusätzliche Sensoren umfassen sollte, um zusätzliche Marktsegmente im Sinne einer Kommerzialisierung zu erschließen.

Für solche Sensoren boten sich unter anderem die folgenden Instrumente an: ein niederfrequentes Mikrowellenradiometer (LFMR) mit einer Auflösung von 3.000 Metern, ein Radar mit synthetischer Apertur (SAR) und einer Auflösung von 6 bis 17 Metern, ein Radiometer moderater Auflösung im sichtbaren beziehungsweise infraroten Wellenlängenbereich (MRV/IR) mit einer Auflösung von 1.000 Metern, ein hochauflösendes Radiometer im sichtbaren und infraroten Bereich (HRV/IR) mit einer Auflösung von 15 bis 120 Metern und ein ultrahochauflösendes Radiometer im sichtbaren und infraroten Wellenlängenbereich mit einer Auflösung von fünf Metern.

Es stellte sich heraus, dass Änderungen bezüglich der Satellitensensoren die Investitionskosten und Betriebskosten des Landsat-7-Szenarios, wie sie nachfolgend zusammengestellt sind, nicht übermäßig beeinflussen würden. Die spezifischen Sensoren und ihre Fähigkeiten für die Satelliten würden soweit wie möglich die Anforderungen einer breiten Palette kommerzieller sowie anderer Nutzer reflektieren. Die Auswahl an Sensoren sollte auf jeden Fall dergestalt zusammengestellt sein, dass eine Markterweiterung für Fernerkundungsdaten und -dienste erwartet werden konnte und demzufolge auch davon auszugehen war, dass das System profitabel werden könnte. Das Bodensystem erforderte, den Satelliten parallel zu den Bodenstationen zu unterstützen, wie sie auch schon zuvor betrieben worden waren. Da das System im Hinblick auf das Erreichen größtmöglicher kommerzieller Lebensdauer konzipiert wurde, war es naheliegend, auf bereits vorhandene und nachweislich zuverlässige Technologien für den Satellitenbus, die Sensoren und andere Komponenten zurückzugreifen, um die Kosten so niedrig wie möglich zu halten. Diese Vorgaben standen deutlich im Widerspruch zum Landsat-4-System, bei dem neuartige Fähigkeiten eingesetzt wurden und dessen Design primär durch den Forschungsaspekt getrieben wurde anstelle kommerzieller Anforderungen.

Dieser Umstand schlug sich dementsprechend in den System- und Nutzungskosten nieder. Diese beliefen sich nämlich insgesamt auf 748,6 Millionen Euro, von denen 263,6 Millionen auf das System, das heißt den Bus, und 484,9 Millionen Euro auf die Nutzlastnutzung entfielen.

Neben Satellitenanwendungen kommerzieller Art wie in der Kommunikation, Wettervorhersagen und zumindest auch teilweise in der Erdbeobachtung meldeten zunehmend auch Wissenschaftler verschiedener Disziplinen ihr

Interesse an satellitengestützter Unterstützung ihrer Forschungen an, die in der Regel im öffentlichen Interesse begründet waren. Von der mittlerweile großen Vielzahl unterschiedlich motivierter Vorhaben in Wissenschaft und Forschung haben wir uns für eine kleine Auswahl von Missionen entschieden, die zu ihrer Zeit beachtliches öffentliches Interesse und Aufmerksamkeit hervorgerufen haben.

Wieder war es die Europäische Weltraumorganisation ESA, die sich dem Thema der Beobachtung von Röntgenquellen im Weltraum annahm. Ziel der mit dem Röntgensatelliten EXOSAT durchgeführten wissenschaftlichen Mission war die Erforschung der genauen Lage, Struktur und spektralen Zusammensetzung von galaktischen und extragalaktischen Röntgenquellen. In Zusammenarbeit mit Forschungsinstituten und Universitäten in Großbritannien, Italien, den Niederlanden und der Bundesrepublik entwickelte die ESA eine Reihe von Experimenten zur Durchführung der gestellten Nutzungsaufgaben.

Der Röntgensatellit EXOSAT war dreiachsenstabilisiert und die Lageregelung wurde über Sonnensensoren und Sternensucher (Star Tracker) vorgenommen. Mithilfe der Lagefühler ließ sich die Bahn beziehungsweise Lage des Satelliten mit einer Genauigkeit von zehn Bogensekunden bzgl. der Y- und Z-Achse und einigen Bogenminuten bzgl. der X-Achse bestimmen. Die elektrische Leistung wurde über ein rotierendes Solarzellenpaddel geliefert, das erst nach Positionierung und Ausrichtung des Satelliten aufgeklappt wurde. In der LEOP-Phase, bei Leistungsspitzen und wenn der Satellit sich im Erdschatten befand, wurde die erforderliche Energie durch zwei aufladbare Batterien zur Verfügung gestellt. Zur Vorverarbeitung und Reduktion der wissenschaftlichen Datenmenge und zur Unterstützung der Satellitenteilsysteme war der EXOSAT mit einem Bordrechner (OBC) ausgestattet.

Die Plattform von EXOSAT hatte eine Masse von 380 Kilogramm und eine Nutzlast von 120 Kilogramm, sein Durchmesser betrug 2,10 Meter und seine Höhe 1,35 Meter. Die elektrische Leistung belief sich auf 330 Watt bei Missionsbeginn und 260 Watt bei Missionsende. Das Antennensystem bestand aus zwei zirkularpolarisierten Rundstrahlantennen. Die Datenübertragung erfolgte wahlweise mit 2.048, 4.086 oder 8.192 Bit pro Sekunde.

Die Nutzlast bestand aus drei wissenschaftlichen Experimenten, dem Medium Energy Experiment (ME), dem Low Energy Experiment (LE) und dem Gas Scintillations Proportional Counter (GSPC). Das LE-Experiment, bestehend aus zwei abbildenden Wolter-Röntgenteleskopen, detektierte niederenergetische

Röntgenstrahlung. Jedes Teleskop hatte zwei Detektoren, die je nach Bedarf automatisch gewechselt werden konnten. Mit diesem Experiment wurde eine genaue Lokalisierung von Röntgenquellen im Energieband 0,04–2 keV mithilfe der Beobachtung von Bedeckungen durch den Mond oder anderer Himmelskörper vorgenommen. Zudem wurden spezielle diffuse, ausgedehnte Röntgenquellen mit dem LE-Experiment erforscht.

Das ME-Experiment bestand aus insgesamt acht Detektoren, von denen jeder aus zwei Proportionalzählern mit Kollimator für Röntgenstrahlen im mittleren Bereich zusammengesetzt war. Die Hauptaufgabe dieser experimentellen Einrichtung war die Untersuchung der Zeitabhängigkeit der detektierten Röntgenstrahlung. Langzeituntersuchungen gaben Aufschluss über aktive Galaxien und Beobachtungen über kurze Zeitskalen lieferten Informationen über Doppelröntgensysteme. Mit dem ME-Experiment wurden ununterbrochene Beobachtungen über eine Zeit von zehn Sekunden bis zu 80 Stunden möglich. Weiterhin konnte mit dem ME-Experiment eine genaue Lokalisierung von Röntgenquellen im Energieband von 1–50 keV vorgenommen werden.

Das GSPC-Experiment wurde hauptsächlich für spektroskopische Untersuchungen von Röntgenquellen im Energiebereich von 12 bis 18 keV oder 2 bis 40 keV eingesetzt. Die Instrumente der Nutzlast konnten nur außerhalb des Strahlungsgürtels der Erde oberhalb 50.000 Kilometern betrieben werden. Viele Untersuchungen wurden mit einer Kombination der verschiedenen Instrumente durchgeführt. Alle Experimente dienten außerdem zur Identifikation bis dato unbekannter Röntgenquellen im Weltraum.

Der Forschungssatellit EXOSAT wurde am 26. Mai 1983 mit einer Delta-3914-Trägerrakete von der amerikanischen Vandenberg Air Force Base aus gestartet und in seine operationelle Umlaufbahn befördert. Es wurde eine extrem exzentrische Umlaufbahn mit einer Perigäumshöhe von 500 Kilometern und einer Apogäumshöhe von 190.000 Kilometern gewählt, sodass bei einer Umlaufzeit von ca. 91 Stunden eine Beobachtungszeit von 72 Stunden pro Umlauf möglich war.

Die Daten während des Anfangs- und Missionsbetriebs wurden von der ESA-Bodenstation in Villafranca bei Madrid empfangen und weitergeleitet. Für die Kontrolle des Missionsbetriebes und die Bahnverfolgung war das European Space Operations Center (ESOC) in Darmstadt verantwortlich. Die Koordination zwischen EXOSAT und anderen Observatorien wurde von der EXOSAT Observatory Group der ESOC durchgeführt. Ihre Aufgabe bestand unter anderem in der Aufstellung und Überwachung des Zeitplanes, der

Beobachtungen einer Strahlungsquelle – insbesondere Pulsare und Doppelsterne – in bestimmten Phasen, zeitlich korreliert mit Beobachtungen der gleichen Quelle durch ein Bodenobservatorium.

Die für zwei Jahre geplante Mission des Forschungssatelliten endete erfolgreich nach 2,9 Jahren am 9. Mai 1986 mit dem Wiedereintritt der Sonde in die Erdatmosphäre. Bis zu diesem Zeitpunkt konnten ca. 2.000 Beobachtungen im Röntgenbereich zahlreicher astronomischer Objekte vorgenommen werden.

Die Kosten der EXOSAT-Mission beliefen sich nach heutigem Preisniveau auf insgesamt 356,3 Millionen Euro für die Beschaffung, von denen 294,8 Millionen auf die Systemplattform und 61,5 Millionen Euro auf die Nutzlast entfielen. Der Betrieb des Satellitenbusses schlug mit 9,7 Millionen Euro jährlich und der Nutzlastbetrieb mit drei Millionen jährlich zu Buche.

Auch bei der Erforschung des Kometen Halley beteiligte sich die Europäische Weltraumorganisation ESA mit der Entwicklung und dem Bau der Kometensonde GIOTTO. Da der Halleysche Komet nur alle 76 Jahre in Erdnähe zu beobachten ist, war mit dem ESA-Projekt GIOTTO erstmalig die Möglichkeit gegeben, den Kometen aus nächster Nähe zu beobachten und seine Umgebung zu untersuchen. Die Besonderheiten der Mission lagen speziell in der kurzen und intensiven Nutzungsphase von ca. vier Sunden, die durch das Zusammentreffen der Sonde mit dem Kometen vorgegeben war und in der alle relevanten Nutzungsaufgaben durchgeführt werden mussten. Die Nutzungsaktivitäten mussten detailliert geplant werden, da aus Zeitgründen keine Echtzeitanalyse der gesendeten Daten mit entsprechendem Feedback vorgenommen werden konnte.

Die Masse der Plattform von GIOTTO betrug 901,1 Kilogramm, die der Nutzlast 58,9 Kilogramm. Der Durchmesser der Sonde war 1,87 Meter und ihre Höhe 2,85 Meter. Die elektrische Leistung erreichte maximal 190 Watt und die Datenübertragung erfolgte mit bis zu 40 Kilobit pro Sekunde. Die wissenschaftlichen Daten wurden im X-Band bei 8,4 Gigahertz mit 40 Kilobit pro Sekunde, die Housekeeping Daten anfangs im S-Band und später ebenfalls im X-Band übertragen. Es konnten vier Bitraten von 360 Bit pro Sekunde bis 40 Kilobit pro Sekunde zur Datenübertragung ausgewählt werden. GIOTTO war spinstabilisiert mit 15 Umdrehungen pro Minute. Die Satellitenplattform wurde durch einen doppelten Schutzschild vor dem Aufprall schneller Staubpartikel geschützt. Der Schild war so konzipiert, dass ein Aufprall von ca. 0,1 Gramm schweren Partikeln mit einer Geschwindigkeit von 70 Kilometern pro Sekunde abgefangen werden konnte. Zur Energieversorgung war die Sonde mit Solarzellen ausgerüstet, die eine elektrische Leistung von 190 Watt aufbrachten. Zusätzliche Batterien dienten zur Überbrückung von Leistungsspitzen und konnten einen Ausfall der Solarzellen bei eventueller Zerstörung durch Staubpartikel auffangen.

Die Nutzlast von GIOTTO bestand aus zehn wissenschaftlichen Experimenten:

- Die Halley Multi-Colour Camera (HMC) mit einer Auflösung von ca. 30 Metern für die Vermessung des Kometenkerns und seiner nächsten Umgebung sowie für die Vermessung der Größe und der Form des Kerns

- Das Neutral Mass Spectrometer (NMS) zur Detektion der Energien und Massen neutraler Partikel aus der Kometenkoma

- Das Ion Mass Spectrometer (IMS) zur Detektion von Energien und Massen von Ionen im Massenladungsbereich von 1–65 amu/q

- Das Dust Mass Spectrometer (PIA) zur Detektion von Massen im Bereich von drei bis fünf Mikrogramm und zur damit einhergehenden Analyse der Zusammensetzung der Staubpartikel

- Das Dust Impact Detector System (DID) zur Bestimmung von Massenspektren von Staubpartikeln mittels dreier Detektoren

- Der Energetic Particles Analyzer (EPA) zur Detektion von Protonen im Bereich von 15 keV bis 20 MeV und von 12,5 MeV

- Das Magnetometer (MAG) bestehend im Wesentlichen aus zwei Sensoren zur Messung des interplanetaren Magnetfeldes und des Magnetfeldes des Kometen im Bereich von 0,004–65536 nT

- Das Optical Probe Experiment (OPE) bestehend aus einem Photopolarimeter mit acht Interferenzfiltern zur Messung der Kometenkoma in vier diskreten Wellenlängen und vier kontinuierlichen Energiebändern

- Der Johnston Plasma Analyzer (JPA) bestehend aus zwei Sensoren zur Untersuchung der Wechselwirkung der Kometenionosphäre mit dem Sonnenwind, wobei sein Fast Ion Sensor (FIS) die Geschwindigkeitsverteilung der positiven Ionen im Energiebereich von 10 eV bis 20 keV maß und sein Implanted Ion Sensor (IIS) Ionen mit Energien bis zu 70 keV detektierte.

- Der Plasma Analyzer (RPA) bestehend aus dem Electron Electrostatic Analyzer (EESA) zur Vermessung der Winkelverteilung der Elektronen im Energiebereich 0,01–30 keV und dem Positive Ion Cluster Composition Analyzer (PICCA) zur

Detektion positiver Ionen und Hydrate aus dem inneren Teil der Kometenkoma.

Die Kometensonde GIOTTO wurde am 2. Juli 1985 während eines Startfensters von zehn Tagen mit einer Ariane 1 von Kourou in Französisch-Guyana aus gestartet und in ihre geostationäre Übergangsbahn, den Transferorbit befördert. Mithilfe eines Festkörperantriebs wurde GIOTTO dann auf seine endgültige Flugbahn gebracht. Die Sonde erreichte am 14. März 1986 mit einer Geschwindigkeit von ca. 68 Kilometern pro Sekunde die sichtbare Koma des Kometen Halley, nachdem sie in acht Monaten eine Entfernung von ca. 700 Millionen Kilometern zurückgelegt hatte. Mit ca. 600 Kilometern Abstand fand die größtmögliche Annäherung an den Kometenkern statt, 30 Minuten nach Erreichen der Koma.

Während der kurzen Zeit des Rendezvous mit dem Halley'schen Kometen wurden alle erforderlichen Messungen und Beobachtungen durchgeführt. In dieser Phase war die Sonde einer Flut von Staubpartikeln ausgesetzt, die mit einer Geschwindigkeit von bis zu 70 Kilometern pro Sekunde auf die Instrumente und Abschirmungen prallten. Der Datenverkehr in der kritischen Phase des Zusammentreffens mit dem Kometen wurde von der Parkes-Bodenstation mit ihrer 64-Meter-Antenne zusammen mit dem Deep Space Network (DSN) der NASA mit Bodenstationen in Goldstone, Madrid und Canberra sowie der Bodenstation in Weilheim mit einer 30-Meter-Antenne durchgeführt. Während des Anfangsbetriebs (LEOP) lief der Datenverkehr über die Bodenstationen in Kourou, Malindi, Carnavon und Weilheim zusammen mit dem DSN der NASA als Back-up. Die Verantwortung für die Kontrolle des gesamten Missionsbetriebs lag bei der ESOC in Darmstadt.

Das letzte Experiment war 26 Stunden nach dem Rendezvous ausgeschaltet worden und die Mission konnte damit erfolgreich abgeschlossen werden. GIOTTO umlief dann alle zehn Monate die Sonne in einem Abstand von 100 bis 200 Millionen Kilometern von der Erde. GIOTTO wurde am 2. April 1986 deaktiviert.

Am 19. Februar 1990 konnte mithilfe der 70-Meter-Radioantenne in Spanien wieder Kontakt mit der Sonde aufgenommen werden. Fünf Jahre nach ihrem Start flog sie nach ihrer Reaktivierung erneut einen Kometen an. Diesen Kometen mit dem Namen Grigg-Skjellerup passierte sie am 10. Juli 1992 im Abstand von 200 Kilometern. Wenige Tage zuvor flog GIOTTO in 22.000 Kilometern Entfernung an der Erde vorbei. Die Sonde wurde am 23. Juli 1992 endgültig deaktiviert.

Die GIOTTO-Mission kostete für die Beschaffung des Systembusses nach heutigen Preisen 216,6 Millionen Euro. Diese enthielten 18,9 Millionen Euro für den auf das System entfallenden Anteil (71 Prozent) der Managementgesamtkosten, aufgeteilt im Verhältnis der Baukosten für den Satellitenbus und die Nutzlast, 5,4 Millionen Euro als Systemanteil der Gesamtkosten für die Phasen A und B nach gleicher Aufteilung wie bei den Managementkosten. Die Phasen C und D kosteten 151,6 Millionen Euro und die systemseitigen Investitionen der Bodenanlagen summierten sich auf 20,0 Millionen Euro. Die der Plattform zuzurechnenden Startkosten beliefen sich auf 20,6 Millionen Euro. Die Kosten für den 39-wöchigen Missionsbetrieb betrugen 23,6 Millionen Euro. Nutzungsseitig waren 10,9 Millionen Euro für Managementaufgaben angefallen, 3,1 Millionen für die Projektdefinition, 62,9 Millionen Euro für die Entwicklung und den Bau der zehn Experimente der Nutzlast. Der nutzlastbezogene Anteil der Startkosten betrug 1,4 Millionen Euro. Der Nutzlastbetrieb während der Dauer des einwöchigen Zusammentreffens mit dem Kometen Halley kostete 0,7 Millionen Euro.

Nun schauen wir uns ein von der NASA initiiertes Forschungsprojekt zur Planetenerforschung in den 1970er-Jahren an. Es handelte sich um zwei spektakuläre Missionen unter der Bezeichnung Voyager. Hierzu wurde eine planetare Anordnung ausgenutzt, die das nächste Mal erst wieder nach 175 Jahren vorzufinden wäre.

Die planetaren satellitenbasierten „Reisenden" trugen die Namen Voyager 1 und Voyager 2. Voyager 1 war am 5. September 1977 und Voyager 2 am 20. August 1977 zu ihrer ersten Missionsetappe zum Planeten Jupiter gestartet worden. Beide Sonden erreichten den Jupiter im Jahr 1979 und setzten ihre Reise zum Saturn fort, Voyager 1 Ende 1980 und Voyager 2 ein Jahr später. Von dort aus setzte Voyager 1 im Jahr 1980 seine Reise über die Ekliptik, also die Ebene, in der die Planeten die Sonne umkreisen, in den interplanetaren Raum fort. Voyager 2 nutzte gravitationsunterstützte Manöver durch diese Planeten aus, um die Reise zu weiteren planetaren Explorationen fortzusetzen. Der Uranus wurde 1986 erreicht und der Vorbeiflug am Neptune erfolgte 1989. Die Sonden näherten sich dabei auch den Hauptmonden dieser Planeten. Es fanden die nachfolgend aufgeführten Begegnungen der Sonden mit den vier Planeten statt: Der Jupiter wurde von Voyager 1 nach 18 Monaten Reisedauer und von Voyager 2 nach 23 Monaten erreicht. Sie legten dafür eine Distanz von 1.261.978.624 Kilometern zurück, die Kommunikationssignallaufzeit betrug 55 Minuten, Voyager 1 näherte sich bis auf 277.400 Kilometer an und Voyager bis auf 650.180 Kilometer. Der Saturn wurde von Voyager 1 nach drei Jahren und zwei Monaten erreicht und von Voyager 2 nach vier Jahren. Dafür legten sie eine Distanz von 2.697.617.376 Kilometern zurück, die Funksignallaufzeit betrug 1 Stunde und 39 Minuten. Voyager 1 näherte sich an den Saturn bis auf 65.730 Kilometer an und Voyager 2 bis auf 100.830 Kilometer. Der Uranus wurde von Voyager 2 nach einer Reisedauer von acht Jahren und fünf Monaten und einer Entfernung von 4.954.162.560 Kilometern erreicht. Die Signallaufzeit betrug 2 Stunden und 45 Minuten, die kürzeste Distanz 81.440 Kilometer. Der Neptun wurde von Voyager 2 nach einer zwölfjährigen Reise und 7.128.603.456 Kilometern erreicht. Die Signallaufzeit betrug 4 Stunden und 6 Minuten und die nächste Distanz zum Neptune lag bei 4.850 Kilometern.

Die Missionen waren derart konzipiert, dass die Satelliten ihre Signale täglich bis etwa zum Jahr 2000 senden sollten und möglicherweise, bis die elektrische Leistung der Stromversorgung zur Neige gehen würde, was für das Jahr 2020 vermutet wurde. Man nahm als wahrscheinlich an, dass die Satelliten zu diesem Zeitpunkt das Sonnensystem verlassen haben würden und gegebenenfalls Informationen über den tieferen Weltraum senden könnten. All diese Erwartungen an die Voyager-Missionen wurden weit übertroffen. Voyager 2 sendete auch noch 2014 regelmäßig Daten zur Erde. Am 1. Juli 2014 war sie etwa 105,22 Astronomische Einheiten von der Sonne entfernt, das sind umgerechnet etwa 15,74 Milliarden Kilometer. Sie ist damit nach ihrer Schwestersonde Voyager 1 das am zweitweitesten gereiste von Menschen gebaute Objekt. In diesem Zusammenhang wurde die sogenannte Heliopause erforscht, also die Zone am Rand des Sonnensystems, in der der Sonnenwind vom interstellaren Gas gestoppt wird. Man war bei der Missionsplanung davon ausgegangen, dass Voyager 2 sie 2010 erreichen würde. Zusätzlich zur genauen Lokalisierung der Heliopause hatten die Voyager-Sonden die Aufgabe, bestimmte Beobachtungen durchzuführen. Hierzu gehörten das Studium der interplanetaren und interstellaren Medien sowie die Durchführung astronomischer Beobachtungen mit Bildaufnahmesystemen im ultravioletten Bereich.

Zusätzlich zu wiederprogrammierbaren Computern und Funkgeräten waren die Satelliten mit Instrumenten für zehn wissenschaftliche Untersuchungen ausgerüstet. Vier von ihnen verwendeten bildgebende Kameras, Spektrometer, andere optische Ausrüstung war allesamt auf einer beweglichen Plattform montiert. Jedes der Instrumente hatte ungefähr den gleichen Blickwinkel, sodass hochaufgelöste Bilder der Planeten und der sie umhüllenden Teilchen erstellt werden konnten. Andere optische Untersuchungen deckten astronomische Fragestellungen im ultravioletten Bereich und Bestimmungen der atmosphärischen Struktur im infraroten Bereich ab. Die anderen sechs Untersuchungen befassten sich mit der Messung physikalischer Größen der Planeten. Diese schlossen die Zusammensetzung der Atmosphären, die Existenz von Magnetfeldern, geladenen Teilchen, Plasmen und Energiespektren ein. Die Instrumente hatten folgende Funktionen: Bildgebung hoher Auflösung von maximal einem Kilometer, Photopolarimeter zur Bestimmung der Verteilung von umringenden Teilchen, infrarote Messung der atmosphärischen Zusammensetzung, ultraviolette Spektroskopie zu UV-Emissionen und Astronomie, radiowissenschaftliche Methoden zur Untersuchung der atmosphärischen Struktur und des Make-ups, Magneto-meter zur Bestimmung planetarer magnetischer Felder und der Magnetosphäre, Plasmauntersuchungen des magnetsphärischen Plasmas und die Interaktion mit Teilchenringen und Satelliten, kosmische Strahlungs-detektion zur Bestimmung des Energiespektrums kosmischer Strahlung und interplanetarer Ausbreitung, Planetenfunk zur Messung von Radioemissionen und Planetenrotationsperioden und Plasmawellenuntersuchungen zur Bestimmung von magnetsphärischen Plasmen und der Wechselwirkungen mit energetischen Teilchen.

Um die Kommunikationswege zwischen den beiden Sonden und anderen planetaren Missionen aufrechtzuerhalten, wenn sie sie sich von der Erde wegbewegten, hatten die NASA und das das Programm leitende Jet Propulsion Laboratory (JPL) ein sogenanntes Deep Space Network (DSN) eingerichtet. Das DSN enthielt drei Radioteleskopkomplexe mit leistungsstarken Sendern und Empfängern und nutzte andere Observatorien, wenn erforderlich, um Signale der Sonden zu erhalten. Die zentralen Einrichtungen des DSN-Systems befanden sich in der Nähe von Goldstone in Kalifornien, Madrid und im australischen Canberra. Diese Einrichtungen ermöglichten, dass die Voyager-Satelliten mindestens einen Punkt auf der Erde zu jeder Zeit kontaktieren konnten. Die Antennensysteme an diesen drei Komplexen bestanden aus 34- und 70-Meter-Empfängern. Das DSN wurde ergänzt durch die Benutzung anderer Observatorien, sofern notwendig. Einige Beispiele schließen das Very-Large-Array-Zentrum (VLA) ein, das durch die National Science Foundation in Socorro in Neumexiko geleitet wurde, sowie andere Observatorien in Australien und Japan. Die Voyager-Satelliten wiesen variable Datenübertragungsprozesse für planetare Vorbeiflüge auf. Die Datenraten wurden konfiguriert auf dem niedrigeren Niveau von 160 Bit pro Sekunde für interstellare Aktivitäten.

Die maximalen Datenraten bewegten sich bei 115,200 Bit pro Sekunde beim Jupiter, 44,800 Bit pro Sekunde beim Saturn, 21,600 Bit pro Sekunde bei Uranus und Neptun sowie Bit pro Sekunde für den interstellaren Bereich. Beide spinstabilisierten Raumfahrzeuge erfüllten ihre Funktionen erwartungsgemäß, abgesehen von einigen Hardwareproblemen. Nur acht Monate nach dem Start versagte der Hauptradioempfänger von Voyager 2, was ein Ausweichen auf einen Back-up-Empfänger mit eingeschränkteren Frequenzen erforderlich machte. Die Satelliten wurden mit nuklearen Generatoren angetrieben, da Solarzellenanlagen, die in der Lage gewesen wären, ausreichende Mengen Sonnenlicht über den Mars hinaus zu empfangen, zum einen zu groß für den Start der Sonden gewesen wären und zum anderen einen Betrieb bei den kalten Temperaturen des Weltraums nicht erlaubt hätten. Die fest installierten Antennen der Sonden waren zur Übertragung der Signale im S- und X-Band auf die Erde gerichtet. Die Daten wurden mit veränderlichen Raten in Abhängigkeit von der Entfernung zur Erde übertragen. Die Begegnungen mit dem Jupiter erlaubten maximale Raten von 115,2 Kilobit pro Sekunde nach 1,26 Milliarden zurückgelegten Kilometern und maximal 21,6 Kilobit pro Sekunde für die Begegnung mit dem Neptun nach zurückgelegten 7,13 Milliarden Kilometern. Dies war jedoch äquivalent zu den Datenraten für die Begegnung mit dem Jupiter, da die Leistungsfähigkeiten der Bodeneinrichtungen zwischen den beiden Missionen gesteigert worden waren.

Die Dimensionen der Sonden umfassten 825 Kilogramm Raumfahrzeugmasse und 116 Kilogramm Instrumentenmasse, der Antennendurchmesser betrug 3,7 Meter, der Teleskopdurchmesser 1,5 Meter und die bodenbasierten Antennen erreichten 34 Meter im DSN und mit 70 Metern war die größte die des VLA. Die Kosten der Voyager-Missionen beliefen sich auf insgesamt 1,884 Milliarden Euro, verteilt auf 1,298 Milliarden für die Systeme beziehungsweise Satellitenbusse und 571,5 Millionen für die Nutzung beziehungsweise Nutzlasten. Auf der Systemseite wurden für Entwicklung und Konstruktion 488,0 Millionen Euro, 148,7 Millionen für den Start, 60,0 Millionen für Bodeninvestitionen, 42,1 Millionen für Projektleitung und Missionsdesign sowie 518,6 Millionen Euro für Betriebskosten ausgegeben. Die Nutzung erforderte 180,5 Millionen Euro für Entwicklung und Konstruktion, 20,9 Millionen für anteilige Startkosten, 60,0 Millionen für nutzlastbezogene

Bodeninfrastrukturmaßnahmen und 310,3 Millionen Euro für Betrieb und Unterstützung.

Mit der Entwicklung des Hubble Space Telescope (HST) wurde das Ziel verfolgt, einen durch Wartungsmöglichkeiten langfristig verfügbaren wissenschaftlichen Satelliten in Form eines orbitalen Observatoriums zur Verfügung zu haben, um Astronomen mit einem beispiellosen technologischen Sprung Beobachtungsmöglichkeiten im Bereich der Astronomie zu verschaffen. Von seinem orbitalen Aussichtspunkt bot das HST Wissenschaftlern die Möglichkeit, Objekte in 14 Milliarden Lichtjahren Entfernung zu beobachten, die mehr als siebenmal weiter von der Erde entfernt sind, als die leistungsfähigsten erdbasierten Teleskope erreichen können.

Während schon im Jahr 1962 die Genese eines Konzeptes für ein orbitales astronomisches Observatorium durch die amerikanische nationale Akademie der Wissenschaften studiert worden war, dauerte es bis in die späten 1970er-Jahre, bevor die NASA die Freigabe für die Entwicklung eines wartbaren orbitalen Weltraumteleskops erhielt. Dieses Teleskop wurde später Hubble Space Telescope getauft. Am 24. April 1990 wurde es mit der Shuttlefähre Discovery vom Kennedy Space Center in Florida aus in den Weltraum verbracht und tags darauf auf seine Bahnhöhe von 618 Kilometern. Betreiber sind die NASA und die ESA. Das HST ist 13,1 Meter lang, hat einen Durchmesser von bis zu 4,3 Metern und weist eine Masse von 11.600 Kilogramm auf. Der Spiegel hat eine Größe von 2,4 Metern, die Energieversorgung beträgt mindestens 2,4 Kilowatt und die Datenrate ist ein Megabit pro Sekunde. Ein Umlauf dauert 96 Minuten. Die Ausrichtungsgenauigkeit beläuft sich auf 0,0007 Bogensekunden.

Das HST war ursprünglich für den Start im Jahr 1983 vorgesehen, musste jedoch signifikante Verzögerungen hinnehmen. Gründe hierfür lagen in Problemen auf Seiten des Projektmanagements, der Qualitätssicherung bei der Entwicklung der optischen Komponenten und der durch das Challenger-Unglück verursachten Verzögerungen des Shuttleprogramms. Einhergehend mit den HST-Startverzögerungen mussten ähnliche Probleme aufgrund massiv überzogener Kosten hingenommen werden. Waren ursprünglich die Entwicklungskosten mit 435 Millionen Dollar abgeschätzt worden, wuchsen diese auf approximativ auf mehr als zwei Milliarden Dollar an.

Trotz dieser Probleme gingen die Astronomen mit Zuversicht an die HST-Mission heran. Das System revolutionierte effektiv das Feld der beobachtenden Astronomie. Die Wirkung seines Einsatzes auf dieses Gebiet ist vergleichbar zu der Galileos, als er 1610 die bis dato mit bloßem Auge durchgeführten Himmelsbeobachtungen mit einem Teleskop verbesserte.

Aufgrund der orbitalen Position des HST werden Verzerrungen durch die Erdatmosphäre bei den Beobachtungen eliminiert. Somit ist es in der Lage, Objekte zu sehen, die bis zu fünfzigmal lichtschwächer sind als solche, die terrestrische Teleskope sehen können. Dies und die spezifischen Fähigkeiten seiner Instrumente erlauben präzise und klare Beobachtungen über ein weites Spektrum und unterstützen Astronomen bei ihren Untersuchungen einer Vielzahl astronomischer Objekte und Themen. Diese Themen umfassen die Entwicklung von Sternen und Galaxien, Supernovas, Quasare, Theorien des Ursprungs des Universums, Pulsare, Planeten und andere Phänomene des Sonnensystems sowie andere astronomische Phänomene.

Das HST war für die regelmäßige Wartung durch amerikanische Spaceshuttles vorgesehen, um Anforderungen seitens des Systems und seiner Nutzung zu entsprechen. Hierzu zählten der Ersatz orbitaler Einsatzgeräte, der Ersatz wissenschaftlicher Instrumente, Bahnanhebungen und unvorhergesehene Wartungsdienste. Die Wartung sollte primär von Astronauten der Shuttlecrew durch deren Außenbordeinsätze durchgeführt werden. Hierzu dienten auch die modularen Ersatzgeräte, die Einbeziehung von Handläufen und andere Features zur Erleichterung der Außerbordeinsätze. Trotz der Schwierigkeiten, die Frequenz der Servicemissionen vorherzusagen, ging man von Wartungsintervallen von durchschnittlich vier Jahren aus. Man rechnete ursprünglich mit einer Lebensdauer von 15 Jahren und einer Rückholung des Systems bei Missionsende. Zwischenzeitlich favorisierte man jedoch Pläne, das System über seinen ursprünglichen Missionsplan hinaus zu betreiben.

Die NASA finanzierte das Space Telescope Science Institute (STI) in Verbindung mit der Johns-Hopkins-Datenverteilung für das HST. Anforderungen für HST-Beobachtungen werden vom STI in Empfang genommen und in die Gesamtzeitplanung für die HST-Beobachtungen integriert. Beobachtungs-instruktionen werden vom STI erstellt und dem Betriebskontrollzentrum beim Goddard Space Flight Center zur Übertragung an das HST weitergeleitet.

Durch das HST gesammelte Daten werden zum Goddard-Zentrum mithilfe des Tracking-and-Data-Relay-Satellite-Systems und heimischer Kommunikations-satellitenverbindungen übertragen. Diese Daten werden dann weitergegeben an das STI zur Kalibrierung, Verteilung, Analyse und Archivierung. Sämtliche Beobachtungsdaten bleiben das Eigentum der sie anfordernden Beobachter für einen Zeitraum von einem Jahr. Danach werden die Daten auf Anforderung verfügbar gemacht.

Das HST wurde mit fünf wissenschaftlichen Experimenten entwickelt. Diese sind die Weitfeld-und planetare Kamera, der Schwache-Objekte-Spektrograph zur Detektion extrem schwacher astronomischer Objekte im ultravioletten und sichtbaren Wellenlängenbereich, der hochauflösende Spektrograph, ähnlich dem Schwache-Objekte-Spektrographen, jedoch designt zur Feststellung detaillierter Daten der chemischen Zusammensetzung himmlischer Objekte, der Hochgeschwindigkeitsphotometer zur Beobachtung des Gesamtlichtes eines Objektes und zur Detektion von zeitlichen Veränderungen der Helligkeit sowie die Kamera für schwache Objekte, mit der Bilder von sehr schwach scheinenden Objekten im Universum erstellt werden können.

Jetzt wollen wir uns einmal ansehen, wie teuer das Wunderwerk bis heute ist. Das HST kostete im Zeitraum 1978 bis 2004 insgesamt 8,4 Milliarden Euro zu heutigem Preisniveau. 69 Prozent der Gesamtkosten wurden durch Beschaffung und Betrieb des Satellitenbusses verursacht, auf die Nutzung entfielen 31 Prozent. Von den 5,766 Milliarden Euro für die Beschaffung und den Betrieb des Systems (den Bus) waren 2,148 Milliarden für Entwicklung und Konstruktion zuzüglich 125 Millionen für europäische Entwicklungsbeiträge für die Solarpanels, 283,08 Millionen für systembezogene Startkosten, 116,6 Millionen für die Flugbetriebsvorbereitung, 118,1 Millionen für die Beschaffung und Wartung von Systemsimulatoren und orbitalen Ersatz-modulen, 111,1 Millionen für Systemingenieurleistungen und 280,8 Millionen Euro für die Aufrechterhaltung der Shuttleleistungsfähigkeiten für die HST-bezogenen Dienste. Die systemanteiligen Betriebskosten beliefen sich auf 2,583 Milliarden Euro, von denen 374,1 Millionen bestimmt waren für die fortlaufenden Dienste für den Flugbetrieb am Goddard-Zentrum, 416,8 Millionen für den Betrieb der o. g. Flugsysteme, 390,8 Millionen für Systemingenieurleistungen, 1,351 Milliarden für die Startkosten der HST-Serviceflüge und 50,1 Millionen Euro für die TDRS-Inanspruchnahmen. Die Nutzung des HST machte 2,591 Milliarden Euro erforderlich, die sich wie folgt auf ihre Kostenelemente aufteilten: 511,7 Millionen für Entwicklung und Konstruktion der Nutzlasten, 172,6 Millionen für den europäischen Beitrag der ESA zur Entwicklung der Kamera für schwache Objekte, 388,1 Millionen für nutzlastbezogene Startkosten des Shuttles, 116,6 Millionen für Einrichtungen zur Flugbetriebsvorbereitung, 534,9 Millionen für die Beschaffung und Wartung von Ersatzinstrumenten sowie für nutzlastbezogene Systemtechnik,

534,9 Millionen für die Beschaffung von Flugsystemen, 64,2 Millionen für die Planung der nutzlastspezifischen Shuttleflüge und 55,5 Millionen Euro für die Vorbereitung der Datenarchivierung. Neben diesen nutzungsverursachten Beschaffungskosten von insgesamt 1,844 Milliarden Euro fielen noch 747,5 Millionen für deren Nutzlastbetrieb an, der sich aufschlüsselte in 35,5 Millionen für den Betriebsanteil der ESA, 374,1 Millionen für den Flugbetriebsanteil des STI, 214,5 Millionen für die nutzungsbezogene Inanspruchnahme der TDRS und 123,3 Millionen Euro für die Datenarchivierung.

Bei unseren Betrachtungen ist bereits vom US-Spaceshuttle die Rede gewesen. Es spielte eine derart dominante Rolle, dass es sich lohnt, bei diesem Thema etwas zu verweilen, und das wollen wir jetzt auch tun. Das amerikanische Space Transportation System (STS), das auch als Spaceshuttle bezeichnet wird, ist ein wiederverwendbarer, von der NASA betriebener Raumtransporter zur Beförderung von Astronauten und Cargo in niedrigen Erdumlaufbahnen.

Das STS versetzt die NASA in die Lage, Satelliten und andere Weltraumnutzlasten in den Orbit zu bringen sowie Experimente unter Mikrogravitationsverhältnissen durch die Mitwirkung von Astronauten durchzuführen. Das Shuttle ermöglicht auch, in den Weltraum verbrachte Raumfahrzeuge beziehungsweise Experimente zur Erde zurückzubringen, um sie zu reparieren, zu modifizieren oder zu inspizieren. Columbia hieß das erste Spaceshuttle bei seinem Start im April 1981. Es beförderte eine Nutzlast aus Fluginstrumentationen zur Fluganalyse. Es fanden 135 Shuttleflüge statt, der letzte war Flugnummer STS-135 der Raumfähre Atlantis am 8. Juli 2011.

Ursprünglich war das Shuttle vorgesehen als das primäre amerikanische Trägersystem. Nach dem Challenger-Unglück wurde durch eine präsidiale Entscheidung veranlasst, dass das Shuttle zukünftig ausschließlich für nichtkommerzielle, einzigartige shuttlebezogene Experimente und Nutzlasten einzusetzen sei. Somit stand das Shuttle nicht länger im Wettbewerb mit amerikanischen Drittstartdienstleistern für kommerzielle Nutzlasten.

Die zentralen Subsysteme des Shuttles bildeten der externe Tank, der Orbiter und die Haupttriebwerke. Der externe Tank (ET) war der „Gastank" für das Haupttriebwerk des Orbiters. Er enthielt die Treibstoffe bestehend aus flüssigem Sauerstoff und flüssigem Wasserstoff für den Hauptmotor des Shuttles. Nach ungefähr 8,5 Minuten Flugzeit wurde der ET abgeworfen, der dann im indischen Ozean niederging. Er das einzige Hauptsystem des Shuttles, das nicht wiederverwendet wurde. Er hatte eine Länge von 47 Metern und einen Durchmesser von 8,4 Metern. Vollbetankt wog er 756 Tonnen und leer 35 Tonnen. Der Hauptauftragnehmer für den ET war die amerikanische Firma Martin Marietta. Zwei wiederverwendbare Feststoffraketen (SRB) waren am ET befestigt. Diese trennten sich vom ET in 50 Kilometern Höhe. Nach dem Ausbrennen fielen sie langsam durch Fallschirme gebremst zur Erde nieder. Die Feststoffraketen wurden hergestellt, ersetzt und betankt von der Firma Morton Thiokol.

Der Orbiter bestand aus zwei primären Sektionen. Die erste Sektion des Systems war druckbeaufschlagt und bemannt. Sie beinhaltete das Flugkontrollsystem, den Wohnbereich und die Station für den Experimentbetrieb im vorderen Rumpf des Orbiters. Die zweite Sektion des Orbiters war die Ladebucht. Die Länge der Struktur bemaß sich auf 37,24 Meter und ihre Höhe auf 17,25 Meter. Die Spannweite belief sich auf 23,79 Meter. Die Ladebucht war 18 Meter lang und hatte einen Durchmesser von 4,5 Metern. Der Hauptauftragnehmer für die Konstruktion des Orbiters war die amerikanische Firma Rockwell, wobei die Firma Lockheed für die OrbiterBetriebsunterstützung zuständig war. Bei den Hauptmotoren des Shuttles handelte es sich um drei Motoren, die in Verbindung mit Feststoffraketen den nötigen Schub verliehen, um den Orbiter für den anfänglichen Aufstieg vom Boden abheben zu lassen. Die Haupttriebwerke arbeiteten für etwa die ersten 8,5 Flugminuten.

Die nachfolgend beschriebenen Spaceshuttle-Einrichtungen wurden für den Shuttlebetrieb errichtet. Das John F. Kennedy Space Center (KSC) in Florida war zuständig für die Montage, den Check-out und den Start der Spaceshuttle-Raumfähren samt ihren Nutzlasten. Weiterhin war das KSC verantwortlich für die Landeoperationen und für den Turnaround der Orbiter zwischen den Missionen. Das KSC schloss Shuttle-Anlandeorte für Notfälle ein. Zusätzlich stellte die Edwards Air Force Base in Kalifornien den routinemäßigen Landeplatz für die meisten Shuttleflüge dar. Für kurz nach dem Start gegebenenfalls auftretende Notfälle war man auf Notlandungen auf jedem der Landeplätze am KSC, im marokkanischen Ben Guerir, im spanischen Moron oder Banjul in Gambia vorbereitet. Der Shuttleflugbetrieb wurde durchgeführt vom Johnson Space Center in Houston.

Nach dem Challenger-Unglück im Januar 1986 wurden Überarbeitungen und Verbesserungen an den Schweißnähten der Feststoffraketen, den Düsengelenken und Düsenbaugruppen hinsichtlich des Designs und der Verifikation vorgenommen. Ein umfangreiches Testprogramm beinhaltete fünf vollwertige Motorzündungen. Zusätzlich beinhaltete die Ersatzfähre Endeavour zahlreiche wichtige Verbesserungen wie zum Beispiel durch Hinzufügen einer Fluchtluke und eines Fluchtpols, verbesserte Hitzeschutzkacheln, Verstärkung des Fahrwerkes, der Flügelstruktur und der Motorgondel. Mehr als 200 interne Veränderungen wurden durchgeführt, einschließlich elektrischer Neuverkabelung und Verbesserungen im Brems- und Lenksystem.

Nimmt man alle Kosten des Shuttlesystems, die im Zeitraum 1972 bis 2000 anfielen, zusammen, so kommt man auf Lebenszykluskosten von 1,656 Milliarden Euro pro Flug bei heutigem Preisniveau und eine Startrate von 11 Flügen pro Jahr. Bei den Shuttle-Kostenelementen handelt es sich zu mehr als 90 Prozent um Fixkosten, das heißt, sie fielen an, gleichgültig ob es flog oder nicht. Der Grund hierfür war der Umstand, dass aus Sicherheits- und Verfügbarkeitsgründen ständig eine „stehende Armee" von mehr als 16.000 Mitarbeitern vorgehalten werden musste. Bis einschließlich 2000 beliefen sich die Gesamtkosten auf 138 Milliarden Euro, wovon 24 Milliarden Euro für Forschung und Entwicklung ausgegeben wurden, 2,7 Milliarden Euro für die Shuttlekonstruktion, 39,987 Milliarden Euro für die Produktion, 65,780 Milliarden Euro für den Betrieb und 5,67 Milliarden Euro für neu produzierte Teile.

Wenden wir uns nun exemplarisch der Nutzung der Ladebucht des Space-shuttles in Form des Spacelabs zu. Das Spacelab-System war ein modular aufgebautes Weltraumlaboratorium, das speziell für den Einsatz in der Spaceshuttle-Ladebucht im Auftrag der ESA entwickelt wurde. Nachdem seine Definitionsphase 1973 abgeschlossen war, begannen 1974 nach einem Beschluss der europäischen Ministerratskonferenz die Entwicklung und der Bau des Systems. Nach Fertigstellung der ersten Elemente wurden diese gegen Mitflugrechte an die NASA kostenfrei abgegeben. Erst das zweite Flugmodul wurde der NASA zum Preis von 405 Millionen D-Mark (1988er Preisniveau, das sind auf Euro nach heutigem Preisniveau umgerechnet etwa 352 Millionen Euro) verkauft.

Das Spacelab bestand aus verschiedenen Elementen, die in missions-spezifischer Anordnung fest in die Ladebucht des Shuttles eingebaut wurden. Der Orbiter versorgte das Spacelab mit Energie, Atemluft, Kühlung und Kommunikationstechnik. Das für Experimente unter menschlicher Aufsicht vorgesehene Modul bestand aus zylindrischen Segmenten mit einem Durchmesser von 4,1 Metern und einer Länge von 2,7 Metern und zwei

Endkonen von je 80 Zentimetern Länge. Vorgesehen waren Kurzmodule mit einem Segment und Langmodule mit zwei Segmenten, gebaut wurde jedoch nur Letzteres. In dessen Kernsegment waren Systemeinheiten und Stauraum, im Experimentsegment die Experimente untergebracht. Auch die Ausrüstung des Moduls wurde modular aufgebaut und damit eine flexible Missionsplanung ermöglicht. Die Experimente wurden in 19 Einschüben vorbereitet und in Einzel- oder Doppelracks eingebaut. Die Racks wurden auf Bodensegmente montiert und die kompletten Rack-Sets getestet. Die Sets wurden dann in das geöffnete Modul eingebaut, die Experimente mit den Spacelab-Subsystemen verbunden, getestet und der Endkonus montiert.

Große Experimentanordnungen wie zum Beispiel Teleskope und solche Experimente, die den Weltraumbedingungen ausgesetzt waren, konnten auf Nutzlastelemente montiert werden. Das Spacelab-System stellte hierzu sogenannte „Pallets" zur Verfügung als U-förmige Tragestruktur mit einer Länge von 3 Metern und einer Breite von 4 Metern. Die Experimente wurden, sofern nicht autonom, vom Modul oder von einem Druckbehälter, dem sogenannten „Igloo", im „Pallet-only Mode" versorgt. Für deutsche Missionen wurde zusätzlich eine leichte, hochfeste Tragestruktur entwickelt, die Unique Support Structure (USS), mit einem Eigengewicht von 335 Kilogramm und einer Zuladung von 1.400 Kilogramm. Die Versorgung der Experimente erfolgte vom Modul aus, da die USS, anders als die Pallets, nicht allein geflogen wurde.

Für den Wiedereintritt des Shuttles in die Atmosphäre war es günstig, wenn der Schwerpunkt der Nutzlast (hier das Spacelab) im hinteren Bereich der Ladebucht lag, da dies ein maximales Rückkehrgewicht von höchstens 50 Prozent der maximalen Nutzlast ermöglichte. Um den Schwerpunkt der unterschiedlichen Spacelab-Kombinationen in diesen günstigen Bereich zu bringen, existierten verschieden lange Tunnel von 2,6 bis 5,8 Metern Länge zwischen Shuttlecockpit und Spacelab. Waren bei der Mission Aktivitäten außerhalb des Fahrzeugs geplant (Extra Vehicular Activities (EVA)), konnte zwischen Shuttle und Tunnel ein Adapter mit Luftschleuse montiert werden.

Das Spacelab-System war auf 50 Missionen beziehungsweise maximal zehn Jahre Betriebsdauer ausgelegt. Es konnten bis zu fünf Pallets plus Igloo (Pallet-only Mode) oder ein Long Module mit bis zu zwei Pallets in der Ladebucht des Shuttles untergebracht werden.

Das Spacelab erlebte seinen Jungfernflug bei der zehntägigen Shuttlemission STS-9 mit der Raumfähre Columbia im November 1983 unter der Bezeichnung Spacelab 1. Nach 22 erfolgreichen Shuttlemissionen wurde es im Mai 1998 außer Dienst gestellt. Je nach Konfiguration variierte die Masse des Spacelabs zwischen 3.650 und 6.750 Kilogramm und die seiner Nutzlast zwischen 6.060 und 9.375 Kilogramm. Am 30. Oktober 1985 begann eine Spacelab-Mission unter deutscher Federführung mit der Bezeichnung D1-Mission. Es war der letzte Flug der Raumfähre Challenger, die bei ihrem nächsten Start verunglückte.

Die D1-Mission wurde mit einem Long Module und der neu entwickelten USS geflogen. Bei dieser Konfiguration wog das Spacelab 7.979 Kilogramm und seine Nutzlast 5.324 Kilogramm. In der Nutzlast enthalten war neben den Experimentieranlagen auch die missionsspezifische Ausrüstung (Mission-dependent Equipment (MDE) mit 713 kg und Mission-peculiar Equipment (MPE) mit 671 kg). Das MDE enthielt die Racks, Stauraum, Wärmetauscher usw. Zum MPE wurden die USS (335 kg), Sekundärkühlung, Vakuumsystem und elektrische Schnittstellen gezählt.

Die 75 Experimente wurden hauptsächlich in Einzel- und Doppelracks untergebracht, NAVEX- und MEA-Experimente wurden in speziellen Behältern auf die USS montiert. Die Crew betrieb 47 materialwissenschaftliche Experimente, 20 biowissenschaftliche Experimente, zwei Navigations-experimente, zwei medizinische Experimente und vier Experimente zum Verhalten des Menschen unter Mikrogravitation. Das bereits bei SL-1 geflogene Werkstofflabor (672 kg) war ein materialwissenschaftliches Doppelrack mit sechs Anlagen: ein Modul für Flüssigkeitsphysik (FPM), eine Gradientenheizanlage (GHF, franz. Beistellung), eine isotherme Heizanlage (IHF), eine Spiegelheizanlage (MHF), ein Hochtemperaturthermostat (HTT) und ein Kryostat (CRY). Es wurden Experimente auf den Gebieten Einkristallwachstum, Verbundwerkstoffe, Erstarrungsfrontdynamik, Diffusion, Kapillarität und Marangoni-Konvektion durchgeführt.

Experimente wurden im Bereich der Interdiffusion (IDS) und der Marangoni-Konvektion (MKB) durchgeführt. Weiterhin wurden Untersuchungen am holografischen Interferometer (HOL) zu Phänomenen am kritischen Punkt und der Erstarrungsfrontdynamik angestellt.

In dem materialwissenschaftlichen Experiment-Doppelrack für Einzel-experimente und Anlagen mit dem Namen MEDEA (467 kg) wurden sieben Experimente in den Bereichen Einkristallwachstum, Erstarrungsfrontdynamik und Phänomene am kritischen Punkt durchgeführt: eine Gradientenheizanlage mit Abschreckvorrichtung (GFQ), ein monoelliptischer Spiegelofen (ELLI) und ein Hochpräzisionsthermostat (HPT). Von der NASA wurde die materialwissenschaftliche Experimentanlage mit dem Namen MEA (965 kg) beigesteuert. Der autonome Container mit fünf Experimenten zum Einkristallwachstum, zu Verbundwerkstoffen und zur Interdiffusion wurden auf der USS montiert.

Das biowissenschaftliche Rack (152 kg) enthielt zwei Thermostatkammern für botanische Experimente sowie Ausrüstung für biologische und medizinische Untersuchungen mit sieben Experimenten. Das Biorack (353 kg) war ein Beitrag der ESA zur D1-Mission mit 13 europäischen Experimenten, davon fünf aus Deutschland. Die Ausrüstung bestand aus zwei Inkubatoren, einer Kühlkammer, einer Gefrierkammer und einer Handschuhbox der Reinraumklasse 100 mit Mikroskop- und Kameraanschlüssen. Es wurden Versuche zu Zellfunktionen, biologischen Entwicklungsvorgängen und Schwerkrafteinflüssen auf Pflanzen durchgeführt.

Der sogenannte Vestibularschlitten (493 kg) wurde ebenfalls von der ESA zur Verfügung gestellt. Die Anlage bestand aus dem Schlitten, der 3,5 Meter langen Schiene, dem Kontrollrack und dem Staurack für Ausrüstung wie Monitor oder Kamerahelme. Es wurden europäische, US-amerikanische und kanadische Experimente durchgeführt, wobei das bekannteste sicherlich das zum kalorischen Nystagmus ist (hier wurde eine 70 Jahre alte medizinische Lehrbuchweisheit widerlegt).

Das Navigationsexperiment mit der Bezeichnung NAVEX (401 kg) war in drei gasgefüllten Behältern auf der USS untergebracht. Diese enthielten zwei Atomuhren, einen Sender, einen Empfänger und einen Radartransponder. Diese Ausrüstung diente zusammen mit den vier Bodenstationen (Oberpfaffenhofen, Stuttgart, Braunschweig, KSC) dazu, Erfahrungen im Bereich Uhrensynchronisation und Zeitverteilung (USY) zu sammeln und Einwegentfernungsmessungen (EWE) mit einer Genauigkeit kleiner 30 Meter durchzuführen. Weiterhin konnten Zeitdilatationseffekte nachgewiesen werden.

Der Missionsablauf begann nach Erreichen des Missionsorbits mit der Aktivierung des General Purpose Computer des System Management (SMGPC) und der Spacelab-Kontroll- und -Versorgungseinheiten für Energie, Kühlung, Datenverarbeitung und Kommunikation (Sprache, TV). Die Shuttlecrew bestand aus dem Kommandanten, dem Piloten, zwei bis drei Missionsspezialisten der NASA, zwei bis drei Nutzlastspezialisten der Nutzlasteigentümer wie zum Beispiel der ESA und dem DLR. Für die ESA war

Wubbo Ockels (NL) der Nutzlastspezialist. Für das DLR waren die Astronauten Reinhard Furrer und Ernst Messerschmidt die deutschen Nutzlastspezialisten.

Die Experimente wurden in zwei Schichten durchgeführt. Bestand kein Kontakt zu den Bodenstationen, wurden die anfallenden Daten in Spacelab-eigenen Anlagen mit einer Speicherrate bis 32 Megabit pro Sekunde zwischengespeichert. Ergaben sich während der Experimente besondere Schwierigkeiten, konnten die Experimentatoren im Nutzlastbetriebszentrum (POCC) helfend eingreifen oder die Durchführung ändern, notfalls wurde vom German Space Operations Center (GSOC) in Oberpfaffenhofen der Missionsablauf geändert. Die Kontrolle des Shuttles oblag dem Johnson Space Center (JSC) in Houston, Texas. Nach der Landung des Shuttles erfolgte die Deintegration der Nutzlast und die Rückgabe der Proben und Anlagen an die Experimentatoren, die dann auch Zugriff auf alle während der Mission für sie gespeicherten Daten hatten.

An die Kommunikationsanlagen und -organisation wurden bei der D1-Mission hohe Anforderungen gestellt wie die hohe Datenrate einzelner Experimente (der Vestibularschlitten bis zu 13,5 Megabit pro Sekunde), die Beobachtung und Beeinflussung der Experimente durch Experimentatoren in den POCCs (USA und GSOC), die Missionskontrolle des Spacelab und des Orbiter im JSC, die wissenschaftliche Missionskontrolle und die Neuplanungen im GSOC.

Da die transatlantische Datenübertragungsrate 1985 für diese Ansprüche nicht ausreichte, wurde folgende Organisation gewählt, einschließlich direkter Verbindung über S-Band zwischen Shuttle und JSC: Abfrage, ob kein Kontakt zum TDRS besteht und ob die Daten an Bord zwischengespeichert werden, Übermittlung von Daten, Kommandos, Sprache und TV über TDRS-A an White Sands Ground Terminal in Neumexiko, Speicherung der Daten, TV- und Sprechkanäle in der Spacelab Data Processing Facility über GSFC, Reduktion der Daten für Missionsablauf, Experimentsteuerung und Datenmanagement im JSC mittels Data Selection Unit auf 2 x 56 Kilobit pro Sekunde und Übermittlung der reduzierten Daten über redundante Verbindungen (Intelsat und Unterseekabel) an das GSOC.

Die Kostenaufstellung für Spacelab-D1 auf ein heutiges Preisniveau umgerechnet in Eurobeträge liest sich wie folgt:

Auf der Systemseite fielen 1,2 Millionen für die Bereitstellung des Spacelab-Langmoduls an NASA-Gebühren im Sinne der Beschaffung an. Hierzu addierten sich die systembezogenen Startkosten von 82,5 Millionen als NASA-Gebühren für die Benutzung des Shuttles. Für den Betrieb des Spacelab-Systems fielen bei der NASA umgerechnet 5,2 Millionen an. Für Beschaffung und Betrieb der D1-Mission schlugen also insgesamt 88,9 Millionen Euro an Gebühren der NASA zu Buche.

Nutzungsbezogen waren für die D1-Mission durch die Beschaffung und den Betrieb seiner Nutzlasten 498 Millionen Euro aufzuwenden. Hiervon schlüsselten sich für die nutzungsseitige Beschaffung die Kosten in Höhe von 386 Millionen Euro auf in 17,5 Millionen für das Projektmanagement, 10,4 Millionen für die Projektdefinition (Phase A & B), 63,2 Millionen für die Entwicklung der Experimente sowie die Unterstützung der Nutzer, 106,0 Millionen für die Entwicklung und den Bau der Experimentanlagen, 59,6 Millionen für die Integration der Experimente und Anlagen, 58,1 Millionen für die Betriebsvorbereitung, 16,4 Millionen für Investitionen der Bodenanlagen und 55,0 Millionen Euro für nutzlastbezogene Startkosten. Der Nutzlastbetrieb belief sich kostenmäßig auf 23,1 Millionen Euro, verteilt auf 7 Millionen für den Missionsbetrieb und 16,1 Millionen für die Instandhaltung beziehungsweise Verbesserung der Nutzlast.

Das Thema D1-Mission bietet sich an, um etwas näher zu beleuchten, wie in der Raumfahrt Gebühren und ihnen zugrundeliegende tatsächliche Kosten „behandelt" werden. Im Rahmen der bisherigen Kostendarstellungen wurden nur die von der NASA erhobenen Gebühren berücksichtigt. Den NASA-Gebühren für die D1-Mission wie die Spacelab-Nutzungsgebühr von 1,2 Millionen Euro, Integrationsgebühren von 3,7 Millionen, Datenerfassung und Integration von 2,7 Millionen und Shuttlegebühren von 137,5 Millionen Euro standen die tatsächlich aufgewendeten (geschätzten) Kosten entgegen, nämlich 2,352 Milliarden Euro für die Entwicklung und den Bau des Systems, 131 Millionen Einmalkosten und weitere 83,5 Millionen Euro jährlich für den Bau und Betrieb des Operations and Checkout Buildings des KSC, 69,6 Millionen Euro Einmalkosten und jährlich 12,2 Millionen Euro für den Bau und Betrieb der Data Processing Facility (GSFC) sowie 516 Millionen Shuttleflugkosten.

Unter der Annahme, dass über einen Zeitraum von 10 (bis 15) Jahren je eine D1-ähnliche Mission mit dem Langmodul und jährlich eine auf Pallets basierte Mission geflogen würden, ergäbe sich die folgende Situation, dass sich die D1-Missionskosten um ca. den Faktor 2 erhöhen würden und das Verhältnis von Nutzungs- zu Systemkosten von 4,6:1 auf 1,2:1 sinken würde. Die höheren Kosten beruhen zu 70 Prozent auf den voll berücksichtigten Shuttlekosten. Die

Beschaffung des Systems würde mit ca. 435 Millionen Euro, die der Nutzlast mit über 522 Millionen Euro zu Buche schlagen.

Doch auch diese Flugrate von zwei Missionen pro Jahr, die entgegen der ursprünglichen Planung in der Konzeptphase schon stark reduziert ist, signalisierte aufgrund mangelnder anderweitiger Transportkapazitäten (das Spacelab ist auf dad Shuttle angewiesen) das Ende der Spacelab-Ära.

Materialwissenschaften spielen in der Raumfahrt eine Schlüsselrolle für die Verwirklichung von Missionen zur Erforschung des Universums. Die steht immer unter der Maxime der Sicherstellung maximaler Zuverlässigkeit bei möglichst geringen Preisvorgaben. Dies animiert Wissenschaftler und Forscher auf dem Gebiet fortschrittlicher Raumfahrttechnologien, in einen Wettlauf zur Entwicklung von immer besseren und leichteren Werkstoffen einzutreten. Während Dekaden von Entwicklungsarbeiten entstanden Leichtgewichts-materialien, die zunehmend klassische Werkstoffe durch neuartige nicht metallische Materialien ersetzten, charakteristische Werte umfassten und die bisherigen Eigenschaften traditioneller Hochleistungswerkstoffe in den Schatten stellten. In diesem Zusammenhang mussten die Hersteller vieles über die Handhabung und Prozesse solcher neuartiger Komponenten lernen und vollständig neue Produktionstechniken entwickeln.

Soweit unsere Stippvisite in die Raumfahrt.

Kapitel 4: Beschichtung

„Oberflächliche Reize"

Damit der Schein nicht trügt, ist es in aller Regel wichtig, zu prüfen, was sich darunter verbirgt. Und auch hier gilt manchmal: „Ganz ohne Raumfahrt geht die Chose nicht." Deshalb zur mehr oder weniger nahtlosen Einstimmung eine kleine Geschichte, die erzählt, wie Beschichtungstechnologien Ärzten helfen, klarer zu sehen.

Wissenschaftler zweier Jenaer Unternehmen haben 1993 einen plasmachemischen Beschichtungsprozess entwickelt, mit dem Streulicht minimiert werden kann. Mit dem einzigartigen Prozess werden ohne Verwendung von Lack, der Lichtstreueffekte verstärken würde, optisch perfekte schwarze Oberflächen erzeugt. Diese Oberflächen sind dauerhaft, bieten stabile optische Eigenschaften und haben einheitliche Streulichtcharakteristiken. Diese Beschichtung wurde ursprünglich für Raumfahrtkameras entwickelt, die in europäischen und russischen Raumfahrtprojekten eingesetzt wurden. Dadurch war die Europäische Weltraumorganisation ESA in der Lage, mit dem plasmachemischen Verfahren beschichtete Kameras erstmalig für die Übertragung von Daten mit Laserlicht im Weltraum zu testen. Die verbesserte Bildqualität der beschichteten Kameras ermöglichte die optische Kommunikation zwischen Satelliten in geostationären und niedrigen Erdumlaufbahnen sowie einem ein Meter großen Spiegelteleskop, das als Bodenstation diente. Durch Überwindung der Streulichteffekte können Satellitenkontrollstationen den Lichtstrahl präziser als je zuvor lenken und damit Energieverluste reduzieren, was in Folge zu hohen Datenübertragungsgeschwindigkeiten bei niedrigem Stromverbrauch führt.

1994 hatte mein Technologieberatungsunternehmen MST Aerospace GmbH das Jenaer Unternehmen, das das plasmachemische Beschichtungsverfahren für Raumfahrtoptiken entwickelt hatte, an einen deutschen Hersteller von Endoskopen vermittelt, die in der Medizin und in der Industrie eingesetzt werden. Endoskope sind flexible Röhren mit einer Kamera und einer Lichtquelle an einem Ende, mit denen man in einen kleinen, geschlossenen Raum sehen kann. Zur Übertragung von Bildern zu einem weit entfernt liegenden Punkt werden typischerweise Lichtwellenleiter benutzt. Bei medizinischen Einsätzen von Endoskopen werden die Kamera und das

Lichtwellenleiterkabel durch eine Öffnung des Menschen geführt, sodass der Arzt ein Bild der inneren Organe wie Speiseröhre, Magen und Dickdarm erhält. Mit diesem Verfahren können Krankheitsbilder wie Tumore, Geschwüre und erweiterte Blutgefäße erkannt und diagnostiziert werden. Mit weiteren am Sondenende des Endoskops angebrachten Instrumenten kann der Arzt Diagnosen stellen und kleinere Eingriffe wie Biopsien durchführen.

Zu diesem Zweck muss das Bild natürlich so präzise wie möglich sein. Hierzu hatte Richard Wolf nach einer Technologie gesucht, mit der es gelingen würde, mit ihren Endoskopien bessere Bilder zu erhalten, indem man die Bildverzerrungen reduzierte. Die plasmachemische Beschichtung schien vielversprechend zu sein. Der Technologieinhaber führte 1995 und 1996 Testbeschichtungen an Komponenten von Endoskopen durch. Diese Tests zeigten, dass die Beschichtung die optische Qualität des Bildes durch die Reduzierung des Streulichts um ca. 20 Prozent erheblich verbesserte. Daraufhin erhielt die Firma Aufträge zur routinemäßigen Beschichtung von Endoskopteilen und es gelang ihr, diese Marktnische auszubauen und weitere Kunden für derartige Beschichtungsarbeiten zu gewinnen.

Eine weitere auf Raumfahrttechnik basierende Beschichtungstechnologie war ursprünglich im Rahmen der sowjetischen INTERKOSMOS-Programme entwickelt und benutzt worden, um für eine sogenannte Multispektralkamera mit der Bezeichnung MKF 6 die elektromagnetische Kompatibilität sicherzustellen. Die Kamera war in der DDR für die kosmische Fernerkundung vom Kombinat VEB Carl Zeiss Jena hergestellt worden. Die MKF 6 war mit sechs hochauflösenden Objektiven ausgestattet, mit denen gleichzeitig sechs Fotos in sechs verschiedenen Farbkanälen gemacht werden konnten. Die Wellenlängen der Farbkanäle reichten von Blau bis nahes Infrarot. Die Kamera wurde erstmals 1976 an Bord eines russischen Sojus-Raumschiffs eingesetzt, ab 1978 auf den Saljut-Stationen und später auch auf der Raumstation MIR. Auf der sowjetischen Raumstation Saljut 6 wurde sie im August 1978 vom ersten deutschen Kosmonauten Sigmund Jähn eingesetzt. Auch auf der einwöchigen dritten INTERKOSMOS-Mission wurde sie auf dem Raumschiff Sojus 31 von Jähn betreut.

Die Multispektralkamera MKF 6 hat seinerzeit technologische Maßstäbe gesetzt und wurde wegen des Propagandarummels im Volksmund auch als „Multispektakelkamera" bezeichnet. Mit ihr konnte ein Gebiet von 150 x 225 Kilometern abgelichtet werden und dabei verfügte sie über ein räumliches

Auflösungsvermögen. Zur Sicherstellung der bereits erwähnten elektromagnetischen Verträglichkeit war von der Dresdner Firma mit ihrer Oberflächenbeschichtungstechnologie das DIN A5 große Bediendisplay der Kamera mit einer sogenannten ITO-Schutzschicht (Indium Tin Oxide) beschichtet worden. Diese Schicht zeichnet sich durch elektrische Leitfähigkeit und optische Transparenz aus und hatte die Aufgabe, die durch das Display emittierten Elektronen aufzunehmen und abzuführen.

Als Folge der Vermittlungstätigkeiten des Kölner Technologiebrokers MST Aerospace GmbH meldete sich Mitte 2003 eine Firma, die sich mit der Steuerungstechnik für Bergbaumaschinen beschäftigte, mit einem Technologiebedarf bei MST Aerospace. MARCO suchte eine kratzfeste, transparente und leitfähige Beschichtung für 2,2 Millimeter dicke und ca. 27 x 34 Zentimeter große Polycarbonat-Scheiben. Die geforderte Schicht musste hierbei eine elektrostatische Aufladung verhindern, um den hohen Anforderungen, wie sie im Bergbau unter Tage für die Verwendung elektrischer Betriebsmittel im explosionsgefährdeten Bereich nach der europäischen Rahmenrichtlinie ATEX (Atmosphere Explosibles) gestellt werden, gerecht zu werden.

Die Vermittlungsaktivität von MST Aerospace führte dazu, dass bereits nach einem Monat Testbeschichtungen seitens einer Dresdner Oberflächenbeschichtungsfirma, die ihr Know-how bei ostdeutschen Raumfahrtprojekten gesammelt hatte, durchgeführt wurden, die die anschließenden ATEX-Prüfungen direkt bestanden. Von der Schilderung des Bedarfs bis zum Abschluss der Tests der Scheiben vergingen gerade einmal sechs Monate. Die Scheiben fanden ihren Einsatz erfolgreich als Sicherheitsglasscheiben auf neuartigen Steuergeräten im elektrohydraulischen Schildausbau unter Tage. Der Schildausbau ist ein hydraulisch verstellbares Stütz- und Schutzgerät auf Gleitkufen, dessen oberer Teil schildartig geschlossen ist und das Flöz abstützt. So kann der Arbeitsraum des Bergmanns sowohl nach oben als auch nach hinten völlig gegen Stein- und Kohlenfall abgeschirmt werden. Ein Schild ist in der Regel 1,5 Meter breit und kann in der Höhe von einem bis vier Metern, je nach Schildtyp, verstellt werden. Die Steuerung erfolgt hydraulisch, elektrohydraulisch oder elektrisch.

Das mit den Polycarbonat-Scheiben versehene Steuergerät ist kompakt, leicht, hermetisch dicht, schaltet Hydraulikventile und liest Sensorwerte, die über Leuchtanzeige dargestellt werden können. Es verfügt über Tasten, deren Beschriftung austauschbar und deren Tastenbelegung frei wählbar ist. Es ist außerdem für Sprach- und Bildübertragung vorgesehen und erfüllt alle Anforderungen, die an moderne vollautomatische elektrohydraulische Strebsteuerungen gestellt werden.

Die Firma mit dem plasmachemischen Know-how wurde von der MST Aerospace auch in einem weiteren Fall an ein technologiesuchendes Unternehmen vermittelt, dem ebenfalls von MST Aerospace eine Lösung aus dem Bereich der Oberflächentechnik angedient wurde. Konkret ging es um die Beschichtung von Drehschnecken von Kalandern, mit denen Plastikfolien hergestellt werden. Die Anfrage zur Feststellung von potenziellen Lösungsmöglichkeiten für Qualitätsverbesserungen wurde von einer Firma in Montabaur, die sich mit der Herstellung von Plastikfolien befasste, an MST gestellt. Dort war man mit dem Problem konfrontiert, dass bei der Folienproduktion gelegentlich in den Folien Verunreinigungen in Gestalt kleiner dunkler Sprenkel auftraten. Dadurch waren dann ganze Chargen unverkäuflich. Der technische Leiter, der an MST Aerospace seine Suchanfrage gerichtet hatte, fragte die Mitarbeiter, ob es eine Möglichkeit gäbe, die Produktion derart zu überwachen, dass diese bei verunreinigten Chargen unterbrochen würde, sobald die Verunreinigungen sichtbar würden. Er dachte dabei an ein kameragestütztes Qualitätssicherungssystem.

Meine Mitarbeiter der MST schlugen vor, zunächst der Ursache der Verunreinigungen auf den Grund zu gehen und zu deren Vermeidung nach Alternativen beziehungsweise Modifikationen des derzeitigen Produktionsverfahrens zu suchen. Bei den Überlegungen evaluierte man den gesamten Prozess, bei dem dadurch, dass das Plastikmaterial auf der Drehschnecke geknetet wird, Hitze entsteht. Es stellte sich heraus, dass die Reibung zwischen der Plastikmasse und der Drehschnecke der mögliche Verursacher der Probleme gewesen sein könnte. Als einen möglichen Kandidaten erwählte man die besagte Dresdener Oberflächenbeschichtungsfirma, die eine spezielle diamantähnliche Beschichtung für die Behandlung von Lagern in den Treibstoffpumpen des US-Spaceshuttles entwickelt hatte. Diese Beschichtung ist ein kohlenstoffbasiertes Material mit einer diamantähnlichen Molekülstruktur.

Der Vorteil der Beschichtung besteht in ihrer Widerstandsfähigkeit gegen Verschleiß und Kratzen, ihrer chemischen Stabilität und ihrer Eigenschaft, Reibung in mechanischen Systemen zu minimieren. Hiermit rückte man der Plastikfolienthematik zu Leibe. Plastikfolien werden hergestellt mit großen Walzwerken, die als Kalander bezeichnet werden. Der Hauptteil des Kalanders umfasst einen Extruder, der das Polymermaterial mischt, und eine Reihe von Rollen, die das Plastikmaterial in Platten oder Folien umwandeln. In dem Extruder wird das Plastikgranulat erhitzt, sodass dieses schmilzt und zu Endlosmaterial erstarrt. Bevor das vorgeschlagene Beschichtungsverfahren angewendet wurde, verursachte die Oberflächenrauheit der Drehschnecke ein zu langes Verweilen während des Mischvorgangs auf der Schnecke, sodass es teilweise verkohlte und sich bröselnd im Plastikmaterial verteilte, wodurch die schwarzen Teilchenstippen in den fertigen Folien auftraten.

Das für seinen Bedarf eine Lösung suchende Unternehmen hatte sich zunächst für den Versuch entschieden, der zu langen Verweildauer in der Drehschnecke durch Beschichtungen wie zum Beispiel mit Teflon beschichteter Titankeramik zu begegnen. Keiner dieser Versuche erwies sich als effektiv genug, das Einbringen der Teilchen auf ein akzeptables Niveau zu reduzieren. Beschwerden der Kunden über schmutzige Kunststofffolien erzeugten natürlich beim Folienhersteller erhöhte Kosten, insbesondere dann, wenn Kunden Lieferungen reklamierten und auf Ersatzlieferungen bestanden. Glücklicherweise führte die diamantartige Beschichtungstechnik zu der erwünschten Abnahme der Rückstände. Dies ermöglichte dem Folienhersteller erhebliche Kosteneinsparungen. Ein weiterer Vorteil ergab sich dadurch, dass durch die Reibungsverminderung zwischen Drehschnecke und Plastik ein erhöhter Materialdurchsatz von 10 bis 15 Prozent möglich war.

Ein Unternehmen der Oberflächentechnik ermöglichte bereits Anfang des jetzigen Jahrtausends die Einhaltung strenger Stickoxid- und Partikelgrenzwerte in der Industrie und dem Automobilbau aufgrund der Anwendung seines galvanotechnischen Know-hows im Bereich des Verschleißschutzes. Bei dem Unternehmen handelte es sich um ein europaweit führendes Dienstleistungsunternehmen für die funktionelle Oberflächen-veredelung von Werkstoffen aus Metall, Leichtmetall und Kunststoff. Bauteile für die Automobilindustrie, den Maschinenbau, für die Luft- und Raumfahrt, die Medizintechnik, die Elektrotechnik und zahlreiche andere Branchen werden mittels patentierter und selbst entwickelter Beschichtungsverfahren vor Korrosion und Verschleiß geschützt oder mit speziellen innovativen Oberflächeneigenschaften versehen. Wie der Zufall es will, kam ein technologiesuchendes österreichisches Unternehmen, das sich um technische Lösungen im Katalysatorbereich bemühte, durch die katalysierenden Aktivitäten meiner MST Aerospace mit dem deutschen Spezialisten in Oberflächentechnik in Kontakt. Das suchende Unternehmen war eine im Jahr

1921 gegründete österreichische Porzellanfabrik mit mehr als 50 Jahren Erfahrung in der Produktion von Hochspannungsisolatoren aus Hartporzellan. Mit mehr als 80 Jahren Erfahrung auf dem Gebiet technischer Keramiken hat sich das Unternehmen auf die Produktion von Wabenkeramiken spezialisiert. Hierzu zählen zum Beispiel die Herstellung von Abgaskatalysatoren, sogenannter SCR-Katalysatoren für die Stickoxidreduktion in Anwendungen bei Gasturbinen, Kraftwerken, Abfallverbrennungsanlagen sowie Dieselmotoren. Mit der SCR-Technologie wird schädliches Stickstoffoxid unter Hinzufügen von Ammoniak als Reduktionsmittel im Katalysator in unschädlichen Stickstoff und Wasserdampf umgewandelt. Diese Technologie wurde zur weltweit führenden Methode zur Entfernung von Stickoxiden.

Im Rahmen eines Entwicklungsprojektes für die Anwendung von SCR-Katalysatoren in der Automobilindustrie war die österreichische Porzellanfabrik auf der Suche nach speziellen Beschichtungsverfahren. Die Katalysatorträger aus Wabenkeramik werden per Extrusion, bei der die Keramikmasse zu einem sogenannten Mundstück verbracht wird, wo es in die erforderliche Geometrie geformt wird, produziert. Dieses Mundstück des Extruders ist aus Stahl und hat 8.000 Bohrlöcher mit einem Durchmesser von 1,3 Millimetern. Da das Mundstück durch die Extrusion der Keramikmasse äußerst stark beansprucht wird, muss es vernickelt werden. Dieser Vernickelungsprozess erfordert höchste Präzision bezüglich der Aufbringung der Bohrlöcher, Randhaftfestigkeit und garantierter Schichtdicke. Ingenieure und Physiker meiner Firma nahmen sich dieser Thematik an und befanden, dass eine uns aus dem Technologietransfer bekannte Firma aus der Oberflächentechnik diese Aufgabenstellung bewältigen könnte. Nach deren Einbeziehung stellte diese mehrere Testbeschichtungen für die Porzellanfabrik her und nach eingehenden Tests stellte sich eine beträchtliche Verbesserung in der Qualität der Katalysatorproduktion heraus. Bei dieser Verbesserung wurde festgestellt, dass es möglich war, die 100 Extrudermundstücke, die für die gesamte Katalysatorproduktion erforderlich waren, zu vernickeln. Die große Kontaktfläche der 8.000 Katalysatorkanäle pro Monolith ermöglichten wirtschaftliche Katalysatorkapazitäten für Abgasschalldämpfer von Nutzfahrzeugen. Somit waren die Katalysatoren für den beengten Einbauraum von Fahrzeugen geeignet.

Im Automobilsektor zielt die Regulierung der EU auf die Anwendungen von Abgassekundärbehandlungen insbesondere bei Schwerlastnutzfahrzeugen und Fahrzeugen mit Dieselmotoren ab. Für die Erfüllung der Grenzwerte der

Eurostandards wurde eine drastische Herabsetzung sowohl der Stickoxide als auch der Partikelemissionen nötig. Der SCR-Dieselkatalysator ermöglicht die Reduktion von 80 Prozent des Stickstoffmonoxids in Abgasen von Dieselmotoren. Lkw-Hersteller und Hersteller von Personenkraftwagen rüsten mittlerweile ihre Fahrzeuge mit dieser Technologie aus. Da das Additiv Ammoniak nur bedingt im Straßenverkehr einsetzbar ist, wird ein nicht toxischer, geruchloser und wässriger Harnstoff mit dem Namen AdBlue in Verbindung mit der SCR-Technologie verwendet. Gesteuert durch die Motorelektronik wird diese Lösung in die heißen Abgase eingespritzt, wo es in Ammoniak hydrolysiert wird. Der Vorteil des SCR-Systems zeigt sich auch in erheblichen Kraftstoffeinsparungen, da Dieselmotoren auf ihr wirtschaftliches Optimum eingestellt werden können. Der Rußpartikelausstoß wird ebenfalls reduziert. Als Ergebnis ermöglichte die intensive Serienentwicklung der Porzellanfabrik zur Erfüllung der strikten Stickstoffmonoxid- und Partikelgrenzwerte der europäischen und amerikanischen Gesetzgebung.

Der Ursprung der dargestellten Beschichtungstechnologie des Transferpartners der Porzellanfabrik geht zurück auf ein Projekt unter dem Namen Munich Space Chair (MSC). Dieser Münchener Weltraumstuhl war entwickelt und regelmäßig auf der europäischen MIR-Mission EUROMIR 95 benutzt worden. Mit dieser neuartigen Fixierungshilfe war es den Kosmonauten möglich, konzentriert und exakt mit beiden Händen gleichzeitig unter Mikrogravitationsbedingungen zu arbeiten, ohne davonzuschweben. Der Raumfahrer saß zwischen einer festen Sitzplatte und einer Fußstütze in einer sogenannten Null-g-Haltung, die auf natürliche Weise auftritt unter Schwerelosigkeit. Der Raumfahrer stützte sich mit seinen Fußballen auf der Fußstütze ab, um aufgrund der Hebelwirkung am Oberschenkel auf die Sitzplatte gepresst zu werden. Für den MSC waren die Stahlführungsschienen der einstellbaren Aluminiumprofile der Rückenlehne und die verschiebbare Verbindung zum Oberschenkelrohr durch die Oberflächentechniker chemisch vernickelt worden. Die Vernickelung erfüllte perfekt die Anforderungen eines hohen Verschleißschutzes, großer Härte und hoher Gleitfähigkeit.

Eine andere Anwendung der besagten Besc hichtungstechnologie bestand in der Beschichtung von 30 Zentimeter langen Modellen für aerodynamische Tests im Hinblick auf die Gleiteigenschaften der X-38-Prototypen der NASA in Überschallwindkanälen. Die X-38 war ein Demonstrator für ein Crew-Rettungsfahrzeug, das eine schnelle Evakuierung von Astronauten von der Internationalen Raumstation ISS in Notfällen ermöglichen sollte. Die X-38 sollte in einem unbemannten Flug nachweisen, dass eine Rettungsmission möglich war. Dabei sollten Aktionen durchgeführt werden wie automatisierter Flug, Verlassen der Umlaufbahn, Rückkehr in die Erdatmosphäre, Abstieg und Landung. In Windkanalsimulationen dieser Rückkehrphasen wurden die Modelle mit kleinen Teilchen hoher kinetischer Energie beschossen. Um die Oberfläche des Modells zu schützen, war diese ebenfalls mit einer 30 Mikrometer dicken Schicht chemisch vernickelt worden. Die Beschichtungsmethode stellte darüber hinaus ein genaues Abbild der Oberflächenverhältnisse dar.

Und wieder stand rein zufällig die Raumfahrt an der Wiege einer weiteren Oberflächennovität. Es begab sich in den frühen 60er-Jahren, als die NASA nach reibungsreduzierenden Oberflächengleitschichten Ausschau hielt. Man stieß dabei auf das Thema fest mit der Oberfläche verbundener Gleitbeschichtungen, die den niedrigsten Reibungskoeffizienten für trockene Reibung bieten. Eine Iserlohner Firma nahm die Technologie auf und optimierte einen bei Raumtemperatur stattfinden Prozess, bei dem mit hoher Geschwindigkeit Moleküle in die Oberfläche von Metallen implantiert werden. Um eine molekulare Bindung zu ermöglichen, wird die Oberfläche des zu beschichtenden Teils dergestalt behandelt, bis eine von Oxiden und Verunreinigungen freie, atomare Struktur vorliegt. Die aus Wolframdisulfid bestehende Schicht wird hierdurch ein Teil des Grundmaterials und kann somit nur entfernt werden, wenn das Trägermaterial selbst durch Reiben oder Schleifen (abrasiv) entfernt wird. Seit 1996 bietet der Technologiegeber Beschichtungen auf Metallen für Problemlösung in vielen technischen Problemstellungen an, die das Grundmaterial nicht hat.

Die fest mit der Oberfläche verbundene Gleitbeschichtung mit bisher unerreicht niedrigem Reibungskoeffizienten, der weniger als halb so groß ist wie der von Graphit, wurde ursprünglich z. B. zur Beschichtung von Titanschrauben für Satelliten, Kugellager und Führungen in Raumfahrzeugen oder Planetengewindespindeln für den Bau der Internationalen Raumstation ISS verwendet. Der mit dem Beschichtungsverfahren erzeugte Trocken-schmierfilm ist gleichmäßig etwa 0,5 Mikrometer dick und kann auf allen metallischen Untergründen aufgebracht werden. Er verhindert den direkten Kontakt metallischer Oberflächen und wirkt wie ein Ölfilm. Beim Beschichtungsprozess wird die vorbehandelte Oberfläche mit dem speziell modifizierten Wolframdisulfid beschossen, das damit in die Gitterstruktur implantiert wird. Dabei kommt es zu molekularen Bindungen, aus denen die hohe Haftung in der Oberfläche resultiert. Die Beschichtung wird Teil der Oberfläche und kann nur zusammen mit Teilen des Trägermaterials wieder entfernt werden.

Nicht nur für Raumfahrtanwendungen sind die reibungsarme Kraftübertragung, die Kontaminationsfreiheit und der weite Einsatztemperaturbereich der Trockenschmierschicht von minus 188 Grad Celsius bis 538 Grad Celsius interessant. Auch die besten Teams in der Formel 1 und einige der Verfolger setzten auf geringe Reibungskoeffizienten der Beschichtung, um Höchstleistungsaggregate vor zu großem Verschleiß zu schützen. Die Kunststoffverarbeitung profitiert in Form von reduzierten Zykluszeiten und verbesserter Qualität. In feinwerktechnischen Anwendungen können Antriebskräfte minimiert und selbst bei reibkritischen Materialien wie Edelstahl, Titan oder Aluminium Kaltverschweißung und Fressen verhindert werden. Bewegte Teile in Vakuumtechnik können leichter laufen, ohne dass eine zusätzliche Kontamination stattfindet.

Konkrete Beispiele für einen erfolgreichen Technologietransfer hinsichtlich beschichteter Komponenten sind Lager eines Windkanalmodellträgers, Schrauben eines im Vakuum eingesetzten Monochromators oder Antriebsritzel für Fördersysteme in der Automobilfertigung.

Die in Köln ansässige ETW European Transonic Windtunnel GmbH entwickelte einen beweglichen Modellträger für Windkanalversuche. Zwei dieser Stahlkonstruktionen waren gleichzeitig verfügbar, wodurch parallel zum Test eines Flugzeugmodells ein weiteres nebst Testinstrumentierung schon präpariert werden konnte. Zylinderrollenlager mit 30 und 40 Zentimetern Außendurchmesser ermöglichten den Transport des samt Modell knapp 20 Tonnen schweren Modellträgers zwischen den verschiedenen Sektionen innerhalb des Testgebäudes. Diese sehr teuren Lager mussten zuvor etwa jährlich ausgebaut und nach Japan geschickt werden, wo sie mit Trockenschmierstoff beschichtet wurden, da für Temperaturen im Windkanal von bis zu minus 150 Grad Celsius eine Fettschmierung nicht mehr infrage kommt. Aufwand und Kosten der regelmäßigen Neubeschichtung konnten durch den Einsatz des Trockenschmierverfahrens beträchtlich reduziert werden und es durfte erwartet werden, dass die Wartungsintervalle der Lager verlängert werden konnten.

Da die Trockenschmierschicht ultrahochvakuumtauglich ist, konnten damit beschichtete mechanische Teile wie Gewindespindeln oder Schrauben im Berliner Elektronenspeicherring für Synchrotronstrahlung BESSY eingesetzt werden. Die Schrauben fanden z. B. Verwendung in einem Monochromator der Firma FMB Feinwerk- und Messtechnik GmbH. Dabei handelte es sich um ein optisches Gerät zum Herausfiltern einzelner, für das jeweilige Experiment gewünschter Wellenlängen aus der die gesamte Bandbreite vom Infrarot bis zur harten Röntgenstrahlung umfassenden Synchrotronstrahlung. Die Dicronite-Beschichtung der Komponenten ist deshalb wichtig, weil es andernfalls bei Reibung oder Druckkontakt im Ultrahochvakuum zu Kaltverschweißungen und Oberflächenschäden durch sogenanntes Fressen kommen würde. Außerdem konnten die Schrauben auch mehrfach verwendet werden, was mit der früheren Silberbeschichtung nicht möglich war.

Neue Maßstäbe bei der Planung und im Bau von Sondermaschinen für die Automobilindustrie zu setzen, darum ging es einem Kasseler Unternehmen, dessen traditionelles Geschäftsfeld die Verkettung ist. Verkettungstechnik wird benötigt, um in der Fertigung einen geregelten Materialfluss zu den Bearbeitungsmaschinen durch Zuordnung von speziellen Bereitstellungs-systemen wie Förderbänder, Förderfahrzeuge oder Linearportale sicher-zustellen. In einer Bearbeitungslinie für Kurbelwellen werden die Werkstücke aus einem zentralen Regal geholt, zu den Bearbeitungsmaschinen gebracht, dort wieder entnommen und den weiteren Fertigungsschritten zugeführt. Das Herzstück der Bearbeitungslinie ist das Linearportal, das für den Transport der Werkstücke zuständig ist. Teil des Linearportals wiederum ist der Laufwagen mit Hubsäulen und Greifern. Die Werkstücke werden von einem Greifer unterhalb einer Hubsäule aufgenommen und zum nächsten Ablageort transportiert. Der Laufwagen kann horizontal in zwei Richtungen und die Hubsäule von oben nach unten entlang Zahnstangen verfahren werden. Die Zahnräder (Ritzel) aller Antriebe sind mit dem Trockenschmierverfahren beschichtet. Dies ersetzt eine Fettschmierung, was die Wartung vereinfacht, die Betriebskosten reduziert und nicht zuletzt auch der Umwelt beziehungsweise dem Arbeitsumfeld zugutekommt.

Oberflächenrauheit spielt bei der ständig wachsenden Anzahl wissen-schaftlicher und technischer Anwendungen im Bereich der Oberflächen- und Beschichtungstechnik eine zunehmend wichtigere Rolle. Nanoglatte Oberflächen rücken mehr und mehr ins Zentrum des Interesses. In der Luft- und Raumfahrt ist die Entwicklung von leistungsfähigen Sensoren für Führungs-, Überwachungs- und Navigationssysteme ausgewiesenes Forschungsziel. Zahlreiche dieser Systeme basieren auf optischen Sensoren und Systemen wie Laserkreisel und Bildsensoren, die besonderen

Qualitätsanforderungen unterliegen. Die Genauigkeit und Zuverlässigkeit können nur durch den Einsatz hochpräzise optischer Komponenten wie zum Beispiel extrem hochreflektierende Laserspiegel und streulichtarme Linsenbauteile und Objektive erfolgen. Die Anforderungen sind hier teilweise so hoch, dass Oberflächen mit Rauheitswerten unter 0,05 Nanometer benötigt werden. Das bedeutet, dass die Grenzflächen glatter als Atomdurchmesser sein müssen. Auch kommt bei UV- und Röntgenoptiken der Oberflächengüte eine besonders große Bedeutung zu, da die Streuverluste durch die Oberflächenrauigkeit umgekehrt proportional zum Quadrat der benutzten Wellenlänge zunehmen. Zur Vermeidung dieses Problems müssen ebenfalls nanoglatte Oberflächen mit Rauigkeiten im atomaren Bereich verwendet werden. Es wurde ein neuartiges Polierverfahren entwickelt, mit dessen Hilfe es möglich ist, reduzierbar nanoglatte Oberflächen mit Rauigkeiten bis zu durchschnittlich 0,02 Nanometern herzustellen und zu vermessen. Es können so superglatte Glas- oder Quarzsubstrate mit Durchmessern bis zu ca. zehn Zentimetern mit dieser Oberflächengüte hergestellt werden. Je nach gefordertem Anwendungszweck kann die Oberflächenrauheit gezielt in einem Bereich von 2,0 Nanometern bis zu 0,02 Nanometern eingestellt werden. So können die nach dem speziellen Verfahren produzierten Substrate nicht nur als Komponenten eines beispielsweise optischen Lasersystems eingesetzt werden, sie können auch als zertifizierter Rauigkeitsstandard zur Kalibrierung von Oberflächenmesssystemen verwendet werden. Dabei können die Substrate mit verschiedenen Messsystemen kalibriert und die Daten mit der Messdatenfusion zusammengefasst werden. Das Ergebnis ist eine messgerätunabhängige Darstellung der Oberflächeneigenschaften im Fourier-Raum nach ISO 10110-8, wie der Fachmann sagt.

Anwendungen der Nanotechnologie haben wir schon beim Befassen mit bionischen Vorbildern kennengelernt, beim sogenannten Lotuseffekt. Dieser spielt in einigen Fällen unter dem Schlagwort „Smart Repair" eine immer stärkere Bedeutung für die Verbraucher. Wie der Bundesverband Fahrzeugaufbereitung ausführt, können heutzutage die Fahrzeugaufbereiter die Nanotechnologie keineswegs ignorieren, sondern müssen ihre Potenziale im Alltag bestmöglich zur Geltung bringen. Nach im Jahr 2014 veröffentlichen Angaben des Bundes für Umwelt und Naturschutz (BUND) sind in Deutschland mehr als 1.000 Nanoprodukte verfügbar. Ein Teil dieser Produkte spielt bei der Fahrzeugaufbereitung eine wichtige Rolle. Der Schutz von Oberflächen durch Nanoreiniger ist eine Grundvoraussetzung bei den Prozessen der

Fahrzeugaufbereitung, denn das, was rein aussieht, ist in Wirklichkeit eine Kraterlandschaft.

Die Behandlung mit Nanoteilchen hilft dabei ungemein, denn durch die Behandlung werden vorhandene Täler aufgefüllt und die Oberfläche perfekt glatt gemacht. Im Ergebnis findet Schmutz keinen Halt, Wasser perlt ab. Dabei organisieren sich die Nanoteilchen zu einer Schicht und verbinden sich fest mit der Oberfläche. Bei porösen Oberflächen dringen die Nanoteilchen in die Poren ein und kleiden die Innenseiten der Poren aus. Man muss unterscheiden zwischen Nanomaterialien auf der Basis von Silikonen, Polymeren oder kleinen glasähnlichen Siliziumteilchen. Letztere werden vom Bundesverband Fahrzeugaufbereitung favorisiert, da ihren Praxiserfahrungen zufolge chemisches Nanomaterial auf Siliziumbasis sehr gute Produkteigenschaften aufweist. In einem chemischen Prozess verbindet sich die Oberfläche mit dem Nanomaterial zu einer festen chemischen Verbindung. Eine Entfernung dieser Beschichtung ist daher auch nur auf glatten Oberflächen mit Mühe und Zeitaufwand unter Einsatz von abrasiven Methoden möglich. Ein Ausbessern oder Nachbessern der Schicht ist jedoch jederzeit möglich.

Bei der Smart Repair zielt man auf kostengünstige Reparaturmethoden zur Beseitigung von Kleinschäden im Kfz-Bereich ab, bei denen der geschilderte Einsatz von Nanotechnik komplementiert wird durch die Behebung kleiner Dellen im Blech, Rissen oder Brandlöchern in Sitzbezügen, durch Handyhalterungen verursachter Löcher im Armaturenbrett oder auch kleiner Lackkratzer. Die mittels Smart Repair behandelbaren Flächen umfassen vorzugsweise eine Größe bis DIN A4.

Trends in der Oberflächendekoration von Kunststoffen nehmen wir für unser „liebstes Kind", das Auto, zur Erfüllung unterschiedlichster Kundenwünsche zunehmend mit teils ungeahntem Tempo auf. Für das Auto von morgen lässt die Kfz-Industrie nichts unversucht, die motorisierten Sehnsüchte ihrer Kunden zu erforschen. Hierzu führte zum Beispiel ein stark diversifizierter Leverkusener Weltmarktführer im Bereich Life Science mit seinem seinerzeitigen Geschäftsbereich Material Science im Jahr 2013 eine Studie über das Autocockpit der Zukunft durch. Darin wird ausgeführt, dass die Autofahrer zunehmend Wert auf eine individuelle, persönliche Ausstattung des Autoinnenraums legen wird. Dazu zählen neben einer angenehmen und stimmungsvollen Beleuchtung, fugenloses Design sowie transparente, eingefärbte oder vielfältig dekorierte Oberflächen.

Das 1953 bei der Leverkusener Firma entwickelte vielseitig einsetzbare Polycarbonat begann in der zweiten Dekade dieses Jahrtausends seinen Siegeszug im Einsatz in Autocockpits. Dabei stehen seine Eigenschaften in Sachen Schlagfestigkeit und extremer Festigkeit im Vordergrund einer Eignung für die Applikationen im Fahrzeugbereich.

Vor allem bei der Entwicklung neuartiger Displays zeigen sich seine Vorzüge als Alleskönner unter den Kunststoffen. Durch die sogenannte Rückprojektionstechnik wird eine Folie aus transparentem Polycarbonat mit der Bezeichnung Makrofol mithilfe einer dahinter befindlichen Lichtquelle zu einem Bildschirm mit gestochen scharfer Anzeige und hoher Leuchtkraft. Im ausgeschalteten Zustand ist die Anzeige als eine elegante mattschwarze Oberfläche zu sehen. Der Fahrer wählt aus der Fülle von Informationen, die das Display zur Verfügung stellen kann, jeweils nur die für ihn relevanten Daten aus, wodurch eine Überfrachtung mit Informationen vermieden wird. Durch die Verwendung von Polycarbonat soll der Eindruck „billigen" Plastiks vermieden werden. Schlanke, ausfahrbare Bauteile wie Navigationssysteme, die nur im eingeschalteten Zustand sichtbar sind, können sich nunmehr hinter formschönen, edel gestalteten Blenden aus Polycarbonat verbergen. Auch diskutierte man in der genannten Studie die Integrationsmöglichkeiten von LED-Licht in hochwertig dekorierte Bauteile oder schlanke Leichtbausitze auf Basis neu entwickelter Polycarbonat-Kompositplatten. Mit diesen Materialien ist es Automobilherstellern oder deren Zulieferern möglich, innovative Cockpits herzustellen.

Oftmals sind es Anforderungen der Luft- und Raumfahrt, die zu neuen Materialien wie dem transparenten Polycarbonat Makrolon führten. Wie in der Luftfahrt ist auch im Automobilbau das Thema Gewichtseinsparung von herausregendem Interesse. Wo eben möglich werden Metall und Glas durch Kunststoffe ersetzt. Die Gewichtseinsparungen haben beträchtliche Einsparungen beim Kraftstoffverbrauch zur Folge. Sowohl in der Luft als auch auf dem automobilen Erdboden führen robuste Beschichtungen der Außenhaut zu nennenswerten Gewichtsvorteilen. Auch die Außenhaut von Zügen muss beispielsweise fast genauso robust sein wie bei Flugzeugen. Die Errungenschaften der Luftfahrt kommen somit einer ziemlichen Breite an Anforderungen des Transportsektors zugute. Aber nicht nur im Transportwesen mit seinen anspruchsvollen Aufgabenstellungen wie in der Luftfahrt entstehen Lösungen höchsttechnologischer Qualitätsniveaus, sondern es ergeben sich durch deren katalytischen Ausstrahleffekte Impulse für ganz andere Bereiche. Hier sei ein auf den ersten Blick gänzlich wesensfremder Bereich der Privathaushalte angeführt. Dieser profitiert nämlich zum Beispiel von den Errungenschaften des Cockpitbaus und der Flügelauslegung von Leichtbausolarflugzeugen, die allein mit Sonnenenergie die Erde umrunden. Bei derartigen Fluggeräten sind Umgebungsbedingungen von der heißen Sonne Spaniens bis zur klirrenden Kälte in 10.000 Metern Flughöhe auszugleichen. Im Cockpit muss der Pilot extreme Temperaturunterschiede aushalten können, das heißt, er benötigt gut isolierende Materialien.

Aus derartigen Materialien entstanden Dämmstoffe für Kühlschränke, die eine sehr niedrige Wärmeleitfähigkeit aufweisen. Dabei nutzt man aus, dass die Wärmeleitfähigkeit umso geringer wird, je kleiner die Poren des verwendeten Schaumstoffs sind. Die verwendeten Polyurethan-Hartschaumdämmstoffe ermöglichen zum einen eine Reduktion des Energieverbrauchs der Kühlgeräte und damit verbunden auch die Vergrößerung des Stauraums.

Stoffe, aus denen nicht nur Träume sind, waren in den 1990er-Jahren für einen europäischen Raumgleiter entwickelt worden, der aus politischen und Kostengründen nie das Licht der Welt erblickte. Dieser Raumgleiter mit dem Namen Hermes sollte das europäische Pendant zum amerikanischen Spaceshuttle werden. In der Vorbereitungsphase zur Entwicklung des Raumgleiters wurden neue, in Europa bis dato nicht verfügbare Technologien entwickelt, die zwar im Weltraum nicht eingesetzt wurden, jedoch die Industrie durch ihre Forschungs- und Entwicklungsarbeiten zu neuen terrestrischen Lösungsangeboten inspirierte.

Eine solche Entstehungsgeschichte betrifft Raumgleiter oder Raumtransporter wie das uns schon begegnete Spaceshuttle, die bei ihrer Rückkehr aus dem All mit einer Geschwindigkeit von rund 25.000 Kilometern pro Stunde in die Erdatmosphäre eintreten. Dabei sind die Raumfahrzeuge aufgrund der Luftreibung extrem hohen Temperaturen ausgesetzt, die mehr als 1.600 Grad Celsius an bestimmten Stellen der Oberfläche, insbesondere an der Spitze und den Trag- und Leitflächen, erreichen können. Um die Temperaturen im Innern der Raumfahrzeuge, in dem sich Astronauten beziehungsweise empfindliches technisches Gerät befinden, auf ein akzeptables Niveau zu begrenzen, werden auf die Außenhaut spezielle Hitzeschutzmaterialien aufgebracht. Beim Spaceshuttle wurde dies durch etwa 27.000 Keramikkacheln erreicht, die die Shuttleoberfläche bedeckten und die Erwärmung der darunterliegenden Aluminiumstruktur auf 175 Grad Celsius begrenzten.

Bei der Mitte der 1980er-Jahre begonnenen Planungen der Europäischen Weltraumorganisation ESA für einen europäischen Raumgleiter, der den Namen des griechischen Götterboten Hermes trug, wurde nach neuen Lösungen für den Hitzeschutz gesucht. Obgleich das Projekt Hermes letztendlich nicht zur Realisierung eines Raumgleiters führte, brachten die Entwicklungsarbeiten zu diesem Projekt unter Führung einer großen Ottobrunner Systemfirma, die in einem ihrer Aktivitätsschwerpunkte Entwicklungsarbeiten für Faserkeramiken für das Hitzeschutzschild des Götterboten durchführte, neuartige Hochtemperaturwerkstoffe mit außergewöhnlichen Eigenschaften hervor, die nun zahlreiche Anwendungen im irdischen Bereich erlauben.

Bei diesen Werkstoffen handelt es sich um faserverstärkte Keramiken, die überall dort verwendet werden können, wo metallische Werkstoffe wegen zu hoher Temperaturen versagen (im Allgemeinen über 1.000 Grad Celsius) oder wo monolithische Keramik eine ungenügende Bruchfestigkeit aufweist. Ebenfalls vorteilhaft bei speziellen Anwendungen sind auch die nicht-magnetischen, dielektrischen und tribologischen Eigenschaften der Keramik, die sich im Prinzip wie Metall bearbeiten lässt. Hervorzuheben sind auch die geringe Dichte, hohe Festigkeit und hohe Steifigkeit bis in hohe Temperaturen sowie Verschleiß-, Korrosions- und Thermoschockbeständigkeit. Aus diesem Eigenschaftsprofil heraus ermöglichen faserverstärkte Keramiken dem Konstrukteur für viele Anwendungen, insbesondere bei der Lösung von Materialproblemen für extreme Bedingungen, nahezu revolutionär verein-fachte Lösungen. Um der Industrie solche innovativen Werkstoffe bekannt-zumachen, wurden ab Mitte der 1990er-Jahre von der Deutschen und der Europäischen Raumfahrtagentur Initiativen zur Verwertung von Raumfahrt-technologien in anderen Industriesparten initiiert. In diesem Zusammenhang entstanden rund ein Dutzend Innovationsprojekte, um die faserverstärkten Keramiken in Bereichen außerhalb der Raumfahrt anzuwenden. Ein Beispiel solcher Anwendungsprojekte war deren Transfer in die Kraftwerks- und Umwelttechnik zur Herstellung von Ofenkonstruktionen, Brennerdüsen, Heißgasrohren und Heißgasfiltern. In der Leistungselektronik können diese Materialien als Kühlkörper eingesetzt werden und auch im Fahrzeugbau gibt es ein großes Anwendungspotenzial, zum Beispiel bei Hochleistungs-bremsscheiben oder für den Einsatz in Zylinderköpfen bei Motoren.

Die mit raumfahrtbasierten Kohlenstofffasern verstärkten keramischen Siliziumcarbid-Verbundwerkstoffe setzen bei ihrem Einsatz für Fahrzeugbremsscheiben bis dato unerreichte Maßstäbe. Die Bremsbeläge und Bremsscheiben aus Carbon-Keramik erzielen hohe und gleichbleibende Reibwerte. Sie halten mit 300.000 Kilometern Lebensdauer ein Autoleben lang. Sie wiegen gerade einmal die Hälfte herkömmlicher Systeme und ihre Bremsleistung ist doppelt so gut wie üblich. Die mit Carbon-Bremsen ausgerüsteten Fahrzeuge weisen deutlich kürzere Bremswege als die mit herkömmlichen Gussbremsen ausgestatten Fahrzeuge auf. Da die Carbon-Keramiken allerdings erheblich höhere Produktionskosten aufwiesen, wurden sie zunächst nur in Fahrzeugen des oberen Preissegments wie Sportwagen und Luxusfahrzeugen verbaut.

Noch im Jahr 1994 wandte sich der geschäftsführende Gesellschafter der Ottobrunner Systemfirma an mich, mit dem Anliegen, was man mit den Ergebnissen zum Hermes-Hitzeschild in Sachen industrieller Verwertung anfangen könnte, nachdem das Raumfahrtprojekt nicht weitergeführt wurde. Konkret rief mich der damalige geschäftsführende Gesellschafter – wir kannten uns gut von gemeinsamen Projekten unserer Firmen – an und fragte mich, ob ich mir vorstellen könnte, mit meiner Firma Ideen zu entwickeln, was man mit der Raumfahrttechnologie anfangen könnte, und Interessenten für Anwendungen der Hitzeschutztechnologie seiner Firma zu identifizieren. Die Entwicklungsergebnisse aus dem Hermes-Projekt lägen nämlich bei ihnen nur herum und keiner wisse, was man damit anfangen solle. Ich sagte ihm, dass ich ihm seine Fragen zu deren Verwertung zwar nicht spontan beantworten könne, jedoch eine realistische Chance durch Einsatz des Instrumentariums meiner Firma sähe, geeignete Applikationen samt passender Akteure finden und mit seiner Firm in Kontakt zu bringen. Gesagt, getan, wir machten uns ans Werk. Dabei setzten wir natürlich unser mit viel Aufwand aufgebautes Informationssystem, das mehr als 170.000 Ansprechpartner in Forschung und Industrie enthielt, ein.

In diesem Zusammenhang entstanden die bereits skizzierten Anwendungsgebiete samt der Identifikation potenzieller industrieller Projektpartner. Bei der Liste dieser Innovationsprojekte zum Thema Hochleistungsbremsen wollen wir ein wenig verweilen.

Im Rahmen unserer Technologievermarktungsaktivitäten benannten wir für die Verwertung des in der Raumfahrt erzielten Know-hows über faserverstärkte Keramiken der Ottobrunner einen potenziellen Technologienehmer aus dem Bereich der Automobiltechnik. Es handelte sich um eine Firma mit Sitz im italienischen Curno in der Lombardei, die seit den 1960er-Jahren Hochleistungsbremsanlagen für den Automobilbau herstellte. Der Bremsenhersteller gründete im Juni 2009 in Meitingen ein Joint Venture mit einem auf Kunststoffprodukte spezialisierten Marktführer für Kohlenstoffprodukte aus Wiesbaden. Der Schwerpunkt des Joint Venture lag auf der Produktion von Carbon-Keramik-Bremsscheiben in zwei Fertigungs-anlagen im italienischen Stezzano bei Bergamo und Meitingen bei Augsburg.

Entstanden aus der Anwendung von Wiedereintrittstechnologien der oben zitierten Raumfahrtvorhaben avancierten die Joint-Venture-Partner aus dem Kunststoffsektor und Bremsanlagenbereich zum Innovationstreiber für die Bremsscheibenherstellung für Rennwagen und Premiumfahrzeuge. Die Carbon-Keramik-Bremsscheiben bieten außergewöhnliche Vorteile, die sich direkt in den Leistungen der Fahrzeuge widerspiegeln, wobei sie genauso zuverlässig sind wie die gusseisernen Bremsscheiben. Die Keramik-bremsscheiben zielen auf das Marktsegment, dessen Kunden auf Attribute wie Leistung, Haltbarkeit und Sicherheit großen Wert legen. Das Thema Image sollte dabei nicht unterbewertet werden, denn Carbon-Bremsen wurden unter anderem in der Formel 1 publik. Seit 2004 rüstete das Joint Venture Rennwagen der Deutschen Tourenwagen Masters (DTM) mit Carbon/Carbon-Bremsscheiben (C/C) und -Belägen aus. Fahrzeuge mit Carbon-Keramik-Bremsscheiben (CKB) bestechen im Vergleich zu Graugussscheiben durch einen deutlich kürzeren Bremsweg, besseres Ansprechverhalten bei unterschiedlichsten Fahrbedingungen, kein Nachlassen der Bremswirkung, kein Bremsrubbeln, sehr gute Dosierbarkeit, reduziertes Pedalkraftniveau, sehr viel höhere Lebensdauer, geringeres Gewicht und Korrosions-beständigkeit.

Damit C/C-Scheiben ihre volle Bremswirkung entfalten, müssen sie auf eine Mindesttemperatur von ca. 300 Grad Celsius warmgebremst werden und eignen sich daher nur für den Rennsport. Für den alltäglichen Straßenverkehr werden zum Beispiel von SGL Carbon-CKB-Scheiben angeboten, die bei allen Temperaturen eine exzellente Performance zeigen. Der Preis einer CKB-Scheibe lag Mitte 2012 bei stolzen 2.000 Euro und Fachleute erwarteten seinerzeit ein Preisreduktionspotenzial von maximal 50 Prozent. Zu dieser Zeit war der Porsche 911 GT2 zum Beispiel serienmäßig mit dem Keramikbremssystem ausgestattet, wodurch sein Grundpreis jedoch prozentual gesehen nur in überschaubarem Rahmen zunahm. Eine Reihe von

Fahrzeugen des oberen Preisniveaus wurden oder werden ab Herstellerwerk serienmäßig oder optional mit einer Carbon-Keramik-Bremsanlage ausgerüstet. Zu den Details empfiehlt sich ein Blick in die Preislisten der Fahrzeuge.

Die Natur ist wieder Vorbild für die Entwicklung und Erzeugung antireflektierender Nanostrukturen. Wir wollen uns einmal ansehen, was es damit auf sich hat. Oberflächen wie Plycarbonat, Polymethylmethacrylat (PMMA) oder auch Lacke können oberflächentechnologisch mit anti-reflektierenden Eigenschaften ganz ähnlich der klassischen Entspiegelung von Brillengläsern oder Linsen versehen werden. Bei günstigen Rahmen-bedingungen geschieht dies direkt während der Fertigung der Bauteile im Spritzguss durch die Verwendung geeigneter Werkzeuge mit Nanostruktur. Dies bedeutet die Unterdrückung störender Reflexionen, was die Ablesbarkeit von Instrumenten verbessert. Außerdem kommt es zu einer Steigerung der Lichtausbeute, weil der jetzt nicht mehr reflektierte Anteil ebenfalls als Energie- und Informationsträger, etwa in der Solartechnik, die Bauteile durchquert, sowie zu einer Erhöhung von Kontrast und Farbtreue durch reduzierte Streulichtanteile.

Eine nanostrukturierte Polymeroberfläche ist nicht weißlich-matt und opak wie die mikrostrukturierten Oberflächen. Die Nanostrukturen sind deutlich kleiner als die Wellenlängen des sichtbaren Anteils des Lichts und dienen somit nicht als Streulichtquellen. Deshalb bleiben transparente Bauteile nicht nur transparent, sondern die Transparenz wird durch den Zugewinn an Transmission noch gesteigert. Exemplarisch sei hier das Polycarbonat Makrolon angeführt, dessen Transmission von ca. 90 Prozent auf über 98 Prozent und bei PMMA von 92 Prozent auf über 98 Prozent gesteigert wird. Somit unterscheidet sich die Wirkung nicht von der einer Entspiegelung. Der Prozess, um diesen Effekt zu erreichen, kann aber direkt in die Fertigung integriert werden, da durch diese Technologie der Werkstoff selbst diese Eigenschaften annimmt und nicht in zusätzlichen Beschichtungsprozessen verändert werden muss. Dies bedeutet Zeit- und Kosteneinsparung. Die Technologie ist anwendbar auf transparente und farbige Produkte, auf planen Oberflächen und Freiformkörpern und ist auf nahezu unbeschränkte Flächen skalierbar. Anwendungsmöglichkeiten bestehen überall dort, wo Reflexionen sicherheitskritisch sind beziehungsweise allgemein stören. Nanostrukturierung minimiert also die Blendung durch Reflexionen und verbessert die Ablesbarkeit von Instrumenten und Displays.

Motiviert durch Experimente auf dem Gebiet der Werkstoffwissenschaften auf der Internationalen Raumstation ISS konnten dort gewonnene Erkenntnisse für den irdischen Einsatz transferiert werden. In diesem Zusammenhang wurden Untersuchungen zum Materialdesign aus Schmelzen von Festkörpern durchgeführt. Zu diesem Zweck befindet sich auf der ISS ein sogenanntes materialwissenschaftliches Labor. Der Kernbereich des Labors umfasst Ofeneinsätze, um Materialschmelzen zu erzeugen und nachfolgend die Erstarrungsprozesse während der Abkühlphasen beobachten zu können. Erstarrung ist eine gängige Methode bei der Produktion metallischer Werkstoffe. Durch die Technik der gerichteten Erstarrung können unterschiedliche Mikrostrukturen und daraus resultierend vielfältige Materialeigenschaften erreicht werden. Zur Vorherbestimmung der Eigenschaften ist es notwendig, die Erstarrungsgeschwindigkeit zu kontrollieren und die reale Position des Übergangs zwischen flüssiger und fester Phase zu messen, insbesondere unter unstetigen Erstarrungs-geschwindigkeiten. Für den Einsatz auf der ISS wurde an der Universität Leipzig ein Ultraschallpuls-Echo-Verfahren entwickelt, mit dem Position und Geschwindigkeit der Erstarrungsfront bestimmt werden können. Mittels longitudinal geführter Ultraschallwellen wird der Ultraschallpuls am Fest-Flüssig-Übergang vollständig reflektiert. Durch Bestimmung der Laufzeit des Echosignals kann die aktuelle Position des Phasenübergangs im Material bis hinab zu zehn Mikrometern Genauigkeit während der Erstarrung und die Wachstumsgeschwindigkeit genauer als ein Mikrometer pro Sekunde bestimmt werden. Die Leipziger Ultraschalltechnik erlaubt mithilfe komplexer Pulsanalysenmethoden, die in einem Embedded-PC durchgeführt werden, die Bestimmung der Ultraschalllaufzeit mit einer Genauigkeit besser als 0,5 Nanosekunden.

Im Dezember 2002 präsentierte die Universität Leipzig diese Technologie im Rahmen einer der regelmäßig von meiner Firma MST Aerospace durchgeführten Veranstaltungen zur Vermittlung von Kooperationen zwischen sich dort darstellenden Unternehmen und Instituten und Vertretern aus unterschiedlichen Branchen. Die seinerzeitigen Geschäftsführer einer im April in Speyer neu gegründeten Firma, die ihre Ursprünge in der Luftfahrt hatte, wurden durch diese Präsentation zur Lösung einer in ihrem Hause vorliegenden Fragestellung inspiriert. Zusätzlich zu ihren Kerngeschäftsfeldern befasste sich die Firma damals nämlich mit der Bestimmung von Vorspannkräften in Schraubverbindungen.

Der Vortrag des Leipziger Instituts kam für das Anliegen der Speyerer Firma wie gerufen, die ausführte, dass zur Lösung ihrer Fragestellung ein piezoelektrischer Film auf das Verbindungselement aufgebracht werden könne, mit dem über Ultraschallanregung die Festigkeit der Verbindung festgestellt werden könne. Zur Realisierung dieser Technologie kam das messtechnische Know-how der Universität wie gerufen. Innerhalb eines halben Jahres gelang es, eine kompakte notebookgesteuerte Messeinrichtung zu entwickeln, mit der die Spannkraft in Schrauben direkt gemessen werden konnte. Schraube, piezoelektrische Schicht und Messeinrichtung bilden für den Montagevorgang eine Einheit. Während des Einsatzes der Schrauben kann über die auf dem Schraubkopf verbleibende Beschichtung jederzeit die Festigkeit der Verbindung mit dem gleichen System überprüft werden.

Mit dieser Novität, die die Vorspannkraft direkt messbar macht, wird die Montage durch kontrolliertes Anziehen ermöglicht, wodurch eine Schraubverbindung so eingerichtet werden kann, dass ihr Versagen, insbesondere ein Lösen oder ein Bruch, ausgeschlossen werden kann. Die Schraube des sogenannten Permanent-mounted-Transducer-Systems (PMT) arbeitet als Träger des eingebrachten Ultraschallsignals, das am Schraubenende reflektiert wird und dessen Laufzeit direkt proportional zur Vorspannkraft ist. Die piezoelektrische Dünnschicht wird auf den Schraubkopf mittels Plasmabeschichtungsverfahren aufgetragen und dient als Impulsgeber für die Ultraschallmessung. Das Anziehwerkzeug, in dem ein Kontaktstift zur Signalübertragung integriert ist, ist mit einem Ultraschallmessinstrument verbunden, das das Messsignal auswertet und den diskreten Wert der Vorspannkraft im Display zur Anzeige bringt. Die Kontrolle der Vorspannkraft mit dem PMT-System ist bis zu zehnmal genauer als die herkömmlichen indirekten Messverfahren, z. B. die über die Bestimmung des Drehmomentes. Im Kraftfahrzeug-, Eisenbahn- oder Anlagenbau, in der chemischen Industrie oder in der Luft- und Raumfahrt bietet das PMT-System ein Maximum an Sicherheit, indem es die Qualität der Verschraubungen messbar macht.

Dünne, kohlenstoffhaltige Hartstoffschichten von einigen Mikrometern Dicke können unter anderem in Vakuumkammern mittels Plasmaunterstützung erzeugt werden. Mit ihnen werden beispielsweise Messer veredelt, die aus rostbeständigen Hochleistungsstählen wie 18/10-Chrom-Nickel-Legierungen bestehen. In der Messerstadt Solingen siedelte sich eine Reihe von Manufakturen an, die weltweiten Ruf genießen. Es werden dort Messer mit Klingen hergestellt, die in puncto Festigkeit und Zähigkeit aufgrund erzielter

Standzeit, Schnitthaltbarkeit und Schärfe Konkurrenzprodukten überlegen sind. Zusätzlich werden in Fällen, bei denen diamantartige Beschichtungen zum Einsatz kommen, enorme Werte für die Klingenhärte, niedrige Reibwerte und hohe Haftfestigkeit erzielt. Der Gebrauchswert der Klingen wird durch das Diamond-like-Coating-Verfahren deutlich erhöht. Neben der aufgeführten extrem hohen Härte, Abriebfestigkeit und dem niedrigen Reibungskoeffizienten zeichnet sich die Schicht durch ihre Resistenz gegen Säuren, Basen und andere aggressive Medien aus. Physiologisch und lebensmittelhygienisch ist die Schicht unbedenklich.

Polierte DLC-Schichten sind tiefschwarz glänzend, mattierte oder gestrahlte Oberflächen stellen sich matt anthrazit dar. Die Struktur der Oberfläche ist auch mit DLC-Beschichtung deutlich zu erkennen, weswegen sie sich auch für Damaststahl eignet. Messer aus nicht rostfreiem Stahl werden durch die DLC-Beschichtung quasi rostfrei, ohne ihre hervorragenden Schneideigenschaften einzubüßen. Zwei verschiedene Arten der Beschichtung werden angewendet. Bei dem ersten Verfahren werden die Klingen nach der Beschichtung scharf geschliffen. Dadurch bildet die Schneidfase durch ihre silberne Farbe einen schönen Kontrast zur schwarzen Klinge, sie ist allerdings nicht vor Korrosion geschützt. Dies ist in der Praxis allerdings unerheblich. Beim zweiten Verfahren wird die Klinge im bereits geschärften Zustand beschichtet. Deswegen ist die gesamte Klinge einschließlich der Schneidfase durch die Beschichtung geschützt. Außerdem dauert es aufgrund der hohen Härte der DLC-Beschichtung deutlich länger, bis das Messer das erste Mal nachgeschliffen werden muss.

Die physikalische Gasphasenabscheidung (PVD), die Sputter-Technologie, die Lichtbogenverdampfung und die PACVD-Technik stellen die vier am weitesten verbreiteten Oberflächenbeschichtungsmethoden dar. Beim Einsatz von PVD-Techniken wird ein Grundmaterial, bei dem es sich zumeist um ein Metall handelt, von einem Festkörper aus unter Vakuumbedingungen verdampft. Ein Objekt, das diesem Dampf ausgesetzt ist, wird dann beschichtet, indem das verdampfte Material auf das Objekt abgelagert wird. PVD-Schichten sind nur wenige Mikrometer dick, besitzen dabei allerdings eine sehr hohe Oberflächenhärte. Derartige Beschichtungen können dem Objekt besondere Eigenschaften verleihen, beispielsweise einen besonders hohen Verschleißschutz oder besonders geringe Reibungskoeffizienten. Damit keine unerwünschten Reaktionen mit der Luft entstehen, findet der Beschichtungsprozess in einer Vakuumkammer statt, wobei allerdings häufig in geringen

Mengen gezielt Prozessgase wie zum Beispiel Argon oder Stickstoff beigefügt werden. Die PVD-Technik ist ein umweltfreundlicher Prozess, da mit geringem Ressourceneinsatz besondere Oberflächeneigenschaften erzeugt werden können und nahezu keine Abfälle oder Abgase produziert werden.

Beim Sputter-Verfahren wird das Schichtmaterial direkt vom festen in den gasförmigen Zustand überführt. Hierdurch können verfahrensbedingt keinerlei tropfenförmige Makropartikel auf der Schichtoberfläche auftreten. Das Ergebnis sind extrem glatte Beschichtungen. Zudem liegen die Temperaturbereiche, bei denen Sputter-Schichten hergestellt werden, deutlich niedriger als bei chemischen Gasphasenabscheidungsverfahren. Eine Einschränkung in der Wahl der zu beschichtenden Elemente gibt es theoretisch hier nicht. Die Sputter-Technologie eröffnet daher eine Fülle von Möglichkeiten hinsichtlich der Auswahl und Kombination von Schichtwerkstoffen.

Ein weiteres bedeutungsvolles Verfahren ist durch die Lichtbogenverdampfung gegeben, die ursprünglich aus der elektrischen Schweißtechnik entstand. Erst allmählich ergaben sich hieraus weitere Anwendungen für die Hartstoffbeschichtung. Bei diesem Verfahren wird das Verdampfungsmaterial, das immer elektrisch leitend sein muss, als feste Platte beliebig horizontal oder vertikal in eine Vakuumkammer eingebracht und als Kathode mit negativem Potential verschaltet. Wie beim elektrischen Schweißen wird mit der Anode kurzzeitig ein Kontakt erzeugt, wodurch ein Lichtbogen entsteht. Der Flusspunkt des Lichtbogens konzentriert sich auf einen kleinen Brennfleck von einigen Mikrometern Durchmesser, der sich auf der Oberfläche des zumeist magnetisch begrenzten Verdampfungsmaterials bewegt. Aufgrund der hohen Energiedichte verdampft das Material direkt, ohne dabei eine großflächige Schmelze zu bilden. Es entsteht somit ein hochkonzentriertes Plasma in Form einer Dampfkeule. Das zu beschichtende Substrat wird dann, in der Regel mehrfach gedreht, um eine homogene Beschichtung zu gewährleisten, durch diese Dampfkeule geführt.

Wenden wir uns zum Abschluss unserer Besprechung noch der plasmaunterstützten chemischen Gasphasenabscheidung (PACVD) zu. Während bei der PVD-Technik das Beschichtungsmaterial in der Regel in fester Form vorliegt und ggf. durch Wärmezufuhr verdampft wird, erfolgt die Zufuhr bei der chemischen Gasphasenabscheidung (CVD) in der Gasphase. So kann z. B. zur Erzeugung von Kohlenstoffschichten Acetylen oder siliziumhaltige Schichten des Zungenbrechers Hexamethyldisiloxan zugeführt werden, das im Plasma gecrackt und damit zur Beschichtung zur Verfügung gestellt wird. Bei der

PACVD-Technik sind deutlich tiefere Bearbeitungstemperaturen gegenüber klassischen CVD-Beschichtungen möglich, wodurch eine größere Auswahl an Materialen beschichtet werden kann. Derartige Schichten kommen vorwiegend in tribologischen Anwendungen aufgrund von Reibungsarmut und Verschleißfestigkeit zum Einsatz.

Lassen wir uns nun von Kohlenstoff in seiner faszinierendsten Form, dem Diamanten, verzaubern. Hier befassen wir uns mit einer Diamantenart, von der die meisten Menschen gar nicht wissen, dass es sie gibt, schwarze Diamanten nämlich. Während weiße Diamanten das Licht in all seinen Spektralfarben reflektieren, absorbieren es schwarze Diamanten nahezu total. Es gibt sie in zwei sehr unterschiedlichen Herkunftsformen. So gibt es schwarze Diamanten, die wie weiße auch unter hohem Druck in vulkanischen Schichten gebildet werden, und solche, die uns vor grauer Urzeit aus dem All zugeflogen sind. Im Folgenden sei diesen unsere Aufmerksamkeit gewidmet. Sie werden auch als Carbonado bezeichnet, dem aus dem portugiesischen abgeleiteten Wort für Kohle. Diese Edelsteine sind aus Sternenexplosionen entstanden und als riesige Asteroiden auf der Erde eingeschlagen. Auf das Thema wurde ich aufmerksam, als mir meine Gattin erzählte, dass sie in der Auslage eines Schmuckgeschäftes in der Innenstadt von Konstanz, wo ich mich wegen meiner MS zu einer Reha-Maßnahme aufhielt, eine Kette mit einem total schwarzen Stein gesehen hätte, der an seinen Rändern blitzartige Reflexe aufwies.

Im Jahr 2007 konnte die Herkunft der mysteriösen Carbonado-Diamanten wissenschaftlich geklärt werden. Die schwarzen Diamanten, deren Oberfläche so dunkel ist wie die der Kohle, entstanden demzufolge im interstellaren Raum. US-Forscher fanden dies heraus, indem sie das Absorptionsspektrum von Carbonado-Diamanten mit dem von kosmischen Nanodiamanten und präsolaren Diamanten in Meteoriten verglichen. Einige Forscher hatten schon länger spekuliert, dass die porösen Carbonado-Diamanten, die nur in Zentralafrika und Brasilien zu finden sind, kosmischen Ursprungs sein könnten. Es war bis dato aber nicht gelungen, das charakteristische Infrarotspektrum der schwarzen Steine zu bestimmen, da ihre Poren mit Quarzmineralien verstopft sind, die Infrarotlicht jeder Wellenlänge verschlucken. Um in dieser Thematik weiterzukommen, zermahlten die amerikanischen Forscher Diamantproben und entfernten den Quarz mithilfe von Salz- und Flusssäure.

Anschließend bestrahlten sie die Proben mit Synchrotronstrahlung, die eine höhere Intensität hat als andere Infrarotquellen. Sie stellten fest, dass das Spektrum der Carbonado-Diamanten dem von Diamanten aus Meteoriten auffallend ähnelt. Auch die Spektren einiger Sterne, in deren Umfeld Nanodiamanten vermutet werden, ähnelten dem, was die Forscher erhielten. Sie schlossen daraus, dass die Carbonado-Diamanten, die sich durch außergewöhnliche Härte auszeichnen, im interstellaren Raum entstanden seien. Aus dem Verhältnis der Kohlenstoffisotope und der Stickstoffeinschlüsse folgerten die Forscher, dass es sich um eine wasserstoffreiche Umgebung handelte. Die Forscher vermuteten weiter, die Carbonado-Diamanten könnten durch einen Meteoritenschlag auf die Erde gekommen sein. Demnach stürzte vor Millionen von Jahren ein Diamantbrocken mit einem Durchmesser von einem bis drei Kilometern auf die Erde und zersplitterte dabei. Solch ein Riesendiamant könnte sich im Inneren eines Kohlenstoffplaneten oder eines kristallinen weißen Zwergs gebildet haben.

Die beschriebenen Vorkommnisse zur Herkunft der Carbonado-Diamanten ereigneten sich vor 2,6 bis 3,8 Milliarden Jahren. Zu dieser Zeit hingen der südamerikanische und der afrikanische Kontinent noch zusammen. Dies erklärt das Auftreten der Fundorte der Carbonado-Diamanten sowohl in Brasilien als auch in Zentralafrika. Der Carbonado-Diamant als äußerst seltene poly-kristalline Varietät des Minerals Diamant hat eine derart hohe Härte, dass er mit normalen Schleifmethoden nicht zu bearbeiten ist. Er würde sich demzufolge selbst wegen seiner abrasiven Eigenschaften als sensationell wirksames Schleifwerkzeug für die technische Industrie eignen. In der Praxis wird dies natürlich wegen seiner überaus seltenen Vorkommen nicht praktiziert. Im Anbetracht seines geringen spezifischen Gewichtes weist er gleichwohl eine Dichte mit Werten zwischen 3,1 und 3,4 Gramm pro Kubikzentimeter auf, was im Vergleich zu herkömmlichen weißen Diamanten mit üblicherweise 3,5 Gramm pro Kubikzentimeter sehr gering ist. Der Grund für das geringe spezifische Gewicht der Carbonado-Diamanten liegt in der mikrokristallinen Porosität des Kristallgefüges aufgrund von Einschlüssen von anderen, im Vergleich zu Kohlenstoff leichteren Elementen wie beispielsweise Wasserstoffatomen. Wasserstoffisotopenanalysen haben gezeigt, dass Carbonado Spuren von Stickstoff und Wasserstoff dergestalt enthalten, dass sich das spezifische Gewicht von Carbonado von dem weißer Diamanten unterschreitet. Dem menschlichen Auge bleiben diese Nanokristallite der schwarzen Diamanten verborgen.

Raumfahrttechnologie gilt in den Augen vieler als extrem teuer. Dass Raumfahrttechnologie auch zu Kosteneinsparungen beitragen kann, sei am Fall eines hochstickstoffhaltigen Martensit-Stahles verdeutlicht. So halten

Speziallager dieses Superstahls für die Pumpen der Triebwerke des Spaceshuttles unter den Extrembedingungen eines Raumfahrteinsatzes zehnmal länger als herkömmliche Lagerausführungen stand, und dies bedeutet immense Kostenvorteile. Dabei stehen schließlich nur flüssiger Sauerstoff und Wasserstoff als Schmiermittel zur Verfügung.

Die Druckaufstickung während der Stahlproduktion, das heißt die Einbringung von zusätzlichem Stickstoff unter erhöhtem Druck, wurde in den 1990er-Jahren beispielsweise von einem Essener Unternehmen, das sich auf stickstofflegierte Stähle für vielfältige Einsatzbereiche spezialisiert hatte, in enger Zusammenarbeit mit Partnern in Wissenschaft und Industrie entwickelt. Durch die interstitielle Einbindung des Stickstoffs im Gitterverbund des Stahls wird die Festigkeit und Korrosionsbeständigkeit des Werkstoffs deutlich erhöht, ohne dass die Duktilität reduziert wird. Nachdem im Laufe der Zeit die besonderen Vorteile, die der Werkstoff beispielsweise hinsichtlich seiner außergewöhnlichen Verschleißbeständigkeit bietet, bei den Konstrukteuren auf Resonanz stießen und auch eine wirtschaftliche Verarbeitung möglich wurde, kam der Raumfahrtwerkstoff zunehmend bei hochbeanspruchten Werkzeugen und Komponenten im Maschinen- und Fahrzeugbau zum Einsatz. Bei Lagern einer Berliner Universalkugellagerfabrik für Arbeitsspindeln in Werkzeugmaschinen, insbesondere bei Hybridlagern mit Keramikkugeln höherer Härte, gewährleistete der Martensit-Stahl mit seinem hohen Stickstoffanteil die für die Walkarbeit der Lager unter Last so wichtige Dauerfestigkeit, damit die Spindellager als Loslager die axiale Wellendehnung im Lager selbst aufnehmen konnten. Die Lager haben für Anwender gravierende Vorteile wie längere Lebensdauer, höhere Belastbarkeit, höhere Grenzdrehzahl sowie geringere Wärmeentwicklung.

So setzte eine große Gosheimer Maschinenfabrik mit mehr als 1.000 Mitarbeitern in ihren CNC-Universalfräs- und -Bohrmaschinen ausschließlich Lager aus dem Essener Martensit-Stahl ein, ebenso wie in ihren Bearbeitungs-zentren an Spindeln mit Drehzahlen über 10.000 Umdrehungen pro Minute. Auch die Flugzeugindustrie verwendete das Material insbesondere in Verstellantrieben von Flugzeuglandeklappen und für Lager der Haupt-antriebswellen großer Flugzeuge. Im Maschinen- und Anlagenbau wird der Werkstoff insbesondere für hochbeanspruchte Komponenten wie Lager und Zahnräder verwendet. Neben der Verwendung bei Hermes wurden beispielsweise Applikationen für Arbeits- und Haushaltsmesser sowie chirurgische Bestecke möglich. Die Vorteile des Werkstoffs liegen auf der

Hand. Während bei konventionellen hochkohlenstoffhaltigen Stählen die Bruchzähigkeit mit zunehmender Zähigkeit abnimmt und man hierdurch spröde, mikrorissempfindliche Werkstoffe erhält, haben stickstoffhaltige Stähle wie der Essener Martensit-Stahl selbst bei einer Festigkeit von einer Milliarde Pascal eine sehr gute Bruchzähigkeit. Dies führt zu einer wesentlich höheren Verschleißbeständigkeit. So bieten Lager aus Martensit-Stahl eine fünfmal längere Lebensdauer als diejenigen aus M50-Stahl. Außerdem besitzt der Werkstoff eine bis zu hundertmal bessere Korrosionsbeständigkeit als andere kohlenstoffhaltige Wälzlagerstähle. Die Härte kann durch entsprechende Wärmebehandlung auf beachtliche Werte eingestellt werden.

Hergestellt wird der Martensit-Stahl mithilfe des sogenannten Druck-Elektroschlacke-Umschmelzverfahrens (DESU), bei dem der Stahl in einem geschlossenen Umschmelzofen unter Druck erschmolzen wird. Während des Umschmelzprozesses werden kontinuierlich feste Stickstoffträger wie Siliziumnitrid hinzugefügt, um den Stickstoffgehalt im sogenannten Ingot zu erhöhen. Dieser Schmelzprozess verschafft dem Martensit-Stahl ein sehr homogenes und feinkörniges, seigerungsfreies Gefüge, in dem die Kohlen-stoffnitride gleichmäßig verteilt vorliegen. Neben der chemischen Zusammen-setzung ist dieses Gefüge für die guten mechanischen Eigenschaften des Werkstoffs verantwortlich.

„Mut ist auf einem falschen Weg umzukehren", war die Überschrift einer Pressemitteilung des Technologienehmers. „Ein Meilenstein. Nach der Krise in der Branche Anfang der 1990er-Jahre hat man uns vertraut, aber nicht mehr viel zugetraut", konstatierte der Marketingdirektor. Es dauerte knapp zehn Jahre, bis man sich in Schweinfurt bei dem großen Wälzlagerhersteller wirklich freuen konnte über die neue Marke. Von Nachteil war zu dieser Zeit der hohe Preis. Mit ihrer neuen Marke hätte es eigentlich gelingen müssen, sich von den übrigen Konkurrenten auf Dauer abzusetzen. Die Struktur des Wälzlager-marktes verlangte danach, wobei der Wälzlagerhersteller in einem harten Wettbewerb stand. Die größten Hersteller teilten sich etwa 70 Prozent des weltweiten Kuchens von mehr als 25 Milliarden Euro. Zwischen den Topanbietern bestanden nur marginale Unterschiede bei Preis, Qualität und Service. Doch den Schweinfurtern gelang es nicht, den Markt für den Martensit-Stahl zu öffnen. Die Marke des Schweinfurter Wälzlagerherstellers wurde laut Aussage seines Werbechefs durch diese bedeutende Entwicklung nicht aufgewertet. Daran änderten selbst beste Referenzen aus der Luft- und Raumfahrt nichts, wo die Speziallager erfolgreich eingesetzt wurden. Die NASA sparte immense Kosten dadurch, dass die Lager zehnmal länger hielten als herkömmliche. Stattdessen wurde es still um den Martensit-Stahl, ein Shuttle nach dem anderen flog mit dem Superstahl ins All – und der Wälzlagerhersteller schwieg, statt seine technologische Kompetenz mitzuteilen und sich dadurch einen wichtigen Wettbewerbsvorsprung zu verschaffen.

Als dann die Schweinfurter Martensit-Lager quasi als eine Art Notlösung in einer Kettensäge eingesetzt wurden, war plötzlich die ersehnte Nachfrage aus dem Maschinenbau da. Gefragt war allerdings eher der Stahl, nicht so sehr die Kugellager aus diesem Stahl. Der Kugellagerhersteller war, das ergab eine genaue Analyse, zu stark an den Werkstoffen kleben geblieben. „Wir haben den Produktnutzen vor den Kundennutzen gestellt", räumte der Werbechef des Lagerherstellers ein. Wichtige Faktoren, die das Leben einer Maschine entscheidend verlängern, waren entweder gar nicht, falsch oder nur vereinzelt kommuniziert worden. Also ein Fehler, den man längst überwunden zu haben glaubte. Das Ziel, den Markt für die Hightech-Lager um industrielle Kunden zu erweitern, schien in weiter Ferne zu sein. Als Ausweg aus dem Dilemma sollte ein außergewöhnliches Marketingkonzept helfen. Das war die Geburtsstunde einer neuen Marke beim Lagerproduzenten. Die Idee bestand darin, Wälzlagersystemlösungen mit einer neu geschaffenen Marke zu versehen. Experten sprechen von Branding. Die sollte dem Anwender auf einen Blick vermitteln, dass dieses Produkt einen x-fachen Nutzen, eine x-fache Lebensdauer und eine x-fache Qualität bietet.

Zum Marketingkonzept gehörte es, dass zur Demonstration der besagten Attribute als X-Life-Kugellager nicht einzeln und unabhängig beworben wurden, sondern unter einem Dach, als maßgeschneiderte Lösung des Lagerproduzenten. Ganz bewusst wurden Werbeelemente aus modernen Lifestyle-Magazinen entnommen und in die Branchenmedien transportiert. Es sollten Emotionen geweckt werden und nicht Hightech-Rätsel aufgegeben werden. Nach einer jahrelangen Odyssee wussten die Schweinfurter nun, wo es langging, wie der Superstahl aus der Raumfahrt auch dem bodenständigen Maschinenbau schmackhaft gemacht werden konnte. Parallel zum Bekanntheitsgrad stieg die Nachfrage nach den Extremkugellagern. Man verhandelte unter anderem mit Verkehrsbetrieben über einen Einsatz im Schienenverkehr. Medienwirksam wurde ein neu konzipiertes X-Life-Lager für ein umweltschonendes Kleinkraftwerk ausgeliefert, und zwar für den Einsatz im Wasser. Danach gab es Anfragen zuhauf. Nicht nur von potenziellen

Kunden. Plötzlich interessierten sich sämtliche Medien für die innovativen Kugellager, die es doch eigentlich schon seit Jahren gab.

Funktionelle und dekorative Beschichtungen von Magnesium, die mit galvanischen Verfahren erzeugt werden, kommen seit der Jahrtausendwende verstärkt im Bereich der Automobilindustrie und in der Elektroindustrie zum Einsatz. Bei hochwertigen Produkten wird Magnesium oftmals als ein Material eingesetzt, um Gewicht zu sparen und seine guten Gießeigenschaften auszunutzen. Magnesium kann schlechthin als ein Werkstoff der Zukunft angesehen werden. Es ist leichter als Aluminium bei höherer Festigkeit und unkompliziert in der Bearbeitung. Es ereignet sich für Gussteile und seine Zerspanung ist mit hoher Geschwindigkeit möglich. Nicht zuletzt deshalb spielt Magnesium in den Bereichen Telekommunikation, EDV und Kfz eine wichtige Rolle, die in der Zukunft weiter an Bedeutung gewinnen wird. In diesem Zusammenhang gibt es eine Reihe von Akteuren, die sich in diesem Umfeld etabliert haben.

Als einen der Player hatten wir in diesem Zusammenhang eine Firma im oberbayerischen Geretsried identifiziert. Dieses Unternehmen blickte auf eine langjährige Erfahrung in der galvanischen Beschichtung von Magnesium zurück und hatte hierbei eingehende Erfahrungen im industriellen Bereich gesammelt. Es werden Magnesiumteile aus den genannten Bereichen mit dekorativen Oberflächen beschichtet. Bei der Magnesiumbeschichtung werden unterschiedliche Ansprüche an die Oberfläche realisiert. Hierzu zählen Korrosionsschutz, Abriebfestigkeit und Abschirmung. Die galvanische Beschichtung von Magnesium ist vergleichbar mit dem Galvanisieren von Aluminium.

Die dekorative Beschichtung von Magnesiumdruckgussteilen stellt hohe Anforderungen an die Qualität der Oberfläche von Druckgussteilen. Grundsätzlich besteht das Problem, dass die Porosität des Gusses mit zunehmender Tiefe im Werkstück höher wird, das heißt, wenn durch Schleifen oder Polieren ein Abtrag stattfindet, dann steigt das Risiko von Oberflächenfehlern deutlich an. Insofern muss durch entsprechende Maßnahmen beim Druckgussvorgang sichergestellt werden, dass eine möglichst glatte und porenfreie Oberfläche erzielt wird, um den Ausschuss gering zu halten. In diesem Zusammenhang ist auch eine möglichst schonende Vorbehandlung wichtig, um zu verhindern, dass Poren, die dicht unter der Oberfläche sitzen, durch das Beizen geöffnet werden.

Bei den klassischen Druckgussverfahren gibt es Beispiele von Anwendungen, die seit vielen Jahren erfolgreich am Markt sind. Die überwiegende Anzahl dieser Projekte weist eine matte Chromoberfläche auf. Bemusterungen an Teilen aus der Konsumgüterindustrie zeigten aber, dass es durchaus möglich ist, auch hochglänzende Oberflächen ohne vorheriges Schleifen oder Polieren zu beschichten. Maßgeblich für die Qualität der Oberfläche ist aber wie bereits ausgeführt die Qualität des Druckgusses. Fehlstellen sind dementsprechend sichtbar. Im Falle kleiner Poren gibt es eine gewisse Überbrückungswirkung aufgebrachter Kupferschichten, sodass diese durch die Beschichtung ausgeglichen werden.

Durch intensive Forschungsarbeiten zum Einsatz von Magnesiumblechen fand man heraus, dass sich diese Materialien ebenfalls galvanisch beschichten lassen. Zentrales Problem dabei sind die Trennmittel aus den Verformungsprozessen, weil bei der Warmverformung von Magnesiumblechen häufig Graphit als Trenn- beziehungsweise Schmiermittel eingesetzt und dabei in die Oberfläche eingearbeitet wird, was bei der galvanischen Beschichtung dann zu Fehlstellen führt. Damit gilt für die Beschichtung von Magnesiumblechen dieselbe grundsätzliche Problematik wie bei Druckgussteilen. Bei einer sauberen Oberfläche der Rohteile sind sehr gute dekorative Ergebnisse erzielbar, für die allerdings zuvor Aufwand in die mechanische Vorbearbeitung im Hinblick auf Schleifen oder Polieren gesteckt werden muss, um 1a-Oberflächen zu erzielen.

Basierend auf den erzielten Erfahrungen für Magnesiumbeschichtungen in der Großserienproduktion erschlossen sich zahlreiche Möglichkeiten für den Einsatz von galvanisch beschichteten Magnesiumbauteilen in Anwendungsfeldern wie Teilen im Kfz-Innenraum einschließlich Griffen, Schaltern und strukturellen Bauteilen. Bei tragbaren Geräten machte man Fortschritte zur Gestaltung struktureller und dekorativer Teile und man kam auch zu Neuerungen für Chassisteile bei optischen und elektronischen Geräten wie zum Beispiel Ferngläsern, Kameras, Handys etc.

Wesentliches Kriterium für den erfolgreichen Einsatz von Magnesiumdruckgussteilen ist dabei stets die Oberflächenqualität und Porosität des Gusses. Wenn es gelingt, die Oberflächenqualität des Gusses so weit zu verbessern, dass mechanische Bearbeitungen nicht oder nur in geringem Maße notwendig werden, dann wird Magnesium als Werkstoff auch bei preiswerteren Produkten Einzug halten.

Dekorative Oberflächen von Kunststoffen sind inzwischen im Alltag weit verbreitet. Hierzu zählen vor allem spritzgegossene Kunststoffteile mit metallischer Beschichtung. Diese werden in vielen Bereichen für dekorative und technische Anwendungen benötigt. Dazu gehören Gehäuse in der Telekommunikation, verschiedene Anwendungen für verspiegelte Kunststoffflächen wie beispielsweise Reflektorbeschichtungen. Hochglanzoberflächen, Metallic-Effekte und partielle Lackierungen erweitern die gestalterischen Möglichkeiten enorm und machen die Substitution von Metallkomponenten durch Teile aus Kunststoff möglich.

Die dekorative Kunststoffmetallisierung wird zum Beispiel durch die uns schon bekannte Vakuumbeschichtung in Form der physikalischen Gasphasenabscheidung (PVD) erzeugt. Durch das Aufbringen von dünnsten Schichten aus Kupfer, Aluminium, Zinn, Gold oder Silber sind verschiedene metallische Effekte wie Edelstahl-, Aluminium-, Altmessing- oder Goldeffekte umsetzbar. Die Kombination mit farbigen Decklackierungen ist ebenfalls möglich. Die Schichtdicken bewegen sich dabei typischerweise zwischen zwei und fünf Mikrometern. Es handelt sich grundsätzlich um einen relativ kostengünstigen Prozess.

Viele Kunststoffe werden heutzutage lackiert, sei es aus dekorativen Gründen oder um sie gegen Witterung, Lösungsmittel und Verkratzen zu schützen. Polyurethanlacke haben sich als Standard erwiesen, um über eine Vielzahl von Möglichkeiten die Oberfläche von Kunststoffen zu variieren. Flexible Polyurethan-Kunststofflacke verbessern zudem das Stoß- und Schlagverhalten der Substrate. Gegenüber starren Lackierungen verformen sie unter extremen Beanspruchungen die Kunststoffe und beugen somit einem Materialbruch vor. Kunststofflackierungen sind meist in drei Schichten aufgebaut. Die Grundierung (Primer) dient der Haftungsverbesserung und dem Abdecken von Fehlstellen im Kunststoff. Der Basislack hat die Farb- und Effekteinstellung wie Metallic-Effekte zur Folge. Decklacke werden zur Farbgebung und als Schutzschicht gegen Verwitterung, Lösungsmittel und Verkratzung eingesetzt. Klarlack dient ebenfalls als Schutzschicht gegen Verwitterung, Lösungsmittel und Verkratzung. Eine Spezialität ist der sogenannte Soft-Feel-Lack einer bereits erwähnten Leverkusener Firma mit ihrem Material-Science-Geschäftsbereich, der Kunststoffen in einer Vielzahl von Anwendungen eine angenehme, hochwertige Haptik verleiht. Das Unternehmen steuert im Kunststoffsektor mit Blick auf den Kfz-Bereich unter anderem innovative chemiebasierte Werkstoffe, nachhaltige Materiallösungen und Prozesstechniken bei. Ob in Autos, Lastwagen, Bussen oder Zügen – Kunststoffe haben längst ihren festen Platz im Materialportfolio der Fahrzeuge eingenommen. Kunststoffe machen Autos leichter und sparsamer, ermöglichen praktisch jedes Design und sind einfach in der Verarbeitung.

So sehr Kunststoffe mit glatten, dekorativen Oberflächen eine hohe Wertanmutung ausstrahlen und dem Trend nach mehr Individualität entsprechen, so wenig hat dieser Eindruck Bestand, wenn der Lack verschmutzt ist oder Graffitis darauf prangen. In solchen Fällen hilft jedoch eine schnelle, einfache und umweltverträgliche Reinigung von Lackoberflächen wie den Easy-to-Clean-Beschichtungen auf Basis wässriger Polyurethandispersionen des Leverkusener Materialspezialisten. Auf diese Weise werden Lacke dauerhaft geschützt, was eine signifikante Verlängerung der Lebensdauer zur Folge hat und der Schonung von Ressourcen entgegenkommt.

Neben den Polyurethandispersionen wandten sich die Leverkusener Forscher in Sachen Easy-to-Clean-Beschichtungen auch der als Schlüsseltechnologie des 21. Jahrhunderts bezeichneten Nanotechnologie zu. Nach eigenen Angaben führten sie in ihren Publikationen ihre nachfolgend wiedergegebenen Motivationen, Technologiestatus und Ziele aus. Die Verringerung der Dimensionen im Nanoskalabereich sowie eine Kombination anorganischer Nanopartikel mit organischen Bausteinen führt zu Materialien mit komplementären Eigenschaften und neuen Funktionen. Eine besondere Bedeutung kam dabei von Anbeginn Beschichtungsanwendungen zu, da auf diesem Sektor bereits in einem frühen Stadium kommerzielle Erfolge erzielt werden konnten. Wesentliche Produkte wurden auf dem Gebiet photokatalytischer Beschichtungen, selbstreinigender oder Easy-to-Clean-Beschichtungen, OEM-Clear-Coat-Anwendungen sowie bei Korrosionsschutzanwendungen auf den Markt gebracht.

Es sind eine Vielzahl funktioneller Nanopartikel erhältlich, die sich in ihrer Morphologie sowie Chemie unterscheiden und dadurch unter Erhalt der Transparenz unterschiedliche Funktionen in den resultierenden Nano-komposit-Beschichtungen bewirken können, die ab einer kritischen Teilchengröße den jeweiligen spezifischen Brechungsindex bestimmen. Prinzipiell lassen sich Nanopartikel in sphärische, stabförmige sowie schicht-förmige Typen aufteilen, wobei die Morphologie eine wesentliche Bedeutung für die Eigenschaften haben kann. Plättchenförmige Schichtsilikate lassen sich beispielsweise als Barrierematerialien in Beschichtungen einsetzen, die die Migration von Gasen oder Flüssigkeiten verringern. Stabförmige Carbon-Nanoröhrchen bewirken im Falle erfolgreicher „Entknäulung" schon bei geringen Mengen eine hohe Leitfähigkeit sowie mechanische Festigkeit. Die sphärischen Nanopartikel zeichnen sich insbesondere durch die große Vielzahl an chemischen und physikalischen Unterschieden aus. So zeigen Nanopartikel Effekte bei der Katalyse, biozide Wirkung, Kratzfestigkeit, UV-Schutz, Photokatalyse und vieles mehr. Neben dem Einbringen von Nanopartikeln finden auch Hybridtechnologien ihre Aufmerksamkeit, bei denen organische Polymere mit Sol-Gel-Prozessen kombiniert werden. Es können interpenetrierende Netzwerke oder in situ gefällte Nanopartikel beziehungsweise kombinierte Systeme entstehen. Durch derartige Hybridtechnologien können zusätzlich Eigenschaftsverbesserungen bei Easy-to-Clean-Anwendungen, in der Selbstreinigung, Wasserfestigkeit, Haftung und im Korrosionsschutz erzielt werden.

Ein wichtiges Thema bei den Leverkusener Materialwissenschaftlern war die Entwicklung spezieller Sol-Gel-Bausteine und deren Einbindung in Beschichtungssysteme. Die Formulierung eines zyklischen Sol-Gel-Precursors in organischen Beschichtungsmaterialien gestattete es, die Eigenschaften organischer Bausteine im Hinblick auf Zähigkeit und Elastizität mit denen anorganischer Sol-Gel-Bausteine im Hinblick auf Härte und chemische Beständigkeit zu kombinieren.

Charakteristika des neuen polyfunktionalen Sol-Gel-Precursors sind eine geringe Schrumpfung im Kondensationsprozess, hohe Elastizität, photochemische Stabilität, Lagerstabilität und gute Kompatibilität zum organischen Polymer. In Kombination mit Metall-Alkoxiden konnten daraus transparente, elastische Sol-Gel-Schichten gebildet werden. Hybride Polyurethanbeschichtungen basierend auf interpenetrierenden Netzwerken solcher Sol-Gel-Kondensate und der organischen Polymere ergaben ein verbessertes Eigenschaftsprofil. Die chemische Beständigkeit, Säurebeständigkeit, Kratzfestigkeit und Mikrohärte in 1K- und 2K-PUR-Hybridlacken konnten gleichzeitig verbessert werden. Außerdem zeigten solche zyklischen Sol-Gel Bausteine Vorteile in Easy-to-Clean-Systemen.

Die größten technologischen Sprünge erwarteten Rohstoffhersteller und Endanwender entsprechend bei Kratzfestigkeit, Selbstreinigungs- beziehungsweise Easy-to-Clean-Beschichtungen sowie verbesserter Beständigkeit, gefolgt von antimikrobiellen Eigenschaften, UV-Schutz, Wasserbeständigkeit, Haftung und Photokatalyse. PU-Lacke, die aufgrund ihres hochwertigen Leistungsprofils in derartigen Anwendungen eingesetzt werden, konnten durch den Einsatz von Nanotechnologie noch deutlich verbessert werden.

Neben den Erwartungen und den bereits gefundenen positiven Effekten bei nanotechnologisch veredelten Beschichtungen gibt es Herausforderungen wie Verarbeitbarkeit, Preis sowie Umwelt- und Gesundheitsaspekte, die berücksichtigt werden müssen. So kann die Herstellung, Formulierung und anwendungstechnische Verarbeitung derartiger Beschichtungsrohstoffe in althergebrachten Prozessen zu Komplikationen führen, sodass neue technologische Wege beschritten und das entsprechende formulierungs- und anwendungstechnische Know-how erlernt werden müssen. Der Einfluss von Nanomaterialien auf Umwelt und Gesundheit wurde intensiv untersucht und frühzeitig auch von der Bayer AG aufgegriffen. In einer Reihe von europäischen und nationalen Projekten widmeten sich Konsortien aus Industrie und unabhängiger Forschung diesem Thema, um frühzeitig mögliche Gefährdungen einschätzen zu können.

Nanotechnologie zeigt sich als ein weiter entstehendes Umfeld mit Potenzialen für Beschichtungsanwendungen. Trotz anfänglicher Erfolge besteht noch immer ein großer Entwicklungsbedarf, um den technologischen Fortschritt in weitere innovative Produkte umzusetzen. Hierbei gilt es grundsätzlich, den Spagat zwischen Preis und Leistung hinzubekommen. Beschichtungen auf Polyurethanbasis zeigen in vielen Anwendungen Stärken bedingt durch ihr gutes Eigenschaftsprofil. Die Nanotechnologie kann zum einen dazu dienen, Schwachstellen zu überwinden, und zum anderen dazu, neue Anwendungen zu erschließen.

Zwar ähnlich wie die Beschichtung äußerer Oberflächen, aber natürlich auf die besonderen geometrischen Umstände Rücksicht nehmend ist auch die Veredelung von Innenflächen von Hohlkörpern, also Hohlräumen, möglich und das geht wie jetzt beschrieben. Beginnen wir mit einer Innenbeschichtung nach Maß, die man auf Neudeutsch als Puls Laser Deposition (PLD) beziehungsweise Laserstrahlverdampfen bezeichnet. Dieses Verfahren ermöglicht die maßgeschneiderte Beschichtung von Bauteilinnenflächen. Dabei gibt es auch solche, an die, wie bei den bereits behandelten Beschichtungsverfahren äußerer Oberflächen gesehen, besondere Anforderungen in Bezug auf Verschleiß, Oxidation oder thermische Stabilität gestellt werden. So können beispielsweise sogar Raketentriebwerke mit technisch anspruchsvollen Wärmedämmschichten versehen werden.

An den Innenflächen von Hohlkörpern mit einem Durchmesser von mehr als sieben Millimetern und mit einer komplexen Geometrie können mithilfe dieses Verfahrens maßgeschneiderte Schichtsysteme abgeschieden werden. Dabei sind Schichtstruktur und Schichtdickenprofil in weiten Grenzen wählbar. Das PLD gehört zu den PVD-Verfahren, bei denen wie bereits oben beschrieben das Schichtmaterial über die Gasphase abgeschieden wird. Ein gepulster Laserstrahl wird entlang der Rohrachse in das zu beschichtende Teil eingestrahlt und trifft auf ein Target. Das Target-Material wird ionisiert, es bildet sich ein Plasma. Dabei liegen die Impulslänge im Nanosekunden- und die Pulsenergie im Joulebereich. Die kurzen Pulse ermöglichen hohe Leistungsdichten, sodass das Plasma aus zum Teil hochenergetischen Ionen besteht. Man spricht von Ablation. Der Vorteil des Verfahrens besteht auch darin, dass sich die im Target enthaltenen Beschichtungsmaterialien vollständig und stöchiometrisch auf dem Substrat, der Bauteilinnenfläche, niederschlagen. Kombiniert wird diese Technik mit einer thermischen Verdampfung, die ebenfalls mittels eines gepulsten Lasers angeregt wird. Dazu dient ein Dauerstrich-CW-Hochleistungslaser mit einer Leistung von maximal einem Kilowatt und Pulsdauern von einigen Millisekunden. Auf diese Weise steht für die Beschichtung ein Teilchenstrom mit einem breiten Energiespektrum von 0,1 Elektronenvolt bis zu mehreren Kiloelektronenvolt zur Verfügung. Dadurch können auch bei niedrigen Substrattemperaturen dichte, amorphe oder mikrokristalline Schichten abgeschieden werden. Der Anteil der niedrig- und hochenergetischen Teilchen kann durch die Prozessparameter in weiten Grenzen variiert und so die Struktur der Schicht gezielt eingestellt werden. Die Kombination beider Verfahren führt auch zu einer um mehr als eine Größenordnung höheren Abscheiderate.

Mithilfe dieses Verfahrens können beispielsweise Wärmedämmschichten für die Innenwände von Raketenbrennkammern erzeugt werden. Diese Brennkammern sind extremen Temperatur- und Druckbedingungen mit zunehmender Tendenz ausgesetzt. Als Beschichtungsmaterial bietet sich hier wegen seiner guten mechanischen und thermischen Eigenschaften unter anderem Zirkondioxid an. Doch auch an den Schichtaufbau werden besondere Anforderungen gestellt. So dürfen die Schutzschichten wegen der hohen Wärmestromdichten in den Kammern nicht mehr als 20 Mikrometer dick sein. Außerdem muss die Deckschicht möglichst glatt und geschlossen sein, um den Wärmeaustausch zwischen dem Gas in der Brennkammer und der Wand möglichst gering zu halten. Diese Schicht hat daher eine amorphe Struktur. Das Schichtinnere dagegen muss genügend Poren und Mikrorisse enthalten, um thermoschockbeständig zu sein und einen möglichst großen Wärme-widerstand zu haben. Diese Zwischenschicht hat daher einen kolumnar-porösen Aufbau, durch den auch thermisch induzierte Spannungen abgebaut werden können. Den Abschluss bildet wieder eine amorphe Schicht, die als Haftvermittler zum Basiswerkstoff dient.

Das Verfahren eignet sich dazu, nicht nur Zirkonoxidschichten zu erzeugen, sondern auch zur Herstellung verschleiß- und reibungsmindernder Schichten aus Hartstoffen oder diamantähnlichen Beschichtungen (DLC). Je nach Beschichtungsmaterial und Schichtaufbau können so beschichtete Bauteile vielfältig eingesetzt werden, wie beispielsweise in der chemischen Industrie, in der Glasverarbeitung, im Motoren-, Turbinen- und Triebwerksbau, aber auch im Kraftwerks- und Reaktorbau, ebenso im Maschinenbau und in der Kunststoff- und Medizintechnik. Dabei können Schichtdicken zwischen einem Nanometer und 100 Millimetern mit hoher Präzision hergestellt werden. Da die Beschichtungstemperaturen unter 100 Grad Celsius liegen, lassen sich auch temperaturempfindliche Kunststoffe beschichten.

Am Dresdener Fraunhofer-Institut für Werkstoff- und Strahltechnik (IWS) beschäftigen sich dessen Forscher seit Mitte der 1990er-Jahre mit Beschichtungsthemen der vorgestellten Art, mit dem Fokus auf Pulvermetallurgie. Ein Schwerpunkt sind Innenbeschichtungssysteme zum Aufbringen von Pulvern mittels Laser. Ein hierzu eingesetzter Innen-beschichtungskopf basiert dabei auf dem koaxialen Prinzip der Pulverzufuhr. Neben einfachen rotationssymmetrischen Innenbeschichtungen ist damit insbesondere auch der lokale, generative Aufbau von 3-D-Strukturen an Innenflächen möglich. Der die Beschichtung aufbringende Kopf ist modular aufgebaut und kann mit unterschiedlichen Optiken für Festkörperlaser wie Faser, Scheibe oder Stab kombiniert werden. Austauschbare Normsegmente erlauben eine variable Einstellung der Eintauchtiefe, die Zufuhr aller Medien (Pulver, Gas, Kühlwasser) erfolgt geschützt innenliegend in diesen Segmenten. Das Einsatzgebiet des Innenbeschichtungskopfes ist Auftragsschweißen in Schweißpositionen mit erschwerter Zugänglichkeit. Das Mehrstrahlprinzip der Pulverzufuhr gestattet dabei auch das Schweißen an senkrechten Wänden. Anwendungsbeispiele sind Reparaturen lokaler Defekte an Rohrinnenwänden, Auftragsschweißungen an den Innenflächen gehäuseförmiger Bauteile, Beschichtungen in tief liegenden Gravuren im Formen- und Werkzeugbau sowie Innenhartpanzerungen der Rohre von Extrudiermaschinen. Das zugehörige modulare Pulverbeschichtungssystem stellt ein langfristig bewährtes modulares System von Koaxialbearbeitungsköpfen zum Laser-Pulver-Auftragsschweißen dar. Die wichtigsten Anwendungsgebiete sind Reparaturen von Flugtriebwerken und stationären Gasturbinen, Oberflächenbeschichtungen und Reparaturen von Schiffsantrieben, schnelle Designänderungen von großen Umformwerkzeugen aus dem Automobilbereich sowie Oberflächenpanzerungen von Einrichtungen zur Erdöl- und Erdgasförderung.

Wenden wir uns jetzt einem Thema zu, dass viele Autofahrern schon irgendwann einmal unerwartet nach einer Lösung suchen ließ. Konkret handelt es sich um sichtbare Schäden an Fahrzeugoberflächen, die in der Regel durch unsachgemäßen Gebrauch, Unachtsamkeit anderer Verkehrsteilnehmer oder Vandalismus hervorgerufen werden. Oftmals sind lose, Steinschlag auslösende Steine, rücksichtslose Verkehrsteilnehmer oder eine zu kleine Parklücke die Ursache für zwar kleine, aber dennoch unschöne Lackschäden, die eine Schönheitsreparatur erfordern. Dies wird seit vielen Jahren von Spezialisten der Automobilhersteller oder von auf die Behebung der genannten Schäden spezialisierte Betriebe erledigt. Smart Repair ist das in solchen Fällen erlösende Schlagwort. Der Begriff Smart Repair stammt aus dem Amerikanischen. S.M.A.R.T.-Repair ist die ursprüngliche Schreibweise. Die Abkürzung steht für „Small Middle Area Repair Technology", also für Reparaturtechniken für kleine bis mittelgroße (Karosserie-)Flächen. Unter Smart Repair versteht man Reparaturmethoden, die speziell für die Beseitigung von Kleinschäden an Kraftfahrzeugen entwickelt wurden und angewendet werden. Hierbei stellt Smart Repair eine kostengünstige Variante zu konventionellen Karosserie-, Lack-, und Innenrauminstandsetzungen dar. Reparaturen nach dieser Methode sind oftmals wesentlich kostengünstiger und umweltschonender als konventionelle Reparaturmethoden.

Zu den „klassischen" Disziplinen der Smart Repair zählen die lackschadenfreie Ausbeulungstechnik durch Dellendrücken und Beulendrücken, Kleinlackierungen (Spot Repair), Steinschlagreparatur (Verbundglasreparatur) an Windschutzscheiben, Polsterreparatur (Stoffe und Textilien), Lederreparatur einschließlich Kunstleder und Vinyl, Kunststoffreparatur innen und außen, Geruchsbeseitigung und Felgenreparatur. Einer der deutschen Automobilhersteller, die BMW AG, bewirbt seine Dienstleistungen zur Smart Repair mit den in Auszügen nachfolgend wiedergegebenen Inhalten:

Kleinere Glasschäden in der Frontscheibe sind beinahe die Regel, wenn man viel unterwegs ist. Sie sind ärgerlich und, schlimmer, in ihnen schlummert das gefährliche Potenzial der Rissbildung. Durch die Erfahrung ihrer Fachleute sei es üblicherweise möglich, dass über 70 Prozent aller Glasschäden ohne großen Aufwand reparabel seien. Einfach, schnell und kostengünstig. Speziell geschulte Serviceexperten würden jeden Glasschaden genau unter die Lupe nehmen und ihn schnell und zuverlässig beseitigen. Kleinere Steinschlagschäden auf der Windschutzscheibe würden im Standardverfahren behoben, sofern sich der Steinschlagschaden auf der Windschutzscheibe außerhalb des Fahrersichtfeldes befinde. Eine Scheibenreparatur beziehungsweise ein Scheibenersatz geschehe nur dann, wenn es wirklich erforderlich sei.

Eine kleine Delle im Blech war laut führender Automobilhersteller früher eine kostspielige Angelegenheit, inzwischen sei es dank modernster Verfahren eine Kleinigkeit. Die modernen Rückformungstechniken verzichten dabei auf Ausbeulungsmethoden, die den Lack schädigen. Eine teure Lackierung bleibt dem Kunden so erspart. Die Methode ist ideal bei Blechschäden wie Dellen, Knicken, Stauchungen etc. ohne Beschädigung des Originallacks sowie bei Schäden bis 60 Millimeter Durchmesser.

Kratzer im Lack sind schnell passiert. Sie sind alles andere als sehenswert und stören Optik und Ausstrahlung des Fahrzeugs. Die Schönheitsreparatur behebt den Lackschaden präzise und sorgt für neuen Glanz. Die Herstellergarantie gegen Durchrosten bleibt erhalten. Das Verfahren ist ideal bei kleinen Lackschäden in Randzonen- und Kantenbereichen bis zu 25 Millimeter, Kratzern bis 100 Millimetern Länge und maximal zwei Schadstellen je Bauteil.

Leichtmetallfelgen setzen ästhetische Akzente an jedem Kraftfahrzeug. Doch schon eine kleine Unachtsamkeit wie eine Bordsteinberührung beim Einparken kann zu hässlichen Schäden führen. Dann hilft die Felgenreparatur einer Fach- oder Spezialwerkstatt, wobei die Spezialisten mit einer innovativen Spachtelmasse die Felgen reparieren und lackieren. Die Felgenreparatur trotzt anschließend allen Witterungseinflüssen. Der Service umfasst im Einzelnen die Merkmale, dass er optisch perfekt auf die Felge abgestimmt ist und dass er wirksam ist bei Beschädigungen bis maximal einem Millimeter Tiefe, die nicht weiter als fünf Zentimeter vom Felgenhorn entfernt sind.

Hochwertige Verbund- und Kunststoffe verkleiden und schützen die Technik der Fahrzeuge. Sie prägen ihr unvergleichbares Äußeres. Bei Beschädigungen lassen sie sich jedoch leider nicht einfach rückformen. Die Reparaturen erfordern dementsprechende Sorgfalt der Fahrzeugtechniker.

Kapitel 5: Energie

„Elftes Gebot"

„Du sollst nicht über deine Verhältnisse auf Kosten anderer leben", ist ein Slogan, der von vielen Menschen nicht oder nur widerwillig beherzigt wird. Hierzu zählt ganz besonders der Raubbau an fossilen Energieträgern, anstatt sich Gedanken zu machen über effiziente und wirkungsvolle regenerative Konzepte der Befriedigung zukünftiger Energiebedürfnisse der Menschheit unter Berücksichtigung der Schonung der Umwelt und klimatischer Ressourcen und deren Schutzbedürfnissen.

Strom aus der Sonne für den Antrieb von Autos auf Langstrecken wurde erstmals 2001 von einem Team der Technischen Universität Delft, dem niederländischen Energiedienstleister Nuon, dem auf Materialwissenschaften fokussierten niederländischen Werkstoffhersteller DSM sowie weiteren Projektpartnern beim weltweit größten Rennen für Solarautos über eine Distanz von mehr als 3.000 Kilometern in Südaustralien eindrucksvoll demonstriert. Das von Studenten der Technischen Universität Delft für die Rennteilnahme gebaute Nuna-Fahrzeug errang bis Ende 2013 fünfmal den begehrten Titel des Siegers der World Solar Challenge.

Dabei wurde der Griff nach Energien aus dem Universum auch zum Griff nach Polymeren, um diese terrestrisch zu nutzen. Dies war möglich, da in der Weltraumforschung Kunststoffe breiten Einsatz fanden. Hightech-Materialien, maßgeschneidert für die unterschiedlichsten Aufgaben zwischen All und Erde. Mit neuesten Technologien wurde ein Solarfahrzeug entwickelt, das als einzige Energiequelle das Sonnenlicht nutzt. Raumschiffe, Satelliten und Sonden nutzen photoelektrische Zellen, die die Sonnenenergie in Strom umwandeln. Die Photonen des Sonnenlichts regen Elektronen in Halbleitermaterialien wie Silizium oder Germanium an, wodurch eine elektrische Spannung erzeugt wird, die abgegriffen werden kann. Neueste hauchdünne Spezialkunststoffe finden dabei Einsatz als Träger der Photovoltaikmodule.

Ein Auto, Nuna genannt, verdankt seine Entstehung den in der Raumfahrt entwickelten Technologien und innovativen Kunststoffen. Mit ihnen realisierte man die ultraleichte Karosserie auf Basis von Kohlefaser- beziehungsweise Aramid-Verbundwerkstoffen. Die Aerodynamik und Kunststofffügetechnik sind abgeleitet aus den Erfahrungen mit verschiedenen Wiedereintrittskörpern.

Die Solarzellen, die bei Nuna für die Höchstgeschwindigkeit von 160 Kilometern pro Stunde sorgen, sind die gleichen, die für den Forschungssatelliten Smart 1 verwendet wurden, und haben einen extrem hohen Wirkungsgrad. Das Navigations- und Kommunikationssystem ist mit jenen Solarzellen gespeist, wie sie bereits beim Hubble-Weltraumteleskop eingesetzt wurden. Bei Dunkelheit oder schlechtem Wetter sorgt eine Fünf-Kilowatt-Batterie in Leichtgewichtausführung, wie sie für Satelliten verwendet wird, für den Antrieb.

Spezialpolymere finden ihren Einsatz in den Solarzellen, der Batterie, den rollwiderstandsarmen Reifen, der Verkabelung und dem Motor. Auch wenn es noch dauern mag, bis Solarzellen unsere Alltagsautos bewegen, könnten doch schon bald einige der Ideen Serienautos neue Impulse geben. So wird beim Thema Energieeinsparung und regenerative Energien Kunststoff eine immer größere Rolle spielen. Das Nuon-Solarteam kooperierte mit den DSM-Kunststoffexperten, die die neuesten Harze und deren Anwendungen einbrachten und praktische Unterstützung während der Produktionsphase des Projektes leisteten. Das Fahrzeug wurde gebaut mit den innovativsten und nachhaltigsten Harzen von DSM, die für den Einsatz in Carbonfasern optimiert wurden. DSM stellte dem Team auch seine Expertise im Bereich der Prototypenentwicklung zur Verfügung. Dies resultierte in einer großen Effizienzverbesserung hinsichtlich des Designs und der Produktionsphase des Wagens.

Nachfolgend der Produktionsunterstützung wurden wichtige Komponenten der Bemusterung und des elektrischen Systems mittels stereolithographischer Materialien beigesteuert. Das Ergebnis war ein leichtgewichtiges, höchst aerodynamisches und dynamisch stabiles Solarauto für eine außergewöhnliche Leistungsfähigkeit im heißen australischen Klima.

Die Technische Universität Delft ist die Heimat des Nuon-Solarteams. Das Studententeam der Hochschule kann als Projektinitiator das Know-how, die weitreichenden Erfahrungen und die universitären Einrichtungen für das Projekt nutzen. Die TU Delft unterstützte das Team darüber hinaus auch finanziell.

Die World Solar Challenge ist ein im zweijährigen Turnus durchgeführtes Rennen solarangetriebener Fahrzeuge über eine Strecke von 3.021 Kilometern durch das australische Hinterland von Darwin im Norden nach Adelaide im Süden Australiens. Das Rennen zieht Teilnehmer aus der gesamten Welt an, von denen die meisten von Universitäten oder deren Kooperationen stammen. Das Rennen hat eine mehr als zwanzigjährige Geschichte beginnend im Jahr 1987. 2013 nahmen 40 Teams aus 23 Ländern teil. Diesmal hieß der Sieger wieder einmal TU Delft mit ihrem Rennwagen Nuna 7.

Die effiziente Balance zwischen Leistungsressourcen und Leistungsverbrauch ist der Schlüssel zum Erfolg während des Rennens. Zu jedem Zeitpunkt hängt die optimale Fahrgeschwindigkeit entscheidend vom Wetter und der verbleibenden Batteriekapazität ab. Die Teammitglieder in den traditionell angetriebenen Begleitfahrzeugen empfangen per Fernüberwachung die Fahrzeugdaten des Solarrennwagens über seinen Zustand und zur Ausarbeitung der besten Rennstrategie mittels vorab entwickelter Computerprogramme.

Es ist gleichermaßen wichtig, die Batterien so viel wie möglich in Zeiten mit Tageslicht zu laden, wenn das Fahrzeug nicht fährt. Um so viel Sonnenenergie wie möglich einzufangen, werden die Solarpanels üblicherweise senkrecht zu den einfallenden Sonnenstrahlen ausgerichtet. Falls erforderlich, wird das gesamte Fahrzeug entsprechen geneigt.

Die Solarzellen sind aus Galliumarsenid und bestehen aus drei Lagen. Sonnenlicht, das die oberste Schicht durchdringt, wird in den darunterliegenden Schichten weiter absorbiert, sodass ein Wirkungsgrad von mehr als 26 Prozent erreicht wird. Dieser Solarzellentyp gehört zu den besten verfügbaren Zellen überhaupt. Abgesehen von der Effizienz spielt die Solarfläche eine bedeutende Rolle. Deshalb ist die gesamte Oberfläche von Nuna außer dem Cockpit mit ihnen bedeckt.

Die Effizienz stellt sich als optimal dar, wenn die Zellen von den Sonnenstrahlen senkrecht getroffen werden. Eine Solarzelle liefert eine gewisse Strommenge für eine gewisse Menge von Sonnenlicht. Die Spannung hängt vom Ladungszustand beziehungsweise dem Ladungswiderstand ab. Die Leistung ist das Produkt aus Spannung und Strom und hängt deshalb von der Ladung ab. Oberhalb einer gewissen Spannung fällt der Strom der Solarzelle äußerst schnell auf den Wert null. Die Batterien haben jedoch eine ziemlich konstante Spannung, die auch einen im Vergleich zu den Solarzellen abweichenden Wert hat. Dies macht eine dementsprechende Spannungstransformation erforderlich. Ein spezieller Typ von DC-DC-Konvertern wird benutzt, sodass der der Solarzelle angebotene Ladungswiderstand dergestalt ist, dass die

Solarzelle maximale Leistung liefert. Damit wird das Ziel verfolgt, dass die Spannungskonversion eine maximale Effizienz von mehr als 97 Prozent erreicht.

Der Luftwiderstand ist ein wichtiger Teil des Gesamtwiderstands. Bedeutenden Anteil hat hierzu die Frontoberfläche und der Reibungskoeffizient. Demgemäß muss die Form des Fahrzeugs so designt sein, dass eine laminare Strömung möglich ist und widerstandserhöhende Turbulenzen vermieden werden. Die bestmögliche Fahrzeugform wurde erreicht durch Computersimulationen des Designs, durch Tests eines maßstabsgetreuen Modells im Windkanal und schließlich durch Tests des endgültigen Fahrzeugentwurfs im Windkanal.

Für den Fall, dass auf der Strecke des Rennens starker Seitenwind herrscht, wurden die Radkappen derart gestaltet, dass der Seitenwind einen Antriebseffekt für das Fahrzeug auslöst. Der Motor des Nuna-Fahrzeugs ist vollständig vom Hinterrad eingeschlossen, um mechanische Übertragungsverluste vom Motor zum Rad zu minimieren. Die Effizienz des gesamten Antriebssystems einschließlich der Verluste der Leistungselektronik konnte seit Nuna 3 auf mehr als 98 Prozent gesteigert werden.

Die Photovoltaik wird seit Beginn des zweiten Jahrtausends für einen Beitrag zur autarken Energieversorgung von Wohnhäusern in Deutschland seitens der Politik propagiert, obgleich über einen längeren Zeitraum gewonnene Erfahrungswerte bezüglich ihres Lebenszyklus, also in diesem Fall mindestens drei Jahrzehnte, nur bedingt vorliegen konnten.

Eine Photovoltaikanlage kann praktisch jedermann auf seinem Hausdach installieren (lassen). Eine solche Installation umfasst einige wesentliche Elemente. Auf Flachdächern werden die Solarmodule auf ein Gestell mit einer zum Stand der Sonne geeigneten Neigung gesetzt. Eine Modulneigung von 20 bis 50 Grad ist häufig von Vorteil. Bei Mindestgrößen von 15 Quadratmetern kommt man in der Regel in den Bereich gewünschter Rentabilität. Aufgrund der wetter-, tages- und jahreszeitabhängigen Sonneneinstrahlung bedarf es einer zusätzlichen Speichertechnologie, um eine konstante beziehungsweise kontinuierliche Energieversorgung zu ermöglichen. Alterungsbedingt ist eine Absenkung der Leistungsfähigkeit einer Photovoltaikanlage in Kauf zu nehmen.

Die konkrete Auswahl der technischen Realisierung sollte stets von der Intention, warum man sich eine Photovoltaikanlage anschaffen will, abhängen. Im Vordergrund der Überlegungen steht zunächst die für eine

Photovoltaikanlage grundsätzlich zur Verfügung stehende Dachfläche. Diese ist ausschlaggebend dafür, wie viele Solarmodule montiert werden können. Hierbei spielen Ausrichtung, Dachneigung und die Verschaltungen der Module eine wichtige Rolle. Die Vermessung des Daches sollte aufgrund ihrer grundlegenden Auswirkungen von einem Fachmann vorgenommen werden. Die auf dem Dach maximal erzielbare Leistung wird durch Parameter wie Modulanzahl, Wirkungsgrad der Module, Strahlungswert sowie Dachneigung und -ausrichtung ermittelt. Dabei ist zu berücksichtigen, dass monokristalline Module oftmals den höchsten Ertrag bei vergleichsweise kleiner zur Verfügung stehender Dachfläche ermöglichen. Zu bedenken ist jedoch, dass diese in der Anschaffung teuer sind. Deswegen greift man auf polykristalline Module zurück, sofern dem keine großen Einschränkungen seitens der Dachfläche entgegenstehen.

Die Leistungskurve von Solarstromanlagen folgt naturgemäß dem täglichen Lauf der Sonne, das heißt, der höchste Ertrag wird um die Mittagszeit erzielt. Zu etwa dieser Zeit treten auch die Tagesverbrauchsspitzen im Stromnetz auf. Daher bietet es sich an, den durch Solarzellen erzeugten Strom direkt ins Stromnetz einzuspeisen, was auch eine sonst erforderliche und aufwendige Zwischenspeicherung überflüssig macht. Eine netzgekoppelte Photovoltaikanlage besteht aus den Photovoltaikmodulen, Wechselrichtern, einer Schutzeinrichtung zur automatischen Abschaltung bei Stromnetzstörungen sowie einem Zähler zur Registrierung der eingespeisten Strommenge. Der Wechselrichter wandelt den an den Modulen gelieferten Gleichstrom in Wechselstrom um, dessen Leistungs- und Spannungswerte auf das Stromnetz abgestimmt sein müssen. Für netzgekoppelte Anlagen kommen daher netzgeführte Wechselrichter zum Einsatz, die diese Vorgabewerte aus dem öffentlichen Stromnetz übernehmen. Im Jahr 2015 benötigten marktgängige Module zwischen sieben und zehn Quadratmeter Fläche je installiertem Kilowatt-Peak. In Deutschland ist zum Beispiel in der Region Baden-Württemberg ein Jahresertrag von durchschnittlich bis zu 4.000 Kilowattstunden zu erwarten. Für netzgekoppelte Anlagen sind rechtliche und wirtschaftliche Rahmenbedingungen neben der zur Verfügung stehenden Fläche und den Investitionsmitteln entscheidend. Bei freistehenden Anlagen kann obendrein der Modulertrag durch Nachführsysteme optimiert werden.

Sonnenenergie kann neben Photovoltaikanwendungen auch für solarthermische Nutzungen eingesetzt werden, also zur Wärmeerzeugung. In solchen Fällen werden Sonnenkollektoren eingesetzt, die unterschiedliche

Bauformen aufweisen können und sowohl mit als auch ohne die Funktion der Konzentration der Strahlung zur Anhebung der Temperatur verwendete Wärmeträgermedien konzipiert sind. Zur Kategorie der solarthermischen Kollektoren ohne Konzentration der Strahlung zwecks Anhebung der Temperatur zählen Flachkollektoren und Vakuumröhrenkollektoren. Flachkollektoren weisen eine Arbeitstemperatur von üblicherweise rund 80 Grad Celsius auf, wobei das Licht eine flache, wärmeabsorbierende Fläche erwärmt, die die Wärme gut leitet und mit ein Wärmeträgermedium enthaltenden Röhren durchzogen ist. Vakuumröhrenkollektoren bestehen aus zwei konzentrisch ineinander gebauten Glasröhren, zwischen denen sich ein Vakuum befindet, das die Übertragung der Strahlungsenergie des Lichtes zum Absorber bei gleichzeitiger starker Reduktion des Wärmeverlustes zulässt. Vakuumröhrenkollektoren arbeiten üblicherweise bis zu einer Betriebstemperatur von etwa 150 Grad Celsius.

Vakuumröhrenkollektoren können auch Reflektoren zwecks Konzentration der Strahlung zur Anhebung der Temperatur enthalten. Dabei kommt einem Wärmeträgermedium, das oftmals aus einem Wasser-Diethylenglycol-Gemisch besteht, eine große Rolle zu. Alternativ gibt es auf dem Markt auch dicht gepackte Vakuumröhrenkollektoren ohne Reflektor. Die Konzentrations-wirkung ist je nach Ausführung unterschiedlich stark und soll einerseits bewirken, dass weniger Licht ungenutzt zwischen den vakuumisolierten Wärmeträgerrohren hindurch auf die Dachziegel scheint, und andererseits erlauben sie es, die Vakuumabsorber mit einem größeren, lichten Abstand anzuordnen, was Kosten spart und durch die Konzentration der Strahlung auf die Vakuum-Absorber die Temperatur im Wärmeträgermedium schnell ansteigen lässt, wodurch die minimale Systemtemperatur und damit der Zeitpunkt der Nutzbarkeit der Energie schneller erreicht und das System länger und wegen der höheren Temperaturen energetisch nutzbar wird. Von Nachteil ist aber, dass die Reflektoren verschmutzen und regelmäßig vorsichtig gereinigt werden müssen, um den Vorteil zu erhalten, was schwierig ist.

Parabelrinnenkollektoren nutzen die Fokussierung der Lichtstrahlen auf eine zentral verlaufende absorbierende Wärmeleitung. Als Wärmeträgermedium werden Öle eingesetzt, die recht hohe Arbeitstemperaturen zwischen 200 und 500 Grad Celsius ermöglichen.

Sehr hohe Temperaturen von über 1.000 Grad Celsius können durch Solartürme erzeugt werden, bei denen einzelne Flachspiegel der Sonne nach-geführt werden, sodass das Licht an der Spitze des Turms auf den eigentlichen

Absorber konzentriert wird. Die theoretische Grenze liegt bei der Strahlungstemperatur der Sonne von rund 5.500 Grad Celsius. Als Wärmeträgermedien können Luft, Öle oder flüssiges Natrium verwendet werden.

Um Reflexionen der Sonnenstrahlung, die ihre Nutzung verhindern, zu vermeiden, setzt man in neueren Kollektoren teilweise entspiegelte Spezialgläser ein, die die gespiegelte und somit nicht nutzbare Strahlung reduzieren. Als Wirkungsgrad versteht man bei solarthermischen Kollektoren den Quotienten aus gewonnener Wärmeenergie und der auf den Kollektor treffenden Strahlungsenergie. Bei heutigen Hausanwendungen liegt er zwischen 60 und 75 Prozent.

Im privaten Bereich wird die Sonnennutzung primär für die Gebäudeheizung und Gebäudeklimatisierung eingesetzt. Dazu können zum Beispiel Dachüberstände über großen isolierverglasten Südfenstern im Sommer kühlend wirken und im Winter aufgrund des dann niedrigeren Sonnenstandes die durch die Fenster einfallende Wärmestrahlung zur Raumheizung nutzen. Ein ähnlicher Effekt lässt sich durch Absorber-Wandflächen erreichen, an denen das Sonnenlicht hinter einer transparenten Dämmmaterialschicht auf eine schwarze Absorber-Schicht trifft und die dahinterliegende Wand heizt. Bei nahezu vollverglasten Außenfassaden stellt sich im Sommer ein Überschuss an Sonnenwärme ein. Zusätzlich können Spezialgläser helfen, die im Sommer die thermischen Strahlen der hoch stehenden Mittagssonne abblocken, aber gleichzeitig transparent für niedrige Strahlen sind, wie sie im Winter und ebenfalls im Sommer außerhalb der Mittagszeit anfallen. Solche Spezialgläser können auch selektiv elektrisch angesteuert werden.

Im Rahmen der Gebäudetechnik sind oftmals auch kollektorbasierte solarthermische Systeme im Einsatz. Bei diesen Systemen durchläuft Wasser in Kollektorschlangen, ähnlich zu den Wärmschlangen bei Fußbodenheizungen, die Kollektoren zu deren Erwärmung. Die Nutzung derartiger, üblicherweise auf Hausdächern oder Garagendächern installierten Anlagen ist natürlich auf frostfreie Klimazonen beschränkt. Zum Ausgleich saisonaler klimatischer Veränderungen, die die Intensität und die tägliche Dauer der Sonneneinstrahlung aufgrund ihrer Variabilität signifikant beeinflussen können, ist eine angepasste Speichertechnik angezeigt. Eine derartige Speicherung der in unseren Breitengraden vornehmlich im Sommer gewonnen Wärmeenergie über längere Zeiten wird durch thermochemische Wärmespeicher gewährleistet. Bei diesen wird die Wärme saisonal nahezu verlustfrei chemisch abgebunden und zeitversetzt wieder freigegeben. Dies geschieht zum Beispiel durch Pufferwärmespeicher wie etwa Wasser oder durch Latentwärmespeicher. Im letzteren Fall wird auf Grundlage von Paraffin ein Großteil der Wärmeenergie vermittels eines reversiblen Phasenübergangs von fest zu flüssig gespeichert. Der Einsatz von Saisonspeichern erfordert zwar einen größeren Platzbedarf, ermöglicht aber ein Höchstmaß an Autarkie beziehungsweise Autonomie bei der Energieversorgung.

Indem Sonnenstrahlen auf den Kollektor treffen, geben sie je nach Absorptionsvermögen des Kollektors typischerweise zwei Drittel bis drei Viertel ihrer Energie an die Wärmeträgerflüssigkeit ab. Diese wird dann mit einer Umwälzpumpe in den Wärmetauscher des Speichers gepumpt. Ein an einen Temperatursensor angeschlossener Solarregler setzt die Umwälzpumpe in Gang, sobald die Temperatur der Wärmeträgerflüssigkeit einen bestimmten Schwellenwert überschreitet. Die Einstellung der Regelung wirkt sich auf die Effizienz des Gesamtsystems aus und ist abhängig vom Stromverbrauch der Umwälzpumpe sowie der Pumpleistung. Beim Einsatz eines Pufferspeichers lässt sich die Regelung so einrichten, dass die Pumpe läuft, wenn die Temperatur der Wärmeträgerflüssigkeit über der Temperatur des unteren (tendenziell kühlsten) Pufferwassers im Speicher liegt. Dort gibt sie ihre Wärme an das kältere Pufferwasser des Speichers ab. Das Pufferwasser erwärmt sich dadurch, steigt im Speicher nach oben und kann dann über den Wärmetauscher zum Heizen getrennter Kreisläufe für Trink- und Heizungswasser verwendet werden, wobei der Trinkwasserkreislauf zum Duschen, Waschen und dergleichen mehr dienen kann, also letztlich im Bereich der häuslichen Anwendung den kompletten Bedarf an geheiztem Nutzwasser abdeckt. Der Pufferspeicher erfüllt traditionell die Funktion einer zeitversetzten Wärmeaufnahme und -abgabe. Bei Einsatz eines thermochemischen Saisonspeichers, dem auch zeitnah und bedarfsgerecht Wärme entzogen werden kann, ist der Einsatz eines Pufferspeichers nicht mehr notwendig. Der Saisonspeicher kann die Funktion des Pufferspeichers bezüglich zeitversetzter Wärmeaufnahme und -abgabe vollständig übernehmen. Eventuelle Latenzzeiten beim Anlaufen der Wärmeentnahme können durch einen sehr klein dimensionierten internen Pufferspeicher aufgefangen werden, der in den Saisonspeicher integriert wird. Dies kann aber auch durch eine entsprechend latenzarme Auslegung des Geräts an sich von vornherein vermieden werden. Die Wärmeträgerflüssigkeit wird direkt zur chemischen Abbindung der Wärmeenergie dem Saisonspeicher zugeführt und heizungsseitig übernimmt der Saisonspeicher die Aufgabe eines

Durchlauferhitzers. Dadurch entfällt der getrennte Pufferspeicher, was die Anschaffungskosten senkt und laufende Wärmeverluste vermeidet, die bei Puffersystemen trotz Isolierung im Gegensatz zu den auch langfristig nahezu verlustfreien thermochemischen Wärmespeichern laufend anfallen.

Solarthermische Großkraftwerke sind im Regelfall mit flexibler Nachführtechnik ausgestattet, sodass sich die Frage der Ausrichtung nicht stellt. Bei Paraboloidkraftwerken kommen meistens einachsige Nachführsysteme zum Einsatz, bei Paraboloidkraftwerken und anderen horizontal nachgeführten typischerweise zweiachsige Bauweisen. Bei statisch montierten Kollektorsystemen im Bereich der Gebäudetechnik ist jedoch ein optimaler Aufstellwinkel unerlässlich, um einen hohen Ertrag zu gewährleisten.

Seit 1980 wurde auf einem über 100 Hektar großen Gelände die geballte Kraft der andalusischen Sonne in der südostspanischen Provinz Almeria, nahe der Wüste von Tabernas, auf der sogenannten Plataforma Solarde Almeria zur Erforschung verschiedener Solaranlagenkonzepte genutzt. Geleitet wurde diese europäische Versuchsplattform zunächst vom Deutschen Zentrum für Luft- und Raumfahrt (DLR). Nach der Probebetriebsphase wurde sie ab 1985 vom DLR in Kooperation mit einer spanischen Trägerorganisation betrieben. Primäres Ziel der Aktivitäten ist dabei die Hochtemperatursonnenenergienutzung, zu deren Zweck aus Gründen der Vergleichbarkeit mehrere separate 500-Kilowatt-Anlagen betrieben wurden. Nach zweijähriger Bauzeit wurden unter Führung des DLR mit Partnern in neun Mitgliedsländern der Internationalen Energieagentur (IEA) diverse Hochtemperatursysteme betrieben und analysiert.

Die erste Einzelanlage war eine 500-Kilowatt-Sonnenfarm mit drei Feldern aus ein- oder zweiachsig nachgeführten Rinnenkollektoren, die mit Öl als Temperaturträger arbeiteten, das sich in den Rohren der drei Hohlspiegelsysteme auf 250 bis 295 Grad Celsius aufheizte und einen Dampfgenerator betrieb. Die zweite Komponente war ein 500-Kilowatt-Sonnenturm mit 90 etwa 40 Quadratmeter großen computergesteuerten Spiegeln. Diese warfen ihre Strahlen auf einen Receiver mit flüssigem Natrium, der sich an der Spitze eines 80 Meter hohen Turms befand, wodurch das Natrium auf etwa 530 Grad Celsius erhitzt wurde. Das Natriumvolumen von 70 Kubikmetern gewährleistete, dass das Kraftwerk nach Sonnenuntergang noch zwei Stunden lang seine volle Leistung von 500 Kilowatt abgeben konnte. Die dritte Komponente war der zweite Sonnenturm, der aus 300 Spiegeln mit jeweils 40 Quadratmetern Fläche in 16 Reihen sowie einem Wasserdampf-Receiver, der 520 Grad

Celsius bei 100 bar erreicht, bestand. Sie leistete ein1 Megawatt und besaß ebenfalls einen Wärmespeicher.

So wie man mit Sonnenkraft Energiewandlungen durchführen kann, kann man dies auch mit Wasserkraft tun. Dies geschieht in Frankreich schon seit 1967 mit dem bretonischen Gezeitenkraftwerk in Dammbauweise an der Mündung des Flusses Rance zwischen Dinard und Saint-Malo. Das Kraftwerk bezieht den größten Teil seiner Leistung aus der Gezeitenströmung des Atlantiks und zu einem gewissen, kleinen Teil aus der Strömung des Flusses. Der Hauptteil der Energie wird also aus dem atlantischen Tidenhub von acht Metern gewonnen. Das Gezeitenkraftwerk Rance war das erste kommerziell genutzte Gezeitenkraftwerk der Welt. In der Bretagne gab es jedoch schon im 19. Jahrhundert traditionelle Energiewandlungen zur Nutzbarmachung von Tidenkräften in mechanische Energie zum Antrieb von Gezeitenmühlen wie Mühlsteinen und anderen Maschinen. Erste Anlagen, die die Kraft des Tidenhubs nutzen, wurden bereits im 17. Jahrhundert an der Kanalküste in England und Frankreich erbaut.

Das Gezeitenkraftwerk Rance ist mit 240 Megawatt installierter Leistung und 68 Megawatt durchschnittlicher Leistung eines der weltweit größten Gezeitenkraftwerke. Diese werden mit Kaplan-Turbinen betrieben und erreichen einen Wirkungsgrad von bis zu 90 Prozent. Das Kraftwerk an der Rance-Mündung wurde vor seiner Inbetriebnahme im Jahr 1966 vom französischen Präsidenten Charles de Gaulle feierlich eingeweiht.

Zur Nutzbarmachung der Zustände Ebbe und Flut werden durch das Gezeitenkraftwerk die tidenhubbedingten zeitlichen Veränderungen der potentiellen und kinetischen Energie in elektrischen Strom gewandelt. Die Energie wird durch die Erddrehung und die Anziehungskraft des Mondes und der Sonne auf die Erde gewonnen. Im Gezeitenkraftwerk werden die Strömungsbewegungen der Gezeiten abgeschwächt. Durch Stauungen der auf- und ablaufenden Strömung erfolgt das Abbremsen. Turbinen machen dann die Energie im gestauten Wasser nutzbar. Aufgrund der hohen Masse der Erde und ihrer hohen Rotationsenergie schadet ihr das Abbremsen und die natürliche Gezeitenreibung nicht. Verwirklicht werden Gezeitenkraftwerke in Meeresbuchten und in Flussmündungen, die Gezeiten ausgesetzt sind, mit einem Staudamm. Die Regionen, in denen ein Gezeitenkraftwerk Sinn ergibt, müssen einen hohen Tidenhub aufweisen. Die Kraft der Gezeiten kann nur ausgenutzt werden, wenn ein Deich die Bucht eindämmt. In diesem Deich sind die Wasserturbinen enthalten, die bei Flut ebenso Energie produzieren wie bei

Ebbe. Weltweit gibt es rund 100 geeignete Buchten, die an der Rance-Mündung ist eine von ihnen. Von den 100 Buchten würde jedoch nur etwa die Hälfte einen wirtschaftlichen Einsatz zulassen. Ebbe und Flut treten alle 12 Stunden und 24 Minuten auf, weshalb es nicht möglich ist, eine gleichmäßige Leistung abzugeben. Ein weiteres Problem bei dieser Technik stellt das Salzwasser dar, durch das die Turbinen schnell zu rosten beginnen. Das bringt einen hohen Wartungsaufwand mit sich, der auch kostenintensiv ist. Der umweltfreundlichen Gewinnung von Strom stehen ökologische Probleme gegenüber. Durch den Bau von Gezeitenkraftwerken würden die Flora und Fauna in den Küstengewässern teilweise sehr negativ beeinflusst werden. Zum Zwecke des Baus des Gezeitenkraftwerks wurden im Jahr 1961 zunächst zwei provisorische Stauwände aus riesigen Betonzylindern zur Trockenlegung eines Abschnittes der Rance-Mündung errichtet. Die durch das Kraftwerk vom offenen Meer abgeteilte Bucht der Rance-Mündung hat eine Fläche von etwa 22 Quadratkilometern und ein Speichervolumen von rund 180 Millionen Kubikmetern. Bei maximalem Tidenhub strömen mit jeder Tide 720 Millionen Kubikmeter Wasser durch das Kraftwerk, was einem mittleren Durchfluss von 15.000 Kubikmetern pro Sekunde entspricht. Das für das Kraftwerk errichtete 750 Meter lange Absperrbauwerk besteht (von West nach Ost) aus einem 65 Meter langen und 10 Meter breiten Schleusenbauwerk für die Schifffahrt, einer 390 Meter langen betonierten Staumauer, in die das Maschinenhaus für die 24 Turbinen integriert ist, einem Staudamm von 175 Meter Länge und einem 115 Meter breiten Sperrwerk, bestehend aus sechs Abschnitten, durch die der Tidendurchfluss am Kraftwerk vorbei reguliert werden kann.

Das Bauwerk ist überfahrbar; im Bereich der Schleuse ist eine Klappbrücke installiert, die auch größeren Schiffen die Passage erlaubt. Die 24 Turbinen sind sogenannte Kaplan-Rohrturbinen mit horizontaler Welle und einem Rotordurchmesser von 5,35 Metern. Bei einem maximalen Durchfluss von 275 Kubikmetern pro Sekunde und einer maximalen Drehzahl von 260 Umdrehungen pro Minute liefert jede Turbine eine elektrische Leistung von bis zu zehn Megawatt. Die Flügel sind um 40 Grad drehbar, um sich den wechselnden Anforderungen anpassen zu können. Die Turbinen funktionieren in beiden Flussrichtungen (bei Ebbe und Flut) zur Stromerzeugung, aber auch als Pumpturbinen, sodass das Kraftwerk auch als Pumpspeicherwerk genutzt werden kann. Etwa 20 Prozent der Zeit arbeitet die Anlage im Pumpbetrieb, 60 Prozent im Turbinenbetrieb. Weiterhin können die Turbinen auch im „Schiebebetrieb" arbeiten, um bei Bedarf der Strömung möglichst wenig Widerstand zu bieten und das Staubecken zur Unterstützung des Sperrwehres schnell zu leeren oder zu füllen. Wegen dieser breiten Anforderungen musste ein vergleichsweise relativ niedriger Wirkungsgrad in Kauf genommen werden, der normalerweise bei 80 bis 90 Prozent beim Einsatz von Kaplan-Turbinen beträgt.

Die Windkraft kann wie die Sonne und das Wasser zur zukünftigen Energieversorgung und Energienutzung durch intelligente Methoden herangezogen werden, sodass Ressourcen wie Kohle, Öl und Gas geschont werden. Bei einer Windturbine wird ein zwei- oder dreiblättriger Rotor von der Kraft des Windes in Drehung versetzt. Über eine mit dem Rotor verbundene Welle wird der Generator angetrieben, wodurch mechanische in elektrische Kraft umgesetzt wird. Elektrizität fließt durch ein Hochkapazitätskabel zu einer nahe gelegenen Schaltanlage, in der die Spannung hochtransformiert und daraufhin an das Elektrizitätsnetz abgegeben wird.

Die ersten windgetriebenen Anlagen zur Stromerzeugung wurden schon im späten 19. Jahrhundert betrieben. Ein Beispiel hierfür ist die von dem Schotten James Blyth errichtete Anlage, um Akkumulatoren für die Beleuchtung seines Ferienhauses aufzuladen. Die einfache, robuste Konstruktion mit einer vertikalen Achse von zehn Metern Höhe und vier auf einem Kreis von acht Metern Durchmesser angeordneten Segeln hatte eine relativ geringe Effizienz. Ebenfalls zu dieser Zeit erbaute der Amerikaner Charles F. Brush in Cleveland, Ohio, eine 20 Meter hohe Anlage gemäß der seinerzeit recht fortschrittlichen Windmühlentechnik. Dabei machte er sich den Umstand zu Nutze, dass es bei Mühlen vornehmlich auf das Drehmoment anstatt auf die Drehzahl ankommt. Demzufolge verwendete F. Brush eine zweistufige Übersetzung mit Riemenantrieb, um einen 12-Kilowatt-Generator anzutreiben.

In den 1990er- und 2000er-Jahren fanden entscheidende Entwicklungen zu den modernen Großturbinen statt. Im Jahr 1990 betrug die mittlere Nennleistung neu installierter Windkraftanlagen 164 Kilowatt, im Jahr 2009 erstmals über zwei Megawatt. Im Jahr 2011 lag sie bei über 2,2 Megawatt, wobei Anlagen mit einer installierten Leistung von 2,1 bis 2,9 Megawatt mit einem Anteil von 54 Prozent dominierten. Ein weiterer Anstieg wurde durch die Einführung der 3-Megawatt-Klasse bei Onshore-Windkraftanlagen und wegen des zunehmenden Baus von Offshore-Windparks erreicht, in denen hauptsächlich Großanlagen mit einer Nennleistung zwischen 3,6 und 6 Megawatt errichtet wurden. Zudem wurde der Rotordurchmesser größer. Noch bis Ende der 1990er-Jahre lag er meist unter 50 Metern, nach etwa 2003 meist zwischen 60 und 90 Metern. Seit 2008 kamen oft auch Windkraftanlagen mit Rotordurchmessern von über 90 Metern zum Einsatz, was 2012 bereits der Durchschnittswert der in Deutschland neu installierten Anlagen war. Analog stiegen die durchschnittliche Nabenhöhe und Nennleistung im Jahr 2014 auf 116 Meter beziehungsweise 2,69 Megawatt sowie der Rotordurchmesser auf 99 Meter, mit deutlichen Unterschieden aufgrund regionaler Windverhältnisse.

Moderne Schwachwindanlagen haben mittlerweile Rotordurchmesser bis etwa 130 Meter und Nabenhöhen bis zu 150 Metern, wobei die Gesamthöhe der Anlagen bisher 200 Meter in aller Regel nicht überschreitet. Die größten Onshore-Anlagen haben bei Nennleistungen von fünf bis sieben Megawatt einen Rotordurchmesser von 120 bis 130 Metern. Im Offshore-Bereich wurden 2014 Baureihen mit Rotordurchmessern von 160 bis 170 Metern und bis zu acht Megawatt Nennleistungen in Betrieb genommen. Die Firma Enercon setzt seit ca. 1995 auf getriebelose Anlagen und war zunächst lange der einzige Hersteller mit Direktantrieb, mittlerweile nutzen jedoch deutlich mehr ein getriebeloses Design, das inzwischen als zweite Standardbauweise gilt. Im Jahr 2013 betrug der weltweite Marktanteil der getriebelosen Anlagen gut 28 Prozent.

Windkraftanlagen wurden bis etwa 2010 stationär per Dockmontage gefertigt, seitdem setzen die Hersteller aus Kostengründen zunehmend auf Serienfertigung im Fließbandverfahren und auf eine Industrialisierung und Standardisierung der Produkte. Parallel dazu setzten sich, wie in der Automobilindustrie seit Langem Standard, modulare Plattformstrategien durch, bei denen auf der gleichen technischen Basis Anlagentypen beziehungsweise -varianten für verschiedene Windklassen entwickelt wurden, z. B. durch unterschiedliche Rotorgrößen bei weitgehend identischem Triebstrang oder unterschiedliche Generatorkonzepte bei gleichem Rotordurchmesser.

Nicht alle neu installierten Anlagen stehen an neuen Standorten, denn teilweise werden alte Anlagen abgebaut und durch leistungsstärkere ersetzt, was als Repowering bezeichnet wird. Innerhalb von Windparks sinkt dabei in der Regel die Anzahl der Anlagen, während zugleich die installierte Leistung und der Ertrag deutlich steigen.

Die Kosten von Windkraftanlagen lagen Ende 2014/Anfang 2015 über den Daumen gepeilt bei einer Million Euro pro Megawatt Leistung für landgestützte Anlagen. Zu diesen Werkspreisen muss noch einmal rund ein Drittel für Projetvorbereitung und -durchführung hinzugerechnet werden.

Offshore-Anlagen sind deutlich teurer als auf Land errichtete Anlagen. Bei ihnen sind die Installationskosten verständlicherweise erheblich höher als bei den auf Land errichteten.

Die Nutzung der Geothermie für die Wärmeversorgung und Stromerzeugung nimmt laufend zu. Experten gehen nach wie vor von einem deutlichen Wachstum der Erdwärmenutzung aus. Mit Stand 2010 waren weltweit Anlagen mit einer thermischen Leistung von insgesamt gut 50 Gigawatt sowie einer elektrischen Leistung von elf Gigawatt installiert. In Deutschland lag die installierte Kapazität zur Wärmeerzeugung bei etwa 4,2 Gigawatt thermischer Leistung. Bei den daraus erzielten Strommengen schlugen mit Stand 2013 gut 31 Megawatt zu Buche. Für die Zukunft erwarten Experten gemäß einer Prognose des Bundesverbands Erneuerbare Energie (BBE) eine signifikante Steigerung der Erdwärmenutzung. Für 2020 wurde 2013 eine Nutzung von 3.750 Gigawattstunden prognostiziert, die 2013 noch 25 Gigawattstunden betrug. Für 2020 wird eine Stromerzeugung aus Geothermie von über 1.650 Gigawattstunden erwartet, bei der Wärmeerzeugung wird eine Leistung von 26.000 Gigawattstunden angepeilt. Dabei wird vordringlich auf ein Wachstum der Tiefengeothermie gesetzt.

Die Geothermie umfasst nachfolgend beschriebene Charakteristika. Die Wärme im Inneren der Erde resultiert aus deren Entstehungsprozess vor vier Milliarden Jahren aus Staub und Gasen. Radioaktiver Zerfall der Elemente in Felsen regeneriert die Wärme und deshalb ist die geothermische eine erneuerbare Energiequelle. Das grundlegende Mittel für den Transport aus dem Inneren ist das Wasser oder der Dampf. Diese Komponente wird mithilfe des Regens erneuert, der tief in die Risse eindringt, sich dort aufwärmt, zurück an die Oberfläche zirkuliert und dort in Form von Geisern und heißen Quellen erscheint. Die äußerlich harte Kruste der Erde hat eine Tiefe von 5 bis 50 Kilometern und besteht aus Felsen. Substanzen aus der inneren Schicht gelangen auf die Oberfläche durch vulkanische Öffnungen und Risse in den Ozeanböden. Unter der Kruste befindet sich die eigentliche Hülle, die bis in eine Tiefe von 2.900 Kilometern reicht und aus mit an Eisen und Magnesium reichen chemischen Verbindungen besteht. Darunter befinden sich noch eine flüssige und eine harte Schicht des Planetenkerns der Erde mit ihrem Radius von 6.378 Kilometern.

Die Erdtemperatur steigt mit 17 bis 30 Grad pro Kilometer zunehmender Tiefe unter der Erdoberfläche an. Die sich unter der Kruste befindliche Hülle besteht teilweise aus geschmolzenem Felsen mit einer Temperatur von 650 bis 1.200

Grad Celsius. Es wird angenommen, dass die Temperaturen im Kern zwischen 4.000 und 7.000 Grad Celsius betragen. Weil die Wärme immer von wärmeren auf kältere Zonen übergeht, geht die Wärme aus dem Inneren an die Oberfläche und dieser Transport ist die größte Ursache für die Bewegung der tektonischen Platten. An den Stellen der Verbindung dieser Platten kann es zum Durchdringen von Magma an die Oberfläche kommen. Dieses Magma wird dann abgekühlt und erzeugt eine neue Schicht der Erdkruste. Wenn das Magma zur Oberfläche gelangt, können Vulkane entstehen, aber in den meisten Fällen bleiben sie unter der Oberfläche. Dort formieren sich riesige Becken und das Magma kühlt sich ab. Ein solcher Prozess kann 5.000 bis eine Million Jahre dauern. Gebiete dieser Becken weisen eine Tendenz zu höheren Erdtemperaturen auf, das heißt, die Temperatur steigt bei zunehmender Tiefe merklich an und ist deswegen für eine Ausnutzung geothermischer Energie prädestiniert.

Das Potenzial der geothermischen Energie ist riesig, denn es gibt sie mehr als fünfzigtausendmal mehr als alle aus Erdöl und Gas gewonnene Energie auf der Welt. Geothermische Quellen gibt es in einem weiten Spektrum, was die Tiefe angeht, von den oberflächennahen bis zu mehreren Kilometer tiefen Lagerstätten des heißen Wassers und Dampfs, die auf die Oberfläche gebracht und genutzt werden können. In der Natur erscheint geothermische Energie in Form von Vulkanen, Quellen heißen Wassers und Geisern. Sie wird seit mehreren Jahrzehnten in Badeorten für das heilende Baden genutzt. Die Entwicklung der Wissenschaft hat sich jedoch nicht nur auf das Gebiet der heilenden Ausnutzung der geothermischen Energie konzentriert. Geothermische Energie wird auch für das Gewinnen von elektrischer Energie und Erwärmung von Privathaushalten und industriellen Anlagen gebraucht. Die Erwärmung von Gebäuden und die Nutzung geothermischer Energie zur Erzeugung elektrischen Stroms sind die wichtigsten, aber nicht die einzigen Formen der Nutzung dieser Energie. Geothermische Energie kann auch für andere Zwecke genutzt werden, wie z. B. Papierproduktion, Pasteurisierung von Milch, Erwärmung von Schwimmbecken, Trocknung von Holz oder Wolle, Viehwirtschaft etc. Ein Handicap bei der Nutzung geothermischer Energie ist das Vorhandensein von Orten, die geeignet für die Energienutzung sind. Am passendsten sind Gebiete auf tektonischen Platten, das heißt, Gebiete hoher vulkanischer und tektonischer Aktivitäten.

Eine der interessantesten Formen der Nutzung der geothermischen Energie ist die Produktion elektrischer Energie. Heißes Wasser und Dampf aus der Erde werden für die Initiierung des Generators verwendet. Deswegen gibt es keine Verbrennung fossiler Treibstoffe und keine schädliche Emission von Gasen in die Atmosphäre, denn es entsteht nur Wasserdampf. Zusätzliche Vorteile bestehen in der Integration der Kraftwerke in die verschiedensten Regionen wie beispielsweise landwirtschaftlich genutzte Flächen, Nuturschutzgebiete oder Erholungszentren.

Die Nutzung der Erdwärme zur Erzeugung elektrischer Energie begann 1904 in dem kleinen Ort Landerello in der Toskana, als man dort mit dem Experimentieren mit dieser Form der Produktion elektrischer Energie anfing. Der Dampf wurde für den Antrieb einer kleinen Turbine, die fünf Glühbirnen versorgte, verwendet. Dieses Experiment war die erste Nutzung geothermischer Energie zur Produktion elektrischer Energie. In diesem Ort begann 1911 auch der Bau des ersten geothermischen Kraftwerks, das 1913 fertiggestellt wurde und über eine Leistung von 250 Kilowatt verfügte. Es war in den nachfolgenden 50 Jahren das einzige geothermische Kraftwerk der Welt. Sein Prinzip ist einfach. Das kalte Wasser wird in heiße Granitfelsen in der Nähe der Oberfläche gepumpt. Bei Temperaturen über 200 Grad Celsius entsteht heißer Dampf, der unter hohem Druck einen Generator antreibt. Obwohl alle Anlagen in Landerello während des zweiten Weltkriegs zerstört wurden, sind sie wiederaufgebaut und sogar erweitert worden und noch heute in Betrieb. Die Anlage versorgt heute mehr als eine Million Haushalte mit elektrischer Energie, was jährlich 5.000 Gigawattstunden oder zehn Prozent der Gesamtproduktion an elektrischer Energie aus geothermischen Quellen weltweit entspricht.

Derzeit werden drei grundlegende geothermische Kraftwerkstypen genutzt:

1. Das Prinzip des trockenen Dampfes – Äußerst heißer Dampf über 235 Grad Celsius wird hierzu verwendet. Dieser Dampf bewegt direkt die Turbinen des Generators. Dies ist das älteste und einfachste Prinzip und wird noch immer verwendet, weil es die billigste Methode zur Erzeugung elektrischer Energie aus geothermischen Quellen ist. Das oben beschriebene erste Kraftwerk in Landerello hat dieses Prinzip benutzt. Das weltweit größte Kraftwerk, das dieses Prinzip verwendet, befindet sich im nördlichen Kalifornien und wird „The Geysers" genannt. Es produziert seit 1960 elektrische Energie in einer Menge, die für die Versorgung einer Stadt von der Größe der Stadt San Francisco ausreicht.

2. Das Flash-Prinzip (Blitzdampf) – Heißes Wasser aus den geothermischen Speichern wird unter hohem Druck und bei Temperaturen über 182 Grad

Celsius verwendet. Durch das Pumpen des Wassers aus diesen Speichern in Richtung des Kraftwerks auf der Oberfläche wird der Druck reduziert, das heiße Wasser wird zu Dampf und treibt die Turbinen an. Das nicht zu Dampf gewordene Wasser kehrt zum weiteren Gebrauch in den Speicher zurück. Die Mehrheit der modernen geothermischen Kraftwerke verwendet dieses Prinzip.

3. Das Binäre Prinzip – Das Wasser, das hier gebraucht wird, ist kälter als bei anderen Prinzipien zur Erzeugung elektrischer Energie aus geothermischen Quellen. Hier wird das heiße Wasser für die Erwärmung einer Flüssigkeit mit erheblich niedrigerem Siedepunkt als Wasser verwendet. Diese Flüssigkeit verdunstet bei der Temperatur des heißen Wassers und treibt die Turbinen des Generators an. Der Vorteil dieses Prinzips ist die größere Produktivität des Prozesses und die größere Verfügbarkeit der nötigen geothermischen Speicher als bei anderen Verfahren. Zusätzlicher Vorteil ist die volle Geschlossenheit des Systems, weil das gebrauchte Wasser zurück in den Speicher geht und dadurch die Verschwendung von Wärme und Wasser reduziert wird.

Das Prinzip, das beim Bau eines neuen Kraftwerks verwendet wird, hängt von der Art der geothermischen Energiequelle, das heißt von der Temperatur, Tiefe und der Qualität des Wassers und Dampfes in der jeweiligen Region ab. In allen Fällen kehren der verdichtete Dampf und Reste der geothermischen Flüssigkeit in die Bohrstelle zurück. Dadurch steigt die Lebensdauer der geothermischen Quelle.

Eine weitere Form der Nutzung der geothermischen Energie ist die Erwärmung von Systemen. Das größte geothermische System für die Erwärmung befindet sich in der isländischen Hauptstadt Reykjavik, wo alle Gebäude geothermische Energie für die Erwärmung verwenden, entsprechend 89 Prozent aller Haushalte. Neben Island als größter Verbraucher geothermischer Energie wird sie noch in Neuseeland, Japan, Italien, auf den Philippinen und in einigen Gebieten der USA (San Bernardino, Kalifornien, Boise, Idaho) verwendet.

Geothermische Energie findet ihren Gebrauch auch in der Landwirtschaft zur Steigerung der Ernte. Das Wasser aus den geothermischen Speichern wird für die Erwärmung von Gewächshäusern zum Wachstum von Blumen und Gemüse verwendet. Dabei findet nicht nur die Erwärmung der Luft, sondern auch der Erde, auf der die Pflanzen wachsen, statt. Im zentralen Italien wird dieses Verfahren seit Jahrhunderten angewandt und Ungarn versorgt 80 Prozent der Gewächshäuser mit geothermischer Energie.

Thermische Pumpen sind auch eine Form der Nutzung geothermischer Energie. Sie verwenden elektrische Energie für die Diffusion der geothermischen Flüssigkeit, die später für die Erwärmung, Kühlung, das Kochen und die Vorbereitung der Wassererhitzung benutzt wird, und reduzieren auf diese Weise den Bedarf an elektrischer Energie. Geothermische Energie kann noch auf viele Weisen verwendet werden, einschließlich der Aufzucht von Fischen, verschiedensten Formen industrieller Nutzung sowie im breiten Spektrum der Balneologie.

Weil die gesamte geschätzte Menge der geothermischen Energie für deren Nutzung erheblich größer als der gesamte Umfang der energetischen Quellen auf Basis von Erdöl, Kohle und Erdgas zusammen ist, sollte man die Bedeutung der geothermischen Energie priorisieren. Dies insbesondere, weil es sich um preiswerte, erneuerbare und ökologisch akzeptierbare und konsensfähige Energiequellen handelt. Da die geothermische Energie nicht überall verfügbar ist, sollte man Gebiete wie Spitzen tektonischer Platten, wo sie vorhanden ist, angemessen gut nutzen. Dadurch würde man nicht so große Mengen fossiler Energieträger verbrauchen und die Erde könnte sich von vergangenen Schadstoffemissionen zu einem gewissen Grad erholen.

Nun lassen Sie uns noch einmal einen erneuten Zwischenstopp in Sachen Elektromobilität einlegen, und zwar nur um hier beispielhaft zu zeigen, welch großer Ideenreichtum sich für das Gebiet E-Mobilität auftat. Ob als verrückt empfunden oder nicht, auf jeden Fall möchte ich hier darüber berichten. Jeder meiner Leser kann sich selbst ein Bild machen, welche der in Aussichtstellungen erreicht wurden:

Mit dem Begriff Nasszelle verbindet man oftmals ein Fertighausbauelement für den Sanitärbereich im Wohnungsbau. Denselben Begriff verwendet man auch für elektrische Energiespeicherung in chemischen Verbindungen. Im Februar 2015 wurde die Meldung verbreitet, dass auf dem Genfer Autosalon 2015 ein neuer elektrisch angetriebener Kleinwagen mit 48-Volt-Bordnetz vorgestellt werde. Angekündigt wurde dieses Fahrzeug mit einer Reichweite von 1.000 Kilometern und einer Höchstgeschwindigkeit von 200 Kilometern pro Stunde.

Möglich werden sollte dies mit einem sogenannten Redox-Flow-Akku, der vier Elektromotoren mit je 25 Kilowatt antrieb, das heißt 136 PS Gesamtleistung. Die außergewöhnlich große Reichweite soll ermöglicht werden durch zwei 175 Liter große Tanks mit ionischen Flüssigkeiten. Das viersitzige Fahrzeug sollte als Kompaktversion gerade einmal eine Länge von knapp vier Metern haben. Der

Hersteller des Quantino ist die nanoFlowcell AG mit Sitz in Vaduz, Liechtenstein, die 2013 gegründet wurde. Ebenfalls angestrebt wurde von der nanoFlowcell AG die Herstellung der Quant-e-Sportlimousine, die mit beeindruckenden Werten wie 5,25 Metern Länge, 2,20 Metern Breite und nur 1,23 Metern Höhe angegeben wurde. Die Beschleunigung von 0 auf 100 Kilometer pro Stunde wurde mit 2,8 Sekunden und die theoretische Höchstgeschwindigkeit mit 380 Kilometern pro Stunde angegeben. Der Quantino wurde vom Hersteller als ein günstiges Elektrofahrzeug für jedermann apostrophiert. Preisangaben lagen bis Februar 2015 noch nicht vor.

Die Abteilung Angewandte Elektrochemie am Fraunhofer-Institut für Chemische Technologie ICT im badischen Pfinztal bei Karlsruhe befasst sich seit Jahren mit den Grundlagen von Redox-Flow-Batterien und lieferte hierzu wichtige Forschungs- und Entwicklungsbeiträge. Derartige Akkumulatoren, die die elektrische Energie in chemischen Verbindungen speichern, bedienen sich Reaktionspartnern in einem Lösungsmittel in gelöster Form. Zwei energiespeichernde Elektrolyte zirkulieren in zwei getrennten Kreisläufen, zwischen denen in der galvanischen Zelle mit einer Membran der Ionenaustausch stattfindet. Elektrische Energie wird dadurch freigesetzt, dass in der Zelle die gelösten Stoffe chemisch reduziert beziehungsweise oxidiert werden. Bei den Akkumulatoren mit Stoffaustausch werden aufwendige Konstruktionen benötigt, die zusätzlich zu den Tanks und Rohrleitungen mindestens zwei Pumpen für die Umwälzung der Elektrolyte umfassen. Die am häufigsten eingesetzte Flussbatterie ist der Vanadium-Redox-Akkumulator.

Die Entwicklungen gehen zurück auf an der Technischen Universität Braunschweig in den 1970er-Jahren durchgeführte Arbeiten, die auch die NASA auf den Plan riefen, sich mit entsprechenden Weiterentwicklungen zu befassen. Die energiespeichernden Elektrolyte werden außerhalb der Flussbatterie in getrennten Tanks aufbewahrt. Die Tanks können prinzipiell manuell aufgefüllt und der Akkumulator demzufolge durch einen Stoffwechsel geladen werden. Zur besseren praktischen Realisierbarkeit werden sie mit de facto geschlossenen Kreisläufen ausgeführt. Hierdurch ist es möglich, nur den eigentlichen Energieträger zwischen der Lade- und Entladestation auszutauschen. Die eigentliche galvanische Zelle wird durch eine Membran, die die Durchmischung der beiden Elektrolyte verhindert und an der der Elektrolyt vorbeifließt, in zwei Halbzellen unterteilt. Die Membran fungiert demzufolge je nach Zelltyp als ein mikroporöser Separator oder als ein selektiver Anionen- oder Kationentauscher. Der Elektrolyt besteht aus in Lösungsmittel gelösten

Salzen. Als Lösungsmittel werden entweder anorganische oder organische Säuren verwendet. Im Fall des Vanadium-Redox-Akkumulators kommt unter anderem Vanadium(V)-oxid in Kombination mit weiteren chemischen Verbindungen zur Anwendung. Die bereits angesprochene Redox-Flusszelle für zukünftige Elektroautos wurde 2014 als Prototyp vorgestellt und bekam im Juli 2014 die Straßenzulassung für Deutschland und Europa. Bei Redox-Flussbatterien kann das Aufladen an einer speziell dazu ausgerüsteten Tankstelle durch Austausch der Flüssigkeiten erfolgen. Der eigentliche Ladevorgang bestehend aus der chemischen Aufbereitung der Elektrolyte findet dann außerhalb des Fahrzeugs unter Vermeidung jeglicher Zeitvorgaben, wie sie bei konventionellen Tankvorgängen Usus sind, statt.

Der Quantino sollte sich preislich in der Klasse eines elektrischen Mittelklasse-autos bewegen. Ein batteriebetriebener 3er-BMW war Anfang 2015 ab ca. 35.000 Euro erhältlich. Sein 170 PS starker Antrieb wurde von Lithium-Ionen-Batterien für eine Reichweite von 160 Kilometern gespeist. Weitere Kandidaten aus dem Bereich der Elektromobilität werden uns im Laufe der Jahre begegnen.

Kapitel 6: Materialien

„Gleichgewichte"

Deutschland entwickelte sich als Folge der industriellen Revolution im frühen 18. Jahrhundert zur seinerzeit führenden Nation im Bereich der Eisen- und Stahlproduktion. So wurde die Montanindustrie zu einer Schlüsselindustrie, die neue Arbeitsplätze schuf. Der mit rasantem Tempo fortschreitende Eisenbahnbau wurde zu einer Domäne deutscher Unternehmen wie beispielsweise der Firma Friedrich Krupp in Essen.

Im Jahr 1957 wurde die Europäische Gemeinschaft (EWG) gegründet, deren Vorläufer die im Jahr 1951 gegründete sogenannte Montanunion als Europäische Gemeinschaft für Kohle und Stahl (EGKS) der Länder Belgien, Bundesrepublik Deutschland, Frankreich, Italien, Luxemburg und der Niederlande war. So glaubte man auf europäischer Ebene, durch die Montanunion für die industrielle Stärkung von Kohle und Stahl gerüstet zu sein. Doch es kam dann plötzlich ganz anders. Wurde bis Anfang/Mitte der 1950er-Jahre der westdeutsche Energiebedarf fast zu 80 Prozent durch Kohle abgedeckt, so wurden die heimischen Energieträger durch ungeahnte Zunahmen des Ölverbrauchs substituiert, wodurch die Kohle nur noch rund 40 Prozent ausmachte.

Auch in den europäischen Nachbarländern Deutschlands wie dem 1830 gegründeten Belgien blühten die Erzgewinnung und die Metallbearbeitung sowie -verarbeitung zu bemerkenswertem Wohlstand auf. Das war vor allem in der belgischen Wallonie mit ihrem Department der Ardennen der Fall. Ähnlich verhielt es sich in der Eisen- und Stahlindustrie des Saarlands und in Elsass-Lothringen, was zu den nachhaltig bilateralen großindustriellen Wurzeln Frankreichs und Deutschlands führte. Lothringen ist die französische Region, in der die Schwerindustrie mit Eisenerzgewinnung, Kohleförderung und Eisenerzeugung konzentriert ist. In der Mitte der 50er-Jahre des 20. Jahrhunderts stagnierte dort in ähnlicher Weise wie in der Bundesrepublik Deutschland an Rhein und Ruhr die Schwerindustrie. Die Eisen- und Stahlindustrie wuchs in der Saarregion über viele Jahrhunderte und erfuhr im 19. Jahrhundert einen enormen Aufschwung. Nach schweren Rückschlägen und Strukturkrisen im 20. Jahrhundert kam es in den 1990er-Jahren bis 2001 zur Neuordnung und einer Unternehmensstruktur, die bis heute Bestand hat.

Vor dem Hintergrund der erwähnten Strukturkrisen der deutschen und europäischen Schwerindustrie Mitte des 20. Jahrhunderts war es in Europa eine globale Aufgabe, nach Innovationen und Alternativen zum Ersatz und zur Komplementierung traditioneller Technologien und Wirtschaftszweige zu suchen und diese zu etablieren.

Der Ersatz von Stahl für Pkw-Bremsscheiben ist eine solche Innovation. Wie ich im letzten Kapitel für das Themengebiet Beschichtungen beschrieb, entstand im Jahr 2000 die Idee, konventionelle Graugussbremsscheiben durch Keramikbremsscheiben zu ersetzen. Der Bedeutung dieser Angelegenheit Rechnung tragend möchte ich die hierzu wichtigsten Elemente noch einmal zusammenstellen, vor allem auch, um meinen Stolz über die Bewerkstelligung der Herstellung von auf Raumfahrttechnologie basierenden Keramikbremsscheiben durch einen italienischen Bremsenhersteller, der sich auf dem Gebiet der Produktion von Kfz-Bremsen auf einer marktführenden Position etabliert hat, auszudrücken. Die hierzu erforderliche Technologie war bereits seit den in den 80er-Jahren durchgeführten Forschungs- und Entwicklungsarbeiten für das geplante europäische Raumfahrzeug Hermes, also der Götterbote, vorhanden. Das Projekt Hermes konnte in den frühen 90er-Jahren aus finanziellen Gründen nicht zu Ende geführt werden und eine Reihe von Technologien kam demzufolge nicht zum Einsatz. Für den Hitzeschutz des Raumgleiters, der beim Wiedereitritt in die Erdatmosphäre Temperaturen von bis zu 1.800 Grad Celsius widerstehen muss, wurde ein Hitzeschutzschild aus kohlefaserverstärkten Keramiken, sogenanntes Siliziumkarbid, entwickelt. Da die Raumfahrtanwendung nun nicht mehr möglich war, suchte das Münchener Technologieunternehmen IABG mbH, das das Hitzeschutzmaterial entwickelt hatte, nach anderweitigen Applikationen. Man kam dadurch zu Herstellungsmöglichkeiten für neuartige Bremsscheiben, die eine Reihe von Vorteilen gegenüber herkömmlichen Stahlmaterialien aufweisen. Sie sind verschleiß- und wartungsfrei sowie hitze- und korrosionsbeständig. Sie sparen 60 Prozent des Gewichts bei einer Lebensdauer von 300.000 Kilometern.

Technologienehmer ist ein 2009 gegründetes Joint Venture für Carbon-Keramik-Bremsscheiben für die Automobil- und kommerzielle Fahrzeugindustrie, gebildet aus dem italienischen Bremsenhersteller und einer Partnerfirma aus dem Bereich der Herstellung von keramischen Hochleistungskunststoffen. In einer Pressemitteilung des Joint Venture vom Mai 2009, in der dieses vorgestellt wurde, sind die Vorzüge der Basistechnologien und die ihrer neuen Applikation als Hochleistungsbremsen beschrieben. Die bereits angesprochenen Vorteile von Keramikbremsscheiben werden durch leicht erhöhte Bremswirkungen im Vergleich zu Graugussbremsen komplettiert, wie in einem Testbericht der Septemberausgabe 2006 der Zeitschrift *Auto Motor und Sport* ausgeführt ist. Die neuen Bremsen haben allerdings ihren Preis, denn die Bremsscheiben gibt es nur als Sonderausstattung bei Fahrzeugen der Premiumklasse und sie kosteten 2015 rund 2.000 Euro pro Bremsscheibe. Der vergleichsweise hohe Preis der Bremsanlage liegt sowohl an den kleinen Stückzahlen als auch an den hohen Produktionskosten, die den zeitaufwendigen Herstellungsprozess von etwa 20 Tagen pro Bremsscheibe reflektieren.

Stickstofflegierter Martensit-Stahl wurde in den 1980er-Jahren von einem Essener Unternehmen, in Nachfolge eines 1811 gegründeten Essener Gussstahlherstellers, hergestellt. Das Unternehmen hatte sich inzwischen auf Hightech-Produkte spezialisiert, die im Maschinenbau, in der Medizintechnik und in der Luft- und Raumfahrt Anwendung fanden. Dieses Beispiel zeigt, wie aus Geschäftsfeldern traditioneller Stahlproduktionen neue Produkte weiterentwickelt wurden. Lager aus dem Martensit-Stahl hatten sich zum Beispiel unter extremen Bedingungen in den Treibstoffpumpen des amerikanischen Spaceshuttles bewährt, wo als Schmiermittel nur flüssiger Sauerstoff und Wasserstoff zur Verfügung standen. Die Besonderheit der in den 80er-Jahren neuen Generation von Hochleistungsstählen war die Druckaufstickung. Der Werkstoff wurde in enger Zusammenarbeit mit Partnern aus Wissenschaft und Industrie entwickelt. Durch die interstitielle Einbindung des Stickstoffs im Gitterverbund des Stahls ergab sich eine deutliche Erhöhung der Festigkeit und Korrosionsbeständigkeit des Materials ohne Reduktion der Duktilität. 1991 gab es hierfür den Stahl-Innovationspreis.

Nachdem im Laufe der Zeit die besonderen Vorteile, die der Werkstoff beispielsweise hinsichtlich seiner außergewöhnlichen Verschleißbeständigkeit bietet, bei den Konstrukteuren auf Resonanz stieß, kam auch eine wirtschaftliche Verarbeitung des Raumfahrtwerkstoffs zunehmend bei hochbeanspruchten „weltlichen" Werkzeugen und Komponenten im Maschinen- und Fahrzeugbau zum Einsatz. Hergestellt wird CRONIDUR mithilfe des sogenannten Druck-Elektroschlacke-Umschmelzverfahrens, bei dem Stahl in einem geschlossenen Umschmelzofen unter Druck erschmolzen wird, wofür in Betrieben früherer traditioneller Stahlproduktionen die Voraussetzungen für fortschrittliche Weiterentwicklungen vorliegen.

Das Applikationsspektrum des Materials ist erstaunlich breit gefächert. Die Flugzeugindustrie verwendet das Material seit vielen Jahren, insbesondere in Verstellantrieben von Flugzeugklappen und für Lager der Hauptantriebswellen großer Flugzeuge. Darüber hinaus hat der Werkstoff auch den Maschinen- und Automobilbau für sich erobert. Hier wird das Material insbesondere für hochbeanspruchte Komponenten wie Lager und Zahnräder eingesetzt. Außerdem gib es beispielsweise Verwendung bei Arbeits- und Haushaltsmessern oder chirurgischen Bestecken. Bei bekannten Solinger Messerherstellern befinden sich Messer aus Martensit-Stahl mit ihren wegen der hohen Härte außergewöhnlichen Klingeneigenschaften im Angebotssortiment.

Faserverbundwerkstoffe, die sonst nur von Stählen erfüllte Anforderungen erreichen, kamen zunehmend für den Einsatz als hochfeste und steife Strukturen und Bauteile auf. Diese können teilweise auch unter schweren Umgebungsbedingungen eingesetzt werden. Als Faserkomponenten werden dabei in der Hauptsache Kohlefasern genutzt. Als Matrixwerkstoffe kommen sowohl Kunststoffe als auch Keramiken zum Einsatz. Neben hoher Festigkeit und Steifigkeit zeichnen sich Faserverbundwerkstoffe durch ihr geringes Gewicht mit Einsparungen von 40 bis 60 Prozent gegenüber Stahl aus. CFK-Strukturen haben eine minimale Wärmedehnung und können in Hybridbauweise unter Nutzung dieser Eigenschaften in Verbindung mit konventionellen metallischen Materialien maßgeschneiderte Problemlösungen ermöglichen. Bei den Verbundstrukturen ist somit die Wärmeausdehnung über einen weiten Temperaturbereich einstellbar und im Extremfall gleich null. Die extrem leichten Verbundstrukturen sind auf breiter Ebene einsetzbar, wie beispielsweise in Roboterarmen, Zuführeinrichtungen in Pressenstraßen, Walzen in Druck- und Textilmaschinen oder Kardanwellen. Energietechnik, Automobilindustrie und Schiffsbau sind weitere Anwendungsfelder.

Großes öffentliches Interesse rief am 12. Juli 2014 die im Jahr 2004 gestartete Kometenmission namens Rosetta hervor, deren Hauptziel darin bestand, eine Sonde nach zehnjähriger Missionsdauer auf einem Kometen abzusetzen, um die Zustände zur Zeit der Entstehung unseres Sonnensystems vor 4,6 Milliarden Jahren zu erforschen, denn Kometen haben sich seit dieser Zeit nicht verändert. Die Reise zum Ursprung unseres Lebens auf dem Kometen mit dem zungenbrechenden Namen Churyumov-Gerasimenko, der sich mit einer Geschwindigkeit von 135.000 Kilometern pro Stunde durch das innere Sonnensystem bewegte und gerade mal einen Durchmesser von vier Kilometern hatte, endete mit einem Rendezvous in einer Entfernung von 675

Milliarden Kilometern von der Sonne. Um dies möglich zu machen, trug die Sonde Rosetta ein Landgerät namens Philae, das von einer Braunschweiger Raumfahrtfirma, die von uns in unserem Geschäftsfeld des Technologietransfers betreut wurde, entwickelt worden war. Die Planungen für die Mission begannen bereits im Jahr 1993, also 22 Jahre vor der Landung auf dem Kometen, und die wissenschaftlichen Erkenntnisse werden auch zukünftig die Forschung befruchten.

Das Landegerät, mit dem die Sonde auf dem Kometen aufsetzte und sich dort festkrallte, machte dies mittels der von der Braunschweiger Raumfahrtfirma hergestellten kohlefaserverstärkten Beine, die Philae an der Kometen-oberfläche verankerten. Aus Gründen der Gewichtsersparnis waren die Beine aus hochfestem kohlefaserverstärktem Kunststoff hergestellt.

Es war dieses Material und seine Eigenschaften, die mich als Geschäftsführer einer auf dem Gebiet des Technologietransfers spezialisierten Hightech-Manufaktur mit meinem Mitarbeiterteam nach anderweitigen Verwertungs-möglichkeiten suchen ließen. Wir wussten, wer Bedarf an leichtgewichtigen, aber trotzdem festen Materialien hatte. Wir fragten bei all diesen Firmen nach, ob sie an einer Kontaktaufnahme mit dem Technologieanbieter Schütze interessiert seien. Ein großer Werkzeugmaschinenhersteller mit Sitz in Ditzingen zeigte mit seiner Lasersparte Interesse und wurde mit Schütze vermittelt. Trumpf ist weltweit führend auf dem Gebiet der Industrielaser und beliefert Automobilhersteller, Medizintechnikfirmen, Elektronik- und Fein-werktechnikunternehmen. Der Braunschweiger Materialspezialist versetzte den Werkzeugmaschinenhersteller in die Lage, eine neuartige Maschinen-generation für die Blechbearbeitung auf den Markt zu bringen. Die Maschinen setzten in Sachen Produktivität neue Maßstäbe im Bereich der 5-Achs-Laserbearbeitung. Durch die Verwendung von CFK statt Metall wurden sowohl die Bearbeitungszeiten als auch die Präzision signifikant verbessert.

Die Organisation von Kooperationsforen zum Themengebiet „Materialien und Verfahren" kam mir in den Sinn, um Technologieanbieter und potentielle Technologienehmer bei solchen Veranstaltungen in direkten persönlichen Kontakt zu bringen. Die Veranstaltungsreihe der Kooperationsforen bot Anwendern und Anbietern von Technologien, das heißt von technologie-orientierten Produkten, Verfahren und Dienstleistungen, einen Rahmen, sich über innovative Entwicklungen und deren Anwendungspotenziale auszu-tauschen. Unzählige neue Geschäftskontakte wurden im Laufe der Jahre über derartige Veranstaltungen zu diversen Technologiethemen nach dem Vorbild derjenigen zum Thema „Materialien und Verfahren" geknüpft, viele Entwicklungen und Produkt- und Prozessverbesserungen nahmen dort ihren Anfang. Im Vordergrund stand dabei stets das persönliche Kennenlernen zukünftiger Kooperationspartner und ihr Ausloten, ob die Chemie zwischen ihnen stimmig sein könnte.

Bei einer diesbezüglichen Veranstaltung zum Materialsektor trug auch eine 1913 gegründete Wickeder Firma für die Herstellung von metallischen Halbzeugen ihr Leitungsspektrum vor. Dieses mittelständische Kaltwalzwerk, das mit dem Plattieren von Eisenbändern mit Aluminium seinen Anfang genommen hatte, expandierte in der Folge auf organische Weise sehr erfolgreich. Beim Plattieren werden zwei unterschiedliche metallische Bänder unter sehr hohem Druck zu einem nicht mehr trennbaren Verbundwerkstoff gepresst. Kaltbänder kommen unter anderem zum Einsatz in Kathodenstrahlröhren und plattierte Werkstoffe finden sich im Automobilbau als Bestandteile von Schalldämpferanlagen, Hitzeschilden, Schutzblechen, Kugellagerkäfigen, Schlauchkupplungen und Zylinderkopfdichtungen. In Anlagen, Apparaten und Behältern bestehen zum Beispiel Rohre, Reaktoren und Retorten aus plattiertem Material. Große Bedeutung hat es überdies für die Umwelttechnik in korrosiven und Oberflächen abschleifenden Umgebungen. In vielen Privathausalten befinden sich Kochutensilien, bei denen aus Kupfer und Edelstahl plattierte Werkstoffe benutzt werden. Dabei kann aufgrund des Kupfers eine optimale Wärmeverteilung im Topf erzielt werden, der Edelstahl garantiert die Lebensmittelechtheit und schön aussehen tut es obendrein noch. Die besagte Veranstaltung resultierte in dreißig Kontaktanbahnungen der beabsichtigten Art zwischen den Teilnehmern.

Feingusskomponenten für Industrietechnik, Medizintechnik, Motorsport sowie Luft- und Raumfahrt auf Titan-Aluminium-Basis wurden und werden von einer im sauerländischen Bestwig ansässigen und unter dem Gesichtspunkt des Leichtbaus agierenden Firma hergestellt. Die Leichtbauweise folgt dabei konsequent einer Konstruktionsphilosophie, die maximale Gewichtseinsparung zum Ziel hat. Hierdurch werden Einsparungen von Rohstoffen sowohl bei der Herstellung des Produktes selbst als auch bei dessen Nutzung möglich.

Dies wurde zum Beispiel bei einem unserer Kooperationsforen über Leichtbau- und Hochleistungswerkstoffe von dem für den Engineering-Vertrieb verantwortlichen Vertreter des mittelständischen Herstellers von anspruchsvollen Produkten aus Titan- und Aluminiumlegierungen erläutert. Er betonte, dass bei Fahr- und Flugzeugen Leichtbau eine geringere Antriebsleistung für die gleichen Fahr- und Flugeigenschaften bei reduziertem Kraftstoffverbrauch möglich macht. Das schien uns im Teilnehmerkreis qualitativ auch gemäß anderweitiger Medienberichte natürlich plausibel, was er jedoch durch quantitative Argumente untermauerte. Eine Boeing 747 besteht aus sechs Millionen Einzelteilen. Die Hälfte davon sind Befestigungselemente, die in mehr als 30 Ländern hergestellt werden. Ich weiß nicht, welche dieser Informationen mich mehr beunruhigte. Auf jeden Fall sind rund 20 Tonnen Befestigungselemente in jedem Jumbo mit einem Leergewicht von etwa 130 Tonnen verbaut.

Feingusskonstruktionselemente werden nicht nur in der Luftfahrt verwendet, sondern auch bei Kameragehäusen und bei Getrieben und Hinterachsen von F-1-Rennwagen. Im Motorsport zählt natürlich jedes Gramm. Das betrifft Motor, Getriebe und Aufhängung. In der Medizintechnik punktet man mit der exzellenten Bioverträglichkeit von Titan und Titanlegierungen. In der Prothetik und bei Implantaten profitiert man hiervon. Halbfertigprodukte und Komponenten des Titanherstellers fand man in einer Reihe von Sektoren. Als Beispiel wurde das Gebiet der Elektronikgehäuse angeführt. Diese wurden früher mittels komplizierter Maschinenprozesse hergestellt, bevor der Titanspezialist den Trend zum Feinguss etablierte. Die Fähigkeit, komplexe Gehäuse in einem Stück zu gießen, erlaubte es, schwierige Designdetails zu integrieren. Zu diesen gehören Steckverbinderdurchführungen, Leiterplattenhalterungen, Kühlrippen, Schlitze, Kanäle, Unterschneidungen und Hohlräume ohne teure zusätzliche Produktionsschritte. Dank der unmagnetischen Eigenschaften und seiner Widerstandsfähigkeit gegenüber Meerwasser und aggressiven Reinigungsmitteln ist der Werkstoff im weit verbreiteten Einsatz in Navigationssystemen, Offshore-Technologie und in der Nahrungsmittelindustrie.

Es war wieder einmal ein Event unseres Kooperationsforums, bei dem wir uns mit Trends auf dem Werkstoffsektor, das heißt, insbesondere mit Leichtbau und Hochleistungswerkstoffen, beschäftigten. In diesem Zusammenhang hatten wir wieder eine Auswahl von Referenten eingeladen, die dem Auditorium, das bei unseren Foren typischerweise 100 bis 200 Teilnehmer umfasste, die von uns aus den mehr als 150.000 Einträgen unseres Informationssystems über technologieinteressierte Unternehmen in Deutschland und deutschsprachigen europäischen Länder kontaktiert worden waren, berichteten.

Das von uns zusammengestellte Programm der Veranstaltung, die wie üblich in einem geeigneten Tagungshotel stattfand, wurde mit einem Beitrag unter dem Titel „Multifunktionaler Leichtbau mit zellularen Werkstoffen" seitens des Dresdener Fraunhofer-Instituts für Fertigungstechnik und Angewandte Metallforschung IFAM eröffnet. Bei zellularen metallischen Werkstoffen, auch als Metallschäume bekannt, handelt es sich um Materialien, von denen Beispiele seit Jahrmillionen in Form des Knochenbaus existieren. Wenn man so will, war also auch hier die Natur das Vorbild, dessen technische Produkte und ihre Eigenschaften den durch den Veranstaltungsbeitrag initiierten Diskurs bestimmten. Dabei standen zunächst Herstellungsverfahren metallischer Hohlkugeln im Vordergrund und durch sie ermöglichte Applikationsbeispiele. Es wurde ausgeführt, dass das IFAM durch seine hochporösen Materialien Leichtbaulösungen und exzellente Energieabsorption anbietet. Ausgehend von handelsüblichen metallischen Pulvern werden Schäume aus Aluminium, Titan, Stahl, Bronze, Zink oder Blei hergestellt. Die Wandstärke der beim IFAM erzeugten metallischen Hohlkugeln beträgt nur zwischen 20 Mikrometer und 10 Millimeter und die Gesamtporosität reicht bis ca. 97 Prozent. Zellstruktur und Werkstoff ermöglichen Materialeigenschaften wie Schallabsorption, mechanische Dämpfung, Wärmeisolation, Energieabsorption, katalytische Effekte sowie Stoff- und Energietransport. Das IFAM betonte, dass die in dem pulvermetallurgischen Verfahren hergestellten metallischen Hohlkugeln und Hohlkugelstrukturen die Vorteile metallischer Werkstoffe wie gute Wärmeleitfähigkeit, hohe Festigkeit und hohe Oxidationsbeständigkeit mit den Vorteilen geringer spezifischer Dichte und hoher spezifischer Festigkeit verbänden. Die Reihe der vorgestellten und das Auditorium beeindruckenden Anwendungsbeispiele beinhaltete die Reduzierung der Schallabsorption in Pkw-Abgasanlagen durch Hohlkugelstrukturen, wodurch der Geräuschpegel im gesamten Motordrehzahlbereich gesenkt wird. Im Vergleich zu klassischen Schalldämpfern erfolgt dabei auch eine Gewichtseinsparung von bis zu 30 Prozent. Obendrein wird der charakteristische Sound eines Motors durch die Hohlkugelstruktur hervorgehoben. Offene Zellen pulvermetallurgischer Schäume erlauben eine große dreidimensionale Formenvielfalt und kommen unter anderem als Dieselpartikelfilter mit neunzigprozentiger Rußpartikelfiltration bei Personen- und Lastkraftfahrzeugen zur Anwendung. Ebenfalls im Fahrzeugbau ist das gute Absorptionsvermögen mechanischer Energie als Aufprallschutz (Crashenergie) von Vorteil.

WPC (Wood Plastic Composite) bezeichnet einen Werkstoffverbund des natürlichen Polymers Holz mit dem synthetischen Polymer Kunststoff und gehört der Gruppe der verstärkenden Kunststoffe an, wie ein Repräsentant vom SKZ-KFE gGmbH Süddeutsches Kunststoff-Zentrum in der Eröffnung seines Beitrags auf unserem Kooperationsforum zu modernen Klebe- und Kunststofftechnologien im Februar 2011 in Köln ausführte. Dieses Material besteht neben Kunststoff und Additiven aus bis zu 85 Prozent Holz. Der Hauptbestandteil Holz ist in natürlicher oder recycelter Form wie Fichte, Kiefer, Tanne und Laubholz enthalten. Hinzu kommen Sägenebenprodukte wie Sägemehl, Holzspäne und andere Holzreste.

Anwendungen sind vor allem in der Bauindustrie Fenster und Türen, Rahmen, Fassadenelemente und Konstruktionsbauteile. Es gibt sie aber auch in der Automobil- und Möbelindustrie. Im Sortiment von Baumärkten erfreut sich WPC großen Zuspruchs für Bodenbeläge von Balkonen und Terrassen. Diese Applikation macht rund die Hälfte aller WPC-Produkte aus. Weitere große Anwendungsfelder sind Promenaden, Lärmschutzwände und die Zaun- und Geländerherstellung. Waren die USA Vorreiter dieser Technologie, so zogen Deutschland und Europa nach. Bei Pkws gibt es Holzimitate im Bereich der Armaturenbretter und Türinnenverkleidungen. Im Hygienebereich bietet sich WPC mit seiner integrierten antibakteriellen Wirkung für Kliniken öffentlicher Toiletten an. Die Umwelt ist ein dankbarer Profiteur, da es als Ersatz von Tropenhölzern fungiert.

Auf derselben Veranstaltung wurde auch das Gebiet innovativer Klebetechnologien für den Leichtbau seitens eines allseits bekannten mittelständischen deutschen Klebstoffherstellers mit Sitz im badischen Bühl thematisiert, denn gerade im Leichtbau ist die Klebetechnologie eine innovative Möglichkeit, verschiedenste Materialen mit- und untereinander zu verbinden. Das geringe Gewicht des Klebstoffs als Verbindungselement ist obendrein ein großer Vorteil. Im Leichtbau können metallische Leichtbauwerkstoffe wie z. B. Aluminium, Magnesium, hochfeste Stähle und Titan verklebt werden. Daneben kommen auch faserverstärkte Kunststoffe wie CFK und GFK für Verklebungen infrage. Für den Radsport werden die aus Carbon gefertigten Rahmen miteinander verklebt, um Gewicht zu sparen. Auch bei den Fahrradschläuchen können Gewichtseinsparungen durch sogenannte Lösemittelklebstoffe erreicht werden, da Schläuche nun gänzlich entfallen können. Hierdurch kann die Pannenanfälligkeit minimiert werden, da bei Durchschlägen beziehungsweise Sprüngen kein Schlauch zerstört werden kann.

Im Motorsport ist Leichtbau das Nonplusultra und deshalb werden Verklebungen zur Erreichung dieses Zieles wo immer möglich eingesetzt. Ein Beispiel sind Schalenverklebungen des Monocoque von Rennwagen. Auch beim Bau konventioneller Automobile finden sich Klebungen in Hülle und Fülle. Diese sind beispielsweise Nietklebungen, Abdichtung und Geräuschdämmung der Karosserie, Applikationen an Einbauinstrumenten sowie Klebungen, Reparatur und Befestigung diverser Anbauteile und Innenraumapplikationen aus Kunststoff, Metall oder Holz.

In der Kunststoffindustrie werden viele Kunststofftypen verklebt und auch Metallverklebungen vorgenommen. In der Elektroindustrie sind Klebungen ebenfalls von großer Bedeutung. So werden An- und Einklebungen von elektrotechnischen, elektronischen und sensorischen Bauteilen sowie deren Halterungen vorgenommen.

Das Handwerk bedient sich ebenfalls der Vorteile von Klebungen. So werden unter anderem Scheiben und Metallrahmen in Haustüren eingeklebt.

Lassen Sie uns bei der Thematik Leichtbau noch einen Moment verweilen. Auch hierzu möchte ich einen Beitrag auf einem unserer Kooperationsforen zum Anlass nehmen, daraus über einige Aussagen des Anbieters von Hochleistungsaluminiumwerkstoffen für den Leichtbau zu berichten. Schwerpunkt des Beitrags war die Entwicklung neuer Aluminiumwerkstoffklassen mit beispielsweise geringerer Dichte, höherer Warm- und Dauerfestigkeit und geringerer Wärmeausdehnung als konventionelle Aluminiumlegierungen. Dieses Ziel anstrebend entschied man sich für die Produktion des Hochleistungsaluminiums DISPAL und dessen Weiterverarbeitung zu Halbzeugen und Fertigprodukten für kleine und große Serien. Der hierzu praktizierte Fertigungsablauf erschien mir beindruckend komplex. In meinen einfachen Worten zusammengefasst erläutert, wird das angelieferte Aluminium in einem ersten Schritt geschmolzen und die flüssige Metallschmelze sodann zu Bolzen gepresst. Der Bolzen wird danach in Längsrichtung durchbohrt und das dadurch entstehende und noch heiße röhrenförmige Gebilde in die Länge gezogen und per Strangpressen in den finalen Zustand gebracht.

Anwendungsbeispiele sind Zylinderlaufbuchsen von Hubkolbenmotoren, die aus mit 25 Prozent Silizium versehenen Aluminiumlegierungen hergestellt werden, thermisch hochbelastbare Kolben für die Fahrzeugindustrie und ebenso verschleißfeste Steuerkolben und Ölpumpenräder sowie Ventiltriebkomponenten. DISPAL findet darüber hinaus Einsatzmöglichkeiten bei

Positionierschlitten im Bereich Feinmechanik. Weitere Gebiete sind die Luft- und Raumfahrt, der Sondermaschinenbau, die optische Industrie und die Automatisierungstechnik, womit das Applikationsspektrum der aus der Schmelze geschaffenen Produkte umrissen ist.

Die Generation zukunftsorientierter Märkte durch korrosionsbeständige Leichtbauwerkstoffe war ein Schwerpunktthema eines weiteren unserer Foren. In einem Beitrag einer Firma aus dem westfälischen Wickede konnte man sich einen Eindruck über zwei- und mehrlagige Verbundwerkstoffe mit den Vorteilen durch Kombination der Werkstoffeigenschaften der Einzelmaterialien verschaffen. Es handelt sich dabei um kaltwalzplattierte Werkstoffe, deren Hauptabnehmer die Automobilindustrie, die Elektroindustrie, die Wärmetechnik und der Kraftwerksbau sind. Das Verfahren besteht darin, dass mehrere Metallbänder übereinanderliegend gleichzeitig gewalzt werden. Hierbei und unter zusätzlicher Wärmezufuhr entsteht eine untrennbare metallische Verbindung der Bänder. Die Methode ist relativ flexibel hinsichtlich verwendeter Materialien und Auflagedicken. Allerdings steigt der Fertigungsaufwand beim Kaltwalzplattieren mit abnehmender Schichtdicke. Die Weiterverarbeitung ist dann auf die Besonderheiten der einzelnen Werkstoffe abzustimmen.

Ein Einsatzgebiet plattierter Werkstoffe findet sich im Korrosionsschutz hoher Qualität und im Hinblick auf die Kombination des Leichtbaupotenzials von Titan mit der Heißgaskorrosionsbeständigkeit von Titan-Aluminium. Als Beispiel wurde ein an der Ober- und Unterseite mit Aluminium plattiertes Titan-Sandwich vorgestellt, mit dem Kfz-Abgasanlagen mit fast 50 Prozent Gewichtseinsparungen gegenüber Edelstahl bei gleichzeitig hoher Lebens- dauer eingesetzt werden können. Den mengenmäßig wichtigsten kaltwalz- plattierten Materialverbund stellt aluminiumplattierter Weichstahl dar. Betont wurde die gute Korrosionsresistenz und Zunderbeständigkeit sowie das hohe optische und thermische Reflexionsverhalten. Allerdings sei darauf hinge- wiesen, dass kein unmittelbares Leichtbaupotenzial von aluminiumplattiertem Weichstahl vorliegt, sehr wohl jedoch in der Kombination verschiedener Eigenschaften. Ein Anwendungsbeispiel liegt wieder im Automobilbereich, wo für Kfz-Ladeluftkühler den zunehmenden Anforderungen in Sachen steigender Kompressionsverhältnisse und Ladelufttemperaturen entsprochen werden kann. Schon ein dünner Stahlkern bringt hier einen erheblichen Zuwachs an Warmfestigkeit. Ebenfalls berichtswert stellt sich das Leichtbaupotenzial der Kombination Aluminium-Stahl-Aluminium als umformbarer, leichter

Stützkernverbund dar, dessen Parameter gezielt eingestellt werden können. Edelstahlplattiertes Aluminium zeichnet sich als leichter Werkstoff mit den Oberflächeneigenschaften des Edelstahls aus.

Leichtgewichtige Sensoren bewegen gelegentlich große Gewichte. Dies wurde deutlich, als eine ursprünglich für Luft- und Raumfahrtanwendungen entwickelte hochempfindliche, auf Druck und Zug reagierende, federleichte Folie ihren Einsatz bei irdischen Anwendungen fand. Eine herausragende Anwendung stellt die superdünne und hochpräzise Folie beispielsweise für den Bau sicherer Fahrzeuge dar. Derartige nur dreißig Mikrometer – also ein Drittel der Dicke eines menschlichen Haares – dicke piezoelektrische Folien haben die Eigenschaft, physikalische Größen wie Vibrationen und Druck in winzige elektrische Signale umzusetzen. Es geschah diesmal an unserem jährlichen Messestand bei der Hannover Industriemesse, dass sich ein führender deutscher Automobilhersteller für die Eigenschaften der Folie interessierte. Der Pkw-Hersteller suchte nämlich nach einem Crashsensor, der im Gegensatz zu herkömmlichen Aufprallsensoren, die beim Aufprall oftmals zerstört werden, was eine präzise Bestimmung des Aufprallvorgangs behindert, standhält. Enthalten in einem hochflexiblen Polymerfilm wird der piezo-elektrische Sensor einfach auf der Fahrzeugoberfläche aufgebracht. Er bewegt sich mit dem Metall der Fahrzeugoberfläche beim Aufprall und wird dabei nicht zerstört. Man konnte so feststellen, welche Karosserieteile des Fahrzeugs zu welchem Zeitpunkt in welcher Weise deformiert wurden. Somit war es möglich, nicht nur qualitative, sondern auch quantitative Erkenntnisse zu erlangen und letztendlich den Aufprallschutz für die Passagiere signifikant zu verbessern.

Das Spektrum unserer Vermittlungsinstrumente umfasste neben der Organisation von Events wie Kooperationsforen und Messeteilnahmen auch die Publikation von Technologieangeboten in gedruckter Form oder via Internet. Im Materialsektor war im Angebot eine als „spröde" titulierte Hochleistungskeramik eines großen, im mittelfränkischen Plochingen ansässigen Weltmarktführers für technische Keramiken, was auf den ersten Blick eigentümlich erscheint. Der Urahn spröder Hochleistungskeramik ist allerdings bereits seit 1902 bekannt, als die Zündkerze entwickelt und zum Patent angemeldet wurde, deren Isolierkörper aus Keramik bestand.

Wie ein Vertreter der Plochinger Firma in einem unserer Kooperationsforen ausführte, hat jedermann wahrscheinlich Keramiken in irgendeiner Form in seinem Haushalt, zum Beispiel Porzellangeschirr oder Waschbecken. Im

Vergleich zu verformbarem Metall kann Keramik bei Belastung leicht bersten. Verunreinigungen, inhomogene Materialbereiche und Poren sind leicht bruchauslösend. In der Regel dient Siliziumoxid als Rohstoff, das vom pulverförmigen Zustand zum gewünschten Bauteil prozessiert wird. Aus Keramik hergestellte Bauteile sind beispielsweis Schneidwerkzeuge hoher Härte, Schweißrollen aus Siliziumnitrid zur Fixierung, Formung und Förderung von zu schweißenden Materialien wie Eisen oder Stahl, Metalldampf-hochdrucklampen oder keramische Substrate als Kühlkörper für Hoch-leistungsleuchtdioden. An dieser Stelle sei mit Blick auf die hier erwähnten Keramiken auch noch einmal auf meinen Beitrag zur Carbon-Keramik-Bremse des Joint Ventures des italienischen Bremsenherstellers und des Keramik-produzenten mit dem Alleinstellungsmerkmal von 65 Prozent Gewichts-einsparung gegenüber Gussbremsen, überlegener Bremsleistung, erhöhter Fading-Stabilität sowie einer Lebensdauer von einem Autoleben hingewiesen.

Keramische Endoprothesen nahm man schon Mitte der 1970er-Jahre in Angriff. Die Hüftgelenkte basieren auf Aluminiumoxidkugeln, die eine Lebensdauer von mindestens 15 Jahren in Aussicht stellen. Die Revisionsrate beläuft sich auf weniger als 0,2 Promille. Pluspunkte gegenüber Metallen weisen Keramiken in puncto Verschleißfestigkeit, Beständigkeit gegen chemische Korrosion, niedrigem spezifischem Gewicht und hoher Temperatur-beständigkeit auf. Überdies ist die Funktionalität von Piezokeramiken hervor-zuheben. Allerdings ist die Nutzbarmachung des breiten und außer-gewöhnlichen Anwendungspotenzials von derzeitig kommerziell verfügbaren Keramiken im oberen Preissegment angesiedelt.

Über die technologieorientierten Internetportale meiner Firma wurde in der ersten Dekade dieses Jahrhunderts ein österreichisches mittelständisches Unternehmen aus der Keramikbranche auf uns aufmerksam, dessen Ursprünge auf die Herstellung von Porzellan für technische Einsätze zurückgehen. Die Firma war 1921 für die Produktion von Isolatoren gegründet worden. In das Produktspektrum wurden später auch Wabenkeramiken aufgenommen, die vor allem auch in Abgaskatalysatoren zur Stickoxid-reduktion in Gasturbinen, Kraftwerken, Müllverbrennungsanlagen und Diesel-motoren eingesetzt werden. Durch das eingesetzte Verfahren, das als SCR-Methode (Selective Catalytic Reduction) bezeichnet wird, werden Stickoxide unter Zuführung von Ammoniak in Stickstoff und Wasserdampf umgewandelt.

Im Rahmen eines Entwicklungsprojektes für den Einsatz der SCR-Katalysator-technik für den Automobilbau war man auf der Suche nach einer speziellen

Beschichtungstechnologie. Die Katalysatorträger aus Wabenkeramik werden per Extrusion hergestellt, bei der die Keramikmasse einem sogenannten Mundstück zugeführt wird, wodurch sie in die gewünschte Geometrie geformt wird. Das Extrudermundstück ist aus Stahl und verfügt über 8.000 Bohrlöcher mit einem Durchmesser von je 1,3 Millimetern. Da ein solches Mundstück durch die Extrusion der Keramikmasse stark beansprucht wird, wird es mit Nickel beschichtet. Das Beschichtungsverfahren erfordert höchste Präzision bezüglich der Positionierung der Bohrlöcher, Haftkraft und Dicke der Schicht.

An dieser Stelle kamen wir als Technologiebroker ins Spiel. Wir hatten die Idee, ein uns wohlbekanntes Kerpener Unternehmen der Beschichtungstechnik zu kontaktieren und hinsichtlich Lösungsvorschlägen nachzufragen. Bei der von uns einbezogenen Firma handelte es sich um ein Unternehmen, das wir durch unsere Raumfahrtaktivitäten kannten. Es war seinerzeit in einem Projekt zum sogenannten Munich Space Chair (MSC) involviert. Dieses Projekt hatte zur Aufgabe, vor dem Hintergrund der auf Raumstationen kompensierten Schwerkraft die Fixierung der Kosmonauten auf der damaligen russischen Raumstation MIR zu ermöglichen. Der MSC wurde beispielsweise bei der Europäischen MIR-Mission EUROMIR 95 eingesetzt. Mit der neuartigen Fixiereinheit war es den Kosmonauten möglich, mit beiden Händen konzentriert und präzise zu arbeiten, ohne davonzuschweben. Natürlich gehalten in seiner neutralen Körperhaltung konnte der Kosmonaut mithilfe des MSC Labor- und Schreibarbeiten im „Sitzen" durchführen. Bei der EUROMIR 95 wurde er von dem deutschen Astronauten Thomas Reiter benutzt.

Das Beschichtungsverfahren der Kerpener Firma für die Katalysatoren der österreichischen Porzellanfabrik führte nach erfolgreichen Tests zu einer beachtlichen Qualitätsverbesserung der Katalysatorproduktion und der Vernickelung sämtlicher für die Katalysatorenproduktion benötigter Mundstücke. Von der EU erlassene Regulierungen für den Automobilsektor zielten auf die Anwendung von Abgasreinigungssystemen für insbesondere Lastkraftwagen und Dieselfahrzeuge ab. Zur Erfüllung der europäischen Standards waren damals schon drastische Absenkungen sowohl der Stickoxide als auch der Teilchenemissionen notwendig. Die SCR-Dieselkatalysatoren ermöglichen eine Reduktion der Stickoxide der Abgase von Dieselmotoren um 80 Prozent. Da das Additiv Ammoniak nur bedingt im Straßenverkehr anwendbar ist, ersann man die Anwendung eines nicht toxischen, geruchlosen, wässrigen Harnstoffs, den man im Zusammenhang mit der SCR-Technologie AdBlue nannte. Durch die Motorelektronik kontrolliert wird die Harnstofflösung in das

Abgas eingespritzt, wo es zu Ammoniak hydrolysiert wird. Der Vorteil des SCR Systems für den Automobilsektor besteht in beträchtlichen Kraftstoffeinsparungen, da Dieselmotoren auf ihr wirtschaftliches Optimum geregelt werden können. Der Rußpartikelausstoß ist ebenfalls reduziert. Als Ergebnis der intensiven Aktivitäten wurde die Erfüllung der strengen Grenzwerte für Stickoxide und Teilchenaustausch der europäischen und amerikanischen Gesetzgebung erfüllt.

Die Geschichte vom Ursprung des Glases wurde während eines unserer Events von einem Referenten eines bedeutenden europäischen Glasherstellers mit Sitz im niedersächsischen Lehmförde erzählt, aus dessen Rede unter anderem hier zitiert sein soll. Es wurde berichtet, dass die ältesten Glasfunde bis 7000 vor Christus zurückreichen und dass das Ursprungsgebiet des Glases die Länder des Vorderen Orients sind. Glas ist als Zufallsprodukt beim Brennen von Töpferware beziehungsweise im Zusammenhang mit Bronzeschmelzen entstand, wobei sich auf Unterlagen aus kalkhaltigem Sand in Verbindung mit Natron farbige Glasuren bildeten. Es dauerte bis ca. 2000 vor Christus, bis syrische Handwerker die Glasmacherpfeife entwickelten. Hierbei handelt es sich um ein 100 bis 150 Zentimeter langes Eisenrohr mit isoliertem Griff, an dessen einen Ende sich ein Mundstück befindet und am anderen Ende eine knopfartige Erweiterung aus dem Material der zu bearbeitenden Glasschmelze. Diese Blastechnik ermöglichte erstmals dünnwandiges Glas. Die Syrer, die die Glasblastechnik entwickelt haben, exportierten große Mengen Glas nach Rom, wo die erste Glashütte entstand.

100 Jahre nach Christus gelang im ägyptischen Alexandria durch Beimengung von Zusatzstoffen die Herstellung des ersten farblosen Glases. Erst im 13. Jahrhundert gelang es in Deutschland, die Rückseite eines Flachglases mit einer Metalllegierung zu überziehen und somit einen Spiegel zu schaffen. Im Mittelalter entwickelte sich die Handelsmetropole Venedig zum Mittelpunkt abendländischer Glasmacherkunst. Krönung dieser Kunst war die Schaffung reinsten Kristallglases, das sich durch unnachahmlichen Glanz und absolute Farblosigkeit auszeichnete. Flachglas wurde mittels Guss-, Mond- oder Zylindertechnik geschaffen. Bei der Gusstechnik wird flüssiges Glas auf einen Tisch gegeben und gewalzt. Bei der Mondtechnik wird eine große, dünnwandige Blase unter mehrfachem Erhitzen zu einer runden Scheibe flachgeschleudert und in sichelförmige Segmente zerlegt, was den Namen Mondglas erklärt. Bei der Zylindertechnik werden die Enden eines geblasenen

Glaszylinders entfernt, bevor er der Länge nach aufgeschnitten wird, weswegen es auch als Streckglas bezeichnet wird.

Heutiges Glas besteht zu 60 Prozent aus Sand, dem eigentlichen glasbildenden Teil, zu 20 Prozent aus Soda und Sulfat, die die Verflüssigung fördern, und zu 20 Prozent aus Natriumoxid und Kalk, die ihm Härte, Glanz und Haltbarkeit verleihen. Das Gemenge dieser Bestandteile erreicht bei etwa 1.400 Grad Celsius eine vollkommen homogene Schmelze. Je nach genauer Zusammensetzung können die physikalischen und chemischen Eigenschaften des Glases beeinflusst werden. Physikalisch gesehen ist Glas eine eingefrorene, unterkühlte Schmelze. In einem bestimmten Temperaturbereich ist es zähflüssig und damit formbar. Im festen Zustand ist es ein formstabiler Stoff. Je nach Lichtdurchlässigkeit, Dichte, Wärmeleitung, Druck- und Oberflächenhärte und Wärmedehnung gibt es Glassorten für unterschiedlichste Zwecke. Konsequenz der zum Teil erstaunlichen Eigenschaften des Glases ist eine breite Palette von Anwendungen. Sie beinhaltet Wärme-, Schallschutz- und Sicherheitsverglasungen für Fenster, Wintergärten, Ganzglastüren, Überdachungen, Brüstungsfelder an Treppen, Ganzglasanlagen, gläserne Schiebewände und vieles mehr.

Mit der Industrialisierung wurde die Glasproduktion automatisiert und wissenschaftliche Untersuchungen zu den physikalischen Eigenschaften der einzelnen Glasmischungen durchgeführt. Das führte zu immer besseren Fertigungsverfahren und einer immer größeren Produktpalette. 1905 gelang eine entscheidende Neuerung, wobei Flachglas konstanter Breite geschaffen wurde, indem es vertikal direkt aus der Glaswanne gezogen wurde. Das erste Sicherheitsglas entstand 1910 in Frankreich mittels Laminierung, das heißt durch Einfügen von Folienmaterial zwischen zwei Scheiben. 1958 entwickelte die britische Firma Pilkington Brothers Ltd. ein Verfahren zur Herstellung von Floatglas, das über hervorragende optische Fähigkeiten verfügt und seitdem zur Flachglasherstellung benutzt wird. Das Glasmaterial kann Kantenbearbeitung oder Zierschliffe erhalten, gesägt oder durchbohrt werden. Zu Dekorationszwecken kann man Glas bedrucken oder lackieren. Ätzen und Sandstrahlen sind zwei Verfahren zur Oberflächenmattierung und -gestaltung. Zur Herstellung von Vergrößerungs- oder Verkleinerungsspiegeln sowie Sonnenreflektoren wird Glas mittels Senk- oder Pressverfahren gebogen. Durch Glasvorspannverfahren kann man verbesserte thermische und mechanische Eigenschaften erreichen. Isoliergläser wurden mit den steigenden ökologischen und ökonomischen Anforderungen wie der

Energieeinsparverordnung stetig weiterentwickelt. Beschichtetes Isolierglas wurde Anfang der 80er-Jahre eingeführt. Seit den 70er-Jahren konnte durch die Beschichtungstechnik eine sprunghafte Verbesserung der Wärmedämmwerte erreicht werden. Neueste Dreischeibenisoliergläser zielen auf das Erreichen von Dämmwerten, die nahezu denen massiver Wände entsprechen.

Beispielhaft zum angesprochenen Forschungs- und Entwicklungsszenario im Glassektor soll hier ein Ultraschalldiagnoseverfahren für die Glasfabrikation skizziert werden. Meine Firma spielte bei dessen Zustandekommen eine gewisse Rolle. Während eines von uns organisierten Kooperationsforums präsentierte der von uns eingeladene Repräsentant des Leipziger Physikinstituts die Diagnosetechnik zur Bestimmung des Zusammenhangs von Viskosität und Temperatur während der Glasherstellung. Dies weckte das Interesse eines Forumsteilnehmers eines der führenden Hersteller von Spezialglas. Kurz nach unserem Forum trafen sich die Uni Leipzig und der Mainzer Glashersteller und arrangierten erste Tests der vorgestellten Technologie mit dem Ergebnis der Vereinbarung eines gemeinsamen Forschungs- und Entwicklungsprojektes. Hochtemperatursensoren für die Onlineanalyse bestimmter Glaseigenschaften wurden basierend auf den bereits existierenden Kenntnissen der Universität Leipzig bezüglich Ultraschallsensoren in Angriff genommen. Eine präzise und verlässliche Messung bereits während des Schmelzvorgangs des Glases ist nämlich unerlässlich, um eine gezielte Kontrolle und gegebenenfalls Korrekturmaßnahmen des Produktionsprozesses vornehmen zu können. Der Glashersteller entschied sich nach erfolgreichem Abschluss des Vorhabens zur Errichtung von Fabrikationseinrichtungen, in denen Ultraschalldiagnosesysteme zur Qualitätskontrolle implementiert sind. Er beschloss, für zukünftige Produktionsstätten das Ultraschallsystem sowohl für die standardmäßigen Glassorten als auch für ihre Hightech-Glasvarianten mit verschwindend geringen thermischen Ausdehnungskoeffizienten zu verwenden. Während sich Eisenbahnschienen auf einer Länge von zehn Kilometern bei einem Temperaturanstieg von 20 Grad Celsius um zwei Meter verlängern, würde sich das Spezialglas unter gleichen Bedingungen gerade einmal um einen Zentimeter ausdehnen. Aus diesem Grund behalten aus dem Mainzer Spezialglas gefertigte Teleskopspiegel unabhängig von Umgebungstemperaturen ihre Abbildungseigenschaften. Nach der Endbearbeitung eines Spiegels mit einem Durchmesser von 1,7 Metern ist es möglich, Strukturen auf der strahlend glänzenden Sonnenoberfläche zu beobachten, die nur 50

Kilometer groß sind. Im übertragenen Sinn ist das vergleichbar mit dem Erkennen eines Kirschkerns auf eine Entfernung von 30 Kilometern.

Materialien und Materialverarbeitung sind die Domäne eines Viersener Eisen- und Stahl- Spezialunternehmens, das seit 1958 als Grobblechspezialist unter den Stahlhandelsgesellschaften in Deutschland gilt. Bei dem Unternehmen kommt auch eine sogenannte Abrasiv-Wasserstrahlschneidtechnologie als zukunftsorientierte und umweltfreundliche Möglichkeit für einen hohen Automatisierungsgrad beim Schneiden aller Werkstoffe zum Einsatz. Um einen Schneidestrahl zu erzeugen, wird Wasser bis zu einem Druck von 4.200 bar komprimiert. Das Wasser wird je nach Bearbeitungsanforderung durch eine Düse von 0,08 bis 0,4 Millimeter Durchmesser gedrückt. Dabei wird die Druckenergie in kinetische Energie umgewandelt. Der Schneidestrahl erreicht hierdurch eine Geschwindigkeit von etwa der dreifachen Schallgeschwindigkeit. Dieses Schneideverfahren findet Anwendungen beim Trennen von kompakten und harten Werkstoffen, wie zum Beispiel allen Metallen, Hartgestein, Panzerglas, technischer Keramik oder Kohlefasern. Dabei wird dem Wasserstrahl in einer Mischkammer Natursand zugeführt, wodurch eine Mikrozerspanung erfolgt.

Die Vorteile der Abrasiv-Wasserstrahlschneidtechnologie zeigen sich beispielsweise dadurch, dass es sich um ein kaltes Trennverfahren ohne Wärmebeeinflussung handelt, damit entfallen Randzonenaushärtungen und Verzüge bei Metallen. Insbesondere für reaktive Metalle wie Titan, Zirkonium und Aluminium findet die Schneidtechnologie ihre Eignung. Im Vergleich zur Zerspanungstechnik liegt ein weiterer Vorteil in der optimalen Materialausnutzung durch dünnste Trennfugen, kleinste Teileabstände oder auch nahtlose Schachtelung. Das Verfahren ist umweltfreundlich, denn es entstehen weder Staub noch Dämpfe.

Gewichtseinsparung durch Schaumspritzverfahren wurde auf einem unserer Foren über Trends in der Kunststofftechnik von einem bereits 1948 gegründeten Großhandelsunternehmen im Elektrobereich präsentiert, das seine Ausrichtung im Laufe der Jahre per Einbeziehung produktionstechnischen Know-hows erweiterte. Der im westlichen Sauerland ansässige mittelständige Betrieb verstand sich deswegen schon bald als Technologielieferant für marktreife Produkte im Kunststoffsektor, dessen Alleinstellungsmerkmale sich schlicht im Einspritzen kleiner Bläschen in den Kunststoff auszeichnen. So hergestellte Produkte sind beispielsweise Niederspannungs-Hochleistungssicherungen (NH-Sicherungen), die viele von uns aus unseren Wohnungen in Verbindung mit elektrischen Hausanschlusskästen zum Abschalten von Fehlströmen kennen. Derartige Schmelzsicherungen kennt man natürlich auch aus dem Automobilbereich zum Schutz gegen Fehlströme. Zum Spritzgießen, das heißt physikalischen Schäumen der Thermoplaste, werden Treibmittel wie Kohlendioxid oder Stickstoff eingesetzt und es sind verfahrensspezifische Anlagen erforderlich. Der Laie kann sich den Prozess bildlich wie die Herstellung von Spritzgebäck vorstellen, allerdings nur ziemlich schwer verdaulich.

In einer unserer ähnlich gelagerten Veranstaltungen wurde das Spritzguss-thema vor dem Hintergrund seines überbesetzten Marktsegments beleuchtet. Diesen Zwängen sollte laut dem Referenten der nach dem zweiten Weltkrieg in Augsburg gegründeten und inzwischen an mehreren Standorten in Deutschland ansässigen Firma Kläger durch das Anstreben einer ent-sprechenden Leistungsführerschaft Rechnung getragen werden. Eine Spezialität wird auf dem Gebiet des keramischen Spritzgusses angeboten, wobei eine perfekte Symbiose zwischen dem Verfahren Spritzgießtechnologie und den außergewöhnlichen Eigenschaften von Hochleistungskeramik realisiert wird. Hierbei wird durch Kostensenkungen bei gleichzeitiger Erhöhung von Produktqualitäten ein nennenswerter Wettbewerbsvorteil generiert. In toto lassen sich durch geeignete Kombinationen von Werkstoffen und Spritzgusstechnologien anspruchsvolle Produkte in Anwendungsfeldern wie technischen Präzisionsteilen, Medizintechnik bis hin zu Konsumgütern herstellen.

Kommen wir nun als Zwischengang zu unseren Menüvorschlägen, bei denen sowohl Kunststoffe als auch Metalle in geschickten Arrangements serviert werden. Gemeint sind hochfeste und steife Strukturen, die teilweise unter recht hohen Umgebungstemperaturen eingesetzt werden. Für derartige Substanzen bestand entsprechender Bedarf, zu dessen Lösung Faserverbund-strukturen entwickelt und eingesetzt wurden. Für die Faserkomponenten werden dabei in der Hauptsache Kohlefasern genutzt. Diese werden eingebettet in Kunststoffe oder Keramiken. Waren derartige Materialien für die meisten Anwendungen noch sehr teuer, so ergaben sich für viele Bereiche mit besonders stringenten Anforderungen der Industrie zunehmend wirtschaftliche Einsätze. Der auf ein Kilogramm bezogene höhere Preis der Kohlefaser im Vergleich zu Metallen wird kompensiert durch einen geringeren Materialeinsatz und durch geringere Lebenszykluskosten zu einem summa summarum höheren Produktnutzen. Bei der CFK-Metall-Hybrid-Technik können alternativ zu Bauteilen aus Voll-CFK auch Metallstrukturen mit CFK-Komponenten verstärkt werden und so eine wesentliche Leistungssteigerung erfahren. Bei den Verbundwerkstoffen können durch die geschickte Kombination ihrer Einzelbestandteile die Wärmeausdehnung über einen weiten Temperaturbereich gezielt eingestellt werden und im Extremfall gleich null sein. Diese Eigenschaft ist von größter Bedeutung für Anwendungen, bei denen hohe Präzision gefordert ist. Die extrem leichten Verbundstrukturen sind auf breiter Ebene einsetzbar, wie beispielsweise in der Luft- und Raumfahrt, dem Maschinen- und Anlagenbau, der Energietechnik, dem Schiffsbau und im Automobilbau.

Eine besondere Spezies von Metallen und Kunststoffen stellen solche dar, die sich an eine frühere Form erinnern können, obgleich sie zwischenzeitlich beziehungsweise vorübergehend auf mechanischem Weg stark verformt wurden. Dieses Phänomen wurde in den 1930er-Jahren entdeckt, ohne dass man damit etwas anzufangen wusste. Erst einige Jahrzehnte später kam man auf den Gedanken, dass es sich um eine physikalische Phasenumwandlung handelt, bei der temperaturgesteuert das Material in zwei unterschiedlichen Kristallstrukturen vorliegt. Bei den meisten solcher Materialien handelt es sich um Nickel-Titan-Legierungen. Man bezeichnet die Hochtemperaturphase als Austenit und die Niedertemperaturphase als Martensit. Wenn man zum Beispiel eine Büroklammer aus Formgedächtnislegierung zu einem geraden Draht auseinanderbiegt, kehrt diese wieder in die Form der Büroklammer zurück, sofern man sie in der Flamme eines Feuerzeugs erwärmt. Bei diesem Vorgang treten durchaus hohe Rückstellkräfte auf. Die Umwandlungen der Kristallstrukturen erfolgen bei Erwärmung beziehungsweise Abkühlung bei unterschiedlichen Temperaturen.

Im Rahmen des jahrelang von mir geleiteten internationalen Netzwerks zum Transfer von im Zusammenhang mit Raumfahrtprojekten entwickelten Technologien für Anwendungen in anderen Sparten wurden auch neue Produkte auf Basis von Formgedächtnislegierungen initiiert. Diese Materialien waren für europäische Raumfahrtprogramme in den 1990er-Jahren wiederentdeckt worden und als leichtgewichtige und temperaturkontrollierte Aktuatoren angewendet worden, zum Beispiel zur Ausrichtung von Solarpanels von Satelliten oder als automatisiertes Kontrollsystem zur Durchführung von Experimenten unter Weltraumbedingungen. So wurde der Formgedächtniseffekt nutzbar gemacht in biomedizinischen Produkten wie Knochenklammern, Zahnklammern oder in Stents. Dabei stand natürlich auch die Erfüllung der Biokompatibilität, gegebenenfalls durch diesbezüglich wirksame Oberflächenbeschichtungen, im Vordergrund.

Bei den U-förmigen Knochenklammern nutzt man aus, dass sich das Implantat als Folge des strukturellen Phasenübergangs durch die Körperwärme zusammenzieht Die menschliche Körperwärme ist auch der Auslöser für die Funktionsweise von Zahnspangen für Kiefer- und Zahnkorrekturen. Im Falle der Stents nutzt man den gegenteiligen Effekt aus, nämlich dass diese sich nach deren Implantation ausdehnen und so bereits seit den 1990er-Jahren erfolgreich zur Erweiterung der betroffenen Gefäße sorgen, gegebenenfalls in ummantelter Form für eine erhöhte Wirksamkeit.

Neben den medizinischen Anwendungen erfolgten auch strömungstechnische Applikationen als Rohrverbinder. Diese Rohrverbinder aus Formgedächtnis-legierungen bestehen aus einem Zylinder, dessen Innendurchmesser in der Austenit-Phase kleiner als der Außendurchmesser der zu verbindenden Rohre ist. Schiebt man nun das zu verbindende Rohr in das andere Rohr hinein, wird der Zylinder in flüssigem Stickstoff dermaßen geweitet, bis der Innen-durchmesser größer ist als der Durchmesser der zu verbinden Rohre. Hierdurch werden die Rohrenden als Folge der sukzessiven Stickstoffkühlung und anschließender Erwärmung auf Raumtemperatur druck- beziehungsweise vakuumdicht verbunden. Dieses Verfahren findet auch Anwendung bei Unterwasserrohrverbindungen für Gas- und Ölleitungsrohre.

Formgedächtnislegierungen können auch zur Verrichtung von Arbeiten dahingehend benutzt werden, dass Bewegungen gegen einwirkende Kräfte ermöglicht werden. Dies wird in der Automobiltechnik und im Gerätebau ausgenutzt. Im Kfz finden sich derartige Legierungen bei Antrieben für Türverriegelungen, Klimaanlagen, Scheinwerfer- und Spiegeljustierungen oder Lüftungsklappen, wobei man auf einen Elektromotor verzichten kann und stattdessen den Formgedächtniseffekt für die Aktuatoren per Erwärmung durch Stromzufuhr bemüht. Im Fahrzeugbau folgte man dem industriellen Durchbruch der Legierungen für Fokussiereinrichtungen von Kameras, die in Großserien den Markt eroberten.

Gemein ist all solchen Anwendungen der Umstand, dass die eingebrachte Wärme in mechanische Arbeit umgesetzt wird. Das Fraunhofer-Institut IWU für Werkzeugmaschinen und Umformtechnik (IWU) in Chemnitz präsentierte 2015 einen „Smarten Aktuator" als Ersatz für konventionelle und sehr leistungsfähige Motoren. In einer Pressemitteilung wurde bekanntgegeben, dass gemeinsam mit Industriepartnern ein Kugelgewindeantrieb entwickelt worden sei, der mithilfe eines Formgedächtnisaktuators eigenständig einer Verschleiß- und Materialermüdung entgegenwirke. Damit können die Lebensdauer und Präzision von Werkzeugmaschinenantrieben dauerhaft gesteigert und Wartungsarbeiten besser geplant werden. Durch ihre hohe Energiedichte sind Formgedächtnislegierungen prädestiniert für miniaturisierte Aktuatoren. Diese „intelligenten" Materialien erfahren aufgrund des oben beschriebenen Phasenübergangs der Gitterstruktur eine plastische Verformung zum ursprünglichen Zustand durch Wärmeeinträge. Wegen dieses Mechanismus können Formgedächtnislegierungen das Wirkprinzip konventioneller und sehr leistungsfähiger Motoren ersetzen. Demgemäß war ein Formgedächtnisdraht von nur 0,3 Millimetern Durchmesser in der Lage, ein Gewicht von sechs Kilogramm zu heben. Es zeigte sich, dass Aktuatoren bis zum Hundertfachen ihres Eigengewichtes anheben können.

Superelastizität ist ein Effekt, der durch eine mögliche elastische Dehnbarkeit von Formgedächtnismetallen gekennzeichnet ist und die Elastizität konventioneller Metalle um das Zwanzigfache übertrifft. Dieser Effekt beruht ebenfalls auf einer Umwandlung der Kristallstruktur, die man im Ausgangszustand wie bereits oben ausgeführt als Austenit bezeichnet und die bei Einwirken einer Kraft in der Lage ist, den von der Stahlhärtung bekannten Martensit zu bilden. Dieser Vorgang ist mit der hohen elastischen Dehnung verbunden, die dem Effekt den Namen Superelastizität verliehen hat. Das Material kehrt bei Nachlassen der Kraft wieder in seine Ursprungsform zurück. Temperaturänderungen sind nicht erforderlich. In der Medizintechnik finden sich besonders interessante Anwendungen von Röhrchen aus superelastischen Formgedächtnismetallen. Mit ihnen können Endoskope hergestellt werden, die einerseits hochelastisch sind und andererseits keine störenden Strukturelemente im Innern aufweisen, sodass der gesamte Rohrquerschnitt durch Instrumente und Kameras genutzt werden kann. Mit solchen Endoskopen können Eingriffe in den menschlichen Körper minimalinvasiv durchgeführt werden und ein größerer operativer Eingriff bleibt den Patienten erspart.

Einen Formgedächtniseffekt stellte man 2005 auch für Kunststoffe fest, die sich an eine frühere Form trotz zwischenzeitlich erfolgter starker Umformung erinnern können. Wie die metallischen Varianten werden auch diese Formgedächtnispolymere durch Aufwärmen in ihre ursprüngliche Form versetzt. Ein Beispiel ist ein Formgedächtnisschaum, der als sogenannter

Viscoschaum in Matratzen und Matratzenauflagen im Handel käuflich erhältlich ist. Die Hersteller bewerben ihr Produkt als Entwicklung der amerikanischen Raumfahrtforschung der NASA Ende der 1990er-Jahre, um Astronauten vor den hohen Druckkräften beim Start von Raketen zu schützen. Der Formgedächtnisschaum der Matratzen besitzt den großen Vorteil, dass er sich an die Körperform erinnern kann. Hierdurch ist die Matratze in der Lage, sich der Körperform optimal anzupassen und sich an diese für einige Sekunden zu erinnern, auch wenn sich der Körper für eine kurze Zeit nicht mehr dort befindet. Die Materialien sind in der Lage, durch Körperwärme ihre Form zu verändern. Durch die automatische Formveränderung ergibt sich eine sehr gute Körperanpassung, die so spezielle Teile des Körpers entlastet, was sich vor allem positiv auf die Wirbelsäule auswirkt.

Ein weiterer Vorteil der Viscoschaum-Matratze zusätzlich zu den Formeffekten ist, dass sie laut Hersteller sehr hygienisch ist. Mit guter Pflege hätten es Milben sehr schwer, in das Innere der Viscoschaum-Matratze zu gelangen, was für Allergiker sehr wichtig sein kann. Viscoschaum-Matratzen sind noch wesentlich dichter als eine normale Kaltschaummatratze. Sie reagiert auf Körperdruck und Körperwärme. Fasst man die Viscoschaum-Matratze an, kann man dieses Gefühl mit einer Knetmasse vergleichen. Körperkontakt stellt das Material her, wenn der Körper auf der Matratze liegt und einsinkt. Dadurch wird die Auflagefläche vergrößert und der Druck kann sich optimal verteilen. Das wiederum bewirkt eine sehr gute Unterstützung der Wirbelsäule.

Es wurde auch ein Formgedächtniseffekt an Polymeren beobachtet, der nicht thermisch, sondern optisch gesteuert wird. Dabei handelt es sich um einen Kunststoff, dessen Molekülketten sich unter UV-Licht einer bestimmten Wellenlänge vernetzen und die Bindung bei Bestrahlung mit einer anderen Wellenlänge wieder lösen. Bestrahlt man ein Bauteil einseitig, so führt die Vernetzung zu einer Formänderung.

Man fand auch magnetisch gesteuerte Formgedächtnispolymere. Im Vergleich zu den temperaturgesteuerten Formgedächtnislegierungen besteht der Unterschied darin, dass der Formgedächtniseffekt nicht durch einen Temperatureinfluss, sondern durch das Anlegen eines magnetischen Feldes hervorgerufen wird. Über die Variation der magnetischen Feldstärke ist eine Steuerung des Umwandlungsprozesses möglich.

Es gibt auch Formgedächtnislegierungen, die auf Lichteinflüsse reagieren und als lichtintensive Formgedächtnispolymere vorhanden sind. Analog zu den thermischen Formgedächtnispolymeren kann der Werkstoff aus einem amorphen Zustand in einen kristallinen Zustand überführt werden. Die Lichteinwirkung beeinflusst die Vernetzungsdichte und somit die elastischen Eigenschaften des Materials. Mit einer gezielten Erhöhung der Vernetzungspunkte im Herstellungsprozess wird die aktuelle Form des Materials fixiert. Bei späterer Auflösung der Fixierung „erinnert" sich das Material an seinen geometrischen Urzustand. Seine grundlegenden Eigenschaften sind eine hohe Dehnung, sehr geringe Kräfte und kostengünstige Herstellung.

In den letzten Jahrzehnten weckten sogenannte „smarte" Materialien das Interesse von Industrie und Verbraucher, sei es im Sinne von Intelligenz, Cleverness oder weil es als „trendy" in der Öffentlichkeit angesagt schien. Wo man hinschaute, ohne den Zusatz „smart" ging wenig. Hierzu zählten aktive Werkstoffe wie die besprochenen Formgedächtnismaterialien, die durch ihr hohes spezifisches Arbeitsvermögen die Realisierung kompakter Aktuatoren möglich machten. Aktuatoren und Sensoren erlaubten alternative und komplementäre Antriebselemente, also die Integration von aktiven Werkstoffsystemen in konventionelle, oftmals passive Systeme und Komponenten. Seit der Feststellung des piezoelektrischen Effektes in Kunststoffen durch amerikanische Wissenschaftler in den 1960er-Jahren erwiesen sich solche Folien durch ihre Einsetzbarkeit sowohl als Aktuator als auch als Sensor als echte Alleskönner.

Der physikalische Effekt der Piezoelektrizität besteht primär in der Umwandlung mechanischer Energie in elektrische Spannung und umgekehrt. Das bekannteste Beispiel sind Zigarettenanzünder, bei denen der Zündfunke durch piezoelektrische Kristalle erzeugt wird. Der piezoelektrische Foliensensor und -aktuator besteht aus einer mit Metall bedampften Kunststoffschicht, deren Moleküle beim Erstarren durch Anlegen eines starken elektrischen Feldes ausgerichtet werden. Wird Druck auf die Folie ausgeübt, verschieben sich in ihr die elektrischen Ladungen, sodass ein Stromfluss entsteht.

Wir haben uns Mitte der 1990er-Jahre in unserer Technologieberatung mit Anwendungen von Piezofolien befasst, die bis zu 15 Prozent mechanischer Energie in elektrische Energie umwandelten und umgekehrt. Es wurden Anwendungen der Folien, die dünner sind als ein menschliches Haar, durch geeignete Segmentierung der Oberfläche möglich, bei denen beliebig viele Einzelsensoren untergebracht werden konnten. Diese Folien wurden beispielsweise auf Pkw-Stoßfänger und Motorhauben geklebt, um bei Unfällen blitzartig Rettungssysteme wie Airbags oder Gurtstraffer auszulösen. Diese Schutzmaßnahmen helfen sowohl Pkw-Insassen als auch Fußgängern im Falle vorhandener Airbags im Außenbereich von Fahrzeugen, das heißt durch Fußgängerairbags, die an Motorhauben ausgelöst werden. Genau derartige Eigenschaften machten die Piezofolie zu einem begehrten Sensor für die Messung von Kräften, Drücken und Schwingungen. Mit unserer Unterstützung wurden zu ihrer Umsetzung mehr als ein Dutzend Innovationen angestoßen. Auch hierzu nutzten wir unsere Veranstaltungen zum Zwecke der Initiierung von Kooperationen.

Eine solche Veranstaltung, genau genommen eine zu mechatronischen Komponenten und Systemen, war zudem der Auslöser von Innovationsprojekten zum inversen piezoelektrischen Effekt, womit man die Transformation von elektrischer Energie in mechanische Auslenkungen bezeichnet. Bei den Piezoaktuatoren stand bei uns deren Anwendungspotenzial auf keramischer Basis im Vordergrund. Bei ihnen ist man in der Lage, durch Anlegen einer elektrischen Spannung die Dehnung der Piezokeramik in Richtung des elektrischen Feldes hervorzurufen. Piezoaktuatoren finden bevorzugten Einsatz in der Mikropositionierung, Ventilsteuerung, Schallerzeugung und Schwingungsdämpfung. Es lagen Anforderungen an immer kürzere Schaltzeiten der Ventile in modernen pneumatischen und hydraulischen Systemen vor, wobei der Automobilbau einer der Hauptprofiteure wurde.

Sogenannte künstliche Intelligenz nahm auch in das Einzug, was uns am nächsten ist, unsere Kleidung nämlich. Was da alles möglich oder vorstellbar ist, ließen wir uns im Rahmen eines Workshops im nordfranzösischen Textilzentrum in der Region Lille mit weit mehr als 1.000 Betrieben zeigen. In den letzten beiden Dekaden des 20. Jahrhunderts wurden viele neue synthetische Materialien in den Markt eingeführt. Diese Materialien hatten Fasern mit Eigenschaften wie flammhemmend, hitzebeständig, gewichtstragend, antibakteriell und sogar Allergikern helfend, die auf Hausstaubmilben reagieren. Diese wertgesteigerten Hightech-Produkte, die als technische Textilien bezeichnet werden, finden Anwendungen in Autos, Zügen und Flugzeugen. Sie werden darüber hinaus bei der Gesundheitspflege und für Schutzkleidung verwendet sowie für Sport- und Freizeitkleidung. Der Sektor der technischen Textilien entwickelte sich zu einem wachsenden Markt, nicht zuletzt wegen des hohen Grades an Funktionalität der Kleidungsstücke.

Ein erster Anzug, der extreme Anforderungen erfüllen musste, war ein Raumanzug für Astronauten, der innere Kühlelemente beinhaltete, sodass die Astronauten bei ihren Weltraumspaziergängen den extremen Temperaturbedingungen widerstehen konnten. Es dauerte nicht lange, bis diese für die Raumfahrt bestimmte, mit Kühlschlangen ausgerüstete Technologie ihren Einsatz im Alltag fand. Später produzierte „intelligente Kleidung" enthielt dermaßen kleine integrierte Sensoren, dass der Träger des Kleidungsstücks sie nicht mehr spürte. Nutznießer von intelligenter Kleidung waren beispielsweise Feuerwehrleute, für die ein Bedarf zur Bestimmung von Temperatur, Feuchtigkeit und Bewegung zwingend erforderlich ist. Es wurden Kühlwesten nach dem Vorbild der Astronautenanzüge konzipiert, die eine aktive Kühlung bieten und dadurch Hitzestress und gesundheitliche Beschwerden durch hohe Temperaturen lindern. Der Einsatzbereich von Kühlwesten, die mit Wasser gefüllt durch Verdunstungskälte dem Träger Kühlung verschaffen, reicht von der Formel-1 bis hin zu Multiple-Sklerose-Betroffenen, deren MS-Beschwerden bei mehr als 60 Prozent von ihnen in Form von Leistungsschwächen wie plötzlicher Ermüdung ab Temperaturen von 20 Grad Celsius auftreten. Die Kühlung ist für die Dauer eines Tages wirksam.

Smart Materials ist also der Oberbegriff für alle Stoffe, die nicht nur passive Elemente, sondern auch aktive Funktionselemente beinhalten. Dazu zählen auch Textilien mit einer Reihe möglicher integrierter Sensoren mit Funktionen wie beispielsweise Schutz gegen extreme Temperaturen. Bereits im Jahr 1931 erfand man in den USA schwammartige Materialien, sogenannte Aerogele, deren die Poren umschließende Silicatnetze nur rund drei Prozent des Volumens ausmachen, der Hauptteil befindet sich in den winzigen Luftbläschen. Diese Charakteristika machen Aerogele zu den Weltmeistern unter den Festkörpern mit der niedrigsten Dichte. Sie stellen die effektivsten thermischen Isolatoren dar. In der Bekleidungsindustrie entstanden Kleidungsstücke, bei denen man sich diese Eigenschaften zunutze machte. Man war in der Lage, eine dünne Schicht von Aerogelen direkt im Stoff zu integrieren. Dieses Material ist vergleichsweise preisgünstig, flexibel, wasserabweisend und atmungsaktiv. Derartige Jacken eignen sich besonders für raue Umgebungen. Die beschriebenen Grundmaterialien eignen sich aufgrund ihrer isolierenden Eigenschaften zudem für ihren Einsatz in Wohnungen und Gebäuden.

Grundsätzlich können Aerogele aus anorganischen und organischen Materialien hergestellt werden. Entsprechend ihrer geringen Dichte haben sie eine extrem große Oberfläche. Drei Gramm Aerogel können beispielsweise bis auf die Größe eines Fußballplatzes ausgedehnt werden. Das Geheimnis der Aerogele liegt wie gesagt in ihrer Porosität, weswegen sie rund sechsmal besser isolieren als Styropor. Sie verfügen über ein außergewöhnlich gutes Schall- und Wärmeisolationsvermögen. Sie werden deshalb zur Isolation von Motorräumen und Fahrzeugtüren in der Automobilindustrie verwendet. Da Aerogele einen Teil des Lichtes passieren lassen, eröffneten sie völlig neue architektonische Möglichkeiten. So ist es zum Beispiel denkbar, Isolierfenster mit Aerogelen zu füllen und so durchscheinende Fenster zu gestalten, die gleichzeitig besonders wärmedämmend sind.

Wie bei den Aerogelen stand das Thema Leichtgewicht auch bei metallischen Schäumen im Vordergrund. Ähnlich wie bei den Aerogelen reicht der Ursprung von Metallschäumen bis in die Mitte der ersten Hälfte des 20. Jahrhunderts zurück. Erste industrielle Serienanwendungen konnten dann ab dem Jahr 2000 verzeichnet werden. Im Zusammenhang mit unseren Technologievermarktungsaktivitäten befassten wir uns auch mit Schaumspritzverfahren, die zu Gewichtseinsparungen bei metallischen Werkstoffen führten. Mit ihnen wurden Aluminiumschaumsandwiches für großflächige Strukturen möglich, die bei minimalem Gewicht höchste Steifigkeitswerte lieferten, wie sie beispielsweise Space-Frame-Strukturen im Kfz-Bau, Transportbehälter oder Gehäuse für Werkzeugmaschinen benötigen. Im Fahrzeugbau bieten Metallschäume interessante Anwendungsmöglichkeiten als Crashschutzelemente zur Erhöhung des Insassenschutzes. Neben der energieabsorbierenden Eigenschaft zur erheblichen Steigerung der passiven Sicherheit kann man durch die Aluminiumschäume auch den Fahrkomfort durch seine vibrationsdämpfende Wirkung erhöhen.

So wie man im metallischen Bereich durch entsprechende Schäume Gewichtsreduktionen erzielt, stehen Letztere ebenfalls bei den Schaumstoffen ganz oben auf dem Wunschzettel. Obendrein lassen sich Schaumstoffe zusammendrücken. Sie können auf verschiedene Prozessarten hergestellt werden. Als besonders attraktiv hat sich der physikalische Schaumprozess herausgestellt, da er, auch bekannt unter dem Namen MuCell, außergewöhnlich hohe Formqualität bei reduzierten Produktionskosten ermöglicht. Abnehmer der mit MuCell hergestellten Produkte finden sich in Sparten wie Automobil, Medizintechnik, Verpackung, Verbrauchsgüter und industrielle Anwendungen. Bei dem Verfahren schäumen Millionen winziger Gasbläschen den noch flüssigen Kunststoff während des Spritzvorgangs auf und führen so unter anderem zu Gewichtsreduktionen, ohne dass die Stabilität und die Maßhaltigkeit der Bauteile darunter leiden, was in den zitierten Branchen auch nicht akzeptiert würde. Dies wurde bei einem unserer Kooperationsforen von einem unserer Referenten anschaulich erläutert. Dabei wurde betont, dass man mit der vorgestellten Technologie gut auf die stets angestrebte Emissionsreduktion im Automobilbau vorbereitet sei, da derart gefertigte Schaumstoffteile dazu beitrügen, Gewicht einzusparen und so die Umwelt zu schonen. In puncto Gewichtseinsparung nimmt die Kombination von Metallen und Kunststoff zu, und das nicht nur im Automobilbau, sondern in allen Bereichen, in denen es auf Hitzebeständigkeit und Schlagfestigkeit ankommt. In der Elektroindustrie wird es dort verwendet, wo es darüber hinaus auf nichtleitende Anwendungen ankommt.

Bei der geschilderten Schaumspritztechnik ist es durchaus möglich, zwei verschiedene Komponenten zur Nutzbarmachung ihrer unterschiedlichen Anforderungen quasi in einem Schritt miteinander zu verkuppeln, zum Beispiel über die direkte Einspritzung von Gummidichtungen in das Kunststoffbauteil. Das Thema Gummi ist nicht nur für den Leichtbau ein Dauerbrenner. Allerdings sollte Gummi sorgsam gepflegt werden, denn wie jeder weiß, sollte man an frostigen Wintertagen das Anfrieren der Gummidichtungen von Fahrzeugtüren bei deren Öffnung vermeiden, indem man auf die Gummidichtung ein Schmiermittel in Form von wässrigen Graphitdispersionen aufträgt. Tut man es, lässt sich die Tür wie geschmiert öffnen. Das Ganze kann in anderen Fällen, insbesondere bei kleineren Objekten als Autotüren, auch dauerhaft vorbereitet dadurch erfolgen, indem die Graphitdispersion auf die zu beschichtenden Teile aufgetragen oder mit Beschichtungssystemen wie Kautschukmilch vermischt wird. Nach dem Aushärten zeigen die beschichteten Oberflächen wasserabweisende Eigenschaften. Die Trocknung kann in solchen Fällen im Trockenschrank erfolgen. Wie man aus der Formel-1 weiß, ist das Kochrezept zum Vulkanisieren von Gummi offenbar ein großes Geheimnis. Es geht im Grunde genommen auf den bereits 1839 von Goodyear entdeckten Vorgang zurück. Der sich in diesem Zusammenhang entwickelnde Autoreifenmarkt musste mit einer Vielzahl zu optimierender Parameter wie Härte, Abrieb, Straßenhaftung und Lebensdauer das Klientel überzeugen. Dabei bildeten natürlich auch modische Aspekte wie Weißwandreifen in den Anfängen der Automobilisierung oder spätere Kraft demonstrierende Breitreifen zur Gewinnung und Haltung zugeneigter Kunden im Sinne zielorientierten Marketings eine Schlüsselstrategie zum Aufrollen der schier nicht an Grenzen zu stoßen scheinenden Märkte.

Möglichst leicht war auch die Devise im Radsport, um den Athleten zu immer größeren Leistungen zu verhelfen. Waren es in den Anfängen noch Stahlrahmen bei den Radgestellen, so führte das verstärkte Bestreben nach Leichtbauversionen zum Einsatz von hochbelastbaren und gleichzeitig leichtgewichtigen Materialien. Aluminium war lange Jahre das favorisierte Element zur Gewichtsreduktion im Radsport, ganz ähnlich zum Motorsport, wo um jedes Gramm weniger ein ziemlich großer technischer Aufwand betrieben wird. Als noch leichter stellten sich Räder mit Magnesiumrahmen heraus, ohne in Sachen Steifigkeit Kompromisse eingehen zu müssen. Diese Räder verfügen über ein hohes Dämpfungsvermögen und sind ultraleicht. Ein Magnesiumrad für Leute mit Körpergrößen von 1,80 bis 1,90 Metern wiegt gerade einmal rund ein Kilogramm. Der zunehmend verbreitete Einsatz und die damit verbundenen Preisreduktionen der ursprünglich für die militärische Luftfahrt entwickelten Kohlefaserverbundwerkstoffe führten zu deren verstärkter Nutzung im Radrennsport. Die Pros und Kontras der auf Carbonbasis hergestellten Rennräder sind hinsichtlich ihrer Bewertung der wesentlichen Parameter etwas durchwachsen. Demgegenüber konnte die Gesamtsumme der Eigenschaften von Rädern auf Titanbasis wie Gewicht, Widerstandsfähigkeit, Alltagstauglichkeit, Langlebigkeit, Steifigkeit und Fahrkomfort am meisten überzeugen.

Das Metall Titan gehört unter anderem zum Ressourcenreichtum der Bodenschätze Russlands. Ende des 18. Jahrhunderts in England entdeckt gelang es in den 30er-Jahren des 20. Jahrhunderts, kommerzielle Anwendungen zu erschließen. Die europäisch-asiatischen Hauptvorkommen befinden sich in Skandinavien und dem Ural. Viele von uns wissen bestimme Eigenschaften von Titan sehr zu schätzen. Dazu gehören zum Beispiel die bereits besprochenen Formgedächtniseigenschaften von Nickel-Titan-Legierungen oder der Allergien vermeidente Gebrauch von titanbasierten Brillengestellen. Gleichermaßen ist der Einsatz von Titan in der Medizintechnik oder dem Gesundheitswesen zu beurteilen. Titanmaterialien werden wegen ihrer Biokompatibilität bei Implantaten verwendet und in der Zahnheilkunde eingesetzt. Damit haben wir uns bereits im Rahmen der Formgedächtnis-thematik befasst, können aber darüber hinaus weitere wissenswerte Aspekte hinzufügen. Und wieder ist der Automobilbau ein dankbarer Profiteur titan-basierter Werkstofftechnologien. Der steigende Bedarf an kraftstoffeffizienten und umweltfreundlichen Straßenfahrzeugen hat das Interesse auf Gewichtsminderung und hohe Effizienz gelenkt. Automobile Anwendungen von Titan zielen demzufolge auf die Eigenschaften hoher Festigkeit bei geringer

Dichte sowie ihre ausgezeichnete Widerstandsfähigkeit gegen Oxydation und Korrosion ab. Titankomponenten werden vor dem Hintergrund der aufgeführten Eigenschaften traditionell bei Fahrzeugen der Premiumklasse und im Motorsport eingesetzt. Man nutzt diese bei Komponenten wie Ventilfedern, Kupplungsscheiben, Getriebegehäusen oder Fahrwerkselementen, womit nur ein kleiner Bruchteil der Titananwendungen im Fahrzeugbau aufgeführt ist. Besondere Aufmerksamkeit verdient der Aspekt der Federung im Automobilbau, denn aufgrund des Alleinstellungsmerkmals unter den Industrielegierungen besitzt Titan die Stärke, Dichte und Flexibilität, um als nahezu perfekte Feder eingesetzt zu werden. Es ergeben sich bei gutem Design der Federn deutliche Vorteile in Sachen Raumbedarf und Gewicht im Vergleich zu auf Aluminium oder Stahl basierenden Federn. Die genannten Vorzüge finden natürlich auch in der Luftfahrt großen Gefallen.

In der Raumfahrt stand der Werkstoff Titan für eine ganze Reihe von innovativen Projekten Pate, über die man sich im irdischen Bereich keine nennenswerten Gedanken aufgebracht hätte. Dort führten Titanapplikationen zu aufsehenerregenden Erfolgsgeschichten. Hier ein Auszug aus der Sammlung erfolgreicher Spin-offs der Raumfahrt auf dem Materialsektor unter besonderer Würdigung der Titananwendungen. Ein wirklich nahezu unglaublich hitzebeständiges Material wurde zur Nutzung an Bord verschiedener europäischer Raketen in Betracht gezogen. Raketenmotoren erzeugen enorme Hitze während des Starts von Satelliten. Wenn diese sich im Weltraum befinden, sind die Satelliten sowohl der durch die Wärmestrahlen der Sonne erzeugten Hitze ausgesetzt als auch der im Erdschatten auftretenden Kälte. Während der Rückkehr zur Erde müssen Raumfahrzeuge sehr hohen Temperaturen während der Wiedereintrittsphase widerstehen. Diese extreme thermische Umgebung erfordert ein gewisses Maß fortschrittlicher Materialien, um sicherzustellen, dass das Raumfahrzeug nicht nur selbst überlebt, sondern auch seine Nutzlast, seien es Astronauten oder Instrumente, keinen Schaden nimmt. Für derartige Situationen wurde eine als Gamma-Titan-Aluminium bezeichnete Legierung mit der Maßgabe, die früheren für den Einsatz bei Raumfahrzeugen konzipierten schwereren, teureren und schwierig herzustellenden Superlegierungen und Keramiken zu ersetzen, entwickelt. Die Legierung widersteht Temperaturen bis zu unglaublichen 9.000 Grad Celsius. Das Material ist dahingehend einzigartig, als dass es sowohl für die Struktur des Raumfahrzeugs als auch für sein Raketenantriebssystem verwendet wird. Außerdem kann die außergewöhnliche Legierung einerseits für sehr kleine Komponenten von wenigen Millimetern und andererseits für sehr große Komponenten von größenordnungsmäßig mehreren Metern eingesetzt werden. Das Material fand nicht nur Interesse im Luft- und Raumfahrtbereich, sondern auch in der europäischen Automobilindustrie.

Weitere Erfolgsgeschichten ranken sich um den Werkstoff Titan aufgrund seines breiten Anwendungspotentials in diversen Sparten. Verharren wir noch ein wenig im Quellengebiet der Transfers der Raumfahrt. Diesmal ist Titan die Quelle einer Applikation in Verbindung mit einer Oberflächenbeschichtung für die Verbesserung der Oberflächenreibung von Werkstücken. Durch die Beschichtung wird eine Veredelung der Titanlegierung erzielt. Die aufgebrachte, sehr dünne sogenannte plasmachemische Schicht stellt die direkte Verbindung zum Titanwerkstück dar. Die Beschichtung schützt das Titan vor Verschleiß und Korrosion und ermöglicht durch ihre Oberflächenstruktur die Aufnahme von Schmierstoffen sowie nachträgliche Werkstückbehandlungen wie beispielsweise Lackierungen oder Imprägnierungen. Auf Titanwerkstoffen kann eine tiefschwarze Oxidkeramikschicht erzeugt werden, die nahezu sämtliche Lichtstrahlen schluckt und hierdurch für die optische Industrie höchstinteressant ist für hochwertige optische Instrumente in der Astrophysik und Lasertechnik.

Es waren unter anderem diese Themengebiete, die bei einer unserer Recherchen zum zukünftigen Technologiebedarf ausgewählter Branchen seitens der Industrie als anstrebenswerte Weiterentwicklungen benannt wurden. Hierzu stellten Automobilfirmen und ihre Zulieferer ihren dauerhaften Innovationsbedarf an neuen Technologien aus Bereichen wie zukunftsweisende Materialen, Elektronik, Mechatronik oder Software heraus, die auf Ziele wie mehr Sicherheit, gesteigerten Komfort, höhere Leistung, geringeren Verbrauch und weniger Emissionen ausgerichtet sind. Die befragten Kfz-Spezialisten gaben ihren Erwartungen Ausdruck, dass Autos binnen zehn Jahren um rund 30 Prozent leiser würden, der sogenannte Flottenverbrauch sich um gut 15 Prozent senken ließe und der Schadstoffausstoß durch neue Motoren und Katalysatoren nur noch ein Promille gegenüber dem Stand der Technik drei Fahrzeuggenerationen zuvor betragen würde. Durch die im Zusammenhang mit der Analyse der Erreichbarkeit dieser Entwicklungsziele durchgeführten Experteninterviews zeichneten sich im Hinblick auf innovative Materialien nachfolgende wesentliche Trends ab, die mit den Schlagworten Hochleistungswerkstoffe, Leichtbauverbindungen und Aluminiumverbindungselemente betitelt werden konnten. Ein Verfahren zur Erzeugung äußerst leichtgewichtiger Bleche für Fahrzeugkarosserien wurde abgeleitet von einem Herstellungsverfahren für Treibstofftanks von Raumfahrtträgerraketen. Das Verfahren wird als superplastisches Verformen von leichten Metallen wie Titan bezeichnet. Bei der aus der Raumfahrt stammenden Vorlage werden korrosionsgeschützte, hochfeste Gefäße mit komplexen Formen aus Titan und Stahllegierungen gefertigt. Das superplastische Verformen von Titan wird bei 900 Grad Celsius durch Heißpressen per Argon mit einem Gasdruck von bis zu 20 bar in Formen erzeugt, die den angestrebten Titankörper ermöglichen. Auf diese Weise ist es möglich, durch das formgebende Werkzeug extrem dünnwandige, formstabile Objekte zu realisieren. Warmumformung für hochfeste Aluminium-, Titan- und Stahlwerkstoffe sind so auch für Bauteile im Automobilbau möglich geworden. Bei hoher Temperatur tiefgezogene Aluminiumbleche erlauben komplexere Bauteile und eine höhere Bauteilintegration. Es lassen sich einteilige Bauteile herstellen, die ansonsten mittels mehrerer Einzelteile zusammengesetzt werden müssten. Zudem sind Hybridbauteile möglich, die zum Beispiel aus tiefgezogenen Stahlblechteilen mit hinterspritzten Aluminiumdruckguss-verstärkungen bestehen, wodurch die Steifigkeit des Aufbaus erhöht wird. Der Aluminiumwerkstoff findet sich nicht nur in Karosserien, sondern auch bei Fahrwerks- und Bremsenteilen, Motorblöcken oder Motoranbauteilen wie Ölwannen. Die Umformtechnik ist geeignet, großflächige Außenteile wie ganze Seitenteile zu fertigen. Ähnlich zu den beschriebenen Umformaspekten befasste man sich mit deren Übertragbarkeit auf den Werkstoff Magnesium, der neben Aluminium und Titan grundsätzlich auch deren Gewichtseinspar-potenziale für nach dem superplastischen Verformungsprozess gefertigte Fahrzeugbleche aufweist.

Bislang haben wir uns primär mit metallischen Werkstoffen und Kunststoffen beschäftigt, doch es gibt auch Materialien, die eine wesentlich längere Tradition aufweisen, nämlich solche aus nachwachsenden Ressourcen wie Holz. Seit vielen Jahrhunderten wird Holz beim Hausbau eingesetzt. Dabei werden zum Beispiel die Vorzüge des Wohnklimas von in Fachwerkbauweise errichteten Gebäuden geschätzt. Im Jahr 1936 wurde das Material Holz erstmals auch im Automobilbereich ein Thema für den Leichtbau. Dies geschah im Rahmen der Herstellung des englischen zweisitzigen Sportwagens Morgan 4/4. Sein Bauprinzip scheinen seine Konstrukteure an frühere Holzkutschen angelehnt zu haben. Das nur 800 Kilogramm schwere Fahrzeug erhielt einen Rahmen aus Eschenholz, der zum einen hart und zum anderen flexibel genug war, um Schlaglöcher und schnelle Kurvenfahrten auf Landstraßen zu meistern. Zunächst baute Morgan dreirädrige Autos mit zwei gelenkten Vorderrädern und einem angetriebenen Hinterrad sowie auf einem Stahlrahmen montiertem Holzgerüst. Die Bezeichnung 4/4 bedeutete, dass das Fahrzeug über einen Vierzylindermotor und vier Räder verfügte. Die bis heute gebauten Morgan-Autos erfuhren erhebliche Leistungssteigerungen des ursprünglichen 4/4-Modells mit 1,6 Liter Hubraum, die auch heute noch nach wie vor in der ursprünglichen Konzeption zum Zwecke von Gewichtseinsparungen in Holz-Stahl-Mischbauweise gefertigt werden.

Konzentrierte man sich viele Jahre primär auf die Verwendung metallischer Werkstoffe im Automobilbau, so erlebte schließlich die für Morgan-Modelle praktizierte Mischbauweise aus Holz und Stahl zumindest eine anfängliche Renaissance, die einige große europäische Volumenhersteller inspirierte, zunächst im Forschungs- und Entwicklungsbereich das Thema Holz und seine Potenziale für Strukturen und Karosserien im Automobil näher zu investigieren. Dabei wurden auch verschiedene universitäre Institute und Forschungseinrichtungen einbezogen. Für den Holzanteil der Holz-Metall-Bauweise erkannte man, dass eine geeignete Kombination von Hölzern wie Pappel, die von den Fahrzeugen der Firma Morgan bekannte Esche oder Buche gefunden werden musste sowie eine geeignete Ausrichtung von Furnierlagen, sodass durch zwischen den Holzschichten einlaminierte Metall- oder Polymerfolien eine international geforderte passive Unfallsicherheit gewährleistet werden konnte. Letztendlich bestand das Hauptziel der Aktivitäten darin, einen bestmöglichen Materialmix aus den hier bereits mit Blick auf den automobilen Leichtbau dargestellten Werkstoffen Stahl, Aluminium, Magnesium, Titan, Faserverbünden, Kunststoffen und auch bislang wenig beachteten auf Holz fußenden Elementen zum Erreichen des Optimums der Parameter wie Materialauswahl und Leistungscharakteristika des Antriebs in Sachen Motor in diesem mehrdimensionale Zustandsraum zu finden. Es waren Wissenschaftler, die sich mit der Idee trugen, ähnlich wie bei carbon- und glasfaserverstärkten Kunststoffen den Einsatz von natürlichen Fasern, die aus Hanf, Baumwolle und Holz gewonnen werden, genauer unter die Lupe zu nehmen.

Antriebsfeder könnte dabei auch der Umstand gewesen sein, dass kohlefaserverstärkte Kunststoffe, wie sie im Flugzeugbau verwendet werden, sehr teuer sind, und dass Glasfasern zwar vergleichsweise preiswert, jedoch erheblich schwerer sind. Man war zum Beispiel am Braunschweiger Fraunhofer-Institut für Holzforschung der Meinung, dass ein Blick in die Natur angesagt sein könnte. So setzten die Wissenschaftler, wie sie in einer Pressemitteilung ihres Institutes im Jahr 2015 verkünden ließen, auf Naturfasern pflanzlichen Ursprungs. Varianten aus Hanf, Flachs, Baumwolle oder Holz sind ähnlich kostengünstig wie Glasfasern und zudem leichter als die Pendants aus Glas oder Carbon. Ein weiterer Vorteil besteht darin, dass man sie am Ende ihres Lebenszyklus rückstandslos verbrennen kann, womit zusätzlich Energie erzeugt werden kann. Allerdings muss man zur Kenntnis nehmen, dass die Festigkeit der Naturfasern geringer ist, sodass es angesagt sein kann, dass man biobasierte Fasern mit Carbonfasern kombiniert. Dies kann dadurch erwirkt werden, dass man die oftmals als Matten vorliegenden Fasern entsprechend aufeinanderlegt, wobei sie von der Kunststoffmatrix umhüllt werden. Dort, wo die Bauteile stark beansprucht werden, werden die Carbonfasern genutzt, um an den anderen Stellen Naturfasern zu implementieren. Auf diese Weise können die Stärken der jeweiligen Fasern vereint und die jeweiligen Nachteile unwirksam gemacht werden. Im Ergebnis sind die Bauteile kostengünstig, haben eine sehr hohe Festigkeit, gute akustische Eigenschaften und sind deutlich ökologischer als reine Carbonbauteile. Auf diese Weise fand das Naturprodukt Holz ungeahnten Einsatz im Automobilbau, und zwar nicht nur im Fahrzeuginnenraum zu dekorativen Zwecken, sondern zum Bau leichtgewichtiger Fahrzeugstrukturen.

Nicht nur das Material Holz verdient Aufmerksamkeit bezüglich seiner technischen Möglichkeiten in Sachen Gewicht. Es sind auch andere, wie etwa auf Stein basierende Materialien und damit in Verbindung stehende Anwendungen. Schauen wir uns einmal das Feld der Dämmstoffe an, die in der Bauwirtschaft und der Fahrzeugtechnik eingesetzt werden. Wie in unseren Betrachtungen zum Einsatz von Holzelementen schlagen wir auch hier den Bogen von der Gebäudetechnik hin zum Automobilbau. Beginnen wir mit den Anwendungen von Dämmstoffen zu Isolationszwecken für Gebäude und Wohnungen. Dabei geht es vor allem um die Nutzung von Materialien mit geringer Wärmeleitfähigkeit. Gebräuchliche Dämmstoffe sind sowohl organische wie Kunststoffe oder gummiartige Basismaterialien als auch anorganische wie Mineralwolle in Form von Steinwolle oder Glaswolle. Ausgangsstoffe für die ökonomische und ökologische Herstellung von Stein- und Glaswolle sind Sand, Kalkstein, Sodaasche und auch Recyclingmaterial. Diese Rohmaterialien werden in einem Schmelzofen bei typischerweise mehr als 1.500 Grad Celsius geschmolzen. Nach dem Durchlaufen des Schmelzofens wird die glasartige Schmelze tröpfchenweise auf einer Drehscheibe mit hoher Rotationsgeschwindigkeit aufgrund der Drehbewegung zu Fasern gezogen, bevor diese nach Zuführung von Bindemitteln bei gut 200 Grad Celsius aushärten. Gemäß gewünschter Größe und Form werden die Fasern in die Form von Matten, Rollen oder Platten gebracht, was das endgültige Produkt der Steinwolle ergibt. Diese Art von Mineralwolle zeichnet sich durch besondere Materialeigenschaften und breite Einsatzmöglichkeiten aus, das heißt, sie schützt vor Kälte und Wärme, dämmt Schall und ist im Bereich Brandschutz einsetzbar. Sie ist sehr alterungsbeständig, besonders wirtschaftlich sowie durch die einfache Handhabung problemlos und gesundheitlich unbedenklich zu verarbeiten. Keramik ist bekanntlich ein breitgefächertes Gebiet, das von Porzellan für Geschirr im Haushalt bis hin zu technischen Produkten für Hochtemperaturanwendungen im Automobilbereich reicht, die denen metallischen Ursprungs weit überlegen sein können.

Die schon angesprochene Steinwolle und Glaswolle sind eine Spezialität aus der Familie der Keramiken, die uns sowohl innerhalb unseres Wohnbereiches als auch bei der Ermöglichung unserer Mobilität im Straßenverkehr begegnet, obgleich uns dies oftmals nicht bewusst ist. Zusätzlich zur geeigneten Auswahl und Aufbereitung der Materialien für die Gebäudedämmung wird ein Grundprinzip angewendet, das seit Jahrtausenden bekannt ist und die geringe Wärmeleitfähigkeit ruhender Luftschichten ausnutzt, also die Vermeidung von sogenannter Konvektion. Dem wird bauphysikalisch durch doppelschalige Decken und Wände sowie Mehrfachverglasung von Fensterflächen entsprochen. Im Wohnbereich findet sich beispielsweise die Nutzung von Mineralwolle auch zur gezielten Dämpfung bestimmter Frequenzbereiche für hochwertige Lautsprechersysteme von Stereoanlagen zur Erreichung des natürlichen Klangverhaltens. Akustik spielt im Automobilbau und Motoradbau eine für Kaufentscheidungen und subjektives Wohlfühlempfinden dominante Rolle, auch wenn dies häufig im tiefenpsychologischen Bereich der Einbildungen beziehungsweise Geltungsbedürfnisse angesiedelt ist. Im Personenkraftwagenbau betreiben die Hersteller in Sachen Akustik einen beachtlichen Aufwand, der zum gewünschten Image ihrer Produkte beiträgt und ein dementsprechend gezieltes Marketing erlaubt. Eine in diesem Sinn durchgeführte gute Geräuschdämmung steigert sowohl den Fahrkomfort als auch das Fahrgefühl. Motorakustik ist nur ein Thema, das Abgassystem spielt für den richtigen Sound eine ebenso entscheidende Rolle. Dröhnquellen können sozusagen je nach gewünschter Imagewirkung hervorgehoben oder abgesenkt werden. Das Schließen der Türen kann akustisch so betont werden, dass der Eindruck von Wertigkeit des Fahrzeugs durch ein sattes, im unteren Frequenzbereich angesiedeltes Geräusch unterstrichen wird.

Keramikgeschirr in Form von Porzellan erfreut Gastgeber und Gäste in jedem gepflegten Haushalt. Es war im Jahr 620, als im Kaiserreich China das Porzellan, das auch als weißes Gold seinen Siegeszug antrat, erfunden wurde. Es ist das Vorbild des europäischen Hartporzellans, das im Jahr 1708 in Dresden erfunden wurde. Zwei Jahre später wurde in Meißen eine erste Porzellanmanufaktur gegründet. Zur bis zum heutigen Tag mit dem Logo zweier gekreuzter Schwerter produzierenden Meissner Porzellanmanufaktur gesellten sich nach 1718 weitere europäische Manufakturen, deren Porzellane aus Kaolin, Quarz und Feldspat bestanden. Hartporzellan hat einen hohen Kaolinanteil, wodurch eine weiße Grundfarbe erzeugt wird. Es wird bei rund 1.400 Grad gebrannt, wodurch das Porzellan hart und spülmaschinenfest wird. Es wird zweimal gebrannt und glasiert. Es ist säurebeständig, klingt hell und ist teilweise durchscheinend. Porzellan ist ein guter elektrischer Leiter und ein schlechter Wärmeleiter. Seine Isolationseigenschaften werden in der Elektro- und Energietechnik bei Zündkerzen, Umspannwerken und Freileitungsmasten genutzt. Isolatoren werden unter anderem zur Befestigung von Oberleitungen in der Bahntechnik eingesetzt, wobei sie für die besonderen mechanischen Beanspruchungen der Oberleitung ausgelegt werden. Porzellan für einen derartigen Einsatz bei technischen Anwendungen zeigt sein breites Einsatzspektrum von der Nutzung als Isolatoren bis hin zum Tafelgeschirr.

Die schon angesprochene Vita des Geschirrs motivierte viele, oftmals international tätige Betriebe in Europa und Deutschland. Es entstanden renommierte Unternehmen wie die mit Hauptsitz im pfälzischem Mettlach beheimatete Porzellan- und Geschirrfirma, die sich Mitte des 18. Jahrhunderts im Bereich Geschirr etablierte und nachfolgend in die Sektoren Küchentechnik, Sanitärkeramik und Fliesenherstellung diversifizierte. Zu einem weiteren Geschirrspezialisten avancierte ein 1910 gegründeter Geschirrhersteller mit seinem Standort im oberpfälzischen Weiden. Das Who is Who der europäischen Porzellanmanufakturen umfasst rund 40 Einträge, die noch heute tätig sind. Ein aus dieser Liste mit Blick auf seine Firmengeschichte herausgegriffenes Unternehmen mit interessanter Tradition ist die königliche Porzellanmanufaktur Berlin, die 1763 von Friedrich dem Großen gegründet wurde und seitdem in Berlin ansässig ist. Es war das finanzielle Engagement von Friedrich dem Großen in Höhe von 225.000 preußischen Reichstalern, mit dem die Erfolgsgeschichte des Unternehmens begann. König Friedrich der Große übernahm das gesamte Personal von seinerzeit 146 Mitarbeitern der in finanzielle Schieflage geratenen Manufaktur. 2015 belief sich die Mitarbeiterzahl mit 150 in der gleichen Größenordnung. Friedrich der Große steuerte nicht nur Kapital bei, sondern auch den Namen und das Logo in Form seines königlichen Zepters aus dem kurfürstlichen brandenburgischen Wappen. Friedrich der Große war es ein tiefes Bedürfnis, die Manufaktur zu einem Musterbetrieb zu entwickeln. Die Mitarbeiter hatten feste, geregelte Arbeitszeiten, erhielten ein überdurchschnittliches Einkommen, waren durch die betriebseigene Krankenkasse abgesichert und erwarben einen gesicherten Rentenanspruch. Auch für die Versorgung von Witwen und Waisen wurde Vorsorge getroffen. Das Thema Kinderarbeit war tabu.

Zu einer schön gedeckten Tafel gehört natürlich auch das passende Essbesteck. Hierzu gibt es eine große Auswahl in Deutschland und anderen europäischen Ländern. In Deutschland ist Solingen das Zentrum für die Schneidwarenherstellung und ist insbesondere bei der Klingenherstellung weltweit führend. Rund 90 Prozent der deutschen Hersteller für Schneidwaren und Bestecke sind in Solingen ansässig. Zu diesen Firmen gehören neben mehr als 20 weiteren Betrieben Hersteller wie Paul Wirths, Zwilling und Picard & Wielpütz. Nachdem sich im 17. Jahrhundert in Italien Tischsitten wie das Essen mit Messer und Gabel durchsetzten, wurde dies auch in anderen Ländern Sitte und ergänzte den bis dato universell eingesetzten Löffel. Damit vollzog sich ein gewaltiger Sprung in den europäischen Esssitten, der sich allerdings erst im bürgerlichen Europa des 19. Jahrhunderts durchsetzte. Dabei waren vor allem Fürstenhäuser die großen Bedarfsträger. Es entwickelten sich umfangreiche Besteckkollektionen, die in Form von Silber- und Edelstahlbestecken gehandelt wurden und werden. Bei Bestecken kann man aus dem vielfältigen Angebot der Hersteller auswählen, ob man rostfreien Chrom-Nickel-Edelstahl bevorzugt oder die teuren Varianten in Silber, wobei man da noch die Auswahl hat zwischen mit Silber beschichteten Bestecken und solchen in massivem Sterlingsilber.

Unter den deutschen Besteckherstellern findet sich die in den 1950er-Jahren gegründete mittelständische Solinger Firma Paul Wirths, die bereits in der Mitte der 1920er-Jahre eine Schleiferei betrieb und sowohl eigene Besteckdesigns produziert als auch in Funktion eines Lohnbetriebs für andere Markenhersteller tätig ist. Die Firma Picard & Wielpütz ist seit vielen Jahren mit ihren rund 50 Mitarbeitern einer der Akteure, der sich im hart umkämpften Markt der Besteckbranche zu behaupten hat. Die Traditionsfirma Zwilling, die am 13. Juni 1731 im Sternzeichen Zwilling in Solingen als Nachfahre der schon 1450 dort tätigen Schleifer- und Schmiedefamilie gegründet wurde, entwickelte sich zu einer der ganz Großen. Zum Produktportfolio gehören

Bestecke aus Edelstahl, mit Silberauflage oder aus massivem Silber. Bei der Angabe 100er-Versilberung bezieht man sich auf die Masse in Gramm auf 24 Quadratdezimeter Oberfläche, die typischerweise bei Bestecken durch zwölf Gabeln und zwölf Löffel gegeben ist. Bei einer 100er-Versilberung beträgt die Schichtdicke etwa 45 Mikrometer. Während Edelstahlbestecke pflegearm sind, bedarf es bei Silberbestecken eines nicht unbedingt geringen Putzaufwandes, um dem durch die Reaktion des Silbers mit in der Luft befindlichem Schwefel hervorgerufenen Anlaufen entgegenzuwirken. Der Gesamtumsatz der Branche belief sich Anfang der zweiten Dekade des 21. Jahrhunderts in Deutschland auf etwa zwei Milliarden Euro, wovon gut eine Milliarde Euro auf die Geislinger Württembergische Metallwarenfabrik WMF AG entfiel.

Von den ausländischen Besteckanbietern sticht das 1830 gegründete Unternehmen Christofle mit Sitz in Paris heraus. Es wurde von dem Juwelier Charles Christofle ins Leben gerufen. Dieser erkor als Käufergruppe die Vertreter des Adels und der oberen Bürgerschaft aus. Er ließ eine stattliche Manufaktur errichten, die eines der ersten Werke der Welt war, das Elektrizität verwendete. Er wurde Hoflieferant gekrönter Häupter. Im Rahmen der Expansion des Unternehmens wurden neben der Pariser Zentrale Fertigungsstätten in Brasilien sowie in Karlsruhe, wie der Stadtchronik von 1856 zu entnehmen ist, aufgebaut. Die auf Exklusivität orientierte Firma Christofle hat sich einen diesbezüglich äußerst geschätzten Namen gemacht.

Kapitel 7: Medizin

„Life is life"

Die Lebenswissenschaften ermöglichen uns die Gesunderhaltung, die Genesung im Krankheitsfall sowie eine Prophylaxe zur Gewährleistung unserer Vitalität. Irgendwie hatte ich schon immer eine mir unerklärliche ausgeprägte Affinität zum Tun von Ärzten, wahrscheinlich weil sie für mich die oftmals sogenannten Götter in Weiß waren. Während meiner beruflichen Schaffenszeit suchte ich nach Beitragsmöglichkeiten zu medizinisch motivierten Fragestellungen, die mir als gelerntem Physiker durch mein in der Wissenschaft erworbenes Handwerkszeug als für mich lösbare Herausforderungen erschienen. Bei sämtlichen in diesem Kapitel subsummierten Fällen handelt es sich um solche, bei denen ich selbst oder das von mir in meiner Eigenschaft als Geschäftsführer geleitete Mitarbeiterteam meiner Firma die entscheidenden Impulse verliehen haben. Lassen Sie uns starten mit einem Ausflug in die Welt der Medizin.

Ich möchte mit einem Beispiel beginnen, mit dem wir seinerzeit große Aufmerksamkeit erregten und das nur durch große Interdisziplinarität zum Erfolg geführt werden konnte. Und das begann so: Ein sehr erfolgreicher Fußballer hatte im September 2001 einen Vertrag mit dem damaligen Regionalligaverein Fortuna Köln abgeschlossen. Wenige Tage nach Vertragsunterzeichnung verlor der Fußballer bei einem Sportunfall einen Teil seines linken Beins. Das bedeutete, dass er, um seiner Leidenschaft für „alles, was mit Sport zu tun hat" weiterhin nachgehen zu können, eine Prothese benutzen musste. Er legte sich zunächst auf die Weitsprungdisziplin fest und nahm danach auch noch Sprintdisziplinen hinzu. Die meisten gehbehinderten Menschen sind auf Standardprothesen für den alltäglichen Gebrauch angewiesen, der Markt für sportliche Aktivitäten ist sehr beschränkt. Die von Athleten verwendeten Standardprothesen könnten jedoch individueller auf die Bedürfnisse des jeweiligen Sportlers angepasst sein. Dies betrifft insbesondere die Aspekte der Optimierung der Prothesen hinsichtlich Gewichtsreduzierung und deren Standfestigkeit gegenüber den bei Wettkämpfern auftretenden Belastungen. So hatte der Behindertensportler mehrere Probleme mit der Standfestigkeit der gesamten Prothese. Unter anderem ging ein Verbindungswinkel zwischen dem künstlichen Kniegelenk und dem den Fuß ersetzenden Fußelement beim Weitsprung entzwei. Dies war nicht nur ein technisches Problem, was noch wichtiger war, es verursachte eine psychologische Barriere. Wenn er trainierte, machte er sich immer Sorgen, dass sein künstliches Bein nicht halten könnte, und er konnte nie einschätzen, inwieweit er sich und seine Prothese beim Sprung belasten konnte.

Mitte März 2004 traten der Sportler und meine im Technologietransfer aus der Raumfahrt tätige Crew miteinander in Kontakt, um zu prüfen, ob eine Möglichkeit bestehen könnte, mit Raumfahrt-Know-how beziehungsweise-technologien zum einen die Standfestigkeit der Prothesen zu verbessern und zum anderen diese so zu verbessern, dass er mit der Weitsprungprothese größere Weiten und mit der Sprintprothese schnellere Zeiten erzielen könnte. In einer Besprechung mit dem Sportler und dessen Trainer von der Deutschen Sporthochschule (DSHS) Köln kristallisierte sich heraus, dass mein Team Chancen sah, den besagten Prothesenwinkel mit Raumfahrttechnologie zu verbessern, und kontaktierte zur Zielerreichung potenzielle Technologiegeber der Raumfahrt, um mögliche Lösungen zu diskutieren. Als Ergebnis wurde eine Aachener Firma ausgewählt, die unseres Erachtens nach allen Anforderungen entsprach und über umfangreiches Know-how in der Entwicklung, Konstruktion und Simulation von kohlefaserverstärkten Kunststoffen (CFK) verfügte. Sie hatte sich im Luft- und Raumfahrtbereich mit dem multinationalen Projekt des sogenannten Alpha-Magnet-Spektrometer (AMS), das zwei Teilchendetektoren zur Untersuchung der kosmischen Höhenstrahlung enthielt, befasst und dabei schwerpunktmäßig Beiträge zu Leichtbaumaterialen beigesteuert. Das erste AMS-Instrument wurde 1998 während eines Shuttlefluges getestet. Man wollte vor allem feststellen, ob es im Kosmos Anzeichen für Antimaterie gibt, deren Existenz in einigen Urknalltheorien vorhergesagt wurde. Das Nachfolgeinstrument AMS2 wurde 2011 per Shuttle zur Internationalen Raumstation ISS für einen Langzeiteinsatz gebracht.

Gemäß der von Elementarteilchenphysikern durchgeführten Experimente und aufgestellten Theorien zu deren Erklärung ergab sich zwar eine Übereinstimmung der Massen von realer Materie und Antimaterie, jedoch ein positives Vorzeichen beim Antiteilchen, dem Positron, das dem negativ geladenen Elektron der realen Welt entspricht. Treffen das negativ geladene Elektron und das positiv geladene Positron aufeinander, so löschen sich die beiden unter Aussenden elektromagnetischer Strahlung in Form von Licht aus. Mit dem AMS ging man auf die Suche nach Antimaterie wie Antiheliumkernen, die aus zwei Antiprotonen und zwei Antineutronen zusammengesetzt sind, und auf die Suche nach Dunkler Materie, die man zwar nicht sehen kann, die aber doch den physikalischen Gesetzen der Gravitation unterliegt. 85 Prozent der Materie im Universum machen die unsichtbare Dunkle Materie aus, nur 15 Prozent bestehen aus der für uns sichtbaren gewöhnlichen Materie, die uns unser Leben ermöglicht.

Die von uns ausgewählte Firma steuerte für das AMS-Projekt kohlefaserverstärkte Kohlenstoffverbundmaterialien (CFC) des acht Tonnen wiegenden Detektors bei sowie im Speziellen zum Auffinden von Antiheliumkernen einen sogenannten Übergangsstrahlungsdetektor aus ebendem kohlefaserverstärkten Kohlenstoffverbundmaterial in Verbindung mit honigwabenartigen CFC-Aluminium-Strukturen. Elemente aus diesen Werkstoffen wurden in diejenigen Konstruktionsteile eines extrem starken Magneten eingesetzt, der die Flugbahnen geladener Teilchen dermaßen krümmt, dass ihre Trajektorien Rückschlüsse auf ihre Ladungen und Massen erlauben. Hierdurch könnten sich zum Beispiel die angesprochenen Antiheliumkerne nachweisen lassen, so sie denn vorhanden wären. Zum Zwecke des Nachweises derartiger Antimaterie sind die Arbeiten der Aachener Werkstoffspezialisten einzuordnen, die unter Führung der deutschen AMS-Partner, der Universitäten Aachen und Karlsruhe und des insgesamt mehr als 50 Mitglieder umfassenden Konsortiums aus 16 Nationen durchgeführt wurden. Bei der ersten Mission des AMS1 in der Ladebucht des Shuttles wurden während der zehntägigen Flugdauer mehr als 100 Millionen geladene Teilchen der kosmischen Strahlung detektiert. Keines dieser Ereignisse ergab Indizien für Dunkle oder Antimaterie. Auf jeden Fall wurde mit AMS1 der Nachweis erbracht, dass es möglich ist, einen modernen Teilchendetektor im Weltraum zu betreiben. Ungeachtet der Resultate der Erforschung des Universums nach der Existenz Dunkler Materie fanden die für die Realisierung des AMS durchgeführten Forschungs- und Entwicklungsarbeiten bereits in sehr irdischen Anwendungen wie der geschilderten Beinprothese des Behindertensportlers Verwendung.

In Zusammenarbeit mit dem Institut für Biomechanik und Orthopädie an der DSHS und meiner Firma wurde ein Winkel aus CFK für den Weitsprung und ein ebensolcher Winkel aus Aluminium für den Sprint entwickelt. Wenige Monate vor den Paralympics 2004 in Athen konnten dem Athleten die Winkel übergeben werden. Er errang drei Goldmedaillen, und zwar im Weitsprung mit 6,23 Metern, im Hundert-Meter-Lauf mit 12,51 Sekunden und im Zweihundert-Meter-Lauf mit 26,18 Sekunden. Die Resultate im Weitsprung und

Zweihundert-Meter-Lauf waren Weltrekorde. Die Siegerehrungen wurden vom deutschen Altkanzler Gerhard Schröder vorgenommen. Bei den Paralympics 2008 in Peking verbesserte der Behindertensportler mit seiner Sprungprothese den von ihm gehaltenen Rekord auf eine Sprungweite von 6,50 Metern. Diese hervorragenden Leistungen wurden möglich unter Verwertung des Raumfahrt Know-hows. Zur erfolgreichen Durchführung des AMS-Vorhabens setzten die Aachener Materialspezialisten ihre Erfahrungen und Fähigkeiten im Bereich der rechnergestützten Simulation ein, um die Entwicklungen, das Design und die Optimierung technisch anspruchsvoller Produkte zu gewährleisten. Mit diesem Know-how sind natürlich auch andere Applikationen möglich, die über die des Gesundheits-, Sport- und Fitnessbereichs hinausgehen.

Bleiben wir beim Thema Fitness beziehungsweise Vitalität und wenden uns einer innovativen Idee zu, deren Ursprung in Fähigkeiten asiatischer Ärzte und Gesundheitsexperten liegt, die im europäischen Raum weniger bekannt sind. Es begab sich bei einem unserer vielen Treffen bei der Europäischen Weltraumorganisation ESA im niederländischen Noordwijk quasi beiläufig, dass der für die Betreuung zuständige Bereich Interesse an einer innovativen und gleichzeitig zu bisherigen Verfahren alternativen simplen Bestimmung des Vitalitätsstatus von Astronauten hatte. Rein zufällig wusste ich von einem in meiner Firma tätigen Kollegen, dass er sich in seiner Eigenschaft als Mediziner und Physiker mit der Vitalitätsbestimmung jahrelang beschäftigt hatte, um die genannten Fähigkeiten asiatischer Ärzte zu ergründen, die den Vitalitätsstatus wie unter anderem den Blutdruck und die die Adern durchlaufenden Pulswellen einzig mit ihren Fingern erfühlten. Mein medizinischer Leiter und ich fuhren noch mal nach Noordwijk, um unsere Idee der Bestimmung des Vitalitätsstatus nach asiatischem Vorbild durch ein elektronisches Gerät nachzuempfinden. Unsere Präsentation der Idee war offenbar sehr überzeugend, denn die ESA erteilte meiner Firma den Auftrag, ein solches Fitnessdiagnosegerät zu entwickeln.

Nun hieß es, unsere auf den Vorarbeiten meines medizinischen Mitarbeiters basierende Projektidee umzusetzen. Er hatte glücklicherweise einige Jahre zuvor für die gleichen ESA-Vertreter bei einem Raumfahrtprojekt zur Überprüfung des Herz-Kreislauf-Systems von Astronauten bei Raumflügen eine sogenannte Unterkörper-Unterdruckhose ersonnen, mit der in der Schwerelosigkeit ähnliche Verhältnisse für das Herzkreislaufsystem simuliert werden, wie sie auf der Erde vorliegen. Hierzu stellte unser Mediziner ein

Diagnosesystem zur Vitalitätsbestimmung einschließlich Blutdruckstatus und Pulsmessung. Die menschliche Vitalität ist von größter Bedeutung für die Gesundheit und wird primär drastisch durch mangelnde körperliche Betätigung beziehungsweise ungesunde Ernährung reduziert. Dies führt zu verschiedenen Arten von Kreislaufstörungen, die auf dem ersten Platz der weltweit häufigsten Erkrankungen liegen. Unser Befassen mit dem Vitalitätsstatus eines Menschen fußte auf der These, dass er sich aus mehreren messbaren Parametern zusammensetzt, die im Hinblick auf die Vitalität nur in ihrer Gesamtheit beurteilt werden sollten und nicht isoliert. Vitalität wird primär bestimmt durch ein hinsichtlich Physiologie und Hämodynamik gesundes kardiovaskulares System, das von Alter und Geschlecht abhängt, wobei die Funktionalität des kardiovaskulären Systems in Harmonie stehen sollte mit Körpergewicht und -größe und gewisse kritische Grenzwerte hinsichtlich körperlicher Fähigkeiten nicht überschreiten sollte. Für Athleten existierten umfangreiche Methoden, um ihren Gesundheitsstatus und ihre Fitness zu überprüfen. Für alle Personen jedoch, die körperliche Betätigungen in ihrer Freizeit durchführten, gab es keine einfach anwendbaren Möglichkeiten, um ihre Fitness zu überprüfen beziehungsweise Informationen über ihren kardiovaskularen Gesundheitsstatus zu erhalten. All dies führte zu unserer Entscheidung, mit Rückenwind der ESA ein Gerät zu entwickeln, mit dem auf einfachste Weise die Bestimmung von Vitalität und Fitness sowie die Ermittlung des Blutdruckstatus vermittels einer photoradiometrischen Methode zu ermöglichen, die auf in der Raumfahrt gewonnenem Know-how basierte.

Im Rahmen des von meinem medizinischen Kollegen geleiteten Raumfahrtprojektes wurde ein photometrisches Messverfahren zur Überwachung und Validierung der Blutzirkulation im menschlichen Gewebe entwickelt. Dafür zog ein Astronaut eine Hose an, in der ein Unterdruck auf die unteren Extremitäten appliziert wurde. Hierdurch wurde bewirkt, dass das Blut vom Oberkörper in den Unterkörper gezogen wurde. Durch die Erzeugung eines computerkontrollierten Vakuums ist es möglich, Flüssigkeiten in die unteren Extremitäten zu verschieben, ähnlich der Situation, wenn die Erdanziehung auf den Astronauten einwirken würde, obwohl er sich aufgrund der Erdumrundungen in einem Zustand der Schwerelosigkeit befand. Zur Beurteilung des Gesundheitszustands des Astronauten wurden eine Vielzahl von Messwerten herangezogen. Diese umfassen Puls, Blutdruck, Herzpumpstärke, peripherer Gesamtwiderstand und die sogenannte kardiologische parasympathische Nervensystemaktivität.

Das für die Raumfahrt entwickelte photometrische Messgerät enthält einen mit Gleichstrom betriebenen sogenannten Photoplethysmographen, mit dem die kardiovaskulare Pulswelle, die den menschlichen Körper durchströmt, registriert wird. Die Pulswelle entsteht durch die periodische Pulsation des arteriellen Blutes und wird gemessen durch die hierdurch bewirkte veränderliche optische Absorption. Die Pulswelle wird strukturell analysiert, das heißt, es wird quasi eine mathematische Kurvendiskussion vorgenommen, um ihre signifikanten Charakteristika wie Maxima, Minima und Wendepunkte zu lokalisieren. So können die Herzkreislauffunktionen elektronisch ermittelt werden, die wie oben beschrieben von traditionell ausgebildeten asiatischen Medizinern ertastet werden können.

Die in meiner Firma mit Unterstützung der ESA zur Realisierung des Vitalitätsgerätes durch Heranziehen biophysikalischer Parameter durch-geführte Entwicklung zielte von Anfang an primär auf die Bestimmung der Hämodynamik und Fitness gesunder Menschen ab, um sie auf ihren Fitnesszustand und ihren Blutdruckstatus sowie ihre Blutdrucktendenz aufmerksam zu machen, ohne den Gang zum Arzt überflüssig machen zu wollen. In diesem Sinne war das Diagnosegerät konzipiert für seine Eignung zur Überwachung der physischen Fitnessverbesserung während Trainings-programmen in Bereichen wie Leibeserziehung, Erholung, Freizeit und Sport. Die Optoelektronik des Sensors des ursprünglich für die Beurteilung der Gewebedurchblutung von Astronauten entwickelten Gerätes wurde für ein kleines Handgerät adaptiert, mit dem der Durchblutungsstatus der Haut eines Fingers und die Hauttemperatur registriert werden. Weitere Größen, die zur Auswertung benötigt werden, wie Alter, Gewicht, Körpergröße und Geschlecht können über die Gerätetastatur menügeführt eingegeben werden. Die Messung dauert maximal dreißig Sekunden, um Vitalitätsstatus und -tendenz, blutdruckbezogene Informationen und Puls anzuzeigen. Überdies wird die Pulsvolumenkurve auf dem Display des Gerätes grafisch dargestellt. Da wir den Blutdruck nicht wie beim Arzt über eine Staumanschette in Millimeter Quecksilber ermitteln, ermöglichen wir nur – oder immerhin – in fünf Stufen Angaben wie „sehr hoch", „hoch", „mittel", „niedrig" und „sehr niedrig". Aussagen zur Fitness werden in einem vorgegebenen Zahlenintervall ebenfalls wie beim Blutdruck in fünf Stufen angezeigt, wobei zusätzlich die Fitnessentwicklung im Vergleich zu vorangegangenen Messungen durch Pfeilsymbole angezeigt wird. Dass die Aussagen unseres Vitalitätsmessgerätes durchaus als Hinweis zur Überprüfung der Herzkreislauffunktionen durch Kardiologen hilfreich sein können, erfuhren wir bei der öffentlichen

Vorstellung des Gerätes auf einem von uns für die ESA organsierten Messestand zum Transfer von Raumfahrttechnologien für terrestrische Anwendungen. Einer der Standbesucher ließ sich das Gerät erläutern und fragte nach, ob wir es bei ihm als Probanden ausprobieren könnten. Als Entwickler übernahm dies wie auch in vielen anderen Fällen mein Medizinspezialist. Er nahm die Messwerte des Besuchers auf und warf einen Blick auf seine Pulsvolumenkurve, um ihm vor dem Hintergrund der Messung zu empfehlen, seine Herzkreislauf-Thematik von einem Kardiologen untersuchen zu lassen. Dieser stellte fest, dass es angezeigt war, sich der Implantation eines Herzschrittmachers zu unterziehen. Der Eingriff war erfolgreich.

Lebenswissenschaftliche Errungenschaften wie in den vorigen Beispielen beschrieben finden ihren Niederschlag auch in einer Vielzahl weiterer diesbezüglicher Erfolgsgeschichten, ausgelöst durch junge Technologien. Supersensitive SQUID-Sensoren fanden ihre breitgestreute Rolle durch elektronische Hybridschaltungen. Ein anders Gebiet neurologischer Natur, zu dem ich während meiner Tätigkeit in einem Großunternehmen zum Auffinden neuer Geschäftsfelder intensiven Bezug entwickelt habe, betraf das Thema Magnetenzephalographie (MEG), über das ich mich im Kapitel Supraleitung bereits geäußert habe. Das MEG ist das Analogon zum EEG, allerdings um ein Vielfaches präziser. Statt elektrischer Hirnsignale wie beim EEG werden beim MEG magnetische Hirnsignale gemessen. Ziehen wir auch in diesem Fall den Vergleich der Signalstärke zwischen Erdmagnetfeld und den durch das MEG erfassten Signale heran, so kann man konstatieren, dass das Erdmagnetfeld rund 100 Millionen Mal stärker ist als die MEG-Signale. Wegen der schwachen MEG-Signale muss die gesamte Messeinrichtung gegen das Erdmagnetfeld vollständig abgeschirmt werden. Dies geschieht dadurch, dass die gesamte Messeinrichtung sich in einer elektromagnetisch vollumfänglich abge-schirmten Kabine befindet. Wie im Kapitel über Supraleitung erwähnt, werden die magnetischen Hirnsignale durch sogenannte SQUIDs aufgenommen, die die tiefen Temperaturen von flüssigem Helium erfordern. Allein schon deswegen ist der Betrieb von MEGs sehr kostenintensiv, denn für die Kühlung sind monatlich rund 400 Liter flüssiges Helium erforderlich. Mit dem Aufkommen von Hochtemperatursupraleitungen ermöglichte sich eine deutliche Kostenreduktion bei der Kühlleistung. Allerdings sind die mit Stickstoff gekühlten MEG-Systeme wegen des physikalisch unvermeidbaren thermischen Rauschens etwa zehnmal weniger präzise als die mit Helium gekühlten Systeme.

Ich selbst kam mit der Magnetenzephalographie-Thematik in Berührung, nachdem mir eine Kollegin Mitte 1987 erzählte, dass ihre Nichte unter epileptischen Anfällen leide. Wir entschieden gemeinsam, einen Weg zu finden, was wir als Physiker zur Lösung des gesundheitlichen Problems ihrer Nichte beitragen könnten. Da kam uns zunutze, dass unser damaliger Chef bei unserem Nürnberger Arbeitgeber enge Kontakte zur Universität Erlangen pflegte. Dort ging er sozusagen ein und aus. Damit war es uns ein Leichtes, mit dem Universitätsklinikum Erlangen in Kontakt zu treten. Das Klinikum hatte sich unter anderem auf die Behandlung von Epilepsie spezialisiert. Da ich außerdem die Identifikation neuer Technologien für den potenziellen Aufbau neuer Geschäftsfelder zur Aufgabe hatte, wollte ich mir einen aktuellen Überblick zum Stand von Forschung und Entwicklung im biophysikalischen Bereich verschaffen. Nach meinem Kenntnisstand befassten sich zu jener Zeit in Deutschland ein paar wenige technologieorientierte Firmen mit MEG. Durch meine wissenschaftlichen Tätigkeiten im Bereich Tieftemperaturphysik waren mir Vertreter von Lieferanten supraleitender Ausrüstungen bekannt. Hierzu zählte auch die Firma Biomagnetic Technologies Incorporated (BTI) mit Firmensitz im kalifonischen San Diego. Die forschungsintensive Firma war 1970 gegründet worden und stellte MEG-Systeme bereits her, als man sich in Deutschland noch im Stadium der industriellen Entwicklungsplanung befand. Das Thema war mir so wichtig, dass ich mir einen persönlichen Eindruck in San Diego machte. Ein BTI-System wurde auch in Erlangen eingesetzt, womit man zu Pionieren in der Epilepsieforschung avancierte.

Die durch die elektrischen Ströme aktiver Nervenzellen im Gehirn erzeugten magnetischen Signale induzieren in den Messspulen des MEG elektrische Spannungen, die über SQUID-Sensoren erfasst werden. MEG-Systeme verfügen nach entsprechendem Entwicklungsaufwand über bis zu 300 Magnetfeldsensoren, die in einer helmartigen Anordnung untergebracht sind. Im besagten Fall der epileptischen Anfälle der Nichte meiner Mitarbeiterin führte der Einsatz des Erlanger MEG zur präzisen Lokalisation des epileptischen Zentrums, wodurch ein operativer Eingriff zu dessen Entfernung und somit zur nachhaltigen Erhöhung der Lebensqualität der Patientin möglich war. Es handelte sich um Supraleiter auf keramischer Basis, die in Raumfahrtprojekten wie der Weitwinkelkamera der hochauflösenden Stereokamera für die europäische Marsmission 1996 eingesetzt wurden. Wir hatten fünf Jahre später das über die Technologie der Hybridschaltungen verfügende Unter-nehmen mit einem technologiesuchenden Institut aus dem Optikbereich zusammengebracht. Das Institut orderte vom Technologieeigner

Hybridschaltungen, um SQUID-Sensoren herzustellen. Die transferierte Technologie fand ihren Einsatz in biomagnetischen Anwendungen wie in der beschriebenen Magnetenzephalographie und der Magnetkardiographie zur Aufnahme und Darstellung elektromagnetischer Felder des Herzens.

Optische Komponenten für Zahnbehandlungen per Laser wurden in bis dato nicht bekannter Qualität möglich, nachdem wir einen der ältesten Hersteller von Diodenlasern für zahnmedizinische Anwendungen und einen deutschen Hersteller von hochpräzisen optischen Linsen zusammengebracht hatten. Der Optikspezialist hatte große Erfahrungen gesammelt im Rahmen der Erstellung des in den chilenischen Anden befindlichen „Sehr Großen Teleskops" (VLT). Dieses Teleskop ist das Flaggschiff der europäischen bodenbasierten Astronomie-Aktivitäten, mit dessen Bauvorbereitung und Bau 1990 begonnen wurde. Es handelt sich um vier verschiedene Teleskope, die durch ausgeklügeltes Zusammenschalten der Einzelteleskope eine bis zu fünfundzwanzigmal höhere Feinheit der Beobachtungen ermöglichen, als es mit einem Einzelteleskop möglich wäre. Mit dieser Genauigkeit kann umgerechnet über eine Distanz zwischen Erde und Mond das Licht zweier Autofrontscheinwerfer unterschieden werden.

Laserlicht wird in menschlichem Gewebe absorbiert, reflektiert und übertragen. Der Effekt der Laserstrahlung wird stets hervorgerufen vermittels der Wechselwirkung mit den Molekülen oder Molekülverbünden im Gewebe. Der grundlegende und äußerst erwünschte Effekt basiert auf der photothermischen Wechselwirkung zwischen dem Laserlicht und dem Gewebe. Hierdurch entsteht die Absorption im Gewebe. Nur durch diese Absorption wird eine Umsetzung der Strahlung in thermische Energie bewirkt. Dies resultiert in einer Erhitzung an der Stelle, an der das Gewebe abrupt geschmolzen und verdampft wird. Es findet somit dort der erwünschte Gewebeabrieb statt. Dentale Laser werden benutzt, um Gewebe zu schneiden und zu entfernen sowie zur Auslösung des Gerinnungsprozesses in kleineren Adern wie beispielsweise zur Tumorablation oder zur Ablation großflächiger Schleimhautveränderungen, zur Behandlung bakteriell infizierter Zahnwurzelkanäle, zur Verdampfung erkrankten Gewebes und zur Entfernung kariöser Zahnbelege. Die evidenten Vorteile einer dentalen Lasernutzung umfassen die fehlenden Vibrationen und Bohrgeräusche, die vergleichsweise einfache Handhabung, der zumindest teilweise Verzicht auf Betäubung und die Behandlung von Patienten mit Blutungsneigungen. Obendrein gewannen Zahnlaserbehandlungen einen hohen Akzeptanzgrad bei den Patienten.

Zusätzlich zu alldem zeigten sich einige operative Vorteile wie gewebeschützende Eingriffe und die oftmals vermeidbare Durchführung von Nähten. Diese Vorteile ermöglichten auch einige postoperative Vorteile wie minimal erforderliche Wundbehandlung, die Vermeidung von Nachblutungen und Schwellungen, eine marginale Narbenbildung, eine schnelle Wundheilung und letztendlich die Vermeidung von Infektionen.

Laser spielen auch eine Rolle in der Endoskopie. Eine oxidkeramische Beschichtung wurde ursprünglich für Weltraumkameras benutzt, um Lichtstreueffekte zu reduzieren. Wissenschaftler zweier neu gegründeter Beschichtungsfirmen in den neuen Bundesländern entwickelten nach der Wende einen darauf basierenden Beschichtungsprozess, um Endoskope für den medizinischen und industriellen Einsatz anzuwenden. Der einzigartige Prozess erzeugt optisch perfekt schwarze Schichten ohne Verwendung von Lack, der die Lichtstreueffekte sogar noch verstärken würde. Die Oberflächen sind dauerhaft, bewahren stabile optische Eigenschaften und verfügen über einheitliche Lichtstreueffekte. Die Raumfahrtanwendungen wurden sowohl bei europäischen Projekten der ESA als auch bei russischen Vorhaben eingesetzt. Dabei war es der ESA erstmals möglich, einen Datentransfer von einem Laser im Weltraum durchzuführen. Die erhöhte Bildqualität der beschichteten Kameras ermöglichte die optische Kommunikation zwischen Satelliten auf erdnahen Bahnen und auf geostationären Orbits sowie Spiegelteleskopen, die quasi als „Bodenstation" dienten. Durch Überwindung der Lichtstreueffekte war es möglich, den Lichtstrahl genauer auszurichten, als es jemals zuvor möglich war. Dies gestattete minimierte Energieverluste und die Übertragung großer Datenmengen bei niedrigem Energieverbrauch.

Die Beschichtung der Raumfahrtkameras war von einer Firma in Jena, deren Ursprung im ehemaligen Kombinat VEB Carl Zeiss Jena lag, durchgeführt worden. Der technische Leiter meiner Firma brachte die Jenaer Firma in Kontakt mit einer Firma im baden-württembergischen Knittlingen, einem deutschen Hersteller medizinischer und industrieller Endoskope. Endoskope sind flexible Röhren, die mit einer Kamera und einer Lichtquelle an einem ihrer Enden versehen sind und mit denen es möglich ist, in kleine, geschlossene Räume zu sehen. Typischerweise werden fiberoptische Systeme benutzt, um die aufgenommenen Bilder an das andere Ende des Endoskops zu übertragen. Dort kann der Bediener des Endoskops diese Bilder betrachten. Bei medizinischen Anwendungen wird das Endoskop mit seiner Kamera und das fiberoptische Kabel durch eine Körperöffnung eingeführt, sodass der Arzt

Bilder innerer Organe wie Speiseröhre, Magen oder Darm betrachten kann. Dieses Verfahren wird üblicherweise zur Feststellung und Diagnose von Erkrankungen wie Tumoren, Geschwüren oder Blutgefäßerweiterungen angewendet. Zusätzlich am Probenende des Endoskops angebrachte Instrumente ermöglichen dem Arzt neben der Diagnose auch die Durchführung kleinerer Eingriffe wie die Entnahme von Gewebe, was eine extrem gute Bildqualität erfordert. Das war der Grund, warum die Firma Richard Wolf nach Endoskopen suchte, die Aufnahmen mit reduzierten Bildverzerrungen ermöglichten. Tests der Jenaer Beschichtungstechnologie führten dazu, dass der Endoskophersteller deren Beschichtung in seinen optischen Geräten und Systemen einsetzte.

Ein neues Kapitel in der Krebsfrüherkennung wurde über Forschungen in der Satellitenfernerkundung aufgeschlagen. Der deutsche Röntgensatellit ROSAT durchmusterte das Universum nach Röntgenquellen, von denen er mehr als 120.000 neue entdeckte sowie 6.000 Quellen im extremen Ultraviolettbereich. Ein Algorithmus, der als Scaling Index Method (SIM) bezeichnet wird, wurde vom Max-Planck-Institut für Extraterrestrische Physik (MPE) in Garching entwickelt. Man holte sich aus den von ROSAT gesammelten Mengen an ungefilterten Daten wertvolle Informationen heraus. Mit diesem Verfahren wurden sehr schwache Signale, die normal im Hintergrundrauschen untergegangen wären, erkannt. Mithilfe von SIM konnten auch punktförmige und ausgedehnte Quellen von Röntgenstrahlen ermittelt und komplexe Strukturen von astrophysikalischen Quellen wie beispielsweise Überreste von Supernovä quantitativ charakterisiert werden.

Forscher vom MPE erkannten, dass SIM auch auf andere Datensätze angewandt werden konnte, wo relevante Informationen im Hintergrund-rauschen verborgen sein könnten. Das Entwicklerteam machte Partner an Universitäten und Instituten ausfindig, die das Anwendungspotenzial des Algorithmus mit erschlossen. Eine Gruppe am Institut für Medizinische Statistik und Epidemiologie an der Technischen Universität München brachte verschiedene Ideen ein. Aus einer dieser Ideen entstand das Projekt MELDOQ (Melanomerkennung, Dokumentation und Qualitätssicherungssystem), das von der Deutschen Raumfahrtbehörde finanziert wurde. Mehrere andere deutsche Institute wurden in das Projekt eingebunden, einschließlich der Dermatologischen Klinik Regensburg, der Fachhochschule München sowie des Instituts für Informatik der Technische Universität München. MELDOQ ist ein rechnergestütztes Melanomfrüherkennungssystem, das mit Digitalanalyse arbeitet. Es basiert auf der Dermaskopie, einem Verfahren, mit dem die Hautoberfläche abgetastet und auf das Zehnfache vergrößert dargestellt wird. Unter Anwendung der SIM-Methode kann das System feinere Farbunterschiede im Gewebe heraussuchen und die Verteilung von strukturellen Komponenten, die mit dem unregelmäßigen Wachstum von bösartigen Melanomen verbunden sind, quantifizieren. Zur Quantifizierung der dermatologischen Parameter, die die unterschiedlichen Kriterien eines Melanoms beschreiben, werden komplexe Maßstäbe angelegt. Die einzelnen festgestellten Parameterwerte werden analysiert und kombiniert, wodurch das System zu einem dermatologischen Arbeitsplatz wird, der für den Arzt eine große Hilfe bei der Diagnose von bösartigen Melanomen im Anfangsstadium ist. Mit MELDOQ lassen sich die Ergebnisse leicht klassifizieren. Es ermöglicht den Ärzten, Vergleiche mit Referenzfällen anzustellen, und unterstützt sie bei der Erzielung einer zuverlässigen Diagnose. Das System enthält auch Softwaremodule, die Medizinstudenten lehren, anhand dieser Methode Hauptkrebs zu diagnostizieren. Mit MELDOQ können Ärzte, die vielfach keine Experten auf dem Gebiet der Dermatologie sind, eine Diagnose wie ein Experte zu stellen. Das kann zu einer Früherkennung von Hautkrebs und zu einer genaueren und zuverlässigeren Diagnose führen. Die Hautkrebsfrüherkennung nach der MELDOQ-Methode ermöglicht gute Heilungschancen, wenn ein Tumor erkannt wird, bevor er vier Millimeter dick ist.

Das unter der Bezeichnung DermoScan firmierende Analysesystem wird von einem Regensburger Unternehmen vertrieben. Für die Diffusion der Leistungsfähigkeit des MELDOQ-Systems und für die Suche nach Anwendern aus dem Bereich der Dermatologie machten wir uns in meiner Firma unter Einsatz unserer Technologiemarketinginstrumente stark, vor allem durch die Ermöglichung von Beiträgen der MELDOQ-Know-how-Träger bei unseren Events wie Messeteilnahmen und Kooperationsforen sowie auf unseren Internetportalen.

Körperliche Ertüchtigung ist in allen Lebensbereichen von großer Bedeutung, nicht nur auf der Erde. Denn auch bei bemannten Raumflügen sind die Astronauten auf physiologische Übungen angewiesen, um nachteiligen Adaptionsprozessen unter Schwerelosigkeitsbedingungen entgegenzuwirken. Sie spielen auch eine Rolle allgemeiner Art in der lebenswissenschaftlichen Forschung als Referenzstatus beziehungsweise Stimulus. Weitere Aspekte betreffen diverse menschliche Faktoren, Freizeitaktivitäten, Gesundheits-überwachung sowie Vorbereitung von Arbeiten außerhalb der Raumfähre oder

Raumstation. Erste Gerätekategorien zur Erfüllung der genannten Aufgaben stützten sich auf konventionelle Ergometer. An der Deutschen Sporthochschule Köln erkannte man im Rahmen eines gemeinsamen Diskurses mit Technologietransferexperten meiner Firma, dass es besser sein müsste, eine speziell auf die Trainingsbedürfnisse zugeschnittene Gerätetechnik zu entwickeln und einzusetzen. Die Kernidee formulierten wir schlagwortartig dahingehend, dass es besser sei, auf die Bewegungen der Nutzer reagierende Ergometertechnik einzusetzen, wodurch der Nutzer diese steuert, anstelle von Ergometern, die dem Nutzer seine Bewegungsabläufe vorgeben. Damit wollte man die anspruchsvolle Aufgabe der Bereitstellung eines Simulators für terrestrische Bewegungsabläufe unter Schwerelosigkeit einer Lösung zuführen. Schlüsselelemente waren dazu eine verbesserte Simulation terrestrischer Fortbewegungen bei gleichzeitiger Kombination von Arbeitstätigkeit und physiologischen Übungen. Das ersonnene Konzept war ein Ergometer mit adaptiver Geschwindigkeitskontrolle für Fortbewegungen in alle Richtungen auf einer Platte, GRASIM (Gravitationssimulator). GRASIM stellte eine neue Generation von Mehrzweckübungsgeräten dar. Es handelt sich um eine kreisförmige Platte, die Fortbewegungen in alle Richtungen einer ebenen Platte erlaubt. Die Ergometergeschwindigkeit kann vom Benutzer hinsichtlich des von ihm gewünschten Fortbewegungstempos geregelt werden. Die Onlineanalyse der menschlichen Fortbewegung kann nicht nur zur Anpassung der Ergometergeschwindigkeit genutzt werden, sondern stellt auch die Voraussetzungen für akustische und optische Feedbacks im Kontext mit Fortbewegungen in virtuellen Räumen dar. Terrestrische Hauptanwendungsgebiete beinhalten medizinische Anwendungen wie motorische und Ausdauerleistungen, Freizeitaktivitäten wie körperliche Fitness und Unterhaltung sowie Fortbewegungen in virtuellen Räumen für Spiele und Produktpräsentationen.

Das GRASIM-Konzept war als Schritt-für-Schritt-Vorgehensweise vorgeschlagen worden, um bessere Simulationssysteme für das Gehen in Schwerelosigkeit zu erreichen. Das Basisgerät des GRASIM-Konzeptes bestand aus einer modifizierten Tretmühle. Ihre Eigenschaften beinhalteten eine kreisrunde Tretfläche mit typischerweise 70 Zentimetern Radius oder auch mit rechteckigen Tretflächen mit Seitenlängen von 35 bis 70 Zentimetern. Es sind natürlich auch Kombinationen aus kreisförmigen und rechteckigen Sektoren vorstellbar. Die Trittfläche ist unterteilt in eine neutrale Zone und eine verbleibende aktive Zone für den Rücktransport der Benutzer in die neutrale Zone. Die Position der Füße auf der Plattform wird permanent durch entsprechende Sensoren festgestellt. Der Fußtransport ist solange inaktiv, bis sich beide Füße oder der das Körpergewicht tragende Fuß in der neutralen Zone befinden. Ein Fuß in der aktiven Zone der Plattform wird zur neutralen Zone hin transportiert, sofern seine von ihm ausgeübte Kraft gewichtsmäßig betrachtet überwiegend in Richtung der simulierten Schwerkraft zeigt. Hierdurch werden Objekte gezwungen, den Körper des Nutzers in Richtung des maßgeblichen Fußes zu bewegen. Die Rücktransportgeschwindigkeit wird an die Rutschgeschwindigkeit der Objekte angepasst. Eine derartige Tretmühle wurde mit freundlicher finanzieller Unterstützung der Deutschen Raumfahrtagentur auf meinen Vorschlag hin realisiert. Für die Konstruktion einer solchen Plattform war es wichtig zu beachten, dass jedweder Fußtransport ausschließlich in der aktiven Zone in Richtung der neutralen Zone erfolgt, wobei dies nur längs des Plattformradius erfolgt. Deswegen ist es auch möglich, mit nur einer Geschwindigkeitseinstellung für die gesamte aktive Zone zu verfahren und man muss nicht die exakte Fußposition auf der Plattform kennen, da die Entfernung des Fußes vom Plattenzentrum ausreicht. Das Konzept war ausgelegt für eine physikalische Umsetzung vermittels in konzentrischen Kreisen angeordneter, dünner Achsen, die sowohl innerhalb der Kreise als auch zwischen den Kreisen miteinander verbunden sind. Der freie Raum zwischen diesen Transportelementen ist für deren Ausfüllung mit reibungsarmen Materialien wie beispielsweise Kugellager vorbereitet. Die Erfinder der Plattform wurden hierfür mit der Erteilung eines Patentes über eine Vorrichtung zum Gehen und Laufen auf der Stelle honoriert, in dem die zuvor zusammengefassten Ausführungen niedergelegt sind und das zur kommerziellen Verwertung in den bereits genannten Anwendungsfeldern und Brachen zur Verfügung steht.

Für die zielgerichtete körperliche Ertüchtigung ist die Überprüfung des Gesundheitszustandes und der Fitness oftmals angezeigt und in vielen Fällen sogar unabdingbar. Zur Wahrnehmung dieser Aufgaben wurden entsprechende Techniken und Geräte entwickelt. Ein solcher Fall entwickelte sich durch das Befassen mit lebensunterstützenden Maßnahmen für Tätigkeiten von Astronauten auf der Internationalen Raumstation ISS. In diesem Kontext wurden am Institut für Raumfahrtsysteme der Universität Stuttgart unter Leitung des deutschen Astronauten Professor Ewald Messerschmidt Technologieentwicklungen zur Bestimmung des Sauerstoff-gehaltes des Atemgases von Astronauten durchgeführt. Diese Sauerstoff-bestimmung ist von besonderer Bedeutung für die Atemgaskontrolle von Astronauten bei Außenbordaktivitäten an der ISS, entweder zum Zweck ihrer

Wartung oder zur Durchführung von Experimenten im freien beziehungsweise offenen Weltraum. Die Atemgassensoren wurden als Festkörper-Elektrolyt-Sensoren für die Bestimmung von extrem geringen Anzahlen von Wasserstoffmolekülen ausgelegt.

Ganz ähnlich, wenn auch oder gerade deswegen ausschließlich auf die Aufrechterhaltung und wo möglich auf die Erhöhung der menschlichen Vitalität abzielend, befassten wir uns, wie bereits ausgeführt, in meiner Firma von dem Glauben beseelt, unser technologisches Wissen zum Wohl der Menschen in all den Herausforderungen einzusetzen, zu denen wir uns in der Lage glaubten, mit diesem Thema. Und unser Anspruch, etwas beitragen zu können, war in unserer uns typischen Bescheidenheit wieder einmal recht umfassend. Hier möchte ich unser Bemühen ansprechen, für die Europäische Weltraumorganisation Projekte zur Demonstration des irdischen Nutzens von für den Weltraumeinsatz konzipierten Technologien zu ermöglichen. In diesem Zusammenhang entstand beispielsweise eine einfach anzuwendende Über-wachung der Pulsfrequenz von Joggern, die so angenehm, also einfach, sein sollte wie das Hören von Musik. Wir erteilten einem Schweizer Forschungs-institut nach deren erfolgreicher Bewerbung im Rahmen einer von uns durchgeführten Ausschreibung den Zuschlag zur Realisierung des ent-sprechenden Gerätes. Es entstand ein Smartphone, mit dem ein Jogger sowohl seine Lieblingsmusik als auch seinen eigenen Herzschlag hören konnte. Eine winzig kleine Einheit in einem handelsüblichen Ohrhörer benutzt im infraroten Bereich übertragene Signale, um festzustellen, wie schnell das Herz schlägt. Die Funktionsweise beinhaltet das Aussenden infraroter Signale durch das Gewebe des Ohrs. Eine sehr kleine Fotodiode nimmt die Herzsignale auf und überträgt diese Informationen über die Ohrhörerkabel an eine Einheit, die am Smartphone eingesteckt ist. Das Ergebnis ist eine präzise Feststellung des Herzschlags ohne jegliche Irritationen verbunden mit dem Tragen eines Brustgürtels. Die zunächst für die Vitalitätsbestimmung entwickelte Einheit hatte das Potenzial eines Einsatzes bezüglich der Bestimmung weiterer Parameter wie des Blutsauerstoffniveaus, also mehr medizinisch aus-gerichteter Größen.

Unsere besagte Ausschreibung zur terrestrischen Nutzbarmachung von Raumfahrttechnik mittels Demonstrationsprojekten führte zu mehreren weiteren Applikationen beachtenswerten innovativen Charakters. Um Astro-nauten bei Langzeitaufenthalten auf Raumstationen fit zu halten, erhielten wir den Vorschlag eines portugiesischen Anbieters für die Entwicklung des

Einsatzes von, wie er es nannte, Sporthosen zur Übungsverbesserung und Rehabilitation. Dabei zielte man auf den Sektor der Sportbekleidungen. Bei Langzeitaufenthalten unter Schwerelosigkeit erfahren Astronauten einen gewissen Knochenschwund aufgrund des Fehlens der Schwerkraft. Deswegen müssen sie als Gegenmaßnahmen entsprechende Übungen durchführen. Hierzu gehören Laufbänder, auf denen die Astronauten, die durch Gurte auf das Band zur Simulation der Schwerkraft heruntergedrückt werden, ihre Laufübungen durchführen können. Es hatte sich gezeigt, dass die Effizienz derartiger Übungen durch das Tragen angepasster Spezialanzüge signifikant gesteigert werden konnte, da die Muskelaktivitäten gesteigert wurden. Der Anzug bedeckt die Beine und den unteren Teil des Torsos. Er hemmt die Bewegungen dergestalt, dass gewisse Muskeln mehr belastet werden, wodurch eine stärkere Gegenkraft auf den entsprechenden Knochen mit positiver Wirkung im Sinne der Maßnahme ausgeübt wird. Die Anzughose der Astronauten kann natürlich prinzipiell auch für das Training von Athleten eingesetzt werden. Wie im Fall der Trainingsunterstützung von Athleten birgt auch der Reha-Bereich enormes Potenzial durch den Einsatz der Hose zur Stärkung von Trainingserfolgen körperlich beeinträchtigter Personen aufgrund der Steigerung ihres Stoffwechsels. Es ist anders ausgedrückt möglich, dass man mit der Hose bei reduziertem Übungsaufwand den gleichen Erfolg erzielt wie bei Maßnahmen ohne Verwendung der Hose.

Aus dem Themengebiet der Lebenswissenschaften wurden ähnlich dem gerade dargestellten Raumfahrt-Spin-off weitere Erfolgsgeschichten durch das von mir geleitete Transfernetzwerk realisiert. So gelang es uns, Profi-, Amateur- und Gelegenheitssportlern ihren Trainingsfortschritt mit für den Raumfahrteinsatz entwickelten Sensoren und unter Zuhilfenahme von Satellitennavigation zu dokumentieren. Das ist interessant für Athleten, die Wert darauf legen, ihre physischen Aktivitäten in Realzeit aufzuzeichnen und sie für spätere Fortschrittsanalysen zu archivieren. Dies war bis dato als Hilfsmittel jedoch nur eingeschränkt möglich, sodass die Athleten, sogar diejenigen aus dem obersten Leistungsspektrum, sich wegen der seinerzeit vorhandenen Ungenauigkeiten der Aufzeichnungen gezwungen sahen, derartige Daten nach alter Herren Sitte mit Stift und Papier vorzunehmen. Erst die Entwicklung eines grundlegenden und umfassenden Informationssystems lieferte den ultimativen Weg, mehrere Parameter gleichzeitig während des Trainings aufzunehmen, sie in Realzeit zu analysieren, sie zu speichern oder den verschiedenen Beteiligten wie zum Beispiel den Trainern online verfügbar zu machen. Die dreidimensionale Messung von Geschwindigkeit und physiologischen Daten eines Rennfahrers sowie die Erfassung von Informationen hinsichtlich Sprüngen oder anderen Besonderheiten der Fahrt wurden zum Standard. Auf einem mit elektronischen Sensoren im Gewebe versehenen Hemd, die mit einer tragbaren Rechner- beziehungsweise Auswertungseinheit verbunden sind, werden kardiologische Parameter der Sportler, ihre Körpertemperatur, ihre Körperposition in drei Dimensionen bezüglich des Bodens und ihre geografische Lokalisierung mittels GPS-Satelliten festgestellt. Diese Informationen werden umgehend per Bluetooth an ein Mobiltelefon übertragen, wodurch der Athlet informiert wird und diese Informationen auch in einem sozialen Netzwerk verteilt werden, sodass die Beteiligten wie Trainer, Ärzte und Teammitglieder ihre Schlussfolgerungen und Ratschläge mitteilen können. Das unter dem Namen Traingrid firmierende System benutzt Technologien, die für Astronauten bei Weltraummissionen eingesetzt wurden und deswegen so robust und zuverlässig wie nötig für jede Art von Sport sind und für extremste Umgebungseinsätze geschaffen wurden. Traingrids außergewöhnlicher Leistungsumfang macht es möglich, die Gesundheit einzeln tätiger Personen zur Durchführung gefährlicher Aufgaben zu garantieren.

Ursprünglich an der Deutschen Sporthochschule Köln in Zusammenarbeit mit einer Jenaer Firma für die Analyse von Körperhaltung und Bewegungen bei Astronauten im Hinblick auf deren Weltraumeinsatz entwickelt, erschien der Einsatz eines solchen Haltungsmonitors für jedermann ein naheliegender Schritt für eine kommerzielle Verbreitung der Technologie, da Haltungs- und Bewegungsdefizite bei einer Vielzahl von Personen oftmals offenkundig sind. Das zu deren Abhilfe konzipierte und am Körper tragbare elektronische Gerät erfasst Körperhaltungen und -bewegungen mittels Ultraschalldistanz-messungen. Das Messgerät besteht aus einer zentralen Einheit, von der Kabel zu acht Sensoren mit je einer kreisförmigen Grundfläche von zwei Zentimetern Durchmesser laufen. Sender und Empfänger der Ultraschallsensoren werden mit Kleberingen auf der Haut der Person befestigt, wie sie auch zur Applikation von EKG-Elektroden verwendet werden. Die Ultraschallwellen breiten sich im Haut-, Fett- und Muskelgewebe mit einer Geschwindigkeit von nahezu 1.400 bis 1.650 Metern pro Sekunde in Form einer Kugelwelle aus. Aus der Zeit, die vergeht, bis der empfangende Sensor erreicht wird, wird im Gerät der Abstand der Sensoren registriert. Diesen Haltungsmonitor hatten wir in meiner Firma im Rahmen unserer Technologietransfertätigkeiten für die Deutsche Raumfahrtagentur zur Vermittlung in andere Sparten einbezogen.

Bei Bewegungen im dargestellten Fall wird die durch Hautdehnung verursachte Abstandsänderung der Sensoren gemessen, wodurch wiederum die Winkeländerung der Wirbelsäulengelenke bestimmt werden kann. Durch fortlaufende Ultraschallübertragung zwischen den Sensoren wird im Sekundentakt die Wirbelsäulenbewegung neu registriert. Mit der Messmethode ist die Erfassung von Körperbewegungen unter natürlichen Bedingungen möglich, wobei eine völlige Bewegungsfreiheit der Personen gewährleistet ist. Hierdurch sind die Bereiche, in denen man eine genaue Analyse der Haltung und der Bewegungen benötigt, sehr vielfältig. Anwendungsgebiete liegen in Sport und Fitness, in der Orthopädie, in der Physiotherapie, Ergonomie, in der Allgemeinmedizin, Wissenschaft und Forschung. Aber vor allem auch am Arbeitsplatz, besonders für Menschen, die viel sitzen oder den Körper einseitig belasten und dadurch Rückenprobleme haben. Sehr interessant ist auch das Gebiet der ergonomischen Arbeitsplatz- und Sitzgestaltung sowie Anwendungen im Arbeitsschutz.

Ein großer Automobilhersteller in der näheren Umgebung meines Wohnortes trat an meine Firma heran, da man an der Durchführung biomechanischer Untersuchungen hinsichtlich der Feststellung von Belastungen der Wirbelsäule und Haltemuskulatur in Autositzen interessiert war. Wir stellten den Kontakt zu den Entwicklern des Haltungsmonitors her, die das Ansinnen des Automobilherstellers zur Vermeidung von Rückenschmerzen, also zur Optimierung des Sitzkomforts, in ihren Fahrzeugen erfolgreich lösten.

So wie wir uns beim Thema Spin-off aus der Raumfahrt um die Verwertung ihrer Technologien in anderen Anwendungsbereichen engagiert haben, waren wir auch in umgekehrter Richtung im Transfer von Technologien aus diversen Branchen in die Luft- und Raumfahrt tätig, das heißt, mit dem Spin-in in die Luft- und Raumfahrt. Hieran waren insbesondere für Luft- und Raumfahrt zuständige Institutionen wie die bereits angesprochenen nationalen und internationalen Raumfahrtagenturen sowie Wirtschaftsministerien stark interessiert. Auf dem Medizinsektor identifizierten wir ein breites Spektrum von Technologien, für die wir die Eigentümer der Technologien mit den suchenden Luft- und Raumfahrteinrichtungen und Firmen zwecks Durchführung geeigneter Transferprojekte zusammenbrachten. Unter dem Stichwort „Gesundheit" dieses Kapitels wurden wie auch in anderen Bereichen aufgrund dieser komplementären, also der von uns entwickelten und praktizierten ergänzenden Transfermethodik des Anbietens von Technologien und der nachfolgenden Suche nach Kunden einerseits sowie des Feststellens des Marktbedarfs und der nachfolgenden Vermittlung potenzieller Lösungsanbieter von Technologien andererseits entsprechende Kooperationen einer Reihe von Transferpartnern initiiert.

Wir nahmen für den Bereich medizinischer Ausrüstung ein Verfahren der sogenannten Transkardialen Impedanzmessung für den Einsatz im Medizin- und Sportbereich in unsere Vermittlungstätigkeit auf. Der Hintergrund dieses Messverfahrens besteht in dem Umstand, dass Blut- und Körperflüssigkeiten eine höhere elektrische Leitfähigkeit als Gewebe haben. Das bedeutet, bei einem höheren Flüssigkeitsanteil nimmt der elektrische Widerstand ab und die elektrische Leitfähigkeit zu. Die elektrische Leitfähigkeit kann durch Wechselströme unterschiedlicher Frequenzen gemessen werden. Der von der Frequenz abhängige elektrische Widerstand wird Impedanz genannt. Die Transkardiale Impedanzmessung basiert auf einer zu Beginn der 1990er-Jahre entwickelten neuen Technologie zur Auswertung des Schlagvolumens und der Herzleistung durch Messung der elektrischen Impedanz eines sehr schwachen Wechselstroms, der durch das Herz hindurchfließt. Die Messung erfolgt durch am Oberkörper und den Beinen angebrachte Elektroden, wie man sie von EKG-Aufnahmen kennt. Das Verfahren wurde erstmals 1993 bei der deutschen Spacelab-Mission D2 eingesetzt. Der Technologiegeber, die Kelkheimer Firma Heinemann & Gregori GmbH stattete uns zum Zwecke der Vermittlung ihrer ursprünglich für den Einsatz bei der D2-Mission entwickelten Technologie mit einer entsprechenden Technologiebeschreibung aus. Darin führt die Firma das Messprinzip detailliert aus. Es wird beschrieben, dass die Messung dergestalt durchgeführt wird, dass man zwei der Elektroden über einen Luftröhren-katheter, einen Speiseröhrenkatheter oder einen zentralen Venenkatheter in die Nähe des rechten Vorhofs bringt. Zwei zusätzliche Elektroden werden auf der gegenüberliegenden Seite des Herzens auf der Haut angebracht, während das Herz an eine externe Hautelektrode und eine interne Katheterelektrode angeschlossen wird. Die Gewebeimpedanz, die hauptsächlich vom Blutgehalt beeinflusst wird, wird unter Verwendung einer zweiten Hautelektrode und einer zweiten Katheterelektrode gemessen. Während der D2-Mission wurden Experimente bezüglich der Verteilung von Flüssigkeiten im menschlichen Körper durchgeführt. Die deutschen Astronauten Hans Schlegel und Ulrich Walter führten Körperimpedanzmessungen der beschriebenen Art durch, wodurch man vermittels Vergleich mit den idealen Werten eines gesunden Astronauten im schwerelosen Zustand des Weltraums den Zustand eines Patienten auf der Erde bestimmen konnte. Die beschriebene Impedanz-messung erforderte wegen ihrer Komplexität durch gemeinsame Aktivitäten beider Astronauten, einer von ihnen als Experimentator, der andere als Proband. Die im Orbit gewonnenen Erkenntnisse wurden über uns an Firmen des Medizinbereichs weitergegeben, die uns ihr Verwertungsinteresse im terrestrischen Bereich für Leute wie Sie und mich bekundet hatten. Zum Kreis der Interessenten gehörten Firmen im In- und Ausland, die medizinische Messtechnik anboten, wie beispielsweise eine in Ilmenau ansässige Firma für medizinische Messtechnik, aber auch solche, die auf dem Gebiet der Patientenüberwachung einschließlich Impedanzmessungen der geschilderten Art tätig waren.

Mitte der 1980er-Jahre befasste man sich bei der Europäischen Weltraumorganisation ESA im Hinblick auf den seinerzeit geplanten europäischen Raumgleiter Hermes mit der Aufstellung eines Konzeptes zur Behandlung menschlicher Abfälle/Fäkalien, kurzum mit Weltraumtoiletten. Zunächst untersuchte man Möglichkeiten und führte Tests elastischer Beutel für die Sammlung festen und halbfesten menschlichen Abfalls durch. Diese Beutel waren mikrobiologisch dicht für Mikroben größer als ein Mikrometer. Zusätzlich wurde eine Flüssigkeitseindämmung durch eine mit einem Bakterizid getränkte Filzinnenlage bereitgestellt. Die Beutel wurden sorgfältig getestet und zeigten gute Eigenschaften. Jedoch erwiesen sie sich als zu schwer und zu komplex für Kurzzeitmissionen. Diesen Umstand berück-sichtigend nahm sich eine Wiener Raumfahrtfirma einer praktikableren Lösung für eine Raumfahrttoilette an und nahm die zielgerichtete Entwicklung auf, mit der Anforderung, dass menschliche feste und flüssige Ausscheidungen gesammelt und in einem mikrobiellen und geruchshemmenden System gespeichert wurden. Es sollte zudem eine einfache Handhabung und die Speicherung der Ausscheidungen samt damit verbundener Abfälle für die gesamte Missionsdauer möglich sein. Die Masse der Anlage sollte außerdem minimiert werden.

Die Analyse möglicher Konzepte und Methoden zeigte, dass das zuverlässigste Konzept aus der Sammlung fester menschlicher Ausscheidungen in Membran-beuteln, die mit einem Deckel verschlossen und in einem auswechselbaren Behälter verdichtet wurden, bestand. Die Trennung der Ausscheidung vom menschlichen Körper geschieht mittels eines Luftstroms, der in die Kabinenluft nach entsprechender Filtration rückgeführt wird. Das System besteht aus einem Rohr, das mit dem der Sitz verbunden ist. Am unteren Ende des Rohrs ist ein Behälter angeschlossen. Der Toilettenbenutzer führt einen aus Teflon gefertigten Membranbeutel mit einer Porengröße von einem Mikrometer in das Rohr ein. Nach der Toilettenbenutzung wird der Sitz zurückgestellt und ein Deckel wird am Boden des Verdichters angebracht. Der Verdichter ist über dem Membranbeutel angebracht. Durch die Aktivierung eines Kolbens wird der Verdichter zunächst geschlossen und dann zum Kanister bewegt, wo der Beutel verdichtet wird. Nach Rückziehen des Kolbens kann die Abfallanlage erneut benutzt werden. Wenn der Kanister voll ist, kann er von der Abfallsammeleinheit entfernt und luftdicht verschlossen werden. Der Urin wird separat über einen Trichter und einen flexiblen Schlauch gesammelt. Er wird zu einem Flüssig-Luft-Separater weitergeleitet. Alle Bewegungen werden mit Luft erreicht, die mit einem Ventilator durch den Membranbeutel gedrückt wird. Vor dem Wiedereintritt in die Kabine entfernt ein Geruchs- und Bakterienfilter alle unerwünschten Schadstoffe.

Ich hatte das Vergnügen, den seinerzeitigen Geschäftsführer der später zu einem schweizerischen Konzern gehörigen österreichischen Firma während einer Österreich-Dienstreise zur Erfassung für den Transfer geeigneter Raumfahrttechnologien zu treffen, und staunte nicht schlecht, als er mir von einem bereits in seinem Haus bewerkstelligten internen Technologietransfer in den Medizinsektor erzählte. Die Adaption der Raumfahrttechnologie für die irdische Anwendung war also schon erfolgt. Die adaptierte Anwendung ähnlich der Hermes-Toilette hatte zum Ziel, den Anforderungen und Konditionen für die Therapie von Patienten nach Rückenmarktransplantationen gerecht zu werden. Die Immunsystemreaktionen müssen nämlich unterdrückt werden, damit die Rückenmarktransplantation risikofrei ermöglicht wird, ohne dass das Immunsystem des Patienten das nach der Transplantation heterogene Rückenmark abstößt. Dies kann durch Gabe gewisser Medikamentendosen erreicht werden, mit denen die Antikörper für einige Tage eliminiert werden können. Als Ergebnis erreicht man damit, dass der Körper des Patienten einerseits das Knochenmark behält, jedoch andererseits äußerst anfällig wird für Krankheiten, die durch den Kontakt mit seinen eigenen Darmmikroben über die eigenen fäkalen Abfälle oder von Mikroben aus der Umwelt übertragen werden.

Ausgangspunkt der Überlegungen für die Entwicklung einer sterilen Toilette beziehungsweise einer sterilen Waschgelegenheit war die Erkenntnis, dass Knochenmarktransplantationszentren ihre Patienten in einem sterilen Raum mit Versorgung durch eine Krankenschwester unterbringen. Die Krankenschwester wird im Fall erforderlichen Stuhlgangs oder Wasserlassens gerufen, um dem Patienten mit einer Bettpfanne zu helfen. Nach deren

Benutzung säubert die Krankenschwester die Gegenstände und bringt sie dann zurück ins Krankenzimmer. Dies erfordert von der Krankenschwester, dass sie bei jeder Benutzung der Bettpfanne den damit verbundenen Abfall und die gereinigte Bettpfanne durch die Luftschleuse übergibt. Diese Prozedur ist sehr zeitaufwendig, insbesondere direkt nach der Transplantation, weil der Patient zu Durchfällen neigt. Typischerweise müssen die Krankenschwestern zu Beginn der Therapie drei- bis viermal pro Stunde die Luftschleuse passieren. Um diese zeitaufwendige Tätigkeit zu reduzieren, entschied sich ORS zur Untersuchung eines Systems, das sowohl den Patienten als auch den Mitarbeitern der Knochenmarktransplantationszentren dienlich wäre. Man war der Meinung, dass das System die Kapazitäten der Krankenpflege reduzieren und gleichzeitig eine sichere mikrobielle Speicherung für flüssige und feste Ausscheidungen der Patienten gewährleisten würde. Die sterile Toilette ist ein flexibles System, das auf einem Rollstuhl Verwendung finden oder an einer Wand sowie an einem Bett angebracht werden kann. Die sterile Toilette der Firma ORS wurde erstmals in Hospitälern in Wien und Linz eingesetzt. Sie setzten mehrere Exemplare erfolgreich ein. Man kann den potenziellen Weltmarkt für die sterile Toilette als offenbar erheblich abschätzen, weil jährlich weltweit rund 40.000 Patienten mit Rückenmarkstransplantationen zu behandeln sind. Die Therapie dauert durchschnittlich drei Monate, von denen die Patienten vier Wochen in einer äußerst sterilen Umgebung verbringen müssen.

Eine weitere medizinische Anwendung der sterilen Toilette betrifft den Bereich der Chemotherapie zur Versorgung der Patienten in Kliniken oder in häuslicher Umgebung. Obwohl diese Patienten andere Menschen nicht mit ihrer Erkrankung infizieren würden, werden sie mit starken Medikamenten behandelt. Der Patient scheidet einen hohen Betrag der chemotherapeutischen Medikamente wieder aus. Dies kann zu allergischen Reaktionen der Haut führen, wenn diese mit ihnen in Kontakt kommt. Eine sterile Toilette der beschriebenen Art, die ausschließlich vom Patienten benutzt wird, schützt seine Familie und Personen in der Nähe des in Therapie befindlichen Patienten.

Unserer Aufgabe als Technologiebroker folgend setzten wir unsere Marketinginstrumente ein, um zur Diffusion der geschilderten Informationen über die sterile Toilette im Kreis potenzieller Anwender, insbesondere aus dem Kreis von Hospitälern, beizutragen. Die Nachfolgeorganisation der besagten Wiener Raumfahrtfirma, die ebenfalls in Wien ansässig ist, schloss mit meiner Firma einen diesbezüglichen erfolgsorientierten Vermittlungsauftrag ab, um Interessenten an der Technologie der sterilen Toilette auf Erfolgsbasis zu identifizieren. Ergebnisse unserer Tätigkeit dürfen wir nicht berichten, da uns unser Auftraggeber des unbefristeten Vermittlungsvertrages zu strikter Geheimhaltung verpflichtet hat.

Schon in den Anfängen der bemannten Raumfahrt durch Verwendung des US-Spaceshuttles Mitte der 1980er-Jahre stand das Befinden von Astronauten im Vordergrund für die Entwicklung eines sogenannten ambulanten Telemetriesystems (ATS) zur Überprüfung der physiologischen Statuswerte. Neue Anforderungen auf dem Gebiet des Gesundheitsmanagements haben dazu geführt, der drahtlosen Kommunikation besondere Aufmerksamkeit zu widmen. Fortschrittliche Kommunikationstechnologien wurden benutzt, um Lösungen für einen kontinuierlichen Informationsfluss einer Vielzahl physiologischer Sensoren bereitzustellen, ohne störende Kabel und lästige Ausrüstung, und stattdessen Mobilität und Unabhängigkeit zu gewährleisten. Im Weltraum ist der physiologische Zustand von Astronauten von großem Interesse, um das unterschiedliche Verhalten von Menschen während körperlicher Betätigung einerseits und Ruhephasen andererseits besser zu verstehen. Das Fehlen von Kabeln ist natürlich Voraussetzung zur Vermeidung von Bewegungseinschränkungen und Unannehmlichkeiten und sorgt für eine gesteigerte Akzeptanz der Geräte für die Gesundheitsüberwachung. Eine portable, auf zur Verbreiterung von Bandbreiten basierende Technologie der Frequenzspreizung wurde hierzu entwickelt.

An diesem Punkt meiner Ausführungen möchte ich daran erinnern, dass wir hier über die Informationstechnologie der 1980er-Jahre sprechen und dass in der Raumfahrt aus Gründen der Sicherheit Zuverlässigkeit oberstes Gebot ist, dass die eingesetzten Technologien erprobt sein müssen und nur extrem niedrige Fehlerquoten tolerabel sind. Vor diesem Hintergrund erscheinen Datenblätter aus jener Zeit antiquarisch. Das Shuttle verwendete deshalb nur eine 8-Bit-Technik, obgleich man für terrestrische Anwendungen bereits deutlich größere Bandbreiten einsetzte. Dass in der Raumfahrt wie in anderen Bereichen keine hundertprozentige Sicherheit erreicht werden kann, wurde bei der US-Shuttleflotte tragisch demonstriert. Die Raumflüge des Shuttles hatten eine kalkulierte Zuverlässigkeit von gerade einmal 98 Prozent. Von den 135 Shuttleeinsätzen schlugen leider auch zwei mit Totalverlusten fehl, nämlich im Januar 1986 das Unglück der Raumfähre Challenger und im Januar 2003 das Unglück der Raumfähre Columbia. Mit dem damals in der Raumfahrt eingesetzten Stand der Technik hatte das ATS Datenraten von 100 Kilobit pro Sekunde, die dem Nutzer kontinuierlich mit einer Autonomie von 24 Stunden zur Verfügung standen. Der Empfänger in Verbindung mit einem Personal Computer ermöglichte die gleichzeitige Überwachung von bis zu fünf Astronauten. Ein vollständiger Satz physiologischer Parameter konnte prozessiert, angezeigt und zu Vergleichszwecken sowie zur Nachbearbeitung über einen großen Zeitraum gespeichert werden. Potenzielle irdische Anwendungen umfassten die Gesundheits- und Patientenüberwachung sowie die häusliche Sorge für ältere und körperlich eingeschränkte Personen. Folgerichtig wendete sich die Anwendersuche an Dienstleistungsunternehmen zur Gesundheitsüberwachung, an Dienstleister für Gesundheitsvorsorge und an die Sportindustrie.

Gesundheitsüberwachung war auch das Stichwort für die Entwicklung von Messgeräten zur Feststellung von Strahlungsintensitäten, mit denen man seitens der ESA die auf Astronauten bei Weltraummissionen einwirkende Strahlungsdosis festzustellen beabsichtigte. Mit dieser Aufgabe betraute man eine kleine, 1975 gegründete, in Oxford ansässige Firma, die hierzu einen strahlungssensitiven Feldeffekttransistor mit der Bezeichnung RADFET für die ESA entwickelte. Das mikroelektronische Instrument ist ein Strahlungsdosimeter, das die kumulierte Dosis von auf Ausrüstung einwirkender ionisierender Strahlung im Weltraum misst. Gemessen werden Gammastrahlen, harte und weiche Röntgenstrahlung und hochenergetische Nuklearteilchen.

Wenn Ärzte Plaque und Anhäufungen an den Innenwänden von Arterien finden, behandeln sie häufig die Patienten unter Benutzung koronarer Angioplastie, bei der ein Ballonkatheder in die betroffene Arterie eingeführt wird, um die Blutadern zu öffnen und somit Herzattacken zu vermeiden. Mit einer Wahrscheinlichkeit von 45 Prozent der Fälle waren jedoch arterielle Blockaden oder Verschlüsse während des Heilungsprozesses festzustellen, weswegen die Prozedur zu wiederholen war. Die medizinische Forschung ergab bereits um die Jahrtausendwende, dass Bestrahlung die Arterien davor schützen kann, sich wieder zu verschließen. Dies umfasst die Einführung eines Katheters in das Blutgefäß, das dann Beta- oder Gammastrahlung ausgesetzt wird. Das Verfahren bezeichnet man als endovaskuläre Brachytherapie. Zur Vermeidung von Strahlenschädigungen des umgebenden Gewebes ist die Strahlungsmenge schichtweise präzise zu überwachen. Zu diesem Zweck wird ein RADFET-Sensor in den Katheter eingesetzt, um die genaue Position, an die die Strahlungsdosen appliziert werden, zu bestimmen. Dadurch wird das Ziel verfolgt, die kumulierte Strahlungsmenge an Instrumente zu übertragen, sodass sie von den Mitgliedern des Ärzteteams während der Behandlung überwacht werden kann. Der RADFET-Sensor ist in Massenproduktion sehr preiswert und als Einweginstrument ausgelegt, wird also bei jedem Patienten neu angewendet.

Nach der initialen Anwendung für die RADFETs zur Überwachung von Strahlung im Weltraum ergaben sich eine Reihe von Anwendungen, bei denen ionisierende Strahlung zu überwachen ist. Im Medizinsektor handelt es sich um Detektoren, die, dadurch dass sie in kleine Katheder passen, die Abbildung kleiner Strahlungsfelder und somit während Radiotherapien die Überwachung des Gewebes in Echtzeit ermöglichen. In der Kernkraftindustrie werden Ausrüstungen bezüglich ihres Funktionszustandes beurteilt. Die Sterilisation von Nahrungsmitteln und Operationsmaterialien ist ein weiteres Anwendungsfeld, ebenso wie Notfallmaßnahmen, die von eigens geschultem Personal durchgeführt werden. RADFET gestattet die Echtzeitüberwachung der Personendosis und Dosierte. Im Umweltbereich stellt RADFET kostengünstige Monitore für die Fernüberwachung dar.

Die Überwachung von gesundheitsrelevanten Fragestellungen war 2002 der Beweggrund in meinem Unternehmen, einen deutschen Anbieter aus Rostock bei seinem Angebot für die ESA zu unterstützen, das Aufspüren von Mikroorganismen durch eine Online-Atemüberwachung zu ermöglichen. Der Anbieter, der unter anderem auch Raumfahrtprojekte durchführte, war bereits mit Sensortechnologien für den Einsatz auf der russischen MIR-Station zwecks Kontrolle der eingeatmeten Luft in Raumfahrzeugen tätig. Ein neues Anwendungsfeld entstand für chemische Multisensorsysteme in Bereichen wie der Identifikation von Mikroorganismen und der Gesundheitsvorsorge. Betroffen waren dabei insbesondere Krankenhausintensivstationen und Feuerwarnmelder in Untergrundbahnen. Der Sensor trug die Bezeichnung „elektronische Nase". Aus der Technik der Überprüfung der Umgebungsluft auf der MIR-Station entstanden irdische Anwendungen. Das Kernstück stellte ein mikroelektronischer Halbleitersensor, der das Vorhandensein verschiedener Gase durch Änderung der elektrischen Leitfähigkeit anzeigte. Die hierfür zuständige elektronische Nase besteht aus einer mit unterschiedlichen Beschichtungen versehenen Sensoranordnung. Die gesammelten Messdaten der relativen Leitfähigkeitsveränderungen werden als Muster aufgenommen und gemäß einem hinterlegten Klassifikationsschema ausgewertet. Dies ermöglicht die Erkennung verschiedener Situationen, die durch spezifische Gasmischungen charakterisiert sind. Das Herz der elektronischen Nase ist das Sensorfeld aus selektiven und nichtselektiven individuellen chemischen Sensoren, die der Maßaufgabe angepasst sind. Abhängig von einer vorliegenden komplexen Kontamination liefern die einzelnen Sensoren individuelle Signale. Nachfolgend wird durch Analyse dieser Signale ein Signalmuster abgeleitet. Da jedes natürliche und künstliche Gas ein charakteristisches Signal aufweist, kann dies auch für Gasgemische durchgeführt werden. Der „Fingerabdruck" eines Gasgemisches wird dann analysiert und mithilfe von Mustererkennungsverfahren klassifiziert. Dies geschieht beispielsweise durch eine Software aus dem Gebiet der neuronalen Netzwerke. Bevor ein solches System auf eine Erdgasverarbeitungsanlage angewendet wird, müssen zunächst Signalmuster typischer Mischungen von Substanzen für die Anlage und ihre Umgebung eintrainiert werden. Nach dem Training ist das System in der Lage, komplexe Gasmischungen zu identifizieren und Ähnlichkeiten zwischen bekannten und unbekannten Gasgemischen zu etablieren.

Elektronische Nasen der beschriebenen Art sind also geeignet für die Detektion und qualitative Auswertung von Veränderungen von Gasgemischen wie zum Beispiel in der Rauch-Feuer-Früherkennung, Raumluftüberwachung, Leckage-Erkennung, Qualitätskontrolle bei der Nahrungsmittelherstellung oder dem Aufspüren von Verunreinigungen. Die ersten Einheiten der besagten Rostocker Firma für die Onlineüberwachung zur Erkennung von Mikroorganismen per Atemluftanalyse wurden mit unserer Unterstützung beim Deutschen Herzzentrum Berlin und dem Laborzentrum Berlin erfolgreich getestet. Die zu lösende Problemstellung umfasste beispielsweise die Früherkennung und gezielte Bekämpfung von Viren, die Infektionsprophylaxe und die Infektionstherapie. Patientenzielgruppen waren frisch operierte Patienten, Patienten auf Intensivstationen und Patienten nach Organtransplantationen. Aufgrund von später Erkennung von Bakterien oder Pilzen besteht ein hohes Infektionsrisiko künstlich beatmeter Patienten trotz prophylaktischer Gabe von Antibiotika. Hohe Kosten sind mit extensiver Antibiese verbunden. Weiterhin können Keime gegen Antibiotika bei Langzeitdosierung resistent werden und Infektionen können weitere Komplikationen hervorrufen. Zur Lösung derartiger Probleme wurde eine direkte Onlineidentifikation und -klassifikation von Bakterien und Pilzen durch Feststellung ihrer gasförmigen Stoffwechselprodukte in der Atemluft etabliert. Zusammengefasst, die Früherkennung von Bakterien ermöglicht die gezielte Verabreichung von Antibiotika, das Infektionsrisiko und damit verbundenen Komplikationen können signifikant reduziert werden und eine frühzeitige Behandlung mit

Antibiotika kann bei immunsupprimierten Organtransplantationen höchst wirksam sein.

Neben der Atemgasanalyse fand die elektronische Nase Anwendungen im Feuerschutz. Diese Geruchssensoren haben wie bereits ausgeführt sensorische und chemische Komponenten. Eigentlich muss das Gehirn die Feststellung und Interpretation des Geruchs vornehmen. Damit existiert allerdings ein prinzipieller Unterschied zwischen der menschlichen Wahrnehmung und der technischen Detektion von Gasgerüchen. Das heißt, es besteht die Fähigkeit, zwischen Gerüchen und geruchlosen Gasen zu unterscheiden. Dies macht die Charakterisierung von Gerüchen zur Herausforderung. Darüber hinaus gibt es eine große Zahl im Geruch befindlicher chemischer Verbindungen, oftmals in typischerweise sehr niedrigen Konzentrationen. Das Spektrum von geruchsrelevanten Substanzen in der Luft von Abwasserkanälen umfasst schwefelhaltige und stickstoffhaltige Komponenten, Säuren, Aldehyde und so weiter. Die elektronischen Nasen dienen der Umweltüberwachung und ermöglichen Onlinemessung von Gerüchen, die zuvor durch unstetige und zeitaufwendige Geruchsanalysen festgestellt wurden. Das Ziel ist eigentlich nicht nur die Feststellung einzelner chemischer Gaskomponenten, sondern die Messung der Gesamtheit der Gasparameter einschließlich ihrer Konzentration. Die meisten elektronischen Nasen bestanden früher aus einem Multigassensorsystem, das aus kosteneffizienten, unspezifischen Gassensoren, die auf einem Sensorgitter angeordnet waren, bestand. Dabei sollte man sich vor Augen führen, dass rund 1.000 verschiedene Rezeptorproteine in den menschlichen Riechzellen enthalten sind, wohingegen in früheren Sensorgittern gerade einmal 30 Sensoren zur Lösung der Aufgabenstellung zur Verfügung standen, was die Überlegenheit des oben beschriebenen Rostocker Sensors unterstreicht.

Aus dem Bereich Feuerschutz erweckte die gasschnüffelnde elektronische Nase Interesse für den Einsatz in Eisenbahnen, beispielsweise zur Ermöglichung von zuverlässigen und kontinuierlichen Kontrollen verschiedener Gaskomponenten der Umgebungsatmosphäre in Eisenbahnwaggons. Intern gespeicherte Analysemuster dienen als Vergleichsbasis, um Fehlalarme durch Ermittlung der Unterschiede zwischen kritischen Gaskonzentrationen und solchen irrelevanten Ursprungs zu vermeiden. Ein Beispiel für diesen Umstand stellt ein Überwachungssystem zum Brandschutz eines Schaltschranks einer Diesellokomotive dar. Dabei darf das System keinen Feueralarm auslösen, wenn der Zug in einem Tunnel anhält und die Lokomotive Abgase in die Umgebungsluft abgibt.

Der Rostocker Gasschnüffler fand auch das Interesse von Firmen, die auf dem Gebiet der Raumluftüberwachung tätig waren. Adaptive und programmierbare Rauchdetektoren samt zugehöriger Ventilationstechniken wurden für den privaten Gebäudesektor und für Bürogebäude entwickelt. Das Rostocker Gasanalysesystem erwies sich wegen seiner Möglichkeiten abgestufter Aktivierungsniveaus für die Gebäudetechnik als interessant. In ungelüfteten Konferenzräumen steigt der Kohlendioxidgehalt der Luft während der Präsentationen an, was zur Erschöpfung der Teilnehmer führen kann. In einem solchen Fall ist ein Überwachungssystem wie das der RST sinnvoll anwendbar, das einen Hinweis auf ein manuelles Einschalten und Dosieren der Lüftung gibt. Gegebenenfalls kann das System in die Lage versetzt werden, zu unterscheiden, ob die Geruchsteilchen in der Luft wie Zigarrenqualm unschädlich oder gefährlich sind und zu einem Feueralarm führen, da es sich um brennende Möbel handelt, die durch eine brennende Zigarette entzündet wurden.

Eine ähnlich gelagerte ebenfalls aus der Raumfahrt stammende Technologie wurde von uns als Hauptauftragnehmer der ESA im Technologietransfer zur Vergabe des Space Spin-off Award der ESA nominiert. Die Technologie stammte von einem französischen Raumfahrtunternehmen, das sich auf die Kontrolle von Verunreinigungen durch Partikel, Bakterien und Viren in der Luft spezialisiert hatte. Die Firma verfügte über eine einzigartige Luftreinigungstechnologie, die ursprünglich für den Einsatz auf der russischen MIR-Station entwickelt worden war und später auch auf der Internationalen Raumstation ISS eingesetzt wurde. Die plasmabasierte Technologie war einzigartig unter allen verfügbaren und bekannten Luftreinigungstechnologien. Sie umfasst einen dreistufigen Reaktor, der aus der eingehenden Raumluft Mikroorganismen sowohl sammelt als sie auch zerstört. Sie ermöglicht eine bis zu 99,999-prozentige Zerstörung solcher Mikroorganismen einschließlich der kleinsten bekannten Viren. Der dreistufige Reaktor, bestehend aus einer elektronische Zelle als Kaltplasmakammer, einem Teilchenkollektor und einem chemischen Filter, ist hocheffizient, da die zu reinigende Luft mit Leichtigkeit über die gesamte Lebensdauer des Reaktors durch das System fließt. Damit gehen ein geringer Wartungsaufwand, hohe Energiefreundlichkeit und ein geringes Geräuschniveau verglichen zu anderen Technologien einher. Das erste Marktsegment, das die französische Raumfahrtfirma in Angriff nahm, war der Bereich der professionellen Gesundheitsvorsorge mit dem Schwerpunkt auf Hospitälern. Auf weitere Branchen fokussierend wurden von einem französischen Start-up Luftreinigungssysteme für Geschäftsflugzeuge hergestellt.

Zur Ermöglichung zukünftiger technologischer Verwertungsprozesse zum Nutzen der Industrie und der Konsumenten waren wir für den Bereich Raumfahrt mit der Durchführung einer Studie zur Begutachtung der Machbarkeit exakter Dosierventile beauftragt worden. Zuvor hatten wir die Entwickler der ursprünglichen Raumfahrttechnologie des Deutschen Zentrums für Luft- und Raumfahrt (DLR) an einen führenden deutschen Ventilproduzenten vermittelt, um mögliche Applikationen zu sondieren. Seinerzeit waren DLR-Entwickler mit der Vorbereitung der ROSETTA-Mission beschäftigt, die 2015 unter großem öffentlichem Interesse nach zehnjähriger Reise ein Landegerät namens Philae auf einem Kometen zwecks in situ Messungen der Kometenoberfläche absetzen sollte, um zur Aufklärung der Entstehungsgeschichte unseres Sonnensystems beizutragen. In diesem Zusammenhang wurde das genannte schnell reagierende Ventil entwickelt, um den Gasfluss der Kaltgasdüsen beim Manövrieren der Landeeinheit präzise dosieren zu können. Bei den Ventilen handelt es sich um sogenannte Kugelventile, bei denen es nur ein einziges bewegliches Element gibt, nämlich die Kugel selbst. Um das Kugelventil zu öffnen, kann die Ventilkugel durch Stoß oder im Falle eines magnetischen Ventils durch die Wirkung eines Magnetfeldes vom Ventilsitz gerollt werden. Vorteile der Ventile sind der einfache Aufbau, kurze Schaltzeiten, geringer Verschleiß und die Eignung für Medien mit unterschiedlicher Viskosität.

Es war die magnetische Version des Kugelventils, für die wir eine medizinische Applikation als Insulininjektionssystem auftaten und im Detail untersuchten. Bei einer Insulinpumpe wird subkutan kontinuierlich Insulin injiziert. Pumpen zur Abgabe von Insulin beinhalten Kontrolleinheit, Prozessor und Batterien. Ein Einweghärter für das Insulin ist ebenfalls an der Pumpe angebracht sowie ein Einweginjektionsset einschließlich einer Kanüle für die subkutane Einbringung des Insulins unter die Haut. Die Insulinpumpe liefert dem Körper das Insulin kontinuierlich und die Größe entspricht der eines Smartphones. Sie wird außerhalb des Körpers getragen, zum Beispiel in einer Tasche unter der Kleidung. Das Insulin wird gemäß eines für die betreffende Person individuell programmierten Plans für den jeweiligen Insulinpumpenträger abgegeben. Eine gewisse kleine Basalrate wird kontinuierlich gegeben. Die Basalrate hält den Blutzucker im gewünschten Bereich zwischen den Mahlzeiten und über Nacht. Für jede Mahlzeit programmiert der Benutzer die Insulinpumpe auf eine Bolusdosis in Übereinstimmung mit der konsumierten Essensmenge. Damit stellt die Insulinpumpe eine echte Alternative zu den täglich mehrfach zu applizierenden Injektionen mit Insulinspritzen dar. Der Benutzer der Insulinpumpe hat immer noch zu entscheiden, wie viel Insulin gegeben werden soll. Verglichen mit einzelnen Insulininjektionen stellt die Insulinpumpe die akkurateste, präziseste und flexibelste Form der Insulinversorgung dar.

Bei einer weiteren Machbarkeitsstudie betreuten wir fachlich und administrativ ein Projekt, bei dem sich alles um die Behandlung von Herzinsuffizienzen drehte. Hierbei handelt es sich um die krankhafte Unfähigkeit des Herzens, genug Blut durch den Körper zu pumpen. Dieser Herzfehler kann eine lebensbedrohliche Erkrankung sein, die fast immer chronisch und langfristig verläuft, manchmal kann sie jedoch auch plötzlich auftreten. Da die Pumpfunktion des Herzens beeinträchtigt ist, kann Blut in andere Regionen des Köpers quasi zurückprallen und konsequenterweise viele Organe daran hindern, mit genügend Sauerstoff und Nähstoffen versorgt zu werden, was zu dramatischen Konsequenzen für deren Funktion und Leistungsfähigkeit führt. Herzfehler entstehen aus einer Vielzahl von Gründen wie Bluthochdruck und koronaren, für Herzinfarkte ursächlichen Arterienerkrankungen. Deren Verbreitung nimmt mit zunehmendem Alter sowie im Falle von Übergewicht, Diabetes und Nikotin- oder Alkoholmissbrauch zu.

Um diesen Gesundheitsproblemen zu Leibe zu rücken, schauten wir uns die seinerzeitige Technologie künstlicher Herzklappen etwas genauer an, um den Projektvorschlag einer italienischen Firma im Hinblick auf seine Förderwürdigkeit zu beurteilen. Das Unternehmen beschäftigte sich seit seiner Gründung im toskanischen Ort Massa mit lebenswissenschaftlichen Aspekten. Im Jahr 2001 meldete es ein Patent mit dem beeindruckenden Titel „Endovaskuläre Vorrichtung zur Behandlung und Korrektur der Kardiomyopathie" an. Hier die Details der Patentbeschreibung bei Seite lassend möchte ich die Botschaft des Patentes mehr plakativ summieren. Der Vorschlag will dazu beitragen, dass Patienten mit das Herz durch künstliche Klappen zur Behebung von Lebensqualität belastenden Herzbeschwerden wieder ein Stück mehr Fitness ermöglicht wird. Das Herz bekommt sozusagen eine Prothese, mit der es wieder besser läuft. Die Herzklappenprothese ist ein neues künstliches Ventil, das das Herz entlastet beziehungsweise seine Funktion zumindest teilweise übernimmt. Das Ventil ist in einem sich selbst ausdehnenden Stent realisiert, der über einen Katheder in der Aorta platziert wird. Das Ventil besteht aus einer Formgedächtnislegierung, die bei der Positionierung unter Ausnutzung des durch die Körpertemperatur veranlassten Formgedächtniseffekts die kranke Klappe wegdrückt und sich selbst an deren bisheriger Position verankert.

Das Material, das die Potenziale der von der italienischen Firma für die Behebung der Fehlfunktion des Herzens geforderten Eigenschaften aufwies, führte uns zu einer kleinen belgischen Firma, die über ausgewiesenes Know-how auf dem Gebiet der Formgedächtnislegierungen verfügte und die uns bereits weiter oben im Zusammenhang mit strukturellen Phasenübergängen untergekommen ist. Deshalb möchte ich hier nur kurz daran erinnern, dass Formgedächtnislegierungen bereits 1932 beobachtet wurden. Im Jahr 1962 merkte man, dass der Phasenübergang ursächlich für das Formgedächtnis von Nickel-Titan-Legierungen ist. Ende der 1960er-Jahre wurde die erste industrielle Anwendung von Formgedächtnislegierungen entwickelt, und zwar für die Luftfahrt. Seitdem versuchte man in der Medizin, derartige Legierungen für Implantate bereitzustellen, wie soeben geschehen. Auch für diese Anwendungen wird der temperaturabhängige Wechsel der Kristallstruktur des Materials ausgenutzt, wenn sie über oder unter eine charakteristische Temperatur erwärmt beziehungsweise gekühlt werden. Die gebräuchlichste und nützlichste Ausführung von Nickel-Titan-Formgedächtnislegierungen sind Schraubenfedern als Aktuatoren. Solche Federn können je nach Zustand zu ihrer Ausdehnung beziehungsweise zu ihrer Kompression genutzt werden, einen beeindruckend großen Hub bieten und entworfen werden, um signifikante Kräfte auszuüben. Durch Wärmebehandlung können die Federn ihren Durchmesser bis zu 50 Prozent vergrößern. 1982 wurden erste Weltraumexperimente mit Formgedächtnislegierungen auf der russischen Saljut-7-Station durchgeführt, wobei thermomechanische Rohrverbindungen auf ihre hermetische Haltbarkeit getestet wurden. Dies führte zu mehreren Einsätzen bei russischen Weltraummissionen. Obgleich der Formgedächtnis-effekt bei Nickel-Titan in den USA entdeckt worden war, setzten die Amerikaner sie erst 1994 in der Raumfahrt ein. Die vom belgischen Techno-logiegeber FLEXMAT stammenden Formgedächtnislegierungen haben also einen europäischen Ursprung.

Bezüglich der Verwertung von Raumfahrttechnik im Medizinbereich zu den Themen Stärkung und Behandlung von Patienten mit Herzleiden möchte ich der Vollständigkeit halber auch eine deutsche Aktivität aus dem öffentlichen Forschungsbereich anführen. Konkret handelt es sich gemäß Publikationen der entwickelnden Einheit beim Deutschen Zentrum für Luft- und Raumfahrt (DLR) um eine bereits vor Jahren proklamierte neuartige Technik für ein implantierbares Herzunterstützungssystem. Motivation hierzu war der Umstand, dass etwa ein Viertel der Patienten während der Wartezeit auf ein Spenderorgan, die mehrere Jahre betragen kann, sterben. Alternativ verbleibt nur der Einsatz einer künstlichen Blutpumpe, die den Kreislauf stabilisieren kann. Probleme mit zuvor eingesetzten Unterstützungssystemen gaben Anlass zu einer Neuentwicklung, mit der man die bisherigen Komplikationen zu überwinden beabsichtigte, einhergehend mit der Ermöglichung einer langfristigen Therapie. In das DLR-Unterstützungssystem floss Know-how aus dem Institut für Robotik und Mechatronik ein.

Desinfektion ist eine Grundvoraussetzung für die Hygiene in der Medizin. Auch mit diesem Thema befassten wir uns mit anerkannten Experten für eine weitere Machbarkeitsstudie mit dem Titel „Handplasmaspender". Bei dem als Plasma bezeichneten Hauptakteur handelt es sich um ein ionisiertes Gas aus Elektronen und Ionen, das zumeist bei hohen Temperaturen erreicht wird. Der Plasmazustand ist der ungeordnetste Zustand der Materie. Einen solchen Zustand kennen wir von einer Kerzenflamme oder dem leuchtenden Gas einer Leuchtstoffröhre. Ohne den Plasmazustand zu verlieren, kann ein Plasma durch zusätzliche Mikropartikel kristallisieren. Plasmen sind dafür bekannt, dass sie bakterizide Eigenschaften besitzen. Durch die Entwicklung von Plasmen bei Raumtemperatur und Atmosphärendruck wurde es möglich, Plasmen auf wärmeempfindlichen Oberflächen und lebendem Gewebe anzuwenden. Die wissenschaftlichen Grundlagen hierzu waren am Max-Planck-Institut für Extraterrestrische Physik (MPA) in Garching entstanden. Der Plasmaspender für Krankenhausdesinfektion macht es im Vergleich zu flüssigen Desinfektionssystemen möglich, sekundenschnelle Desinfektionen statt wie früher durch minutenlange Reinigung der Hände zu erreichen. Das System arbeitet in Luft, ist einfach bei angemessenen Kosten herzustellen und bedarf keines Verbrauchsmaterials wie Desinfektionsflüssigkeiten oder der Entsorgung von Containern.

Es wurde experimentell nachgewiesen, dass Bakterien um das Hunderttausendfache in weniger als zehn Sekunden verringert wurden. Dies betrifft gemäß der mikrobiologischen Nomenklatur sogenannte gram-positive und gram-negative Bakterien einschließlich multiresistenter Keime. Derartige MRSA (Methicillin-resistenter Straphylococcus aureus) und andere medikamentenresistente Bakterien können ihrer Vernichtung entgegensehen, da die bei Raumtemperatur arbeitende Plasmavorrichtung eine sichere, schnelle, einfache und fehlerfreie Vernichtung von Bakterien ermöglicht. Zunächst entwickelte man Prototypen zur effizienten Desinfektion gesunder Haut an Händen und Füssen in Hospitälern und öffentlichen Räumen, wo Bakterien eine tödliche Bedrohung darstellen können. In einem weiteren Prototypen-exemplar wurden antibakterielle Wirkstoffe auf chronisch infizierte Wunden geschossen und somit ein schnellerer Heilungsprozess in Gang gesetzt.

Zwischendurch sei bemerkt: Die Wissenschaftler haben sich auch mit Tieftemperaturplasmen bei Atmosphärendruck beschäftigt und dabei eine Reihe industrieller Anwendungen gefunden und Untersuchungen durchgeführt wie die Plastiktaschenproduktion und die Herstellung von Straßenlampen und Halbleiterschaltkreisen. Bei Niedertemperaturplasmen ist die Temperatur der Ionen und neutralen Teichen niedrig. Das Kochrezept dieser Plasmen ist einfach, das heißt, der Anteil der Atome beziehungsweise Moleküle, die ionisiert und dadurch „heiß" werden, ist so niedrig, dass Stöße mit „kalten" neutralen Atomen beziehungsweise Molekülen schnell ihre Temperatur wieder senken.

In der Medizin wurden und werden Niedertemperaturplasmen zur Sterilisie-rung von Operationsbestecken verwendet, da das Plasma auf atomarem Niveau wirkt und dabei in der Lage ist, alle Oberflächen der Instrumente zu erreichen, sogar das Innere von Hohlnadelenden. Mit der vom MPA entwickel-ten Vorrichtung, mit der man in der Lage ist, die menschliche Haut sicher und schnell zu desinfizieren und arzneimittelresistente Bakterienarten zu vernich-ten, die jährlich zu mehreren Zehntausend Toten durch in Krankenhäusern induzierte Infektionen in den Ländern der EU führen. Der Handplasmaspender richtet sich an das medizinische Personal und die Vorrichtung revolutionierte die seinerzeit übliche Praxis der Desinfektionsprozeduren von Chirurgen, für die drei Minuten zum Händereiben und fünf Minuten zum Händewaschen einzuplanen waren. Diese Prozeduren waren mehrmals am Tag durchzuführen und waren mit mehreren negativen Nebenerscheinungen verbunden wie beispielsweise mechanische Irritationen und chemische und gegebenenfalls allergische Hautreaktionen. Für das Krankenhauspersonal ist das Thema der Handdesinfektionen gleichermaßen lästig. An einem typischen Arbeitstag sind ungefähr 60 bis 100 Desinfektionen vorzunehmen, was bei einer durchschnitt-lichen Dauer von 30 Sekunden pro Desinfektion einen gesamten Zeitaufwand von drei bis fünf Stunden bedeutet. Die neuartige Vorrichtung des Hand-plasmaspenders reduziert dies auf rund zehn Minuten pro Tag. Sie erfordert nur eine elektrische Stromversorgung, Flüssigkeiten und Abfallbehälter werden gar nicht gebraucht.

Kapitel 8: Kommunikation

„Reden war Silber"

Menschen waren von Anbeginn an bestrebt, den Austausch von Informationen jedweder Art vorzunehmen und die dazu als erforderlich erachteten Techniken zu erforschen und bereitzustellen. Die heutigen Informationstechnologien erlebten durch das Internet seit Mitte der 1990er-Jahre einen enormen Push. Wie viele bahnbrechende Technologien hatte das Internet seine Wurzeln in Entwicklungen der dem amerikanischen Verteidigungsministerium unterstehenden Forschungseinrichtung für fortschrittliche Verteidigungsprojekte der US-Forschungsagentur Defence Advanced Research Projekt Agency. Zu dieser Institution pflegte ich Ende der 1980er-Jahre beste Kontakte, genauer gesagt zum stellvertretenden Direktor des taktischen Technologiebüros, den man als Vater der Stealth-Technik, also der Radartarnung von Kampfjets und Bombern, bezeichnen darf. Er hat seine Ideen zur Radartarnung bereits 1974 für das amerikanische Verteidigungsministerium mit den in den Medien verbreiteten Ergebnissen realisiert. Ich selbst befasste mich Mitte der 1980er-Jahre mit meinen eigenen Vorstellungen zu Möglichkeiten der Radartarnung für militärtechnische Anwendungen in Deutschland. Meine DARPA-Kontaktperson, der ich während eines Abendessens in Washington D. C. von meinen Vorstellungen zur Radartarnung erzählte, konnte diese aus Geheimhaltungsgründen natürlich nicht kommentieren und sagte nur kurz und knapp: „You got it." Die in Arlington bei Washington angesiedelte DARPA verfügte als Agentur über etwa 250 Mitarbeiter und ein Budget von mehreren Milliarden Dollar. Die Forschungsarbeiten wurden von der DARPA nicht selbst durchgeführt, sondern durch von ihr beauftragte Unternehmen.

Das Thema Radartarnung erwähne ich an dieser Stelle quasi als Prolog, da die DARPA auch im Zusammenhang mit der Internethistorie eine entscheidende Rolle spielt. Es war nämlich so, dass man sich bereits in den 1960er-Jahren bei der DARPA im militärischen Bereich mit neuartigen Vernetzungsmöglichkeiten von verschiedenen militärischen Institutionen unter dem Schlagwort ARPANET befasste. Zur Zeit ihrer Internetgründungsaktivitäten hieß die DARPA noch ARPA. Die Geburtsstunde des ARPANET war am 23. April 1963, als in einer Notiz der ARPA eine mögliche Realisierung eines solchen die Vereinigten Staaten durchkreuzenden Netzes zur Verbindung aller wichtigen Forschungsleiter von Kalifornien im Westen bis Massachusetts im Osten des

Landes beschrieben wurde. Die Motivation der Amerikaner war während der Zeit des Kalten Krieges der Aufbau und Betrieb eines Frühwarnsystems zur Überwachung und zum Schutz gegen mögliche sowjetische Kernwaffenangriffe. Der Vorgänger des heutigen Internets, das ARPANET, hatte zum Ziel, ein System zu etablieren, in dem alle Radarüberwachungs-, Zielverfolgungs- und andere zugehörige Betriebsdaten mittels Computer koordiniert würden, die ihrerseits wiederum auf den ersten Echtzeitcomputern des Massachusetts Institute of Technology (MIT) in Boston basierten. So strebte man an, auf Vorgänge in Echtzeit so schnell zu reagieren, wie sie auftraten. Die ARPA war auch Anfang der 1970er-Jahre die Institution, die eine heute noch übliche Form von E-Mail-Adressen ersann, bei der der Nutzername, den die entsprechende Person beim Einloggen auf ihrem Hostcomputer eintippte und mit dem betreffenden Hostnamen in dem Netzwerk mit einem at-Symbol in der Form „Nutzername@Hostname" verlinkte. Diese Methode hatte auch nach der Abschaltung des ARPANET im Jahr 1990 und dem Aufkommen des Internets weiterhin Bestand. Dieser Übergang ging einher mit dem Wechsel von einer rein militärisch motivierten Netzwerkexistenz zu mehr akademisch beziehungsweise kommerziell orientierten Netzwerknutzungen.

Wir nutzten natürlich für unsere zeitgemäßen Tätigkeiten im Technologietransfer und der Gutachtenerstellung diese Kommunikationsmedien intensiv, wozu auch die Nutzbarmachung diverser Anwendungen zum Nutzen von Verbrauchern und der Industrie gehörte. Einer der entsprechenden Schwerpunkte betraf in besonderer Weise das Wissensmanagement durch zielorientiert angepasste Computer-Hard- und -Software, die wir in unser Technologieportfolio zum Zwecke ihrer Vermarktung aufgenommen hatten. Hier folge ich Ausführungen eines der Pioniere auf diesem Gebiet, der ursprünglich Entwicklungstätigkeiten für die Europäische Weltraumorganisation ESA zur Auswertung von Erdbeobachtungsdaten unter dem Markenzeichen DeepKnowledge übernahm, welche vor allem auch für andere Anwendungen adoptiert wurden. Die Technologie geht von der historischen Erkenntnis aus, dass seit Hunderten von Jahren Informationen und Wissen über die menschliche Sprache vermittelt wurden. Selbst moderne und technologisch gebildete Menschen teilten diese Ansicht, wodurch eine Lücke für neueste Informationstechnologien zu existieren schien.

Im konkreten Fall der Auswertung von Daten der Erdbeobachtung befasste man sich mit dem Informationsmanagement von Daten, die von einer Reihe von Instrumenten, die auf Satelliten geflogen wurden, gesammelt wurden, sowie den zugehörigen Produkten und Dienstleistungen, die von Anlagen der Bodenstationen erzeugt wurden. Anwendungen der Fernerkundung benötigen diese Rohdaten, ebenso wie auch deren Produkte und Dienstleistungen sowie darüber hinaus ebenfalls zusätzliche aus anderen Quellen gewonnenen Parameter und Messwerte. Die Identifikation, das Verständnis, die Interpretation und Auswertung der Erdbeobachtungsdaten, Produkte und Dienste sowie ihre mögliche Kombination mit anderen Daten wie etwa meteorologischen Daten ist oftmals der Tätigkeit von Experten vorbehalten. Die Ausdehnung der Verwertung der Fähigkeiten der Satellitenfernerkundung verlangte nach einer zunehmenden Einbeziehung von Nichtexperten in die Fernerkundung, die auf viele diversifizierte und komplexe Datentypen, die durch verschiedene Quellen bereitgestellt wurden, zurückgriffen. Sogar die Auswahl der besten Sensoren für die Erdbeobachtung und Produkten für spezielle Anwendungen erfordert ein hohes Niveau an Benutzerexpertise. Die Integration von Erdbeobachtungsprodukten und ihre Verwertung in anderen Anwendungsgebieten wie geografischen Informationssystemen und ihr Gebrauch für spezielle Zwecke ist ebenfalls alles andere als trivial. In diesem Zusammenhang befasste sich die ESA mit Systemen zur Modellierung, Erstellung und Verwertung von Wissen basierend auf semantischen Netzwerken und objektorientierten Datenbanken. Hiermit wurde die Erzeugung eines Angebotes an intelligenten Führern zu verfügbaren Erdbeobachtungsprodukten sowie an Navigationssystemen zu wissensbasierten Systemen der Erdbeobachtung bereitgestellt. Das von unserer Firma im Technologietransfer angebotene oben zitierte Kommunikationsprodukt DeepKnowledge ist das industrielle Ergebnis der beschriebenen Raumfahrtaktivitäten.

Wie gerade ausgeführt ist der heutige Lebensstil und die Kommunikation nicht vorstellbar ohne die Fortschritte in der Satellitentechnologie. Ohne sie gäbe es keine zuverlässige Wettervorhersage und auch keine fortschrittlichen Kommunikationsmöglichkeiten mit ihren Hochleistungsdatenübertragungspotenzialen. Aber das ist bei Weitem nicht das Ende der Geschichte. Der Datentransfer wächst nämlich exponentiell an, sodass innovative Lösungen gefunden werden müssen, um diese Anforderungen zu erfüllen. Um einen Eindruck über die Herausforderungen zu gewinnen, mit denen die Entwickler elektronischer Kreise konfrontiert sind, sollte man zunächst die schwierigen Umstände zur Kenntnis nehmen, unter denen solche Hochleistungseinheiten zuverlässig betrieben werden müssen. Beginnend mit den enormen Vibrationen während des Raketenstarts, die die Masse irdischer Unter-

haltungselektronik zerstören würde, gefolgt von den Temperaturschwankungen zwischen minus 150 Grad Celsius und 200 Grad Celsius auf der
Umlaufbahn des Satelliten, einer Atmosphäre nahe dem Vakuum und
zusätzlich einer hochenergetischen Strahlenbelastung durch die Sonne und die
Tiefen des Weltraums sind elektronische Komponenten quasi mit einer
Herkulesaufgabe konfrontiert. Am Deutschen Zentrum für Luft- und Raumfahrt
wurden eine Reihe von diesbezüglichen Forschungsprojekten durchgeführt,
die auf die Entwicklung innovativer und kosteneffizienter Komponenten für
zukünftige Anwendungen bei der Satellitenkommunikation im Multimedia-
bereich abzielten. Das Grundprinzip des zentralen Projektes war die
Ausnutzung der Möglichkeiten zur Integration passiver und aktiver Komponenten in Mehrschichtstrukturen und durch die Minimierung der Komplexität
halbleitender Komponenten. Durch diese Technologie wurden Vorteile
ermöglicht wie zum Beispiel kostengünstige Produktion und Montage,
kompakte Größe und hermetische Versiegelung, was für satellitenbasierte
Anwendungen äußerst bedeutsam ist. Da wir in unserem Unternehmen bereits
seit vielen Jahren durch die von uns auf unserem Internetportal zum
Technologietransfer eingestellten Technologiebeschreibungen mit den Angeboten des Technologieanbieters vertraut waren, gelang es uns, einen
geeigneten Technologienehmer zu vermitteln, der Leiterplatten des Technologiegebers als Substratträger für Tunnelelektronenmikroskope einsetzte.

Der erste mit einem Radiosender ausgerüstete Satellit war der sowjetische
Sputnik 1, der 1957 in den Weltraum geschossen wurde, womit die Sowjets
den Wettlauf in den Weltraum gewannen. Der erste amerikanische Satellit
wurde 1958 für Relaiskommunikation eingesetzt. Bei ihm wurde ein
Kassettenrekorder benutzt, um Sprachnachrichten zu speichern und zu
senden. US-Präsident Dwight D. Eisenhower machte davon Gebrauch, als er
Weihnachtsgrüße versendete. 1960 startete die NASA einen sogenannten
Echo-Satelliten mit einem als Antenne dienenden aluminiumbeschichteten
Ballon, der als passiver Reflektor für Radiokommunikation diente. Ebenfalls
1960 startete die NASA den ersten aktiven Verstärkersatelliten mit Namen
Courier 1B. Die erste und historisch bedeutendste Applikation für
Kommunikationssatelliten betraf die interkontinentale Langstreckentelefonie.
Das öffentliche Telefonfestnetzwerk verband Telefonanrufe von terrestrischen
Festnetztelefonen zu einer Bodenstation, von wo sie an einen geostationären
Kommunikationssatelliten übertragen wurden. Der Downlink folgte einem
analogen Pfad. Verbesserungen in Unterseekommunikationskabeln und der
Gebrauch von Fiberoptiken bewirkten eine gewisse Ablehnung in der Nutzung

von Satelliten für Festnetztelefonie im späten 20. Jahrhundert, aber sie waren nach wie vor gefragt in Fällen von Fernmeldeaufgaben zur Versorgung abgelegener Inseln, die nicht in den Genuss von Unterseekabeln kamen. Dies betraf auch Regionen einiger Kontinente und Länder, in denen landgebundene Telekommunikation selten anzutreffen war oder sogar nicht existierte.

Auf einem von uns in Köln im September 2006 veranstalteten Kooperationsforum zum Thema moderne Trends von Sensor- und Messtechniken präsentierte ein mittelständiges Unternehmen der Satellitenkommunikation und der Herstellung von Radarassistenzsystemen eine ihrer als Näherungs- und Positionssensor betitelten Technologien. Dieses Unternehmen war seinerzeit engagiert für die Realisierung eines Projektes unter der Bezeichnung „Atomuhr-Ensemble im Weltraum", mit dem unter Leitung der ESA eine ultrastabile Atomuhr auf der Internationalen Raumstation ISS platziert wurde. Ihr Betrieb in Schwerelosigkeit lieferte eine stabile und akkurate Zeitbasis für verschiedene Forschungsgebiete einschließlich allgemeiner Relativitätstheorie- und Stringtheorie-Tests, Zeit- und Frequenzmetrologie sowie Interferometrie. Der Beitrag des besagten Mittelständlers umfasste eine Mikrowellenverbindung, die ein Kommunikationssystem darstellte, das einen Strahl von Radiowellen im Mikrowellenfrequenzbereich benutzte, um Video-, Audio- oder Datenübertragungen, die zwei Orte im Abstand von weniger als einem Meter bis hin zu mehreren Kilometern verband, zu ermöglichen. Diese in unserem Forum vorgetragene Technologie wurde von einer der von uns eingeladenen Teilnehmerfirmen zur Kontaktaufnahme mit dem Vortragenden genutzt. Der Teilnehmer war ein Repräsentant des weltweit führenden deutschen Herstellers von Druckmaschinen. Bei dem Gedankenaustausch zwischen dem Vortragenden und dem Teilnehmer stellte sich heraus, dass die Entwicklungsabteilung des Druckmaschinenherstellers nach einer Lösung suchte, um ein durch Temperaturschwankungen beeinflusstes elektromechanisches Messsystem durch ein neues mit höherer Präzision zu ersetzen. Die Technologie des Vortragenden erwies sich als unempfindlich gegen Temperatureffekte aufgrund ihrer Halbleiterkonstruktion und führte schließlich dazu, dass Raumfahrttechnologie Einzug in Druckmaschinen hielt.

Wir befassten uns mit weiteren Transferpotenzialen desselben Know-how-Trägers und schufen so zusätzlich zu der Applikation im Druckmaschinenbereich einen Transfer in den Sektor der Papiermaschinenherstellung. Ausgangspunkt war auch hier ein Projekt zur präzisen Zeitmessung mittels einer sogenannten kalten Atomuhr im Auftrag der französischen

Raumfahrtagentur CNES. Im Juni 2005 hatten wir wieder eines unserer Kooperationsforen auf dem Themengebiet Sensor- und Messtechnik organisiert, während dem das bereits erwähnte mittelständische Unternehmen der Satellitenkommunikation vortrug. Diesmal befand sich ein Vertreter eines großen deutschen Familienunternehmens für die Herstellung von Papiermaschinen im Auditorium. Der Vortragende und der Teilnehmer tauschten sich über Verbesserungsmöglichkeiten bei der Papierherstellung aus. Springender Punkt ist dabei die Messung und Kontrolle der Feuchte während der Papierherstellung, denn sie hat einen großen Einfluss auf die Papierqualität. Als Ergebnis der angesprochenen Konversation zwischen Technologiegeber und potenziellem Technologienehmer kam man überein, den Messprozess der Feuchtigkeit der Papierbahnen während der Papier-herstellung durch einen Mikrowellenresonator zu realisieren, der in einen Sensor integriert wurde und kontaktlos das Papier scannte sowie die Analyse der Charakteristik des reflektierten Signals des Mikrowellenresonators erlaub-te. Abhängig vom Analyseergebnis wurde die Feuchtigkeit des Papiernetzes unter Berücksichtigung der Entfernung des Resonators zur Netzoberfläche gemessen. Die exakte Messung und Kontrolle dieser Parameter erlaubt eine Zunahme an Effizienz und Rentabilität durch die Vermeidung kostspieliger Fehldrucke, Reklamationen und Maschinenstillstand. Summa summarum erlangte man auch in diesem Fall den erfolgreichen Einzug von Raumfahrt-technik in ein Produkt des täglichen Lebens.

Wie bereits angeklungen erfuhr die weltweite Kommunikation und Nach-richtenübermittlung durch Raumfahrttechnik den entscheidenden Impuls für die Entwicklung unserer heute als fast selbstverständlich empfundenen Informationstechnologie. Das Erinnern an den Weg hierhin ist mir vor dem Hintergrund meines eigenen Befassens mit dem Thema ein großes Bedürfnis, wobei ich wieder einmal meinen ausgeprägten Neigungen für multinationale beziehungsweise multikulturelle Projekte in der hier möglichen Dimension nachging. Es beschäftigte mich insbesondere, Meilensteine der satelliten-gestützten Kommunikation zu recherchieren und zu analysieren. Dies waren dann auch meine ersten Gehversuche als theoretischer Physiker auf dem Gebiet der Luft- und Raumfahrt. Ich hatte das außerordentliche Glück, mit hierfür unabdingbaren persönlichen Kontakten zu renommierten Persönlich-keiten der Branche und Entscheidungsträgern aus den Bereichen Technologie, Wirtschaft und Politik ermöglicht zu bekommen. Hierdurch bekam ich den sogenannten Stallgeruch und schließlich wichtige unabdingbare Türöffner. Ein Beispiel erwähnte ich bereits im Zusammenhang mit der amerikanischen

Radartarnung und der Darstellung der Ursprünge des Internets. Mehrere Reisen in die amerikanische Hauptstadt wurden durch meine „Türöffner" zu einem Erlebnis, durch das ich an Informationen gelangte, die in Europa in dieser Form nicht zu bekommen waren.

Diese Methode der Recherche lieferte eine Unmenge an Informationen und Daten, was mir und meinen Mitarbeitern eine gleichermaßen intellektuell fordernde wie auch schweißtreibende Analysentätigkeit abverlangte. Wir fokussierten uns damals auf die Ermittlung der Folgekosten von Raumfahrtsystemen, die eine Abschätzung zukünftiger Systeme ermöglichen und hierdurch einen Beitrag zu ihrer Quantifizierung liefern sollte, sowie vergleichende Analysen von Industrieanlagen, sodass wir auch seriöse Grundlagen für die oftmals öffentlich vertretene Meinung der außergewöhnlich hohen Kosten der Raumfahrt und ihres hohen Kosten-Nutzen-Verhältnisses nachvollziehbar überprüfen konnten. Vor uns hatte das noch keiner gemacht. Zu unserer Aufgabenstellung zur Ermittlung des Verhältnisses von Folgekosten, die zum Beispiel die Kosten für den Betrieb und die Aufrechterhaltung der Verfügbarkeit der Systeme umfassten und die Kosten für die Entwicklung, den Bau und die Ermöglichung der Verfügbarkeit der Systeme beinhalteten. Wir waren auch in der Lage, die Planzahlen und die tatsächlich entstandenen Kosten nach Projektabschluss miteinander zu vergleichen. Seitdem wissen wir, dass Systeme oftmals mindestens doppelt so teuer werden wie ursprünglich veranschlagt. Aus dem großen Kreis der von uns betrachteten Raumfahrt- und Industriesysteme widmeten wir uns schwerpunktmäßig der hier thematisierten Satellitenkommunikation. Bei ihnen wie auch bei anderen Satellitensystemen sind die Raketenstarts ein beachtlicher Kostentreiber. Dabei hat das Gewicht eines Satelliten einen entscheidenden Einfluss auf das notwendige Trägersystem und die damit in Verbindung stehenden Kosten. Im Zeitraum 1999 bis 2010 lag im Schnitt ein jährlicher Bedarf von 25 Raumtransportsystemen vor, wie das Commercial Space Transportation Advisory Committee der USA in seiner Prognose im Jahr 1999 für den besagten Zeitraum publizierte. Bei den in Kapitel 3 vorgestellten Satelliten handelt es sich im Wesentlichen, sofern es Kommunikation betrifft, um solche, die primär aus geostationären Bahnen in 36.000 Kilometern Abstand zur Erde Nachrichten- und Fernmeldedienste erbrachten. Sie hatten Gewichte, die über mehrere Hundert Kilogramm bis in den Bereich von Tonnen betrugen und benötigten zu ihrer Platzierung im Orbit dementsprechend kräftige Schübe, die nach dem Rückstoßprinzip des durch die Zündung des Raketenbrennstoffs bewirkten Ausstoßes heißer Gase erzeugt wurden, um die auf die Startmasse der Rakete wirkende Erdanziehung zu überwinden und den Flug der Rakete in die beabsichtigte Umlaufbahn zu ermöglichen.

Als Raumfahrtquereinsteiger fiel es mir leicht, mich zusätzlich beziehungsweise abseits soeben erwähnter Satellitenausmaße um die Leistungsfähigkeiten vergleichsweise kleiner Raumflugkörper zu kümmern. Dabei lief mir wieder einmal die uns schon bekannte DARPA mit ihrem Hauptquartier in Arlington im Bundesstaat Virginia, in direkter Nachbarschaft zu Washington D. C., über den Weg. Ich wurde bei meinen Recherchen vor Ort 1990 fündig in Bezug auf Kommunikationssatelliten mit der Bezeichnung MACSAT in der Gewichtsklasse bis 70 Kilogramm, die von der DARPA betrieben, jedoch gemäß DARPA-Philosophie in ihrem Auftrag von einem industriellen Auftragnehmer mit Namen DSI für eine niedrige Umlaufbahn gebaut wurden. Bei meinem Besuch von DSI staunte ich nicht schlecht, als mir in den Laboren der Ingenieure und Techniker Tafeln mit Arbeitsvorschriften wie „Nicht trinken, nicht essen, nicht rauchen" ins Auge sprangen. Von der Reinraumtechnik mir bekannter Hersteller traditioneller Satellitensysteme offenbar keine Spur. Die kleinen MACSATs wurden speziell für den Start von Kleinsatelliten konzipiert und auf Raketen mit dem Namen Scout ins All geschossen. Bei der Scout-Trägerrakete mit erfolgreichem Erststart im Oktober 1960 handelte es sich um eine billige und unkomplizierte Rakete, die in all ihren vier Stufen Feststofftriebwerke verwendete. Ähnlich wie DSI entstand die ebenfalls in Virginia ansässige Orbital Science Corporation (OSC), die sich auf das Design, die Herstellung und den Start von kleinen und mittelgroßen Raumfahrt- und Raketensystemen für kommerzielle, militärische und andere öffentliche Kunden konzentrierte. Eines ihrer vielbeachteten Projekte ist das Weltraumtransportsystem mit dem Namen Pegasus, das von einem Flugzeug aus gestartet wird. Ab dem Jahr 2000 wurden derartige dreistufige Pegasus-Raketen benutzt, um kosteneffiziente Starts von Satelliten mit einem Gewicht von rund einer halben Tonne zu ermöglichen. Die Pegasus-Rakete wird unter einem Passagierflugzeug oder einem Langstreckenbomber befestigt auf eine Höhe von etwa zwölf Kilometern befördert. Bei Erreichen der besagten Höhe wird die Pegasus-Rakete ausgeklinkt, die sich dann für fünf Sekunden im freien Fall befindet, bevor ihre erste Stufe gezündet wird. Pegasus ist nicht nur preiswert, sondern schafft die Satellitenpositionierung in einer Umlaufbahn unglaublich schnell, zum Beispiel in gerade einmal etwas mehr als zehn Minuten für einen niedrigen Orbit. Der Vollständigkeit halber: OSC baute auch schwerere Kommunikationssatelliten, die in hohen Bahnen ihre Dienste erbrachten. Diese geostationären Kommunikationssatelliten, als GEOStar-

Serie von OSC bezeichnet, lagen aber in der Gewichtsklasse von einer Tonne, also Schwergewichte nach der in Kapitel 3 beschriebenen Art.

Für unsereins interessant, obwohl sehr kostspielig, ist eine Satellitenflotte des ursprünglich schon 1979 für Seenotkommunikationsdienste gegründeten britischen Mobilfunkdienstleisters Inmarsat, dessen schwergewichtige geostationäre Satelliten eine fast vollständige Netzabdeckung der Erdoberfläche bereitstellen. Privatpersonen können die Inmarsat-Dienste durch Erwerb und Nutzung von entsprechenden Satellitentelefonen nutzen, mit denen man direkt über Satelliten telefonieren oder surfen kann, sodass man nicht mehr auf terrestrische Mobilfunknetze angewiesen ist. Das hat allerdings seinen monetären Preis und ist wohl eher für Situationen von Interesse, in denen es keine angemessenen Alternativen gibt.

Von Bedeutung erscheinen mir im Hinblick auf Kommunikationssatelliten auch die bereits in den 1970er-Jahren angedachten und nachfolgend realisierten Satellitenkonstellationen. Es gibt Satellitenkonstellationen in niedrigen, mittleren und geostationären Umlaufbahnen sowohl für Kommunikation als auch für Navigation. Besonders ist für jedermann der Nutzen von Konstellationen aus bis zu mehreren Dutzend Satelliten in niedrigen Erdumlaufbahnen für unser tägliches Leben nahezu unverzichtbar. Man glaubt, man braucht zur Routenbestimmung im Straßenverkehr nicht länger wie früher üblich Straßenkarten, sondern kann sich auf Navigationssysteme wie das amerikanische Global Positioning System (GPS) verfassen. Das GPS wurde in den 1970er-Jahren im Auftrag der in diesem Kapitel hinreichend – zum Beispiel im Zusammenhang mit deren Aktivitäten für Stealth-Bomber – erwähnten DARPA für das US-Verteidigungsministerium entwickelt, um höchstpräzise Ortsbestimmungen von militärisch relevanten Objekten zu ermöglichen. Daraus entwickelten sich Jahre später für den zivilen Bereich vielfältige Anwendungen, von denen ich die eine oder andere zumindest skizzieren will, sofern mein Team und ich dazu beitrugen. Zunächst sei herausgestellt, dass die für die ursprünglich militärischen Anwendungen extreme Ortsauflösung für deren zivile Nutzungen schlichtweg etwas ungenauer gemacht wurden, was den militärischen Wert für in Konkurrenz stehende Staaten drastisch limitiert.

Im Jahr 2008 konnte unser französischer Netzwerkpartner berichten, ein Projekt mit einem finanziellen Umfang von drei Millionen Euro initiiert zu haben, in dessen Rahmen erstmals autonome Fahrzeuge durch die Kombination von GPS-Empfängern und primär zur Gewährleistung der

Verkehrssicherheit im Straßenverkehr dienenden Sensoren geleitet werden sollten. Unser Partner vermittelte hierzu einen französischen Hersteller von Klein(st)fahrzeugen, nämlich die Firma Ligier, die zwischen 1976 und 1996 einen Rennstall für die Formel-1 unterhielt. Es wurden 325 Formel-1- Rennen bestritten und neun Siege errungen. Neben ihren Formel-1-Boliden erkor Ligier als zweites Standbein den Bau von Kleinwagen, die über Elektro- oder Verbrennungsmotoren verfügen. Dabei handelte es sich um zweisitzige Leichtfahrzeuge, die teilweise ohne Führerschein beziehungsweise mit einem Mopedführerschein gefahren werden konnten. Mit diesem Nischenprodukt wurde Ligier sehr erfolgreich. Für die Realisierung der Autonomietechnologie stellte unser französischer Netzwerkpartner der Firma Ligier weitere Know-how-Träger auf dem Gebiet der Navigation zur Seite. Einer ihrer deutschen Vertriebspartner erzählte mir, dass dieser Erfolg sicherlich nicht zuletzt in der simplen Erlangung der Fahrerlaubnis beziehungsweise des Verzichts auf diese begründet war. Die Fahrzeuge wären beispielsweise bei französischen Weinbauern sehr beliebt gewesen, da man ohne die Gefahr eines Führerscheinverlustes zu seiner Arbeit in die Weinberge und Weinfelder fahren konnte. Insbesondere musste nicht auf den traditionell nicht immer geringfügigen Weingenuss verzichtet werden. Man kann quasi sagen, dass in diesem Fall die GPS-Anwendung von autonomen Fahrzeugen im Geist des Weines lag.

Nach diesem weinseligen Kommunikationsbeispiel möchte ich noch ein wenig bei der Ortungs- und Navigationstechnik verweilen. Auf diesen Techniken basieren sogenannte Geoinformationssysteme, die für Such- und Rettungs-aktionen ihren Wert demonstriert haben. Eines der im Auftrag meiner Firma für die ESA durchgeführten Demonstrationsvorhaben eines spanischen Anbieters, der sich auf den Einsatz von Suchhunden bei gleichzeitiger Nutzung von GPS-Daten und meteorologischen Sensoren zur Informationsverbesserung über die aktuelle Lage der Katastrophe spezialisiert hatte. Das Motiv zu diesem Befassen war die Erkenntnis, dass es viele Situationen gibt, in denen eine Person plötzlich in einem Zustand gefangen ist, aus dem sie sich nicht mehr selbst ohne die Hilfe von Such- und Rettungsexperten befreien kann. Beispiele derartiger Situationen sind Erdbeben, Bombenexplosionen, Erdrutsche, Lawinen, Fluten oder Gebäudeeinstürze. In all diesen Fällen sollten Such- und Rettungsmannschaften eingesetzt werden, um verschollene Personen aufzufinden. Beim Such- und Bergungsprozess mit Suchhunden ist der Wind ein Schlüsselfaktor, da er dem Hund hilft, große Gebiete schneller und effektiver zu durchsuchen. Selbst bei moderatem Wind umfasst der

Suchbereich des Hundes einige Dutzend Meter. Wenn die Gesamtzahl der Opfer nicht bekannt ist, liegt es in der Verantwortung des Koordinators der Rettungsaktion, zu entscheiden, ob das bislang abgesuchte Gebiet erledigt ist und ob die Suchaktion auf ein neues Gebiet ausgedehnt werden soll oder ob schweres Gerät eingesetzt werden soll, um die Trümmersituation zu klären. In beiden Fällen könnte es jedoch fatale Konsequenzen haben, wenn Überlebende übersehen und hilflos im Suchgebiet belassen würden. Die Entscheidung, zum nächsten Suchgebiet fortzuschreiten, liegt allein beim Koordinator der Suchaktion, ohne ihm technologische Hilfe zukommen zu lassen. Um zu entscheiden, ob gewisse Gebiete als nicht durchgesucht gelten, muss sich der Koordinator an alle Routen erinnern können, die die Suchmannschaften durchkämmt haben, und aus welchen Richtungen und mit welcher Geschwindigkeit der Wind wehte. Dieser Umstand ist ein großes Hemmnis zur erfolgsorientierten Realisierung der Such- und Rettungsaktion. Dies rief die spanische Firma auf den Plan, um dem Rettungskoordinator ein Hilfsmittel an die Hand zu geben, das ihm die Entscheidung erlaubt, ob das Suchgebiet durch die Suchhundmannschaften lückenlos durchsucht wurde. Der zündende Gedanke zur Lösung dieser Aufgabe war ein im spanischen als Osmografo bezeichnetes System, das aus einem GPS-Satellitenempfänger, der dem Suchhund an einem Halsband umgehängt wird, meteorologischen Sensoren, die Windrichtung und Windgeschwindigkeit messen, sowie einer zentralen Überwachungseinheit, die alle Daten im Hinblick auf eine an die operativen Anforderungen der Nutzer angepasste Weise sammelt und verarbeitet, besteht.

Eine andere Anwendung unter Ausnutzung von GPS-Signalen hatten wir ab dem Jahr 2004 in unser zur Vermittlung von Interessenten erstelltes Technologieportfolio aufgenommen. Es handelte sich um den Hochwasser- und Deichschutz, dessen Unzulänglichkeiten gelegentlich fatale Folgen hatten. Bei uns nannte sich das Thema „Kartenbasierte Kooperationsplattform für den mobilen Einsatz". Hinter diesem unspektakulär klingenden Titel verbarg sich sozusagen ein Einsatzplan für durch Hochwasserereignisse hervorgerufene Notfallsituationen. Trotz des schon damaligen Befassens mit der Thematik des Hochwasserschutzes blieb auch danach noch das Katastrophenszenario brandaktuell. Die Kooperationsplattform für das Notfallmanagement benutzt als Kernstück die Kommunikation und Ortsbestimmung zwischen den beteiligten Gruppen per Satellit. Dadurch wird das Konzept des räumlichen Informationsmanagements umgesetzt, bei dem Methoden aus den Bereichen geografische Informationssysteme (GIS) und Groupware-Elemente kombiniert werden, um digitale Dokumente wie Texte, Bilder, Videos, Ton und Messwerte als sogenannte Geonotizen auf einer interaktiven Karte zu positionieren und sie damit berechtigten Dritten in einem durch den Kartenausschnitt definierten Arbeitsbereich zur Verfügung zu stellen. Das System ist als Onlineservice konzipiert, der weltweit die Kooperation von mobilen Einsatzkräften in der betreffenden Region bei ihrem Feldeinsatz unterstützt. Der Datenaustausch zwischen von im Feld eingesetzten PCs und dem Zentralrechner wird durch Satellitenkommunikation gewährleistet. Die direkte Kommunikation zwischen den mobilen Einsatzkräften vor Ort wird mit WLAN-Technologie ermöglicht. Hochwasserkatastrophen erfordern den Einsatz unterschiedlicher Hilfskräfte über einen Zeitraum von einigen Wochen in einem räumlich ausgedehnten Gebiet, wie wir in unserem zur Partnersuche erstellten Dossier ausführten. De facto werden bei der kartenbasierten Kooperationsplattform mobile GIS-Anwendungen um Elemente für räumliche Kooperationen erweitert.

Im Auftrag des Wirtschaftsministeriums des Landes NRW oblag es mir und meiner Firma, die Voraussetzungen zur Gründung eines Industrieverbandes zur Satellitennavigation zu schaffen. Hierzu befassten wir uns mit den Vorbereitungen zur Gründung eines Vereins, der die gemeinschaftliche Durchführung von Aktivitäten auf diesem Gebiet zum Ziel hatte. Eines der Motive war die Absicht des Aufbaus eines europäischen Satellitennavigationssystems mit dem Namen Galileo, ganz ähnlich dem amerikanischen GPS, doch gänzlich autark hinsichtlich der Datennutzung, also unabhängig vom amerikanischen Goodwill zur Datenbereitstellung. Technisch ist Galileo ganz ähnlich dem GPS, aber eben doch in europäischer Regie. Galileo besteht aus einer Konstellation von 30 Satelliten, die die Erde in einer Höhe von gut 23.000 Kilometern umkreisen. Mit dem Beschluss der Realisierung von Galileo wurde eine Alternative zum GPS ins Auge gefasst, zusätzlich zum russischen System GEONASS und dem chinesischen System namens Beidou. Auftragsgemäß fokussierte mein Team sich auf mögliche Betätigungen deutscher, vorzugsweise nordrhein-westfälischer Firmen und Fachleute im Bereich Satellitennavigation und darauf basierenden Lösungen. Dabei sollte die Unterstützung bei kommerziellen Anwendungen und Diensten auf der Basis von GPS, GEONASS und dem neuen Galileo-System im Vordergrund unserer Aktivitäten zur Bündelung und Förderung der Kompetenzen der Mitglieder des Anwenderverbundes stehen. Durch unsere Tätigkeiten im transnationalen Technologietransfer waren wir mit einer Vielzahl von realisierten und potenziellen Anwendungen der Satellitennavigation vertraut.

Da wir oftmals bei einem unserer Hauptkunden, der ingenieurwissenschaftlichen Einrichtung der ESA, im Südwesten der Niederlande dienstlich tätig waren, war uns die Thematik Hochwasser- und Deichschutz zu einem gewissen Grad vertraut. Fast die Hälfte der Fläche der Niederlande liegt nun mal unter dem Meeresspiegel, was bei den Niederländern ein Höchstmaß an Kreativität zur bestmöglichen Vermeidung von Überflutungsschäden weckt.

Wir befanden uns aus den genannten Gründen in diesem Zusammenhang mit einer italienischen Firma in Kontakt, die sich mit der Modellierung von Erdoberflächen befasste und kommerzielle Dienste auf Basis von Radarsatellitenaufnahmen zur Bestimmung von Oberflächenveränderungen, wie sie zum Beispiel auch durch Bewegungen von Wasseroberflächen erzeugt werden, befasste. Die hierzu erforderliche Sammlung von Daten und Signalen kann durch Radarsatelliten durchgeführt werden, denen ähnlich zu Radarkontrollen im Straßenverkehr nichts entgeht, hier allerdings zu jedermanns Erbauung und nicht für die Erteilung von Strafmandaten. Das Zauberwort nennt sich Radarinterferometrie und bedeutet schlicht und ergreifend, dass die Erdoberfläche aus dem Weltraum unter strengster Beobachtung steht.

Es war unser belgischer Netzwerkpartner, der federführend ein Konsortium zusammenführte, das neben dem schon erwähnten italienischen Partner, der das Know-how über Radarsatelliten einbrachte, auch Partner auf der Anwenderseite ins Team einschloss. Damit entstand ein Anwenderverbund, der sich primär als Unterstützer von Hilfsorganisationen für humanitäre Katastrophenfälle verstand. Hervorheben möchte ich dabei die rund 300 Mitglieder umfassende belgische Sektion des 1971 ins Leben gerufenen internationalen Vereins Ärzte ohne Grenzen, dem 1999 der Friedensnobelpreis verliehen wurde. Sie wie auch die anderen Nichtregierungsorganisationen leisten Hilfseinsätze beispielsweise im besagten Hochwasser- und Deichschutz und bei anderen Katastrophenereignissen wie Erdrutschen, Vulkanausbrüchen, Gebäudeeinstürzen oder Geländeabsenkungen. Mir gefiel an diesem Transfer ganz außerordentlich der Umstand, dass es mal nicht in erster Linie um ökonomische Vorteilsnahmen ging, sondern um humanitäre Hilfen, deren Aufrechnung in monetäre Äquivalente sich Gott sei Dank aus moralischen und ethischen Gründen verbietet.

Das erste Befassen mit Radarinterferometern erfolgte bereits in den 1980er-Jahren, zu dieser Zeit mit allerdings noch deutlich unterschätztem Einsatzpotenzial. Deshalb dauerte es eine geraume Zeit, bis diese Technologie zu einem Standardwerkzeug zum Studium von geologischen Senken und anderen geologischen Prozessen wurde. Gleichwohl der Einsatz von Radarsatelliten für militärische Zwecke schon lange Usus war, verging eine beträchtliche Zeit, bis ein zivil beabsichtigter Einsatz zur Überwachung von Oberflächenveränderungen im großen Maßstab durchgeführt wurde. Seit Mitte der ersten Dekade des zweiten Jahrtausends war es dann endlich so weit, dass im zivilen Bereich verstärkt die beschriebene Radartechnik zum Einsatz kam. Also für die Betroffenen doch ein Segen und nicht wie im Straßenverkehr manchmal ein Übel.

Mitte der ersten Dekade des 21. Jahrhunderts war der Fitnessbereich ein nach wie vor aufstrebender Markt. Produkte, die eine wie auch immer geartete Abstammung von Raumfahrttechnologien dokumentieren konnten, hatten einen dementsprechenden Marketingbonus. Meine Firma war gegen Ende der genannten Dekade als Technologiebroker mit genau solch einer Produktentwicklung befasst. Dabei handelte es sich um ein Derivat aus dem Bereich Missionskontrolle von Raumfahrtsystemen. Das Derivat war eine Pulsüberwachung des Herzschlags, wobei das Pulssignal auf einen Ohrhörer des Benutzers übertragen wurde. Im Folgezeitraum verbreiteten sich derartige Geräte fast explosionsartig, unser frühes Befassen mit der Thematik war demzufolge wegbereitend. Das Ganze ging von der Idee aus, dass jemand, der sich sportlich betätigt, in Form von Jogging, Radfahren oder Skilanglauf, sich dabei auch gern mit Musik berieseln lässt. Dabei wird der Herzschlag überwacht, seine Leistungsfähigkeit bestimmt und die Effizienz des Trainings kontrolliert. Außerdem wird vermieden, dass der Betreffende sich unwohl fühlt, wie es bei der Benutzung von Brustgurten gelegentlich der Fall ist. Die Grundidee für die Fitnessüberwachung entstammte einem Raumfahrtprojekt der ESA zur Überwachung im Sinne einer medizinischen Langzeiterfassung physiologischer Parameter von Astronauten bei Weltraummissionen. Das System der genannten Langzeiterfassung macht es dem Anwender möglich, nichtinvasiv eine große Anzahl von physiologischen Parametern während der täglichen Aktivitäten zu erfassen, zu analysieren und zu archivieren. Diese Parameter beinhalten kardiovaskuläre Signale wie den Sauerstoffgehalt des Blutes.

Ein seit Jahren mit uns kooperierendes privates Schweizer Institut für industrielle Forschung und Entwicklung, das sich einen Namen in der Uhrenherstellung und Mikrostrukturtechnik erworben hatte, zog uns bei dem angesprochenen Projekt gutachterlich hinzu. Der Pfiff des angestrebten

Produktes sollte trotz seiner technologischen Komplexität seine simple Handhabung und Nutzerfreundlichkeit durch die Darstellung der Messergebnisse auf einem Smartphone für den Fitnessbereich sein. Das von dem Institut entwickelte Fitnessmessgerät funktioniert auf Basis der Analyse der Pulsvolumenkurve, die wir schon in Kapitel 7 besprachen. Erste kabellose Herzfrequenzmessgeräte wurden 1983 auf den Markt gebracht. Das schweizerische Gerät analysiert über einen optischen Sensor in Form eines Photoplethysmographen, wie in Kapitel 7 ausgeführt, die Pulsvolumenkurve. Ein solches Verfahren wurde in den 1990er-Jahren beschrieben. Anfang der zweiten Dekade des dritten Jahrtausends befanden sich schon einige Pulsuhr-systeme auf dem Markt. Die Novität des schweizerischen Smartphones enthält zusätzlich die besprochenen Funktionalitäten. Besonders hervorzuheben ist der Tragekomfort des winzigen, in einen handelsüblichen Ohrhörer inte-grierten Gerätes, das oben genannte Hemmnisse bisheriger weniger kom-fortabler Systeme wie zum Beispiel eines Brustgurts ohne Einbußen der Funktionalität vermeidet. Mit dem 2010 vorgestellten Smartphone zielte man natürlich auf Anwender, die während ihrer sportlichen Betätigung gern Musik hören. Eine diesbezügliche App wurde realisiert und wandte sich an potenzielle Nutzer, die mobile Geräte benutzen, um zum Beispiel Musik zu hören oder ihre Leistung zu messen. Gemäß einer 2016 publizierten Erhebung des deutschen BITKOM-Verbandes trifft das auf jeden zweiten sportlich aktiven Deutschen zu. Die von uns betreute Gerätedemonstration schloss beides ein.

Für all diejenigen, die sich am Kabelsalat im Wohnzimmer, mit dem die einzelnen Komponenten der Audio-TV-Anlage miteinander verbunden sind, stören, war das Aufkommen kabelloser Komponenten und ihrer Anschlüsse ein Segen. Das geradezu fast ungehemmte Aufkommen von Mobiltelefonen revolutionierte die Kommunikation zwischen den Menschen. Plötzlich hatte man kabellose Telefone, mit denen man viele neue Leistungsmerkmale wie Internet und elektronische Nachrichtenübermittlung nutzen und überdies, quasi als zusätzliche Eigenschaft, auch noch telefonieren konnte. Die Möglichkeiten der mobilen Kommunikation erschienen unbegrenzt. In den 1990er-Jahren war man bereits der Meinung, dass man für solche Kommuni-kationsmöglichkeiten einen Standard haben sollte. In diesem Zusammenhang taten sich skandinavische Firmen besonders hervor, was sich in der Würdigung des dänischen Wikingerkönigs Harald Blauzahn, der sich im 10. Jahrhundert durch seine Kommunikationsfähigkeit zur Beilegung von kriegerischen Auseinandersetzungen einen Namen gemacht hat, widerspiegelt. Der nach König Blauzahn benannte Bluetooth-Standard eroberte schnell die Welt der kabellosen Kommunikation durch seine Implementierung in elektronischen Geräten. Drahtlose Bluetooth-Kommunikationssysteme wurden in viele Produkte eingebettet und machten sie dadurch „intelligent". Als Intelligenz im strengen Sinne war das allerdings nur mit viel Wohlwollen zu bezeichnen, wenn überhaupt. Das ging so weit, dass man Kleidungsstücke mit Funktionen ausstatte, was den Begriff Smart Clothes prägte, womit elektronische Elemente beinhaltende Textilien gemeint waren, die sich von passiver Funktionskleidung aufgrund des Fehlens einer eigenen Energieversorgung unterscheiden.

Wir befassten uns Anfang des Jahres 2003 in diesem Zusammenhang wieder einmal zu Demonstrationszwecken mit sogenannter intelligenter Kleidung, die aus Textilien mit aktiver Temperaturkontrolle, die über die Wandlung von Sonnenenergie per Solarzellen mit Strom versorgt wurde. Hierdurch wurden beispielsweise Westen mit autonomer aktiver thermischer Kontrolle hergestellt. Bei der Projektleitung war es uns wichtig, dass die Entwickler so viele Funktionen wie damals möglich einbauten. Dies betraf Anwendungen unter extremen Bedingungen, wie sie in außergewöhnlich heißen oder kalten Umgebungen auftreten. Die in der Weste gespeicherte Solarenergie kann ihrerseits dazu genutzt werden, um kleine elektronische Geräte wie Mobiltelefone oder MP3-Player mit Strom zu versorgen. Außerdem benutzte man spezielle Eigenschaften von spezifischen Textilien, bei denen man Spektralbereiche außerhalb des Sonnenspektrums für Stoffe realisierte, in der Kleidung von Feuerwehrleuten.

Strichcodes waren anfänglich einmal Hilfswerkzeuge zur Rationalisierung der Lagerhaltung im Handel. Sie waren die Wegbereiter einer nicht mehr wegzudenkenden Klasse von sogenannten RFID-Etiketten. Der Begriff RFID (Radio-Frequency Identification) meint die elektronische Identifikation von Objekten unter Einsatz elektromagnetischer Strahlung. Erste RFID-Anwendungen wurden schon in den 40er-Jahren für militärische Zwecke eingesetzt, ihr kommerzieller Einsatz begann in den 1970er-Jahren, und zwar im Bereich der besagten Lagerhaltung. Damit begann der Siegeszug der drahtlosen Übertragungssysteme per Funk für eine fortlaufend zunehmende Anzahl von Messgrößen verschiedenster Sensoren. Relevante Daten werden dabei auf einem Mikrochip, der mit einer Antenne verbunden ist, gespeichert und stehen für die gewünschte Weiterverarbeitung zur Verfügung. Dem Markt für RFID-Produkte prognostizierte man schnell ein schwindelerregendes Wachstum, insbesondere in sicherheitsrelevanten Bereichen. Es setzten sich

Klebeetiketten mit integrierten RFID-Transpondern durch, in Kurzform auch als TAG bezeichnet. Der Begriff Transponder wurde ursprünglich für die Sende- und Empfangseinrichtungen von Kommunikationssatelliten verwendet. Ganz ähnlich meint der Begriff für die RFID-Technik eine entsprechende miniaturisierte Elektronik mit zugehöriger Antenne., das heißt, die RFID-Tags sind kleine Transponder, die die RFID-Markierungen als gespeicherte Daten enthalten und diese per Funk an RFID-Lesegeräte übertragen.

Genug fürs Erste mit der Fachsimpelei zu dieser Thematik, die auch das Interesse von Behörden und Ministerien geweckt hat, die zu unseren Kunden zählten. Um Informationen an öffentliche und privatwirtschaftlich organisierte potenzielle Interessenten zu vermitteln, setzen wir unser erprobtes Vehikel der Kooperationsforen ein. Dadurch war eine breite und gleichzeitig zielgerichtete Diffusion von grundlegendem und auch speziellem Wissen möglich. Seit 2005 boten wir derartige Informationsveranstaltungen zur Vermittlung von Kooperationen zu neuen Technologien im RFID-Sektor an. Für Laien, für die sich das zunächst wie Kauderwelsch anhörte, wurde so ein bisschen Licht ins Dunkel gebracht. Unsere Absicht war es, in Anlehnung an einen Vortrag des Geschäftsführers eines RFID-Produzenten Kompliziertes einfacher (verständlich) zu machen. RFID-Technologie war keine bloße Weiterentwicklung des vor allem im Handel stark verbreiteten Einsatzes von Strichcodes, sondern führte zur Erschließung von auf Funktechnologien basierenden Anwendungen.

Eine dieser Anwendungen hat meiner Gattin und mir als häufige Frankreich-urlauber die Reisen über Autobahnen sehr komfortabel gestaltet. In Frankreich wird der Betrieb von Autobahnen von kommerziellen Einrichtungen und Firmen durchgeführt. Damit die Straßen möglichst gut in Schuss sind und bleiben, führte man schon vor vielen Jahren Kostenpflicht ein. Man zog bei der Auffahrt ein Ticket, das man bei Verlassen der Autobahn bei der entsprechenden Mautstelle bezahlen musste. Diese waren mit Personal der Autobahngesellschaft besetzt, die das Geld für die zurückgelegte Strecke einnahm. Dies dauerte natürlich jeweils eine gewisse Zeit. Es war dann für uns Segen, als man mal wieder in den Genuss einer französischen Innovation kam, die es ermöglichte, einerseits bargeldlos eine Autobahnstrecke zu befahren und zusätzlich die Autoschlangen vor den mit Bargeld zu passierenden Ausfahrtstellen weitestgehend zu vermeiden, indem man mit RFID eingerichtete Spuren für die Ausfahrt benutzte, soweit man im eigenen Fahrzeug die erforderliche RFID-Vorrichtung zur Erfassung der Maut hatte. Dabei handelt es sich um einen elektronischen Empfänger in Form einer Folie, die an der Innenseite der Frontscheibe angebracht wird. Er stellt über eine hochfrequente Funkverbindung, wie sie auch bei der Mobiltelefonie und TV-Übertragungen benutzt wird, einen Kontakt zwischen dem in der Mautfolie enthaltenen Chip und dem Kundenkonto her, das mit den Mautgebühren belastet wird.

Ähnlich zum Chip für die Mauterfassung wurde seit Ende 2010 auch im neuen Personalausweis im Scheckkartenformat ein Chip integriert, der nicht mehr nur ein Sichtausweis ist, sondern über die jeweilige Person eine ganze Reihe von Informationen bereitstellt, ob man das mag oder nicht. Weitere Einsatzbereiche für die der Identifikation dienenden Chips erschlossen sich in Windeseile. Hier möchte ich nur auf solche eingehen, bei denen ich mit meinem Team nachweislich zu ihrem Gelingen beziehungsweise zu ihrer Wissensverbreitung beitrug. Wir hatten bei einer unserer Kooperations-veranstaltungen einen Sprecher über den Einsatz von Ultraschall, wie ihn viele von uns aus dem medizinischen Bereich zur bildlichen Darstellung innerer Organe oder von säuberungstechnischen Anwendungen wie etwa für optische Gläser und Brillen oder zum „Waschen" von Schallplatten kennen. Es handelte sich um einen Vortrag des Leiters des Instituts für Physik der Universität Leipzig, für die wir die Verwertung der Forschungsergebnisse übernahmen. Messungen und Diagnosen auf Ultraschallbasis waren eines der Steckenpferde der Leipziger Physiker. Sie waren ausgewählt worden, um Experimente auf der Internationalen Raumstation ISS durchführen zu lassen.

Die Raumfahrtwelt war daran interessiert, den Erstarrungsprozess von Materialschmelzen im Weltraum bei Schwerelosigkeit zu studieren, um daraus Erkenntnisse für irdische Materialentwicklungen zu erlangen. Es war die von den Leipzigern angewandte Ultraschalltechnik, die den Schlüssel für eine Reihe industrieller Innovationen bereitstellte, die auch den RFID-Sektor bereicherte, wie in den nachfolgenden Ausführungen beschrieben. Bei der Herstellung von metallischen Materialien ist deren Erstarrung aus der Schmelze ein üblicher Verfahrensprozess. Genau derartige Vorgänge wurden auf der ISS mithilfe von Schmelzöfen durchgeführt und der Prozess der Erstarrung während der Abkühlungsphase beobachtet.

Die beiden Geschäftsführer einer an unserer Veranstaltung teilnehmenden Firma wurden durch die erlebte Präsentation über die Potenziale der Ultraschalltechnik und deren Anwendungen für ihre Produkte, die sich mit der Bestimmung von Vorspannkräften in Schraubverbindungen beschäftigten, inspiriert. Sie sahen Lösungsmöglichkeiten für eine exakte Bestimmung der

Kräfte, mit denen die Schrauben angezogen wurden, was bis dato nur durch Drehmomentschlüssel mehr gefühlsmäßig möglich war und demzufolge gelegentlich die gewünschte Präzision vermissen ließ. Die Möglichkeit der exakten Feststellung von Vorspannkräften über Ultraschallsensoren war der entscheidende Lichtblitz, die der Vortragende der Uni Leipzig und die beiden Geschäftsleute zur Kooperation veranlasste, die Vorspannkraft in Schraubverbindungen zu bestimmen. Die Festigkeit der Schraubverbindung wird vermittels eines piezoelektrischen Films zur Erzeugung von Ultraschallanregungen ermittelt, was die Festigkeitsprüfung der Schraubverbindung ermöglicht. Der gewünschten Erzielung höchstmöglicher Genauigkeit angemessen bilden die Schrauben und die Beschichtung eine Einheit, wobei der auf die Schrauben aufgebrachte Film mit den Schrauben selbst quasi eine Einheit bildet. Der Film dient als Träger des ausgesendeten Ultraschallsignals, das am Schraubenkopf beginnend am Schraubende reflektiert wird und dann wieder bis zum Schraubenkopf läuft. Freundlicherweise ist die Signallaufzeit des beschriebenen Weges direkt proportional der zu bestimmenden Vorspannkraft. Das System erlaubt hochpräzise Informationen über die Qualität von Schraubverbindungen sowohl während der Montage als auch die Ferninspektion von Schraubverbindungen in sicherheitsrelevanten Situationen. Hauptanwendungen finden sich im Automobilbau, der Bahntechnik, im Maschinen- und Anlagenbau, in der chemischen Industrie und der Luft- und Raumfahrt. Durch unsere Transferaktivitäten konnten mehrere Automobil- und Motorenhersteller ihre Produkte signifikant in puncto Zuverlässigkeit und Sicherheit aufwerten. Den Firmen wurden die Messergebnisse nicht nur kommuniziert, sondern auch für deren Dokumentation für weitergehende Entwicklungstätigkeiten zur Verfügung gestellt.

Kommunikationsfreude ist im Bereich technologischer Innovationen oftmals ein zweischneidiges Schwert. Es ist stets eine Gratwanderung zwischen einerseits öffentlich wirksamem Marketing und andererseits gebotener Geheimhaltung zum Produktschutz. Allein für Promotionszwecke von einer Pariser Werbeagentur ausgetüftelt finanzierte die Europäische Weltraumorganisation ESA unserem Netzwerk eine limitierte Edition von 3.000 Exemplaren der sogenannten „RemySpace"-Cognacflaschen. Diese von der von uns engagierten Werbeagentur designten Ampullen waren mit Cognac des Herstellers Remy Martin abgefüllt und wurden mit Slogans wie „von der ESA als raumfahrttauglich zertifizierte PVC-Ampullen, deren Cognac mit der gleichen Raumfahrttechnologie gefiltert wurde, mit der das Wasser auf der

Raumstation aufbereitet wurde" angepriesen. Eine der 2001 für unser Netzwerk produzierten RemySpace-Ampullen wurde noch im Juli 2016 auf ebay ersteigert. Die meisten unserer Ampullen hatten wir mit unseren Netzwerkpartnern bei Entscheidungsträgern in Industrie und Behörden verteilt.

Nach der Devise, sowohl zum Nutzen von Konsumenten und Industrie neue Technologien zu generieren als auch mit Erfolgsgeschichten die breite Öffentlichkeit zu unterrichten, standen uns versierte Journalisten zur Seite. Erfolgsgeschichten kreierten wir als Folge unsere bidirektionalen Vorgehensweise des Angebotes von Technologien durch sowohl breitgestreute, aber gleichzeitig zielgerichtete Vermarktungswerkzeuge wie Technologiekataloge, Internetpräsentationen, Workshops und Presseinformationen und komplementär hierzu die Identifikation von Bedarf von Suchenden zum Auffinden von Lösungen. Wir verschafften uns regelmäßig aktuelle Überblicke darüber, in welchen Bereichen welcher Bedarf vorlag. Diese Übersichten erstellten wir anhand von Befragungen von mehr als 160.000 Ansprechpartnern, deren Kontaktinformationen in einer eigens hierzu von uns aufgebauten Datenbank enthalten waren. Hierdurch wussten wir, dass mehr als 60 Prozent deutscher technologieorientierter Unternehmen Bedarf im Materialsektor hatten. Ebenfalls mehr als 60 Prozent der Firmen gaben in unseren Umfragen an, dass sie Lösungsbedarf auf den Gebieten Sensor- und Messtechnik hatten. Unsere Transferaktivitäten hinsichtlich der Technologieangebote und der Lösungsgesuche für die technologischen Markbedarfe resultierten im Kreieren von Innovationsprojekten zwischen den betreffenden Unternehmen. Besonders empfänglich für von uns aufgezeigte Innovationspotenziale erwiesen sich vornehmlich der Transportsektor mit dem Schwerpunkt Automobil, die Medizin und der Gesundheitssektor, gefolgt vom Maschinenbau und der Energietechnik. Einer meiner Vorzeigetransfers sind dabei natürlich die bei Kfz-Händlern erhältlichen, bereits beschriebenen Keramikbremsscheiben.

Produkte des täglichen Lebens hatten wir, wie wir in einigen Fällen bereits gesehen haben, durch die Durchführung von auf Raumfahrtechnik basierenden Demonstrationsprojekten auch im Auge, um deren Alltagstauglichkeit nachzuweisen. Während einer meiner USA-Reisen Anfang der 1990er-Jahre kam ich mit dem Thema virtuelle Realität (VR) in Kontakt. Hinsichtlich dieser zu dieser Zeit in Deutschland noch relativ unbekannten Technologie kamen wir auf die Idee, ein Projekt zum Einsatz von VR für Teleroboter in der bemannten Raumfahrt zur Durchführung eines Vorhabens im Bereich Kommunikation zwischen der Erde und der Raumstation ISS für einen von uns wenige Jahre zuvor mit Unterstützung des Wirtschaftsministeriums des Landes NRW gegründeten Verein von an Luft- und Raumfahrt interessierten Unternehmen zu starten. Das Thema VR lief mir zwei Jahrzehnte später wieder über den Weg, und zwar jetzt just für einen unserer Wettbewerbe zu Demonstrationsvorhaben. Auch in diesem Fall stand die Raumfahrt Pate, denn es wurden aus Kontrollalgorithmen zur Steuerung von Satelliten nach Adaptionsverfahren Computeranimationen erzeugt. In diesem Zusammenhang hatten wir einen englischen Anbieter im Rahmen einer Ausschreibung zur Vergabe von Demonstrationsprojekten ausgewählt, um diese Animationen zu entwickeln und vorzuführen. Auf unsere Ausschreibung hin hatten sich über 40 europäische Firmen zu unterschiedlichsten Themen beworben. Die Angebote wurden nach Kriterien wie der Eignung für einen Technologietransfer, Attraktivität des Zielmarktes, Neuigkeit, Know-how-Schutz und Aussichten auf einen erfolgreichen Projektabschluss über ein Punkteschema bewertet. Dies führte zur Auswahl der zehn höchstbewerteten Projektvorschläge, die eine finanzielle Unterstützung erhalten sollten. Als einer der Gewinner der Preise wurde ein Vorhaben einer englischen Firma aus dem Bereich Kommunikation, Information und Medientechnik ausgewählt. Die aktuellen Ergebnisse der Arbeiten der von uns ausgewählten Firma konnten unter der Firmendomain eingesehen werden. Personen wurden als eine Art Skelett mit beweglichen Gliedern abstrahiert. Man kann sich das etwa wie sich bewegende Strichmännchen beziehungsweise wie miteinander über Gelenke verbundene Stäbe vorstellen. Derartige Stabstrukturen bildeten das Skelett von sich bewegenden oder bewegbaren Figuren. Die hierzu programmierten Algorithmen waren natürlich das Geheimnis des englischen Projektpartners, dessen Resultate auf seiner Homepage beispielhaft demonstriert wurden. Als Besonderheit stellten die Engländer auf diese Weise das Thema Fortbewegung in den Vordergrund ihrer Arbeiten.

Obwohl zweifüßige Gangarten der Fortbewegung schon länger ihr Interesse in der Robotertechnik gefunden hatten, stellte die zweibeinige Fortbewegung wegen ihrer Komplexität eine neue zu lösende Herausforderung dar. Der Hauptgrund hierfür liegt in dem Zusammenwirken der miteinander in Wechselwirkung stehenden Mehrkörpersysteme. Zweifüßige Bewegungssynthesen und Kontrollmechanismen haben das Interesse einer Vielzahl von Wissenschaftlern in verschiedenen Wissenschaftsgebieten geweckt. Diese Gebiete beinhalten zum Beispiel die Rehabilitationsmedizin, in der Studien der zweifüßigen Fortbewegung den Forschern helfen, die menschlichen

Bewegungsfähigkeiten in der Rehabilitation und für therapeutische Zwecke zu analysieren. In der Biomechanik ist die mechanische Analyse und motorische Kontrolle der zweibeinigen Bewegung relevant. Zudem ist die Roboterforschung hinsichtlich Studien zu Design und Entwicklung zweibeiniger, menschenähnlicher Roboter und ihrer Kontrolle auf sie angewiesen.

Die Herkunft aller Arbeiten der englischen Firma geht wie bereits gesagt auf Software zurück, die typischerweise für Satelliten zur Kontrolle und Bewahrung ihrer Position und Ausrichtung während der Durchführung von Satellitenbahnmanövern und der Aufrechterhaltung der erreichten Bahnparameter benötigt wird. Es waren die Ingenieure des Raumfahrtzentrums im englischen Surrey, die erkannten, dass die genannten Aspekte der Satellitenkontrolle auch von Bedeutung für andere ingenieurtechnische Gebiete sei könnten, darunter auch die skizzierten Computeranimationen. Um die in der Raumfahrt entwickelten Algorithmen nebst zugehörigen Techniken für Nichtraumfahrtanwendungen zu adaptieren und zu kommerzialisieren, wurde eine Spin-off-Firma gegründet, um das Know-how der Raumfahrt in den Bereich der Computeranimation zu übertragen. Der Kern der Unternehmung war die Nutzung der Algorithmen der Kontrollsysteme, da der Kern der Verfahren professionelle Computeranimateure hinsichtlich Computerspielen und Filmen in die Lage versetzte, Animationseffekte und Sequenzen in schnelleren Abfolgen und realitätsnäher zu entwickeln. Die entwickelten Softwareverfahren waren äußerst anspruchsvoll und lieferten den Nutzern beachtliche Kontrollmöglichkeiten wie beispielsweise Artikulation und Bewegung für realistische Echtzeitanimationen. Derartige Werkzeuge erforderten normalerweise eine beträchtliche Expertise und erhebliche Investitionen für Trainingsmaßnahmen, um ihr volles Potenzial auszuschöpfen. Die englische Firma hatte bereits ihre Werkzeuge an mehrere führende Entwickler von Computeranimationen verkauft. Die Kundenliste enthielt zum Beispiel 20th Century Fox und mehrere kleinere und größere Studios und Akademien. Ein weiteres neuartiges Produkt als Folge unseres 2012 an sie vergebenen und durchgeführten Demonstrationsprojektes mündete in einer Reduktion der Komplexität und damit in einer Reduktion der benötigten Rechenleistung.

Ein anderes Projekt hatte unsere Aufmerksamkeit wegen seiner offenbar ungewöhnlich herausfordernden Aufgabenstellung auf sich gezogen, nämlich die Nutzung von Techniken von Erdbeobachtungssatelliten für die Durchführung von Aufgaben in der Tiefsee. Einer meiner Mitarbeiter hatte sich bei uns auf die Suche nach Lösungen für uns mitgeteilte Technologiebedarfe spezialisiert. Ähnlich wie bei den rauen Umweltbedingungen im Weltraum liegen auch in der Tiefsee nicht gerade freundliche Bedingungen vor. Die Pipeline-Industrie hatte ein Programm zur Überwachung der Unversehrtheit von Pipelines ins Leben gerufen. Man entschied sich, mit Daten von Erdbeobachtungssatelliten Frühdiagnosen über Schäden an Pipelines zu stellen, um Undichtigkeiten im Boden verlegter Rohleitungen zu erkennen. Es stellte sich heraus, dass die Überwachung Tausender Kilometer von Pipelines durch leistungsfähige Bildverarbeitungsalgorithmen und die Nutzung von Software zur Speicherung, zum Sortieren, zur Verarbeitung und zum Vergleich großer Mengen an Erdbeobachtungsdaten möglich war. Es wurde nach umfangreicher Vorbereitung ein Programm unter kanadischer Projektführerschaft zur Überwachung der Unversehrtheit von Pipelines durch Verwendung von Erdbeobachtungssatelliten durch amerikanische und kanadische Firmen und Organisationen initiiert. Wir hatten die Ehre, als Konsortialführer unseres Netzwerkes europäischer und kanadische Firmen in diese herausfordernde Thematik einbezogen zu werden.

Eines der Programme betraf die Feststellung von Bodenveränderungen in der Tiefsee vom Weltall aus. Die im Weltraum befindlichen Messinstrumente sollten vorhandene Radarsatelliten (SAR) sein. Entscheidend war dabei die Zusammenarbeit der Öl- und Gaspipelineindustrie mit Raumfahrtvertretern aus dem Bereich der Fernerkundung. Besondere Bedeutung kam dabei den Akteuren zu, die in der Lage waren, aus den reflektierten Radarsignalen Aussagen über den technischen Zustand der in der Tiefsee befindlichen Pipelines zu treffen. Man kann sich das alles so vorstellen, als würde man aus dem Weltraum heraus vor Ort an den Pipelines Messergebnisse erfassen. Gleichwohl beträchtliche Distanzen zwischen den Radarsatelliten und den Unterwassermessorten von Hunderten von Kilometern vorliegen, erlaubt die SAR-Technologie den Interessenten die Kommunikation von Informationen, als seien diese direkt an den Orten der Pipelines gemessen worden. Durch die Zusammenführung der Pipelineindustrie mit einem auf digitale Bildverarbeitung spezialisierten österreichischen Institut wurde ein Projekt zur Erkennung von Bodenbewegungen mithilfe von Radarsatelliten durchgeführt, um insbesondere aus den reflektierten Radarwellen Rückschlüsse auf den Zustand der Pipelines zu ziehen. Der Radarsatellit als seinerseits aufwendiges und teures Instrument erlaubt die ansonsten selbst unter immensem Kostenaufwand kaum mögliche Vor-Ort-Kontrolle der Pipelines. Die ausgesendeten und von den Pipelines reflektierten Radarsignale sind durch die angewendeten Computerprogramme wie die des Projektpartners aus Österreich sozusagen die Feststellung der an den Pipelines vorliegenden Messergebnisse, ohne dass man sich in die Tiefen des Meeres begeben muss. Mit der angewendeten SAR-Technologie werden den Experten Informationen kommuniziert, als hätten sie diese direkt vor Ort gewonnen. Ist ein Schaden an einer Pipeline entdeckt, so wird das beschädigte Stück der Pipeline durch über Funk ferngesteuerte Abschaltventile außer Betrieb gesetzt, sodass der Schaden über ferngesteuerte Roboter behoben werden kann.

Der gleiche Projektführer, der die Pipelineüberwachung geleitet hatte, führte ein weiteres Konsortium zum Aufspüren von Eisbergen. Diese können sowohl für den Schiffsverkehr als auch für den Betrieb von Bohrinseln eine große Gefahr darstellen. Um Eisberge in Gefahrenzonen unschädlich zu machen, nahm man sie kurzerhand an die Leine aus Stahl, sofern sie zur Leinenbefestigung groß genug waren. Für kleinere Eisberge ersann man zum Einfangen ein Stahlnetz, wie uns bei einem unserer Projekttreffen seitens des kanadischen Projektführers eindrucksvoll in seiner Präsentation demonstriert wurde. Durch solche Maßnahmen sollte ein Unglück wie der Untergang der als unsinkbar geltenden Titanic im April 1912 vermieden werden. Dem war bekanntlich nicht so und so war das Befassen mit der Eisbergproblematik fast 100 Jahre später immer noch von höchster Brisanz. Es gelang uns, in der Verbindung unseres Technologietransfernetzwerkes mit den kanadischen Hauptakteuren wie dem besagten Projektführer der Pipelineüberwachung in der Identifikation von Eisbergen entsprechende Innovationen in die Wege zu leiten. Diese betrafen vornehmlich die zur Fernerkundung der in Zusammenarbeit mit mehreren europäischen Partnern die von dem bereits erwähnten österreichischen Institut entwickelte Software für die Fernerkundung und ein Gerät für die Analyse der Beschaffenheit von Böden durch Radarstrahlen zu entwickeln, die an die Kanadier transferiert wurden.

Mit dem unter der Bezeichnung „Vibrationsgenerator für seismische Messungen" firmierenden System wurde auf die Verhinderung von Minenunglücken im Bergbau abgezielt. Wie die meisten von uns wissen, ist die Radartechnik nicht aus unserem Leben wegzudenken. Ursprünglich diente sie der Ortung von Flugzeugen und Schiffen, sowohl für zivile als auch für militärische Zwecke. Gelegentlich wird Radartechnik für den einen oder anderen von uns zum Ärgernis, immer dann nämlich, wenn wir im Straßenverkehr in Sachen Tempolimit oder Sicherheitsabstand versuchen, fünf gerade sein zu lassen. Gott sei Dank hat die Radartechnik viele gute Seiten wie ihren Einsatz zur Durchführung von seismischen Messungen. Hierdurch wird das

Personal in Minen in die Lage versetzt, in die Minenfelsen hineinzublicken. Dies lässt Risse in den Felsen feststellen und zeigt Notwendigkeiten zu Gegenmaßnahmen im Sinne von Oberflächenverstärkungen an, um die Unversehrtheit der Wände und Dächer wiederherzustellen und zu bewahren sowie alle losen Materialen zu sichern, die entstehen können. All diese Maßnahmen werden grundsätzlich vor Beginn der Bergbaumaßnahme durchgeführt, können jedoch aufgrund starker Beanspruchung wiederholt durchgeführt werden müssen.

Unglücklicherweise können in Bereichen, in denen der Fels sehr hart ist, feine Risse entstehen, wodurch Zusammenbrüche passieren und ein Phänomen, das man als Gebirgsschlag bezeichnet. Normalerweise muss sich das Bergbaupersonal auf seine Erfahrung und Intuition verlassen, um zu erkennen, was sich womöglich hinter einer Felsoberfläche verbirgt. Das bedeutet, dass eine objektive Methode zur Beurteilung der Fels- und Bodengegebenheiten und der Zuverlässigkeit der getroffenen Beurteilung hinsichtlich des Untergrundes sehr hilfreich wäre. Genau an dieser Stelle setzte die Entwicklung einer Schweizer Firma an, die die Bedarfsanforderung der kanadischen Partner zur Lösung führte. Als Nebenprodukt einer ursprünglich geplanten Mondmission wurde im Schulterschluss der schweizerischen Firma mit dem kanadischen Bedarfsträger ein Gerät entwickelt, dessen von ihm ausgesendete Radarstrahlen in den Erdboden eindringen. Damit können Risse in Wänden und Decken von Minen entdeckt werden und deren Driftgeschwindigkeiten in Bergwerksstollen gemessen werden. Das Radar kann durch die Maschen von Metallgittern und aufgesprühte Auskleidungen schauen. Es können Risse von wenigen Millimetern bis zu einer Tiefe von mehr als einem Meter identifiziert werden.

Dieses Bodenpenetrationsradar spielte bei unseren Vermarktungsaktivitäten eine besondere Rolle, die wir mit den Schweizer Radartechnikern vereinbart hatten. Es wurde in diversen anderen Bereichen nutzbringend eingesetzt. Sein Einsatz als Minensuchgerät half vielen Bewohnern in Krisengebieten, in denen die Kriegsparteien eine Unzahl von Landminen auslegten, ohne diese zu räumen. Jährlich kommen Zehntausende Menschen durch Landminen zu Schaden. Schätzungsweise liegen mehr als 100 Millionen Landminen in über fünf Dutzend Ländern der Erde als schlimme Erbschaft von Kriegen und als permanente Explosionsquellen zum Schaden unschuldiger Menschen im Boden vergraben. Es waren mir und meinem Team ein großes Bedürfnis, mitzuhelfen, das zu reparieren, wofür Politiker manchmal nur Sonntagsreden übrighaben. Tragisch ist in diesem Zusammenhang das Schicksal vieler Kinder vor allem auch in afrikanischen Ländern, die durch Landminen Gliedmaßen verloren haben und damit zeitlebens Krüppel bleiben. Ungenügende medizinische Versorgung und das Fehlen von Prothesen verschlimmern ihre Lage noch. Auch die betroffenen Länder leiden unter den ökonomischen und sozialen Belastungen, die aus der Betreuung der Geschädigten entstehen. Viele Jahre bestanden Minen aus einem mit Sprengstoff gefüllten Metallkörper. Sie konnten mit dem klassischen Metalldetektor oder mit speziell abgerichteten Hunden gefunden werden. Diese Suchmethoden sind aber langsam, gefährlich und sehr zeitintensiv. Außerdem enthalten neu entwickelte Minentypen nur Plastikmaterial und sind mit weniger als zehn Zentimetern Durchmesser sehr klein und können mit konventionellen Verfahren nicht aufgespürt werden.

Man kam beim Schweizer Radartechnologieinhaber aber auf die Idee, wie man mit einem die beschriebene Radartechnik beinhaltenden Handgerät die Minensuche im wahrsten Sinne des Wortes handlicher gestalten könnte. Ein solcher Detektor kann nämlich dank seiner einzigartigen Kombination modernster Sensortechnik mit hochentwickelter Auswertungssoftware jede Art von Mine in jedem beliebigen Gelände erkennen, was durch umfangreiche Testkampagnen nachgewiesen wurde. Nicht nur, dass der Minenfund gemeldet wird, sondern es kann oftmals blitzschnell auch der Minentyp signalisiert werden, sofern das Signalmuster der Mine im Radarbereich bekannt ist. Dies kann durch Ablegen der Minenmuster bekannter Minen in einer Datenbank geschehen, sodass ein aktuell aufgenommenes Radarspektrum einer Mine mit denen in der Datenbank abgeglichen werden kann. Das Gesamtsystem für die Minensuche besteht neben dem gerade beschriebenen Radar, dessen abgestrahlte Pulse in den Boden eindringen, aus einem Mikrowellensystem und dem klassischen Metalldetektor. Die Signale aller drei Sensoren werden sofort in einem Signalverarbeitungssystem ausgewertet. Das Gerät ist im Vergleich zu früheren Minenerkennungssystemen sowohl genauer und schneller als auch einfacher zu bedienen. Im Zusammenspiel der Sensoren mit der Auswertesoftware konnte so sage und schreibe eine Ortsbestimmung von bis zu drei Zentimetern Genauigkeit erfolgen.

Es war uns Mitgliedern des von mir geleiteten internationalen Technologietransfernetzwerkes eine Riesenfreude, einen Transfer im Radarsektor zum Wohle von humanitären Organisationen zustande gebracht zu haben. Im Einzelnen war es nämlich so, dass unser belgischer Netzwerkpartner ausgehend von mit belgischer Beteiligung entwickelter Radarsatellitentechnik ein Projekt zur technischen Realisierbarkeit von Werkzeugen für Kartierungen humanitärer Katastrophen, also Elementarereignissen, von denen eine Vielzahl von Menschen betroffen sind, umzusetzen. Dabei kann es sich um Elementarschäden wie Überflutungen, Dürreperioden, Erdbeben, Vulkanausbrüche und andere Ereignisse, die das solidarische Kümmern vor allem seitens der nichtbetroffenen Bürger erfordern, handeln.

Die durch Radarsatelliten gewonnenen Erdbeobachtungsdaten und thematischen Daten bilden das Grundgerüst geografischer Informationssysteme für Katastrophenfälle. Unser belgischer Transferpartner hatte die Idee, ein von der europäischen Kommission zur Demonstration der Realisierbarkeit der Kartierung von Katastrophenereignissen gefördertes Projekt zu initiierten. Dabei wurden von Anbeginn an kleine und mittlere thematisch erfahrene Unternehmen und drei große für humanitäre Zwecke gegründete Vereinigungen einbezogen. Hierzu zählte die belgische Sektion von Ärzte ohne Grenzen. Weitere Projektpartner stammten neben Belgien aus Italien, den Niederlanden und der Schweiz. Dazu gehörte auch das internationale Komitee des Roten Kreuz mit seiner Schweizer Zentrale und das Brüsseler Direktorat der Europäischen Union für Katastrophenschutz und humanitäre Hilfe. Unsere belgischen Kollegen formierten das mittelständische Industriekonsortium der vier Akteure unter der Maßgabe der Aufteilung der Eigenanteile der durch die EU anerkannten Fördersumme in finanziell überschaubare Beträge. Die erste Runde der geschilderten Partnerschaft zur Kommunikation und dem Aufzeigen von Möglichkeiten zur Linderung der Auswirkungen humanitärer Katastrophen fand schon im Jahr 2002 statt und erweist seine Nachhaltigkeit bis in die heutige Zeit, wie der Presse zu entnehmen ist, und muss leider Gottes immer für wieder neu auftretende Krisen zur Kenntnis genommen werden. In diesem Sinne war unser Beitrag leider nur ein Tropfen auf den heißen Stein, sollte sich aber als Modell für zukünftige ähnlich gelagerte Maßnahmen für Katastrophenhilfen erweisen.

Beim Auffinden natürlicher Ressourcen bediente man sich Raumfahrtmissionen zur Vermessung des Gravitationsfeldes der Erde. Ein dabei eingesetztes neuartiges Gradiometer half Öl und Gasfirmen beim Auffinden der vielversprechendsten Orte, an denen das Bohren von Quellen am vielversprechendsten erschien. Ein Gradiometer misst die Variationen des Gravitationsfeldes der Erde. Diese Variationen helfen, die Dichte des Untergrundes zu bestimmen, wodurch geologische Informationen der Erde bereitgestellt werden. Aus den gewonnenen Daten kann ein Bild des geologischen Untergrundes abgeleitet werden. Dieses Bild kann zur Durchführung von Suchbohrungen verwendet werden. Damit können die oben beschriebenen Explorationen von Anbeginn an zielgerichteter angegangen werden.

Widrige Umgebungsbedingungen waren auch Anlass für eine Erfolgsgeschichte in einem besonderen Einsatzgebiet. Ausgangspunkt waren Raumfahrtsysteme wie Raumstationen, Satelliten und Proben, die während ihres Transportes zu ihrem Einsatzgebiet sowie bei ihrem oftmals mehrjährigen Betrieb extremen mechanischen, thermischen und Strahlungseinflüssen ausgesetzt sind. Zur Sicherstellung des Systembetriebs und zur reibungslosen Funktion der Komponenten sind nichtsdestotrotz eine Vielzahl von umfangreichen Tests, Prüfungen und Simulationen schon während der Entwicklung nötig, da nach dem erfolgten Start des Systems bis auf wenige Ausnahmen eine Reparatur und Wartung während der Betriebsphase nicht möglich ist. Präzision, Zuverlässigkeit, Ausfallsicherheit und raue Umweltbedingungen sind an der Tagesordnung.

Da wir bekanntlich in meiner Firma mit diesen Bedingungen vertraut waren, kontaktierte uns ein Marktführer auf dem Gebiet von Tunnelbohrmaschinen, der anstrebte, die Sicherheit und Zuverlässigkeit seiner Maschinen zu erhöhen. Sein Thema war die seismische Voraussage der geologischen Gegebenheiten, auf die man beim Vortrieb stoßen könnte, das heißt, man suchte nach einer Vorhersagemethode, auf welche Art Gestein man im nächsten Schritt stoßen könnte. Meinen Leuten schien eine Kontaktvermittlung zu uns wohl bekannten Experten aus der Raumfahrt, die profunde Expertise auf dem Gebiet Präzisionsingenieurtechnik und Know-how für spezielle Lösungen im mechanischen Bereich besaßen, sinnvoll. Ihre Kenntnisse und Erfahrungen hatte die Firma vornehmlich in der Raumfahrt gewonnen. Dazu zählten Missionen zu anderen Planeten wie dem Saturn, welche von der Firma mitgestaltet worden waren, bei gleichzeitiger Wahrung ihrer (Erd-)Bodenständigkeit. Ihr Befassen mit ingenieurtechnischen Themen im Zusammenhang mit der Lösungssuche des Tunnelbohrers animierte die Raumfahrer, ihre Weltraumkenntnisse hinsichtlich ihrer Anwendungsmöglichkeiten im Tunnelbau zu analysieren. Sie verblüfften uns mit der Empfehlung des Einsatzes von Ultraschalltechnik, wie sie sie bei der Erkundung der Oberflächen von Planeten verwendet hatten. Genau diese Entscheidung für einen geeigneten und den Rahmenbedingungen angemessenen Gebrauch von

Schallsendern war des Rätsels Lösung. Es wurden angemessen adaptierte Schallsender samt zugehöriger Mikrofone an den rotierenden Scherblättern des Bohrkopfes angebracht, mit denen man 40 Meter weit nach vorne blickend die Art des Untergrunds sehen konnte. Durch diese Vorhersage war es unter anderem möglich, den Maschinenvortrieb zu stoppen, Hindernisse zu entfernen und hierdurch Schäden an der Maschine zu verhindern sowie Standzeiten, Kosten und Gefahren für das Bedienpersonal klein zu halten. Sagten Bergleute einst „Vor der Hacke ist es dunkel", hat der Fall der im Untergrund tätigen Maschinen doch etwas Licht ins Dunkel gebracht.

Mein Team beteiligte sich an der Kommunikation des durch astrophysikalische Exploration unseres Universums erzielten Wissensgewinns. Unser Schwerpunkt betraf die Flaggschiffeinrichtung der europäischen bodengestützten astronomischen Forschung namens Very Large Telescope (VLT) zu Beginn des dritten Jahrtausends. Es ist das höchstentwickelte optische Instrument der Welt. Es befindet sich in den chilenischen Anden auf gut 3.000 Metern Höhe und besteht aus vier Hauptteleskopen von je gut acht Metern Durchmesser und vier weiteren beweglichen Hilfsteleskopen von je knapp zwei Metern Durchmesser. Die Einzelteleskope können zu einem gigantischen Interferometer zusammengeschaltet werden, dem VLT-Interferometer. Dies ermöglicht den Astronomen, durch das Interferometer Details im Weltraum zu erkennen, die bis zu fünfundzwanzigmal feiner sind als die der individuellen Hauptteleskope. Dazu werden die Lichtstrahlen der Teleskope mithilfe eines komplexen Systems von Spiegeln in unterirdischen Tunneln miteinander kombiniert, bei denen der Weg des Lichtes eine Genauigkeit von weniger als einem tausendstel Millimeter Abweichung über eine Entfernung von 100 Metern beträgt. Durch diese Präzision können Aufnahmen mit einer Winkelauflösung von wenigen tausendstel Bogensekunden erstellt werden. Das entspricht der Trennung der zwei Scheinwerfer eines Autos in der Entfernung des Mondes. Die hochpräzisen sphärischen zylindrischen Linsen, die in dem komplexen VLT benutzt werden, wurden von einem deutschen, auf dem Gebiet von Mikrooptiken spezialisierten Unternehmen entwickelt und produziert.

Im Rahmen unserer Technologietransferaktivitäten brachten wir die Firma aus dem Mikrooptikbereich mit einer Firma, die sich seit vielen Jahren traditionell im Bereich der Zahnlaser betätigt, zusammen. Es kam zu einer Kooperationsvereinbarung zwischen dem Technologieinhaber der im VLT erprobten Mikrooptiken und dem potenziellen Technologienehmer aus der

Dentalbranche. Die Dentaltechniker machen sich bei den Laserbehandlungen zu eigen, dass das Laserlicht in biologischem Gewebe absorbiert, reflektiert und transmittiert wird. Der Effekt der Laserstrahlung basiert auf seiner Wechselwirkung mit Molekülen oder Molekülgruppen im Zielgewebe. Der zugrundeliegende und am meisten erwünschte Effekt basiert auf der photothermischen Wechselwirkung. Das ist der Effekt der Absorption im Gewebe. Nur durch die Absorption findet eine Umwandlung der Strahlungsenergie in thermische Energie statt. Dies führt zu einer Erhitzung bis zum Punkt der abrupten Verschmelzung und Verdunstung des Gewebes. Hierdurch erfolgt ein Abrieb des Zahnes. Die Zahnlaser werden benutzt zum Schneiden und Abreiben von Gewebe sowie zur Gerinnungshemmung kleiner Adern. Als Beispiele seien genannt das Entfernen von Gewebe, das Entfernen großflächiger Leukoplakie, die Behandlung bakteriell infizierter Zahnwurzelkanäle, die Verdampfung erkrankten Gewebes und die Entfernung von Zahnkariessubstanzen. Die Zahnlasernutzung hat eine Reihe von Vorteilen. Diese betreffen die Vermeidung von Vibrationen und Bohrgeräuschen, auf die Verwendung von Betäubungsmitteln kann zumindest teilweise verzichtet werden. Die Vorteile der Zahnlaser erlauben einige postoperative Verbesserungen wie die Ermöglichung einer reduzierten Nachbehandlung von Wunden, die Verhinderung von Sekundärblutungen und Schwellungen, nur marginale Vernarbungen, eine schnelle Wundheilung und auch die Verhinderung von Infektionen.

Waren Telefonverbindungen einst Kupferkabeln vorbehalten, gesellten sich optische Verbindungen mit Glasfaserkabeln rasch nach ihrer Verfügbarkeit hinzu. Ich kam unter anderem in persönlichen Kontakt mit dieser Thematik durch die von uns durchgeführte Ausschreibung zur Durchführung von Entwicklungen von wie bereits erwähnt auf Raumfahrttechnik zurückgehenden Demonstrationsvorhaben. Wir wählten als eines der besten bei uns eingegangenen Angebote eine holländische Firma zum kompliziert klingenden Thema „eingebettete Faser-Bragg-Gitter" (FBG). Hört sich schwierig an, ist aber für den Erhalt der strukturellen Unversehrtheit von Bauwerken oder Brückenkonstruktionen immens wichtig. Ein derartiger faseroptischer Sensor war für den belgischen Kleinsatelliten mit dem Namen Proba entwickelt und bei Raumfahrtmissionen eingesetzt worden. Die Sensoren teilen uns in ihrer irdischen Version mit, ob bei den durch sie gecheckten Gebäuden Bedarf an Instandsetzung beziehungsweise Reparatur oder gar Ersatz besteht. In der Raumfahrt hatte man Bedarf an FBGs, da man verlässliche Sensoren für die Überwachung von Satellitenstrukturen und der von ihnen in den Orbit zu transportierenden Nutzlasten sowie der Antriebssysteme brauchte. Man machte sich zu eigen, dass Änderungen des Ausdehnungskoeffizienten des den FBG umgebenden Materials den optischen Brechungsindex der Glasfasern, die in dem Material eingelassen sind, verändern. FBGs haben den Vorteil, dass sie für eine Multiparameterüberprüfung geeignet sind und sowohl eingebettet werden als auch auf der Oberfläche angebracht werden können.

Denken wir nun einmal an die irdischen Pontons, so bieten sie sich vor dem Hintergrund zunehmender Verkehrsbelastungen und Verkehrsintensität dazu an, neue Wege zur Überprüfung der Stabilität von Brücken anzudenken, um den Umstand, dass viele Stahlbrücken an Erschöpfungsschäden leiden, anzugehen. Zunächst ersann man Verstärkungstechniken einschließlich zur Anwendung von hochfestem Beton oder Anbringen von Bewehrungsstählen. In beiden Fällen gab es jedoch keine geeignete langfristige zerstörungsfreie Überprüfungsmöglichkeit. Der angestrebte Lösungsvorschlag erlaubt das Monitoring von Belastungen im Rahmen des vorhandenen eigentlichen Verstärkungssystems, wodurch die Gelegenheit eröffnet wird, in Echtzeit Kenntnisse über die Leistungsfähigkeit der Verstärkungssysteme zu gewinnen. Besonders zu betonen ist dabei, dass während des Brücken-Monitorings eine Unterbrechung des Straßenverkehrs nicht notwendig ist. Das über meine Firma geförderte FBG-Projekt führte zur erfolgreichen Anwendung der optischen Fasersensoren an Testsystemen, die „rehabilitierte" Brücken-bauwerke repräsentierten. Konkret wurden in den Niederlanden die FBG an mehreren Brücken angewendet, und zwar sowohl für die Anwendung von hochfestem Beton als auch zum Verbinden von Bewehrungsstahl. Die FBG-Technologie bietet potenziell große Vorteile für eine Reihe von Infrastruktur-maßnahmen, bei denen Langzeitüberwachungen erforderlich sind. Aufgrund zunehmender Beanspruchungen und Intensität des Straßenverkehrs leiden viele Stahlbrücken unter Ermüdungsschäden. Zur Zeit der Durchführung des FBG-Projektes litten 25 der 274 Stahlbrücken in den Niederlanden unter Ermüdungsrissen und in 14 Fällen bestand umgehender Handlungsbedarf. Die Überprüfungen der Brücken eröffnen die Möglichkeit, Reparatur und Wartung von Bauten auf der Grundlage tatsächlicher wissenschaftlich erhobener Daten, statt aufgrund bloßer Vermutungen oder analytischer Extrapolationen konservativer Berechnungen durchzuführen. Darüber hinaus können die Risiken im Schadensfall, der zu Verletzungen von Personen führen kann, auf ein absolutes Minimum reduziert werden.

Kapitel 9: Nanotechnik

„Klein und fein"

Nanotechnologien sind heutzutage in einer Menge von Produkten enthalten, die durch sie erst möglich wurden. Der Begriff Nanotechnik geht auf einen von dem amerikanischen Physiknobelpreisträgers Richard Feynman schon 1959 geäußerten Gedanken zurück, dass es Materialien geben müsse, bei denen besondere Eigenschaften durch aus sehr kleinen Teilchen zusammengesetzte Festkörper hervorgerufen würden. Der Grund hierfür seien die Kleinheit der Teilchen, derentwegen quantenmechanische Effekte auftreten würden. Wir sprechen dabei von Teilchengrößen weniger Atome oder Moleküle, also im Bereich ab 0,1 milliardstel Millimetern bis hin zu einigen Mikrometern. Die Variation von Teilchengrößen ermöglicht das Durchstimmen von Materialien mit quantenmechanisch dominierten Eigenschaften bis hin zu einem uns mehr vertrauten Kontinuumlimit, wobei klassische physikalische Gesetze befolgt werden.

Zum Einstieg in die Welt kleiner Leistungsträger wurden mein Team und ich mehr oder weniger hineingeschubst, nachdem wir uns durch unser Befassen mit aktuellen Technologieentwicklungen in den USA in Partnerschaft mit unseren dortigen Partnern als hierzu animiert sahen, denn wir wussten von den außergewöhnlichen Qualitäten durch unser internationales Consulting-netzwerk. Besonderes Interesse erweckten bei uns die Erforschung und die Anwendungspotenziale von mikrosystemtechnischen Innovationen. Dies war Anfang der 1990er-Jahre in unseren Augen ein Weckruf, unser Wissen über die ermittelten Sachverhalte deutschen und europäische Firmen, Behörden und Ministerien bekannt zu machen. Hierzu erstellten wir Studien und daraus abgeleitete Empfehlungen.

In einer unserer ersten Studien befassten wir uns gleich mit der Technikfolgen-abschätzung der Mikrosystemtechnik. Vorbild waren uns dabei die Arbeiten des amerikanischen Büros für Technikfolgenabschätzungen OTA mit Sitz an der Princeton-Universität im Bundesstaat New Jersey, das seit seiner Gründung im Jahr 1972 bis zu seiner Schließung im Jahr 1995 rund 750 Technikfolgen-abschätzungen zum Zwecke der Meinungsbildung von Mitgliedern des amerikanischen Kongresses durchführte. Die grundlegenden Ideen des OTA wurden danach andernorts fortgeführt, insbesondere in Europa einschließlich

Deutschland. Die zunächst in Amerika entwickelten Konzepte von Technikfolgenabschätzungen studierten wir während unserer USA-Besuche. Wir zogen unter anderem daraus unser Rüstzeug für die Erarbeitung von Technikfolgenabschätzungen in Deutschland im Auftrag von Landes- und Bundesbehörden.

Als unser Gesellenstück wurde uns eine Technikfolgenabschätzung zur Mikrosystemtechnik zur Aufgabe gestellt. Mikrosysteme können grundsätzlich in gleicher Weise wie bei makroskopischen Systemen und Komponenten in Anwendungsbereiche wie Materialien, Optik, Sensoren etc. aufgegliedert werden. Zusätzlich warten Mikro- und Nanosysteme in gewissen Fällen aufgrund ihrer geringen Größe mit Eigenschaften auf, die ausschließlich quantenmechanisch zu deuten sind und bei Makrosystemen dementsprechend nicht zu beobachten sind. Mein Team und ich fanden diese Themen in der Wissensvermittlung hierüber außerordentlich spannend, zumal uns eine beachtliche Nachfrage seitens vieler Interessenten bei unseren unter der Rubrik Kooperationsforen firmierenden Veranstaltungen bekundet wurde. Da wir selbst schon in der Vergangenheit in puncto Technikfolgenabschätzung der Mikrosystemtechnik für das Wirtschaftsministerium des Landes Nordrhein-Westfalen tätig waren und darüber hinaus durch unseren Technologietransferschwerpunkt Kontakte zu Firmen hatten, die sich entweder auf dem Gebiet der Mikro- und Nanotechnologie betätigten oder an einem Befassen mit derselben interessiert waren, organisierten wir in entsprechenden Zeitabständen gleich mehrere Veranstaltungen mit uns bekannten Vortragenden. Diese präsentierten in der Gesamtheit ihrer Präsentationen ein Kaleidoskop spannender Entwicklungen und Anwendungen der Mikro- und Nanotechnik.

Aus dieser Palette nach Gutdünken ausgewählter miniaturisierter, teilweise mikroskopisch kleiner Systeme und Strukturen möchte ich damit beginnen, einen Blick auf die sogenannten Nanoröhrchen zu werfen. Hierbei handelt es sich um längliche Hohlstrukturmaterialien von Nachbarschaft in Leverkusen einer der großen Pharma- und Kunststoffhersteller beheimatet. Der hatte einen eigenständigen Geschäftsbereich Materialen, der sich die zukünftigen Anwendungen von Nanoröhrchen frühzeitig auf die Fahne geschrieben hatte. Als wir uns im Rahmen einer unserer Veranstaltungsreihen im Jahr 2010 mit der Überschrift „Businesstalk" nach kompetenten Rednern umsahen, war die Einladung eines Sprechers von Bayer Materials naheliegend. Der berichtete zunächst über die Grundlagen der Nanoröhrchen. Gleich zu Beginn führte er aus, dass Nanoröhrchen nicht toxisch beziehungsweise für die menschlichen Atmungsorgane gesundheitsschädlich seien. Damit wollte er offenbar anderslautenden Medienberichten den Wind aus den Segeln nehmen. Das erschien mir auf den ersten Blick vernünftig, denn die Kritiker hatten in meinen Augen bis dato im streng wissenschaftlichen Sinne keine konkreten und nachvollziehbaren Beweise vorlegen können. Nanoröhrchen erweckten zum Beispiel das Interesse von Großunternehmen, da man sich von der Technologie die Erschließung von Massenmärkten erwartete und glaubte, hierzu technologisch und finanziell gut vorbereitet zu sein. Wie für die Erzeugung von Innovationen in anderen Hochtechnologiebereichen auch spielte die Kapitalkraft großer Betriebe die entscheidende Rolle für einen erfolgreichen Markteintritt.

Als Hauptakteure wählte man zunächst für industrielle Anwendungen in Massenmärkten Kohlenstoffnanoröhrchen aus. Diese beeindrucken durch ihre einzigartigen elektrischen, mechanischen und thermischen Eigenschaften. Carbonröhrchen wurden in der Fachwelt übereinstimmend als das zukünftige Material im Sinne einer industriellen Revolution angesehen. Es war jedoch schließlich der Leverkusener Protagonist selbst, der die öffentliche Kritik hinsichtlich der gesundheitsrelevanten Gefahrenpotentiale, wie sie im Falle von Asbest bekannt geworden waren, nach gerade einmal dreijährigen Aktivitäten trotz des anfänglichen Enthusiasmus und getätigten Investitionen in zweistelliger Millionenhöhe wieder einstellte. Die Vermeidung von Gesundheitsrisiken war also wichtiger als die ursprünglich erhofften Umsatzpotenziale. In anderen Technologierfeldern hätte man sich ähnlich weises Verhalten nur wünschen können. Für die Nanoröhrchen war der großindustrielle Traum jedenfalls zu Ende. Die Technikentwicklung war nun mal schneller als die Risikoforschung. Das Ende des Nanoröhrchen-Geschäftsfeldes bei dem Leverkusener Großunternehmen wurde 2013 bekanntgegeben. Nach dem Ende der Nanoröhrchen des rheinischen Schwergewichtes begannen die nanotechnischen Anwendungen der erstmals von japanischen Werkstoffkundlern 1991 berichteten Vorzüge von Nanoröhrchen einen hohen Grad an Aufmerksamkeit in sowohl der Fachwelt als auch der Öffentlichkeit zu erregen.

Wenden wir uns erst einmal den Anwendungen und Produkten der Nanotechnik zu, um zu sehen, was uns alles in einer miniaturisierten Welt begeistern oder beunruhigen kann. Da sind zum Beispiel Funktionsschichten im Mikrobereich. Der sich in den letzten Jahrzehnten etablierte Lebensstil und die dabei beziehungsweise dazu zur Verfügung gestellte Hochgeschwindigkeitskommunikation wäre nicht möglich gewesen, wenn es die entsprechenden Fortschritte in der Satellitentechnik im Kommunikationsbereich nicht gegeben hätte. Dienste enormen Wertes für unser tägliches Leben wie möglichst zuverlässige Wettervorhersagen hätte es so nicht geben können. Abgesehen davon setzen staatliche Organe seit Längerem zunehmend von Erdbeobachtungssatelliten gewonnene Daten ein, um Informationen über Landnutzungen auszuwerten. Würde man solche Erkenntnisse traditionell über Vorgehensweisen am Boden zu erhalten versuchen, wäre dies zum einen sehr teuer und zum anderen sehr zeitaufwendig. Als Ergebnis derartiger Raumfahrtaktivitäten nahm und nimmt der Datenverkehr exponentiell zu, sodass es innovativer Lösungen bedurfte, die angestiegenen Anforderungen hinsichtlich Kommunikationsgeschwindigkeit zuverlässig zu erfüllen.

Um einen Eindruck über die Herausforderungen zu bekommen, mit denen die Entwickler elektronischer Schaltkreise für Raumfahrtanwendungen konfrontiert waren, sollte man sich vor Augen führen, unter welch schwierigen Umständen eine elektronische Hochleistungseinheit einen zuverlässigen Betrieb gewährleisten muss. Da sind zunächst die enormen Vibrationen während des Starts der Trägerrakete, die die meisten Verbraucherelektronikgeräte zerstören würden. Damit nicht genug, Temperaturschwankungen zwischen minus 150 und plus 200 Grad Celsius müssen im Orbit von der Elektronik verkraftet werden. Zudem liegt ein Atmosphärendruck nahe dem Vakuum vor und es müssen hochenergetische Strahlungen von der Sonne und aus dem tiefen Weltraum toleriert werden.

Als Folge einer Reihe europäischer Projekte wurden Anstrengungen unternommen, die auf die Entwicklung neuer und preisgünstiger Komponenten für zukünftige Anwendungen in der multimedialen Satellitenkommunikation abzielten. Für ein von meiner Firma beim Technologiertransfer betreutes mittelständiges Unternehmen, das schwerpunktmäßig als Zulieferer für die Raumfahrtindustrie tätig und als Hersteller kundenspezifischer Mikrosystemmodule und Hybride mit modernsten Technologien aktiv war, präsentierten wir besagte satellitenbasierte Kommunikationstechnologie auf dem von uns betriebenen Technologieportal im Internet. Ein im Bereich Nanotechnologie aktives deutsches Unternehmen wurde durch unsere Internetseite auf die präsentierte Kommunikationstechnologie bei ihrer Suche nach für den Einsatz in Tunnelelektronenmikroskopen geeigneten Leiterplatten fündig. Ein weltweit führendes Unternehmen für das Scannen von Proben mit atomarer Auflösung im Ultrahochvakuum interessierte sich für die Verwertung der raumfahrttauglichen Elektronik. Die kundenspezifischen, auf dem Know-how des Technologiegebers erstellten Leiterplatten dienten als Substratträger in der Werkstoffentwicklung. Der Technologienehmer verkündete, als sich bei der Kooperation mit dem Technologiegeber der Erfolg des Projektes abzeichnete, dass die die Oberflächen der eingesetzten Proben scannenden Tunnelmikroskope sogar dazu geeignet seien, die Oberflächen der betreffenden Proben quasi in Gestalt „lebendiger" Elektronik während ihres Betriebes zu beobachten. Eine nachhaltige Win-Win-Situation der von uns vermittelten Partner war das Resultat.

Nanotechnik ist oftmals für publikumswirksame Superlative bestens geeignet, wie im Falle eines Nanomotors, dem kleinsten und präzisesten Motor der Welt, für den wir die Informationsdiffusion in unsere Technologievermittlungs-aktivitäten Anfang des Jahrzehnts bereits einbezogen hatten. Die Grundlage jeder Nanotechnologie wird durch die Mikro- beziehungsweise Nano-positionierung gebildet. Beim ausgewählten piezoelektrischen Fall arbeitet der Nanomotor mit atomarer Auflösung in einem Arbeitsbereich von Zentimetern und überbrückt damit einen Größenbereich von acht Zehnerpotenzen. Bei dem Motor handelt es sich um einen piezogetriebenen Linearmotor, der aus einem zylindrischen Gehäuse Kristalle mit einer Auflösung bis auf die atomare Ebene bewegen kann. Dabei beläuft sich der Hubweg üblicherweise auf wenige Mikrometer. In dem mit uns für die Verwertung und einem Schieber mit freier axialer Bohrung besteht. für die gröbere m zylindrischen Gehäuse und einem Schieber mit freier axialer Bohrung besteht. Für die Feinpositionierung wird ein Piezorohr verwendet, eine durch dasselbe Rohr erzeugte Impulswelle sorgt für die gröbere Bewegung. Dabei kann jeder beliebige Punkt der Bewegungsbahn mit einer Geschwindigkeit von bis zu fünf Millimetern pro Sekunde angefahren werden. In der freien axialen Bohrung kann der Nanomotor eine Spitze, einen Schlauch oder ein Röhrchen, eine Elektrode, eine Injektionsnadel, eine Glasfaser oder einen Mikrogreifer aufnehmen und transportieren.

Der Nanomotor der Größe „small" besitzt zum Beispiel die Größe eines halben Streichholzes, wobei er das Sechsfache seiner eigenen Masse anheben kann. Die durch den Motor erzeugte Bewegungsenergie reicht sogar dazu aus, Diamantoberflächen zu manipulieren. Es gibt auch Versionen für den Einsatz unter Wasser oder als nichtmagnetische Antriebe. Anders gesagt, alles das, was im Großen möglich ist, gibt es auch im Kleinen, mit entsprechend herunterskalierten Leistungsparametern.

Ähnlich wie die gerade besprochenen Aspekte zu den Nanomotoren organisierten wir eine Veranstaltung zur Mikro- und Nanotechnik, bei der es beispielsweise um Status und Trends hochpräziser Mikropositionier- und Mikroantriebstechnik ging. In diesem Zusammenhang warteten wir mit Experten auf, die uns sowohl die Historie als auch den sich bis dato darstellenden Stand der Technik aus berufenen Mündern näherbrachten. Dabei waren auch Redner aus dem seinerzeitigen mikrotechnologischen Eldorado wie z. B. Mainz vertreten. Der Trend zur Miniaturisierung wuchs unaufhörlich. Bis zum Zeitpunkt der Durchführung eines dieser Foren im Jahr 2007 gab es noch keine Mikroantriebe, die für präzise Positionieranwendungen geeignet waren. Anforderungen an hochpräzise Positionierantriebe umfassten zusätzlich zu ihrer extrem kleinen Bauweise auch Eigenschaften wie eine hohe Wiederholgenauigkeit, Spielfreiheit, ein hohes Übersetzungsverhältnis und eine möglichst geringe Bauteilanzahl. Diese Anforderungen werden von einem sogenannten Micro-Harmonic-Drive-Getriebe erfüllt, das die 2001 entwickelte miniaturisierte Version eines 1959 in den USA im Auftrag der NASA vorgestellten Harmonic Drive ist. Hierbei handelt es sich um ein Spannungswellengetriebe, das heißt ein Getriebe mit einem elastischen Übertragungselement, das sich durch hohe Übersetzung und Steifigkeit auszeichnet. Das komplexe Funktionsprinzip des Antriebs ermöglicht die genannten Anforderrungen und weist eine Robustheit mit Nennlebensdauern von mehreren Tausend Stunden auf. Es weist eine hohe Wiederholgenauigkeit für Submikrometerpositionierungen auf. Der Herstellungsprozess erfolgt schrittweise über das sogenannte LIGA-Verfahren (Lithografie, Galvanik, Abformung). Anwendungen sind breit gestreut von der Medizintechnik hinsichtlich Analysegeräten, minimalinvasiver Chirurgie oder Mikrokeratomen (hauchdünne Skalpelle), Mikrorobotik, Anwendungen in der Halbleiterfertigung, Anwendungen in optischen Geräten, Antriebstechnik, Mikromechatronik, Mikropositionierung von Mikrorobotern, Nanopositionierung und anderen mikrosystemtechnischen Applikationen.

Den Miniaturgeometrien und -körpern der Nanotechnologie angepasst, schlossen wir in unser Technologieportfolio für den Technologietransfer geeignete ultrapräzise Oberflächen mit ein. Eine derartige Spezies sind diamantähnliche Nano-Carbon-Fullerene, also hohle, kugelförmige, geschlossene Moleküle aus Kohlenstoffatomen. Derartiger graphitartiger Kohlenstoff ermöglicht ultrapräzise Oberflächen, die Voraussetzung sind für eine Vielzahl von neuen Technologien wie zum Beispiel für die fortschreitende Miniaturisierung und speziell die Mikromechanik, die Reibungs- und Verschleißminderung sowie die Leistungssteigerung durch die Erhöhung der Packungsdichten bei kleinsten Strukturabständen, was wir im Datenblatt der

Technologiebeschreibung in Abstimmung mit dem Technologieanbieter ausführten. Durch den Einsatz fortschrittlicher, hochleistungsfähiger nanostrukturierter Fullaron-Poliersysteme und innovativer physikalischer und chemischer Verfahren gelang es, dem Markt hocheffiziente Produkte bereitzustellen und die stoffliche Einbringung einer industriell hergestellten Spezies von Nanopartikeln in optimierte Nanoverbindungen mit multifunktionalen Eigenschaften zu erreichen. Hierdurch entstanden Endprodukte mit gezielten und maßgeschneiderten Charakteristika für komplexe Kundenlösungen. Diese betrafen Verbesserungen in puncto Wärmeleitung, Oberflächenschutz, die Verstärkung von Materialien sowie die Tribologie hinsichtlich ihrer Teilaspekte Reibung, Verschleiß und Schmierung. So entstanden einzigartige und außergewöhnliche Eigenschaften dieser Nanomaterialien mit Fullerenstruktur, charakterisiert durch unter anderem höchste mechanische Härtewerte und Wärmeleiteigenschaften, außerordentlich große spezifische Oberflächen und die Fähigkeit zur Aufnahme von Gasen und Flüssigkeiten mit hohen Absorptionspotenzialen. Als bemerkenswert seien auch genannt die absolute Beständigkeit gegenüber aggressiven chemischen Einflüssen, ihre Biokompatibilität und ihre speziellen Eigenschaften, insbesondere in UV- und IR-Absorptionsbereichen. Das technologische Anwendungspotenzial betrifft Hochleistungsprodukte für die nanostrukturierte Oberflächentexturierung von Hightech-Systemen der Leistungselektronik und -optik. Anwendungspotenziale finden sich zudem bei funktionalen und multifunktionalen Nanoverbindungen mit Erzielung essentiell überlegener Endprodukte, vorrangig für industrielle Beschichtungen, Konstruktionskunststoffe, Klebstoffe, tribologische Systeme sowie holografische und dreidimensionale Bilddarstellungssysteme. Die perspektivischen Produktentwicklungen fokussierten sich bereits anfänglich auf Anwendungen wie Speichermedien für aktive und nichtaktive Gase (Fuel Cell) und Katalyse- und Wirkstoffträger für Chemie, Automobilbau sowie für Medizin, Pharmazie und Kosmetik. Regenerative Filter- und Trennsysteme (Ultrafiltration) zählen ebenfalls zu den Anwendungen.

Fortschritte in der Halbleitertechnologie führten zu einer Miniaturisierung von Strahlquellen und Detektoren. So entstanden mit Laserdioden und diversen Halbleiterdetektoren eine Vielzahl kleiner, leichter und energiesparender Bauelemente. Auch bei den Mikrooptiken entschieden wir uns für die Aufnahme in unser Angebotsportfolio. Scheiterte früher in der Regel die Lichtübertragung mittels klassischer Optiken, eröffneten refraktive Mikrooptiken neue Möglichkeiten der Strahlformung. Durch ein spezielles

Herstellungsverfahren wurde es erstmals möglich, miniaturisierte Optiken mit frei wählbaren Oberflächen im Mikrometerbereich mit bester Strahlqualität zu formen. Es wurde darüber hinaus eine Fertigung von Massenartikeln mikrooptischer Systeme zur Fokussierung, Kollimation, Strahltransformation und Faserkopplung erreicht. Asphärische Zylinderlinsen und Linsenarrays weisen z. B. Abmessungen von 100 Mikrometern bis zu wenigen Millimetern auf. Hiermit wurden der Geometrie von Diodenlasern oder Detektoren angepasste Lösungen realisierbar. Man konnte durch die Verarbeitung einer Vielzahl von optischen Gläsern, Quarzglas, Silizium, Germanium und anderen Materialien einen weiten Wellenlängenbereich vom tiefen Ultraviolett bis zum fernen Infrarot abdecken. Der Einsatz von refraktiven Optiken betrifft einen Großteil von Anwendungen der klassischen makroskopischen Optik wie beispielsweise die Lasertechnik, die Faseroptik, optische Computer und Fernsehtechnik. Der 1992 gegründete Spezialist in der Photonikbranche machte sich im Bereich innovativer Mikrooptiken und Lasersysteme einen Namen. Wir waren wie bereits weiter oben ausgeführt in unserem Tätigkeitsbereich des Technologietransfers aus der Raumfahrt mit diesem Technologieanbieter erfolgreich. Es war nämlich dieser Mikrooptikhersteller, der die zentralen Strahlführungskomponenten des Very Large Telescope des europäischen astronomischen Observatoriums in den chilenischen Anden lieferte. Es war unsere breit und gleichzeitig zielgerichtet angelegte Transfermethodik, die eine Anwendung der besagten Mikrooptiken in der Medizintechnik ermöglichte. Das Resultat war der Einsatz der Mikrooptiken des Technologiegebers in Zahnlasern des Technologienehmers, also letztendlich zum Nutzen der Patienten von Zahnärzten.

Hochpräzise Durchflussmesser, entwickelt für aerodynamische Tests von Satelliten und Wiedereintrittssystemen der Raumfahrt, ermöglichten die Lecksuche von Abgassystemen in der Kraftfahrzeugindustrie. Es war einer meiner Freunde, der als einer der Aerodynamikpäpste in der Raumfahrt geschätzt wurde, der nach Antritt seiner Selbstständigkeit mit seiner Firma über ein unschlagbares Know-how in der Strömungstechnik verfügte und dieses für eine Reihe von Lösungsfindungen für Fragestellungen im industriellen Bereich einsetzte. Die technischen Entwicklungen seiner Firma Anfang des 21. Jahrhunderts bezogen sich sowohl auf übliche Reiseflugzeuge im Unterschallbereich als auch auf den Überschallbereich wie bei dem französischen Überschallflugzeug Concorde.

Während Anwendungen der Strömungsmechanik anfangs auf Gasströmungen mit relativ geringen Geschwindigkeiten, bei denen die Kompressibilität vernachlässigbar war, ausgerichtet waren, befasste man sich später mit Geschwindigkeiten im gesamten Unterschallbereich, dem Durchbrechen der Schallmauer und dem Überschallbereich. Weitere Geschwindigkeitszunahmen bis in den Hyperschallbereich mit Geschwindigkeiten von etwa dem Fünffachen der Schallgeschwindigkeit erforderten dann die Berücksichtigung von kompressionsbedingten Temperaturen des Gases, die seine Betrachtung als ideales Gas nicht mehr erlaubten. Molekulare Schwingungen, Dissoziation und Ionisation treten wegen der hohen Geschwindigkeiten auf und diese Prozesse verlaufen nicht im thermischen Gleichgewicht, sondern erfordern die Berücksichtigung der nun vornehmlich bestimmenden Relaxationseffekte. In stark ionisierten Gasen, also den Plasmen, bewirken damit einhergehende elektrische und magnetische Felder zusätzliche dynamische Effekte. Bei entsprechend hohen Temperaturen wird der Wärmeübergang durch Strahlungseffekte dominiert. Diese Effekte treten in der Raumfahrt besonders beim Wiedereintritt von Raumflugkörpern in die Erdatmosphäre auf. Beim Wiedereintritt müssen die Forscher und Ingenieure sämtliche Schichten der Ionosphäre und Atmosphäre in Betracht ziehen, also einen weiten Bereich von Gasdichten, die passiert werden. Es sind dabei physikalische Strömungsprozesse am Werk, die als idealer freier molekularer Fluss bei extrem niedriger Gasdichte bezeichnet werden können, bis hin zu als Kontinuum zu bezeichnenden Flusscharakteristika in den dichteren Schichten der Atmosphäre. Strömungsphänomene im Hyperschallbereich in verdünnten Gasen werden auch als Raumfahrtaerodynamik bezeichnet.

Die bereits zuvor erwähnte deutsche Firma, die sich mit derartiger Raumfahrtaerodynamik befasste, war ein geschätzter Zulieferer der ESA für Fragestellungen auf diesem Gebiet. Exakte Volumen- und Massenflussmessungen sind oftmals während der Tests von Raumfahrtkomponenten und der Raumfahrtsysteme als Ganzes erforderlich. Typische Beispiele sind die Massenflussbestimmung durch kleine Kontrolltriebwerke, die Bestimmung hoher Stautemperaturen in Hyperschallwindtunneln und in Verbrennungskammern von Kontrolltriebwerken. Hierfür entwickelte die besagte Firma hochpräzise laminare Durchflussmesser. Während der Entwicklung der Durchflussmesser wurde beträchtlicher Aufwand betrieben, um störende strömungsdynamische Einflüsse wie beispielsweise des laminar-turbulenten Übergangs und den Eintrittseffekt von Turbulenzen zu vermeiden. Eine vollständige Linearität zwischen Volumendurchflussrate und Druckabfall kann man nur erreichen, wenn im laminaren Testabschnitt ein vollständig entwickeltes Geschwindigkeitsprofil aufgebaut ist, das den strömungs-mechanischen Grundregeln entspricht. Deshalb befindet sich die laminare Testsektion stromabwärts einer langen Eingangssektion, wodurch der Aufbau eines voll entwickelten Strömungsprofils ermöglicht wird. Um Fehler aufgrund der Kontaminierung mit Staubpartikeln zu minimieren, werden zylindrische Rohre mit winzigen Lücken von 0,5 und einem Millimeter verwendet. Alle laminaren Strömungsrohre werden individuell kalibriert mit Luftdrücken von einem bar und Temperaturen von 20 Grad Celsius. So können Linearitäten unterhalb eines Prozents innerhalb von einem Prozent bis 100 Prozent des vollen Messbereichs garantiert werden. Diese Ausführungen zeigen uns bereits, mit welch großer Sorgfalt und welchem Erfahrungsschatz man sich der Thematik widmete, um so hochempfindliche und trotzdem kostengünstige Drucksensoren in den Markt zu bringen.

Wir publizierten die beschriebene Technologie zur Durchflussmessung auf einem unserer Internetportale, woraufhin sich ein auf dem Gebiet von fluiden Anwendungstechniken tätiges Unternehmen bei uns meldete, um mit dem Technologiegeber in Kontakt treten zu können. Dieses Unternehmen befasste sich unter anderem mit der Fertigung von Kontrollausrüstungen für Robotik-Peripherieausrüstungen für den Automobilbereich, im speziellen Fall für die Leckerkennung bei Auspuffsystemen.

Kommen wir noch einmal auf den weltweit ersten Satelliten, der schon ein Hauptdarsteller in Kapitel 3 war, den russischen Satelliten Sputnik 1, der 1957 in den Weltraum geschossen wurde, zurück und erinnern wir uns, dass sein Funksender auf zwei verschiedenen Frequenzen Signale senden konnte. Der erste amerikanische Satellit, um Kommunikationen zu ermöglichen, wurde 1958 gestartet. Er benutzte einen Bandrekorder, um Sprachbotschaften zu speichern und zu senden. Der Rekorder wurde benutzt, um Weihnachtsgrüße des US-Präsidenten Dwight D. Eisenhower in die Welt zu senden. Im Jahr 1960 startete die NASA einen sogenannten Echo-Satelliten, ein 30 Meter großer Ballon mit aluminiumbeschichteter Oberfläche, als passiven Reflektor für die Radiokommunikation. Ebenfalls 1960 wurde von der NASA ein Satellit mit dem Namen Courier 1B gestartet, der erste aktive Kommunikationssatellit. Die erste und historisch wichtigste Anwendung von Kommunikationssatelliten war die interkontinentale Telefonie über ferne Distanzen. Das feste öffentlich geschalte Telefonnetzwerk vermittelte Telefonanrufe von Landverbindungen zu einer Bodenstation, von wo aus sie an einen geostationären Satelliten übertragen wurden. Der Downlink folgte einem analogen Weg. Verbesserungen bei Unterseekommunikationskabeln durch den Gebrauch von Faseroptiken bewirkten eine gewisse Abnahme in der Nutzung von Satelliten für feste Telefonie im späten 20. Jahrhundert, aber sie waren nach wie vor nützlich für Verbindungen zu entfernten Inseln, für die keine Unterseekabel betrieben wurden. Das betraf auch Regionen in Kontinenten oder Ländern, in denen erdgebundene Telekommunikationsverbindungen selten oder nicht vorhanden waren.

Eine deutsche Firma, die Hochfrequenzprodukte entwickelt und herstellt, war auch involviert in ein Projekt der ESA zur Realisierung einer ultrastabilen Atomuhr zum Betrieb auf der Internationalen Raumstation ISS. Ihr Betrieb in der Mikrogravitationsumgebung diente der Schaffung einer stabilen und akkuraten Zeitbasis für verschiedene Forschungsgebiete wie beispielsweise Tests und Überprüfungen der allgemeinen Relativitätstheorie oder Tests der Stringtheorie. Der Beitrag des deutschen Projektpartners betraf den Mikrowellenlink, der ein Kommunikationssystem ist, das einen Strahl von Radiowellen im Mikrowellenbereich benutzt, um Video, Audio oder Daten zwischen zwei Orten zu übertragen, deren Entfernung wenige Meter bis zu einigen Kilometern beträgt. Die deutschen Hochfrequenzspezialisten stellten die Technologie auf einem unserer Kooperationsforen vor. Unter den Teilnehmern befanden sich Vertreter eines großen, international tätigen deutschen Unternehmens, das Druckmaschinen herstellte. Zum Zeitpunkt unserer Veranstaltung waren die Vertreter der Entwicklungsabteilung des Druckmaschinenherstellers auf der Suche nach Möglichkeiten, elektromechanische Messsysteme im Bereich des Einzugs der Druckmaschine einzusetzen, wo eine Temperaturerhöhung um 15 bis 20 Grad Celsius eine Veränderung des magnetischen Feldes um rund 50 Mikrometer und damit einen entsprechenden Messfehler bedeutete. Das neue System, mit Unterstützung der Hochfrequenztechniker ersonnen, überblickte die Dicke der einkommenden Papierseiten mit einer Genauigkeit von 15 Mikrometern, wodurch ein zuverlässiger Druckprozess gesichert wurde.

Mikroanalysen von Materialoberflächen stellen oftmals einen kritischen Faktor für deren erfolgreichen Einsatz bei diversen Anwendungen dar. Oberflächenreinheit ist eine wichtige Voraussetzung zur Leistungserbringung und minimiert Effekte wie den Einfluss von Ausgasungen auf Sensoren und Instrumente. Die Bedeutung des Gestaltens von intakten Materialoberflächeneigenschaften zur Absicherung optimaler Eigenschaften und Lebensdauern ist weltweit anerkannt. Zu den Methoden und Verfahren zur Oberflächenanalyse der äußersten Atomschicht haben sich spektroskopische Analysetechniken etabliert, um Oberflächen- und Tiefenprofilanalysen durchzuführen, die über eine sehr hohe elementare und molekulare Empfindlichkeit verfügen. Die Oberflächen werden mit Ionenstrahlen beziehungsweise Atomstrahlen bombardiert oder mit Röntgenstrahlen beschossen. Wir hatten uns in meinem Team im Zweig Nanotechnik auch mit der Charakterisierung von Oberflächen auseinandergesetzt und in unser Technologieportfolio zum Zwecke der Vermittlung von Interessenten aufgenommen. Bei der als SIMS-Analyse bezeichneten Methode, bei der die Oberfläche mit primären Ionen oder Atomstrahlen beschossen wird, wird die Masse des sekundären, vom Material ausgehenden Strahls analysiert. Die Interpretation der resultierenden Spektren der positiven und negativen Ionenmassen kann detaillierte Informationen über die Oberflächeneigenschaften geben. Die Bestimmung des chemischen Zustands von Materialoberflächen erfolgt durch die angesprochenen Methoden innerhalb einer Schicht von bis zu etwa 100 Nanometern Tiefe.

Wir wollten in das Thema Analysemöglichkeiten von Oberflächen ein wenig tiefer einsteigen und dazu schien uns unser erprobtes Technologievermittlungsinstrument, das Kooperationsforum, als geeignet, um uns moderne Beschichtungs- und Oberflächentechnologien und vor allem Schadensanalysen von Ober- und Grenzflächen erläutern zu lassen. Hauptaspekte hierzu rankten sich um spezielle Schadensfälle im Automobilbau. Das Manuskript des Forumsbeitrags eines Automobilzulieferers ging von einer anschaulichen Beschreibung eines Oberflächendefektes einer Zylinderkopfdichtung aus, die sich nicht mehr beschichten ließ. Konkret war eine Abdeckung verfärbt und wurde deshalb reklamiert, eine Kunststoffdichtung konnte nicht mehr verklebt werden. Was auf den ersten Blick harmlos erscheint, kann für ein produzierendes Unternehmen weitreichende Folgen haben, wie der Referent mitzuteilen wusste. Denn im schlimmsten Fall wird die Produktion eingestellt oder es können Liefertermine nicht eingehalten werden. Solche Schadensfälle bedeuten für alle Beteiligten eine Stresssituation, schließlich geht es meist um sehr viel Geld. Es muss schnell gehen. Deshalb neigen die Beteiligten im Schadensfall dazu, die Ursachen für den Ausfall überstürzt herausfinden zu wollen. Hierbei werden häufig sehr viele unkoordinierte Analysen durchgeführt, die teuer sind und nur selten zum Ziel führen. Es gehen Informationen verloren, da die Ausfallteile bei den Analysen teilweise oder vollkommen zerstört werden. Es gibt eine Reihe von oberflächensensitiven Analysemethoden, deren Auswahl unter anderem von der konkreten Fragestellung und der Probe abhängt. Bei der sogenannten Sekundärionenmassenspektroskopie SIMS waren die Grundlagen bereits 1910 vom englischen Physiknobelpreisträger Joseph John Thomson entwickelt worden. Seitdem wusste man, dass man durch Beschuss mit hoch-energetischen Ionen Molekülabbruchstücke und Atome aus der Proben-oberfläche herausschlagen kann. Die abgetragene Menge des Probenmaterials der obersten Atom- und Moleküllage ist dermaßen gering, dass eine Veränderung der Probe während der Analyse vernachlässigt werden kann. Die Tiefenauflösung beträgt dabei stolze ein bis zwei Atom- beziehungsweise Moleküllagen, also etwa 0,1 bis 1,0 Nanometer. Das SIMS-Verfahren wird für eine Reihe von Aufgabenstellungen in unterschiedlichen Bereichen wie dem geschilderten Anwendungsfall des Automobilbaus eingesetzt. Das reicht bis zur bemannten Raumfahrt. Kenntnis über die Reinheit der Oberflächen ist dort für das Gelingen von Weltraummissionen unabdingbar. In diesen Fällen muss nämlich große Acht darauf gegeben werden, dass Einflüsse von Ausgasung auf Sensoren und Instrumente des Raumflugkörpers minimiert werden.

Mikrostrukturierte Oberflächen spielten weitere Hauptrollen für unsere Technologietransferaktivitäten. Eine der Hauptrollen wurde verkörpert von sogenannten Fullerenen, speziell diamantähnlichen Nano-Carbon-Fullerenen (NCF), die ultrapräzise Oberflächen aufweisen. Diese sind Voraussetzung für eine Vielzahl von neuen Technologien wie zum Beispiel für die fortschreitende Miniaturisierung und Mikromechanik, die Reibungs- und Verschleißminderung sowie die Leistungssteigerung unter anderem durch die Erhöhung der Packungsdichten bei kleinsten Strukturabständen etc. Durch den Einsatz von hochleistungsfähigen nanostrukturierten Fullaron-Poliersystemen und innova-tiven physikalischen und chemischen Verfahren gelang es, dem Markt hoch-effiziente Produkte bereitzustellen. Die stoffliche Einbringung industriell hergestellter Nanopartikel in optimierte Nanoverbindungen mit multi-funktionalen Eigenschaften führte zu Endprodukten mit gezielten und maßge-schneiderten Charakteristika für komplexe Kundenlösungen. Darunter fallen unter anderem Verbesserungen bei Wärmeleitung, Oberflächenschutz, Ver-stärkung von Materialien sowie Tribologie. Der Kundennutzung besteht in einer exzellenten Ergebnisqualität in Bereichen der Oberflächencharakte-ristika. Polierergebnisse unter 0,1 Nanometer bis in den Bereich einer Atom-lage wurden möglich. Darüber hinaus garantieren die Fulleron- Poliersysteme die Erfüllung weiterer technologischer Charakteristika wie chemische Neutralität gegenüber dem zu bearbeitenden Material, minimale Ausbildung von Grenzflächendefekten, optimalen deterministischen Materialabtrag über Zeit und Fläche, beste Oberflächenkenngrößen und last but not least hohe Wirtschaftlichkeit durch verkürzte Prozesszeiten. Besondere Beachtung verdienen optimale Kombinationen von Fullerenen und Diamanteigenschaften. Die integrierte Diamantphase verleiht dem Nanosystem exzellente Eigenschaften wie beispielsweise höchste mechanische Härte und abrasive Widerstandsfähigkeit, absolute chemische Resistenz gegenüber aggressiven Medien, außerordentlich hohe Wärmeleiteigenschaften sowie hervorragende Bioverträglichkeit. Diese diamantartigen Eigenschaften werden durch die spezifischen Charakteristika der Fullerenstruktur ergänzt und entsprechend kombiniert. Dazu gehören vor allem hyperdimensionale spezifische Oberflächen, sehr hohe Adsorptionspotenziale und spezifische Formkoeffizienten sowie ein außerordentlich großes Potenzial zur Funktionalisierung von Oberflächen (Dotierung). Das Ergebnis sind einzigartige Nanosysteme mit funktionalen und multifunktionalen Produkteigenschaften wie zum Beispiel dreißigmal härter als Stahl und fünfzigmal leichter als Balsaholz. Die Anwendungsbereiche umfassen nanopräzise Oberflächenbearbeitung, Nanotexturierung zum Beispiel für die Chipherstellung wie auch Nanosysteme für Lacke, Kleber, Hochleistungselektronik sowie Fest- und Trockenschmierstoffe, Speicher-, Filtrations- und Transportmedien und nutzen ihre Vorteile für Gasspeicher, Ultrafilter, Katalyse- und Wirkstoffträger für Chemie und Medizin.

Verweilen wir noch einen Moment bei den oberflächlichen Eigenschaften von Nanosystemen. Durch Nanostrukturen können antireflektierende Oberflächen vorzugsweise bei Polymeren wie Polycarbonat, PMMA oder auch Lacke erzeugt werden, wie man sie aus der klassischen Entspiegelung von Brillengläsern und Linsen kennt. Bei günstigen Rahmenbedingungen geschieht dies direkt während der Fertigung der Bauteile im Spritzguss durch die Verwendung geeigneter Werkzeuge mit Nanostruktur. Dies bedeutet die Unterdrückung störender Reflektionen, was die Ablesbarkeit von Instrumenten verbessert. Außerdem kommt es zu einer Steigerung der Lichtausbeute, weil der jetzt nicht mehr reflektierte Anteil ebenfalls als Energie- und Informationsträger die Bauteile, etwa in der Solartechnik, durchquert, sowie zur Erhöhung von Kontrast- und Farbtreue durch reduzierte Streulichtanteile. Die Schlüsseltechnologie dieses Verfahrens ist die Herstellung des Masters auf der jeweiligen Werkzeugoberfläche. Er muss eine geeignete Nanostruktur aufweisen, die im nachfolgenden Abform- und Replikationsprozess den gewünschten Effekt auf die Produkte überträgt. Bei dem betreffenden

Verfahren handelt es sich zum Beispiel um nanoporöses Aluminiumoxid, das in einem elektrochemischen Verfahren auf dem Werkzeug oder Master aufgebracht wird. Da dieser Prozess nasschemischer Natur ist, gibt es im praktischen Sinne keine Beschränkungen hinsichtlich der zu strukturierenden Geometrien. Ob plan, konvex, konkav oder Freiformflächen, auf allen Flächen entsteht eine bis in die nanoskalige Dimension homogen strukturierte Oberfläche. Im Falle des Aluminiumoxids liegen bezüglich des Verschleißverhaltens darüber hinaus keramikähnliche Eigenschaften vor, die sich positiv auf die Standzeiten des Werkzeugs auswirken. Eine nanostrukturierte Polymeroberfläche ist nicht weißlich-matt und opak wie eine mikrostrukturierte. Das liegt daran, dass Nanostrukturen deutlich kleiner sind als die Wellenlänge des sichtbaren Anteils des Lichtes. Somit wirken sie nicht als Streulichtquellen. Transparente Bauteile bleiben nicht nur transparent, sondern durch den Zugewinn an Transmission wird die Transparenz sogar noch gesteigert. Exemplarisch wird beispielsweise bei Makrolon (Polycarbonat) die Transmission von etwa 90 auf über 98 Prozent und bei PMMA von 92 auf über 98 Prozent gesteigert. Somit unterscheidet sich die Wirkung nicht von der einer Entspiegelung. Der Prozess, um diesen Effekt zu erreichen, kann direkt in die Fertigung integriert werden, da durch diese Technologie der Werkstoff selbst die Eigenschaften annimmt und nicht in zusätzlichen Beschichtungsprozessen verändert werden muss. Dies bedeutet Zeit- und Kosteneinsparung. Die Technologie ist anwendbar auf transparente und farbige Produkte, auf plane und Freiformgeometrien und auf nahezu unbeschränkte Flächen skalierbar.

Weiterhin bei Oberflächen im Kleinstformat verweilend wenden wir uns nun dem Thema Ultrapräzisionsbearbeitung von Oberflächen im Nano- und Mikrobereich zu. Dies war uns auch eine eigene Veranstaltung wert, um das Potenzial ionenstrahlgestützter Oberflächenbearbeitungsverfahren im Hinblick auf ihre Transferfähigkeit in andere Sparten zu promoten. Die Historie der Ionenstrahlpräzisionsbearbeitung geht zurück auf ihre Anfänge in den USA im Jahr 1960. In Deutschland begann man 1980 mit der Ionenstrahlpräzisionsbearbeitung an der früheren Akademie der Wissenschaften in Leipzig als Kooperation mit VEB Carl Zeiss Jena. Den Hauptredner des Forums hatten wir an einem Nachfolgeinstitut aus der Leipziger Szene für Oberflächenmodifizierung gewonnen. Er konnte über Glättungen berichten, die nur noch eine Oberflächenrauigkeit von weniger als einem Nanometer Rauheit aufweisen. Es waren auch Nuturwissenschaftler und Mediziner aus Leipzig zugegen, die sich seit Mitte der 1980er-Jahre ein Verfahren auf die Fahne geschrieben hatten, mit dem man auf Metalloberflächen durch chemische und elektrochemische Reaktionen zwischen den Oberflächenatomen des Metallsubstrats und potenziellen Reaktionspartnern der Umgebungsmedien Konversionsschichten auf Basis der entsprechenden Metallverbindungen bilden kann. Diese Reaktionen können, im Gegensatz zu unerwünschten, funktionsbeeinträchtigenden Korrosionsschichten auf Basis des entsprechenden Substratmaterials zur Ausbildung passivierender, haftfester Konversionsschichten führen, sodass man in vielfältiger Weise zu hochinteressanten Oberflächenmodifizierungen und Oberflächenfunktionalisierungen gelangt.

Wir boten den Leipzigern aus der Raumfahrttechnik stammende Technologie als „Funktionalisierung von Magnesiumlegierungen" durch unsere Vermarktungsinstrumente an. Bei dem hierzu angebotenen Oxidationsverfahren sind die dabei ablaufenden mikroskopischen elektrochemisch-plasmachemischen Reaktionen makroskopisch durch sichtbare Funkenentladungen an der Phasengrenze Anode/Elektrolyt sichtbar. Im Resultat der anodischen Oxidation entstehen unter Funkenentladung im Vergleich zu konventionellen Anodisierverfahren hinsichtlich der Oberflächenmorphologie, Phasenstruktur und chemischen Zusammensetzung glaskeramikartige anodische Konversationsschichten. Die angesprochene Lichtemission wurde erstmals 1880 von dem russischen Elektrotechniker N. P. Sluginov beobachtet. Anfang des 20. Jahrhunderts begannen dann systematische und umfangreiche Untersuchungen zu dieser Thematik. In deren Folge fanden an der TU Chemnitz wesentliche Grundlagenforschungen und verfahrenstechnische Entwicklungen zum Prozess der anodischen Oxidation unter Funkenentladung auf verschiedene Ventilmetalle statt, die ab Mitte der 80er-Jahre des 20. Jahrhunderts erstmals applikationsrelevante Beschichtungen in speziell ausgerüsteten Kleingalvanikanlagen für die Industrie und Medizintechnik im labortechnischen Maßstab gestatteten. Bezeichnend für diese Phase war, dass industrielle Bauteile an einer wissenschaftlichen Einrichtung beschichtet und beim jeweiligen Anwender für unterschiedlichste Einsatzzwecke getestet wurden. Vor allem die Nutzung von Funkenentladungsmechanismen für die Abscheidung kalziumphosphathaltiger Schichtsysteme als biokompatible Oberflächen auf Titan und Titanlegierungen fanden schnell starkes Interesse auf dem implantologischen Gebiet. Ebenfalls Anfang der 80er-Jahre begannen dazu intensive Forschungskooperationen zwischen Naturwissenschaftlern der TU Chemnitz und Medizinern der Universität Leipzig mit dem Ziel, diese Biomaterialien mit ihren verfahrensbedingten außergewöhnlichen chemisch-physikalischen Schichteigenschaften und ihrer spezifischen Oberflächenstruktur im medizintechnischen Bereich einsetzen zu können. Umfangreiche

Zellkulturversuche und tierexperimentelle Untersuchungen belegten besonders die hohe Osteokompatibilität dieser Beschichtungen.

Die in den 80er-Jahren geführten Diskussionen zum breit gefächerten Einsatzpotenzial von mittels dieser plasmachemischen Oxidationsverfahren erzeugten Schichtsysteme führten naturgemäß in den meisten Fällen dazu, dass die Eigenschaften von Funkenentladungsschichten auf Aluminium-legierungen sehr oft mit denen konventionell erzeugter Anodisierungs-schichten (Eloxal) verglichen wurden. Vor allem deren ungenügende Thermovakuum- und Strahlungsstabilität war der Anlass, hochabsorbierende plasmachemisch erzeugte Oxidationsschichten für Anwendungen in der Optik und Weltraumgerätetechnik zu qualifizieren. Dies wurde durch einen Technologietransfer zu einem Industriepartner, dem damaligen Kombinat Carl Zeiss Jena, realisiert. Bereits Ende der 80er-Jahre begonnene Aktivitäten können als Beginn der industriellen Anwendung dieser Technologie angesehen werden. Speziell die Forderungen der damaligen sowjetischen Raumfahrt-industrie zur Entwicklung eines auf optischer Basis arbeitenden Orientierungs-systems für die Raumstation MIR machten eine Weiterentwicklung und eine Adaption dieses Verfahrens für sehr kompliziert geformte Bauteile aus Aluminium- und Titanlegierungen notwendig. Die in diesem Zeitraum (1988 bis 1990) durchgeführten Eignungsuntersuchungen hatten gezeigt, dass die auf der Basis von Funkenentladungsphänomenen hergestellten Schichtern nicht nur hohe Strahlungsstabilität haben, sondern auch auf Grund der mikroskopisch porösen Oberflächenstruktur interessante optische Eigen-schaften aufweisen. Diese äußern sich zum Beispiel in einer vom Einfallswinkel der Strahlung weitgehend unabhängigen Restreflexion sowie in höheren Absorptionswerten im Bereich des nahen Infrarot (NIR). Derart beschichtete optische Bauteile wie Linsenfassungen, Streulichtblenden, Lichtschutztuben und Ähnliches fanden dann Eingang in den Astroorientierungskomplex Astro 1M, der für eine Verwendung auf der Raumstation vorgesehen war. Im Rahmen dieser Aktivitäten wurden spezielle Elektrolytzusammensetzungen synthetisiert und Teile für Satellitenanwendungen mittels plasmachemischer Oxidation beschichtet.

Nach 1991 wurde die europäische Weltraumindustrie auf diese Technologie aufmerksam. Infolgedessen wurde diese für Anwendungen in der europäischen Weltraumgerätetechnik qualifiziert. Dies stellte die notwendige Voraussetzung dar, dass verschiedene europäische Hersteller von Satelliten-technik dieses Verfahren zur optischen Funktionalisierung von Bauteilen aus

Aluminium und Titanlegierungen nutzen konnten. Es war genau diese Technologie zur Minimierung von Lichtstreueffekten, die wir mit meinem Unternehmen an einen führenden deutschen Hersteller von medizinischen und industriellen Endoskopen vermittelten, um bessere Bilder der Endoskope durch reduzierte Bildverzerrungen zu liefern. Einzelheiten dieser Erfolgsgeschichte finden sich in Kapitel 4 über Beschichtungen.

Nanoveredelte Oberflächen waren ebenfalls ein richtungsweisender Forschungszweig in der früheren DDR. Ein dementsprechendes Kompetenzzentrum bildete sich in und um Dresden heraus. Wieder einmal ließen wir uns bei einer von uns organisierten Veranstaltung zur Etablierung von Kooperationen zwischen vortragenden Technologieanbietern und an Technologieverwertungen interessierten Industrievertretern im Auditorium über Stand und Trends bei nanoveredelten Oberflächen mit kratz-abweisenden, elektrisch leitenden und antibakteriellen Eigenschaften unseren Horizont erweitern. Der als Experte gewonnene Vortragende konzentrierte sich auf die Geschäftsfelder Plasmatechnik und Medizintechnik seines von ihm nach der Wiedervereinigung gegründeten Unternehmens, das auf das Wissen institutioneller Einrichtungen der früheren DDR aufbauen konnte. In dem Beitrag konzentrierte man sich definitionsgemäß auf Nanostrukturen, die in mindestens zwei Dimensionen kleiner als 100 Nanometer waren. Als Nanostrukturen im weiteren Sinne wollte man auch solche Strukturen verstanden wissen, die in mindestens einer Dimension kleiner als 100 Nanometer und in einer zweiten Dimension kleiner als ein Mikrometer sind. Das nach der Wiedervereinigung gegründete und prosperierende mittel-ständische Unternehmen spezialisierte sich neben der Plasmatechnik auf deren Anwendungen in der Medizintechnik. Unter anderem legte man besonderes Augenmerk auf die Beschichtung von Endoprothesen. Unter Einbringung ihrer langjährigen Kenntnisse und Erfahrungen zur Lösung von Problemstellungen aus der Tribologie wurden sie bei Gelenkimplantationen eingesetzt.

Neben der Ionenimplantation werden Plasmaverfahren unter Vakuum-bedingungen genutzt. Bei der Ionenimplantation werden Stickstoffionen in die Oberflächenrandzone geschossen, um eine Härtesteigerung und damit ein besseres Verschleißverhalten zu erreichen. Bei der Beschichtung werden Hartstoffschichten wie Titannitrid, Chromnitrid oder diamantähnliche Beschichtungen genutzt, um den Reibungskoeffizienten gegen beispielsweise Polymere zu verbessern, deren Biokompatibilität vielfältig bestätigt worden ist. Ich möchte hier anmerken, dass meine Firma die zugrundeliegende Kernkompetenz des Technologieeigentümers zu einer Erfolgsgeschichte des Raumfahrttechnologietransfers gekürt hat, nämlich die Sicherheitsglasscheiben in Sachen Explosionsschutz von Steuergeräten von Bergbaumaschinen, wie in Kapitel 4 über Oberflächen und Beschichtungen im Einzelnen ausgeführt ist.

Kohlenstoffe laufen uns häufig in ihren verschiedensten Formen über den Weg, einschließlich Mikrosystemen oder Nanosystemen nebst allerlei anderer, auch handfesterer Systeme. Deshalb gaben wir in meiner Firma dem Thema Kohlenstoff breiten Raum, nicht zuletzt auch bei unseren Veranstaltungen, sofern sie auf die Diffusion junger Technologie einschließlich der Darstellung ihrer geschichtlichen Ursprünge abzielten. Nähern wir uns einmal ganz unbefangen einer sehr verbreiteten Form des Kohlenstoffs, nämlich dem Ruß. Ruße haben hervorragende Pigmenteigenschaften wie lichtecht, unlöslich und hohe Brillanz. Schon in frühgeschichtlicher Zeit wurden Ruße zum Schwarzfärben hergestellt und verwendet. Die Anwendung von Kohle für medizinische Zwecke wurde schon um 1500 vor Christus in Ägypten in einem Papyrus beschrieben. Anfang des 19. Jahrhunderts wurde Knochenkohle in England zum Entfärben von Zuckerlösungen benutzt. Ab Anfang des 20. Jahrhunderts entstanden die ersten industriell hergestellten Aktivkohlen. Kohlenstoff gibt es in verschieden Formen, von denen die ein oder andere uns bereits begegnet ist. Die meines Erachtens nach interessantesten Formen seien hier noch einmal aufgelistet. Da ist zunächst einmal seine wertvollste Form als Diamant. Er ist extrem hart und farblos. Als Schmuckstück gibt es ihn in verschiedenen Farben, das heißt, durch entsprechende Dotierungen mit Farbzentren kann das ganze Farbspektrum abgedeckt werden. Seine Preisliste ist nach oben offen. In seiner schwarzen Form als Graphit, der rund zwei Drittel so dicht ist wie sein vornehmer Diamantkollege, liegt man preislich wieder im Normbereich. Kohlenstofffasern revolutionierten den Flugzeug- und Fahrzeugbau. Sogenannte Fullerene, mit denen wir schon Kontakt hatten, sind sozusagen nur ein Hauch aus Kohlenstoff. Es sind geschlossene, hohle Moleküle aus Kohlenstoff, die aus Fünf- und Sechsecken bestehen. Sie stellen eine weitere Modifikation des Kohlenstoffs dar. Die kugelförmigen Fullerene aus Kohlenstoffatomen wurden nach dem Architekten Richard Buckminster Fuller (1895–1983) benannt, der für die Expo 1967 im kanadischen Montreal eine Kuppelkonstruktion aus sechseckigen und fünfeckigen Zellen gestaltete, die den Fullerenen stark in ihrer Architektur ähnelte. Die Fulleren-Hohlkugelform hat im Vergleich zum Diamanten eine nur etwa halb so geringe

Dichte. Fullerene werden in Bereichen wie Kosmetik und Sportartikel eingesetzt. Bei den Sportartikeln werden Fullerene beim Bau von Tennis-, Badminton- und Golfschlägern verwendet. Dabei kommen für den Schaft und Rahmen die Eigenschaften dünnwandig, leicht sowie stabil der Carbonkonstruktionen vorteilhaft zur Geltung. Fullerene können zielgerichtet dotiert werden. Überaschenderweise kamen dadurch auch supraleitende Fullerene zum Vorschein. Interdisziplinär zusammengesetzten deutschen und amerikanischen Forschergruppen gelang es, Anfang der ersten Dekade des dritten Jahrtausends mit der Entdeckung der Hochtemperatursupraleitung die Welt der supraleitenden Fullerene zu erkunden, da bei den Hochtemperatursupraleitern mit einer Sprungtemperatur von über minus 196 Grad Celsius eine Kühlung mit flüssigem Stickstoff ausreicht und auf das erheblich teurere Flüssighelium verzichtet werden kann. Alkalidotierte Fullerene sind exotische Systeme, die auch supraleite Eigenschaften zeigen können.

Neben den Fulleren gibt es eine andere Kategorie von kohlenstoffbasierten Materialien, die uns auch schon begegneten Nanoröhrchen. Sie zeigen Eigenschaften, die sie potenziell für elektronische Anwendungen als Logikbausteine von Computern attraktiv machen. Die Nanoröhrchen kann man als eine konsequente Weiterentwicklung von Fulleren bezeichnen, die aus diesen quasi durch In-die-Länge-Ziehen geformt werden können. Wie bei ihren Geschwistern, den Fullerenen, zeichnen sich Nanoröhrchen durch ihr einzigartiges Eigenschafts- und Anwendungsspektrum aus. Die Röhrchen sind sehr stabil, steif, fest und leicht. Die Röhrchen können isolierend, halbleitend oder metallisch leiten sein. Sie können prinzipiell im Hinblick auf angestrebte Anwendungen designt werden. Von Anbeginn an setzte man in die Röhrchen, die wohl in der Öffentlichkeit und Fachwelt meistdiskutierten Nanomaterialien, große Hoffnungen für zukünftige Anwendungen. Man erhoffte sich vor allem Fortschritte in der Elektronik, Messtechnik und Kunststofftechnik. Darüber hinaus stellte man sich Anwendungen in einem Großteil von Schlüsselbranchen vor. Zu ihnen gehörten die Luft- und Raumfahrt und die Transporttechnik einschließlich Kraftfahrzeugen.

Ähnlich der geschilderten verblüffenden Entdeckung von Supraleitung bei Fulleren führten Untersuchungen von Nanostrukturen im Jahr 2004 zu ersten Hinweisen auf das unerwartete Phänomen der Koexistenz von Supraleitung und Ferromagnetismus. Die Möglichkeiten der Koexistenz von Supraleitung und Ferromagnetismus war bereits in meiner Dissertation mit dem Titel „Zur Theorie ferromagnetischer Supraleiter" im Jahre 1983 prognostiziert worden.

Aber zur theoretischen Physik der Koexistenz-Thematik für den Moment genug. Weitere experimentelle physikalische Untersuchungen an weiteren Arbeiten zu Ferromagnetismus und Supraleitung erbrachten den von mir heiß ersehnten Nachweis der Koexistenz von Supraleitung und Ferromagnetismus. Hierzu finden sich auch Details in Kapitel 1 über Supraleitung. Die endgültigen Beweise zur Bestätigung meiner Koexistenz-Prognose wurden nach dem Auffinden der besagten ersten Indikatoren aus dem Jahr 2004 in einer Reihe von in der Fachwelt Aufsehen erregenden Publikationen erbracht. Kommen wir zunächst zur Historie magnetischer Supraleiter und damit auch zu Vorurteilen der Community über die grundsätzliche Unvereinbarkeit von Ferromagnetismus und Supraleitung. Greifen wir einmal die ein oder andere Publikation heraus, in der die Koexistenz von Supraleitung und Ferromagnetismus experimentell nachgewiesen wurde. Mir fielen zum Beispiel bei einer Recherche über den Status beziehungsweise neue Erkenntnisse über magnetische Supraleiter mehrere Arbeiten auf den Gebieten Festkörperphysik, Festkörperchemie und Materialwissenschaften ins Auge, die den von mir heiß ersehnten Nachweis der Koexistenz von Supraleitung und Ferromagnetismus berichteten. Chemiker der Ludwig-Maximilians-Universität München hatten erstmalig im Jahr 2014 einen ferromagnetischen Supraleiter entdeckt. Die Forscher berichteten, dass es ihnen zu ihrem Erstaunen gelungen war, in schichtartigen Strukturen, die sich ihrer Meinung nach ausschließenden Phänomene des gleichzeitigen Auftretens von Supraleitung und Ferromagnetismus nachweislich beobachtet zu haben. Sie führten aus, dass sie sich bei ihren Forschungstätigkeiten auf die physikalischen Eigenschaften von in organischen Verbindungen, mit Schwerpunkt auf Materialien mit hochkorrelierten Elektronen, unter anderem magnetische Verbindungen, auftretenden speziellen Isolatoren und eisenbasierten Hochtemperatursupraleitern konzentriert hätten. Die Entdeckung neuer Materialien mit bis dato unbekannten Kristallstrukturen wurde durch kompositorische Optimierung der Eigenschaften vorhandener Materialien möglich. Die an der Entdeckung beteiligten Wissenschaftler erforschten umfangreich Eisen-Arsenid-Supraleiter mit einem Fokus auf grundlegende und anwendungsorientierte Aspekte.

Die Pressestelle der Ludwig-Maximilians-Universität München titelte am 10. Oktober 2014: „Magnetische Supraleiter: Vereinte Gegensätze", und führte weiter aus, dass die Chemiker der Universität erstmalig einen ferromagnetischen Supraleiter entdeckt hätten, der chemisch modifizierbar sei und umfassende Studien dieses seltenen Phänomens ermögliche. Sie wiesen ferner darauf hin, dass sich bekanntermaßen Supraleitung und Ferromagnetismus als normale Form des Magnetismus, wie sie etwa in Hufeisenmagneten auftritt, normalerweise ausschließen würden. Der Grund sei, dass Ferromagneten magnetisch seien, weil in ihrem Inneren ein starkes Magnetfeld vorliege. Supraleiter dagegen verdrängten Magnetfelder aus ihrem Inneren. Den Chemikern der Universität sei es nun gelungen, diese Gegensätze zu überwinden. Sie hatten eine neue Verbindung synthetisiert, die als ferromagnetischer Supraleiter beide Eigenschaften in sich vereinte. Dass Supraleitung und Ferromagnetismus in einem Material gemeinsam vorkommen, ist sehr selten und wurde bisher fast nur bei Temperaturen nahe dem absoluten Nullpunkt, also etwa bei minus 273 Grad Celsius, beobachtet. Die von den Forschern synthetisierte schichtartige Verbindung hat den großen Vorteil, dass sie auch bei höheren Temperaturen funktioniert, die im Labor leichter handhabbar sind.

Die neu entdeckte Verbindung besteht aus zwei unterschiedlichen Schichten, die abwechselnd folgen: einer supraleitenden Eisenselenid-Schicht und einer ferromagnetischen Lithium-Eisen-Hydroxid-Schicht. Wird die Verbindung auf Temperaturen unterhalb von minus 230 Grad Celsius abgekühlt, entsteht zunächst eine Supraleitung in der Eisenselenid-Schicht. Bei etwas tieferen Temperaturen erzeugen die Eisenatome in der Lithium-Eisen-Hydroxid-Schicht zusätzlich einen ferromagnetischen Effekt, ohne dass die Supraleitung verschwindet. In Kooperation mit Physikern der Technischen Universität Dresden und des Paul-Scherrer-Instituts im schweizerischen Villingen konnten die Wissenschaftler nachweisen, dass das von der ferromagnetischen Schicht ausgehende Magnetfeld den Supraleiter spontan und ohne äußeren Einfluss durchdringt.

Im Juli 2007 war bereits in der Zeitschrift Spektrum der Wissenschaft publiziert worden, dass an der Universität Karlsruhe festgestellt worden war, dass unter bestimmten Bedingungen die Koexistenz von Supraleitfähigkeit und Ferro-magnetismus nachgewiesen worden sei. Die Autoren folgerten daraus, dass das experimentelle Ergebnis Anlass gebe, zahlreiche Ansichten im Kontext Supraleitung und Ferromagnetismus neu zu überdenken. Ein Jahr später stellte die Forschergruppe von Professor Hideo Hosono, der unter anderem am Tokioter Institut für Technologie tätig ist, Ergebnisse vor, die, wie bereits im Kapitel „Supraleitung" dargestellt, eine Koexistenz von Supraleitung und Ferromagnetismus als wahrscheinlichste Interpretation ihrer Messergebnisse nahelegten. Für seine wissenschaftlichen Leistungen im Zusammenhang mit den besagten Aktivitäten im materialwissenschaftlichen Bereich erhielt Professor Hosono 2016 den renommierten japanischen Preis für Materialien und Produktion.

Im Oktober 1997 hatte es die erste Beobachtung der Koexistenz von Ferromagnetismus und Supraleitung bei ultratiefen Temperaturen von nicht einmal einem Grad über dem absoluten Nullpunkt gegeben. Diese extrem tiefen Temperaturen machten deshalb sinnvolle Anwendungen in der Praxis nicht realisierbar, obgleich die Entdeckung für die Bestätigung unerwarteter Koexistenz zwischen den beiden Phänomenen zumindest akademischen Wert hatte und die weitere Suche nach ähnlichen Effekten beflügelte.

Unter der Überschrift „Konkurrierende Grundzustände in metallischen Nanostrukturen" berichtete im Dezember 2016 die Universität Konstanz über die Möglichkeit, unterschiedliche Materialien auf möglichst kleiner Skala elektrisch leitend zu verbinden, denn dies spiele eine wichtige Rolle bei der Entwicklung neuer elektronischer Bauelemente und Speichermedien. Wird insbesondere ein Supraleiter in Kontakt mit einem normalen Metall oder einem Ferromagneten gebracht, kommt es zu einer Konkurrenz der unterschiedlichen elektronischen Wechselwirkungen im Supraleiter, Normalleiter oder Ferromagneten. Der sogenannte Proximity-Effekt, womit die gegenseitige Beeinflussung elektrischer und magnetischer Eigenschaften einer Substanz gemeint ist, eignet sich hervorragend, um die konkurrierenden Grundzustände von Supraleitung und Ferromagnetismus zu untersuchen. Insbesondere ermöglicht die Sensitivität der Supraleitung gegenüber magnetischen Korrelationen die Bestimmung elektronischer Eigenschaften von magnetischen Nanostrukturen. So erlaubt zum Beispiel die Untersuchung des elektronischen Transports durch Supraleiter-Ferromagnet-Punktkontakte oder Supraleiter-Ferromagnet-Tunneldioden die Messung der Spinpolarisation des transmittierten Stromes, eine wichtige Kenngröße für Anwendungen in der Spinelektronik. Die elektronischen Eigenschaften in solchen Hybridstrukturen hängen von charakteristischen Längen ab, die im Bereich von ein bis 100 Nanometer liegen. Auf dieser Größenskala ist die lokale Tunnelspektroskopie mit Rastertunnelmikroskop dazu prädestiniert, die lokalen elektronischen Eigenschaften mit einer Ortsauflösung unterhalb eines Nanometers zu bestimmen.

Dass die Nanowelt ganz schön groß sein kann, statuierten auch Wissenschaftler des Helmholtz-Zentrums Dresden-Rossendorf und der Technischen Universität Dresden im April 2011. Sie studierten eine intermetallische

Verbindung aus Wismut und Nickel. Und siehe da, sie stießen auf ein eigentlich unmöglich erscheinendes Phänomen, nämlich, dass bei bestimmten Materialien die bislang als völlig gegensätzlich eingeschätzten Eigenschaften Supraleitung und Ferromagnetismus gleichzeitig auftreten können. Sie führten weiter aus, dass sie fast pünktlich zum hundertsten Geburtstag der Entdeckung der konventionellen Supraleitung am 8. April 1911 durch den niederländischen Physiker Heike Kamerlingh Onnes aus Leiden ihre Forschungsergebnisse der Öffentlichkeit vorstellten. Als einmalig bezeichneten sie die Größe der Probe von nur wenigen Nanometern im Durchmesser. Möglich wurde dies durch ein neues chemisches Syntheseverfahren, dass an der TU Dresden entwickelt wurde. Die winzige Ausdehnung im Nanobereich und die spezielle Form der intermetallischen Verbindung aus winzigen Fasern sind dafür verantwortlich, dass sich die physikalischen Eigenschaften des normalerweise nicht-magnetischen Stoffes stark verändern. Das ist ein besonders eindrucksvolles Beispiel für die ausgezeichneten Chancen, die durch Nanotechnologie eröffnet werden. Dies gilt insbesondere dafür, dass sich die Eigenschaften einer Substanz substantiell verändern können, wenn es gelingt, ihre Größe in den Nanobereich zu minimieren. Die Forscher führten noch einmal aus, dass es zahlreiche Materialien gibt, die bei sehr niedrigen Temperaturen supraleitend werden. Allerdings steht diese Eigenschaft in Konkurrenz zum Ferro-magnetismus, der Supraleitung in aller Regel unterdrückt. Nicht so bei den untersuchten Verbindungen. Hier stellten die Dresdner Forscher mithilfe von Experimenten in hohen Magnetfeldern und unter sehr niedrigen Tempera-turen fest, dass das nanostrukturierte Material völlig andere Eigenschaften aufweist als größer dimensionierte Proben desselben Stoffes. Das Überraschende daran ist, dass die Verbindung gleichzeitig ferromagnetisch und supraleitend sind. Es ist damit einer von wenigen bekannten Stoffen, der diese ungewöhnliche und physikalisch bis zum Zeitpunkt der Publikation noch nicht vollständig erklärbare Kombination aufweist.

Ebenfalls im Juli 2011 wurde durch amerikanische Forscher das vereinte Auftreten von Ferromagnetismus und Supraleitung in einer zwei-dimensionalen Grenzschicht berichtet. Sie hatten ein Materialsystem vorgestellt, bei dem die von ihnen untersuchte Grenzschicht aus den für den Leser allein schon wegen der Materialnamen exotisch erscheinenden Materialien Strontiumtitanat und Lanthanaluminat bestand. Die Forscher stellten in Messungen umfassende, verschiedenste Aspekte für den Nachweis kollektiver Erscheinungen des für die Supraleitung zuständigen Elektronen-systems und des für den Ferromagnetismus zuständigen magnetischen

Systems zusammen. Bei mir persönlich rief im Hinblick auf meine Dissertationsprognose zur Koexistenz von Supraleitung und Ferromagnetismus die Feststellung der Autoren, dass ihren Ergebnissen zufolge in dem System zwei verschiedene, unabhängige Elektronengase für die elektrische Leitfähigkeit zuständig seien, allergrößte Aufmerksamkeit hervor. Meine Resonanz fiel allein schon deswegen so vehement aus, weil das in meiner Dissertation zur Koexistenz von Supraleitung und Ferromagnetismus betrachte Modell unter anderem den Einfluss zweier elektronischer Bänder einbezog, die sich für die Koexistenz-Prognose als essentiell herausstellten. Hierzu im Einzelnen später mehr. Mehr als 30 Jahre nach meiner Vorhersage einer möglichen Koexistenz von Supraleitung und Ferromagnetismus war ich über die von mir schon nicht mehr für möglich gehaltene intensivierte Suche nach Systemen, die dieses Phänomen zeigen, natürlich höchst erfreut. Wir kommen jetzt also wie mehrfach angekündigt zu den besagten zentralen Elementen meiner Prognose.

Es war im Jahr 1980, als mir eine Überprüfung der in Physikerfachkreisen weit verbreiteten Auffassung, dass sich Ferromagnetismus und Supraleitung grundsätzlich ausschließen würden, angezeigt erschien. Um zu diesem Zweck eine von vornherein breitestmögliche und uneingeschränkte Untersuchung zu ermöglichen, wurde von mir ein zur Beschreibung magnetischer Supraleiter geeignetes Zweibandmodell, das auf experimentellen und theoretischen Erfahrungen über ternäre Verbindungen basierte, auf die Möglichkeit der Koexistenz von Supraleitung und Ferromagnetismus mit anerkannten Methoden der mathematischen Physik theoretisch untersucht. Aufgrund der Berücksichtigung eines Bandes normalleitender Elektronen, das mit den supra-leitenden Elektronen und den magnetischen Momenten mittels Austausch wechselwirkt, ergab sich die interessante Möglichkeit eines Austausch-kompensationseffektes, der auf einer Reduktion der stark paarbrechenden Wirkung der Spinaustauschstreuung und des Austauschfeldes durch die magnetischen Momente beruhte. Unter dem Begriff Austausch wird hier im Sinne der Quantenmechanik die Wechselwirkung zwischen Elektronenspins und Kernspins der Atome verstanden. Ohne hier in die Tiefen der Quantenmechanik eintauchen zu wollen, möchte ich mich zum besseren Verständnis auf die wichtigsten Grundlagenergebnisse stützen, und zwar so, wie sie auch bei der weiteren Diskussion benötigt werden. Die Wechselwirkung zwischen Spins kann man nämlich prinzipiell als eine Art Magnetfeld am Ort des einen Spins verstehen, das durch den anderen Spin erzeugt wird. Wir Physiker als Naturphilosophen benutzen gern möglichst anschauliche Bilder, um die Welt der toten Materie mathematisch möglichst einfach, doch mit bester Genauigkeit beziehungsweise Approximation zu beschreiben. Mathematiker sagen hierzu, dass die wichtigsten Elemente einer Taylorreihe zur näherungsweisen theoretischen Beschreibung einer physikalischen Wechselwirkung angesetzt werden. Im Fall der Austauschwechselwirkung besteht dieser Ausdruck aus dem skalaren Produkt der Spinvektoren und einer Kopplungskonstanten, die ein Maß für die Stärke der Wechselwirkung darstellt. Wie ich feststellte, kann genau ein solcher Wechselwirkungsmechanismus zwischen den Partnern supraleitende Elektronen, normalleitende Elektronen und magnetische Momente durch die von mir aufgezeigten Möglichkeiten einer durch Austauschkompensationen veranlassten Koexistenz von Supraleitung und Ferromagnetismus möglich sein.

Den normalleitenden Elektronen kann jedoch eine weitere außerordentlich wichtige Rolle zukommen, die wir in der folgenden Idee darlegen. Wir nehmen an, dass das Spinsystem unterhalb einer bestimmten Temperatur in einen homogenen ferromagnetischen Zustand übergeht. Aufgrund des sich dann ausbildenden Austauschfeldes tritt eine erhebliche Beeinflussung des supraleitenden Zustands ein, denn schon bei relativ kleinen Austauschkopplungskonstanten zwischen supraleitendem Band und magnetischen Momenten ist in einem hochkonzentrierten Spinsystem leicht ein internes Feld möglich, das die Größe des oberen kritischen Magnetfeldes erreicht oder gar übersteigt. In diesen Fällen findet somit eine Rückkehr der Supraleitung zur Normalleitung statt, das heißt, Koexistenz ist nicht möglich. Wenn nun aber die Austauschwechselwirkung der magnetischen Momente mit normalleitenden s-Elektronen dazu führt, dass die Polarisation der s-Elektronen der Polarisation der magnetischen Ionen entgegengesetzt ist, so tritt eine Kompensation des Austauschfeldes der Ionen ein, sofern die s-Elektronen selbst mit den supraleitenden über Austausch gekoppelt sind. Das verkleinerte effektive Austauschfeld der magnetischen Momente und der normalen Elektronen führt somit zu einer Reduktion der Spinaufspaltung des d-Bandes. Dieser Mechanismus der Kompensation des starken Austauschfeldes der magnetischen Atome im ferromagnetischen Bereich durch die normalleitenden Elektronen kann somit die Koexistenz von Supraleitung und Ferromagnetismus begünstigen.

Von dieser Überlegung ausgehend und die bisherigen experimentellen und theoretischen Erkenntnisse über ternären Verbindungen berücksichtigend betrachten wir in einem Schwerpunkt dieser Arbeit ein Modell, das zur

Beschreibung ferromagnetischer Supraleiter geeignet ist, und untersuchen es insbesondere unter dem Aspekt der Koexistenz von Supraleitung und Ferromagnetismus. Seine wesentlichen Bestandteile sind ein Band supraleitender d-Elektronen, ein Band normalleitender s-Elektronen und lokalisierte magnetische Momente. Das supraleitende Band und die Momente sind durch eine schwache Austauschwechselwirkung miteinander gekoppelt, wie es in den ternären Verbindungen der Fall ist. Dies bedeutet auch einen geringen Einfluss der d-Elektronen auf das Zustandekommen einer ferromagnetischen Ordnung im hochkonzentrierten Spinsystem. Diese Ordnung wird hauptsächlich bewirkt durch die Wechselwirkung der Momente mit den normalleitenden Elektronen. Die magnetische Ordnung ist somit nahezu unabhängig von den supraleitenden Eigenschaften des Systems.

Von größter Bedeutung ist die Austauschkopplung zwischen supraleitendem und normalleitendem Band. Diese ermöglicht nämlich ein Austauschfeld aufgrund der Polarisation der normalen Elektronen, die durch die Ausrichtung der magnetischen Momente unterhalb der magnetischen Übergangstemperatur mittels der durch die magnetische Ordnung hervorrufenden Austauschkopplung herbeigeführt wird.

In den Rechnungen zeigt sich unter Zugrundelegung meines Modells, dass das Austauschfeld auf die supraleitenden Elektronen durch das Zusammenspiel der normalleitenden, supraleitenden und magnetischen Partner einen die Koexistenz fördernden Einfluss ausüben kann. Somit kommt es in dem von mir diskutierten Modell dabei mehr auf das Verhältnis der Stärken der einzelnen Austauschwechselwirkungen zueinander an und nicht so sehr auf deren absolute Größen, um eine Koexistenz der beiden konkurrierenden Phänomene zu erreichen. Aufgrund einer solchen Reduktion des effektiven Austauschfeldes zeigt sich in meinen Rechnungen eine deutliche Vergrößerung des Koexistenzgebietes im Vergleich zu Einbandsystemen, bei denen schon eine schwache Austauschwechselwirkung zwischen den supraleitenden d-Elektronen und den magnetischen f-Momenten eine Zerstörung der Supraleitung durch den Ferromagneten bewirkt.

Der Einfluss des normalleitenden Bandes kann aufgrund seiner Wechselwirkung mit den magnetischen Momenten und den supraleitenden Elektronen also darin bestehen, bei geeigneten Verhältnissen der einzelnen Wechselwirkungen zueinander zu einer drastischen Reduktion sowohl der Austauschstreuung als auch des Austauschfeldes zu führen und der

Supraleitung insbesondere im ferromagnetischen Bereich das Überleben zu sichern.

Ich möchte resümierend das von mir generierte Modell, das zur Beschreibung magnetischer Supraleiter geeignet ist und von mir auf die Möglichkeit der Koexistenz von Supraleitung und Ferromagnetismus untersucht wurde, in seinen wesentlichen Elementen, die bislang bereits im Einzelnen dargestellt wurden, übersichtshalber zusammenfassen. Seine wichtigsten Bestandteile sind ein Band supraleitender d-Elektronen, ein Band normalleitender s-Elektronen und periodisch angeordnete beziehungsweise mit Konzentration c auf einem Gitter verteilte magnetische f-Momente. Die beiden Bänder und die magnetischen Momente sind untereinander mittels Austauschwechsel-wirkung gekoppelt. Eigentlich wollte ich in diesem Kapitel etwas über Nanotechnik, so ich selbst oder Mitarbeiter meiner Firma damit befasst waren, berichten und schließlich bin ich bei meiner 1983 verfassten Dissertation über ferromagnetische Supraleiter gelandet, in der die mögliche Koexistenz von Supraleitung und Ferromagnetismus prognostiziert wurde. Neueste Entdeckungen ferromagnetischer

Supraleiter, die meine Prognose nach mehr als 30 Jahren unter anderem in Nanosystemen experimentell bestätigten, veranlassten mich, hier auch das Thema ferromagnetische Supraleiter noch einmal zu erörtern.

Kapitel 10: Virtuelle Realität

„Übung macht Meister"

Ausgelöst wurde mein Interesse an virtuellen Welten beziehungsweise virtueller Realität (VR) bei meinen USA-Dienstreisen Ende der 1980er- und Anfang der 1990er-Jahre. Speziell meine Kontakte zur DARPA, über deren Aktivitäten ich in anderen Zusammenhängen schon in diesem Buch berichtete, beeindruckten mich durch ihre Projekte, die sie von kleinen und mittleren amerikanischen Unternehmen durchführen ließ. Wie oben bereits erwähnt, wurden derartige Vorhaben zu Wegbereitern neuer Technologien und Firmen. Ich hatte das Glück, zu einem Zeitpunkt den Stand von Forschung und Technik miterleben zu dürfen, der maßgeblich von einem der Urväter computer-generierter Welten, Jaron Lanier, geprägt wurde. Lanier beschrieb 1989 Virtual Reality (VR) als computergenerierte Umgebung, die die verschiedenen Sinne eines Nutzers stimuliert und Interaktionen möglichst in Echtzeit erlaubt. 1985 war er von der NASA beauftragt worden, einen Datenhandschuh für Astronauten zu bauen, sodass man zusätzlich zum Sehsinn auch ein taktiles Instrument für den Tastsinn hatte. Der Datenhandschuh der Astronauten wurde 1986 zu einem der ersten kommerziellen Produkte mit einem damaligen Preis von etwa 9.000 US-Dollar.

Will man zu den eigentlichen Anfängen virtueller Welten zurückgehen, muss man in der NASA-Chronik der frühen 1960er-Jahre blättern. Einem jungen Elektrotechnikingenieur und früheren Marine-Radarspezialist mit Namen Douglas Engelbart ist es zu verdanken, dass er quasi als Querdenker einen Computer nicht nur als Rechner, sondern auch als Bildschirm zur Anzeige digitaler Daten ansah. Er wusste durch seine frühere Tätigkeit, dass jede Art digitaler Informationen auf einem Bildschirm angesehen werden konnte. Er dachte sich: Warum nicht einen Computer mit einem derartigen Bildschirm verbinden und so beide Fragestellungen gleichzeitig zu einem Ergebnis zuführen? Zunächst gerieten seine Ideen in Vergessenheit, wurden aber Anfang der 1960er von anderen wiederbelebt. Darüber hinaus war die Zeit gerade passend für seine Visionen der Datenverarbeitung. Kommunikations-technik überschnitt sich mit Rechner- und Grafiktechnologien. Zur Erinnerung: Die ersten Computer basierten auf Transistoren anstelle von Röhren. Erreichte Synergien ermöglichten nutzerfreundlichere Rechner, die die Grundlagen für Personal Computer, Grafikcomputer und später virtuelle Realitäten bildeten.

Zu den Schlüsselereignissen auf dem Weg zur heutigen VR erschuf Ivan Sutherland, ein Pionier der Computergrafik, das erste Head-Mounted Display, das aufgrund seines anfänglich hohen Gewichtes eine Anwendung nur für bestimmte, „kräftige" Personengruppen zuließ.

Inspiriert von den Reiseeindrücken nahmen wir uns in meiner Firma als erstes Unternehmen in Europa die Etablierung ähnlicher Vorhaben als Schrittmacher für deutsche Technologieentwicklungen durch von uns anvisierte Gemeinschaftsprojekte aus Forschung und Industrie vor. Als Fördergeber der öffentlichen Hand konnten wir eine gemeinschaftliche Initiative des Wirtschaftsministeriums des Landes NRW (MWMT) und der früheren Deutschen Agentur für Raumfahrt DARA gewinnen. Wir konnten unsere Kenntnisse aus unserem Befassen mit dem besagten Gedankenaustausch mit unseren amerikanischen Partnern sogar dahingehend einbringen, dass der Titel des ambitionierten Projektes für die DARA und das MWMT in Anlehnung an die bereits etablierten amerikanischen Aktivitäten für die NASA folgerichtig „Anwendungen von Virtual Reality bei Telerobotik in der Raumfahrt" lautete. Hiermit wurde in Deutschland absolutes Neuland betreten. Meine Firma stellte 1990 ein Konsortium aus nordrhein-westfälischen Mitgliedern und Partnern aus den neuen Bundesländern der wiedervereinigten Bundesrepublik Deutschland zusammen. Ein uns langjährig vertrauter Partner aus dem Bereich der Fraunhofer-Institute in Dortmund erschien uns für die Mitwirkung in dem Pilotprojekt essentiell, da er ausgiebige Kenntnisse zum Thema Materialfluss und Logistik besaß. Unser Partner aus der Logistik betonte in einer späteren Publikation, dass die besagten Ambitionen insbesondere darin gipfelten, dass die Fernsteuerung von Robotern zur Durchführung von Experimenten in einem Weltraumlabor ein von der Bedienung her schwieriges Aufgabenfeld darstelle, da der Fachwissenschaftler seine Experimente ohne Kenntnis der Roboterkinematik nicht selbst durchführen könne, sondern auf die Hilfe eines Spezialisten angewiesen sei. Aus diesem Grund wurden im Rahmen des Vorhabens die prinzipiellen Einsatzmöglichkeiten von Virtual Reality bei der Gestaltung von Mensch-Maschine-Schnittstellen im Hinblick auf eine intuitive Definition und Steuerung von Experimenten untersucht, um eine einfache und sichere Steuerung der verwendeten Roboter zu gewährleisten. Bei den seinerzeitigen Anwendungen in der Telerobotik bezüglich der Fernsteuerung von Robotern erfuhren die Benutzer durch die zur Verfügung stehenden Mensch-Maschine-Schnittstellen noch nur unzureichende Unterstützung. Wie uns unser Logistikpartner erläuterte, lagen die Ursachen der benutzer-unfreundlichen Handhabung der Instrumente sowohl in der aufwendigen und

oftmals fehleranfälligen Steuerung aufgrund der eingesetzten Interaktionsmedien als auch in den nicht problemadäquaten und anwendungsorientierten
Benutzerschnittstellen. Die sich daraus ergebenden Akzeptanzprobleme
beispielsweise bei der Durchführung durch die bei der Fernsteuerung von
Robotern geforderten spezifischen Kenntnisse im Bereich der Roboterkinematik wurden noch verstärkt. Weitere Problemfelder ergaben sich durch
die kameragestützte Experimentkontrolle als ein nur unzureichender
Feedbackmechanismus zur Überprüfung des Experimentablaufs, da die
Qualität der Bilddarstellung aufgrund ungünstiger Lichtverhältnisse und einer
möglichen Verdeckung von zu manipulierenden Objekte eine eindeutige
Entscheidungsfindung des Betrachters nicht immer zuließ, was die Steuerung
der Roboter erschwerte. Für einen gezielten und effizienten Einsatz der
Telerobotik zur Durchführung von Experimenten in einem Weltraumlabor
mussten daher die bestehenden Konfigurationen und Konzepte über
ganzheitliche Modellansätze, neue Mensch-Maschine-Schnittstellen und
angepasste Robotersteuerungskonzepte geschaffen werden.

Das angesprochene Pilotprojekt der Anwendungen von virtueller Realität für
Telerobotik in der Raumfahrt war für uns im Projektteam also eine erste
Herausforderung, zu deren Bewältigung sich ein jeder von uns aufgrund seiner
jeweils vorhandenen Kenntnisse in dem für ihn relevanten Teilgebiet ermutigt
fühlte. Mein Team und ich hatten mit meiner Firma dementsprechende
Sorgfalt bei der Zusammenstellung der Mitglieder des Verbundvorhabens
aufgewendet, denn es ging schließlich darum, amerikanischen Vorbildern mit
großer Erfahrung und beachtlichem Vorsprung bei der Erforschung und
Anwendung von Aspekten der virtuellen Realität nachzueifern. Die im Virtual-
Reality-Projekt für Anwendungen von Telerobotik in der Raumfahrt
erarbeiteten Erkenntnisse wurden von dem einen oder anderen Konsortialpartner sowohl im neu geschaffenen Anwendungsgebiet der virtuellen Realität
als auch in ihren ursprünglichen Kerngeschäftsfeldern verwertet.

Zu neuen Applikationen durch unser VR-Projekt, die ich mir bei der Akquisition
des Pilotprojektes nicht hatte vorstellen können, wurden unsere Partner
inspiriert. Nach dem Befassen mit dem Weltraumprojekt gingen Hochschulforscher auf mehr oder weniger direktem Weg in den Wald, um sich um
Anwendungen für Holzerntemaschinen zu kümmern. Holzvollerntemaschinen,
im Englischen als Harvester bezeichnet, werden seit den frühen 1970er-Jahre
eingesetzt. Erste Harvester kamen 1983 in Skandinavien zum Einsatz, gefolgt
von Deutschland im Jahr 1987. Österreich und die Schweiz folgten 1990, das

heißt, wir waren mit unserem Raumfahrt-VR-Projekt gerade rechtzeitig zur Stelle. Besagte Harvester fixieren die Bäume, die gefällt werden sollen, fällen sie und können die Stämme entasten sowie die Äste je nach Wunsch klein häckseln. In der Regel sind Harvester Vollernter, mit denen Bäume, zumeist Nadelbäume, gefällt beziehungsweise oberhalb der Wurzeln abgesägt werden. Nach dem Fällen kann der Baumstamm zur Seite gelegt werden und im mehr oder weniger gleichen Arbeitsschritt entastet werden. Beim Entasten des Baums wird der Baumstamm dann außerdem noch in gleich lange Holzabschnitte gesägt. Dann kann der Transport ins Sägewerk beginnen. Die Abmessungen von Harvestern können beachtlich sein. Einen Harvester kann man sich hinsichtlich seiner Größe vorstellen wie einen Bagger in der Bauwirtschaft. Wie bei Baggern gibt es auch bei Harvestern verschiedenste Modelle und Ausstattungen. Ihre Größen sind demzufolge ganz ähnlich. Wie bei Baggern verfügt ein Harvester über einen Arm, an dem die Schneidtechnik befestigt ist. Auch bei ihnen gibt es Ausführungen mit mehrachsigen Fahrgestellen oder Kettenantrieben. Es ist für die Harvesterfahrer nicht einfach, die komplizierten und kostspieligen Waldgeräte zu bedienen, und es bedarf eines erheblichen Maßes an Training.

Die Unterstützung von Trainingsmaßnahmen zur Bedienung von Harvestern war auch ein Anstoß zur Verwertung der Projektergebnisse aus dem Kreis der Projektteilnehmer des Raumfahrt-VR-Vorhabens. Hiermit war eine Umsetzungen der Projektergebnisse für die Forstwirtschaft beschlossene Sache, der sich insbesondere Projektpartner aus dem Hochschulbereich nebst industriellen Partnerschaften widmeten. Die für die Raumfahrt eingesetzte Technologie der Anwendung von Expertisen zur Anwendung von Simulationsmethoden aus dem Bereich der virtuellen Realität wurde gleichzeitig im erweiterten Kontext von dreidimensionalen Robotersimulationssystemen zu neuen Anwendungen im industriellen Umfeld geführt. Hiermit wollte man gestiegenen Anforderungen an die Produktflexibilität Rechnung tragen. Es war ein Softwarepaket entwickelt worden, dass aufgrund seiner intuitiven Bedienung zur Ausbildung in der Robotik prädestiniert war. Genau diese Leistungsmerkmale waren es, die durch die für die Weltraumrobotik eingesetzten Methoden der virtuellen Realität eine völlig neue und intuitive Art der Kommunikation zwischen Menschen auf der Erde und Maschinen im Weltraum ermöglichten.

Dabei ist die Grundidee der virtuellen Realität die Erzeugung künstlicher, computersimulierter Welten, die nicht nur passiv auf einem Bildschirm betrachtet werden können, sondern in die der Benutzer aktiv eingreifen kann, mit denen er interagieren kann. Hierbei werden je nach Anwendungsgebiet unterschiedliche Interaktionsmechanismen eingesetzt. Der klassische, aus den Anfängen des Befassens der NASA mit VR ist der Datenhandschuh, mit dessen Hilfe der Bediener sine Hand, deren Bewegung sensorisch erfasst wird, direkt in der animierten Welt bewegen kann. Dort kann er in derselben Art und Weise agieren, in der er auch in der tatsächlichen Realität handeln würde. Er kann Objekte greifen und ablegen und beispielsweise Sensoren oder Schalter betätigen. Neben dem Datenhandschuh können jedoch auch reale Bedienelemente, je nach Problemstellung zum Beispiel aus dem Führerhaus eines Baggers, eines Harvesters oder eines LKW als Interaktionsmechanismus mit der virtuellen Welt verwendet werden. Damit kann der Benutzer wie in seiner täglichen Praxis arbeiten, greift aber wiederum aktiv in die virtuelle Welt ein, indem er statt des realen sein simuliertes Fahrzeug steuert. Neben der entsprechend der Anwendung ausgewählten Interaktionssoftware kommt der Visualisierung der computersimulierten Welt eine weitere Schlüsselfunktion zu. Präsentiert man dem Benutzer die simulierte Umgebung etwa per Datenhelm, so ist auch ein Stereosehen, das heißt der Eindruck einer räumlichen Tiefe des Sehens möglich, sodass mit dem Aufsetzen eines Datenhelms das Gefühl des „Eintauchens" in die virtuelle Welt erweckt wird. Bei einem unserer Projektpartner stand die intuitive Steuerung eines Mehrrobotersystems und verschiedener anderer Automatisierungssysteme unter einer einheitlichen, leicht verständlichen Oberfläche hoch im Kurs.

Die Furcht vor nuklearen Angriffen veranlasste in den 1960er-Jahren das US-Militär dazu, durch die uns schon bekannte DARPA ein neues Radarsystem beschaffen zu lassen, das große Mengen an Informationen verarbeiten konnte und ihre umgehende Anzeige in einer Form, die man schnell versteht, gewährleistete. Das daraus resultierende Radarverteidigungssystem war die erste Echtzeit- oder augenblickliche Simulation von Daten. Luftfahrtdesigner begannen zu experimentieren, um herauszufinden, auf welche Weise Computer strömungsmechanische Daten am besten grafisch anzeigen oder modellieren konnten. Computerexperten begannen darauf hin, Rechner-architekturen dahingehend umzustrukturieren, sodass sie sowohl die Strömungsmodelle grafisch anzeigten als auch sie berechneten. Die Arbeiten dieser Designer ebneten den Weg für wissenschaftliche Visualisierungen, eine fortschrittliche Form von Computermodellierungen, die eine Vielfalt umfangreicher Datensätze als Bilder und Simulationen ermöglichte.

Ebenfalls Anfang der 1960er hatte man sich vorgenommen, Hemmnisse in der Mensch-Maschine-Wechselwirkung zu reduzieren. Eine Option hierfür war der Ersatz von Tastaturen durch interaktive Geräte, die auf Bilder und Gesten einer Hand zur Datenmanipulation basierten. 1962 entwickelte Ivan Sutherland, einer der Pioniere virtueller Welten, einen „Lichtgriffel", mit dem der Nutzer Bilder auf einem Computer skizzieren konnte. Das erste von Sutherland erstellte computerunterstützte Designprogramm mit dem Namen Sketchpad eröffnete Designern die Möglichkeit, Computer zur Herstellung von Blaupausen beziehungsweise Entwürfen für Autos, Städte und industrielle Produkte zu verwenden. Gegen Ende der 1960er wurden die Designwerkzeuge schon in Echtzeit betrieben. 1970 stellte Sutherland ein erstes, wenn auch noch primitives Head-Mounted Display her und der besagte Engelbart enthüllte einen Prototyp, um mit seinem Lichtgriffel Text auf einem Computerbildschirm zu verschieben, das heißt, die erste Computermaus war geboren.

Eine der einflussreichsten Vorgeschichten der virtuellen Realität war der Flugsimulator. Nach dem zweiten Weltkrieg bis hinein in die 1990er wurden Millionen Euro und Dollar in militärisch und industriell veranlasste Technologien zur Simulation des Flugverhaltens von Flugzeugen gepumpt. Damals wie auch heute war es billiger und sicherer, Piloten zunächst am Boden zu trainieren, bevor man sie in die Lüfte mit ihren für sie neuen Unwägbarkeiten ließ. Die ersten Flugsimulatoren bestanden aus Cockpit-attrappen, die sich auf beweglichen Plattformen befanden, die Rüttel- und Rollbewegungen durchführten. Eine Einschränkung lag allerdings im Fehlen eines visuellen Feedbacks. Das änderte sich, als Videoschirme an die Modellcockpits angeschlossen wurden. In den 1970ern ersetzten computergenerierte Grafiken Videos und Modelle. Diese Flugsimulatoren arbeiteten in Echtzeit, obwohl die Grafik ziemlich primitiv war. 1979 experimentierte das US-Militär mit Head-Mounted Displays. Diese Innovationen wurden durch die großen Gefahren getrieben, die mit dem Training und Fliegen der in den 1970er-Jahren gebauten Kampfjets verbunden waren. Anfang der 1980er-Jahre ermöglichten bessere Software, Hardware und bewegungskontrollierte Plattformen den Piloten, durch hochdetaillierte virtuelle Welten zu navigieren.

Ein natürlicher Nutzer von Computergrafiken war recht bald die Unterhaltungsindustrie, die analog zu Militär und Industrie zu vielen wertvollen Spin-offs virtueller Welten wurde. In den 1970er-Jahren wurden einige der außergewöhnlich blendenden computergenerierten Spezialeffekte in Hollywoodfilmen wie die Kampfszenen in Big-Budget-Blockbustern wie dem 1976 erschienenen Science-Fiction-Film *Star Wars* generiert. Später kamen Filme wie *Terminator* und *Jurassic Park* hinzu. In den frühen 1980er-Jahren boomte das Geschäft mit Videospielen. Ein direkter nennenswerter Spin-off der Unterhaltungsindustrie in den Computergrafikbereich war der Datenhandschuh als Schnittstelle, um Handbewegungen zu detektieren. Er wurde erfunden, um Musik durch verbinden von Handgesten zu einem Musiksynthesizer zu erzeugen. Ein Forschungszentrum der NASA in Kalifornien wurde einer der ersten Kunden für dieses neue Computereingabegerät für seine Experimente mit virtuellen Umgebungen. Zum größten Kunden des Datenhandschuhs wurde die Firma Mattel, die ihn für Anwendungen in Kinderspielen der Firma Nintendo adaptierte.

„Ein Bild sagt mehr als tausend Worte", war auch die Devise von Anwendern auf dem Feld der wissenschaftlichen Visualisierung. Hierdurch entstand eine Alternative zu Balkendiagrammen und Strichzeichnungen durch dynamische Bilder. Bei wissenschaftlichen Visualisierungen benutzt man Computergrafiken, um Spalten und Daten in Bilder zu transformieren. Diese Bildgenerierung ermöglicht Wissenschaftlern, enorme Datenmengen, die bei einigen wissenschaftlichen Untersuchungen anfallen, zu assimilieren. Wir sollten uns jetzt mal einen kurzen Moment lang vorstellen, dass man sich Anfang der 1980er-Jahre zur Aufgabe gestellt hatte, DNA-Sequenzen zu entschlüsseln und Molekülmodellierungen, Gehirnkartierungen, Flüssigkeitsströmungen oder kosmische Explosionen nur aus den zur Verfügung stehenden Zahlenreihen zu visualisieren. Ein Ziel der wissenschaftlichen Visualisierung besteht in der Erfassung der dynamischen Qualitäten von Systemen oder Prozessen in Bildern. In den 1980er-Jahren bewegte sich das Thema der wissenschaftlichen Visualisierung hin zu Animationen, wobei sowohl Anleihen als auch Neukreationen von Techniken für Spezialeffekte aus Hollywood einbezogen wurden.

1990 erlangte die Animation über Auswirkungen von Smog in Los Angeles auf der Preisverleihung des nationalen Zentrums für Supercomputeranimationen im US-Bundesstaat Illinois dermaßen große Aufmerksamkeit, dass die Gesetzgebung zur Luftverschmutzung in diesem Bundesstaat beeinflusst wurde. Diese Animation war offenkundig ein überzeugender Beweis des außerordentlich hohen Wertes dieser Art von Bildern. Animation hatte jedoch ernsthafte Grenzen. Man musste zunächst festzustellen, dass sie sehr teuer war. Nach Monaten der Erarbeitung von Computersimulationen dauerte die Herstellung der eigentlichen Smoganimation aus den Daten weitere sechs Monate. Individuelle Szenen dauerten von mehreren Minuten bis zu größenordnungsmäßig einer Stunde. Die zweite Einschränkung betrifft das Fehlen von Interaktivität, sodass Änderungen der Daten oder Bedingungen, die ein Experiment beherrschen, nicht möglich sind. Nach Fertigstellung einer Animation sind nachträgliche Änderungen nicht mehr möglich. Wissenschaftler wollten aber Interaktivität. Das Gleiche galt für das Militär, die Industrie, die Geschäftswelt und die Unterhaltungsindustrie. Dieser branchenübergreifende Bedarf an Interaktivität drängte das Gebiet Computervisualisierung an seine Grenzen in Richtung virtuelle Realität.

Interaktivität wäre ein schöner Wunsch geblieben, wenn nicht Mitte der 1980er die Entwicklung von Hochleistungscomputern eingesetzt hätte. Diese Maschinen stellten Rechengeschwindigkeiten und Speicherkapazitäten für Programmierer und Wissenschaftler zur Verfügung, um mit der Entwicklung fortgeschrittener Visualisierungssoftware Programme zu beginnen. Ende der 1980er wurden preiswerte Grafik-Workstations, die über hohe Auflösungen verfügten, an Hochgeschwindigkeitscomputer angebunden, was der Visualisierungstechnologie einen breiteren Zugriff ermöglichte. Alle grundlegenden Elemente der VR existierten seit 1980, aber es bedurfte der Verfügbarkeit von Hochleistungscomputern mit ihren leistungsstarken Bildbearbeitungsfähigkeiten, um das Ganze zum Laufen zu bekommen.

Bedarf entstand für Visualisierungsumgebungen zur Unterstützung von Wissenschaftlern, um ihre täglich anfallenden enormen Datenmengen besser handhaben zu können. Als Treiber für sowohl Berechnungen als auch für VR dienten Hochleistungsrechner nicht länger nur als bloßer Zahlenverarbeiter, sondern wurden zu spannenden Wegbereitern im Forschungsbereich und zur Keimzelle für Entdeckungen. Mitte der 1990er konstatierte man, dass die virtuelle Realität ein Level erreicht hatte, der einen Wechsel der Art, wie Menschen mit Computern interagieren und sie kontrollieren, darstellte. Wie zu den Zeiten der Einführung der ersten Computer waren die sozioökonomischen Auswirkungen der VR-Technologien nur in Ansätzen vorstellbar. Wie Kollegen, die sich wie ich mit der VR-Technologie und ihren Folgen auseinandergesetzt haben, festgestellt haben, weist das Gebiet VR auch Mitte der 2010er-Jahre noch einen Stand auf, der gemessen an seinen Möglichkeiten noch viel Potenzial erwarten lässt. Insoweit ist meine Prognose, die mein Team und ich Anfang der 1990er-Jahre im Rahmen unserer

Technikfolgenabschätzung für das Wirtschaftsministerium des Landes NRW aufstellten, qualitativ auch heute noch gültig. Die Verbreitung der VR schreitet allerdings deutlich weniger rasant voran als von uns seinerzeit erwartet.

Es gibt einige interessante Stories aus dem Bereich virtueller Welten, zu denen meine Kollegen und ich etwas beitragen durften. Zunächst schien uns ein erheblicher Weiterentwicklungsbedarf in Sachen Head-Mounted Displays (HMD) vorzuliegen, der uns die Nutzerakzeptanz im Vergleich zu den ursprünglich realisierten, etwas klobigen Systemen deutlich zu erhöhen schien. Wir nahmen hierzu in unsere Technologievermittlungsaktivitäten Angebote auf, die unseres Erachtens nach entsprechende Vermarktungspotenziale aufwiesen. Eines der Angebote war ein mobiles Informationssystem, das auf Multimediatechnologien einschließlich solcher für virtuelle Realitäten basierte. Die Technologie wurde ursprünglich als Kommunikationssystem zum Datenaustausch zwischen Astronauten und der Bodenstation konzipiert. Im Jahr 2002, also 30 Jahre nach dem ersten noch sperrigen Head-Mounted Display, wurde ein Virtual-Reality-Tool entwickelt, um Astronauten auf der Internationalen Raumstation ISS die Arbeit zu erleichtern. Das Kopfteil war mit einem Hochleistungsrechner verbunden, der von den Astronauten auf dem Rücken getragen wurde. Durch eine Spezialbrille konnten die Astronauten die Umgebung wahrnehmen, aber sich gleichzeitig auch Daten und Informationen einspielen lassen. So entfiel das lästige Blättern in Handbüchern. Die Hände blieben frei für Experimente und Reparaturen. Das System war über Voice Control steuerbar. Eine Kamera im Kopfteil übertrug Bilder aus dem Sichtfeld des Astronauten. Gestaltet wurde das Kommunikationssystem vom Institut für integriertes Design an der Hochschule für Künste in Bremen im Auftrag des Luft- und Raumfahrtkonzerns Astrium GmbH. Im Vergleich zu früheren Head-Mounted Displays konnte man nun von einem in Sachen Nutzerfreundlichkeit angemesseneren System sprechen, das für die Elektronik seiner Hochleistungs-grafik aber immer noch ein Gewicht von rund drei Kilogramm aufwies und das der Nutzer in einer Art Rucksack mit sich tragen musste.

Mitte bis Ende der 1990er-Jahre wurden dreidimensionale Spiele und Unterhaltungsanwendungen zu erschwinglichen Preisen auf den Markt gebracht, die sich aufgrund der Überwindung bisheriger Hemmnisse, wie vorhin beschrieben, zu einem hinsichtlich Leistungsfähigkeit und Preis attraktiven Produkt der virtuellen Realität entwickelt hatten und nachfolgend nur mehr von Nutzeranforderungen getriebener Weiterentwicklungen bedurften. Wie im Fall des HMD kümmerten wir uns in meiner Firma auch um die kommerzielle Verbreitung des für Anwendungen in virtuellen Realitäten entwickelten Datenhandschuhs, der auch als Humanglove bezeichnet wird. Ein Datenhandschuh ist ein Eingabegerät, das primär zur Navigation und Orientierung in virtuellen Räumen dient. Die Bewegungen der Hand und der Finger werden mithilfe eines speziellen Handschuhs gemessen und übertragen. Eine weitere seiner Funktionen ist das Ertasten und Erfühlen eines Gegenstandes, was man als taktiles Feedback bezeichnet. Der Nutzer kann Kraftrückkopplungen erfahren, die als Force Feedback bezeichnet werden.

Wir hatten für unser Technologietransfernetzwerk der Europäischen Weltraumorganisation ESA einen Ganzkörperanzug in unsere Technologie-diffusionsaktivitäten Anfang der 1990er-Jahre einbezogen, der die Akquisition von Daten zur Erfassung von Bewegungen und Haltungen menschlicher Körpergliedmaße ermöglichte. Die ESA war vor allem am Einsatz des Datenanzugs für ihre Raumfahrtmissionen interessiert. So wurde die Technologie des Datenanzugs 1995 auf der russischen MIR-Station eingesetzt, um Körperhaltungen von Astro- beziehungsweise Kosmonauten unter Schwerelosigkeitsbedingungen zu erproben. Dies war später auch hilfreich aufgrund der im Weltraum durchgeführten Trainingsmaßnahmen für Missionen zur Reparatur des Hubble Space Telescope. Der erste Datenhandschuh wurde 1977 an der Universität Illinois entwickelt. Fünf Jahre später entstand durch den Mitbegründer der kalifornischen Firma VPL Research, Thomas Zimmermann, der erste auf optischer Signalübertragung basierende digitale Eingabehandschuh mit seinerzeit hinreichender Flexibilität und taktilen sowie Trägheitssensoren, um Handpositionen und Hand-bewegungen festzustellen. Die hierdurch möglichen Anwendungen umfassten auch die zu Tastaturen alternative Dateneingabe. Der von Thomas Zimmermann konstruierte Datenhandschuh erlaubte es, die Bewegungen von Händen und Fingern zu erfassen. Auf der industriellen Seite waren es Mitarbeiter des US-amerikanischen Unterhaltungselektronikunternehmens Atari, die eine Vorreiterrolle für diverse Innovationen der Unterhaltungs-elektroniksparte einnahmen. Der Name Atari war eng verbunden mit Unternehmensgründern wie Steve Wozniak und Steve Jobs, die 1975 für Atari tätig waren und später die Firma Apple Computer mitgründeten.

In den 1980ern fanden sich geistige Urheber virtueller Realitäten wie Jaron Lanier und Thomas Zimmermann zusammen, um die Technologie des Datenhandschuhs zu verbessern. Ihr erstes kommerzielles Produkt war 1985 der VPL-Datenhandschuh, der 1987 auf den Markt gebracht wurde. VPL ersann hieraus ein Ganzkörperbewegungserfassungssystem, den sogenannten Datenanzug, und ein HMD, dem der Name EyePhone gegeben wurde. Hinsichtlich der VR-Peripheriesysteme des HMD und des Datenhandschuhs stellten die soeben beschriebenen Technologien den bei meinen USA-Reisen Ende 1989 beziehungsweise Anfang der 1990er-Jahre seinerzeitigen Stand der Technik dar, auf den ich bei der Zusammenstellung eines deutschen Konsortiums zwecks Einführung von Aktivitäten zur virtuellen Realität in Deutschland aufbauen konnte.

Auf unser Projekt über den Einsatz von Virtual Reality für Telerobotik in der Raumfahrt bauten weitere Aktivitäten aus dem Kreis der Konsortialpartner hinsichtlich Methoden der virtuellen Realität zur Systemsimulation und als fortschrittliche Mensch-Maschine-Schnittstelle auf. Ab 1992 entstand so zum Beispiel ein System zur Realisierung realitätsnaher virtueller Welten. Mit einem in diesem Zusammenhang zusammengestellten VR-Werkzeugkasten wurden damals in den 1990ern 3-D-Anwendungen in stereoskopischer Darstellung beispielsweise mittels Datenhelm oder auch mittels Panorama-rückprojektionen erzeugt. Mit dem VR-Tool wurden wie bereits geschildert eine effiziente Ausbildung von Forstmaschinen- oder Kranführern realisiert. Das Tool ist zudem eine Plattform zur Gestaltung intelligenter, intuitiv bedienbarer Mensch-Maschine-Schnittstellen für die Servicerobotik, die industrielle Automatisierungstechnik und die Weltraumrobotik, die ihre ursprüngliche Applikation darstellte und deshalb als Ausgangspunkt der Werkzeuge angesehen werden kann.

Diese Toolbox ist somit das ideale Werkzeug zur Realisierung unter-schiedlichster Virtual-Reality-Applikationen, beginnend mit der reinen drei-dimensionalen Visualisierung über die intuitiv verständliche 3-D-Simulation komplexer Systeme und die intuitive und effiziente Steuerung und Überwachung umfangreicher, komplexer Automatisierungssysteme bis hin zur Realisierung wirklichkeitsnaher Trainingssimulatoren für die zielgerichtete Aus- und Fortbildung. Die von uns für die Anwendersuche in unser Portfolio aufgenommene Technologie hat ihre Stärken in ihrer großen Applikations-bandbreite. Um bei der Kundensuche eine möglichst hohe Treffer-wahrscheinlichkeit zu erreichen, legten wir Wert darauf, dass sich neue Applikationen, die sich, typisch für VR-Anwendungen, oftmals gänzlich von bislang realisierten unterscheiden, kurzfristig und mit geringem Kosten-aufwand entwickeln lassen. Darüber hinaus legte man Wert darauf, dass für die Realisierung einer VR-Applikation selbst die Realisierung aufwendiger High-

End-Applikationen durch den Einsatz preiswerter und bewährter PC- sowie Standardprojektionstechnik ermöglicht wurde, denn wir waren überzeugt, dass sich hierdurch der Einsatz von VR-Technologie einem breiten Anwenderkreis erschließen würde. Die Basis für das von uns angebotene Virtual-Reality-System bildete ein von einem unserer Partner entwickeltes Robotersimulationssystem, das die grundlegenden Methoden zur Verfügung stellte, mit denen die modellbasierte und modulare Simulation möglich war, sodass eine schnelle Realisierung neuer Applikationen durch Zusammenstellung vordefinierter Bibliotheksmodule gegeben war.

Besonderes Augenmerk wurde auf eine wirklichkeitsnahe Visualisierung der virtuellen Welt gelegt, denn je mehr die virtuelle Welt wie die reale aussieht und sich entsprechend verhält, desto mehr erhält der Anwender den Eindruck, dass er sich in der realen Welt aufhält und in ihr agiert. Die Visualisierung der virtuellen Welt war der erste Schritt zum Aufbau eines umfassenden Simulationswerkzeugs. Davon ausgehend gestaltete man das Werkzeug dergestalt offen und flexibel, dass die simulierte virtuelle Umgebung nicht nur wie die reale Entsprechung aussah, sondern sich auch wie die reale Welt verhielt. Deshalb wurde das VR-Werkzeug so gebaut, dass alle notwendigen Methoden für die realitätsnahe Simulation, die Simulation physikalischer Effekte sowie die Simulation industrieller Prozesse umfasste, und zwar in Echtzeit und mit kostengünstigen PCs. Neben der realitätsnahen Visualisierung und Simulation standen insbesondere bei interaktiven VR-Systemen die Interaktionskomponenten im Vordergrund. Denn erst diese ermöglichen dem Benutzer, sich in der virtuellen Welt zu bewegen und aktiv in das virtuelle Geschehen einzugreifen. Dies wird möglich durch die Einbindung geeigneter Interaktionssysteme wie beispielsweise Datenhandschuhe. Außerdem ging man noch einen Schritt weiter, um zusätzlich zur Möglichkeit der Interaktion mit der virtuellen Welt durch den Anwender für bestimmte Anwendungen auch die menschliche Sprache zum Einsatz kam. Diese Fähigkeit hielt später in einer Reihe von elektrischen Systemen wie sprachgesteuerten Kfz-Navigationssystemen Einzug.

Der VR-Werkzeugkasten, den sich unser VR-Team zusammengestellt hatte, umfasste Anwendungen wie die beschriebene Personalschulung in der Forstwirtschaft, Trainingsaspekte in der Bauwirtschaft bis hin zu Anwendungen in der Medizin. Zum Thema VR-Einsatz in der Medizin kamen wichtige Impulse und vor allem erste bedeutsame Anwendungen aus dem Land, in dem ich auf das Gebiet VR erstmals aufmerksam wurde. Vor allem war es die mir aufgrund persönlicher Kontakte sehr vertraute Behörde DARPA, die in erster Linie Forschungsprojekte für die US-Streitkräfte entwickelte.

Berichte über negative Vorkommnisse durch technische Fehler während chirurgischer Eingriffe und die Erfordernisse eines besseren Verständnisses der Komponenten für chirurgische Maßnahmen unterstrichen die Bedeutung der Ausbildung in technischer und chirurgischer Geschicklichkeit in einem geschützten und pädagogisch effizienten Umfeld. Dieser Bedarf wurde weiterhin genährt durch die Entwicklung neuer Verfahren wie die minimalinvasive Chirurgie und Fortschritte in der Gefäßtherapie. Beide Verfahren erfordern den professionellen Einsatz komplexen technischen Geschicks. Es wurden neue Werkzeuge für das Erlernen und die Unterstützung technischen Geschicks außerhalb des Operationssaals unter zu Hilfenahme von VR-Simulationen entwickelt, die ursprünglich über viele Jahre mit großem Erfolg in vielen Industriebrachen einschließlich der Luftfahrt und dem Militär eingesetzt wurden. Traditionell umfassten chirurgische Virtuelle-Realitäts-Simulatoren beispielsweise das Training grundlegender Fähigkeiten für die Darmchirurgie durch Ermöglichung der Durchführung von Handlungen mithilfe abstrakter Grafiken. Mit dem Fortschreiten von Softwareentwicklungen wurden Simulationen möglich, die den Nutzer in die Lage versetzten, komplette Prozeduren mit der zusätzlichen Simulation seltener anatomischer Variationen und verschiedener pathologischer Bedingungen durchzuführen. Die Schnittstelle dieser Hightech-Simulatoren versetzten den Chirurgen in die Lage, das Gewebe im Sinne eines haptischen Feedbacks zu erfühlen. Der Realismus dieser simulierten Prozesse war jedoch nach wie vor suboptimal und die hohen Kosten der VR-Simulatoren limitierten zunächst ihre breitgestreute Verbreitung.

Aus diesem Grund wurden nachfolgend bis in die Jahre 2000 bis 2010 weitere Machbarkeitsstudien durchgeführt. Die Chirurgie hinsichtlich Darm-erkrankungen stellte an die Chirurgen signifikante psychomotorische Herausforderungen, weil das Fehlen dreidimensionaler Tiefenwahrnehmung und die Eigenschaften der Organwand sich auf die Handhabung der Instrumente auswirkte. VR-Simulatoren erleichtern durch das durch sie ermöglichte Training von auf OP-Einsätze vorzubereitenden Chirurgen deren beabsichtigte Sicherheit, bevor sie im Operationssaal ihre Eingriffe durchführen. Die Validierung von VR-Simulationen als chirurgisches Trainingswerkzeug schloss den Nachweis der Transferbarkeit der durch die in der virtuellen Realität gewonnenen Fähigkeiten in die reale Umgebung des Operationssaals ein. Das hier besprochene Beispiel aus dem Bereich der VR-Simulation gehörte zu den Ursprüngen der Anwendungen, die zu nachfolgenden Beiträgen für eine nachhaltige Etablierung für das Training grundlegenden und anwendungsspezifischen Könnens von Operateuren hinsichtlich verschiedener chirurgischer Spezialeinsätze, endoskopischer Prozeduren und Gefäßtherapien wurden. All das hatte zum Ziel, das Können exzellenter Chirurgen zu unterstützen.

Anfang 2012 wurde vermeldet, dass sich die DARPA mit der Entwicklung von VR-Kontaktlinsen durch ausgewählte Auftragnehmer befasse. Naturgemäß hatte die DARPA zunächst einmal den Einsatz von VR-Kontaktlinsen beim Militär vorgesehen. Die Kontaktlinsen mit integriertem Display projizierten Informationen direkt auf das Auge des Trägers. Mithilfe der VR-Kontaktlinsen sollten die Soldaten auf direktem Weg wichtige Informationen über Umgebung und Kampfeinätze mitgeteilt bekommen. Die Darstellung erfolgte dabei im Sichtfeld des Trägers, sodass man nicht nur die Informationen sah, sondern auch das Umfeld im Blick behielt. Die digitalen Einblendungen erfolgten per Augmented Reality, also per erweiterter Realität, und passten sich dabei automatisch an den Fokus des menschlichen Auges an. Mit den Kontaktlinsendisplays beabsichtigte man, die früheren klobigen Helme der HMDs ersetzen und die Aufklärungsarbeit der Soldaten nicht nur erleichtern, sondern auch verbessern zu können. So konnte man nicht nur auf zusätzliche Gerätschaften verzichten, sondern steigerte auch die Aufmerksamkeit, die Überlebenschancen und natürlich die Sicherheit der Soldaten. Wie bei vielen anderen Entwicklungen für das Militär ging man davon aus, dass diese Technologie auch den Weg in den zivilen Bereich der VR finden würde. Außerdem war man zuversichtlich, dass die VR-Kontaktlinsen ihren Einsatz in Gebieten finden würden, an die man noch nicht gedacht hatte. Nach nur eineinhalb Jahren Entwicklungszeit stellte die Firma Innovega im Bundesstaat Washington die DARPA-geförderte Technologie der Öffentlichkeit vor. Die Kontaktlinsen wurden designt, um Nutzern ein weiteres Gesichtsfeld zu ermöglichen. Die Linsen sind für das Zusammenspiel mit kompakten Head-up-Displays (HUD) beziehungsweise kompakten HMDs vorgesehen, die erlauben, Bilder auf ihre Linsen zu projizieren. Dem Nutzer wird ermöglicht, sich auf zwei Dinge gleichzeitig zu fokussieren, nämlich sowohl auf die auf die Glaslinsen projizierten Informationen als auch die entferntere Sicht auf die Umgebung, was durch einen Blick durch die Kompaktlinsen möglich ist. Dies geschieht durch das Vorhandensein zweier unterschiedlicher Filter. Der zentrale Teil jeder Linse sendet Licht vom HUD zur Retina der Pupille, während der äußere

Teil Licht von der Umgebung durch den äußeren Teil der Pupille lässt. Auf diese Weise entstehen auf der Netzhaut simultan zwei Bilder, die das Gehirn zu einem kombiniert. Der Nutzer kann so virtuelle Inhalte wie beispielsweise E-Mails betrachten und dabei seine Umgebung im Blick zu behalten. Die Entwicklerfirma konstatierte im Jahr 2014, dass der Status ihrer Entwicklung zu einer tragbaren, kontaktlinsenfähigen, vollfunktionsfähigen Megapixelbrille gereift sei. Der Ursprung der Megapixelbrille war getrieben von Anforderungen des amerikanischen Militärs, dem daran gelegen war, den Soldaten wichtige Informationen direkt vor ihren Augen einzublenden, während sie gleichzeitig ihr Umfeld im Blick behalten können. Die Firma, die die für das Militär Entwicklungen durchführte, beabsichtigte sehr bald, ihre Entwicklungen in entsprechend adaptierter Form als Spin-off in den zivilen Massenmarkt zu transferieren.

Wie in den aufgeführten Beispielen revolutionierte VR die Gebiete Medizin und Gesundheitsvorsorge. Wissenschaftler und Experten im Medizinsektor ersannen Wege, VR dergestalt zu entwickeln und zu implementieren, dass sie ihnen half, Training, Diagnostik und die Behandlung in einer Vielzahl von Fällen durchzuführen. Hier eine kleine Auswahl von ihnen. In der Behandlung von Patienten, die unter Phobien leiden wie Flugangst oder Klaustrophobie, stellt die VR eine kontrollierte Umgebung zur Verfügung, in der Patienten ihrer Furcht erleben und sich sogar Strategien aneignen sowie Muster der Vermeidung abstellen können, und das in einer Umgebung mit sehr privatem Charakter, sicher und leicht zu stoppen oder zu wiederholen, je nach den jeweiligen Umständen. Ganz ähnlich zum Konfrontieren in der Therapie von Phobien und Ängsten werden virtuelle Realitäten eingesetzt, um posttraumatische Stresssituationen, wie sie beispielsweise bei Soldaten durch Kriegseinsätze auftreten können, zu therapieren. Kliniken und Hospitäler benutzen VR-Simulationen, um Veteranen, die aus Kriegsgebieten zurück-kehren, zu helfen, die in vielerlei Hinsicht andauernd durchlebten trauma-tischen Situationen, in denen sie sich befunden haben, zu überwinden. In einer sicheren und kontrollierten Umgebung können diese Personen lernen, mit Situationen umzugehen, die andernfalls ein Verhalten ihrerseits auslösen könnten, dass für sie und andere zerstörerisch sein könnte. Etwas anders gelagert ist der VR-Einsatz im Bereich von Schmerztherapien. Im Fall von Verbrennungsopfern sind Schmerzen ein andauerndes Thema. Ärzte hoffen, diesen Patienten Ablenkungen zu verschaffen, sodass ihnen durch eine Ablenkungstherapie via virtueller Realität geholfen wird, mit ihren Schmerzen besser umzugehen. Man fand heraus, dass VR-Videospiele sich dazu eigneten, durch die Erfüllung herausfordernder Aufgaben die Schmerzen wie infolge von Wundversorgungen oder Physiotherapien dergestalt zu lindern, dass durch die Überwältigung der Sinne Wege im Gehirn blockiert werden. Eine im Militärbereich durchgeführte Untersuchung zeigte erstaunlicherweise, dass Soldaten, die an Verbrennungen litten, mittels der VR-Methoden besser zurechtkamen als durch den Einsatz von Morphium.

Kommen wir jetzt noch einmal zurück zum Training von Chirurgen. Das Training von Chirurgen erfolgt oftmals durch Übungen an Verstorbenen und ein graduelles Vorgehen durch die Assistenz erfahrener Ärzte bei ihrer Tätigkeit, bevor die für ihre zukünftige Tätigkeit zu schulenden Jungärzte Aufgaben übernehmen und größere Anteile in der Chirurgie übernehmen können. Anwendungen der virtuellen Realität können eine weitere Maßnahme zur Erlangung der gewünschten Praxis ohne irgendein Risiko für reale Patienten sein. Zu Zwecken des Trainings wurden auch Chirurgiesimulatoren entwickelt, die sogar haptisches Feedback für den Lernenden aufweisen.

Für Menschen, die ein Körperglied verloren haben, ist ein weitverbreitetes Thema der Umgang mit Phantomschmerzen. Jemand, der einen Arm verloren hat, mag glauben, dass er das fehlende Glied beispielsweise noch in einem Maße spürt, als ob er trotz fehlenden Arms das Ballen seiner Faust verspürt, ohne dass dieser Zustand entspannt werden kann. Häufig ist der Schmerz über dieses Empfinden hinausgehend unerträglich stechend. Es wurden auch als Spiegeltherapie bezeichnete Behandlungsverfahren einbezogen, bei denen der Patient auf das Spiegelbild des vielleicht noch vorhandenen Gliedes blickt und das Gehirn für die Synchronisation der Bewegungen des realen und des Phantomgliedes sorgt. In ähnlichem Sinne zeigten Studien, dass VR-Spiele zu einer Linderung von Phantomschmerzen führen können. Dies funktioniert so, als würden Sensoren Nervensignale des Gehirns aufnehmen. Im Spiel benutzen Patienten ein virtuelles Glied und müssen Aufgaben ausführen. Dies hilft ihnen, gewisse Kontrollfähigkeiten zu gewinnen und zum Beispiel zu lernen, die schmerzhaft verkrampfte Faust zu entspannen.

VR-basierte Maßnahmen zeigten sich nicht nur als zielführend bei der Bewertung von Beeinträchtigungen, sondern auch bei deren Behandlungen. Ein solches Beispiel hat mit Führungsaufgaben hinsichtlich geistiger Beeinträchtigungen in der Sequenzierung und der Organisation des Verhaltens zu tun und umfasst die strukturierte Planung der Betroffenen. Wissenschaftler kreierten eine auf Erfahrung gründende virtuelle Realität, in der die Nutzer zum Ausgang eines Gebäudes durch verschiedenfarbige Türen gelangen mussten. Die Teilnehmer des neuropsychologischen Tests sollten Spielkarten auswählen, die gewisse Vorgaben erfüllen sollten. Ihnen wurde nicht gesagt, wie sie das tun sollten, sondern nur, ob das Ergebnis richtig oder falsch war. Der Test sollte als Resultat die Feststellung kognitiver Funktionen ergeben.

Zum Training sozialer kognitiver Fähigkeiten für junge Heranwachsende mit Autismus wurde ein Trainingsprogramm erstellt, um diese Kinder bei der Erarbeitung sozialer Kompetenzen zu unterstützen. Das Programm verwendet Gehirnbildgebungsverfahren und Gehirnwellenmonitoring und bringt sie in Situationen wie Vorstellungsgespräche oder Blind-Date-Verabredungen durch geschulte Vermittler. Sie arbeiten daran, soziale Fragen zu verinnerlichen und sozial verträgliches Verhalten auszudrücken. Die Studie fand nach ihrer Beendigung heraus, dass das Scannen der Gehirne der Teilnehmer eine Zunahme von Gehirnaktivitäten in Hirnbereichen, die mit dem sozialen Verständnis in Verbindung stehen, zeigten.

Bezüglich der Behandlung allgemeiner Ängste erwies sich die Möglichkeit der Meditation als hilfreich. Software Applikationen wurden generiert, die darauf abzielen, Betroffenen zu helfen, zu erlernen, wie sie tiefe, meditative Atemzüge als einzigen Atemkontrollmechanismus für das Spiel zulassen. Die Applikation funktioniert wie ein Bandwurm um die Brust, der die Atmung misst. Die VR-Erfahrung ist so etwas wie eine Unterwasserwelt. Atmung ist das, was einen Nutzer von einem Platz zu einem anderen bringt. Die anderen Vorteile des Spiels bestehen darin, dass Atmung als Kontrolle die Teilnahme derer ermöglicht, die womöglich sonst nicht in der Lage wären, einen Joystick oder Controller zu benutzen.

Es ist zwar kein neues Konzept, als 1994 die *New York Times* eine Geschichte publizierte, in der die multiple Nutzung von VR beschrieben wurde, wie beispielsweise ein-VR Erlebnis, dass ein fünfjähriger Junge mit infantiler Zerebralparese seinen Rollstuhl durch ein grasbewachsenes Feld bewegte, oder ein anderer Fall, in dem 50 Kinder mit Krebs einige Zeit damit verbrachten, um ein animiertes Aquarium zu „schwimmen". Ein anderes Beispiel ist, dass ein Headsethersteller eine elektronische Anwendung zur Verfolgung von Augenbewegungen erstellte, um Kindern mit physischen Behinderungen zu ermöglichen, über die Augenbewegungen Klavier zu spielen. Es gibt ein bestimmtes Ausmaß an Gewöhnung, das das Gebiet der virtuellen Realität umgibt und das damit zu tun hat, was geschehen würde, wenn Menschen überall hingehen würden und alles Mögliche durch einen VR-Headset machen würden. Vielleicht würden sie im realen Leben auch gar nicht irgendwo hingehen zu Gunsten ihres Rückzugs in eine ideale virtuelle Welt. Der Punkt ist, dass für diejenigen, die nicht die Möglichkeit haben, in die reale Welt hinauszugehen, seien es behinderte oder ältere Menschen, Erlebnisse in der virtuelle Realität die Lebensqualität verbessern könnten und sie nicht mehr nur an ihren Aufenthaltsort in einem Zimmer oder gar Bett gebunden wären. An der kalifornischen Stanford-Universität kreierten Studenten eine in virtuelle Realitäten eintauchende Erfahrungswelt für Senioren, die sie die reale Außenwelt erfahren ließ, wie beispielsweise bei einer Fahrradtour oder einer Strandwanderung. Die Anwendung beinhaltet Ton, Licht, Wind und sogar Temperaturänderungen sowie den Einsatz eines großen wandmontierten Displays, der das gesamte Gesichtsfeld ausfüllt.

Wir brachten mit Partnern des von uns geführten internationalen Technologietransfernetzwerks zur Generierung von Anwendungen für Raumfahrteinsätze entwickelter Technologien in anderen Sparten im Dezember 2001 einen schwedischen Technologiegeber in Kontakt mit technologiesuchenden europäischen Firmen. Das mittelständische Unternehmen aus Göteborg war befasst mit der dreidimensionalen Bestimmung von Positionen und Bewegungen mit der Spezialität eines Bewegungserfassungssystems in Echtzeit. Die Technologie kam bei Missionen des Raumlabors Spacelab zum Einsatz. Der Raumfahrtursprung bestand in einem Gerät der Optoelektronik, das kontaktlos Positions- und Bewegungsbestimmungen erlaubt. Die französische Raumfahrtagentur und die NASA waren an dem Gerät interessiert, mit dem man bei Raumflügen die Bewegung von Astronauten unter Schwerelosigkeitsbedingungen bei der Durchführung physiologischer und psychologischer Übungen nachvollziehen konnte. Die Bewegungen werden digitalisiert und detailliert durch verschiedene Softwareanwendungen analysiert. Die festgestellten terrestrischen Anwendungen betreffen insbesondere die Bereiche Medizin, Sport und Anwendungen für virtuelle Realitäten sowie den Unterhaltungs-sektor. Im Bereich der Medizin sind die Verfolgung von Rehabilitations-zuständen aus den Bewegungen orthopädisch oder neurologisch betreuter Patienten zu nennen. Im Sportbereich liegt ein Schwerpunkt bei der Zustands-verfolgung der Trainingsbewertung von Athleten, um die angewandten Techniken zu optimieren. Im Unterhaltungsbereich werden zum Beispiel die Bewegungen von Fernsehkameras festgestellt, um diese in eine virtuelle Studioumgebung zu konvertieren. Hinsichtlich Simulationstechniken werden Bewegungen von Personen erfasst, um sie in Systeme der virtuellen Realität einzuspielen. Bei industriellen Verwertungen ist die kontaktlose Oberflächen-profilanalyse mit Laserstrahlen hervorzuheben. Der Transferprozess wurde eingeleitet durch die Präsentation der Technologie bei entsprechenden Gelegenheiten einschließlich einer Präsentation des Transferteams bei der Europäischen Kommission, die zu einer entsprechenden Projektförderung gewonnen werden konnte.

Der Transfer entwickelte sich dahingehend, dass er Beiträge zu Anwendungen in virtuellen Realitäten schuf, die wir uns seinerzeit nicht vollumfänglich vorstellen konnten. 15 Jahre nach Kreation des Spin-offs stellte sich seine Evolution dergestalt dar, dass die beteiligten Transferpartner in ihren Tätigkeitsfeldern damit in Verbindung stehende individuelle Vorteile erzielen konnten. Zunächst ein kurzer Blick auf unseren schwedischen Netzwerk-partner, den ich deshalb als unseren Technologiemakler für das Land Schweden ausgewählt hatte, weil er neben der Technologievermittlung vor allem auch Expertise im F&E-Bereich hatte, hier im Speziellen im Materialsektor und der Produktionstechnik. Mein schwedischer Netzwerk-partner im Technologietransfer konnte in diesen Bereichen somit aus dem Vollen schöpfen, und das tat er mit Bravour. Er ist nach wie vor eine respektierte Größe in der schwedischen Technologielandschaft. Er war der Ideengeber des Projektes und stellte das besagte VR-Projektteam zusammen. Da waren zum einen die Know-how-Geber für eine fortschrittliche Hochgeschwindigkeitskamera für Echtzeiteinsätze, ein deutscher Technologie-anwender für die Filmindustrie und ein italienisches Entwicklerunternehmen zur Umsetzung der Technologie im Medizinbereich, zum Beispiel zur Ganganalyse und Rehabilitation beinamputierter Patienten.

Unser kanadisches Netzwerkmitglied im Technologietransfer lenkte meine Aufmerksamkeit auf Aktivitäten der kanadischen Raumfahrtagentur (CSA), die sich im Rahmen ihrer Beteiligung an der Internationalen Raumstation ISS mit der Aufklärung der Ursachen von Desorientierungen von Astronauten, einschließlich dem gelegentlichen Auftreten der sogenannten Raumkrankheit, befasste. Dieser als Vektion bezeichnete Effekt tritt auf, wenn ein Beobachter eine bewegte Szenerie sieht und bei ihm der Eindruck entsteht, er würde sich selbst bewegen. Viele von uns haben diesen Effekt zum Beispiel in einem stehenden Zug erlebt, wenn auf dem Nebengleis ein anderer Zug anfährt. Beim Beobachter entsteht dabei der falsche Eindruck, er selbst würde sich bewegen, und zwar mit derselben Geschwindigkeit, aber in die entgegengesetzte Richtung. Der Effekt der Vektion kann für die Erzeugung von Simulationen und

Illusionen ausgenutzt werden. Diese Illusionen von Selbstbewegungen waren das Motiv der kanadischen Raumfahrtagentur, sich dem Thema Vektion näher zu widmen. Der ein oder andere von uns mag davon träumen, das Gefühl, sich frei durch den Raum zu bewegen oder eine Raumstation zu „fliegen", zu erleben. Dabei gibt es kein „Unten" oder „Runter", obgleich sich trotzdem einige Astronauten übel oder räumlich desorientiert fühlen. Dies mag bei ihnen dazu führen, die Richtung und die Geschwindigkeit ihrer Bewegung falsch einzuschätzen, was durchaus zu gefährlichen Situationen führen kann, wenn es zu Störungen der Durchführung von im Raumlabor zu erbringenden Aufgaben, die zum Beispiel Roboter einbeziehen, kommt. Um diesem Phänomen auf den Grund zu gehen, förderte CSA eine Studie zum Thema Vektion, um ein besseres Verständnis über die Auswirkungen reduzierter Gravitation auf die Wahrnehmung von Astronauten hinsichtlich Selbst-bewegungen zu gewinnen. Man suchte insbesondere nach Erklärungen, wie das Gehirn visuelle Signale interpretiert und wie ein sich bewegender Astronaut Beschleunigungen als Kippen missverstehen kann. Man studierte, wie visuelle Hinweise Auswirkungen auf den Eindruck der Betroffenen von Bewegungen in Schwerelosigkeit haben, speziell, um zu überprüfen, ob derartige Hinweise verwirrend sein können, und um ein Modell zu erzeugen, wie reduzierte Gravitation beeinflusst und wie visuelle Informationen verarbeitet werden. Zu diesem Zweck wurde ein VR-System eingesetzt, mit dem in der Studie Daten bei mehreren Astronauten vor, während und nach ihrem Weltraumeinsatz gesammelt wurden. Die Astronauten wurden dahingehend getestet, wie sie Bewegungen wahrnahmen und Entfernungen beurteilten, wenn sie unbeweglich in eine dreidimensionale Umgebung sowohl auf der Erde als auch im Weltraum eingetaucht waren.

Die beschriebenen Untersuchungen zum Thema Vektion haben auch Anwendungen auf der Erde, wie zum Beispiel hinsichtlich Bewegungs-wahrnehmungen beim Gehen oder Fahren eines Autos. Andere Anwendungen von VR betreffen die Unterstützung von Patienten bei der Erholung von Schlaganfällen, der Betreuung von Senioren und Behinderten, bei Störungen mit Auswirkungen auf Bewegungen und Körperhaltungen beispielsweise durch Parkinson und bei Technologien zur Bewegungssimulation wie beispielsweise Roboter oder Fernsteuerungen für roboterunterstützte chirurgische Eingriffe.

Da sich VR-Simulationen grundsätzlich auch für Therapien von Phobien anbieten, möchte ich dem Thema Flugangst ein wenig Aufmerksamkeit widmen. Etwa 15 Prozent der Deutschen leiden nämlich unter Flugangst, 20

Prozent fühlen sich beim Flug unwohl. Diese Prozentangaben decken sich mit denen, die in den USA erhoben wurden, also einer Nation, in der Fliegen so selbstverständlich ist wie bei uns Busfahren. In den USA habe man gute Erfolge mit dem Einsatz von VR in diesem Zusammenhang erzielt. Dort war man schon viel früher als in Europa an Behandlungsmethoden gegen Flugangst interessiert. In diesem Zusammenhang durchgeführte Studien, in denen der Prozentsatz der betroffenen Bevölkerung ähnlich wie in Deutschland mit 10 bis 20 Prozent eigeschätzt wurde, kamen zu dem Schluss, dass VR eine angemessene Therapie darstellen kann. Flugangst konnte demzufolge in acht bis zehn wöchentlichen Sitzungen behandelt werden. Die angewendete VR-Therapie ist dabei eine Kombination einer höchst erfolgreichen Behandlung von Ängsten und Phobien (Expositionstherapie) mit einer durch Computer generierten Welt, wodurch dem Patienten ermöglicht wird, zu üben, seine Ängste zu erleben. Der Patient wird zu einem aktiven Teilnehmer in einer computergenerierten dreidimensionalen Welt, in der visuelle-, auditive- und Bewegungshinweise genutzt werden. Das VR-System erlaubt dem Benutzer, gleiche Emotionen zu erfahren wie in der realen Welt. Standardbehandlungen zur Flugangst erfordern üblicherweise, dass der Therapeut und der Patient gemeinsam zu einem Flughafen fahren, Zeit in einem Flugzeug verbringen und oftmals auch gemeinsam einen Flug miterleben. VR-Behandlungen werden hingegen in den Räumen des Therapeuten durchgeführt, wodurch sich Reisen zum Flughafen erübrigen. Patienten erhalten visuelle und auditive sensorielle Signale, die konsistent sind mit denen in einem tatsächlichen Flugzeug. Bei jedem Schritt des virtuellen Fluges kann der Therapeut sehen und hören, was der Patient im virtuellen Flugzeug erlebt und wie er sich verhält. VR-Therapie gegen Flugangst bietet viele Vorteile gegenüber standardmäßigen Expositions-therapien einschließlich niedrigeren Kosten, Schutz der Patienten-vertraulichkeit, Sicherheit für Patient und Therapeuten und Patientensicher-heit während der Exposition, vollständige Kontrolle über den virtuellen Flug und kürzere Therapiesitzungen. Behandlungen von Flugängsten beginnen üblicherweise mit einer sorgfältigen Bewertung der Angst. Dann wird man unterrichtet, wie man mit den physischen Symptomen durch Atemübungen und Entspannungstechniken umgehen kann. Das Lernen, Gedanken zu ändern, die Angst erzeugen, ist ebenfalls ein wichtiger Schritt in der Behandlung. Hat man diese Fähigkeiten erlernt, ist man vorbereitet, diese in der Praxis vermittels des VR-Programms gegen Flugangst zu erproben. Man kann üben, in einem Flugzeug zu sitzen, einschließlich Starts, Fliegen bei guten Wetterbedingungen, Fliegen in schlechten Wetterbedingungen und

Landungen. Jeder Flugaspekt kann so oft wie nötig oder gewünscht in einer typischen Sitzung wiederholt werden. Am Ende der Behandlung kann man in aller Ruhe einen kompletten virtuellen Flug durchführen. Nach Beendigung des virtuellen Fluges ist der Patient in der Lage, einen tatsächlichen Flug zu absolvieren. Forschungsstudien weisen eine Erfolgsquote von etwa 93 Prozent aus.

Bleiben wir beim Thema Fliegen und Virtual Reality, wobei wir unser Augenmerk nun auf die geschichtliche Entwicklung von Flugsimulatoren richten wollen. Erste Flugsimulatoren entstanden um 1915 in Form eines sogenannten Pilotensitzes, der auf einer beweglichen Holzplattform befestigt war. Der ehemalige Orgelbauer Edwin Albert Link war 1929 der Begründer der virtuellen Flugsimulation. Link benutzte Blasebälge und Luftpumpen zur pneumatischen Bewegung der Holzplattform. Er meldete 1931 den nach ihm benannten Link Trainer zum Patent an, aber erst als die US-Luftwaffe sein Potenzial erkannte, um durch ihn die Zahl von Flugunfällen beim Pilotentraining zu reduzieren, begann seine Verbreitung. Die amerikanische Luftwaffe setzte im zweiten Weltkrieg rund 10.000 Link Trainer ein. Später wurden Link Trainer zum Standard für Luftwaffen und Fluglinien weltweit. In den 1970er-Jahren wurde das Instrumentenflugtraining durch Sichtdarstellungen aus dem Cockpit mithilfe eines Geländemodells erweitert. Mit zunehmender Verfügbarkeit leistungsstarker Computer wurde die Bilderzeugung mehr und mehr von entsprechenden computerunterstützten Bildgeneratoren durchgeführt. Durch auf Satellitenbildern basierende Geoinformationssysteme entstanden Mitte der 1990er-Jahre Sichtsysteme mit hoher Auflösung. Flugzeugsimulationen wurden im zivilen Bereich schon in den 1970er-Jahren durch vollbewegliche Simulatoren in Form von über sechs Beine äußerst gelenkigen Plattformen erreicht. Im militärischen Bereich werden zur realistischen Simulation von Situationen in Strahlflugzeugcockpits die auf die Crewmitglieder einwirkenden Beschleunigungen durch das Anlegen von Druckanzügen der Crew erreicht. Es wir tunlichst darauf geachtet, dass Flugsimulatoren auf einer originalgetreuen Nachbildung des Originals basieren. Daher auch der bereits angesprochene Einsatz von VR-Systemen bei der amerikanischen Luftwaffe.

Wie schon erwähnt, erkannte die US Air Force den Wert von Flugsimulatoren in den 1940er-Jahren und machte sie für ihre Anforderungen nutzbar. Die in dieser Zeit gewonnen Erkenntnisse und Erfahrungen begründete den fortwährenden Einsatz von Flugsimulatoren. Sie werden sowohl zum Training von Piloten als auch zur Vermittlung von Fähigkeiten des Kabinenpersonals als auch des Bodenpersonals verwendet, die sich hierdurch einen hautnahen Eindruck über Umfang und Intensität der Tätigkeiten des Cockpitpersonals machen können. Dies ist von Bedeutung zur Bewältigung von Maßnahmen in Notfallsituationen einschließlich der Kommunikation mit der Bodenkontrolle. Flugsimulatoren unterscheiden sich in der benutzten Software, ihre Struktur ist allerdings die gleiche. Sie haben die Form einer geschlossenen Einheit, die auf einer Hebebühne oder einem elektronischen System montiert ist. Die Einheit ist in der Lage, zu kippen, sich zu verschieben oder zu drehen, um die Bewegungen eines Flugzeugs nachzuempfinden. Das Gerät enthält außerdem die Funktion der Kraftrückkopplung und reagiert auf die Aktionen der Flugschüler. Beispielsweise bewegt der Pilot den Steuerknüppel, um Richtungswechsel vorzunehmen. Hierbei liefert der Simulator über den Steuerknüppel eine Kraftrückkopplung, was dem Piloten das Gefühl des Verhaltens eines realen Flugzeugs vermittelt. Der Pilot stellt seine Bewegungen im Einklang mit dieser Rückkopplung her. Der Simulator enthält eine Reihe von Monitoren, die Bilder einer virtuellen Landschaft, wie zum Beispiel ein Schlachtfeldszenario, zeigen. Diese Bilder werden in exakt der gleichen Weise präsentiert, als würde man sie durch die Fenster eines realen Flugzeugs sehen, was vom Flugschüler entsprechende Reaktionen abverlangt. Der Simulator ist so aufgebaut, dass er mit einem realen Flugzeug übereinstimmt. Die Beschläge, Ausrüstungspanels und andere Elemente sind exakt am gleichen Platz wie im Original.

Einer meiner Mitarbeiter kümmerte sich schwerpunktmäßig um Anwendungen ursprünglich für die Raumfahrt entwickelter VR-Technologien in Bereichen rauer terrestrischer und mariner Umgebungen. Man hatte nämlich erkannt, dass orbitale Raumfahrtsysteme und gewisse irdische Umgebungen ähnlich schwierig zugänglich sind beziehungsweise betrieben und gewartet werden können. Einer der von meinem Kollegen schon in den 1990er-Jahren favorisierten Anwendungsbereiche betraf Bau und Betrieb von überirdischen und Unterwasserpipelines.

Von dem Facettenreichtum der seinerzeit mit meiner Firma kooperierenden kanadischen auf dem Gebiet der Mineralienexploration tätigen Bergbaufirmen möchte ich hier nur einen kleinen Aspekt beleuchten, nämlich den der direkten Bereicherung durch virtuelle Realitäten. Das Minenexplorationsprogramm des kanadischen Konsortialführers nutzte von Anbeginn an das weltweit erste auf Kollaboration ausgelegte VR-Labor, um Minenexplorationen und Minenabbau-firmen zu unterstützen. Im September 2001 gab der Konsortialführer

MIRARCO den Startschuss für die operationelle Phase des Virtuelle-Realität-Labors des Minenexplorationsprogramms. Das Programm offerierte Wissenschaftlern und Ingenieuren Gelegenheiten zur VR-Datenintegration für Minenanwendungen, beginnend mit der Exploration, über die Machbarkeit, die Planung und den Betrieb bis hin zum Abschluss.

Durch das besagte Programm entwickelte das Projektteam die Fähigkeiten, zu visualisieren, wie sich Daten in vollständig integrierten Systemen zeitlich ändern, eine Eigenschaft, die seinerzeit relativ neu war für die Minenindustrie, und Daten in Informationen umzuwandeln, was deren Wert nachhaltig erhöhte. Einer meiner guten Bekannten, der Präsident des Konsortialführers betonte, dass Visualisierungsstudien viele Anwendungen haben, einschließlich dem unterirdischen Transport von Abfällen und der Stabilitätsbewertungen für den Tunnelvortrieb. Die Integration des Faktors Zeit in den von den Einzelparametern aufgespannten Gesamtphasenraum bietet noch eine weitere Dimension der Interpretation wissenschaftlicher und technischer Daten. Mithilfe zeitabhängiger Daten bietet das Minenexplorationsprogramm der Minen- und Mineralexplorationsindustrie mehr Informationen durch verfügbare Datensätze. Davon profitieren Minenplaner, Ingenieure und Geologen mittels strategischen Designs und wirtschaftlicher Betriebsplanung. Das Virtual-Reality-Labor beinhaltete damals Systemfunktionen im Wert von einer Million Dollar für die Datenvisualisierungseinrichtung, die mit der Datenerfassungseinheit, der Überwachungseinheit, der Datenbankspeichereinheit und der Prozessoreinheit verbunden waren.

Die Menschen, die sich im Metier der rauen Umgebungen der angesprochenen Art betätigen, haben ein ganz außergewöhnliches Naturell, das wir in Deutschland aus den Zeiten des Aufschwungs nach dem zweiten Weltkrieg sehr gut kennen. Ich denke da ganz besonders an Bundesländer wie Nordrhein-Westfalen oder das Saarland, in denen die Kumpel und Stahlkocher an Rhein und Ruhr die Quellen für das Wirtschaftswunder der gesamten Bundesrepublik waren. Um Minenarbeitern das Arbeitsleben ein wenig zu erleichtern, errichtete man in Kanada ein eigenes Zentrum für integrierte Überwachungstechnologien. Diese Anlage umfasste ein breites Spektrum von Technologien beginnend mit der Erfassung der Ausgangsdaten bis hin zur Verteilung von Informationen über das Internet. In der ersten Phase ihrer Implementation wurde ein High-End-Virtual-Reality-Labor kreiert. Während diese Art der Anlage recht allgemein gehalten ist und auf zahlreiche Arten von Forschungsprojekten angewandt werden kann, beabsichtigte der kanadische

Konsortialführer, basierend auf der Nutzung der Einrichtung einen neuen Markt für Dienstleistungen und Forschungsarbeiten für die kanadische und internationale Minenindustrie zu erschließen. Der Umfang an seinerzeit verfügbaren elektronischen Daten für Minenbetreiber übertraf bei Weitem ihre Fähigkeiten, sie zu assimilieren. Der Grund hierfür war teilweise die Herkunft der vielen nicht miteinander kompatiblen Datenquellen und zum Teil auch, dass die Breite der Datensätze Erfahrungen mit ihrer Interpretation voraussetzte. Folglich waren die damit in Verbindung stehenden Betriebskosten höher, als sie hätten sein müssen, was wiederum die Notwendigkeit für bessere Entscheidungsfindungen verdeutlichte.

Der Konsortialführer entschied sich demzufolge, Technologien zur Behebung des erkannten Problems mit Bedeutung für die Minenindustrie zu entwickeln. MIRARCO hatte primär für sein Minenexplorationsprogramm das Virtual-Reality-Labor designet, um den Mineralexplorations- und Minenunternehmen zu helfen, Kostenersparnispotenziale für ihre Aktivitäten zu identifizieren. Das Virtual-Reality-Labor ermöglichte multidisziplinären Teams, die für das Verständnis komplexer Datensätze erforderliche Zeit signifikant zu reduzieren, während gleichzeitig die Qualität der Entscheidungsfindung erhöht wurde. Die VR-Anlage hatte damals schon 3,9 Millionen Pixel, die auf einen sphärischen Schirm mit über 6,7 Meter Radius projiziert wurden. Um die Sitzungs-teilnehmer herum wurde ein nahtloses dreidimensionales stereografisches Bild erzeugt, das diese in eine virtuelle Darstellung ihrer komplexen Datenmengen hineinzog. Die Größe des Schirms und die Verwendung von Stereoeffekten bot eine entspannte Atmosphäre, sodass es dem Projektteam möglich war, die komplexen Daten zu interpretieren und auszuwerten, ohne dass die Teilnehmer ermüdeten oder die eigentliche Thematik aus dem Fokus verloren.

MIRARCO beschrieb seine VR-Angebote zur Aufklärung seiner Nutzer in der Weise, dass die Stärke von VR in der Fähigkeit bestünde, Informationen zu visualisieren und Entscheidungen zu treffen, die auf dem basieren, was man sieht, ohne den mühsamen Weg mathematischer Berechnungen und kostspieliger Versuch-und-Irrtum-Prozesse durchlaufen zu müssen. Im Kontext der Minen-Thematik, wo leicht mehr als Hunderte von Millionen Dollar anfallen können, ist der Vorteil von VR evident. Entscheidungsträger aus verschiedenen Unternehmensbereichen können sich in einer VR-Anlage für ihre Entscheidungsfindung ein eigenes Bild über den betreffenden Sachverhalt machen und sich die Auswirkungen ihrer Entscheidung hinsichtlich aller

Prozessaspekte wie Exploration, Minenplanung und -design, Betrieb und Beendigung klarmachen , um zu beurteilen, wie diese sich unter dem Strich auswirken. MIRARCO riet seinen VR-Nutzern an, VR einzusetzen, um „visuelle Wissenschaftler" zu kreieren und „visuelle Ingenieure" zu unterstützen, wobei Sehen nicht nur Glauben, sondern vor allem Überzeugen bedeutet.

VR hat wie gesagt viele Anwendungen. Werfen wir mal einen kurzen Blick auf die Datenvisualisierung. Wenn Entscheidungsträger einer Firma ihre gemeinsamen Daten in einer immersiven VR-Umgebung sehen, sind Momente, in denen ihnen ein Licht aufgeht, unvermeidlich, weil das Team in ihrem Projekt Gelegenheiten identifizieren kann, wie beispielsweise bezüglich einer neuen Strategie, eines besseren Prozesses oder einer Trenddefinition.

Dies stellt sich als VR-Datenintegration dar, in der multiple Datensätze verglichen, modifiziert und kombiniert werden können. Bei der Datenintegration werden riesige Datenmengen plötzlich in zentrale, gewinnbringende Informationen verwandelt. Als Nächstes lassen Sie mich bitte unser Augenmerk auf die Aspekte Explorationsüberprüfung und Planung lenken. Zusammenarbeitende technische Teams tendieren dazu, bessere Entscheidungen zu treffen als die besten allein arbeitenden Praktiker. Unterstützt durch das anspruchsvollste Erdmodellierpaket bietet VR ein Mittel, damit sich das Team auf die Schlüsselfragen konzentrieren und schnell einen Konsens über strategische Ziele erreichen kann. Mehrere Minen- und Explorationsfirmen erlebten bereits schnell die Erreichung von Renditen aus den eingegangenen Kooperationen. Die Anlage kann auch für Briefings im Vorfeld oder Wissenstransfer zwischen Unternehmen, Mitarbeitern, Beratern und Management eingesetzt werden. Das Thema Ereignissimulation wird zunehmend populär in Fertigungsgebieten und weist ein großes Potenzial für die Minenindustrie auf. 20 bis 50 Prozent der auf Akquisitionsbewertungen entfallenden Zeiten können eingespart werden. Die virtuelle Realität machte das schon zuvor in der Öl- und Gasindustrie möglich. Der Grund war, dass es technischen Teams ermöglicht worden war, komplexe Daten zu integrieren und schnell zu verstehen, insbesondere durch die Behandlung wichtiger Problembereiche während intensiver eigenschaftsorientierter Besprechungen. Stereoskopische Virtual-Reality-Anwendungen erhöhen den Grad des Verständnisses und komprimieren die Auswertungszeiten. Hinsichtlich Minenexplorationen können die Direktoren der Minenfirmen und potenzielle Schlüsselinvestoren ein erheblich besseres Verständnis technologischer Themen gewinnen, Bereiche potenzieller Haftungen identifizieren und in toto ein besseres Verständnis von Investitionsrisiken gewinnen. Dies dient der Unterstützung von Investorenbeziehungen mithilfe von Finanzanalysten und der Aufklärung von Investoren über die Potenziale von neuen Engagements. Mit den vollen Multimediafähigkeiten ergänzt das Virtual-Reality-Labor übliche Multimediapräsentationen um eine echte dreidimensionale Visualisierung.

Inmitten dieser und vieler andere Anwendungen wurde klar, dass diejenigen, die die Gelegenheit ergriffen, sich selbst einer technischen Revolution aussetzten, neue Impulse setzen würden. MIRARCOs Unterfangen der Durchführung angewandter Forschungs- und Entwicklungsprojekte mit Industrie und Institutionen, die das Virtual-Reality-Labor als Werkzeug für erfolgreiche Modellüberprüfungen und Dateninterpretationen für aus Technikern, Ingenieuren, Planern, Managern, Kontrollern, Financiers etc. zusammengesetzte Teams nutzten, zahlte sich aus. Im Grunde genommen bestand der Vorteil der Nutzung des Virtual-Reality-Labors in nur drei Schritten. Als Erstes ist die Kompetenzstrategie zu nennen, bei der die strategischen Schlüsselfragen identifiziert und deren Antworten gesucht werden. Dann wird eine Person als Moderator der Sitzung identifiziert, gefolgt von der Auswahl eines Teams von Leuten, das die geforderte technische Expertise, die vielen Daten auszuwerten, das Management-Know-how und den Wunsch, innovative Lösungen zu finden, hat. Grundsätzlich wird angeraten, dass fünf bis acht Leute mit einer der geschilderten Qualifikationen gleichzeitig in der VR-Anlage tätig sein sollten. Der zweite Schritt, der mit Sammlung und Test des Datenmodells überschrieben werden kann, beinhaltet die Sammlung eines repräsentativen Querschnitts an Daten und deren Übertragung an MIRARCO für eine erste Auswertung. Dies liefert den Nutzern klare Indizien über die Menge an Arbeit, die erforderlich ist, um die Daten in ein Format zu transferieren, das in der VR-Anlage benutzt wird. Typischerweise dauert die Datenübertragung aus existierenden Modellen nur wenige Tage. Sobald die Daten „sichtbar" sind, starten die meisten Teams mit ihrer kritischen Überprüfung und Evaluation ihrer Modelle. Im dritten Schritt erfolgt dann die eigentliche Virtual-Reality-Sitzung. Tags zuvor stimmt sich die Leitungsebene ab, um die Zielsetzung zu überprüfen und sicherzustellen, dass alle Daten korrekt übertragen wurden. Am Tag der Sitzung geben Teammitglieder ein kurzes Briefing über die Anlage, gefolgt von einer Einführung zu den Zielen der Sitzung. In einer kurzen technischen Präsentation wird ein gemeinsamer Bezugsrahmen für alle Teilnehmer gegeben. Typische Sitzungen dauern ein bis drei Tage, wobei die meiste Zeit in der Virtual-Reality-Anlage verbracht wird.

Das stereoskopische Projektionssystem mit seinem Schirm von 6,7 Metern Radius liefert ein derart hohes Niveau der Simulation und visueller Klarheit, dass es leichtfällt, ein hohes Maß an Konzentration während der gesamten Anwendungsdauer aufrechtzuerhalten. Gemeinsamer Datenaustausch liefert Echtzeitwechselwirkungen und erlaubt ein weitaus größeres Maß an Kooperation und Verständnis zwischen den Teilnehmern. Die Anlage verkürzt Projektzykluszeiten, verbessert die abteilungsübergreifende Kommunikation und ermöglicht die Zielerreichung auf wirtschaftlichere Weise. So ist der Slogan „MIRARCO verwandelt Daten in Gold" zu verstehen.

Autonome Unterwasservehikel (AUV) standen im Vordergrund weiterer Simulatoren von virtuellen Welten in rauen Umgebungen. So wurde das Ziel verfolgt, geeignete Simulationssoftware zu adaptieren, um eine Unterwasserumgebung zur Erprobung der Funktionalität und Missionsprofile darzustellen. Die zentrale Komponente des Vorhabens bestand in der Adaption einer bestehenden Software, wie beispielsweise diejenigen für Flug-simulatoren, in Unterwasserumgebungen. Durch den einstellbaren Auftrieb eines AUV bot es sich an, Weltraumsimulationssoftware als Basis für die AUV-Zwecke zu verwenden, wobei jedoch auch Reibungskräfte in die Simulation einbezogen werden mussten. AUVs sind kleine und sehr wendige Geräte. Da sie keine Verbindung mit anderen Systemen haben, können sie praktisch eingesetzt werden, um in großen Meerestiefen von mehr als 100 Metern und großen Entfernungen von mehr als 100 Kilometern zur nächsten schwimmenden Plattformen oder Stützstrukturen zu arbeiten. Die Heraus-forderungen, denen sich die anfänglichen Entwickler von AUVs gegenüber-sahen, wurden nur von den Versprechungen und Potenzialen dieser Fahrzeuge übertroffen. Sie befanden sich lange Zeit in Entwicklung und stellten hochkomplexe Maschinen dar. Viele nützliche Einsätze oder Abfolgen von Aufgaben konnten für Unterwassermaschinen erwartet werden. Jedoch, um die Aufgaben erfolgreich durchzuführen, waren ausreichende Kapazitäten und Kompetenzen erforderlich, um die Umwelt genau wahrzunehmen und reagieren zu können. Es konnte im Jahr 1999 von unserem kanadischen Partner C-CORE, dem wir ähnlich zu unserem MIRORCO-Engagement bei der Identifikation von Raumfahrttechnologien behilflich waren, vermeldet werden, dass AUVs nun für industrielle Aufgaben gebaut würden und ihre Zuverlässigkeit zunehmend bedeutender würde. Als paradox wurde festgestellt, dass AUVs immer „intelligenter" oder anpassbarer für den zuverlässigen Betrieb in dynamischen und unstrukturierten Umgebungen wurden, ihr Verhalten aber trotzdem weniger voraussagbar war. Sie erforderten die Fähigkeiten, auf unerwartete Vorkommnisse wie Ausfälle von Untersystemen, verschmutzte Kontrollflächen oder Propeller sowie Begegnungen mit Hindernissen zu reagieren. Kontrollarchitekturen mussten in der Lage sein, sich von solchen Fehlern zu erholen und den Fahrplan autonom neu zu konfigurieren, um die Erfolgsaussicht zu maximieren oder den Einsatz aufzugeben. Es zeigte sich, dass die Kontrollsysteme auf die Fahrzeug-hydrodynamik und die Sensorleistungen abgestimmt sein mussten. C-CORE wies darauf hin, dass es nahezu unmöglich und sicherlich unpraktisch sei, zu testen, wie die tatsächlichen Fahrzeuge auf verschiedene Missions- und Systemstörungen, also hinsichtlich der Anforderungen an genaue Simulatoren, reagierten. Wenn der komplette Simulator entwickelt wird, wird vor dem Einsatz eines echten Fahrzeugs auf einer Mission der Fahrplan oder das Skript auf einen virtuellen Simulator heruntergeladen. Das virtuelle Fahrzeug kann dann daraufhin überprüft werden, wie es die Fahrt ausführt. Durch Einführen physischer Hindernisse in die Umwelt und das Erzwingung des Versagens verschiedener Fahrzeugkomponenten können die Robustheit und Zuverlässigkeit sowohl des Fahrzeugs bezüglich seiner Sensoren und seiner Kontrollarchitektur als auch das Skripts getestet werden.

In Diskussionen mit AUV-Herstellern in Europa und Kanada wurde der Bedarf an fortschriftlichen AUV-Simulatoren betont, wobei ein Computermodell der Fahrzeuge und des Missionsskripts getestet werden können sollte. In der Tat wird ein virtuelles Fahrzeug mit echter Steuerungshardware und -software in einer virtuellen Umgebung getestet. Der Öl- und Gasmarkt verfügt über zwei Segmente, die Möglichkeiten für AUVs aufweisen. Diese sind auf den Gebieten Inspektion und Reparatur und Wartung. C-CORE erstellte die virtuelle Unterwasserumgebung, in der sich das virtuelle AUV aufhielt, und die grafische Darstellung des Fahrzeugs. Aus den durchgeführten AUV-Missionssimulator-entwicklungen möchte ich exemplarisch ein Projekt herausgreifen, dessen Zustandekommen bei unserem kanadischen Partner C-CORE durch unsere Vermittlung eines schweizerischen Technologieanbieters im Rahmen unserer internationalen Technologietransferaktivitäten erfolgte. Der schweizerische Projektpartner verfügte über eine in Raumfahrtvorhaben gewonnene Expertise in Bodenuntersuchungen, die zunächst für Untersuchungen des Untergrundes der Oberfläche des Mars eingesetzt wurden. Die schweizerische Firma verfügte hierdurch über ein in den Boden eindringendes Radarsystem, das für die Europäische Weltraumorganisation ESA entwickelt worden war, deren Technologietransferprogramm wir durchführten. Das Radar sollte im irdischen Bereich dazu beitragen, Minenunfälle zu verhindern. Es war in der Lage, auch in felsigen Untergrund zu schauen.

Wohl jeder kennt die zunehmende Rolle der Radartechnik im Alltag. Die meisten von uns wissen, dass Radartechnik zur Detektion von Flugzeugen oder Schiffen benutzt wird, der ein oder andere mag Erfahrungen mit Radar bei Geschwindigkeitskontrollen im Straßenverkehr gemacht haben, aber nur wenige von uns verbinden mit Radar die Detektion von Gegenständen unter der Erdoberfläche. Mit der Zunahme der Leistungsfähigkeit von Computern und ihrer Kostenabnahme konnten umso mehr Signalverarbeitungskapazitäten für die Auswertung von Radarsignalen zu Verfügung gestellt werden. Durch die sorgfältige Auswahl der Radarfrequenzen wurde es möglich, mit portablen Radaranlagen, die in den Boden eindringen, Bilder von versteckten Objekten anzufertigen. Im untertägigen Bergbau sind häufig Maßnahmen zur Sicherung der Minenoberflächen erforderlich, um die Integrität des Gesteins in den Wänden und Decken zu gewährleisten sowie jede Art losen Materials zu entsorgen. Da diese Maßnahmen im Allgemeinen vor dem Beginn der eigentlichen Minenarbeiten erfolgen, erfahren sie maximale Belastungen lange nach ihrer Platzierung. Unglücklicherweise können in Fällen, in denen der Fels hart ist, feine Risse zum Zusammenbruch und zu einem Phänomen, das als Felsbruch bekannt ist, führen. Bis zum damaligen Zeitpunkt konnten sich alle Minenarbeiter nur auf ihre Erfahrung und Intuition verlassen, um ihnen zu sagen, was unter der Felsoberfläche verborgen war, sodass ein Verfahren zur objektiven Beurteilung der Gesteins- und Bodenverhältnisse und der Integrität unterirdischer Stützen von großem Nutzen gewesen wäre. Vor diesem Hintergrund wurde von der schweizerischen Firma das Bodenradar, um Risse in den Wänden und Decken zu erkennen und den Zustand der Gesteinsmenge hinter den Stützen zu beurteilen, entwickelt. Das Radar kann durch Metallgewebe hindurchblicken und es kann Risse von wenigen Millimetern bis zu einer Tiefe von mehr als einem Meter feststellen. Die bereits angesprochene Einrichtung MIRARCO kümmerte sich um den Verkauf der Radarsysteme an Interessenten für den Einsatz in rauen Untergrundumgebungen.

MIRARCO und C-Core betätigten sich, wie sie uns als Manager des ESA-Programms für den Technologietransfer aus der Raumfahrt berichteten, mit Technologieentwicklungen, die fast in Echtzeit eine Abgrenzung von Erz erlaubten, einschließlich der Bestimmung seiner Klasse und Identifizierung seiner Lithologie. Die Designanwendung ist ein Add-on zu mobilen

Diamantkernbohrgeräten. Vor dem Hintergrund, dass sich Minen, wenn sie einmal in Betrieb sind, weiter abgrenzen und ihre Reserven durch umfangreiche unterirdische Korporationen verfeinern und da dieses Verfahren zeit- und kostenintensiv ist, erlangt man die angestrebten Ergebnisse gelegentlich zu spät, um aus ihnen Vorteile zu ziehen. Als Maßnahmen zur Beschleunigung der Informationsbereitstellung erkannten die Kanadier Anwendungen der Fernerkundung, insbesondere um den Minenabbau zu erleichtern. Zur Lösung der angesprochenen grundlegenden Aufgabe ging man dem Thema spektrales Sensorsystem tiefer auf den Grund. Seine Aufgabe besteht schlicht und ergreifend darin, reflektierte Strahlungen zu detektieren, sie zu kennzeichnen und ihr eine räumliche Lage zuzuordnen. Eine Analyse des gesamten Reflexionsspektrums, von Radiowellen bis Gammastrahlen, ist unpraktisch von mehreren Gesichtspunkten aus, beispielsweise wegen der Sensorempfindlichkeit, Datenspeicherung oder der analytischen Fähigkeiten. In der Tat ist es nicht einmal notwendig, weil ein paar wenige ausgewählte Frequenzbänder des Spektrums ausreichend für eine Materialidentifikation sein können. Seinerzeit waren Diamantbohrergebnisse nicht verfügbar. Dies behinderte massiv erforderliche Entscheidungsfindungen, was das mit dem Abbau von Nickelminen befasste kanadische Unternehmen INCO Limited, das ebenfalls mit meiner Firma im Rahmen unserer Technologietransfertätigkeiten aus der Raumfahrt kooperierte, dazu veranlasste, ein Projekt zur Abmilderung der für sie schwierigen Situation fehlender Fortschritte für einen automatisierten Minenbetrieb zu initiieren. Die meisten Minen haben mindestens eine Diamantbohrgerätcrew für die Erzlagebestimmung. Von der Einbindung von Raumfahrttechnologien über das von mir geleitete internationale Netzwerk versprach man sich Lösungsvorschläge für Bildgebungsverfahren in den relevanten Wellenlängenbereichen des kurzwelligen und des thermischen Infrarots. Auch dies sollte dem Ziel dienen, fortschrittliche geophysikalische Techniken bereitzustellen, um Bodenverhältnisse zur Unterstützung von Teleoperationen und automatisiertem Untertagebau oder Tunnelbetrieb zu bewerten.

Bodendurchdringungsradar wurde erfolgreich im Untergrund eingesetzt, um die Stabilität zu überwachen, Erz zu lokalisieren und Bruchzonen zu charakterisieren. Meine Mitarbeiter legten sich bei der „Raue-Umgebung-Initiative" für uns und unsere Netzwerkpartner mächtig ins Zeug und es konnten dadurch ein halbes Dutzend Innovationsprojekte zwischen kanadischen und europäischen Partnern durchgeführt werden. Darunter war unter anderem auch die bereits erwähnte sensomotorisch erweiterte Realität für Telerobotik. Ihr Ziel bestand darin, sich Expertise anzueignen für Design, Implementation und Test innovativer Vorgehensweisen für Telerobotik in der Minenindustrie, um effizientere, sicherere und realistische Alternativen für den täglichen Betrieb bereitzustellen. Dem gleichen Zweck diente ein von meiner Beratungsfirma vermittelter Kontakt zwischen unseren kanadischen Partnern und einem unserer belgischen Projektpartner aus früheren Zeiten, der uns in unserem Auftrag bei der Vorbereitung und Etablierung der sogenannten Heimatbasis des europäischen Astronautencorps der ESA auf dem Gelände des Deutschen Zentrums für Luft und Raumfahrt in Köln-Porz unterstützte. Die sich hierauf begründende Partnerschaft nutzten wir natürlich auch bei unseren Technologievermittlungsaktivitäten, um unserem Partner im gegenseitigen Vorteil bei seinen raumfahrtbezogenen Technologien behilflich zu sein. Die belgische Firma hatte sich durch die Entwicklung eines Pakets von Softwareprogrammen für den Bereich Mensch-Maschine-Schnittstelle für ihren Auftraggeber, die ESA, einen Namen gemacht.

Dies betraf insbesondere Computerprogramme zur Kontrolle der Vorbereitung, Planung und Steuerung von Robotern, die sich für die „Raue-Umgebung-Initiative" als sehr hilfreich erwiesen. Die von uns für den belgischen Technologieanbieter in unsere Marketingaktivitäten aufgenommene und auf seine Raumfahrttätigkeiten aufbauende Technologie trug die Bezeichnung „Flexible Automation Monitoring & Operation User Station". Dabei handelte es sich um einen Werkzeugkasten, der die Installation einer Betriebsteuerung und Überwachung von Roboterstationen zu moderaten Kosten ermöglichte. Dieses Werkzeug wurde erstmals auf der russischen MIR Station im Rahmen der EUROMIR-Mission des Jahres 1995 zur Roboterkontrolle eingesetzt. Es stellt Funktionen für die Vorbereitung und Ausführung von Roboterfunktionen auf interaktive und autonome Weise zur Verfügung. Es bietet darüber hinaus eine Reihe von Funktionen zur Unterstützung von Telemanipulation. Dadurch ist es möglich, dass der Operator aufgrund der Systemflexibilität den Roboter in jeder Weise kontrollieren kann, wie er es will, um die Betriebsanforderungen und Umstände zu erfüllen. Der Operator kontrolliert direkt den Roboter in einer Weise ähnlich der Beziehung zwischen einem Fahrer und einem Auto oder zwischen einem Piloten und einem Flugzeug. Die innovativen Aspekte des Tools bestehen vor allem darin, dass ein Operator einen Roboter durch eine Folge von hochsprachigen Kommandos bedienen kann. Damit ist es möglich, Roboter in Umgebungen mit eingeschränkten Kommunikationsmöglichkeiten bei Mond- oder interplanetaren

Missionen zu überwachen und zu kontrollieren. Wir haben es also wieder mit einem typischen Anwendungsfall der virtuellen Realität zu tun.

Unser belgischer Technologieeigentümer schuf hieraus ein marktfähiges Produkt, dem er die Bezeichnung Virtual Reality Stimulator (VRS) gab. Es ist ein vollständiger Rahmen geschaffen, der für kognitive und neurophysiologische Untersuchungen durch Verwendung virtueller Realität und Multimedia geeignet ist. VRS ist ein flexibles Software- und Hardwaresystem, das Schlüsselfunktionalitäten zur Unterstützung kompletter Experimentprotokolle von der Dokumenterstellung bis Datensammlung umfasst. Der VRS liefert Werkzeuge zur Generierung visueller, auditiver und mechanischer Anreize und Autorenexperimente wie Zeitplan und ereignisbasierte Terminierung. Mit einem Echtzeitbetriebssystem unterstützt der VRS eine Genauigkeit im Submillisekundenbereich für die Erzeugung der Anreize und die Aufnahme von Antworten der Objekte. Die Synchronisation mit externen Geräten wie beispielsweise einem EEG-Rekorder wird unterstützt. Er kann kognitive Arbeitsbelastungsuntersuchungen durchführen und erlaubt die Durchführung von VR- und multimediabasierten Experimenten. Hierfür stehen stereoskopische HMD mit integrierten Kameras für Videodurchsicht, Headsets und Eye-Tracking-Systeme zur Verfügung. Es gibt Kopf- und Hand-verfolgungssysteme mit sechs Freiheitsgraden, einen Joystick zur 3-D-Navigation, eine Knopfleiste für die Subjekt-Antwort und einen Datenhand-schuh für mechanische Stimulation. All dies stand durch die belgische Firma für den Einsatz in den kanadischen Minen zur Verfügung. Das Motiv ihres Einsatzes wurde als hilfreich erachtet. Obwohl Minenmaschinen prinzipiell durch Operatoren von der Erdoberfläche aus fernüberwacht werden können, wiesen die seinerzeitigen Methoden gewisse Nachteile auf. Zum Beispiel konnten ungenaue Informationen beziehungsweise Verzögerungen bei der Informationsübermittlung zu Kollisionen führen. Es sei noch einmal daran erinnert, dass das primäre Ziel des Projektes darin bestand, das Konzept der direkten Kontrolle durch den Operator zu einer der Operatorüberwachung von gleichzeitig mehreren Maschinen umzuwandeln, die unterschiedliche Aufgaben in der Mine durchführten. Dies war ein ganz entscheidender Schritt zur Minenautomatisierung.

Raumfahrtbasierte Technologien wie die des gerade beschriebenen belgischen VR-Beitrags verhalfen zu einem zunächst unerwarteten Schub für die Applikation von beispielsweise sensormotorisch erweiterten Realitäten für Telerobotik. Es kamen raumfahrtbasierte Technologien wie die der beschriebenen Art aus dem Bereich Mensch-Maschine-Schnittstelle aus Belgien, dem Bodendurchdringungsradar aus der Schweiz, verlustlose Daten, Bildkompression und Raumfahrtrobotik zum Tragen. Einige von ihnen wurden unter der Ägide der kanadischen Institution C-Core entwickelt. Dies führte zu effizienteren Einsätzen von Maschinen durch optimalen Einsatz gemeinsamer Ressourcen wie bei Tunnelkreuzungen und Felsaufschüttungsplätzen. Nationale geografische Besonderheiten in europäischen Ländern kommen durchaus zum Tragen für Anwendungen von Weltraumtechnologien für raue Umgebungsbedingungen im Rahmen der kanadischen Initiative.

Aber nicht nur in Kanada konnten wir und unsere Partner des Transfernetzwerks erfolgreiche Transfers verzeichnen, die durch Verwertungen von Technologien der belgischen und schweizerischen Raumfahrttechnologieeigner möglich wurden. In einem Fall wurde zum Beispiel durch eine gemeinsame Vermittlung unserer belgischen und italienischen Netzwerkpartner in Form des schon erwähnten Know-hows des belgischen Technologieeigners der flexiblen Automatisierungsüberwachungs- und Betriebsnutzerstation und des Bodendurchdringungsradars der schweizerischen Radartechnikfirma ein Transfer erreicht, bei dem das Bodeneindringradar der Schweizer in Kombination mit der VR-Expertise der Belgier zu einer Erfolgsgeschichte über ein autonomes Robotersystem zur Sanierung von Altdeponien wurde. Der italienische Technologieverwerter konnte damit eine Anwendung realisieren, die es möglich machte, 95 Prozent der seinerzeit mehr als 13.000 Altdeponien in Italien zu sanieren. Die Ansammlung von Verunreinigungen war zufällig in dem mineralisierten Inhalt der Deponie verteilt und zeitweise von porösen Tonmaterialien umschlossen. Die Technik basierte auf einer neuartigen Kombination von Mikrotunneltechnik mit Entwässerungselementen, um ein kostengünstiges System zur sicheren und eine endgültige Abfallentsorgung zu erhalten. Mit dem Bodeneindringradar der Schweizer wurden die Verunreinigungsgebiete identifiziert und die belgische Technologie wurde eingesetzt für die Fernsteuerung des Roboters. Bei ihm handelte es sich es sich um einen Kletterroboter, der Konsolidierungsmaßnahmen durchführte, um Erdrutsche zu verhindern. Es wurde nachgewiesen, dass der Kletterroboter Steigungen und Gefälle bewältigen konnte, ohne Menschenleben zu gefährden. Der Roboter hatte beachtliche Ausmaße von 3,8 Tonnen Gewicht und eine quadratische Bodenplatte von 2 x 2,5 Metern. Mit ihm konnten Löcher mit einem Durchmesser von 80 Millimetern Durchmesser und 20 Meter Länge gebohrt werden, und das in jede Felsenart und unabhängig von der Steigung des Geländes. Eine neuartiges Stangenfach und ein Robotermanipulator erlaubten ein automatisches Einfügen und Entfernen.

Wie gezeigt, wurden vor allem auch Raumfahrttechnologien, die ebenfalls für raue Umgebungen konzipiert waren, auf ihre Eignung für den Einsatz im Minenumfeld analysiert. In positiven Fällen sollten die ausgewählten Kandidaten aus der Raumfahrt dann für ihre Verwertung im Minensektor adaptiert werden, wodurch sich für meine Firma wieder ein Heimspiel im Technologiertransfer ergab. Das Befassen mit Technologien für raue Umgebungen begleitete uns über viele Jahre.

Kapitel 11: Transfer

„So auch"

Viele Leute glauben immer noch, dass die Teflonpfanne aus der Raumfahrtechnik stammt. Das habe ich nach meinen ersten Beauftragungen mit Projekten zum Technologietransfer aus der Raumfahrt durch die frühere Deutsche Agentur für Raumfahrtangelegenheiten DARA (später DLR) und die Europäischen Weltraumorganisation ESA, versucht aufzuklären, denn Teflon wurde von der Firma Dupont de Namur bereits während des zweiten Weltkriegs im Rahmen des amerikanischen Manhattan-Projektes zur Entwicklung der ersten Atombombe entwickelt. Jahrzehnte später entstanden Beschichtungen aus Teflon bei zivilen Produkten wie beispielsweise Bratpfannen. Für dementsprechend enttäuschte Zuhörer meiner Vorträge hatte ich allerdings einen tatsächlichen Spin-off in petto, nämlich die ersten akkubetriebenen Bohr- und Sauggeräte. Diese waren für die erste Mondlandung im Jahr 1969 in Ermangelung von Steckdosen auf der Mondoberfläche entwickelt worden. Entwickler der Bohr- und Sauggeräte war die Firma Black & Decker. Ihre Adaptionen für irdische Zwecke wurden zu einem riesigen kommerziellen Erfolg. Diese Erfolgsgeschichte wie viele andere auch gehen zurück auf Fördermaßnahmen der NASA für kleine Unternehmen und solche, von denen neuartige Entwicklungsergebnisse erwartet werden konnten, obwohl ihr Kerngeschäftsfeld nicht im Gebiet Luft- und Raumfahrt angesiedelt war.

Dieser Spin-off sei hier nur als Appetizer erwähnt, denn ich möchte auf diejenigen Transfers eingehen, bei denen meine Firma und ich sowie die von uns angeführten oder mit uns kooperierenden internationalen Transfer-netzwerke entscheidend beteiligt waren. Mir ist es dabei wichtig, neben den erzielten Technologietransfers auch die Transfermethodik zu beleuchten, weil sie entscheidend in meiner Verantwortung gestaltet wurde. Für sämtliche von mir in diesem Kapitel beschriebenen nationalen und internationalen Technologietransfers wurden mir und meiner Firma schriftliche Bestätigungen der Sachverhalte von den Transferpartnern (Geber und/oder Nehmer) übermittelt. Da diese Transferpartner die Hauptakteure der Vermittlungs-tätigkeiten meiner Firma sind, führe ich sie zum Dank für ihre engagierte Mitwirkung unter Angabe ihrer Kontaktdetails an. Die Beschreibungen der Transfers komplementieren überdies Inhalte der bisherigen Kapitel.

In Anlehnung an die von der NASA publizierten Erfolgsgeschichten können mein Team und ich ebenfalls auf durch unsere Raumfahrttransferaktivitäten ermöglichte Raumfahrt-Spin-offs zurückblicken, die anderweitig wohl nicht entstanden wären, aber bitte überzeuge sich hierüber jeder Leser selbst. Deswegen habe ich eine Auswahl von mehr als 300 der von meinem Netzwerk generierten Transfers nachfolgend aufgeführt, sozusagen als deren Nachweise, denn sowohl Technologieanbieter als auch Technologieanwender erklärten jeweils schriftlich die Korrektheit unserer Transfergeschichten.

Zu sprechen kommen möchte ich zunächst auf mehrere Anwendungen ein und derselben Technologie, die ursprünglich für die Durchführung von Experimenten unter Schwerelosigkeit entwickelt worden war. Es handelt sich um einen Transfer auf dem Gebiet der Werkstoffwissenschaften, wobei Materialschmelzen erzeugt werden und nachfolgend die Erstarrungsprozesse während des Abkühlvorgangs beobachtet werden. Zur Vorbestimmung der Materialeigenschaften ist es erforderlich, die Erstarrungsgeschwindigkeit zu kontrollieren und die reale Position des Übergangs zwischen flüssiger und fester Phase zu messen. Hierzu wurde von der Universität Leipzig ein Ultraschallpuls-Echo-Verfahren entwickelt, mit dem Position und Geschwindigkeit der Erstarrungsfront präzise bestimmt werden können. Auf einem von meiner Firma veranstalteten Kooperationsforum präsentierte die Universität Leipzig diese Technologie. Die beiden Geschäftsführer einer pfälzischen mittelständischen Firma wurden durch diese Präsentation zur Lösung einer in ihrem Hause vorliegenden Fragestellung inspiriert. Die Firma befasste sich nämlich mit der Bestimmung von Vorspannkräften in Schraubverbindungen, wobei ein piezoelektrischer Film auf das Verbindungselement aufgebracht wurde. Zur Realisierung dieser Technologie kam das messtechnische Know-how der Universität Leipzig wie gerufen. Es gelang hiermit und mit Erfahrungen, die der Raumfahrttechnologieanbieter bei der Entwicklung eines Mars Rovers gesammelt hatte, eine kompakte notebookgesteuerte Mess-einrichtung zu entwickeln, mit der die Spannkraft in Schrauben direkt gemessen werden konnte. Traditionell wird ein Drehmomentschlüssel verwendet, um Bolzen mit der geforderten Stärke anzuziehen. Bei der neuen Messmethode bilden Schraube, piezoelektrische Schicht und Messeinrichtung für den Montagevorgang eine Einheit. Die Schraube des Systems arbeitet als Träger des eingebrachten Ultraschallsignals, das am Schraubenende reflektiert wird und dessen Laufzeit direkt proportional zur Vorspannkraft ist. Mit dem System liegen nicht nur hochpräzise Aussagen über die tatsächlich vorhandene Vorspannkraft während der Montage vor, sondern auch bei der Inspektion im verschraubten Zustand. Mittels des Systems können außerdem Schraub-verbindungen kritischer Anlagen fernüberwacht werden. Im Kraftfahrzeug-, Eisenbahn- oder Anlagenbau, in der chemischen Industrie oder in der Luftfahrt bietet das System ein Maximum an Sicherheit, indem es die Qualität von Verschraubungen messbar macht.

Eine unserer Erfolgsgeschichten zu diesem Thema der Bestimmung der Vor-spannkraft nahm ihren Ursprung im April 2004 auf einem von meiner Firma organisierten Messestand bei der Hannover Industriemesse, wo die Technologie ausgestellt wurde. Ein Messebesucher der Stuttgarter Daimler AG fand an ihr Interesse. Als Technologievermittler stellten wir den Kontakt des Technologieinteressenten mit dem Technologieanbieter her und versorgten in einem ersten Schritt den Interessenten mit einem Informationspaket der Technologie. Die Daimler AG bekräftigte ihr Interesse an der Verwertung der Technologie für die Weiterentwicklungen ihrer Schwerlast-Lkw. Nach diesem Anfangskontakt hielten wir den Kontakt zu beiden Partnern durch verschiedene Aktivitäten aufrecht und unterzeichneten zwei Jahre später einen entsprechenden Verwertungsvertrag.

Beide Firmen sandten uns diesen Vorgang in Bestätigungsbriefen, was die ESA von uns verlangte, wobei zusätzlich Angaben unsererseits über Finanzdaten wie transferbezogene Umsätze der Transferpartner durch die ESA verlangt wurden. Es erklärt in meinen Augen, dass ich erst im März 2012 einen Bestätigungsbrief der Daimler AG einschließlich Angaben über transferbezogene Finanzdaten erhielt. Ich muss deshalb noch einmal sagen, dass wir solche in der Regel vertraulichen Daten, deren Weitergabe an Dritte wie der ESA von uns erwartet wurde, obgleich unsere Beziehungen zu den Transpartnern nur durch Wahrung höchster Vertraulichkeit möglich waren, normalerweise nicht herausgaben. Für uns und unsere Netzwerkpartner war es, wie jeder verstehen kann, ein ziemlicher Drahtseilakt zur unbeschadeten Wahrung unserer Beziehungen zu den Unternehmen und Forschungs-einrichtungen einerseits und zur Wahrung unserer Informationspflicht unserem Auftraggeber andererseits, der im Gegensatz zur Industrie der öffentlichen Hand angehört und in Sachen Sicherstellung des eigenen Einkommens eine gewisse größere Gelassenheit an den Tag legen kann.

Nach diesem Zwischenruf möchte ich meine Schilderungen über die Ergebnisse unseres Transfergeschäftes anhand der soeben geschilderten Raumfahrttechnologie der Ultraschallsensorik für die Werkstoffkunde im Weltraum fortzuführen. Zunächst möchte ich anmerken, dass die durch uns mit der Universität Leipzig vermittelte pfälzische Firma nach eigenen Angaben auch mit ihrer Applikation bei einem Raumfahrtvorhaben im Rahmen eines Forschungsprojektes für die amerikanische Marssonde Pathfinder der NASA beauftragt war, um den Konstruktionsingenieuren präzise Informationen über die Festigkeit von Schraubverbindungen von Bolzen zu liefern, die deren Raumfahrttauglichkeit unter Beweis stellten.

Der besagte für die Daimler AG kreierte Raumfahrt-Spin-off sollte nicht der einzige Transfer der auf der Bestimmung der Vorspannkraft von Schrauben basierenden Technologie bleiben. Im April 2004 war es wieder ein Besucher unseres Messestandes in Hannover, den wir im Auftrag des Deutschen Zentrums für Luft- und Raumfahrt zum Thema Technologietransfer aus der Raumfahrt organisierten, der an der Technologie der Vorspannkraftbestimmung interessiert war. Der Messebesucher war interessiert am Einsatz der Technologie bei Motoren seines Kölner Arbeitgebers Deutz AG, der ein führender Hersteller von Motoren für den Einsatz in diversen Industriezweigen war, einschließlich Landmaschinen, für deren Prototypen die transferierte Technologie eingesetzt wurde, wie uns im Dezember 2011 schriftlich bestätigt wurde.

Nachdem die *VDI Nachrichten* 2004 einen Artikel über Vorspannkraftmessungen publiziert hatten, meldete sich bei uns ein Mitarbeiter der Mercedes-AMG GmbH, um weitergehende Informationen über dieser Messtechnik zu erhalten. AMG ist eine Tochterfirma von Mercedes-Benz, die sich im Premiumsegment im Automobilbau etabliert hat und sportliche Hochleistungsfahrzeuge in der Modellpalette von Mercedes-Benz herstellt. Wir vermittelten die AMG-Anfrage an den Technologieinhaber der Vorspannkraftmesseinheit, wie uns und unserem Kunden, der ESA, im März 2012 schriftlich nachgewiesen wurde.

Nicht nur Hersteller von Hochleistungspersonenkraftfahrzeugen wie AMG fanden 2004 auf unserem Messestand Interesse an dem Exponat der Vorspannkraftbestimmung, sondern auch die Firma Volkswagen Nutzfahrzeuge. Einer ihrer Vertreter zeigte Interesse an der ausgestellten Messeinrichtung zur Bestimmung der Vorspannkraft von Radschrauben. Nach dem Zusammenbringen des ausstellenden Technologieanbieters und dem VW-Vertreter verlief der Kontakt dermaßen zielführend, dass es nach der für Technologietransfer typischen Zeitspanne von fünf Jahren im Sommer 2009 zu einer Transfervereinbarung kam, die einen Wert im mittleren sechsstelligen Eurobereich aufwies, das heißt, Volkswagen ließ sich den Transfer des

Technologiegebers einiges kosten, erhielt aber im Gegenzug eine Innovation, die es bis dato nicht gab.

Die Messung der Vorspannkraft in der beschriebenen Form führte 2004 aufgrund intensivierter Vermarktungsaktivitäten unserseits in einer breit angelegten Kampagne zur Feststellung potenzieller neue Technologiekunden. Einer dieser Kandidaten waren Vertreter des Kugellagerherstellers Schaeffler KG, der mit seinen über 80.000 Mitarbeitern als Technologieanbieter eine beachtliche Rolle in der deutschen Industrielandschaft spielte und sehr an Innovationen im Kugellagerbereich und anderen Technologiebereichen interessiert war. Er war ein anerkannter Zulieferer der Automobilindustrie mit hochpräzisen Produkten wie Wälzlager, Systemen für Motoren, Getrieben und Chassisanwendungen. Eine unserer Vermarktungsaktivitäten für die Vorspannkraftmessung war die Berücksichtigung eines Vortrags der Geschäftsführung des Technologieanbieters bei einem von uns organisierten Kooperationsforum über aktuelle Trends in der Sensor- und Messtechnik in Köln mit über 80 Teilnehmern. Einer dieser Teilnehmer war ein Vertreter der Firma Schaeffler, der mit dem Vortragenden während der Veranstaltung in Kontakt trat. Schaeffler entschied sich, die besagte Technologie für die Messung von Schraubenkräften einzusetzen. Dies ist in den Belegschreiben der Transferpartner vom März 2017 ausgeführt.

Die fünf aufgeführten Spin-offs der aus der Raumfahrt stammenden Messtechnik zur Bestimmung der Vorspannkraft von Schrauben und Bolzen stellen allesamt gänzlich unterschiedliche Applikationen dar, einschließlich Maschinenlauflagern der Firma Schaeffler, Messeinrichtungen für die Bolzenvorspannung von Schwerlastkraftwagen der Daimler AG und für die Vorspannkraft von Motoren für die Landwirtschaft der Deutz AG, der Bolzenkraftmessung bei Hochleistungs-Pkw der Mercedes-AMG GmbH und der Festigkeitsbestimmung von Radschauben bei Volkswagen Nutzfahrzeugen.

Ein Foliensensor aus dem Windkanal löste in der Automobiltechnik vielfältige Messprobleme. Die Mitte der 1990er-Jahre am Institut für Luft- und Raumfahrt der Technischen Universität Berlin begonnene Entwicklung von diversen Strömungssensoren wurde von einem kleinen Unternehmen, der in Berlin ansässigen Mirow Systemtechnik GmbH, unter Führung des früheren Entwicklers des Uniinstituts fortgeführt, das die vielfältigen Anwendungsmöglichkeiten der Foliensensoren für dynamische Kraft-, Druck-, Biege-, Dehnungs-, Beschleunigungs-, Schwingungs- und Körperschallmessungen an zum Beispiel Fahrzeugen, Maschinen oder Bauwerken erkannte. Die piezoelektrischen Folien aus Polyvinylidenfluorid (PVD) eignen sich als Foliensensoren hervorragend für vielfältige Dehnungs- und Spannungs-analysen. Sie weisen nicht nur eine hohe Dynamik bis 286 Dezibel auf, sondern die Flexibilität der Sensormaterialien erlaubt auch eine weitgehende Anpassung an komplex gewölbte Oberflächenstrukturen. Die hohe Nach-giebigkeit und geringe Masse begründen die besondere Tauglichkeit der Foliensensoren für eine extrem breitbandige Körperschallanalyse, die mithilfe einer digitalen Signalverarbeitung von quasistatisch bis in den hohen Mega-hertzbereich durchgeführt werden kann. Ein besonders attraktives Feld für den Einsatz der Piezofoliensensoren liegt im Bereich Fahrzeugbau und Crash-verhalten. Den räumlichen Randbedingungen und dem jeweiligen Lastzustand anpassbar, können nur wenige Quadratmillimeter große Dehnungssensoren hergestellt werden, die bei Frequenzen bis 300 Kilohertz Dehnungen bis auf 0,0001 Promille genau auflösen und dennoch quasistatisch bis in den Bereich plastischer Verformungen messen können.

Es war im Mai 2003 bei einem unserer Kooperationsforen, bei dem der Firmengründer der Mirow Systemtechnik GmbH über seine Piezofolientechnik zur Analyse hochfrequenter Druckschwankungen in Grenzschichtströmungen an Flugkörpern vortrug und dadurch das Interesse eines Teilnehmers der Freudenberg Forschungsdienste KG hervorrief. Ihm ging es um die Messung von Dehnungsänderungen an Luftfedern zur last- und fahrbahnabhängigen Regelung der Federeigenschaften für mehr Komfort und Sicherheit. Schon seinerzeit wurden Luftfedersysteme als zukünftige Alternative zu Stahlfedern und konventionellen Fahrzeugaufhängungen gesehen. Gemäß der verschie-denen Belastungen und Fahrsituationen kann im Gegensatz zu Stahlfedern die Federhärte von Luftfedern aktiv kontrolliert und adaptiert werden. In diesem Zusammenhang ermöglichen die piezoelektrischen Foliensensoren eine konstante Verfolgung der Federwege, um eine schnelle Reaktion auf geänderte Bedingungen zu ermöglichen. Für die Freudenberg Forschungs-dienste wurden im Auftrag des seinerzeitigen Marktführers von Luftfeder-systemen für Pkw, der Firma Vibracoustic GmbH & Co. KG, sehr feine Dehnungsänderungen an Luftfedern gemessen, die abhängig sind vom Federzustand. Luftfedersysteme bestehen unter anderem aus Federbein, Kompressor, Ventilblock, Steuereinheit und Sensorik und ersetzten in der damaligen automobilen Oberklasse die Stahlfedern konventioneller Fahrwerke, die an Abstimmungsprobleme stießen, weil bedingt durch den Leichtbau moderner Autos das Leergewicht in Relation zur erlaubten Nutzlast immer kleiner wurde. Luftfedern überwanden dieses Problem, denn die

Federsteifigkeit ließ sich durch Druckregulierung, das heißt durch individuelle Regulierung der Luftmenge in jedem Federbein, aktiv auf verschiedene Lasten und Fahrsituationen anpassen.

An anderer Stelle haben sich für Fahrzeugversuche flexible, aufgeklebte Sensorstreifen bewährt. Sie zeichnen im Crashtest die Verformungszustände von Fahrzeugblechen auf und liefern damit detailreiche Informationen über das Faltverhalten von Blechen inklusive der lokal auftretenden Unterschiede in der Faltgeschwindigkeit und in den Biegeradien. Die gesammelten Sensordaten dienen dazu, Computersimulationen so weit zu verfeinern, dass das reale Beulverhalten von Fahrzeugblechen nachgebildet und präzise vorhergesagt werden kann. Dadurch lässt sich ein Großteil der Erkenntnisse, die früher in einer Vielzahl zeitaufwendiger und teurer Crashtests erarbeitet werden mussten, schneller und vor allem kostengünstiger durch Simulationen gewinnen.

Elektronische Schaltkreise und Geräte für erdumkreisende Raumfahrtsysteme wie Raumorbiter und Raumfahrtsysteme zur Erforschung des interplanetaren Weltraums müssen zweifelsfrei zuverlässig funktionieren, auch unter extremen Bedingungen. Diese Anforderung wird durch den Umstand vorgegeben, dass die Betriebsumgebungen einen Temperaturbereich von minus 230 Grad Celsius bis plus 1.600 Grad Celsius während des Wiedereintritts des Raumflugsystems aushalten müssen. Einige solcher Missionen sind beispielsweise der Raumtransporter, der orbitale Raumgleiter, die Raumstation, Raumtransportsysteme und andere Raumsysteme wie zum Beispiel planetare Rover. Eine weitere besondere Anforderung stellt der extrem niedrige Luftdruck nahe dem Vakuum dar. Ausgasung spielt eine große Rolle aufgrund von Verdunstungs- und Sublimationsprozessen ins Vakuum. Ausgasungsprodukte können an nahe gelegenen kälteren Oberflächen kondensieren, was zu lästigen Oberflächenverunreinigungen führen oder unerwünschte Reaktionen mit anderen Materialien hervorrufen kann. Dies stellt eine große Besorgnis für Raumfahrtmissionen dar, falls beispielsweise eine verunreinigte Teleskopoberfläche oder Solarzelle eine teure Weltraummission ruiniert. Vibrationen und Beschleunigungen während des Starts der Raumtransportsysteme und ihrer Rückkehr durch die Erdatmosphäre sind riesige sicherheitskritische Herausforderungen für jedes Raumfahrzeug. Zuverlässigkeit war von Anfang an stets die primäre Anforderung an jedes Raumfahrtsystem und, wie alle Raumfahrtingenieure wissen, kann Zuverlässigkeit von Raumfahrtgeräten nur über längere Zeiträume demonstriert werden.

Hierzu möchte ich mir eine kleine Anmerkung gestatten. Ich befasste mich 1986 gerade mit einer Studie zur Erfassung von Lebenszykluskosten von Raumfahrtsystemen, als die Raumfähre Challenger des US-Spaceshuttles fatal verunglückte. Für die Durchführung der Studie arbeitete ich zur kostenmäßigen Bestimmung amerikanischer Raumfahrtsysteme mit Experten in Washington D. C. zusammen. Wir stießen bei unseren Recherchen von Kostendaten des Spaceshuttles auf eine offizielle Untersuchung der NASA, in der ihre Zuverlässigkeit abgeschätzt worden war. Zu unserem Erstaunen wurde diese mit gerade einmal 98 Prozent angegebenen. Das Challenger-Desaster vom 28. Januar 1986 war der 25. Shuttleflug. Der 113. Flug des Shuttles mit seiner Raumfähre Columbia verunglückte am 16. Januar 2003. Somit waren zwei Unfälle bei 135 Shuttleflügen zu beklagen.

Wann immer möglich, suchen und testen Designer vertraute Materialien und Komponenten, mit denen sie ihre Projekte realisieren. Das Ergebnis ist, dass später vieles der Technologie, die die Basis von Raumschiffen und ihren Systemen bildet, ihren Ursprung auf dem Boden hat. Die wichtige Leistung der Raumfahrt besteht vielmehr im Zusammenführen von Entwicklungen derartiger Technologien zu unvorhergesehenen, sodass neue und oftmals vorteilhafte Anwendungen für die Erde identifiziert werden. Ein solches Beispiel sind auch die piezoelektrischen Folien, die an der Uni Berlin für Hyperschall-Windkanalmessungen an einem Hermes-Modell zur Analyse von sicherheitsrelevanten hochfrequenten Druckfluktuationen in der Grenzschichtströmung des Raumgleiters entwickelt wurde. Die Piezofolientechnik ermöglicht das Design extrem flexibler und dünner Sensoren sowie von Aktuatoren, die an dreidimensionalen Oberflächen angebracht, in kleine Lücken eingefügt oder in Glasfaser- beziehungsweise Kohlefaserstrukturen eingebettet werden können. Aufgrund des piezoaktiven Messprinzips werden nur sehr kleine Kontaktdrähte benötigt, wodurch die Integration einer hohen Anzahl von Sensoren mit einer räumlichen Auflösung bis hinab in den Submillimeterbereich ermöglicht wird. Bedingt durch die anisotropen Materialeigenschaften der monoaxial orientierten Folien können verschiedene Dehnungskomponenten durch die Verwendung spezieller Kompensationsregelungen und Klebetechniken verstärkt oder gedämpft werden, was zu einer Vielzahl spezifischer Sensoranwendungen führt. Auf der anderen Seite konnten mehrere Multi-Layer- und Multielementaktuatoren realisiert werden, bei denen longitudinale und torsionsartige Bewegungen oder Wanderwellen in Strahlelementen produziert werden.

Diese vorteilhaften Eigenschaften erweckten das Interesse von Teilnehmern der Volkswagen AG während eines im Jahr 1998 von meiner Firma organisierten Kooperationsforums. Die VW-Vertreter zeigten Interesse an fortschrittlichen Verfahren zum Fußgängerschutz im Straßenverkehr. Traditionell konzentrierte man sich in Sachen Fahrzeugsicherheit auf den Schutz der Insassen, aber es ist nicht weniger wichtig, den Fußgängerschutz durch entsprechende Maßnahmen am Fahrzeugdesign zu ermöglichen, wenn es zu Unfällen mit Fußgängern kommt. Fußgängerschutz wollte man dadurch erreichen, dass die Fahrzeugfront derart gestaltet wird, dass Fußgänger und andere leicht verletzliche Verkehrsteilnehmer wie zum Beispiel Radfahrer, weniger wahrscheinlich verletzt werden, wenn sie von einem Fahrzeug getroffen werden. Schon Ende der 1990er-Jahre nahm sich die europäische Gesetzgebung dieses Themas an und es wurde gefordert, sicherzustellen, dass alle Pkw über ein bestimmtes Maß an Schutzvorrichtungen verfügen, die Fußgängern im Fall des Falles zugutekommen. Es war von vornherein klar, dass es nicht immer möglich sein würde, durch Designmaßnahmen der Fahrzeugfronten stets zu gewährleichten, dass Fußgänger unter allen Umständen Verletzungen entgingen, aber dass dennoch durch Formgebung und Steifigkeit der Fahrzeugfronten erreicht werden konnte, dass Verletzungen von Fußgängern weniger häufig oder weniger ernsthaft wären. So kam es dazu, dass die Fahrzeugfronten neuerer Fahrzeuge erkennbar anders aussahen als bei älteren Modellen. Dies war der Einfluss des Fußgängerschutzes.

Schlussendlich sollte man wissen, dass es sehr schwierig ist, die Fußgänger-sicherheit unter Zuhilfenahme von sogenannten Dummys zu bewerten. Obwohl es möglich ist, den Kontaktpunkt des Auftreffens der Stoßstange auf das Bein des Fußgängers zu kontrollieren, ist es jedoch nicht möglich, zu kontrollieren, wo der Kopf des Dummys nachfolgend auftrifft. Um dieses Problem zu vermeiden, wurden individuelle Komponententests durchgeführt. Als Folge des Erstkontaktes mit Mirow vergab VW in den Jahren 2003 und 2004 Aufträge an Mirow, um flexible Sensorstreifen zu gestalten, um diese bei Fahrzeugversuchen einzusetzen. Die Sensorelemente wurden auf die Fahr-zeugbleche aufgebracht, um in der Lage zu sein, Deformationen der Bleche aufzuzeichnen im Hinblick auf die Gewinnung detaillierter Informationen über die Geschwindigkeit des Fortschreitens des Zerknitterns der Blechoberflächen, speziell der lokal auftretenden Variationen bezüglich der Knittergeschwindigkeiten und Biegeradien. Die gesammelten Sensordaten dienten der Entwicklung anspruchsvoller Computersimulationen, die ermöglichten, das reale Knickverhalten der Fahrzeugbleche zu erfassen und ohne die Durchführung zeit- und kostenintensiver und letztendlich teurer Crashtests eine präzise Vorhersage zu treffen. Die Ergebnisse dieser Untersuchungen erlaubten von da an größtenteils neue Sichtweisen und Vorgehensweisen in einer viel schnelleren und kostensparenderen Weise als zuvor. Die durch unsere Veranstaltung begonnene Kooperation zwischen Mirow und VW erwies sich als längerfristig.

Sie begann im Februar 1999, als die Firma Mirow Systemtechnik für VW erste Versuche durchführte, um mit ihrer Piezofolientechnik und weiteren Polymerfilmmaterialien zur Detektion von Dehnungen von Oberflächen, Vibrationen sowie zu Oberflächenverformungen führenden Biegungen auf den Grund zu gehen. VW suchte nämlich nach Sensorsystemen, mit denen es möglich wäre, effizient Kräfte und Verformungen bei Fahrzeugcrashtests zu ermitteln. Mirow führte die entsprechenden umfangreichen Entwicklungen nebst Herstellung kundenspezifischer piezoelektrischer Multielement-Filmsensorsysteme durch. Die piezoelektrischen Foliensensoren, die ursprünglich für Wiedereintrittssimulationen für das Hermes-Raumgleiter-Projekt entwickelt worden waren, zeigten wieder einmal ihr Nutzungspotenzial. Dies betraf insbesondere die Bestimmung aerodynamischer Kräfte und Temperaturfluktuationen. Im Oktober 2011 erhielten wir die offizielle Bestätigung dieser Transfergeschichte, die im März 2012 auf der Homepage der ESA publiziert wurde. In der ESA-Story, in der auch der Transferbeitrag meiner Firma ausgeführt wurde, wurde betont, dass es diese unsere Transferaktivität im Auftrag der ESA war, die die besagten Anwendungen im Automobilsektor ermöglicht hatte.

Damit aber nicht genug, was den Einsatz der piezoelektrischen Folien der Firma Mirow angeht. Nachdem wir das ungeheure Potenzial dieser Technologie erkannt hatten, ließ ich die Technologiemarketingspezialisten meiner Firma in Sachen Mirowscher Piezofoliensensoren und Piezofolienaktuatoren die vermuteten Märkte sowohl zielgerichtet als auch in aller möglichen Breite wie gewohnt kontinuierlich mit Nachdruck angehen. So ergab es sich, dass wir einen Interessenten ausfindig machen konnten, der im Jahr 1926 eine Entwicklung der Öffentlichkeit vorgestellt hatte, die heutzutage Stand der Technik ist, nämlich Scheibenwischer für Kraftfahrzeuge. Der Hersteller war die

Firma Bosch. Die Scheibenwischer werden bekanntlich durch Elektromotoren über die Windschutzscheibenoberfläche bewegt. Zuvor mussten sich Autofahrer in Regensituationen mit ziemlich unpraktischen Methoden behelfen. Im Jahr 1908 hatte Prinz Heinrich von Preußen, dessen besondere Leidenschaft Automobilen galt, noch einen handbetriebenen Wischer entwickelt. Später kamen pneumatisch betriebene Wischer zum Einsatz, deren Wischgeschwindigkeit jedoch bei zunehmenden Fahrzeuggeschwindigkeiten abnahm.

Eine perfekte Funktionsweise eines Wischers hängt nicht nur von der Qualität des Wischers ab, sondern vielmehr auch vom Anpressdruck des Wischers auf die Frontscheibe. Für diesen Konstruktionsanteil eines Kraftfahrzeugs ist der entsprechende Fahrzeughersteller verantwortlich und nicht der Wischerhersteller. Um eine höchstmögliche Wischqualität zu gewährleisten, muss der Fahrzeughersteller für jedes Fahrzeugmodell eine gleichbleibende Anpressdruckverteilung über die gesamte Windschutzscheibe sogar in kritischen Situationen und besonders bei hohen Fahrzeuggeschwindigkeiten sicherstellen. Die Technologen meiner Firma fanden nach entsprechenden Recherchen und Auswertungen persönlicher Kontakte mit potenziellen technologieorientierten Zulieferern heraus, dass sich die schon besagte Piezofilmtechnologie aus dem Hause Mirow anbieten würde, der Thematik zu Leibe zu rücken. Wir trugen den an einer Lösung des Wischerproblems interessierten Vertretern des Automobilsektors unsere Gedanken vor. Es war abermals die Volkswagen AG, die sich angesprochen fühlte, mit dem Resultat, die Windschutzscheibenwischertechnik durch die dünnen piezoelektrischen Filme der Mirow Systemtechnik GmbH erfolgreich zu modifizieren.

Noch eine Geschichte zu piezoelektrischen Folien möchte ich aus dem Bereich privater Haushalte anfügen. Eine der täglichen Aufgaben ist das Waschen von Kleidung. Die Miele-Brüder hatten vor mehr als 100 Jahren den richtigen Unternehmergeist, als sie sich entschieden, hierzu die ersten Erleichterungen anzubieten. Danach erlebte die Miele-Waschmaschinenhistorie eine Reihe von kleineren und größeren Innovationen. 1958 leitete Miele das Zeitalter der vollautomatischen Waschmaschinen ein, von denen man bislang mehr als 20 Millionen verkauft hat. Waschmaschinen der Spitzenklasse wie diejenigen von Miele zeichnen sich unter anderem dadurch aus, dass sie keine starken Vibrationen erzeugen und keine knarrenden oder pfeifendenden Geräusche beim Waschen und Trocknen von sich geben. Um Vibrationen von Waschmaschinen wie gehabt auch zukünftig zu begegnen, entschied man sich, auf neuartige Technologien schon während der Entwicklungsphasen zurückzugreifen. Nachdem Vertreter der Firma Miele bei ihrem Besuch des Technologietransferstandes meiner Firma auf der Hannover Messe mit der bei uns ausstellenden Firma Mirow in Kontakt gekommen waren, wurden sie von deren Piezofolientechnik dermaßen überzeugt, dass sie seit Ende 1999 auf Piezofolientechnik basierende Kraftmessplatten orderte. Dies erwies sich als sehr erfolgreich bei der Entwicklung neuer Waschmaschinen.

Mit dem Prädikat „Allrounder für Sensoren und Aktuatoren" führten die Piezofoliensensoren lange Zeit unsere Hitparade erfolgreicher Spin-offs der Raumfahrt an. Eine darin vertretene Anwendung der Technologie der Firma Mirow betraf ihren Einsatz im Bereich der Tribologie, mit der im Jahr 2002 die RWTH Aachen befasst war. Auch diese Kontaktvermittlung ging zurück auf eine Präsentation der Firma Mirow auf unserem Messestand in Hannover. Dieser Kontakt wurde zwei Jahre später reaktiviert, als spezielle Sensoren für Anwendungen bei neuartigen Systemen im Bereich der Tribologie gefordert wurden. Systeme aus dem Bereich der Tribologie umfassen funktionale Komponenten verschiedenster technischer Geräte und finden sich in diversen Formen im gesamten Ingenieursektor. Wellen müssen zum Beispiel in Lagern rotieren, Teile müssen in Führungen verschoben werden und Zahnräder müssen sich miteinander drehen. Die Qualität der Kraftübertragung hängt in diesen Systemen sehr von dem Umfang ab, der hiermit möglich ist, das heißt, wie groß der Kraftverlust im Prozessverlauf ist. Abgesehen von dieser Applikation im Kraftübertragungsgebiet gibt es weitere Anwendungen der Systeme aus dem Tribologiebereich in allen Formgebungsverfahren und Formgestaltungen, die Teile von Herstellungsprozessen sind. Soweit diese generell offenen Systeme betroffen sind, legt man bei den Aachenern den Fokus auf Parameter der Ökobilanz sowie auf die Leistung gewisser Funktionen. Dies ist oft der Fall, wenn Fett, Schmier- und Kühlschmierstoffe zusammen mit den hergestellten Produkten als Abfallprodukte auftreten. Es war das Hauptziel der interdisziplinären Zusammenarbeit des Aachener Instituts für Flüssigkeitssströmungen und Steuerungen, die Entwicklung umweltschonender Systeme aus dem Bereich der Tribologie mit hoher Leistungsfähigkeit durch die Substitution umweltbelastender Schmierstoffe durch bioabbaubare Stoffe zu forcieren. Die Deutsche Forschungs-gemeinschaft unterstütze deshalb das Gemeinschaftsprojekt, das auf inno-vative Lösungen aus dem Bereich der Tribologie für den Einsatz im standardmäßigen Maschinenbau abzielte. Neue umweltfreundliche Flüssig-keiten waren in Systemen aus dem Bereich der Tribologie durch Anwendung neuer Beschichtungsmaterialien entwickelt und getestet worden. Ziel war es, wichtige Eigenschaften aus dem Bereich der Tribologie von Flüssigkeiten auf die Basismaterialien zu übertragen. Verfolgt man diesen Weg, so sind bestimmte Additive nicht länger erforderlich und die fehlenden Charakteristiken müssen von den speziell beschichteten Materialien übernommen werden. Dies erfordert eine interdisziplinäre Zusammenarbeit zwischen verschiedenen Fakultätsdisziplinen. Dazu zählen Ingenieure, Materialwissenschaftler, Chemiker etc.

Aufgrund ihrer Eignung zur Messung von dynamischer Kraft, Druck, Bewegung und Temperatur bis in den Bereich hoher Frequenzen wurde die Mirow Systemtechnik GmbH eingebunden, die das Design und die Herstellung eines Sensorsystems mit den piezoelektrischen Folien durchführte, die zur Analyse der Druckverteilung in den hydraulischen Komponenten angewendet wurden. Angebracht und geklebt auf dreidimensional konturierte Oberflächen von Pumpen und hydraulischen Zylindern, um winzigste Veränderungen ihrer Dimensionen, hervorgerufen durch den internen Druck, und die Druckverteilung anzuzeigen, ermöglichte die Piezofolientechnik das Design extrem flexibler und dünner Sensoren, die in kleine Lücken eingesetzt werden oder in Glasfaser- und Kohlenstoffstrukturen mit sehr feinen Kontaktdrähten eingesetzt werden können. Insgesamt etablierten all diese Charakteristiken zusammengenommen ein zuvor unbekanntes Analyseinstrument und einen wichtigen Mosaikstein für die Ausführung essentieller Messkampagnen zum Nutzen des Gesamtprojektes, was eine bessere Kenntnis der Anforderungen an die einzelnen Systemkomponenten auf dem Weg zu umweltfreundlichen Hydraulikflüssigkeiten, die so möglich gemacht wurden, lieferte.

Durch eine Präsentation der Piezofoliensensoren im Jahr 2003 auf unserem Messestand bei der Hannover Industriemesse trafen sich das Laboratorium für Materialen und Verbundwerkstoffe der Universität Paderborn und Mirow Systemtechnik und formulierten ein gemeinschaftliches Projekt mit der Automobilindustrie, das darauf abzielte, neue zerlegbare Blechschrauben für Automobile zu schaffen. Dieses geförderte Projekt verfolgte das Ziel, die in Deutschland zunehmende Dringlichkeit zur vollständigen Zerlegbarkeit von Fahrzeugen für Recyclingzwecke zu erfüllen. Im Rahmen des Forschungsprojektes wurden Methoden wie Kaltumformung, sogenanntes Fließlochformen und Hartmetallgewinde-Schraubeneinsätze hinsichtlich ihrer Eignung zur Verbindung hochfester Stahlmaterialien ohne vorgestanzte Löcher, weder auf der Klemmseite noch auf der Antriebsseite, untersucht. Weitergehende

Forschungsarbeiten wurden zur Stabilität der Schraubverbindungen mit optimierten Prozessparametern für hochfeste Stahlmaterialien unter quasistatischen, abrupten oder dynamischen Vibrationskräften durchgeführt. Begleitend zu besagtem Projekt wurden von Mirow die Piezofolien dahingehend adaptiert, dass man in der Lage war, die Spannkraft zu bestimmen, die zwischen den einzelnen Komponenten vorlag, sodass man im Labormaßstab überprüfen konnte, dass die Verbindung dünner Bleche nach der Methode von Mirow gelungen war. Die durch das Projekt gewonnen Erkenntnisse wurden direkt von den involvierten Systemherstellern in das Layout der betrachteten Blechschrauben übernommen. Es sei noch einmal betont, dass der Projekterfolg durch die Partnerschaft von öffentlicher Hand und Privatwirtschaft aus dem Automobilbau möglich wurde.

Die im Jahr 2004 gestartete Mission der Kometensonde Rosetta sollte im Jahr 2014 nach zehnjähriger Flugzeit mit der Landung auf dem Kometen mit Namen Churyumov-Gerasimenko gekrönt werden. Die Landebeine der Landeeinheit Philae aus kohlefaserverstärkten Materialien wurden dabei von der deutschen Firma Schütze GmbH & Co. KG entwickelt. Die Benutzung der leichten Stäbe betraf nicht nur faltbare Antennen auf dem Orbiter, sondern eben auch die Landebeine von Philae. Darüber hinaus war auch die lasttragende Rahmenstruktur des Rosetta-Orbiters, auf dem Philae montiert war, daraus gefertigt. Im Vergleich zu metallischen Rohren mit der gleichen Festigkeit sind kohlefaserverstärkte Kohlenstoffverbindungen substantiell leichter und reduzieren deshalb nicht nur das Gesamtgewicht der Strukturen, sondern verbessern deutlich ihre dynamischen Eigenschaften durch höhere Eigenfrequenzen. Die geringe thermische Ausdehnung der kohlefaserverstärkten Kohleverbindungen ist vor allem hoch nachgefragt in der Messtechnik und in allen Gebieten, in denen es auf Formstabilitäten ankommt. Um parasitäre Schwingungen aktiv zu unterdrücken und um die Formstabilität von Kohlefaserstrukturen aktiv zu beeinflussen, waren die Stäbe mit Piezoaktuatoren ausgestattet, mit denen ihre Längen verändert werden konnten.

Ob im Automobilbau, Flugzeugbau oder Maschinenbau, die Produkte unterliegen kontinuierlich zunehmend engeren Toleranzgrenzen. Zur Gewährleistung der steigenden Präzisionsanforderungen werden verschiedene stationäre und mobile Messgeräte und Methoden in der Industrie benutzt, wie beispielsweise Koordinatenmessmaschinen. In bestimmten Zeitintervallen müssen die Messsysteme hinsichtlich ihrer Genauigkeit überprüft werden, was sehr zeitaufwendig und arbeitsintensiv sein kann. Insbesondere wenn das

Messgerät hohem Verschleiß oder veränderlichen Umgebungsbedingungen wie Temperaturwechseln ausgesetzt ist, sind sogar zusätzliche Inspektionen in kürzeren Zeitintervallen erforderlich. Um solche Inspektionen möglich zu machen, stellte die Mainzer Firma Metronome AG einen dreidimensionalen Testkörper her, der aus sechs kohlefaserverstärkten Kohlestäben in Form eines Tetraeders besteht, dessen Stäbe magnetisch durch Bälle an den vier Ecken des Tetraeders zusammengehalten werden. Die Firma Schütze lieferte die Kohlestäbe zu, die über große Zeiträume ihre vorgegebene Länge nicht verändern, selbst nach wiederholten Montagen und Demontagen und unter wechselnden Temperaturbedingungen.

Meine Mitarbeiter und ich wurden im Jahr 2002 darauf aufmerksam gemacht, dass die Metronom AG nach mehreren Rückschlägen bei ihrer Suche nach geeigneten Stäben für ihre Messtechnik weiterhin an einer geeigneten Lösung interessiert war. Deshalb stellten wir den Kontakt zur Schütze GmbH her, deren kohlefaserverstärkte Stäbe uns aus der Raumfahrt geeignet erschienen, die Anforderungen der Metronom AG zu erfüllen. Und tatsächlich, nachdem wir die beiden Transferpartner Anfang 2003 miteinander in Kontakt gebracht hatten, ging alles Weitere vergleichsweise recht zügig. Schütze bot genau die Technologie an, die Metronom gesucht hatte. Im Mai 2003 schlossen die Parteien einen Vertrag, in dem die Verwertung der Kohlefasertechnologie bei der Koordinatenmesstechnik vereinbart wurde. Damit konnten wir also bereits mehr als zehn Jahre vor der Landung des Raumfahrtgeräts auf dem Kometen seinen erfolgreichen irdischen Spin-off verkünden.

Mit unseren von mir auf Dauerhaftigkeit und Langzeitwirkung angelegten Technologietransferaktivitäten wollte ich den gemäß meinen Erfahrungen als typisch erkannten Zeiträumen im Technologietransfer in bestmöglicher Weise entsprechen. Das betraf unter anderem auch die Zeiträume, in denen die Technologieangebote in ihrer jeweils aktuellen Form im Technologiemarketing in unserer bekannten Manier angepriesen wurden. In einfachen Worten bedeutet das, dass wir zur Erreichung der größtmöglichen Vermarktungs-effizienz das eine tun und das andere nicht lassen. In diesem Sinne waren wir während der Hannover Industriemesse, bei der wir wieder einmal einen Stand zum Technologietransfer aus der Raumfahrt betrieben, in der Lage, über das von uns auch während der Messe betriebene Technologieportal das Interesse an der von uns vermarkteten Kohlefasertechnologie der Schütze GmbH bei einem Messebesucher zu wecken, der Trumpf Laser GmbH aus Ditzingen, einem der führenden Hersteller von Industrielasern. Die Besucher der Firma

Trumpf machten vor Ort Gebrauch von unserem Angebot, ihren Bedarf an neuen Technologien in unserem Portal zu schildern. Aufgrund dieser Bedarfsbeschreibung unseres Portals wurden Mitarbeiter meiner Firma umgehend aktiv, um eine Lösung für den Bedarf des Laserherstellers, neue leichtgewichtige und gleichzeitig hochleistungsstarke Materialien zu identifizieren, zu finden. Sie sahen sich den Bedarfseintrag in unserem Portal genauer an und sahen eine Lösungsmöglichkeit durch die Raumfahrtmaterialien der Firma Schütze. Nach Rücksprache mit den Technologieeignern sah man es für sinnvoll an, die Kontaktdaten des Technologieanbieters und des Technologiesuchenden auszutauschen. In der Folgezeit entwickelten die beiden Partner in einem ersten Schritt einen Prototyp einer Laserherstellungsmaschine. Daraus entstanden später im Anwenderbereich äußerst begehrte Mehrachsenlaserbearbeitungsmaschinen. Diese zeichneten sich zum Beispiel dadurch aus, dass die Maschinenrüstzeiten, die benötigte Zeit zur Herstellung des ersten Teils und darüber hinaus die Gesamtheit der Teileherstellungszeit drastisch reduziert wurden.

Schauen wir uns jetzt einmal eine Erfolgsgeschichte zum Technologiertransfer an, die auf eine Beschichtung zur Sicherstellung der elektromagnetischen Verträglichkeit im frühen Fernerkundungszeitalter zurückgeht, und zwar bis in die Mitte der 1970er-Jahre. Damals wurde nämlich im Rahmen des wissenschaftlichen Programms INTERKOSMOS von der einstigen Firma VEB Carl Zeiss Jena die Multispektralkamera MKF-6 entwickelt und gebaut, die damals eine Spitzenkamera auf dem Gebiet der Fernerkundung war und auch „Weltraumauge" genannt wurde. Der damalige Projektleiter des DDR-Vorhabens, der mir nach der Wiedervereinigung gut bekannt war, erläuterte mir, welch hohe Bedeutung von den seinerzeit Regierenden der DDR diesem Projekt zugemessen worden war. Im Volksmund hieß die MKF-6 deswegen oftmals auch einfach nur „Multispektakelkamera". Im Jahr 1976 erfolgte der Testflug der Kamera mit dem russischen Raumschiff Sojus 22 und sie konnte während der einwöchigen Flugdauer ausgiebig getestet werden. Seit 1978 war die MKF-6 regelmäßig im Weltraumeinsatz – auch auf der Raumstation MIR war ein Exemplar an Bord – und wurde vom dem ersten Deutschen im All, Siegmund Jähn, während der einwöchigen dritten Interkosmos-Mission auf dem Raumschiff Sojus 31 betreut. Da Siegmund Jähn bei einer russischen Mission ins All flog, war er ein Kosmonaut, das Pendant zu den Astronauten westlicher Missionen. Mit der Weltraumkamera konnten gleichzeitig sechs Bilder in unterschiedlichen Farb- und Filterkombinationen aufgenommen werden, die sechs verschiedene Bereiche des optischen Spektrums abdeckten.

Mit ihr konnte ein Gebiet von 150 x 225 Kilometern abgelichtet werden und sie verfügte über ein hohes räumliches Auflösungsvermögen. Zur Sicherstellung der elektromagnetischen Abschirmung wurde von der Dresdner Firma MAT das DIN A5 große Bediendisplay mit Indium-Zinnoxid beschichtet. Diese Schicht zeichnet sich durch elektrische Leitfähigkeit und optische Transparenz aus und hatte die Aufgabe, die durch das Display emittierten Elektronen aufzunehmen und abzuführen.

Mitte 2003 meldete sich die Firma MARCO Systemanalyse und Entwicklung GmbH, die sich unter anderem mit der Steuerungstechnik für Bergbaumaschinen beschäftigte, mit einem technologischen Bedarf bei meiner Firma, bei dem es um die kratzfeste, transparente und leitfähige Beschichtung von Polycarbonat-Scheiben ging. Die geforderte Schicht musste hierbei eine elektrostatische Aufladung verhindern, um den hohen Anforderungen, wie sie im Bergbau unter Tage zur Gewährleistung des Explosionsschutzes an die Verwendung elektrischer Betriebsmittel im explosionsgefährdeten Bereich gestellt werden, gerecht zu werden. Als Folge der Vermittlungstätigkeit meiner Firma wurden bereits nach einem Monat Testbeschichtungen seitens MAT durchgeführt, die die anschließenden Explosionsschutzprüfungen anstandslos bestanden. Von der Schilderung des Bedarfs bis zum Abschluss der Tests der Scheiben vergingen gerade einmal sechs Monate. Die beschichteten Scheiben wurden anschließend als Sicherheitsglasscheiben auf neuartigen Steuergeräten im elektrohydraulischen Schildausbau unter Tage eingesetzt. Schildausbau ist ein hydraulisch verstellbares Stütz- und Schutzgerät auf Gleitkufen, dessen oberer Teil schildartig geschlossen ist und das Flöz abstützt. So kann der Arbeitsraum des Bergmanns sowohl nach oben als auch nach hinten völlig gegen Stein- und Kohlenfall abgeschirmt werden. Ein Schild ist in der Regel 1,5 Meter breit und kann in der Höhe von einem bis vier Metern, je nach Schildtyp, verstellt werden. Jeder Schild hat ein eigenes Steuergerät. Die Steuerung erfolgt hydraulisch, elektrohydraulisch oder elektrisch.

Lassen Sie uns wieder von unter Tage auftauchen. Das bringt uns zu noch einer Geschichte. Carbonfaserverstärkte Leichtbaumaterialien, die ursprünglich für ihren Einsatz in militärischen Kampfjets der amerikanischen Luftwaffe entwickelt und eingesetzt wurden, überzeugten auch die auf Gewichtsersparnis und weitere Vorzüge von kohlefaserverstärkten Kunststoffen bedachte Raumfahrtwelt als unentbehrliche Materialien mit niedrigem spezifischem Gewicht und, je nach Faserorientierung und Volumen, höherer

Festigkeit und Stärke, kleinerer Wärmeausdehnung und guter thermischer Leitfähigkeit. Diese Eigenschaften erfüllen genau die Anforderungen, die an Raumfahrtstrukturen und das Material, das für viele Raumfahrtanwendungen geeignet ist, gestellt werden. Unternehmen der deutschen Raumfahrtindustrie sind zum Beispiel historisch gesehen die seinerzeitige Firma EADS Dornier GmbH, die sich beträchtliches Know-how auf diesem Gebiet erarbeitet hatte. Dies betraf vor allem Strukturmaterialien, die eine Reihe von Weltraummissionen erst machbar machten. Im Jahr 2001 gründete ein Teil des Managements, der mit strukturellen Materialien in der diesbezüglichen Abteilung der Firma Dornier befasst war, eine neue Firma mit dem Namen ACE. Die Firmengründer hatten Erfahrungen durch die Zulieferungen von Satellitenbauteilen und Strukturbauteilen für Ariane-Raketen erworben, die man neben dem Raumfahrtkerngeschäft auch in anderen Industriesparten anwenden wollte. Man wählte hierzu ein Engagement im Automobilsektor aus, dass sich in Anlehnung an die Raumfahrtaktivitäten nun im Premiumbereich von Strukturen beziehungsweise Karosserieteilen von Hochleistungssportwagen bewegte. Es ergab sich bei einer von uns für die ESA im Jahr 2002 durchgeführten Veranstaltung zum Technologieaustausch zwischen Automobilbereich und Raumfahrt, dass ACE unter dem Titel „Hochleistungsverbindungen für Automobilanwendungen" ihr Leistungsspektrum präsentierte. Unter den Teilnehmern des Automobilkolloquiums waren auch Teilnehmer der Volkswagen AG, die den Vortragenden von ACE ansprachen, der ihnen die Verbundmaterialien von ACE im Detail erläuterte. Seinerzeit bestand die Volkswagen-Gruppe aus acht Marken aus sechs europäischen Ländern, nämlich Volkswagen, Audi, Bentley, Bugatti, Lamborghini, Seat, Skoda und Volkswagen Nutzfahrzeuge. Jede Marke hat ihren eigenen Charakter und betreibt ihre Geschäftstätigkeit als jeweils unabhängige Marke. Das Produktionsspektrum reicht von Kleinwagen bis zu Luxusfahrzeugen. Als Ergebnis des zu Volkswagen hergestellten Kontaktes wurde ACE zur Beratung in Sachen Abschätzung der Herstellkosten von hochleistungsfaserverstärkten Verbundmaterialien angeheuert und um zu untersuchen, ob und wie potenzielle Kunden überzeugt werden konnten, teurere Fahrzeugkomponenten zu bezahlen, wenn sie aus Verbundmaterialien wären. Daraus resultierte die Zulieferung von Heckhauben des Lamborghini Gallardo Spyder durch ACE. In Partnerschaft mit Lamborghini und der Mutterfirma Audi AG entwickelte ACE eine Heckhaube aus kohlefaserverstärktem Kunststoff, wobei eine spezielle Produktherausforderung in der Schaffung einer herausragenden Oberflächenqualität des betroffenen Karosserieteils mit seiner für das

Gallardo-Modell komplexen Geometrie seiner typischen, für Lamborghini unverwechselbaren Lamellenstruktur lag. Mithilfe der Kohlefaserverbundstruktur war ACE in der Lage, ein Design zu realisieren, das mit einer Metallkonstruktion nicht möglich gewesen wäre und das zudem eine Gewichtseinsparung von 30 Prozent ermöglichte.

Noch eine Erfolgsgeschichte aus dem Bereich Werkstoffwissenschaften konnten wir zu Hochleistungsstählen vermelden, die sowohl auf der Erde als auch im Weltraum zu bemerkenswerten Verwendungen Anlass gaben. Das Material mit außergewöhnlichen Eigenschaften trug dazu bei, technische Grenzen zu überschreiten. Um eine Eintrittskarte für den Aufenthalt im Weltraum zu lösen, ist es zunächst erforderlich, die sogenannte Fluchtgeschwindigkeit mit einem Raumfahrzeug wie einer Rakete oder einem Raumtransporter wie dem früheren amerikanischen Spaceshuttle zu erreichen. Mit Fluchtgeschwindigkeit wird physikalisch ausgedrückt die Geschwindigkeit bezeichnet, bei der die kinetische Energie eines Objektes den Betrag der potenziellen Energie der Erdanziehung erreicht. Auf der Erdoberfläche beträgt die Fluchtgeschwindigkeit 11,2 Kilometer pro Sekunde, was etwa dem Vierunddreißigfachen der Schallgeschwindigkeit entspricht, beziehungsweise mindestens dem Zehnfachen einer Gewehrkugel. Will man diese Limits übertreffen, ist eine Menge von technologischem Wissen in vielen Gebieten erforderlich. Eines dieser Gebiete sind die Werkstoffwissenschaften. Die Anforderungen, die von mit der Thematik befassten Ingenieuren erfüllt werden müssen, betreffen die Zurverfügungstellung von Antriebsleistungen, die zum Beispiel eine Ariane-Rakete mit einem Gewicht von 760 Tonnen oder ein Shuttle mit einem Gewicht von rund 110 Tonnen in den Orbit bringen können.

Sehen wir uns nun einmal ein kleines Detail in dem kraftvollen Haupttriebwerk an, speziell seine Hochdruckkraftstoffpumpen, die das Triebwerk mit flüssigem Wasserstoff bei einer Temperatur von minus 252 Grad Celsius und einer Rotationsrate von 37.000 Umdrehungen pro Minute versorgen. Hierzu sind Lager mit besonderen Eigenschaften erforderlich. Die aus einem Spezialstahl gefertigten Lager des Shuttles wurden von einem Essener Unternehmen der Schmiedetechnik beginnend in den 1980er-Jahren hergestellt. Das Besondere dieses Stahls verbirgt sich in seinen Legierungskomponenten Stickstoff, Carbon, Chrom und Molybdän. Ihre quantitative Zusammensetzung resultierte in einem Material, das beträchtliche Vorteile gegenüber bisherigen Legierungen aufwies. Insbesondere betraf dies Eigenschaften wie die exzellente Stärke, Korrosionsbeständigkeit und Hochtemperaturhärte. Bei der Legierung handelt es sich um einen sogenannten gehärteten martensitischen Stahl, der in einem besonderen Prozess wieder aufgeschmolzen wurde. Die Wärmebehandlung verleiht der Legierung ihre exzellenten Härtewerte sogar bei höheren Temperaturen.

Im Jahr 1999 führten wir im Rahmen unserer Technologietransferprogramme eine spezielle Marketinginitiative zum Auffinden von Interessenten an dem martensitischen Stahl von VSG durch. Das versetzte uns in die Lage, die Firma VSG mit dem Interessenten UKF Universal-Kugellager-Fabrik GmbH in Kontakt zu bringen. UKF ist ein im Jahr 1930 in Berlin gegründetes Unternehmen, das für Jahrzehnte hochpräzise Kugel- und Spindellager herstellte. Durch unsere Kontaktvermittlung wurde UKF für die Benutzung in Spindelkugellagern auf den martensitischen Edelstahl von Energietechnik Essen GmbH aufmerksam. Aufgrund einiger Reorganisationsprozesse und Umstrukturierungen im Hause des potenziellen Technologienehmers aus dem Kugellagersektor war es dann doch erst im Jahr 2003 möglich, ein total neues Produkt Anfang 2004 auf den Markt zu bringen, das die Vorzüge der oben beschriebenen Raumfahrtanforderungen nutzen konnte. Dies betraf besonders den hochstickstoffhaltigen Stahl, der oftmals Weltraumumgebungen kennengelernt hatte. Er brachte uns Kugellager auf die Erde, die hundertmal korrosionsbeständiger sind als konventionelle Edelstähle und eine Ermüdungsfestigkeitsdauer haben, die zehnmal so lang ist wie in herkömmlichen Hybridlagern.

Über das Zustandekommen eines anders gelagerten Transfererfolges freuten wir uns sehr, da keiner von uns damit rechnete, dass weitere kohlenstofffaserverstärkte Materialien ein sensationelles und in der Öffentlichkeit vielbeachtetes Resultat unserer Spin-off-Aktivitäten aus der Raumfahrt würden. In diesem Fall sind es Know-how und Fertigungsausrüstungen für faserverstärkte Keramiken, die ursprünglich als Hitzeschutzschildmaterial in der Raumfahrt für Wiedereintrittsfähren bei ihrer Rückkehr zur Erde gedacht waren. Sie erlebten eine zunächst unbeabsichtigte Anwendung im Automobilbau. Kühlkörper und ablative Materialien in Kombination mit stumpfen Körperformen wurden bei frühen Raketen- und Raumfahrzeugprogrammen während den späten 1950er- und frühen 1960er-Jahren eingesetzt. Luft- und Raumfahrtingenieure waren fortlaufend auf der Suche nach leichteren Vehikeln, die in der Lage waren, höhere Geschwindigkeiten zu erreichen. Rückkehrraumfahrzeuge wie die Apollo-Kapseln, das Spaceshuttle oder der geplante europäische Raumgleiter Hermes waren viel größer als alles andere, das für eine Rückkehr zu Erde vorgesehen war. Zu diesem Zweck mussten derartige Raumfahrzeuge beim Wiedereintritt in die Erdatmosphäre bei einer Geschwindigkeit von rund 25.000 Kilometern pro Stunde Temperaturen von mehr als 1.600 Grad Celsius ertragen. Für die Entwicklung des wiederverwendbaren Raumtransportsystems Hermes Anfang der 1990er-Jahre, die aus Kostengründen gestoppt wurde, waren bereits mehrere fortschrittliche Technologieentwicklungen durchgeführt worden. Zu diesen zählten auch die von der Ottobrunner Industrieanlagen-Betriebsgesellschaft mbH entwickelten faserverstärkten Keramiken, für die auf einmal die beabsichtigte Raumfahrtanwendung obsolet war. Für keramische Materialien bestand in der Raumfahrtindustrie großes Interesse ob ihrer außergewöhnlichen Eigenschaften wie hohe spezifische Steifigkeit, große mechanische Dimensionsstabilität sowie thermische und elastische Leistung. Weiterhin zeigen sie eine hohe thermische Leitfähigkeit, eine gute thermoelastische Homogenität, einen niedrigen thermischen Ausdehnungskoeffizienten und ein bemerkenswertes Tieftemperaturverhalten. Der mit C/SiC bezeichnete zusammengesetzte keramische Verbundwerkstoff besteht aus Siliziumkarbid, Silizium und Carbon. Dieses Material wird aus der Umwandlung von Kohlenstoff und Silizium zu Siliziumkarbid über eine Reaktion bei hohen Temperaturen zwischen einem C/C-Grünkörper und flüssigem Silizium gewonnen. Mit derartigem Material wird das Spaceshuttle durch rund 27.000 keramische Kacheln gegen übermäßige thermische Belastungen geschützt und die Erhitzung der darunterliegende Aluminiumstruktur auf 175 Grad Celsius begrenzt. Die 1961 als renommierter deutscher Technologie- und Wissenschaftsdienstleister gegründete IABG war in einer Vielzahl von raumfahrtorientierten Entwicklungsprojekten involviert wie zum Beispiel der Durchführung von Strukturtests für die europäische Trägerrakete Ariane 5 oder dem Design integraler Test- und Messeinrichtungen für Hochtemperaturkeramiken sowie der Entwicklung von Komponenten aus keramischen Matrixverbundwerkstoffen im Rahmen des Hermes-Projektes.

Auf einem erneut von meiner Firma zum Technologietransfer aus der Raumfahrt organisierten Stand auf der Hannover Messe 1999 gaben wir der IABG ein Forum, ihre Erfahrungen und ihr Know-how über thermische Schutzmaterialien vorzustellen. Bei dieser Gelegenheit vermittelten wir einen Erstkontakt zu einem der Besucher unseres Messestandes, nämlich zu Vertretern der Brembo Group, einem international tätigen führenden Hersteller von Bremsanlagen. Im Jahr 2003 kaufte Brembo für etwa 1,5 Millionen Euro eine Fabrik zur Produktion von Prototypen von keramischen

Carbonscheiben, Prozesshardware, Know-how und unterstützende Dienstleistungen vom Technologiegeber. In diesem Zusammenhang wurde die Brembo Deutschland GmbH gegründet. Innerhalb von zwei Jahren entwickelte Brembo in seiner deutschen Niederlassung marktfähige keramische Pkw-Bremsscheiben in Lizenz von der technologiegebenden Seite. Für weitere Einzelheiten zu unserem Transfer der Keramikbremsscheiben möchte ich die entsprechenden Ausführungen über Beschichtungen in Kapitel 4 ins Gedächtnis rufen. Im Juni 2009 gab Brembo in einer Pressemitteilung bekannt, dass man mit der in Meitingen ansässigen SGL Group ein 50:50-Joint-Venture im Bereich Carbon-Keramik-Bremsscheiben gegründet habe. Das Joint Venture, dessen Stammsitz in Stezzano bei Mailand war, firmierte unter dem Namen Brembo SGL Carbon Ceramic Brakes und widmete sich dem Geschäftsziel der gemeinsamen Weiterentwicklung sowie der Produktion und dem exklusiven Vertrieb von Carbon-Keramik-Bremsscheiben für die Automobil- und kommerzielle Fahrzeugindustrie. Die komplementären Kernkompetenzen der Gesellschafter Brembo und SGL ermöglichten, Synergien in den Bereichen Prozessmanagement und Produktentwicklung zu erzeugen. Brembo hatte als führendes Unternehmen in der Entwicklung und Produktion von Hochleistungsbremssystemen bereits Carbon- und Carbon-Keramik-Materialien für die Formel 1 und kommerzielle Anwendungen entwickelt und übernahm die Rolle, die Expertise in der automatisierten Produktion und das Know-how bei Bremssystemen einzubringen. Die SGL Group verfügte über eine umfangreiche Expertise bei carbonfaserbasierten Materialien. Das Unternehmen ist der einzige europäische Hersteller für integrierte Carbonfaser- und Verbundwerkstoffe, der die gesamte Wertschöpfungskette von der eigenen Rohstoff- und Carbonfaserproduktion über die nachfolgenden Wertschöpfungsstufen der Verarbeitung bis hin zur Herstellung von Fertigbauteilen anbietet. Durch die Bündelung der Kräfte sollte sich Brembo SGL Carbon Ceramic Brakes zu einem Entwicklungspartner für Erstausrüster beziehungsweise OEMs entwickeln als Erfolgsfaktor bei der Etablierung von Carbon-Keramik-Bremsscheiben im Fahrzeuggeschäft. Die carbonfaserverstärkten Keramikmaterialien gingen wie gesagt in den 1990ern auf Einsätze der Luft- und Raumfahrtindustrie zurück. 2001 wurden die ersten kommerziellen Kraftfahrzeuge mit Carbon-Keramik-Bremsscheiben ausgestattet. Im Automobilsektor begann die Verbreitung der Carbon-Keramik-Bremsscheiben ob des hohen manuellen Arbeitsanteils bei der Produktion und demzufolge hoher Herstellkosten im Kraftfahrzeugpremiumsegment.

Als wir uns in meiner Firma nach dem von uns erfolgreich initiierten Transfer von der Raumfahrt in den Automobilbau mit dem Marktpotenzial und der Marktakzeptanz von Keramikbremsscheiben im Hinblick auf deren zukünftige Trends durch eine auf Realität bedachte Analyse des Marktes befassten, konnten wir auf der technologischen Seite als Positivum der Keramikbremsen ihre im Vergleich zu konventionellen Graugussbremsscheiben deutliche Gewichtsreduktion von bis zu 50 Prozent und somit die Möglichkeit eines niedrigeren Kraftstoffverbrauchs vermerken. Die Keramikbremsscheibe ist somit wesentlich umweltfreundlicher und trägt zu geringeren CO_2-Emissionen bei. Zudem zeichnet sie sich durch eine höhere Lebensdauer von rund 300.000 Kilometern, höhere Korrosionsbeständigkeit, einen niedrigeren Feinstaubausstoß und bessere Produkteigenschaften sowie eine höhere thermische Stabilität aus. Als Hemmnisse für eine große Markterschließung war „nur" der beträchtliche Preis von 2.000 Euro pro Bremsscheibe gemäß unserer Analyse, die wir 2012 durchführten, zu konstatieren. Nach unseren Expertengesprächen ist dieser Preis voraussichtlich um nicht mehr als 50 Prozent zu reduzieren, so nicht drastische Erhöhungen des Automatisierungsanteils beziehungsweise Reduktionen der manuellen Anteile ermöglicht werden. Zum Zeitpunkt unserer Erhebung zählten deshalb vornehmlich Fahrzeughersteller aus dem Premiumsegment zu den Kunden von Keramikbremsen wie beispielsweise Aston Martin, Audi, Bentley, Bugatti, Daimler, Ferrari, General Motors, Lamborghini und Porsche.

Reibungsreduktion durch Trockenschmiermittel gehen auf Entwicklungen in den frühen 1960er-Jahren zurück. Wir wurden auf die fortschrittliche Beschichtungstechnologie bei einer unserer Aktionen zwecks Erstellung beziehungsweise Aktualisierung unseres Technologieportfolios zu deren Vermarktungszwecken aufmerksam. Überaschenderweise handelte es sich um eine Entwicklung aus den 1960er-Jahren, die den Anforderungen der NASA für den Weltraumeinsatz genügte und universell einsetzbar war. Die Gleitbeschichtung ist fest mit der Oberfläche verbunden und weist den niedrigsten Reibungskoeffizienten für trockene Reibung auf. Es wird ein bei Raumtemperatur stattfindender Prozess benutzt, bei dem mit hoher Geschwindigkeit Moleküle in die Oberflächen von Metallen implantiert werden. Um eine molekulare Bindung zu ermöglichen, werden die Oberflächen des zu beschichtenden Teils behandelt, bis eine von Oxiden und Verunreinigungen freie atomare Struktur vorliegt. Die aus Wolframdioxid bestehende Schicht wird ein Teil des Grundmaterials und kann somit nur entfernt werden, wenn das Trägermaterial selbst (abrasiv) entfernt wird. Seit

1996 bietet eine deutsche Firma in Lizenz der NASA die Beschichtungen auf Metallen, deren Vermarktung wir unterstützen, in Europa an, um Problemlösungen in vielen technischen Bereichen zu ermöglichen, indem in die Oberfläche von Metallen Eigenschaften integriert werden, die das Grundmaterial nicht hat. Um neue, aufregende Grenzen der Raumfahrt zu erreichen, war es angezeigt, Herausforderungen für existierende Technologien anzunehmen. Der Weltraum mit seinen weiten Temperaturbereichen und seinem extremen Vakuum führten dazu, dass traditionelle Schmierungstechnologien oftmals wegen ihrer chemischen Eigenschaften obsolet waren. Dicronite-Trockenschmierung war ein Element zur Bewältigung der Herausforderungen, denen man bei der in den USA ins Auge gefassten Mondlandung zu genügen hatte. Die Dicronite-Trockenschmiertechnologie der 1960er-Jahre war eine vorzugsweise modifizierte Form von Wolframdisulfid, die zuerst bei Raumsonden des amerikanischen Mariner-Programms eingesetzt wurden.

Die Mariner-Sonden waren eine Serie von planetaren Forschungsfahrzeugen, nämlich die ersten, die lokal auf den Planeten Merkur, Venus und Mars gesammelte Daten zur Erde übermittelten. Während der Mariner-Missionen wurde Dicronite von der NASA für die Schmierung von gleitenden und rotierenden Oberflächen eingesetzt. Dicronite hat die einzigartige Fähigkeit, zuverlässige Schmierungen innerhalb eines Temperaturbereiches von minus 188 Grad Celsius bis plus 1.316 Grad Celsius durchzuführen. Das Ganze kann in einem ultrahohen Vakuum erfolgen. Die Gleitschicht hat nur eine Dicke von acht Mikrometern. Dicronite wurde in einer Reihe von raumfahrtbasierten Anwendungen einschließlich der Mars Rover und des Spaceshuttles benutzt. Das Max-Plank-Institut für Astronomie wählte Dicronite für sowohl lineare als auch rotierende Tieftemperaturaktuatoren bis minus 190 Grad Celsius in erdbasierten Infrarotdetektoren unter Ausnutzung der einzigartigen Möglichkeit, Schmierungen mit präzisesten Toleranzen über einen großen Temperaturbereich durchzuführen. Die gleichen Kriterien, die die Trockenschmierung für Raumfahrtanwendungen favorisierten, führten zu einem breiten Spektrum von industriellen Anwendungen. Die Vermittlungsunterstützung der Dicronite-Technologie durch meine Firma führte zu mehreren Dutzend Anwendungen, von denen zwar keine so spektakulär wie die der Keramikbremsen war, die jedoch in ihrer Vielfalt dennoch beeindruckten. In diesem Kapitel möchte ich mich exemplarisch auf einige wenige Fälle beschränken.

Im Frühjahr 2005 vermittelten meine Leute zum Thema Dicronite eine mittelständische deutsche Firma, die Wälzlager und Linearführungssysteme auf Kundenwunsch entwickelte und produzierte. Dieser Fall ist einer von mehr als einem halben Dutzend Vermittlungen zur Technologie Dicronite. Typisch ist in allen Fällen, dass der Technologieinhaber bei den von uns benannten Kunden Lohnbeschichtungen, die in der Natur der Sache liegen, durchführte. Damit war es den Kunden möglich, Hightech-Beschichtungen für ihre hierdurch wertgesteigerten Produkte zu moderaten Preisen einzukaufen, die in Bereichen von wenigen Tausend Euro pro Auftrag bis hin zu gut 10.000 Euro reichten. Im Fall des Wälzlagerherstellers waren diese im täglichen Gebrauch bei einer Reihe von Anwendungen konkurrenzlos überlegen. Der besondere Vorteil lag in ihrem platzsparenden Design zusammen mit ihrer hohen Belastbarkeit für Lasten aus welcher Richtung auch immer. Der Technologienehmer nutzte dies für Anwendungen in den Bereichen Medizintechnik, Robotik, Reinraumtechnik sowie in der Textil- und Verpackungsindustrie. Auf der Suche nach einer Möglichkeit, die Lebensdauer von Getriebelagern zu erhöhen, kontaktierte man uns, um abzuklären, ob die reibungsarme Schmiertechnologie ihren Ansprüchen genügen würde, wodurch schließlich von uns die Parteien am ersten März 2005 miteinander in Kontakt gebracht wurden.

Erhöhte Lebensdauer durch Abschaffung des Schmieraufwandes war die Devise eines deutschen Zulieferers für industrielle Automatisierung und Montageprozesse, der Standards in Sachen Design und Konstruktion von Spezialmaschinen für den Automobilbau und dessen Zulieferindustrie geschaffen hat. Das Produkt- und Dienstleistungsangebot schloss Handhabungssysteme, Materialflusssysteme, Ausrichtungssysteme für Automobilachsen und komplette Fahrzeug- und Ausstattungsausrüstungen in Verbindung mit Verschraubungsausrüstungen ein. Eine Kontrolleinheit einer Materialflusseinrichtung einschließlich passender Zahnstangen und Ritzelgetriebe erforderte früher oftmals schwierige Zentralschmierungen, um den geforderten Prozess und die Lebensdauereigenschaften zu gewährleisten. Um teure Konstruktionen zu vermeiden, suchte das Unternehmen nach wettbewerbsfähigen Lösungen und in diesem Zusammenhang wurde einer seiner Konstrukteure durch eines unserer Technologieportale Anfang 2002 auf die Beschreibung der Dicronite-Technologie aufmerksam und bat uns um die Kontaktdaten des Technologiegebers. In den Folgemonaten wurden erfolgreiche Tests der Schmierung durch den Interessenten durchgeführt. Daraus ergaben sich erste Bestellungen der Schmierung. Seit dieser Bestellung stellte sich heraus, dass die Zentralschmierung nicht mehr notwendig war, weil die

Stangen und Zahnräder ohne eine nennenswerte Instandhaltung auskamen, wodurch der Technologienehmer zum Stammkunden für Dicronite wurde.

Aufgrund Ermangelung üblicher Schmierungen zeigte ein führender österreichischer Hersteller und Lieferant schlüsselfertiger Lösungen für den globalen Draht-, Kabel- und Fasermarkt großes Interesse. Seine Expertise als Kabelfertigungsunternehmen umfasste Extrusionsverfahren, Strangziehen zu Lichtwellenleitern und Wellsysteme. Die Hauptaktivitäten schlossen auch die Unterstützung von Beratungsprojekten und schlüsselfertige Projekte, Forschungs- und Entwicklungsprojekte, Ingenieurleistungen sowie Kontroll- und Softwaresysteme, ihre Installation und Inbetriebnahme ein. Darüber hinaus wurden auch Mitarbeitertraining, Wartungsaufgaben, Systemaufrüstungen und Onlinedienste angeboten. Auf eine fortschrittliche Verschleißfestigkeit von Rillenkugellagern für Sonderausrüstungen angewiesen bestand ein Bedarf in Anlagen zur Beschichtung von Drähten und Kabeln, die sogar unter Bedingungen mangelhafter Schmierung betrieben werden konnten. Dies war für den Technologienehmer das entscheidende Argument, um zahlreiche Beschichtungsaufträge zu vergeben.

Eine Schweizer Entwicklungsfirma und Produzent von Motoren im Dentalbereich ließ uns ihr Interesse an Dicronite wissen. Mit der Bereitstellung von computergesteuerten Drehmaschinen und Herstellungsausrüstungen war die Produktion hochpräziser feinmechanischer Geräte und Instrumente für den Dental- und Medizinbereich möglich. Medizintechnik muss mehreren Spezifikationen entsprechen, insbesondere solchen bezüglich der Bio-kompatibilität, was eine außergewöhnliche und normalerweise unüber-windliche Herausforderung für herkömmliche Schmierstoffe darstellt. Im Sommer 2006 machten wir die Designingenieure durch deren Information auf die Spezifika der Dicronite-Technologie aufmerksam. Denen reichte eine kurze Testphase, um zu entscheiden, kleine Lager mit Außendurchmessern zwischen 5 und 15 Millimetern beschichten zu lassen.

Der Europäische Transsonische Windkanal ETW in Köln ist der weltweit modernste Windkanal und eine einzigartige Testeinrichtung für die Entwicklung neuer Transportflugzeuge. Flugzeughersteller aus aller Welt nutzen die speziellen Möglichkeiten der Hochtechnologieeinrichtung, wodurch die Ökonomie und Umweltfreundlichkeit ihrer Produkte und das Erreichen der angestrebten Klimaschutzziele ins Auge gefasst wurden. Durch Anwendung von Tieftemperaturbetriebsmodi ist man mit diesem Windtunnel in der Lage, aktuelle Flugbedingungen moderner Transportmaschinen zu simulieren. Mit ihm ist es möglich, turbulente Strömungen zu simulieren, die mit konventionellen Windkanälen bei üblichen Umgebungstemperaturen nicht möglich sind. Wenn jedoch die Temperatur der Strömung reduziert wird, sinkt die Viskosität und Schallgeschwindigkeit des Gases, bei gleichzeitigem Anstieg der Dichte. Der grundlegende Effekt der Kühlung besteht darin, dass die Reynolds-Zahl, die ein Maß für den Grad der Strömungsturbulenzen damit verbundener Reibungswiderstände ist, drastisch ansteigt. Im ETW werden die Modelle nicht wie in konventionellen Windkanälen im Luftstrom getestet. Stattdessen wird eine sehr kalte Stickstoffströmung mit einer Temperatur von minus 163 Grad Celsius durch den geschlossenen aerodynamischen Kreislauf des Windkanals getrieben, wobei diese einem Druck von 4,5 bar unterliegt und die Teststrecke mit dem bis zum 1,3-fachen der Schallgeschwindigkeit passiert wird. Diese Umstände überschreiten die Betriebsbereiche flüssiger Schmierstoffe. Mitte 2002 kontaktierten uns Mitarbeiter des ETW, um Details der Dicronite-Schmierung zu erfragen. Systematische Tests mit axial und radial beschichteten Zylindern und Kegelrollenlagern wurden durchgeführt. Die Lager hatten eine Trägerkonstruktion zu unterstützen, auf die das Flugmodell angebracht war. Hochpräzise multidirektionale Fernpositioniersteuereinheiten bewegten den Träger kontrolliert während der aerodynamischen Prüfungen, die durch den Operator mittels der unterstützenden Lager ermöglicht wurden. Die Tests bestätigten die außergewöhnlichen Eigenschaften der applizierten Beschichtungstechnologie, woraufhin regelmäßige Beschichtungsaufträge durchgeführt wurden. Ein vom ETW entwickelter beweglicher Modellträger für Windkanalversuche verfügte über Zylinderrollenlager mit 30 und 40 Zentimetern Außendurchmesser, die den Transport des samt Modell knapp 20 Tonnen schweren Modellträgers zwischen den verschiedenen Sektionen innerhalb des Testgebäudes ermöglichte. Diese sehr teuren Lager mussten bis dato etwa einmal jährlich ausgebaut und nach Japan geschickt werden, wo sie mit Trockenschmierstoff beschichtet wurden, da für Temperaturen im Windkanal von bis zu minus 150 Grad Celsius eine Fettschmierung nicht mehr infrage kommt. Aufwand und Kosten der regelmäßigen Neubeschichtung konnten durch den Einsatz des Dicronite-Verfahrens zur Reibungsreduzierung beträchtlich reduziert werden. Bedenkt man, dass die entsprechende Vermittlung an die die Beschichtung ausführende Firma im April 2002 erfolgte, nachdem Mitarbeiter des ETW das Verfahren in einem unserer Technologiekataloge entdeckt hatten, und dass wegen der bis August 2003 durchgeführten Tests ein im Technologietransfer außergewöhnlich kurzer Zeitraum vergangen war, dauerte es nicht lange, bis bereits erste Beschichtungsaufträge vergeben worden waren.

Die Reibungsreduzierung des Dicronite-Verfahrens bewährte sich auch bei einer Firma der Optik und Feinmechanik, für die im Juli 2004 nach unserem Vermittlungsengagement Kugellager und Linearführungen für Lithografiesysteme und den Einsatz im Ultrahochvakuum beschichtet wurden. Aus dem während der Hannover Messe 2004 auf unserem Gemeinschaftsstand zum Technologietransfer aus der Raumfahrt geknüpften Kontakt ergab sich nach eigenen Einschätzungen eine kontinuierliche Geschäftsbeziehung, die sich vornehmlich auf den internen Gebrauch bezog.

Über viele Jahre widmete sich eine Rostocker Firma der Luft- und Raumfahrt der Realisierung von Systemen, Komponenten und Forschungsausrüstungen, nachdem sie sich ursprünglich mit Schiffsbau befasst hatte. Der Wechsel vom Schiffbau in die Luft- und Raumfahrt war verständlicherweise nicht einfach, war aber im Juli 2008 von Erfolg gekrönt, als man mit intelligenten Brandmeldern auf den Markt kam, um unter anderem die Stockholmer U-Bahn mit Brandschutzsystemen auszurüsten. Diese firmierten unter der Bezeichnung „elektronische Nase". Die elektronische Nase war ursprünglich in den 1990er-Jahren im Auftrag der Europäischen Weltraumorganisation ESA entwickelt worden, um die Luftqualität innerhalb der russischen MIR-Station zu überprüfen. Die Inbetriebnahme der elektronischen Nase erfolgte in den Jahren 1995 und 1997. Im Zusammenhang zusätzlicher Auswertungen fanden die damit befassten Experten heraus, dass die elektronische Nase 1997 ein Feuer an Bord der MIR-Station bereits in seinem Anfangsstadium durch Feststellung von Luftveränderungen roch. Nach einer Reihe von Brandtests und dem Eintrainieren eines neuronalen Netzwerks über das Auftreten von Feuern in all ihren Ausprägungen, entwickelten die Rostocker Feuerfrühwarnsysteme für industrielle Einsätze. Der besagte Vertrag mit den Betreibern der Stockholmer U-Bahn betraf die Ausrüstung von Tunneln und U-BahnStationen mit Feuermeldern. Sofern die Tunnel und Stationen der meisten Untergrundinfrastrukturen weltweit mit konventionellen Feuermeldern, die auf der Detektion von Rauch basieren, ausgerüstet sind, stellen diese ein nicht unbeträchtliches Zuverlässigkeitsrisiko dar, da sie anfällig auf Störungen in den rauen Umgebungen hinsichtlich Feuchtigkeit und Feinstaub sind und demzufolge keine optimale Sicherheit garantieren können. Die Rostocker Technologie war jedoch genau so konzipiert, dass derartige Unsicherheiten vermieden werden konnten.

Auch mit diesem Know-how vor Augen unterstützten wir mit meinen Technologieberatern die Rostocker für die Erstellung eines Angebotes für die ESA, um die industrielle Reife ihrer Raumfahrttechnologie für Anwendungen in der Medizintechnik und dem Gesundheitswesen zu demonstrieren. Die Entwickler aus dem Raumfahrtmilieu gingen hierzu Kooperationen mit Experten auf dem Gebiet der Kardiologie des Deutschen Herzzentrums Berlin und dem Laborzentrum Berlin ein. Diese Zusammenarbeit wurde zur Validierung einer ESA-Studie über die Onlineüberwachung zur Erkennung von Mikroorganismen durch Atemgasanalyse etabliert. Die zu lösende Aufgabe betraf beispielsweise die Früherkennung und gezielte Bekämpfung von Viren, die Infektionsprophylaxe und Infektionstherapie. Zielgruppen waren frisch operierte Patienten, Patienten auf Intensivstationen und Patienten nach Organtransplantationen. Wegen zu später Erkennung von Bakterien und Pilzen besteht eine hohe Infektionsrate bei künstlich beatmeten Patienten trotz prophylaktischer Breitbandantibiose. Weiterhin können Keime und Infektionen bei Langzeitdosen Resistenzen gegen Antibiotika entwickeln, was zu weiteren Komplikationen führen kann. Um derartige Probleme zu lösen, schlug man vor, eine direkte Onlineidentifikation und -klassifikation von Bakterien und Pilzen durch Bestimmung ihrer gasförmigen Stoffwechsel in der Atemluft zu ermöglichen. Die rechtzeitige Feststellung von Keimen ermöglicht hierdurch eine gezielte Therapie. Somit können Infektionsraten und damit in Verbindung stehende Komplikationen reduziert werden und hocheffiziente frühe Antibiotikatherapien eingeleitet und für Patienten mit immun-unterdrückenden Organtransplantationen eingesetzt werden. Als Nebeneffekt können Kosten der Ersteinsätze von Antibiotika und Aufenthalte auf Intensivstationen reduziert werden.

Ein Robotertechnologieexperiment wurde 1993 bei der deutschen D2-Mission an Bord des von Deutschland beigesteuerten Beitrags mit dem Namen Spacelab für die Spaceshuttle-Missionen durchgeführt. Das Spacelab war ein wiederverwendbares Laboratorium, in dem Experimente unter Schwere-losigkeit durchgeführt wurden. Das Labor bestand aus mehreren Kompo-nenten einschließlich einem unter Druck stehenden Modul, einem druckfreien Modul und anderen Hardwareelementen. Das Spacelab wurde für wissenschaftliche Forschung in der Zeit 1981 bis 1998 eingesetzt. Das besagte 1993 durchgeführte Weltraumexperiment war eine Premiere für den Einsatz eines kleinen, intelligenten Roboters für die Durchführung komplexer Aufgaben. Zu diesen Aufgaben gehörten das Lösen von Schraubverbindungen und deren Wiederzusammensetzung sowie das Einfangen in der Schwerelosigkeit frei fliegender Objekte. Der Bau des Roboters war ein technologisches Hürdenrennen, da die erforderlichen Roboter nicht nur einen gewissen Grad an Intelligenz haben mussten, um eine Person im Weltraum zu ersetzen oder sie effizient zu unterstützen, darüber hinaus mussten sie auch beträchtlich leichter sein als ihre irdischen Kollegen, da der Transport eines jeden in den Weltraum transportierten Kilogramms sehr teuer ist. Zur Reduktion von Gewicht wurde die Hand eines Roboters mit einem elektrisch angetriebenen Spindelsystem versehen, das große Kraftübertragungen bei sehr geringem Gewicht und extrem geringer Reibung möglich machte.

Diese aus der Weltraumforschung stammende patentierte Spindel wurde auch zu einem marktfähigen Produkt für irdische Zwecke. Diese sogenannte Planetenrollenspindel besteht aus der Spindel, Rollen und einer Spindelmutter. Die Kraftübertragung zur Spindelmutter erfolgt über zylindrische Rollen, die zwischen Spindel und Mutter planetarisch mit einem gewissen Abstand angeordnet sind. In die Rollen sind feine Rillen eingeschnitten, die das Spindelgewinde darstellen. Die Rollen sind wiederum über noch gröber geschnittene Rillen mit der Mutter verbunden. Die groben und feinen Rillen jeder Walze zeigen eine kleine Phasenverschiebung von Walze zu Walze, der die Spindelgewindesteigung zwischen benachbarten Walzen folgt. Die Rillen selbst machen keine Hubbewegung, wenn sie sich entlang der Trägernuten der Mutter drehen, damit sie die Mutter nicht verlassen können. Die Veränderung der Spindelsteigung ermöglicht eine breite Anzahl von Übersetzungsverhältnissen der Drehung auf die Hubbewegung. Die Spindel eignet sich hervorragend für die Integration in kleine Elektromotoren, bei denen der Rotor und die Spindelmutter eine Einheit bilden. Diese motorische Spindelkombination kann als mechanischer Muskel mit zahlreichen Einsatzmöglichkeiten von empfindlichen Roboterfingern oder neuartigen Prothesen bis hin zu Fahrzeugfensterhebern angesehen werden. Im Allgemeinem wird die Spindel überall dort eingesetzt, wo Rotationsbewegungen leicht und zuverlässig in lineare Bewegungen übertragen werden müssen oder wo vergleichsweise kleine und starke Linearantriebe gefordert werden, wie beispielsweise als Ersatz für pneumatische und hydraulische Stellantriebe. Das erreichbare Verhältnis Leistung zu Volumen ist gleich dem der hydraulischen Systeme. Sie sind herkömmlichen Fadenantrieben mit trapezförmigem oder metrischem Profil überlegen, da sie einen höheren Wirkungsgrad und einen geringeren Verschleiß aufweisen.

Im Sommer 1998 wurde durch meine Mitarbeiter eine auf Automation spezialisierte deutsche Firma im Sauerland auf die Planetenwälzgewindespindel aufmerksam gemacht, die im Technologiepool meiner Firma zwecks deren Vermarktung von Raumfahrttechnologien anderweitige irdische Anwendungen zum Ziel hatte. Der Interessent, der ursprünglich nach unserer Vermittlung eine Lizenz für die Spindel nehmen wollte, trat mit unserer Unterstützung in diesbezügliche Gespräche mit dem zuständigen Institut für Robotik und Mechatronik des Technologiegebers ein. Nach längeren Gesprächen zwischen dem Technologiegeber und dem potenziellen Technologienehmer entschied dieser, von einer Lizenz abzusehen, sondern stattdessen schlichtweg Schraubenspindeln von einem bereits existierenden Lizenznehmer zu kaufen. Dieser Lizenznehmer hatte eine spindelbasierte Produktlinie etabliert und bot die Spindeln in diversen Produktserien und Designs an. Bezüglich jeder Applikation konnten die Spindeln aus Stahl oder Kunststoff hergestellt werden. Der Automationsspezialist aus dem Sauerland, der sich zwischenzeitlich zu einem großen, weltweit auf den Gebieten Kontroll- und Automatisierungstechnik operierenden Unternehmen entwickelt hatte, verfügte über ein Produktportfolio einschließlich Serienprodukten, Einzelprodukten und komplexen Systemlösungen. Bei diesen Hauptanwendungen handelt es sich um kontinuierliche Produktionsprozesse in der Metall-, Papier-, Kunststoff-, Folien- und Reifenindustrie. Hierzu werden die Spindeln von besagtem Lizenznehmer bezogen.

Die Planetenwälzgewindespindel wurde seinerzeit in Produkte des Technologienehmers eingesetzt, wie beispielsweise das sogenannte Planetengetriebegewinde, das die Rotation durch einen Drehstrommotor in eine lineare Bewegung umsetzt. Offensichtliche Vorteile des Planetengetriebegewindes sind unter anderem sein simples Funktionsprinzip, eine hohe Antriebsgeschwindigkeit, ein kleines Drehmoment, eine hohe Positioniergenauigkeit und geringer Wartungsaufwand. Das Funktionsprinzip beruht auf einer Rollbewegung bei geringer Reibung und damit geringem Verschleiß. Der elektrische Motor, der durch einen vektorgesteuerten Frequenzumrichter aktiviert wird, treibt die Spindel an. Im Spindelwandler wird die Drehung der Spindel in eine lineare Bewegung umgesetzt. Die Geschwindigkeit der Kolbenstange ist proportional zur effektiven Teilung des Planetengetriebegewindes und der Geschwindigkeit des Elektromotors. Mit einer analogen Eingangsspannung am vektororientierten Frequenzumrichter kann der elektrische Servozylinder in Bezug auf Kraft und Richtung kontinuierlich gesteuert werden, wie ein hydraulischer Zylinder mit

Servoventil. Eine Sicherheitskupplung zwischen Elektromotor und Spindel verhindert, dass der elektrische Servozylinder in jeder Position überlastet wird. Der elektrische Servozylinder wird vorzugsweise zum Einstellen von Lenkrahmen verwendet. Nachteile in Verbindung mit hydraulischen Systemen hinsichtlich Öleinsatz oder Leckagen werden vermieden. Der elektrische Servozylinder ist auch geeignet für andere Anwendungen, bei denen eine Last bei ausreichend vorgesehener Dimensionierung bewegt oder positioniert wird.

Ich möchte in Sachen Technologietransfer auch an dieser Stelle noch einmal auf unsere Beiträge zur Unterstützung eines deutschen Athleten zu sprechen kommen, der im Behindertensport mehrere Meistertitel errang. Er wurde von Mittarbeitern meiner Firma für das Training zum Erreichen dieser Titel tatkräftig unterstützt. Während der Paralympischen Spiele 2004 in Athen errang der Behindertensportler seine ersten olympischen Medaillen. Er war auf dem Weg, eine Fußballerkarriere einzuschlagen, und spielte bereits in einer deutschen Fußballliga, als er einen Sportunfall erlitt, bei dem ihn der gegnerische Torwart am linken Bein unterhalb des Knies mit voller Wucht traf. Da eine sofortige Notversorgung nicht erfolgen konnte, sahen die Ärzte nur noch die Möglichkeit, das verletzte Bein unterhalb des Knies zu amputieren. Nur sechs Wochen nach Erhalt seiner ersten Prothese war der Athlet schon wieder sportlich engagiert. Er widmete sich nun nach Beendigung seiner Fußballkariere den Disziplinen Hundert-Meter-Sprint und Weitsprung, in denen er auf Anhieb neue deutsche Rekorde aufstellte. Im Frühjahr 2004 trafen ich und Mitarbeiter meiner Firma den Athleten und seinen Trainer, um Vorüberlegungen über Verbesserungspotenziale der Prothesen durchzuführen. Als bedeutsamstes Problem stellte sich heraus, dass bestimmte Verbindungselemente der Beinprothese verbesserungswürdig erschienen.

Ingenieure meines Technologietransferteams hatten sich der Thematik Behindertensport angenommen, um die technischen Aspekte zur Verbesserung von Prothesen oberschenkelamputierter Menschen zu verbessern. Es gibt Hersteller von Prothesen wie die Firma Otto Bock im niedersächsischen Duderstadt, dessen Modell der von uns betreute Behindertensportler im Alltag benutzte. Für den Sporteinsatz lag es ihm jedoch an einer an seine Bedürfnisse angepasste Sportprothese, die in Kapitel 4 über Materialien detailliert beschrieben wurde. Meine Leute begaben sich in ein Metier, das die Erarbeitung einer Reihe von Vorkenntnissen bedurfte. Auf dem Behindertensportsektor sind nur wenige in Sachen Prothetik spezialisierte

Firmen und Spezialisten anzutreffen. Mein Team hatte mit einem interdisziplinären Themenquerschnitt zu tun, von dem zum einen die Prothesenherstellung selbst betroffen war, wie sie die Aachener Firma ISATEC beisteuerte. Die Firma war einer der Partner der Entwicklung und Herstellung des Experimentes des Alpha-Magnet-Spektrometers (AMS), das von uns als Schlüsselelement der Materialbeisteuerung ausgewählt worden war. Glücklicherweise war mein seinerzeit technischer Leiter mit dem Firmeninhaber von ISATEC gut bekannt. Ihm hatte ich es zu verdanken, dass das AMS-Thema vorangebracht wurde. Er war auch die treibende Kraft, das uns neuartige Themengebiet mit all seinen Wirkungsdimensionen zum Erfolg zu führen.

Die Werkstoffseite mit dem AMS ein zwar wichtiges Element, aber es waren weitere Elemente zu betrachten. Die Prothese für den oberschenkelamputierten Leichtathleten von der Firma ISATEC war unser Bezug zur Raumfahrt, denn es waren neben der Prothetik weitere Handwerkskünste einzubeziehen. Am 17. Mai 2019 wurde von ISATEC vermeldet, dass man bei einer Veranstaltung über die Internationale Raumstation (ISS) als Wissenschaftsplattform ein Upgrade des AMS-Experimentes vorgestellt habe. Man hatte im Auftrag der RWTH Aachen die für die Entwicklung notwendigen Konstruktionsarbeiten und Berechnungen durchgeführt. Das am 16. Mai 2011 mit dem Spaceshuttle Endeavour auf die ISS gebrachte AMS-Instrument war für einen Zeitraum von 18 Jahre vorgesehen. Dies bedeutete natürlich, eine dauerhafte Verfügbarkeit des AMS zur Detektion von kosmischer Strahlung zu gewährleisten. Es war nicht verwunderlich, dass man die Funktionstüchtigkeit des Alpha-Magnet-Spektrometers als Prototyp im Jahr 1998 während einer zehntägigen Flugreise in der Ladebucht der Raumfähre Discovery mit Erfolg nachwies. Das für den Langzeiteinsatz vorgesehene AMS2-Experiment befindet sich wie beschrieben nach wie vor im Einsatz. Das AMS wurde von einer internationalen Kollaboration von 500 Physikern aus 56 Forschungseinrichtungen in 16 Ländern in enger Zusammenarbeit mit der NASA gebaut. In Deutschland sind das I. Physikalische Institut der RWTH Aachen und das Institut für experimentelle Kernphysik des Karlsruher Instituts für Technologie am Experiment beteiligt. Der deutsche Anteil wird durch das Deutsche Zentrum für Luft- und Raumfahrt gefördert.

Nach dem zehntägigen Probelauf des AMS1-Experimentes im Juni 1998 als Nutzlast der Raumfähre Endeavour, das ursprünglich von dem amerikanischen

Physiknobelpreisträger Samuel Ting initiiert worden war, startete am 19. Mai 2011 sozusagen die operationelle Phase des AMS-Einsatzes. Damit begannen die dauerhaften wissenschaftlichen Untersuchungen. Der als AMS2 bezeichnete Einsatz des Spektrometers sollte mindestens bis zum Jahr 2020 dauern. Die rund sieben Tonnen schwere Experimentiereinheit wurde mit dem Spaceshuttle Endeavour zur ISS gebracht. Dort ist es an einer Traverse der ISS-Struktur angebracht, die den Instrumenten die angemessenen Beobachtungsmöglichkeiten erlaubt.

Veröffentlichungen der Raumfahrtagenturen ESA, NASA und DLR zitierend möchte ich es hier bei einigen „kompakten" Beiträgen belassen, die das spannende Gebiet zusammenfassen. AMS2 hat seine Aufgabe darin, von Bord der ISS in einer Höhe von rund 300 Kilometern die Erde zu umkreisen und mit einer bislang beispiellosen Genauigkeit von einem Teil in zehn Milliarden die Zusammensetzung der primären kosmischen Strahlung zu untersuchen, neue Grenzen der Teilchenphysik zu erkunden, nach Ur- Antimaterie zu suchen und die Natur Dunkler Materie zu erforschen.

Antimaterie betreffend wird das Alpha-Magnet-Spektrometer hochenergetische kosmische Strahlung untersuchen und Wissenschaftlern neue Erkenntnisse liefern zu der Frage, warum im sichtbaren Universum ein auffälliges Übergewicht von Materie zu Antimaterie besteht. Das AMS wird bis an den Rand des sichtbaren Teils des Universums nach Antimaterie suchen. Normale sichtbare Materie, wie Sterne, Planeten und Galaxien, macht weniger als fünf Prozent des Universums aus. Theorien und indirekten Beobachtungen zufolge bestehen die restlichen 95 Prozent aus Dunkler Materie und Dunkler Energie, über die aber wenig bekannt ist.

Dunkle Materie betreffend nimmt man an, dass sie bis zu 23 Prozent der Masse des Universums ausmacht. Sie wurde bisher noch nicht direkt aufgespürt, ihre Existenz lässt sich aber aufgrund ihrer Gravitationswirkung auf andere Objekte belegen. Ihr Ursprung und ihre Struktur bleiben ein Rätsel. Sie besteht möglicherweise aus Neutralinos, hypothetischen Teilchen, die indirekt vom AMS2 entdeckt werden könnten.

Prof. Tings Experiment wird die Empfindlichkeit der Suche um etwa das Tausend- bis Millionenfache erhöhen, womit sich eine völlig neue Dimension der Suche nach Neutralinos oder anderem ergibt. Das AMS2 entdeckt unter Umständen sogar eine neue, exotische Form von Materie, deren Existenz von Wissenschaftlern prognostiziert wird, nämlich ein sehr schweres Elementarteilchen mit Namen „Strangelet" („seltsame Materie").

Dunkle Energie betreffend nimmt man an, dass es sich um eine abstoßende Energie handelt, die die Expansion des Kosmos beschleunigt, den Rest der Masse des Universums ausmacht und über die noch wenig bekannt ist. Obwohl man nicht erwartet, von AMS2 viel mehr über Dunkle Energie zu erfahren, werden die Beobachtungen das Gesamtbild über die Zusammensetzung des Universums beeinflussen und so das Geheimnis der Dunklen Energie näher beleuchten.

Zudem wäre die mögliche Beobachtung von Antimateriekernen durch AMS2 ein Meilenstein in der Revolutionierung unseres Wissens über das All. Zu Beginn von Zeit und Raum bestand das Universum aus beinahe ausgeglichenen Mengen an Materie und Antimaterie. Der Kosmos, wie wir ihn heute kennen, besteht aus Materie, aber es gibt keinen zwingenden Grund, warum nicht auch Antimaterie, Antisterne und Antigalaxien existieren sollten.

Aber zurück zu unserem oberschenkelamputierten Behindertensportler. Dieser war in Sachen Prothetik sehr rege und pflegte entsprechende Kontakte zu Prothesenherstellern und Sanitätshäusern, die ein Renommee bei der Anpassung der Prothese an den Beinstumpf vorweisen konnten. Neben der Firma ISATEC stand er in Kontakt zu dem isländischen Prothesenhersteller Össur, der in Reykjavik ansässig war. Auch Össur stellte ihm Prothesen für seine Disziplinen Sprung und Sprint zur Verfügung.

Gute Prothetik ist eine Seite der Medaille. Deren Anpassung an den Menschen ist die andere, die handwerkliches Geschick von Orthopädietechnikern erfordert. Denn der Betroffene braucht nicht nur eine technologische Lösung, die es ihm ermöglicht, seine sportlichen Leistungen zu erbringen, sondern er muss sich vor allem darauf verlassen können, dass seine Orthese auch zu seinen Erwartungen passt. Wie der Sportler in unserem Fall immer wieder betonte, musste er im Wettkampf ein gutes Gefühl haben, dass ihn das Werkzeug in Momenten, auf die es ankam, nicht im Stich lassen würde.

Sportprothesen sind dem Vielfachen an Belastung einer Alltagsprothese ausgesetzt und erfordern innovative Konstruktionselemente sowie exakte Feinabstimmungen der einzelnen Komponenten auf die besonderen Bewegungsabläufe im Sport. Der sportliche Ehrgeiz der Behindertensportler stellt die Orthopädietechniker immer wieder vor Herausforderungen, Lösungen für die unterschiedlichen Sportarten wie Weitsprung und Sprint zu finden.

Durch die aufgeführten unterstützenden Maßnahmen war es dem Behindertensportler möglich, im Zeitraum 2004 bis 2013 eine Reihe von Erfolgen und Ehrungen zu erzielen.

Mechanische Vibrationen üben häufig enorme Belastungen auf technische Systeme aus. So auch auf alle Luft- und Raumfahrtsysteme, deren Geräte und Komponenten. Die Nutzlast einer Trägerrakete, oftmals ein Satellit, ist während ihres Transports in die Umlaufbahn vielen mechanischen Belastungen ausgesetzt. Während des Starts sind es die extrem starken Motorvibrationen, die über die Raketenstruktur auf den Satelliten übertragen werden, was in Fällen von Resonanzen das Transportgut erheblich gefährden kann. Außerdem entstehen in dieser Startphase Schallpegel von sehr hoher Intensität, die die Struktur beeinflussen. Später führt die zunehmende Geschwindigkeit zu aerodynamischen Stresssituationen, die beim Übergang vom Unterschallbereich zum Überschallbereich plötzlich Stoßwellen erzeugen. Zusätzlich wird die Satellitenstruktur vorübergehenden impulsiven Belastungen ausgesetzt, die durch das Ausbrennen und Absprengen von Raketenstufen sowie die Zündung der nächsten Stufen entstehen.

Für die Reduktion von Vibrationen, die von der Rakete zur Satellitenstruktur übertragen werden, wie beispielsweise optische Ausrüstungen, Ausrichtungs-mechanismen, Antennen, und zum Schutz von Bordausrüstungen durch strukturelle Dämpfungselemente entwickelte eine französische Firma eine Vibrations- und Schalldämpfungstechnik, die auf Dämpfungen von Strukturen basiert. Das Prinzip der Technologie betraf die Erhöhung der natürlichen Dämpfung von Strukturen durch Befestigung einer leichten, energie-dissipierenden Vorrichtung, ohne ihr statisches und quasistatisches Verhalten zu verändern. Die Fähigkeit des Dämpfungssystems, Vibrationsenergien zu absorbieren, war traditionellen Dissipationsgeräten weit überlegen. Die Technologie galt als ein technologischer Durchbruch bei Untersuchungen im Bereich der Vibroakustik. Sie wurde bei Ariane-Trägerraketen eingesetzt und bei mehreren Satelliten montiert.

Der Technologieinhaber des passiven Dämpfungssystems entwickelte zudem numerische Werkzeuge, um eine dynamische Dimensionierung und Dämpfungsoptimierung von Geräten, die bei jeder mechanischen Montage implementiert werden sollten, zu strukturieren. Mitte 1999 präsentierten wir die Dämpfungstechnologie einem großen deutschen Automobilbauer, der unter anderem ein führender Hersteller von Roadstern und Cabriolets war. Cabriolets basieren hauptsächlich auf Massenproduktionslimousinen oder

Coupes mit selbsttragendem Design, was zu einem Verlust der Steifigkeit aufgrund des fehlenden Dachs führt. Dies beinhaltet Torsionsvibrationen, die Oszillationsamplituden am Rückspiegel und dem Lenkrad von mehr als dem Zehnfachen der Vibrationen hervorrufen, die der Fahrer normalerweise in Form von vibrierenden Lenkrädern und Rückspiegeln wahrnimmt. Seinerzeitige Maßnahmen zur Kompensation von Torsionsschwingungen bestanden in einer Erhöhung des Karosseriegewichtes, sodass trotz des fehlenden Dachs ihr Gewicht um rund 50 Kilogramm höher war als bei der entsprechenden Limousine. Unserer Vermittlung nachfolgende Besprechungen und erste Berechnungen zwischen dem Technologiegeber und dem Automobilhersteller führten zu einer Beauftragung des Technologieanbieters durch den Cabriolet-Produzenten im Oktober 2001 für die vollständige Dämpfung von Roadstern und Cabrios. Der Automobilhersteller stellte dem Dämpfungsspezialisten ein Cabrio zur Verfügung, das von ihm mit Versteifungselementen versehen wurde, die einer Gewichteinsparung von 30 bis 40 Kilogramm entsprachen. Die Straßentests, die im Mai 2002 durchgeführt wurden, waren erfolgreich. Dies war der auslösende Schritt für die Serienreifmachung und schuf die Grundlage für weitere Kooperationen.

Für die Glasfabrikation ist die Aufklärung von Elementarprozessen nach wie vor nötig, um für neue Qualitäten Standards zu setzen. Dies betrifft vor allem die Bestimmung der Viskosität und Temperatur während des Herstellungsprozesses. Dem dient die Gewinnung des Verständnisses der dabei ablaufenden Prozesse wie beispielsweise bezüglich des bidirektionalen Erstarrungsprozesses von Metallen. Die in Kapitel 4 über Beschichtungen dargelegten Ausführungen wollen wir jetzt über ihren Ursprung noch etwas vertiefen. Eine hervorragende Plattform, um wissenschaftliche Erkenntnisse auf dem Gebiet der Materialwissenschaften zu erhöhen, wird durch die Durchführung von Experimenten unter Schwerelosigkeit geboten, wobei in einem speziellen Labor auf der Internationalen Raumstation dementsprechende Experimentieranlagen zur Verfügung gestellt wurden. Experimentatoren der Universität Leipzig in Zusammenwirken mit einem großen deutschen Luft- und Raumfahrtunternehmen wurden Anfang der 2000er-Jahre zwecks Aufklärung der besagten Elementarprozesse aktiv. Die wichtigsten Parameter sind die aktuelle Position und Geschwindigkeit des sich bewegenden Fest-Flüssig-Übergangs. Diese Anforderung gilt auch für ebene, gekrümmte und morphologisch strukturierte Übergangsschnittstellen.

Das Detektionssystem ist ein auf der Puls-Echo-Methode basierendes Verfahren, bei dem geführte longitudinale Ultraschallwellen mit einer Wellenlänge, die größer als der Probendurchmesser ist, mit einer hochauflösenden Phasendetektion kombiniert werden. Die Funktionsweise des Systems beinhaltet das Auslösen eines Pulsgenerators durch einen PC, um ein Signal an einen piezokeramischen Wandler am kalten Ende der Probe zu senden. Als Ergebnis bewegt sich ein geführter Ultraschallimpuls durch den festen Teil der Probe und wird an der Fest-Flüssig-Grenzfläche reflektiert. Das Ultraschallecho wir mit dem gleichen Wandler detektiert, verstärkt und in einem transienten Rekorder gespeichert.

Echos, die von verschiedenen Fest-Flüssig-Schnittstellenpositionen kommen, unterscheiden sich in ihren Signalzeiten. Die Geschwindigkeiten der beweglichen Schnittstellen werden mittels einer Korrelationstechnik durch Veränderungen der Signallaufzeiten bestimmt. Mit dem neuartigen Ultraschalldiagnosesystem kann die Position der Fest-Flüssig-Grenze in situ während des gerichteten Erstarrungsprozesses metallischer Legierungen festgestellt werden. Hierdurch konnte die Erstarrungsgeschwindigkeit mit einer Genauigkeit von 0,5 Mikrometern pro Sekunde gemessen werden. Aus diesen Gründen ist die geschilderte Messtechnik prädestiniert für die Bestimmung fundamentaler Aspekte der Erstarrungsdynamik.

Die Anpassung des Ultraschallwandlers direkt an die Probe ermöglichte eine einfache Integration in andere Ofenkonzepte. Es war somit nachgewiesen, dass die Ultraschalldiagnostik Erstarrungsexperimenten sehr dienlich ist. Dies betrifft sowohl die ursprünglichen Experimente unter Schwerelosigkeit als auch deren irdische Derivate. Die Diagnosetechnik kann hauptsächlich auf dem Gebiet der gerichteten Erstarrung angewendet werden, um die Position und Geschwindigkeit der Bewegungen der Fest-Flüssig-Phasengrenze zu detektieren und zu kontrollieren. Diese Daten sind für Grundlagenforschungsaspekte wichtig, um die Materialeigenschaften besser mit den Erstarrungsparametern korrelieren zu können. Davon abgesehen liefert die Onlinemessung des Erstarrungsprozesses einen eleganten Weg, um Erstarrungsöfen bezüglich der Optimierung des Kristallisationsprozesses für Industrie- und Forschungsanwendungen zu kontrollieren.

Für eines unserer Kooperationsforen im Jahr 2000 hatten wir den Direktor des Physikalischen Instituts der Universität Leipzig eingeladen, dem Auditorium die Ultraschalldiagnosetechnik vorzustellen. Sein Vortrag fand das Interesse eines Vertreters eines der weltweit führenden Hersteller von Spezialglas. Die

Parteien verabredeten, kurzfristig Tests der Technologie für die Glasherstellung durchzuführen. Daraus entstand ein gemeinsames Forschungs- und Entwicklungsprojekt. Dabei wurden auf Basis schon erzielter Kenntnisse bezüglich Vibrationssensoren Hochtemperatursensoren für die Onlineanalyse bestimmter Glaseigenschaften entwickelt. Außergewöhnliche Umweltbedingungen während des Glasschmelzverfahrens und ein erforderlicher hoher Dynamikbereich stellten die herausragenden Herausforderungen an die Entwicklungspartner dar. Eine präzise und zuverlässige Messung bereits während des Glasschmelzprozesses ist unverzichtbar, um eine rechtzeitige Kontrolle des Herstellungsprozesses zu ermöglichen, was eine Reduktion von Reklamationen und eine optimale Qualitätskontrolle sicherstellt. Der Glashersteller erbaute neue Glasfabrikationsanlagen und implementierte Ultraschalldiagnosesysteme zur Qualitätskontrolle in diesen Anlagen. Für zukünftige Anlagen sah der Glashersteller Einsätze der Leipziger Technologie sowohl für Standardprodukte als auch für Spezialglas wie dehnungsfreie Glaskeramiken, mit denen eine neue Ära für verschiedene Anwendungen wie Teleskopspiegelsubstrate für die Astronomie eingeläutet wurde, vor.

Zum Vergleich möchte ich anmerken, dass sich Stahlschienen von Bahngleisen auf einer Länge von zehn Kilometern bei einer Temperaturerhöhung von 20 Grad Celsius um zwei Meter verlängern. Ein aus dem Spezialglas gefertigtes Stück würde sich bei gleicher Länge um gerade einmal einen Zentimeter ausdehnen. Aus diesem Grund behält ein aus dem Spezialglas gefertigter Teleskopspiegel ungeachtet der vorliegenden Temperaturen seine Abbildungseigenschaften. Nach dem Feinschliff eines Spiegels mit einem Durchmesser von 1,7 Metern ist es möglich, Strukturen auf der glitzernden Oberfläche der Sonne zu erkennen, die nur 50 Kilometer groß sind. Das ist, wie wenn man versucht, einen Kirschkern auf eine Entfernung von 30 Kilometern zu beurteilen. Angewendet auf die Gussformen von Glaskeramikmonolithen mit einer Masse von bis zu 40 Tonnen Schmelze bei einer Temperatur von 1.000 Grad Celsius, wie sie für das sehr große Teleskop VLT des Europäischen Südlichen Observatoriums ESO benötigt wurden, trug die Ultraschalldiagnostik entscheidend zur Prozesszuverlässigkeit bei. Vermessungsparameter wie die Viskosität in der flüssigen Phase, der Phasenübergang, die Temperatur und die Geometrie beziehungsweise die Abmessungen während der Glasproduktion und das damit in Verbindung stehende Know-how können zum Beispiel dazu verhelfen, Instrumente zu schaffen, die zu einer besseren Wettervorsage für das Sonnensystem gelangen, um sicherzustellen, dass die Sonnenstürme nicht länger Schäden auf der Erde anrichten wie eine gestörte Telekommunikation oder sogar beschädigte Industrieanlagen am Boden, einschließlich der Stromerzeugung und Pipelines.

Mit dem Aufmacher „Untergrundraumflug" titelten wir eine Geschichte über Tunnelbohrmaschinen, die wir durch unsere Vermittlungsaktivitäten möglich machten. Test- und Simulationstechnologien für raue Umgebungsbedingungen, in denen Raumflugsysteme betrieben werden, machen den Tunnelbau sicherer und effizienter. Der deutsche Hersteller der weltweit größten Tunnelvortriebsmaschine nutzte durch unsere Beratungsleistungen und unsere Kontaktvermittlung mit einer auf dem Gebiet von Entfernungsmessern tätigen deutschen Raumfahrtfirma, die Möglichkeit, ein neuartiges Sensorsystem zu entwickeln, mit dem man virtuell 40 Meter weit in Gestein und Felsen hineinsehen sowie dadurch Hemmnisse für den Bohrvorgang im Voraus erkennen konnte. Raumflugsysteme wie Raumstationen, Satelliten und Sonden unterliegen extremen mechanischen, thermischen und Strahlungsbelastungen während des Transports zu ihrem Einsatzort und während ihres oftmals langjährigen Betriebs. Um sicherzustellen, dass der Systembetrieb und die präzise und reibungslose Funktion der Komponenten gegeben ist, ist nichtsdestotrotz eine Vielzahl umfangreicher Tests, Prüfungen und Simulationen bereits zum Zeitpunkt ihrer Entwicklung notwendig, da Reparatur- und Wartungsarbeiten außer in wenigen ziemlich spektakulären Fällen nicht möglich sind. Präzision, Zuverlässigkeit, Ausfallsicherheit und Arbeitsbedingungen in rauen Umgebungen waren die Schlüsselworte eines Technologiegesuchs, das ein Hersteller von Tunnelbohrmaschinen im September 1998 an meine Firma richtete. Um die Sicherheit des Tunnelvortriebs weiter zu verbessern, entwickelte der Tunnelbohrmaschinenhersteller eine Methode der seismischen Vorerkundung unter dem Schlagwort Ultraschallbodenhärtesondierung. Hierbei handelte es sich um eine Methode des virtuellen Vorausfahrens, durch das der Schildfahrer des Bohrkopfes der Tunnelbohrmaschine rechtzeitig in angemessenem Abstand vor geologischen Veränderungen, die über Millionen von Jahren der Erdentwicklungsgeschichte entstanden sind, gewarnt wird, wie beispielsweise im Boden befindliche Unregelmäßigkeiten, Schichtgrenzen und Einlagerungen sowie andere in den Boden eingedrungene Gegenstände, die in der vorgesehenen Spur der Bohrantriebsmaschine vorhanden sind. Zu diesem Zweck wurden speziell angepasste Schallgeber und Mikrofone auf den rotierenden Scherblättern installiert. Pro Sekunde sendet der Schallgeber Schallwellen in den Boden, die Mikrofone empfangen die reflektierten Signale, die gleichzeitig aufgezeichnet werden. Eine mächtige Datenverarbeitungseinheit wertet sowohl die aufgezeichneten als auch die statistischen Daten aus und visualisiert wichtige geologische Änderungen bis zu 40 Meter vor dem rotierenden Scherblatt. Diese Vorabuntersuchung auf dem Einsatzgelände ermöglicht, gegebenenfalls den Vortrieb zu stoppen, Hindernisse zu beseitigen und so eine Beschädigung der Vortriebsmaschine und entsprechende Ausfallzeiten, Kosten und Gefahren für das Personal zu vermeiden.

Um eine verbesserte Auswertungsqualität zu erreichen, wurden neue Schallgeber im Rahmen ihres beabsichtigten Einsatzes für die besagten seismischen Messungen gesucht. Der vorige Sender war im Grunde genommen ein kommerziell verfügbarer Shaker, wie sie bei industriellen Vibrationstests eingesetzt wurden, der seinerzeit nur bedingt die Anforderungen erfüllte. Nach Einschaltung meiner Firma zur Vermittlung von Lösungsanbietern für die Problematik des Tunnelbohrmaschinenherstellers kam es im März 1999 zu einem Gedankenaustausch dieser Firma mit einem jungen Berliner Unternehmen, das auf dem Gebiet der Feinwerktechnik eine Reihe von Raumfahrtprojekten durchgeführt hatte. Basierend auf ihrem Raumfahrt-Know-how bei Satelliten, Sonden, Raumstationen und interstellaren Missionen gewann man beträchtliche Expertise auf den Feldern Feinmechanik und Sondermaschinenbau. Aus einer Hand wurden integrierte Systemlösungen durch Einsatz aktueller Fertigungsmethoden und anspruchsvolle Prüf-methoden beigesteuert. Folglich konnte eine hohe Zuverlässigkeit und Präzision sichergestellt werden, was neben dem Raumfahrtengagement in Art und Umfang ihrer Tätigkeiten im terrestrischen Bereich reflektiert wurde. Im Oktober 2001 waren ihr Know-how und ihre Erfahrungen, die sie insbesondere über Strukturmechanik gewonnen hatten, und die umfangreichen Erfahrung mit Schwingungsantrieben auf dem Gebiet der Umweltsimulationen die entscheidenden Referenzen für die Beauftragung, den Prototypen eines Senders zu entwickeln, dessen Leistungsfähigkeit im Sommer 2002 nachgewiesen wurde. Seit 2003 rüstete der Tunnelbohrmaschinenhersteller mit dem neuen Sensorsystem jährlich drei Untergrundbohrmaschinen aus, sodass der Ausspruch der alten Bergmänner umgeschrieben werden kann, dass es vor der Hacke dunkel ist.

Wir konnten zu Beginn der 2000er-Jahre vermelden, dass man Leckagen in Bremssystemen von Zügen durch Hochpräzisionsgasdurchflussmesser erkennen kann. Der kontrollierte Wiedereintritt in die Erdatmosphäre eines Raumfahrzeugs nach seiner Reise durch den Weltraum ist eine der herausforderndsten Prozeduren beim Weltraumflug. Jeder Gegenstand, der in die Atmosphäre der Erde eintritt, muss dies innerhalb eines sehr kleinen Winkels tun, um die Erdoberfläche erfolgreich zu erreichen und nicht wieder in den Weltraum hinaus reflektiert zu werden. Die obere und untere Grenze für den Wiedereintrittsbereich werden durch die Kombination der Trajektorie des Objekts, seiner Verzögerungsrate und der aerodynamischen Aufheizung bestimmt. Der schmale Bereich, der von diesen Parametern festgelegt wird, wird als Wiedereintrittskorridor bezeichnet. Die Trajektorie, die ein Raumfahrzeug bei der Rückkehr zur Erde fliegt, hängt zum Teil von der Art der Umlaufbahn ab, über die das Objekt gereist ist, um das Ziel zu erreichen. Der orbitale Pfad ist bedeutsam, weil er bestimmt, wie schnell das Raumfahrzeug ist, wenn es erstmals auf die Atmosphäre trifft. Ein Wiedereintrittsverfahren ist die Gleitbahn, in der das Fahrzeug ähnlich wie ein Flugzeug durch die Atmosphäre fliegt. Das Raumschiff trifft auf die Atmosphäre in einem hohen Winkel auf. Dieser Winkel zwischen der Strömungsrichtung des umgebenden Gases und der Sehnenlinie des Tragflügels ist ein Parameter für den erzeugten aerodynamischen Auftrieb. Dabei erfährt das Fahrzeug Kräfte, die erlauben, dass es sich weiterbewegt, als wenn es sich um eine ballistische Kapsel handeln würde, die in die Atmosphäre eintaucht und sich unter dem Einfluss von Schwerkraft und Reibung bewegt. Der Hauptvorteil dieser Technik ist, dass der Pilot eine viel größere Kontrolle über die Flugbahn des Raumflugzeugs hat und theoretisch den endgültigen Landeplatz wählen kann. Ein weiterer Vorteil ist, dass das Fahrzeug typischerweise auf einer Landebahn intakt landet und eventuell wiederverwendet werden kann. Diese Technik wurde beispielhaft durch das Spaceshuttle demonstriert, das einzige Fahrzeug, das seinerzeit eine Gleiteintrittsbahn verwendete. Ungeachtet der gewählten Art der Eintrittstrajektorie ist Sorgfalt geboten, das Fahrzeug nicht zu schnell zu verzögern und ein Überhitzen zu vermeiden. Menschen können zu hohes Beschleunigen oder zu starkes Abbremsen nicht überleben, sodass Beschleunigungen und Bremsmanöver bemannter Raumfahrtsysteme auf etwa das Zehnfache der Erdbeschleunigung bei der Rückkehr limitiert sind. Im Falle von unbemannten Raumfahrzeugen bestimmt die Widerstandsfähigkeit der Nutzlast die Belastungen. Kenntnisse der jeweils vorliegenden Umweltsituationen sind essentielle Bedingungen für erfolgreiche Landungen von Menschen und Material.

Eine deutsche Firma, die sich jahrelang auf dem Sektor der Raumfahrtaerodynamik engagierte, führte für das Deutsche Zentrum für Luft- und Raumfahrt und die Europäische Weltraumorganisation eine Reihe von

Projekten zum Thema Aerothermodynamik und Wiedereintrittsmodelle durch. Zu diesem Zweck hatte der Technologiegeber unter anderem sein Aerodynamik-Know-how für Entwicklungen von Hochpräzisionsdurchfluss-messsystemen umgesetzt, die Anwendung bei Bodentests von Raumfahrt-komponenten und Raumfahrzeugen hinsichtlich exakter Volumen- und Massenflussmessungen fanden. Sie sind charakterisiert durch eine verbesserte Genauigkeit und Linearität, was durch ein sorgfältiges Flussdynamikdesign und Tests der Entwicklungsschritte erreicht wurde. Typische Anwendungen beinhalten Durchflussmessungen von Luft in Umweltkühlsystemen, von Hydrauliköl, von Schmier- und Getriebesystemen, von Flüssigkeiten in Kühl- und Heizungsanlagen, von Kraftstoff in Motor- und Transferpumpen-anwendungen und von Wasser in Trinkwasser- und Nutzwassersystemen. Weiterhin bieten laminare Durchflussmesser eine hohe Genauigkeit im Bereich der Leckageprüfung. Diese ist eine Hauptaufgabe im Fahrzeuginspektions-bereich. Ähnliches betrifft auch pneumatische und hydraulische Systeme von Flugzeugen und Frachtschiffen.

Ein bereits seit Ende des 20. Jahrhunderts auf dem Gebiet rund um die Eisenbahntechnik agierendes, im Harz angesiedeltes Unternehmen meldete bei meiner Firma einen technologischen Bedarf, für den eine Lösung gesucht wurde. Bei dem Bedarf ging es um eine sogenannte schmierungsfreie Bremsträgerlagerung. Hierzu wurde in der Bedarfsbeschreibung des lösungs-suchenden Unternehmens spezifiziert, dass die Bremsträger einer elektrodynamischen Gleisbremse auf einem Grundkörper lagerten, wobei die Oberfläche des stählernen Grundkörpers ein Brennschnitt war, die des eben-falls aus Stahl bestehenden Bremsträgers der Walzoberfläche eines Grob-blechs. Beide stellten eine magnetisch verbundene Gleitpaarung dar, die früher mit Fett geschmiert werden musste. Die regelmäßig durchzuführenden Erneuerungen des Schmierstoffes waren zum einen sehr kostenintensiv und zum anderen unter dem Aspekt des Umweltschutzes bedenklich. Ziel war es, eine schmierungsfreie Lösung für die Gleitpaarung Stahl auf Stahl zu finden. Zu beachten war dabei, dass es aus magnetischen Gründen keine Alternative zum Werkstoff Stahl gab und dass die zu ergreifenden Maßnahmen keine Störung des magnetischen Flusses zur Folge haben durften. Vor diesem Hintergrund entschied man sich für den Einsatz der angesprochenen Durchflussmesser des Aerodynamikspezialisten der Raumfahrt.

Verbundwerkstoffe gewannen über die Jahre immer mehr Bedeutung für den Automobilbau. Für die meisten Raumfahrtstrukturen wie zum Beispiel Träger-

und Stützaggregate für Satelliten- oder Nutzlastverkleidungen für Trägerraketen wurden carbonfaserverstärkte Kunststoffe, die sehr günstige Eigenschaften anboten, zu unverzichtbaren Materialien. Carbonfaserverstärkte Kunststoffe haben ein geringeres spezifisches Gewicht und abhängig von der Faserorientierung und dem Volumen eine höhere Steifigkeit und Festigkeit, eine kleinere thermische Ausdehnung und eine gute thermische Leitfähigkeit. Diese Eigenschaften passen hervorragend zu den Anforderungen für Raumfahrtstrukturen. Historisch gesehen war es die deutsche Luft- und Raumfahrtfirma Dornier GmbH in Friedrichshafen, die sich über viele Jahre durch ihre Tätigkeiten in nationalen und internationalen Projekten nennenswertes Know-how und Expertise durch Entwicklung, Herstellung und Handhabung kohlefaserverstärkter Kunststoffe zulegte, und das zu einem Zeitpunkt, als man sich in der Automobilindustrie noch keineswegs mit solchen Materialien beschäftigte. In der Luft- und Raumfahrt befasste man sich Ende der 1990er-Jahre jedoch mit dieser Thematik, da auf diesem Sektor entsprechende Bedarfe für derartige strukturelle Materialen vorlagen, durch die gewisse Missionen und Vorhaben erst möglich wurden. Aufgrund unseres technologieorientierten Befassens mit solchen Themen konnten wir dies direkt mitverfolgen. Im Rahmen von gewissen durch Krisen in der Luft- und Raumfahrtbranche ausgelöste Veränderungen im Personalbereich formierten sich Zusammenschlüsse von leitenden Angestellten aus dem Kreis des Schlüsselpersonals der bisherigen Abteilungen der Unternehmenszweige. So fand im Jahr 2001 eine Unternehmensneugründung durch Leistungsträger der Dornier GmbH statt, die ihr geballtes Know-how in ihr neues Unternehmen einbrachten. Die Ausgründung trug den Namen ACE GmbH. Hierdurch lebten die materialwissenschaftlichen Erkenntnisse in neuer Rechtsform weiter. Im Jahr 2002 organisierten wir ein Automobilforum zum Technologieaustausch zwischen der Raumfahrt und dem Automobilsektor. Unter den Teilnehmern unserer Veranstaltung befanden sich auch Vertreter der Volkswagen AG, zu der acht verschiedene Marken zählten, darunter auch der Luxussportwagenhersteller Lamborghini. Als Ergebnis des vermittelten Kontaktes zwischen ACE und Volkswagen, erhielt ACE einen Beratervertrag, um die Produktionskosten für hochleistungsfaserverstärkte Verbundwerkstoffe abzuschätzen und die notwendige Marketingunterstützung, die aufgewendet werden sollte, um potenzielle Käufer davon zu überzeugen, ein teureres Fahrzeug zu kaufen, weil es Verbundwerkstoffe enthielt. Nach Abklärung der kritischen Fragestellungen erweiterten ACE und Volkswagen ihre Geschäftsbeziehungen dahingehend, dass ACE von Volkswagen beauftragt wurde, die Entwicklung und Herstellung von Carbonfaser-Strukturelementen durchzuführen. Daraufhin erhielt ACE einen Vertrag zur Entwicklung und Serienfertigung der kohlefaserbasierten Heckhauben des Lamborghini Gallardo Spyder, von denen jährlich rund 800 Fahrzeuge in den Jahren 2006 und 2007 verkauft wurden, und das zu einem damaligen Verkaufspreis von 167.000 Euro pro Fahrzeug. Mit der Kohlefaserkonstruktion war es möglich, ein Design zu realisieren, das als Metallkonstruktion nicht möglich gewesen wäre und zudem eine Gewichtseinsparung von 30 Prozent ermöglichte.

Die bereits in Erscheinung getretene Göttinger Firma zur Hyperschall-technologie, die sich auf die Lösung aerodynamischer Strömungsprobleme spezialisierte, führte unter anderem Projekte durch, um die Flug-charakteristiken europäischer Startraketen zu untersuchen. Indem man beobachtete, wie sich Modelle von Raumfahrzeugen in Windtunnels verhielten, konnte die Firma Hyperschall Technologie Göttingen (HTG) die Effekte von sehr schnellen Luftströmungen auf die Bewegung, Temperaturen und andere physikalische Eigenschaften von Raumfahrzeugen berechnen. Diese Experimente halfen Designern, zu entscheiden, welche Materialien am besten geeignet waren für den Bau von Raumfahrzeugen und um den Winkel und die Geschwindigkeit zu bestimmen, bei denen das Fahrzeug wieder in die Erdatmosphäre eintritt und sicher landet. Im Jahr 1998 wurden wir in meiner Firma mit einer herausfordernden Anfrage des deutschen Verpackungs-maschinenherstellers ROVEMA konfrontiert. Die Firma wollte eine Maschine entwickeln, mit der man Verpackungen mit leichten Nahrungsmittelprodukten wie Kartoffelchips schnell befüllen konnte, ohne diese zu zerbrechen. Als Führer im Sektor der Verpackungsmaschinen war ROVEMA in vielen Ländern weltweit vertreten. Obwohl die Firma eine Reihe von Verpackungsmaschinen anbot, musste sie alle zwei bis drei Jahre ihr Produktspektrum modernisieren, um wettbewerbsfähig zu bleiben. Die kontinuierliche Suche des Verpackungs-maschinenherstellers nach Verbesserungen der Leistungsfähigkeiten seiner Geräte bewog ihn auch dazu, Raumfahrttechnologien und zugehöriges Know-how zu evaluieren. Nach eingehenden Betrachtungen dieser Anfrage erkannten wir in meiner Firma, dass die gesuchte Lösung wohl irgendetwas an der wissenschaftlichen Aufgabenstellung, einen Kartoffelchip in einem Beutel zu verpacken, ohne den Chip dabei kaputtzumachen, konzeptionell Ähnlich-keiten mit der sicheren Landung eines Raumfahrzeugs hatte. Bei beiden Problemstellungen musste berücksichtigt werden, dass man die optimale Geschwindigkeit für einen sicheren Abstieg sowie die Einflüsse der Luftströmungen und Parameter wie Temperatur, Struktur, Geschwindigkeit und Richtung der fallenden Objekte einbezog. In Kenntnis der besonderen Expertise der Firma HTG stellten wir diese ROVEMA zur Lösung der Aufgabenstellung als Partner in Sachen Produktdesign und Entwicklung zur Seite. Unter Nutzung der Expertise hinsichtlich Modellierung, Berechnungsmethoden und Messerfahrungen, die durch Projekte für die Europäische Weltraumorganisation erworben worden waren, war HTG in der Lage, ein Abfüllsystem für ROVEMA zu entwickeln, das in eine neue Verpackungsmaschine integriert wurde. Das Gerät konnte nunmehr Verpackungsleistungen erbringen, durch die Beutel für Nahrungsmittel zwischen 30 und 50 Prozent schneller verpackt werden konnten als mit früheren Standardausrüstungen. Die beiden Transferpartner optimierten die Verpackungsmaschinen bezüglich höchstmöglicher Abfüllgeschwindigkeiten bei gleichzeitigem Minimieren des Bruchanteils der Kartoffelchips. Nach gerade einmal einem Jahr Entwicklungszeit ging die Innovation in Serie.

Abgase von Automobilen sind ein immer wiederkehrendes Thema für den Umweltschutz. Dies betrifft vor allem den Ausstoß von Kohlendioxid und Stickoxid. Angestoßen durch Feststellungen, Messergebnisse und Publikationen amerikanischer Behörden zu den Angaben vor allem europäischer und deutscher Fahrzeughersteller war der Stickoxidausstoß von Dieselfahrzeugen ab 2014 in aller Munde. Wir befassten uns mit der Stickoxidreduktion im Rahmen unserer Aktivitäten zum Transfer von Raumfahrttechnologie für andere Anwendungen. In der Raumfahrt hatte man nämlich Teleskope für die Beobachtung astrophysikalischer Objekte, die Röntgenstrahlungen emittieren, entwickelt. Es gibt eine Reihe von astrophysikalischen Objekten, die Röntgenstrahlen emittieren. Hierzu zählen Galaxienhaufen und Schwarze Löcher in aktiven galaktischen Kernen bis hin zu galaktischen Objekten wie Supernovaresten, Sternen und weiße Zwerge enthaltenden Doppelsternen, superweichen Röntgenquellen, Neutronensternen oder binären Schwarzen Löchern. Einige Elemente des Sonnensystems emittieren Röntgenstrahlen, allen voran der Mond, obwohl das meiste der Röntgenhelligkeit des Mondes von reflektierten solaren Röntgenstrahlen stammt. Eine Kombination von vielen ungeklärten Röntgenquellen wird als Grund für den beobachteten Röntgenhintergrund angesehen, der durch die dunkle Seite des Mondes beeinflusst wird.

Da die Erdatmosphäre Röntgenstrahlen blockiert, kann nur ein weltraumgestütztes Teleskop himmlische Röntgenquellen detektieren und studieren. Zu diesem Zweck unternahm die ESA im Jahr 1999 eine dementsprechende

Multispiegel-Weltraummission, bei der drei Hochleistungsröntgenteleskope eingesetzt wurden. Diese umfassten eine unerwartet effektive Fläche und einen optischen Monitor, der erstmals auf einem Röntgenobservatorium geflogen worden war. Der große Sammelbereich und die Fähigkeit, lange ununterbrochene Expositionen zu machen, lieferten hochempfindliche Beobachtungsmöglichkeiten. Diese Weltraummission half den Wissenschaftlern, eine Reihe kosmischer Mysterien, von den rätselhaften Schwarzen Löchern bis zu den Ursprüngen des Universums selbst zu untersuchen. Beobachtungszeiten des Teleskops wurden der wissenschaftlichen Gemeinschaft im Wettbewerb zur Verfügung gestellt. Das wissenschaftliche Betriebszentrum der Multispiegel-Mission, das sich in der Nähe von Madrid befand, war für alle Aspekte ihres Betriebes verantwortlich. Diese reichten von der Entgegennahme der Vorschläge der Wissenschaftler für durchzuführende Beobachtungen bis hin zur Ablieferung der endgültigen kalibrierten wissenschaftlichen Produkte für die Wissenschaftler. Um die Oberfläche des Satelliten gegen hochenergetische Teilchen zu schützen, wurde eine Nickeloberflächenbeschichtungstechnologie als Funktionsschutz verwendet. Die Schutzschicht auf der Außenhaut hatte eine Dicke von 30 Mikrometern. Der Beschichtungsprozess erfolgte in stromloser Ablagerung ohne externe Stromversorgung. Dabei wurde das Werkstück in eine wässrige Prozesslösung mit einem spezifischen Gehalt an Nickelionen eingetaucht. Während des Verfahrens wurden diese Ionen in metallisches Nickel reduziert. Diese Schicht schützte das Werkstück wirksam vor Verschleiß und Korrosion. Durch Variation der Elektrolyten und der Prozessparameter konnten die Eigenschaften der Schicht auf spezifische Anwendungen angepasst werden. Vor der Oberflächenbehandlung war eine akkurate Abdeckung des inneren Teils des Gusskörpers per Maskierungslack oder Markierungsband erforderlich. Die bedeckten Flächen wurden beim Eintauchen der Teile in die Nickelelektrolyten nicht beschichtet. Nach der Behandlung konnte die Abdeckung problemlos entfernt werden. Die meisten industriell genutzten Metalle können durch dieses Verfahren verbessert werden. Eine spezifische Vorbehandlung liefert Oberflächeneigenschaften für eine gleichmäßige und extrem gut haftende Schicht auf dem Werkstück. Die gleichmäßige Schicht ermöglicht eine enge Schichtdickentoleranz, die normalerweise nur drei Mikrometer beträgt.

Im Rahmen unserer Suche nach weiteren Nickelplattierungstechnologien, die für die Herstellung von sogenannten SCR-Katalysatoren durch die Porzellanfabrik Frauenthal, auf die ich im Kapitel 4 über Beschichtungen schon zu sprechen kam, eingesetzt wurden, bauten wir 2003 den Kontakt zwischen der österreichischen Isolatorenfabrik und der deutschen Firma Novoplan GmbH auf. Bei der selektiven katalytischen Reduktion werden die SCR-Katalysatoren der Porzellanfabrik eingesetzt. Durch Zugabe von Ammoniak zum Rauchgas wandelt der Katalysator Stickoxide in Stickstoff und Wasser um. Diese Verfahren wurden zu einer weltweit akzeptierten Methode zur Entfernung von Stickoxiden. Charakteristische Eigenschaften des SCR-Prozesses sind die hohe Stickoxidentfernungseffizienz bei darüber hinaus geringem Ammoniakschlupf, keinen Rückständen und katalytischen Dioxin-reduktionen. Abgesehen von ihren klassischen Nutzungen in Kraftwerken und Abfallverbrennungsanlagen werden die SCR-Katalysatoren in vielen anderen Industrieprozessen eingesetzt. Die Anwendung des Know-hows von Novoplan brachte einen enormen Vorteil für die Zuverlässigkeit des Herstellungs-prozesses der Katalysatoren in Bezug auf eine erhöhte Haltbarkeit der Extruderdüsen im Vergleich zu unbehandelten Komponenten, was zu deutlich reduzierten Ausfällen führte.

Vernickelung von Extrudermundstücken für sauberere Umgebungen war nicht nur wie beschrieben ein Thema für die Porzellanfabrik Frauenthal, sondern hatte einen derart ungewöhnlichen Ursprung für ein Weltraumprojekt, dass dies einen kleinen Moment des Verweilens wert ist. Ausgangspunkt war nämlich der Umstand, dass Astronauten für ihre Arbeiten unter Schwerelosigkeit ein Hilfsmittel brauchten, um ihre Position im Raumlabor fixieren zu können. Zunächst wurde das Problem der fehlenden Schwerkraft in bemannten Raumfahrzeugen vor allem durch Fußschlaufen, die am Fußboden des Raumlabors befestigt waren, gelöst. Jedoch zeigte sich, dass diese Fixierung für die Durchführung von Experimenten, die sehr präzise erfolgen mussten und für Aufgaben, die einen sicheren Stand erforderten, nicht immer adäquat waren. Um diesem Umstand zu entsprechen, wurde als Maßnahme der sogenannte Münchener Raumfahrtstuhl (MSC) entwickelt und regelmäßig bei Missionen auf der MIR-Station eingesetzt. Mit dieser neuartigen Fixierung wurde es den Astronauten möglich, mit beiden Händen konzentriert und präzise unter Schwerelosigkeitsbedingungen zu arbeiten, ohne davonzu-schweben. Der Raumfahrer wurde zwischen einer Sitzplatte, einer Ober-schenkelplatte und einer Fußstütze in einer sogenannten Null-g-Haltung, die natürlich ist für die Schwerelosigkeit, fixiert. Er stützte sich mit seinen Fußballen auf die Stütze, um mit dem Boden der Sitzplatte durch die Hebelwirkung an die Oberschenkelplatte gedrückt zu werden. Für den Raumfahrtstuhl wurden die Stahlführungselemente, die die verstellbaren Aluminiumprofile der Rückenlehne und die verschiebbare Verbindung zum

Oberschenkelrohr sicherten, von einer Firma chemisch vernickelt, die wir in unser Transferpartnerportfolio aufgenommen hatten, um aus diesem Kreis potenzielle Vermittlungen in geeigneten Fällen erzeugen zu können. Im besagten Fall erfüllte die Beschichtungstechnik des Technologieanbieters in perfekter Weise die für den Raumfahrtstuhl zu erfüllenden Anforderungen bezüglich hohem Verschleißschutz, hoher Härte und großer Gleitfähigkeit.

Eine andere Anwendung derselben Beschichtungstechnik wurde bei aerodynamischen Tests eines 30 Zentimeter langen Modells der X-38 in einem Überschallwindkanal eingesetzt. Die X-38 war 1999 als experimentelles Rückkehrraumfahrzeug der NASA entwickelt worden, um Astronauten, die sich auf der Internationalen Raumstation ISS befanden, im Notfall zu evakuieren. Es war vorgesehen, das Notfallfahrzeug mit einer Ariane-5-Rakete von dem ESA-Startplatz in Französisch-Guayana aus zur Raumstation fliegen zu lassen. Die maximale Anzahl an Astronauten, die für Arbeiten auf der ISS geplant waren, betrug von Beginn an sieben. Das Rettungsfahrzeug sollte in einem unbemannten Einsatz demonstrieren, dass eine zügige Evakuierung der Besatzung der ISS im Notfall möglich wäre, einschließlich der Aktionen automatischer Flug, Verlassen der Umlaufbahn, Wiedereintritt in die Erdatmosphäre, Abstieg und Landung. In einer Windtunnelsimulation dieser Rückkehrphasen trafen kleine Teilchen auf das Modell mit hoher kinetischer Energie. Um die Modelloberfläche zu schützen, wurde sie mit einer 30 Mikrometer dicken Schicht chemisch vernickelt. Das Beschichtungsverfahren lieferte ein genaues Bild der Oberflächenkontur.

Einige meiner Mitarbeiter und ich selbst auch fanden Motorsport ähnlich faszinierend wie Luft- und Raumfahrt. Im Jahr 2002 gelang uns ein ansehnlicher Transfer aus der Raumfahrt in den Rennwagensektor. Der Rennwagenbauer Pescarolo Sport aus Le Mans war im Februar 2000 gegründet worden. Der Gründer Henri Pescarolo fuhr selbst Rennen und gewann die 24 Stunden von Le Mans viermal auf der gut 13 Kilometer langen Rennstrecke. Dabei war er nicht nur als Fahrer seiner eigenen Autos aktiv, sondern auch als Fahrer für andere Rennställe wie zum Beispiel für Porsche zusammen mit Klaus Ludwig im Jahr 1984. Er ist mit seinen mehr als 30 Teilnahmen bei den 24 Stunden von Le Mans Rekordhalter. In der Formel 1 gelang es ihm als Rennwagenenthusiast, sich mit seinem kleinen Team gegen große Werksteams zu behaupten. Pescarolo achtete deswegen auch darauf, neuste Technologien in seinen Autos zu verbauen. Einer unserer Netzwerkpartner stand mit einer französischen Firma in Kontakt, die für einen Satellitenhersteller leichtgewichtige

Verbundmaterialien herstellte. Die Carbonfasermaterialien herstellende mittelständische Firma zog ihre Expertise aus ihrem Raumfahrtengagement. Pescarolo Sport erkannte dieses Potenzial für den sie interessierenden Belang im Rennsport. Durch den Einsatz der leichtgewichtigen Raumfahrtverbindungen wollte man dem Ziel der Gewichtsreduktionen um 30 bis 50 Prozent näherkommen. Der Technologiegeber wurde nach unserem bewährten Suchschema nach Lösungen für Bedarfe der potenziellen Anwender, in diesem Fall also Pescarolo, durchgeführt. Der gesuchte Lösungsanbieter bot Pescarolo nach eingehender Evaluierung der Thematik an, ihnen die Verbundstrukturen zu liefern. Bei dem Technologiegeber handelte es sich um die französische Niederlassung der Firma HP Composites, die in dem langjährigen Austragungsort des französischen Formel-1-Grand-Prix in Magny-Cours bei Nevers an der Loire angesiedelt war. Der Leiter des Technologietransferbüros der ESA, unter dessen Ägide ich mit meiner Crew mehr als 20 Jahre den transnationalen Technologietransfer durchführen durfte, fand großen Gefallen an der Verwertung von Raumfahrttechnologien im Autorennsport. Ihm war es zu verdanken, dass eine Kooperation zwischen der ESA und Pescarolo Sports aufgebaut wurde. Der gesamte Prozess bis zur Realisierung des Transfers zwischen dem Technologieeigner HP Composites und dem Automobilanwender Pescarolo Sports dauerte gerade einmal zwei Monate.

2005 war ein herausragendes Jahr des 2002 begonnenen Raumfahrtengagements meines Auftraggebers, der ESA, im Rennwagensektor. Es wurden die Schwerpunkte Leistung und Sicherheit priorisiert. Einer Pressemitteilung der ESA vom 21. Juni 2005 war zu entnehmen, dass man in Zusammenarbeit mit einem meiner französischen Netzwerkpartner zur Identifikation ultraleichter hochbelastbarer Verbundmaterialien, die für Satellitenstrukturen und für thermische Isolationsmaterialien, die für Ariane-Trägerraketen zum Einsatz kamen, erfolgreich war. Die Zusammenarbeit mit Pescarolo war zunächst als Test und Validierung solcher Raumfahrttechnologien für ihren Einsatz im Automobilsektor konzipiert. Die 24 Stunden von Le Mans erschienen allen beteiligten Akteuren ein wichtiger Ausdauernachweis unserer Hypothese der Eignung der Raumfahrttechnologien im Automobilbau zu sein. Die Nagelprobe hierzu wurde durch das Pescarolo-Team mit Bravour erledigt. Von Anfang an wurde bei den 24 Stunden von Le Mans klar, dass die beiden von Pescarolo Sports eingesetzten Prototypen zu den schnellsten Teilnehmern gehörten. Als das Rennen in Le Mans am Samstag um 15:00 Uhr gestartet wurde, setzten sich die Fahrzeuge von Pescarolo, die von Motoren, an deren

Entwicklung vor allem auch der in den 1960er-Jahren erfolgreiche dreifache Formel-1-Weltmeister Sir Jack Brabham beteiligt war, durch. Das 2005er Le-Mans-Rennen war wie oftmals bei diesem Rennen hochspannend und voller Überraschungen. Die Pescarolo-Fahrzeuge setzten sich von Anfang an die Spitze des Feldes und hatten nach der ersten Rennstunde einen Vorsprung von mehr als einer Minute. Die Rundenzeiten der Pescarolos waren fünf oder mehr Sekunden schneller als die der Konkurrenz. Das Pescarolo-Fahrzeug mit der Startnummer 16 hatte in den ersten beiden Stunden geführt, als Überhitzungsprobleme und Getriebeprobleme auftraten. Dies hatte zur Folge, dass der Wagen 16 nach drei Stunden auf den 14. Platz zurückfiel. Danach ging es weiter zurück auf Platz 15, bis nach fünf Stunden des Rennens das Glück des Teams eine gute Wendung erfuhr. Die Geschwindigkeit des Fahrzeugs 16 ermöglichte es, andere Fahrzeuge zu überholen, und um 3:00 Uhr am Samstagmorgen war man auf Platz drei hinter zwei Audis. Um 6:00 Uhr war das Fahrzeug auf Platz zwei, gerade einmal drei Runden hinter dem führenden Audi. Der Geschwindigkeitsvorteil der Nummer 16 hätte eigentlich ausreichen müssen, um es auf die Führungsposition zu bringen, aber so etwas funktioniert in Le Mans nur selten. Am Ende des Rennens war das Fahrzeug wegen der Überhitzungsproblematik immer noch an der zweiten Position und zwei Runden im Rückstand.

Pescarolos Wagen mit der Nummer 17 kämpfte nach seinem schnellen Start fortlaufen mit mechanischen Problemen und wurde überdies von einem anderen Fahrzeug an einer Ecke in der 188. Runde getroffen, weswegen Henri Pescarolo aufgrund der erheblichen Beschädigung nur noch die Möglichkeit hatte, das Fahrzeug nach 19 Rennstunden aus dem Rennen zu nehmen. Die an Bord befindlichen Raumfahrttechnologien zeigten sich sehr wirkungsvoll. Der Fahrzeugmotor war isoliert auf einer Platte aus Kohlefaser und Aluminium, wodurch die Diffusion zum Benzintank und dem Fahrercockpit reduziert wurde. Zusätzlich war ein mikroporöses Quarzkeramikmaterial um das Abgassystem herum installiert, um Brandgefahren zu reduzieren. Beide Materialien wurden ursprünglich für Ariane-Raketen von einer belgischen Firma entwickelt.

Wir konnten im Juni 2005 feststellen, dass über die letzten drei Jahre das Gewicht der Fahrzeuge von Pescarolo kontinuierlich reduziert worden war, wodurch die Fahrleistungen verbessert wurden. Für Le Mans 2003 brachte die Verwendung von leichten Weltraummaterialien eine Gewichtseinsparung von 29 Kilogramm und durch weitere Designänderungen konnten im Jahr 2004 die

Einsparungen auf 38 Kilogramm erhöht werden. Im Jahr 2005 wurde ein neues Fahrzeug gebaut, um den neuen Le-Mans-Vorschriften zu genügen. Wieder einmal profitierte das Auto von ultraleichten, aber starken Raumfahrtverbundwerkstoffen und weitere 25 Kilogramm Gewicht wurden zum Vorteil der Fahrzeuggeschwindigkeit eingespart. Eine weitere Verbesserung war die Reduzierung des Gewichts der Räder durch die Verwendung von speziellen Verbundwerkstoffen für die Radlager, die von einem französischen Unternehmen für die Raumfahrt entwickelt worden waren. Derartige Lager werden auch in Gyroskopen zur Lageregelung von Satelliten und in den Treibstoffpumpen des Vulcain-Triebwerks der französischen Firma Snecma für die Ariane 5 eingesetzt.

Für Rennsportinteressierte möchte ich in meinen Augen wichtige, von Pescaolo in Le Mans erzielte Rennergebnisse herausstellen wie, dass Henri Pescarolo nicht ohne Stolz betonte, dass seine Autos Spitzengeschwindigkeiten von 335 Kilometern pro Stunde mit einem Durchschnitt von 222,6 Kilometern pro Stunde erreichten.

Dieser von uns und unserem Transfernetzwerk generierte Spin-off wurde zu unserem seinerzeit taufrischen Aufmacher als erfolgreicher Raumfahrt-Spin-off mit Pescarrolo Sports für eine von uns organisierte Konferenz beim ESA-Satellitenbetriebszentrum in Darmstadt, wo wir uns mit mehr als 300 Teilnehmern aus dem Kreis der Automobilindustrie und der Raumfahrt mit dem Themengebiet des Technologieaustausches zwischen der Automobilindustrie und der Raumfahrt auseinandersetzten. Im Foyer der Veranstaltung wurden in einer Ausstellung mehrere Exponate gezeigt, wie beispielsweise ein F-1-Motor der Firma Renault und ein mit Autogas betriebener Wagen für den Le-Mans-Wettbewerb des Jahres 2003, der als „Idée Verte Compétition LPG", der, ebenfalls unter Beteiligung von zwei Fahrzeugen Pescarolo Sports, die von Peugeot Turbomotoren angetrieben wurden und die Positionen sieben und acht einnahmen, in die Annalen des 24-Stunden-Rennens in Le Mans einging.

Aber es gibt neben kohlefaserverstärkten Materien auch Werkstoffe eher traditioneller Herkunft, die außergewöhnliche Eigenschaften haben, die Grenzen überschreiten. Ihr Weg begann mit den Herausforderungen des US-Spaceshuttles an neue Technologien, um seine Weltraummissionen erfolg-reich durchzuführen. Zehn Sekunden vor dem beabsichtigten Startzeitpunkt (Lift-off) werden Flammen unter den Haupttriebwerken gezündet, um den restlichen Wasserstoff von der Befüllung des entsprechenden Tanks zu verbrennen. Die Bordcomputer öffnen die Ventile, die den Weg des flüssigen Sauerstoffs und Wasserstoffs zu den Turbopumpen freigeben. Die drei Haupttriebwerke des Shuttles werden 6,6 Sekunden vor dem Lift-off gezündet. Die Hauptmotoren werden nacheinander in 120-Millisekunden-Intervallen über die Shuttle-Allzweckcomputer gezündet. Die Computer bewirken, dass die Motoren innerhalb von drei Sekunden 90 Prozent ihrer Nennleistung erreichen. Zu diesem Zeitpunkt erfolgt ebenfalls die Zündung der beiden Feststofftriebwerke. Das Shuttle steigt etwa sieben Sekunden nach Zündung der Triebwerke auf und verlässt den Startturm (Lift-off). Zu den extrem hoch belasteten Komponenten zählen die Turbopumpen des Shuttles, speziell ihre Lager. Die Haupttriebwerke arbeiten nämlich bei ungewöhnlich extremen Temperaturen. Der flüssige Wasserstoff bei minus 252 Grad Celsius ist die zweikälteste bekannte Flüssigkeit. Wenn der Wassersoff zusammen mit flüssigem Sauerstoff verbrannt wird, entstehen in den Verbrennungskammern Temperaturen von 3.300 Grad Celsius – zum Vergleich: Das ist noch höher als der Siedepunkt von Eisen. Nicht viel größer als ein Automotor erzeugen die Hochdrucktreibstoffturbopumpen der Shuttlehaupttriebwerke 50 PS pro Kilogramm ihres Gewichtes. Die Wellen der Hochdrucktreibstoffturbopumpen der Haupttriebwerke rotieren mit 37.000 Umdrehungen pro Minute. Der Ausstoßdruck einer Hochdruck-Brennstoff-Turbopumpe könnte umgerechnet eine Säule aus flüssigem Wasserstoff von mehr als 50 Kilometern Höhe erzeugen. Passend zu den besagten Anforderungen wird ein Material mit ganz außergewöhnlichen Eigenschaften benötigt.

Nach seiner Entwicklung in den 80er-Jahren wurde ein Hochleistungsstahl aus der Familie der hochnitrierten Stähle eingesetzt, die von besonderer Härte sind. Historisch gesehen gehen diese Materialien auf Zeiten zurück, in denen Guss- und Schmiedetechnik im 19. und 20. Jahrhundert zur absoluten Hightech zählten. Aus dem Kreis derartiger Gründerfirmen wie Krupp und Thyssen sind auch heute noch Firmen im Stahlsektor tätig. Als Technologievermittler befassten wir uns mit einem Hersteller von Spezialschmiedeerzeugnissen und stickstoffbasierten Stählen. Speziell richtete sich unser Interesse auf rostfreie martensitische Stähle, die der Hersteller für die erwähnten Lager der Treibstoffpumpen des Spaceshuttles einsetzte. Der Stahl wies eine sehr gute Hochtemperaturfestigkeit und Korrosionsbeständigkeit auf und hielt auch vergleichsweise besser, wenn es ein Problem mit der Schmierung, unterschiedlichen Reibungsbedingungen und Verschmutzungen im Schmiermittel gab. Die seinerzeitigen Testergebnisse qualifizierten den Werkstoff bei der NASA für die Treibstoffpumpen des Shuttles. Diese Lager stellten ihren Wert für das Treibstoffpumpensystem unter Beweis, für das nur flüssiger Sauerstoff und Wasserstoff als Schmiermittel zur Verfügung standen. Die Lager bestanden mehr als 40 Startzyklen. Konventionelle Lager mussten zuvor nach jedem Start ersetzt werden.

Wir priesen die Eigenschaften der Raumfahrttechnologie für die Kraftstoffpumpen des Shuttles über unsere Internetportale zwecks Auffinden von an Verwertungen der Technologie in anderen Märkten Interessierten an. Ende 2006 meldete eine deutsche Firma ihren Bedarf an ähnlichen technologischen Lösungen an, um mit dem potenziellen Technologiegeber Kontakt aufnehmen zu können. Der Interessent war ein 1949 gegründeter westfälischer Hersteller von Hochdruckpumpen und Reinigungssystemen. Die Firma war ein international anerkannter Führer in Hochdrucktechnologien. Unsere Vermittlung führte dazu, dass der für die Treibstoffpumpen des Shuttles entwickelte Stahl vom Technologienehmer für den Verschleißschutz seiner Produkte einsetzt wurde, also eine bemerkenswerte Symbiose aus einem raumfahrtgeprüften Hightech-Material und einer daraus für den industriellen Einsatz konzipierten Hightech-Anwendung von Hochdruckpumpen und Reinigungssystemen.

Es war uns auch möglich, die für die Shuttleturbopumpen eingesetzten Materialien in den Medizinsektor zu transferieren. Und das geschah dadurch, dass wir den Werkstoff und seine Eigenschaften bei einer im November 2002 von uns bei einer am Europäischen Satellitenbetriebszentrum organisierten Veranstaltung zum Technologieaustausch zwischen Automobilbau und Raumfahrt durch den Technologieinhaber präsentieren ließen. Bei dieser Gelegenheit nahm dieser mit einer deutschen Firma Kontakt auf, die eine Technologieverwertung der Materialtechnologie im Medizinbereich evaluieren wollte. Die hieran interessierte, international tätige Firma, produzierte seit mehr als 70 Jahren Miniaturpräzisionskugellager, die ihre Kunden beispielsweise für die Computertomographie, Mammographie und Zahnarztbohrer einsetzten. Für diese Einsatzgebiete muss das Matetrial neben den bereits beschriebenen Eigenschaften biokompatibel sein. Seine Anwendung in der Chirurgie verlangt ein hohes Maß an Haltbarkeit bezüglich chemischer und thermischer Sterilisationsprozesse.

Auch in diesem Transferbeispiel zeigt sich die manchmal typisch lange Dauer des Transferprozesses. Die Aufnahme der Technologie in unser Angebotsportfolio führten wir 1999 durch, das an der Technologieverwertung interessierte Unternehmen brachten wir 2002 mit dem Technologiegeber in

Kontakt, zwei Jahre später wurde die Transfervereinbarung der Transferparteien geschlossen und es dauerte bis Januar 2008, also neun Jahre nach Beginn unserer Vermarktungstätigkeit, bis das Material in der Medizintechnik ankam. Dafür braucht man einen langen Atem.

Ähnliche Fälle konnten wir auch für eine Reihe anderer Innovationen vermelden. An dieser Stelle möchte ich auf unsere Vermittlung einer schweizerischen Technologieentwicklungseinrichtung auf den Gebieten Mikromechanik und Mikroelektronik zu sprechen kommen, den wir nach vier Jahren nach Beginn unserer Tätigkeiten für die ESA im Jahr 1996 mit dem von uns geführten Netzwerk erzielt haben. Wir beschäftigten uns mit einer von den Schweizer Wissenschaftlern und Ingenieuren entwickelten Technologie für die akkurate Positionierung von Lasern im Weltraum, die nach Vermittlung des zugrundliegenden Wissens an eine kanadische Firma dazu benutzt wurde, eine neue Generation von Mikrochips herzustellen. Man war auf der Suche nach einem Ersatz für konventionelle mechanische Positioniersysteme für Satelliten, die unter dem Auftreten von Fehlern litten, die nur schwer zu beseitigen waren, wie zum Beispiel solche, die mit Reibung und Spiel aufgrund von Toleranzen, die entstehen, wenn verschiedene Komponenten miteinander in Verbindung stehen, in Erscheinung treten. Diese Fehler begrenzten die Genauigkeit dieser Systeme unterhalb der Präzision, die erforderlich war, um Laserstrahlquellen und optische Sensoren über die Flächen des Raumes zu platzieren. Zur Erreichung präziserer mechanischer Positionierungen mit Variationen von weniger als einem Mikrometer war es erforderlich, konventionelle kinematische Elemente, die oft eine Reihe miteinander verbundener Elemente umfassten, mit reibungsfreien, biegsamen homogenen Strukturen zu ersetzen, die Translations- und Rotationsbewegungen in alle Richtungen auf Basis rein elastischer Verknüpfungen für Ausrichtung und Übertragung ermöglichten. Das heißt, die Strukturen hatten eine minimale Anzahl von verbundenen separaten Teilen, was sie zu einer flexiblen Struktur machte. Eine Vielzahl von biegsamen Strukturen konnte auf einem Computer genau gestaltet und optimiert werden. Sie wurden dann in Aluminium oder in Beryllium-Kupfer-Legierungen auf die genaue Form durch eine Anzahl von Methoden einschließlich elektrischer Entladungsbearbeitung neu geformt. Diese Technologie der Erzeugung flexibler Strukturen konnte in einem weiten Bereich von Kommunikations- und wissenschaftlichen Beobachtungssatelliten angewendet werden, wodurch präzise Positionierungen von Laserkommunikationssendern und -empfängern, Fernerkundungsinstrumenten und Sonnen- und Sterntrackern möglich wurden. Es war die erwähnte Firma in der

Schweiz, die als Pionier der Entwicklung und Anwendung der Technologie einen wichtigen Beitrag zur Einführung globaler optischer Kommunikation lieferte.

Es war die erfolgreiche Zusammenarbeit mit unserem englischen Netzwerkpartner, diese Technologie im terrestrischen Bereich für die elektronische Industrie, in der der Einsatz von Lasern weitverbreitet ist, zur Anwendung zu bringen. Eines dieser Beispiele ist die Übertragung von Text mit optischer Zeichenerkennung durch einen Scanner in einem Computer. Es geschah im Jahr 1995, dass der Schweizer Erfinder durch gemeinsame Vermittlung unseres englischen Partners und unsererseits von einem kanadischen Hersteller optischer Scanausrüstungen beauftragt wurde, ein Lasersystem zu entwickeln, das die Technologie der Erfinder verkörperte. Neben diesem erfreulichen Transfer konnten wir auch eine andere Anwendung der Schweizer Laserstrahltechnologie für die Produktion immer kleinerer elektronischer Komponenten erzielen. Diese Innovation des Jahres 1996 betraf vor allem die Verkleinerung von Mobiltelefonen, CCD-Kameras und anderen chipbasierten Produkten. Dabei wurden Laser verwendet, die die kleinen Schaltkreise auf einem Mikrochip erzeugten. Zu dieser Zeit im Jahr 1996 bestand an den Laserstrahl die Anforderung, dass er sehr präzise innerhalb von zehn Nanometern positioniert werden musste.

Dieses Thema mit den Schweizer Technologieentwicklern wurde neben seinem eigentlichen großartigen technologischen Inhalt zu einem weiteren erfreulichen Vorkommnis mit ihnen, das damit zu tun hatte, dass wir Netzwerkpartner von unserem Auftraggeber, der ESA, dazu angehalten wurden, mit den Transferparteien, seien es Technologiegeber und/oder Technologienehmer, Provisionsverträge abzuschließen. Dies geschah auch so im besagten Fall des Transfers für den Schweizer Technologiegeber. Über einen Anruf des schweizerischen Vertreters des Technologiegebers, der in seinem Hause das Projekt geleitet hatte, war ich folglich sehr erfreut. Mir wurde von ihm gesagt, dass ich für meine Firma von seiner Firma Geld zu bekommen hätte, das meiner Firma aufgrund der Provisionsregelung zustünde. Für mich und meine Firma war es das erste Mal, dass uns, der wir den Technologiegeber in die Verhandlungen eingebracht hatten, und unserer englischen Partnerfirma, die den Technologienehmer identifiziert hatte, gemäß unserer internen Aufteilungsvereinbarung jeweils die Hälfte des vom Technologienehmer an den Geber zu zahlenden Gesamtprovisionsbetrags zustand. Meine Firma bekam daraufhin einen unteren fünfstelligen Euro-

Betrag, von dem wir die Hälfte an unseren englischen Partner überwiesen. In unseren beiden Firmen hatten wir jeweils einen Arbeitsaufwand, der allerdings geldmäßig gesprochen noch höher als die Provision war. Dies wurde jedoch durch die von der ESA an mein Netzwerk vergütete Grundfinanzierung kompensiert.

Wir hatten in ähnlicher Weise zum hier geschilderten Fall netzwerkweit rund 300 Provisionsvereinbarungen getroffen, um unseren uns beauftragenden nationalen und internationalen Raumfahrtagenturen hierdurch die Möglichkeit zu einer Kofinanzierung ihrer Basisfinanzierung unseres Transfernetzwerkes potenziell zu ermöglichen. Wir scheuten hierfür nicht vor viel Überzeugungsarbeit bei den Technologieinhabern zurück, die ihre Technologieangebote auf Wunsch der Agenturen in die Märkte der Anwendungen der Ausgangstechnologien der Raumfahrt transferieren sollten und wollten. Hierzu hatten wir in den Firmen das jeweilige Management und die technologischen Fachleute zu überzeugen, und zwar in mehr als 500 Fällen. Mit den Firmen, die diese Vorgehensweise mit uns durchzuführen wünschten, wurden sogenannte Maklerverträge abgeschlossen. Darin schilderte die entsprechende Firma, die Eigentümer der Technologie oder der Dienstleistung war, ihren Eigentumsgegenstand, den der Makler zu ihrem unternehmerischen Nutzen verhelfen sollte. Es wurde insbesondere hinsichtlich des Auftraggebers beschrieben, über welches technische Know-how, über welche technischen Schutzrechte, Patente, Gebrauchsmuster oder Ähnliches betreffend der Herstellung und Verwendung von Geräten und Gegenständen auf dem Gebiet der Raumfahrt beziehungsweise auf anderen Gebieten verfügt wurde. Im Einzelnen wurde vereinbart, dass der Auftraggeber den Technologiemakler beauftragt, ihm Interessenten für die wirtschaftliche Verwertung der im Vertrag beschriebenen Technologien zu vermitteln. Der Makler sollte Namen und Adressen der jeweiligen Interessenten schriftlich mitteilen, damit der Auftraggeber die Verhandlungen aufnehmen konnte. Wir hatten Wert daraufgelegt, dass der Vertrag auf unbestimmte Zeit abgeschlossen wurde, wobei er mit einer bestimmten Frist gekündigt werden konnte. Ohne hier auf die Details des Vertragswerks eingehen zu wollen, waren die aufwendigen Maklervereinbarungen bis auf den erfolgreich umgesetzten Fall für die Katz. Ergo besannen wir uns auf das im Rahmen der Grundfinanzierungen Machbare. Die beteiligten Industriepartner kamen so in der Regel – bis auf den einen geschilderten Fall aus der Schweiz – in den Genuss, die Leistungen des Netzwerks für sie kostenfrei, bis auf ihren Zeiteinsatz, nutzen zu können. Auf die sozioökonomischen Effekte unserer Netzwerkaktivitäten wird im nächsten Kapitel Bezug genommen.

Nun erst mal weiter mit unseren Spin-offs. Wir erinnern uns an das Jahr 1999, in dem wir einem führenden deutschen Automobilhersteller eine Vibrationsdämpfungstechnologie eines französischen Raumfahrtzulieferunternehmens vorstellten. Die in Cabriolets und Roadstern des Automobilherstellers eingesetzte Dämpfungstechnologie ging auf eine Raumfahrttechnologie zurück, die zur Dämpfung von Vibrationen von Satellitenstrukturen eingesetzt wurde. Mechanische Vibrationen belasten alle Luft- und Raumfahrtsysteme, Geräte und Komponenten. Beispielsweise unterliegt die Nutzlast einer Startrakete, in der Regel ein Satellit, vielen verschiedenen mechanischen Belastungen während ihres Transports in die Umlaufbahn. Beim Start werden die extrem starken Motorvibrationen über die Trägerraketen an den Satelliten übertragen, wodurch dieser insbesondere im Fall einer Resonanz gefährdet wird. Darüber hinaus erzeugt diese Phase einen Schallpegel von sehr hoher Intensität, der auf die Struktur einwirkt. Später führt die zunehmende Geschwindigkeit zu aerodynamischen Belastungen, die beim Übergang vom Unterschall- zum Überschallbereich plötzlich in eine Stoßwelle übergehen. Darüber hinaus sind Satellitenstrukturen vorübergehenden impulsiven Belastungen ausgesetzt, die durch das Abtrennen ausgebrannter Raketenstufen und durch Zündung der nächsten Stufe verursacht werden. Zur Reduzierung von Vibrationen, die von der Startrakete auf die Satellitenstruktur übertragen werden, und zum Schutz der Nutzlasten, wie zum Beispiel optische Ausrüstungen, Satellitenausrichtungsmechanismen, Antennen und weitere Ausrüstungen, durch strukturelle Dämpfung hatte die französische Firma eine Vibrations- und Akustikdämpfungstechnik entwickelt, die auf der Einführung von Dämpfungselementen von Strukturen basierte. Das Prinzip der Technologie bestand darin, die natürliche Dämpfung einer Struktur durch Anbringen leichter energieschluckender Elemente zu erhöhen, ohne das statische und quasistatische Verhalten der Struktur zu ändern. Die Fähigkeiten des Dämpfungssystems, Vibrationsenergie umzuwandeln, war denen traditioneller energieschluckender Dämpfungen weit überlegen. Die französische Technologie kann als technologischer Durchbruch auf dem Gebiet der Vibrationsakustik bezeichnet werden. Eingesetzt wurde die Technologie bei den Ariane-Raketen, wo sie bei einer Reihe von Satelliten montiert wurde. Der Technologieinhaber entwickelte auch numerische Tools für die dynamische Dimensionierung und

Dämpfungsoptimierung von Geräten, die bei jedem mechanischen Konstrukt einsetzbar sind.

Mitte des Jahres 1999 stellten wir im Rahmen unserer Vermittlungsaktivitäten den Kontakt zwischen dem französischen Raumfahrttechnologiegeber und der Akustikabteilung des deutschen Fahrzeugherstellers, der bei der Produktion von Roadstern und Cabrios zu den Führern der Branche gehörte, her. Cabriolets basieren hauptsächlich auf Massenproduktionslimousinen oder Coupes mit selbsttragendem Design, was zu einem Verlust der Steifigkeit durch das fehlende Top führt. Hierdurch treten Torsionsschwingungen auf, die die Schwingungsamplituden am Heckspiegel und am Lenkrad um mehr als das Zehnfache erhöhen, was der Fahrer in Form eines vibrierenden Lenkrads und Rückspiegels bemerkt. Seinerzeitige Maßnahmen der Autobauer von Cabriolets zur Kompensation von Torsionsschwingungen bestanden in der Erhöhung des Karosseriegewichts, sodass trotz des fehlenden Tops das Gewicht eines Cabriolets um etwa 50 Kilogramm höher war als das der entsprechenden Limousine. Nach einigen Treffen und ersten Berechnungen der Raumfahrtfirma im Oktober 2001 akzeptierte der Cabriolet-Hersteller ein Angebot, eines seiner Cabriolets beziehungsweise einen Roadster zu dämpfen. Der Technologiegeber demonstrierte in dem Machbarkeitsprojekt, dass mit seinen Steifigkeitselementen 30 bis 40 Kilogramm des Fahrzeuggewichtes eingespart werden konnten. Erfolgreiche Straßentests wurden im Mai 2002 durchgeführt. Danach waren die Transferparteien damit befasst, die Dämpfungstechnologie in spezifischen Fahrzeuglinien zu implementieren.

Ungefähr zur gleichen Zeit befassten wir uns mit der Überwachung von Fahrzeugstrukturen durch Benutzung dreidimensionaler photogrammetrischer Methoden, die ihren Ursprung in Untersuchungen von Konvektionsphänomenen in der Strömungsdynamik hatten. Vor allem bei Mikrogravitationsexperimenten im Weltraum sind Mikrogravitationsphänomene oft mit der Oberflächenform verbunden. Die realen Phänomene sind dreidimensional, das heißt, 3-D- Diagnostik spielt die Hauptrolle bei quantitativen Messungen. Vor diesem Hintergrund war ein Kamerakopf entworfen worden, um die Leistung der Bildaufnahmen zu beurteilen, die auf die Formänderungen von Flüssigkeitssäulen aufgrund ihrer Bewegung durch mechanische Anregungen angewendet wurden, um dies zu demonstrieren.

Diese Technologie wurde von einer Firma entwickelt, die 1990 gegründet worden war und sich danach zu einem der weltweit führenden Lieferanten von kamerabasierten dreidimensionalen Messsystemen mit dem Fokus auf die

Geschäftsfelder Inspektion, Prüfung sowie Fahrzeugsicherheit und Rohrinspektionen entwickelt hatte. Das erste Experiment in der weltraumbasierten Flüssigkeitsforschung wurde 1999 durchgeführt. Der kompakte Messkopf bestand aus drei CCD-Videokameras, die eine Fluidzelle überwachten. Die speziell gestalteten Bildverarbeitungsalgorithmen extrahierten die Kontur der Körper in den Bildern und leiteten die dreidimensionale Form und die Position der Fluidelemente ab. Die verschiedenen Beobachtungsfenster und der sich ändernde Brechungskoeffizient der Flüssigkeit erschwerten die genaue Formbestimmung. Die erreichbare Genauigkeit lag bei ungefähr plus/minus 0,05 Millimetern. Eine neue Anwendungsmöglichkeit des Kamerasystems erschien möglich, nachdem von uns ein Kontakt des Technologiegebers mit einem Besucher unseres Messestandes während der Hannover Messe 2002 hergestellt worden war. Der mit dem Technologiegeber vermittelte Interessent war ein Anbieter von Datenerfassungssystemen und innovativen, zuverlässigen Sensoren für Vibrationen, Kraft, Druck und Akustik. Er war auf der Suche nach einem innovativen Ansatz zur Überwachung von Fahrzeugstrukturen. Im August 2002 fand ein Treffen beider Parteien statt und im Folgemonat entwickelte der Raumfahrttechnologiegeber einen mobilen Messtaster.

Die nahezu unbegrenzte mobile Applikation der Technik, ergänzt durch eine aktive Sonde, ermöglichte eine schnelle Überprüfung vor Ort. Das zu vermessende Objekt musste nicht mehr zu einem Messgerät transportiert werden, sodass eine Entscheidung basieren auf den Messergebnissen direkt vor Ort getroffen werden konnte. Die mobile Sonde bestand aus einer aktiven Sonde mit einer hochauflösenden CCD-Kamera, einem tragbaren PC für die Systemsteuerung und einem Softwaremodul, das als Plug-in für die Messsoftware verwendet wurde. Die Sonde war mit einer Messspitze ausgestattet, um Objektpunkte zu berühren. Während der Messung wurde die Kamera in Richtung eines Feldes von Kontrollpunkten gehalten, die sich in der Nähe befanden, entweder auf tragbaren oder festen Tafeln. Durch Drücken einer Taste an der Sonde wurde eine Messung ausgelöst. Der Bediener brachte die Messspitze in Kontakt mit dem zu messenden Merkmal. Das Ergebnis wurde sofort auf dem Computer angezeigt. Darüber hinaus wurden Linien mit unterschiedlichen Punktabständen oder in einer vordefinierten Schicht gemessen, indem die Sonde in einen Scanmodus gebracht wurde. Spitzen von Verlängerungssonden, die in verschiedenen Formen und Längen erhältlich waren, waren austauschbar und erlaubten die Messung irgendeines Punktes wie beispielsweise hinter Hindernissen, unter Sitzen oder hinter der

Armaturentafel. Nach einem Austausch war keine Kalibrierung erforderlich. Das optische Vermessungssystem wurde üblicherweise in einem vorkalibrierten Raum oder einer Bucht verwendet. Bei der Verwendung von Zielpanels erlaubte es auch die mobile Anwendung. Für den stationären Betrieb des Messsystems waren an den Wänden beziehungsweise der Decke Referenzpunkte angebracht, die mit hoher Präzision gemessen wurden. Da das Messsystem tragbar war, konnte eine Sonde in mehreren Messräumen betrieben werden. Die Genauigkeit des Messsystems war unabhängig von der Objektgröße. Sie hing nur vom Abstand zwischen Sonde und Referenzziel ab. Bei der Anwendung in einem Messraum konnte das Messsystem mit nur einer vollständigen Messung eines Fahrzeugs mit nur einer Ausrichtung zum Fahrzeugkoordinatensystem führen. Dadurch wurde für das gesamte Fahrzeugvolumen eine homogene Genauigkeit von 0,1 mm + 0,1 mm/m erreicht. Dabei dauerte die Messung von 180 Punkten weniger als zwei Stunden. Dies war seinerzeit eine riesige Zeitersparnis im Vergleich zu konventionellen Systemen.

Ein weiteres Softwaremodul wurde speziell für die Messung von Fahrzeuggeometrien vor und nach Crashtests entwickelt. Es führt den Benutzer auf intuitive Weise durch die Messung. Die Software kann leicht gelernt werden und verwendet integrierte Funktionen zur Optimierung des Messvorgangs. Der Benutzer kann die Details des Messvorgangs vor Beginn der Messung definieren. Zuerst berechnet die Software die Ausrichtung des Fahrzeugs mit einer willkürlich ausgewählten Anzahl von Punkten, die durch verschiedene Arten von Merkmalen wie Schlitz, Kreis oder Ebene definiert sind. Eine aufwendige mechanische Positionierung des Fahrzeugs wie beispielsweise auf einem Granittisch mit einem Dämpfungssystem ist nicht notwendig. Die zu messenden Punkte werden in einem strukturierten Messplan in einer Baumhierarchie abgelegt. Dank der übersichtlichen Bilder kennt der Benutzer sofort die Position eines Messpunktes auf dem Fahrzeug. Die gemessenen Punkte werden in der Baumhierarchie hervorgehoben, was es dem Benutzer ermöglicht, den Fortschritt der Messung zu folgen. Bei der Nachcrashmessung werden die gleichen Punkte ein zweites Mal berührt, wobei sie im selben Koordinatensystem aufgezeichnet werden und direkt mit den Ergebnissen der Vorcrashmessung verglichen werden. Die bestehende Verformung zwischen den Punkten wird automatisch ermittelt und kann mithilfe von benutzerspezifischen Berichten dokumentiert und visualisiert werden. Unter Berücksichtigung aller erwähnten Komponenten ermöglicht die Messtechniktechnologie eine einfache, aber dennoch hohe Präzision und schnelle Messung rund um das Fahrzeug und stellt bei Weitem eines der leistungsfähigsten Systeme für die Fahrzeugcrashmessung dar, sodass sowohl der Technologieanbieter als auch der Empfänger dieses Spin-offs hiermit erhebliche jährliche Umsätze realisieren.

Mit aktiver Lärmkontrolle für Autoabgassysteme befassten wir uns ebenfalls zu Beginn dieses Jahrhunderts. Derzeit war nicht die Abgasverunreinigung das Problem der Auspuffsysteme, sondern die von ihnen erzeugten akustischen Geräusche. Für deren Verringerung mussten die Automobilhersteller enorme Anstrengungen hinsichtlich Forschung aufwenden, weil jedes Automobilmodell, jeder Motor und jede Fahrsituation hohe Anforderungen stellten. Wir standen in Kontakt mit einem deutschen Zulieferer von Abgassystemen, der Abgasemissionskontrollsysteme und regenerative Dieselrußfiltersysteme für Nutzfahrzeuge entwickelte und herstellte. Im Jahr 2004 zeigte sich diese Firma bei uns an neuen Technologien interessiert, um den Lärm von Autoabgassystemen zu reduzieren. Im Rahmen ihrer Suche war sie auf uns gestoßen, weil sie durch unsere Internetportale auf unsere Transferaktivitäten mit einer Affinität zur Raumfahrt inspiriert worden war. Ihr primäres Interesse lag in einer sogenannten aktiven Reduzierung von Lärm. Wir konnten mit unserem Kontakt zu einem Lieferanten der gesuchten Technologie, der sich mit der Entwicklung und Realisierung befasste, weiterhelfen. Bei dem Lieferanten handelte es sich um einen Hersteller und Consultant für Sensoren und Aktuatoren, der seine Geschäftätigkeiten auf dem Feld der Mess- und Kontrolltechnologie hatte. Seine Expertise bezog sich insbesondere auf das Ingenieurwesen und die Realisierung adaptiver Systeme. Er hatte sich unter anderem mit derartigen adaptiven Systemen zur Dämpfung von Vibrationen von Nutzlasten während der Start- und Flugphase von Ariane-Raketen befasst.

Nutzlasten wie Satelliten unterliegen während ihres Transports in den Weltraum verschiedenen mechanischen Belastungen. In der Startphase werden die extremen Schwingungen der Raketentriebwerke über die Raketenstruktur auf die Satelliten übertragen und können vor allem im Falle einer Resonanz gefährlich werden. Darüber hinaus entwickelt sich in dieser Phase ein akustischer Druck mit extrem hohem Schallpegel mit Auswirkungen auf die Struktur. In einer späteren Phase entstehen mit zunehmender Geschwindigkeit aerodynamische Strukturbelastungen während des Übergangs vom Unterschallbereich in den Überschallbereich, was zum Auftreten von Stoßwellen führt. Zusätzlich erfährt die Struktur des Satelliten eine vorübergehende Auswirkung des Impulses, der sich aus dem Ausbrennen und Absprengen von Raketenstufen und der Zündaktivität der nächsten Raketenstufen ergibt. Der Technologiegeber hatte ein aktives adaptives System zur Schwingungsdämpfung entwickelt, das sich durch seine hohe Flexibilität auszeichnete. Interferenzen konnten adaptiv kompensiert und die Steuerung in Echtzeit realisiert werden. Auch ist die Verwendung der Technologie in rauen Umgebungen wie niedrigen und hohen Temperaturen, aggressiven Atmosphären und unter großen Beschleunigungen möglich. Darüber hinaus sind Systeme mit sechs Freiheitsgraden möglich.

Nach unserer Kontaktvermittlung zwischen den beiden Parteien wurde vom technologiesuchenden Unternehmen die Herstellung eines Prototyps in Zusammenarbeit mit dem Technologiegeber zur Entwicklung aktiver Lärmkontrollmaßnahmen für Autoauspuffanlagen veranlasst. Traditionell funktionieren Schallabsorber durch Reflexion und Absorption von akustischen Geräuschen. Diese sind passiv, das heißt, sie können ihre Dämpfungsfunktionen nicht an die Laustärke der Geräuschquelle anpassen. Mit der Technologie des Technologiegebers konnten die Geräusche des Auspuffsystems aktiv reduziert werden und machten so großvolumige Schallabsorber unnötig. Das aktive Modul befindet sich direkt im Abgasrohr. Eine rotierende Klappe aus Keramik produziert mit schnellen Hin-und-Her-Bewegungen Schall im Rauchgassystem. Eine intelligente Steuerung betätigt die Klappe so, dass die erzeugten Geräusche dem Geräusch im Auspuff genau entgegenwirken, sodass das Auspuffgeräusch sozusagen durch ein „Anti-Geräusch" bekämpft wird. Das aktive Lärmschutzsystem kann nicht nur aktiv Geräusche löschen, sondern auch Lärm durch eigene Geräusche auszutauschen und so ein gutes Geräuschniveau auf den Straßen sicherstellen. Mithilfe des aktiven Lärmkontrollsystems ist es möglich, den Geräuschpegel im Vergleich zu konventionellen Systemen um rund 15 Dezibel zu reduzieren. Auch das Volumen des notwendigen Hauptabgasschalldämpfers kann auf ein Drittel der ursprünglichen Abmessungen reduziert werden. Das getestete System hat etwa die Größe einer 0,3-Liter-Getränkedose. Das aktive Lärmkontrollsystem passt sich automatisch an verschiedene Betriebs-bedingungen an. Es dauerte nur eine kurze Entwicklungsperiode und ein wenig Anpassungsaufwand, um verschiedene Fahrzeuge mit sowohl maßge-schneiderter Geräuschreduzierung als auch mit einem modellspezifischen Klangdesign zu versorgen, wobei nur die Steuerung angepasst wurde. Insgesamt spart das aktive Lärmkontrollsystem somit Zeit und Geld, reduziert Gewicht und Bauraum und ist umweltschonend. Während die anfängliche Entwicklung auf den Pkw-Sektor ausgerichtet war, kann das System grundsätzlich in jeder Abgasanlage eingesetzt werden, die eine akustische Optimierung erfordert, wie zum Beispiel bei Nutzfahrzeugen, Flugzeugen, Schiffen oder stationären Aggregaten.

Wie haben wir die geschilderten Beispiele erzielt?

Die Antwort auf diese Frage möchte ich in Anlehnung an ein Statement, das Albert Einstein zugeschrieben wird, dahingehend zusammenfassen, dass wir unsere Ergebnisse zu zehn Prozent durch Intuition und zu 90 Prozent durch Transpiration erzielten. Die Hauptziele der von uns durchgeführten Initiativen für den Technologietransfer, größtenteils mit einem Schwerpunkt in der Luft- und Raumfahrt, bestanden in der Etablierung einer Vielzahl von Kontakten zwischen Firmen/Instituten und Firmen/Instituten anderer Branchen mit der Absicht der kommerziellen Vermarktung von Technologien und der Initiierung und aktiven Unterstützung von Spin-off-Prozessen durch umfassende, problemorientierte Beratungsleistungen für die sich an einer Verwertung interessierenden beziehungsweise an Innovationsprojekten teilnehmenden Firmen und Institute.

Die Vermittlungstätigkeiten umfassten zur Erreichung dieser Ziele im Sinne einer Komplettlösung die beiden Kernelemente des sogenannten „Technology Push", also dem Hineindrücken einer Technologie in den Markt, und dem sogenannten „Market Pull", also dem Erheben von Bedarfen des Marktes. Beim Technology Push handelt es sich um die Zusammenstellung eines Technologieangebotes, das für eine Verwertung in anderen Branchen potenziell geeignet ist und dessen Vermittlung sowohl durch breit angelegtes Versenden von Technologiekatalogen, den Betrieb von technologie- orientierten Internetportalen als auch durch direkte und persönliche Ansprache von Unternehmen, die an der Nutzung von Technologien unseres Technologieportfolios interessiert sein könnten, geschieht. Beim Erfassen von Industriebedarfen geht man von der umgekehrten Richtung aus, indem man also zunächst feststellt, woran es der Industrie im Technologiebereich mangelt. Unseren regelmäßigen Erhebungen zufolge hatten rund 50 Prozent der Betriebe technologische Bedarfe auf dem Materialsektor und auf den Gebieten Sensoren und Messtechniken lagen ebenfalls bei rund 50 Prozent der Betriebe technologische Bedarfe vor. So war es nicht verwunderlich, dass es uns möglich war, mit diesen für neue Technologien empfänglichen Firmen eine Reihe von Spin-offs zu generieren, von denen die unterschiedlichsten Bereiche der Industrie profitierten. Rund ein Viertel der Spin-offs erfolgten in der Verkehrstechnik, vor allem im Automobilbau. Etwa jeder sechste Transfer betraf den Bereich der Industrieausrüstung, je ein weiteres Sechstel entfiel auf das Gesundheitswesen und auf den Maschinen- und Anlagenbau.

Bei rund 60 Prozent der erzielten Transfers gehörten die Technologiegeber zur Gruppe der kleinen und mittleren Unternehmen mit bis zu 250 Mitarbeitern, rund fünf Prozent der technologiegebenden Unternehmen hatten zwischen 250 und 1.000 Mitarbeiter. Ein Viertel unserer Transfers entfiel auf Großunternehmen und bei etwa einem Fünftel der Fälle waren Institute beteiligt. Bei den von uns erwirkten mehr als 300 Spin-offs stellten auf Seiten der Technologienehmer kleine und mittlere Unternehmen mit bis zu 250 Mitarbeitern ebenfalls die größte Gruppe mit 40 Prozent dar. Mittlere Unternehmen von bis zu 1.000 Mitarbeitern waren in rund zehn Prozent der Fälle involviert. Bei gut einem Drittel der Fälle handelte es sich auf Seiten der Technologienehmer um Großunternehmen und bei gut zehn Prozent der Technologienehmer handelte es sich um Institute. 60 Prozent der erwirkten Spin-offs betrafen den Zukauf von Produkten der Technologiegeber durch die Technologienehmer, die damit das Spektrum ihrer eigenen Produkte erweiterten oder veredelten. In 30 Prozent der insgesamt erzielten Transfers handelte es sich um Entwicklungsaufträge der Technologienehmer an die Technologiegeber, um die Technologie an die Anforderungen des neuen Produktes beziehungsweise die Bedürfnisse des neuen Marktes anzupassen. Dabei kam es auch zu Lizenzabkommen und Kooperationsvereinbarungen zwischen den Transferpartnern. Die Nachhaltigkeit der durch uns initiierten Geschäftsbeziehungen zwischen Technologiegebern und Technologienehmern gemäß unserer Befragung dieser durch uns vermittelten Transferparteien ergab, dass bei rund 70 Prozent der Transfers die beteiligten Parteien angaben, die Geschäftsbeziehungen fortführen zu wollen. Auf Wunsch, oder besser auf Drängen, unserer öffentlich-rechtlichen Auftraggeber, vor allem die Deutsche und die Europäische Raumfahrtagentur, waren wir gehalten, Finanzdaten der Spin-off-bezogenen Firmenumsätze und weiterer Finanzdaten zu eruieren, um so unseren Auftraggebern die sozioökonomischen Auswirkungen der von uns und unserem Netzwerk durchgeführten Spin-off-Aktivitäten zu demonstrieren. Soweit es den Transfer von Raumfahrttechnologien betrifft, ist der Beweggrund natürlich in einer Imagekampagne für den Nutzen der Raumfahrt begründet. Oft werden Raumfahrtaktivitäten schlagwortartig als teuer und nutzlos bezeichnet. Diese Vorhaltungen wollten unsere Auftraggeber durch die Publikation unserer Transferergebnisse natürlich mit unseren belastbaren Informationen und Daten weitmöglich entkräften. Dieser Thematik werde ich ein eigenes Kapitel meiner Abhandlungen abschließend widmen.

An dieser Stelle möchte ich, ohne den nachfolgenden Abhandlungen vorgreifen zu wollen, in Vorbereitung nachfolgender Aussagen meinerseits einige sozioökonomische Fakten unserer Transferaktivitäten vorstellen. Ich möchte mich hier nur auf solche Transferfälle konzentrieren, für die nachgewiesene und von den Firmen bestätigte Informationen und zugehöriges Datenmaterial vorliegen. Aus diesem Grund konzentriere ich mich auf nachgewiesenes Datenmaterial, das ich detailliert belegen kann und das von unseren Auftragnehmern überprüft wurde. Vor diesem Hintergrund habe ich hier zunächst die entsprechenden Informationen des Jahres 2009 ausgewählt, mit denen ich mich nach all den unabhängigen Überprüfungen auf der absolut sicheren Seite befinde. Anfang 2009 hatte unser transnationales Netzwerk und die ebenfalls von uns gemanagte nationale Initiative bis zur Einstellung der Technologietransferaktivitäten meiner Firma mehr als 300 Spin-offs und exakt 220 erfolgreiche Technologietransfers erreicht. Diese 220 erfolgreichen Transfers entstanden durch Erreichen von belegbaren Verwertungsverträgen zwischen Technologiegebern und Technologienehmern aus verschiedensten Industriesektoren seit dem Beginn der Transfertätigkeiten im Jahr 1990. Die Größe unseres Netzwerks variierte über die Jahre nur geringfügig und umfasste in der Regel 15 und zeitweise etwas mehr Mitglieder in Westeuropa und Kanada. Bis 2009 waren mehr als 220 Technologieanbieter und mehr als 280 potenzielle Technologienehmer vermittelt worden, welche die Technologien der Technologieinhaber in neuen Märkten verwerten wollten. Rund die Hälfte der Transfers wurde auf transnationaler Ebene erzielt. Die Technologiegeber hatten zum besagten Zeitpunkt einen kumulierten Umsatz mit den Transfers von 80 Millionen Euro und die Technologieempfänger hatten einen kumulierten Umsatz von etwa 1,5 Milliarden Euro erzielt. Der transferbezogene jährliche Umsatz der Transferparteien war äquivalent zu mehr als 1.500 Arbeitsplätzen. Die Technologietransfers involvierten mehr als 400 europäische und kanadische Unternehmen und entwickelten sich aus etwa 6.000 Kontakten, die die Netzwerkmitglieder zwischen Technologie-anbietern und potenziellen Technologieempfängern verschiedener Branchen vermittelt hatten. Aus dieser Momentaufnahme der damaligen Transfers und der damaligen Zahl von 2.000 Vermittlungen könnten sich bei angemessener Unterstützung des Netzwerks aus Technologiemaklern und Technologie-experten weiterer Transfers entwickeln.

Die Dynamik unserer Transfermethodik wird ersichtlich, wenn man die Vergleichszahlen und Informationen späterer Jahre heranzieht. So waren die transferbezogenen kumulierten Umsätze der Technologiegeber für das Jahr

2007 mit 40 Millionen Euro abgeschätzt worden und die kumulierten transferbezogenen Umsätze der Technologienehmer mit bis zu 2,4 Milliarden Euro. Die Hochrechnung basierte auf Angaben der Transferpartner zu geschätzten Preisen und Stückzahlen. Dies entsprach bis zu 2.000 erhaltenen beziehungsweise neu geschaffenen Arbeitsplätzen unter Zugrundelegung eines durchschnittlichen jährlichen Pro-Kopf-Umsatzes von 150.000 Euro. Die öffentliche Hand, die unsere Transferinitiativen, wie bereits ausgeführt, primär, also mit Mitteln der Steuerzahler, finanzierte, profitierte von den von uns erzielten Transfers in Form von Steuereinnahmen und Sozialversicherungsbeiträgen der beteiligten Unternehmen und ihrer Mitarbeiter. Schon bei Zugrundelegung des unteren Wertes der Umsatzabschätzung der beteiligten Industrie zur Abschätzung der transferbezogenen Steuereinnahmen und Sozialversicherungsbeiträge der betroffenen Industriesparten mithilfe von prozentualen Angaben des Statistischen Bundesamtes ergab sich bereits ein Gesamtnutzen für die Staatskasse im Zeitraum bis Ende 2007, der mehr als sechsundzwanzigfach so hoch war wie die Ausgaben der öffentlichen Hand für unsere Transfertätigkeiten einschließlich derjenigen für unser Netzwerk. Bezieht man die durch unsere Transferaktivitäten stimulierten Industrieumsätze auf die öffentlichen Ausgaben für diese Aktivitäten, so zeigt sich ein Multiplikator von mehr als 50, das heißt, jeder für die Durchführung der Technologietransferaufgaben von der öffentlichen Hand aufgewendete Euro hat etwa 50 Euro Umsatz der Industrie erzeugt, was zu den bereits angeführten Einnahmen für die Staatskasse führte. Die über 300 Spin-offs erzielten wir durch die Betreuung von mehr als 15.000 Vermittlungen von technologiesuchenden Unternehmen unterschiedlichster Branchen mit den Technologieanbietern. Das heißt, dass unsere Erfolgsquote bei zwei Prozent liegt, in 98 Prozent der von uns unterstützten Vermittlungen guckten wir zusammen mit unseren Netzwerkpartnern in die Röhre.

Trotz oder gerade wegen unserer intensiven Bemühungen und Hartnäckigkeit hatten wir mit großem Abstand den Spitzenplatz im internationalen Technologietransfer erklommen. Unser Technologieangebot umfasste stets mehr als 500 laufend aktualisierte Technologien von Unternehmen und Instituten. Es sei noch einmal daran erinnert, dass wir zur Vermittlung und Unterstützung von Transferverhandlungen ein sowohl breitbandig angelegtes als auch zielgerichtetes Instrumentarium eingesetzt haben, das sich vornehmlich aus den sich synergetisch verstärkenden bidirektionalen Vorgehensweisen des Technology Push und des Market Pull zusammensetzte. Diese beinhalteten sowohl die Zusammenstellung eines als transferfähig bewerteten Angebotes an Technologien als auch die nachfolgende Suche nach potenziellen Kunden für diese Technologien sowie die Erfassung von konkreten technologischen Bedarfen der Industrie und die nachfolgende Suche nach geeigneten Lösungen aus dem Kreis von uns betreuter und in unserem Technologieinformationssystem enthaltener Firmen und Institute. Das Spektrum unserer Vermittlungsinstrumente umfasste zu diesem Zweck die Herausgabe von kostenintensiven Technologiekatalogen, Technologieflyern und Technologiebedarfsbroschüren. Mit dem Vorhandensein des Internets Mitte der 1990er-Jahre konnten die teuren Printmedien durch preisgünstigere elektronische Werkzeuge ersetzt werden. Da bekanntermaßen nichts über das Ermöglichen persönlicher Kontakte hinausgeht, schufen wir diesbezügliche Möglichkeiten des persönlichen Kennenlernens zukünftiger Transferpartner durch die Organisation von Kooperationsforen und Messeteilnahmen.

Die bedarfsgerechte Ausrichtung und Kundenorientierung unserer Transferserviceleistungen zur Technologievermittlung wurde kontinuierlich überprüft und in umfangreichen Zielgruppenbefragungen validiert. So war es uns möglich, von unseren Klienten geäußerte Anregungen zeitnah umzusetzen. Dabei stellten wir fest, dass für die Technologieanbieter unsere Dienstleistungen mit über 90 Prozent hohes und mittleres Interesse hinsichtlich einerseits der Präsentationen von Technologien über Printmedien und Internet und andererseits des Zugangs zu Bedarfsbeschreibungen von technologiesuchenden Unternehmen zwecks Abgabe eigener Lösungsvorschläge fanden. Bei über 80 Prozent der Befragten fanden Präsentationsmöglichkeiten ihres Know-hows bei Messeteilnahmen oder Kooperationsforen erheblichen Zuspruch. Auf Seiten der technologiesuchenden Unternehmen ergab sich ein ganz ähnliches Bild bezüglich ihres Interesses an den von uns angebotenen Serviceleistungen. Seitens der Technologieangebote bedienten wir über 500 Fälle und seitens der Technologiebedarfe mehr als 1.000 Fälle. Um die Transferprozesse nach ihrer Initiierung in Gang zu halten, wurden von uns begleitende Maßnahmen durchgeführt, insbesondere Beratungen der miteinander in Kontakt gebrachten Technologiegeber und potenziellen Technologienehmer hinsichtlich technischer, wirtschaftlicher und vertraglicher Fragestellungen. Die Mitarbeiter meiner Firma wirkten dabei als neutrale Vermittler und Motoren der Transferprozesse, die ein hohes Vertrauensverhältnis zwischen allen Beteiligten erforderten. Dies beinhaltete auch die Identifikation von Förder- und Finanzmöglichkeiten zur Durchführung von Adaptionsprojekten, durch die ausgewählte Technologien für ihr neues Einsatzgebiet vorbereitet wurden, sowie die Unterstützung bei Antragstellungen bei nationalen und internationalen Förderstellen.

Aufgrund unserer intensiven Betreuung war es im Vergleich zu anderen Anbietern von Technologietransferinitiativen möglich, die Zeitdauern vom Anbieten von Technologien beziehungsweise der Identifikation von Lösungsvorschlägen für Technologiegesuche überschaubar kurz zu halten. Die Zeiträume von der Kontaktvermittlung bis zur Serienreifmachung beziehungsweise der Markteinführung von durch uns kreierten Innovationen stellten sich als vergleichsweise bemerkenswert kurz dar. So dauerte es in der Regel bis zum Abschluss eines Verwertungsabkommens sechs Monate bis ein Jahr, die Anpassung der Technologie an die Bedürfnisse des neuen Marktes dauerte nochmals anderthalb bis zwei Jahre, sodass ein Gesamtzeitraum von durchschnittlich zwei bis drei Jahren verging. Somit erzielten die Technologiegeber oftmals bereits innerhalb eines Jahres nach Beginn der Vertragsverhandlungen mit den suchenden Interessenten erste Einnahmen aufgrund von Dienstleistungen, Produktverkäufen oder Entwicklungen zur Technologieadaption. Die Technologienehmer genossen den Vorteil der zügigen Umsetzung einer bereits existierenden, für andere Zwecke entwickelten Technologie und der hierdurch im Vergleich zu kompletten Eigen- oder Neuentwicklungen schnelleren Einführung verbesserter und wettbewerbsfähigerer Produkte in den Markt. Diese vergleichsweise kurzen Entwicklungszyklen kamen speziell kleinen und mittleren Unternehmen zugute, die oftmals nicht über Möglichkeiten für langwierige Eigen- entwicklungen, das heißt, ohne frühzeitigen Rückfluss der eingesetzten Mittel, verfügten.

Kapitel 12: Ökonomie

„Konjunkturspritzen"

Technologien und ihre Ausstrahleffekte sind bedeutsame Motoren für unsere Wirtschaft und die Beschäftigung in unserem Land. In diesem Sinn habe ich als für uns relevantes Maß die beiden Parameter Industrieumsätze und Arbeitsplätze näher beleuchtet. Mir war es nämlich wichtig, mit belegbarem und nachvollziehbarem Zahlenmaterial und unstrittigen Quellen in konsequenter Fortführung der im vorigen Kapitel angewendeten transparenten Methodik zu operieren. Unsere Transferaktivitäten und die Transferaktivitäten unserer Netzwerkpartner ermöglichten den von uns unterstützen Transferpartnern, sich beträchtliche Umsatzpotenziale zu erschließen.

Die mit diesen Transfers erzielten kumulierten Umsätze beziehungswiese Umsatzpotenziale wurden von meinem Team in Zusammenarbeit mit den an den Transfers beteiligten Industrieunternehmen und Instituten abgeschätzt. Diese Abschätzung basiert auf (vertraulichen) Angaben der Transferpartner zu erzielten sowie seinerzeit geplanten und geschätzten Preisen und Stückzahlen. Unter Bezugnahme auf das vorige Kapitel stellten wir eine jährliche Veränderung der kumulierten Umsätze auf der Seite der Technologieinhaber um ca. + 6,5 Prozent und auf der Seite der Technologienehmer um ca. + 466 Prozent fest. Nimmt man die Bandbreite unserer Abschätzungen, die sich aus den Minimalwerten und Maximalwerten ergibt, so konnten wir die nachfolgenden Aussagen im Rahmen der besagten Schätzgenauigkeit treffen. Unsere Hochrechnung ergab zum Beispiel, dass das Potenzial der bis Ende 2007 mit den erzielten Innovationen generierten (kumulierten) Umsätze und für einzusparende Kosten bei den Technologienehmern bei insgesamt rund 950 Millionen bis 2,4 Milliarden Euro lag, wovon Ende 2004 nachweislich gut 310 Millionen Euro realisiert waren. Zum Vergleich betrug der entsprechende Umsatzwert bei den Technologiegebern nachgeprüfte 9 Millionen Euro. Die im Jahr 2004 vorhergesagte Entwicklung bis zum Ende 2007 war mit 20 bis 40 Millionen Euro angekündigt worden. Zieht man den unteren Wert der Abschätzung und die bis zu diesem Zeitpunkt mit den erzielten Transfers in Verbindung stehenden kumulierten Umsätze der beteiligten Unternehmen in Betracht, so führte ein bis Ende 2007 realisierter Umsatz in Höhe von rund 970 Millionen Euro für den Staat zu Steuereinnahmen in Höhe von 49,4 Millionen Euro. Unter Zuhilfenahme von Tabellen des Statistischen Bundesamtes in

Wiesbaden konnten wir diesen Betrag aufschlüsseln in etwa 11,6 Millionen Euro Ertragssteuern (Einkommens-, Körperschafts- und Gewerbesteuer) der Unternehmen und 37,8 Millionen Euro Lohnsteuer ihrer Beschäftigten. Der Ertragssteuerbetrag entsprach 1,2 Prozent der Unternehmensumsätze, wobei sich dieser Prozentsatz aus dem Verhältnis von ca. 51,1 Milliarden Ertragssteuern zu 4,253 Milliarden Euro an Lieferungen und Leistungen der deutschen Wirtschaft im Jahre 2002 laut Statistischem Bundesamt ergab. Das Lohnsteueraufkommen entsprach 3,9 Prozent der genannten Umsätze, wobei sich dieser Prozentsatz aus dem Verhältnis von 166,7 Milliarden Euro Lohnsteuereinnahmen im Jahr 2002 zu den genannten 4,253 Milliarden Euro an Lieferungen und Leistungen (Quelle: Statistisches Bundesamt) ergab. Weiterhin standen mit den genannten Unternehmensumsätzen Einnahmen aus der Sozialversicherung in Höhe von ca. 106,7 Millionen Euro in Verbindung. Dieser Betrag entsprach etwa 11,0 Prozent vom Umsatz, wobei sich dieser Prozentsatz aus dem Verhältnis von 466,4 Milliarden Euro an Gesamteinnahmen aus der Sozialversicherung im Jahr 2002 zu den bereits genannten 4,253 Milliarden an Lieferungen und Leistungen ergab (Quelle: Statistisches Bundesamt). Damit betrug der gesamte Nutzen für die Staatskasse im Zeitraum bis Ende 2007 mindestens ca. 156,2 Millionen Euro, das heißt, die Ausgaben für unsere Transferinitiativen bis Ende 2007 mit den bis Ende 2004 realisierten Spin-offs generierten mehr als das Sechsundzwanzigfache an Einnahmen für die Staatskasse, wobei die bis zu diesem Zeitpunkt realisierten Einnahmen über Steuern und Sozialversicherungsbeiträge bereits das mehr als Achtfache der Kosten der Transferaktivitäten erreichten. Bezieht man die bis Ende 2004 stimulierten Industrieumsätze auf die Ausgaben für die Transferaktivitäten, so zeigt sich ein Multiplikatoreffekt von mehr als 50, mit der damaligen Aussicht auf eine Erhöhung um einen Faktor drei bis Ende 2007. Die durchschnittlichen durch die Verwertung von Technologien unserer Transfertätigkeiten generierten Jahresumsätze für dem Zeitraum 2004 bis 2007 wurden mit mindestens 130 Millionen Euro und maximal 310 Millionen Euro abgeschätzt. Dies entsprach etwa 850 bis 2.000 erhaltenen beziehungsweise neu geschaffenen Arbeitsplätzen bei Zugrundelegung eines durchschnittlichen Pro-Kopf-Umsatzes von 150.000 Euro.

Die Erfolgsanalyse unserer Technologietransferaktivitäten möchte ich dahingehend in der Aussage plakatieren, dass wir durch unsere Transferaktivitäten mit den Ausgaben der öffentlichen Hand mehr als das Dreiundzwanzigfache dieser Ausgaben an Einnahmen für die Staatskasse generierten.

Ausbildung

Diplomphysiker
Universität Dortmund / Universität Karlsruhe 1977

Stipendiat der Studienstiftung des deutschen Volkes 1972 - 1977

Dr. rer. nat. Universität Duisburg 1982

Beruflicher Werdegang

seit 2015   Geschäftsführer a. D.

1988 - 2014   MST Aerospace GmbH, Köln / Pulheim
               geschäftsführender Gesellschafter

1993 - 1996   Präsident des Groupement d'interet Economique
               Spacelink Europe, Paris

1998 - 2003   Vorstandsvorsitzender des Industrieverbande
               ALROUND e.V., Bonn

1987 - 1988   Diehl GmbH, Nürnberg
               Abteilungsleiter Neue Technologien im
               Geschäftsbereich Systeme

1986 - 1987   Naturwissenschaftliches und Medizinisches Institut
               (NMI), Reutlingen
               Leiter der Abteilung Theorie komplexer Systeme

1978 -1985   Universität Duisburg
               wissenschaftlicher Assistent eingeladener Gastforscher
               Institut Laue-Langevin,
               Grenoble, Frankreich 1983